高等学校电子信息类专业系列教材

现代光电子技术

江兴方 邱建华 编著

西安电子科技大学出版社

内 容 简 介

本书共8章，内容包括从光量子到光电子、激光技术、激光光纤通信、调制技术、光电探测技术、光伏技术、激光应用技术、集成电路技术. 书中详尽地描述了现代光电子技术的理论基础与相关成果，并在每章设置了计算机的应用和拓展性内容.

本书可作为电子科学与技术、光信息科学与技术等相关专业高年级本科生和研究生的教材，也可供相关技术人员阅读参考.

图书在版编目(CIP)数据

现代光电子技术/江兴方，邱建华编著. --西安：西安电子科技大学出版社，2023.7
ISBN 978-7-5606-6831-4

Ⅰ. ①现… Ⅱ. ①江… ②邱… Ⅲ. ①光电子技术 Ⅳ. ①TN2

中国国家版本馆CIP数据核字(2023)第097735号

策　　划　陈婷
责任编辑　武翠琴
出版发行　西安电子科技大学出版社(西安市太白南路2号)
电　　话　(029)88202421　88201467　　邮　　编　710071
网　　址　www.xduph.com　　电子邮箱　xdupfxb001@163.com
经　　销　新华书店
印刷单位　咸阳华盛印务有限责任公司
版　　次　2023年7月第1版　2023年7月第1次印刷
开　　本　787毫米×1092毫米　1/16　印张　23
字　　数　548千字
印　　数　1～2000册
定　　价　59.00元
ISBN 978-7-5606-6831-4/TN
XDUP 7133001-1

前　　言

现代光电子技术是现代技术的核心，已成为世界各国纷纷抢占的科技制高点. 本书从热辐射光量子理论出发，引入激光原理及其应用技术、激光光纤通信、电光调制、磁光调制、声光调制、光电探测器件、光伏技术、集成电路技术等，全方位、较深入地介绍光电子技术的发展历程和当前进展，期望对读者在相关专业的学习上有所帮助.

本书共8章,内容包括从光量子到光电子、激光技术、激光光纤通信、调制技术、光电探测技术、光伏技术、激光应用技术、集成电路技术，概括了现代光电子发展的基础理论和重要技术. 在光纤通信方面，特别是光子晶体光纤方面，本书将读者引向超高负色散系数的研究领域；在光电探测方面，引入发明专利，引导读者走向专业水准的光电子技术;在激光应用方面，引入干涉型、衍射型、偏振型激光测试技术，为读者理解集成电路及其相关技术奠定扎实基础. 在编写过程中，本书理论部分力求完整准确地呈现公式推导过程，避免出现错误；资料部分所涉及的人名的原名或者概念名词、英文缩写词的原文，尽可能做到完整、准确，以防混淆；技术进展部分力求归纳出相关技术发展的里程碑，为续写现代光电子技术提供可靠的信息；材料性质部分力求采用列表方式、图示方式，以达到一目了然的目的. 在各章中，本书设置了计算机应用的内容，包括运用 COMSOL Multiphysics 研究光子晶体光纤超高负色散系数，运用 Multimedia ToolBook 研究单幅图样获得等高线，运用 Photoshop 增强图像、抠挖重要图像信息，运用 Matlab 编制程序求解复杂的数学表达式并图示其规律等，帮助读者掌握现代光电子技术的原理与方法.

本书凝聚着编者近四十年的教学经验及长期指导学生完成研究生和本科生毕业论文、毕业设计积累的经验，并与读者分享了编者在指导学生参加数学建模竞赛、物理及实验科技作品竞赛、中国大学生计算机设计大赛、全国大学生光电设计大赛中积累的大量的资料，特别是相关实验和专利成果. 此外，编者在中国大学 MOOC 平台创建了“现代光电子技术”SPOC 课程，正在形成立体化教学资源.

本书第1、2、3、4章由江兴方编写，第5、6、7、8章由邱建华编写. 在成书过程中，郭华飞博士、孔祥敏硕士和赵欣瑜、邱梓锋、顾健晖、齐浩南、郝驰、周琦、陈军垚、杨忆等同学给予了大力支持，他们在提供相关文献资料和校对文稿方面做出了较大的贡献，编者在此表示感谢.

由于编者水平有限，书中难免存在不足之处，恳请读者批评指正，相关意见可发送至电子邮箱：2394586357@qq. com.

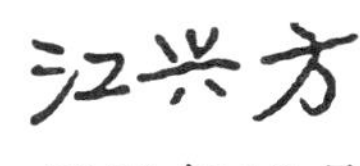

2022年12月

目　　录

第 1 章　从光量子到光电子

进入 20 世纪，有大量的实验现象无法用经典物理理论解释，例如物体的热辐射、光电效应、氢原子光谱等. 人们为了解释这些现象，提出了一些新的概念，例如微观粒子的能量量子化、光与实物粒子的波粒二象性等，并由此建立了描述微观粒子运动规律的理论——量子力学，从此人们对微观粒子的运动规律的认识进入了崭新的阶段，量子力学成为分子物理学、核物理学、粒子物理学、固体物理学、量子化学、材料物理学等学科的基础，同时在高新技术等领域发挥越来越大的作用. 本章作为量子力学基础，介绍黑体辐射、光电效应、康普顿效应、玻尔氢原子理论、微观粒子的波粒二象性、不确定关系、薛定谔方程、原子的电子壳层结构等.

1.1 黑体辐射　普朗克光量子理论

任何物体在任何温度下都不断地向周围空间发射电磁波，电磁波的波谱是连续的，这种由于物体中的分子、原子受到热激发而产生的电磁辐射现象，称为**热辐射**(thermal radiation). 例如，金属或者碳从室温加热到 800K 的过程中，先后变成暗红色、赤红色、黄色、白色、蓝白色，直到接近青色，成语“炉火纯青”描述的就是炉温极限状态. 当辐射和吸收达到平衡时，物体的温度不再变化而处于热平衡状态，这时的热辐射称为**平衡热辐射**(equilibrium thermal radiation). 理论与实验表明，物体的辐射本领越大，其吸收本领也越大. 例如，室温下的青花瓷盘子底色是白色，花是青色，如图 1.1－1 所示；在高温炉中，原来白色的底的位置变成灰黑色了，原来青色的花的位置变白了，如图 1.1－2 所示. 这说明室温下白色的底的位置辐射本领强，高温下白色的底的位置吸收本领强.

图 1.1－1　室温下的青花瓷盘子

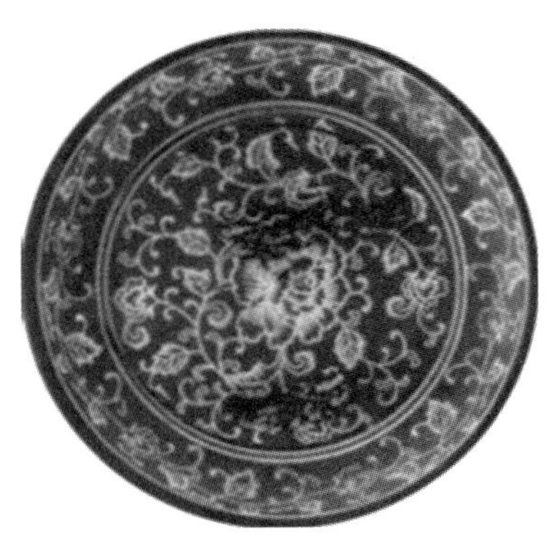

图 1.1－2　高温下的青花瓷盘子

在一定的温度 T 下，物体单位表面积在单位时间内发射的波长为 $\lambda \sim \lambda + \mathrm{d}\lambda$ 的辐射能 $\mathrm{d}M(T)$ 与波长间隔 $\mathrm{d}\lambda$ 的比值，称为**单色辐出度**(monochromatic radiant exitance)，用 $M_\lambda(T)$ 表示，即

$$M_\lambda(T) = \frac{\mathrm{d}M(T)}{\mathrm{d}\lambda}, \tag{1.1-1}$$

单位是 $\mathrm{W \cdot m^{-2}}$.

在一定的温度 T 下，物体单位表面积在单位时间内发射的辐射能量称为**辐出度**(radiant exitance)，用 $M(T)$ 表示，即

$$M(T) = \int_0^\infty M_\lambda(T)\,\mathrm{d}\lambda, \tag{1.1-2}$$

单位是 $\mathrm{W \cdot m^{-2}}$.

在物体表面，电磁波会产生反射、透射和吸收的现象. 能够全部吸收各种波长的电磁波的辐射能量而不产生反射和透射的理想模型称为**黑体**(black body). 黑体的辐射称为黑体辐射，黑体辐射也是一种理想的模型. 在任何温度下，黑体的吸收本领最大，其辐射本领也最大. 黑体的单色辐出度用 $M_{\mathrm{B}\lambda}(T)$ 表示，它只与波长 λ 和温度 T 有关，而与材料本身、表面形状、体积大小没有关系. 实验室设计了一个带有小孔的孔腔来模拟黑体，因为光线无论以斜入射(如图 1.1-3 所示)还是以垂直入射(如图 1.1-4 所示)进入空腔，多次反射后，都不会从入射处射出来.

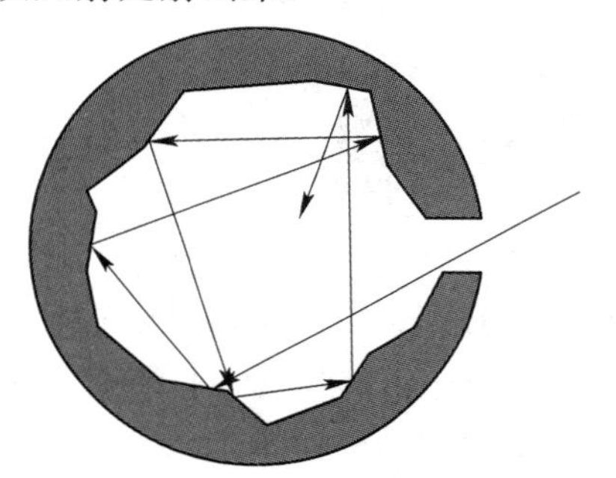
图 1.1-3　斜入射

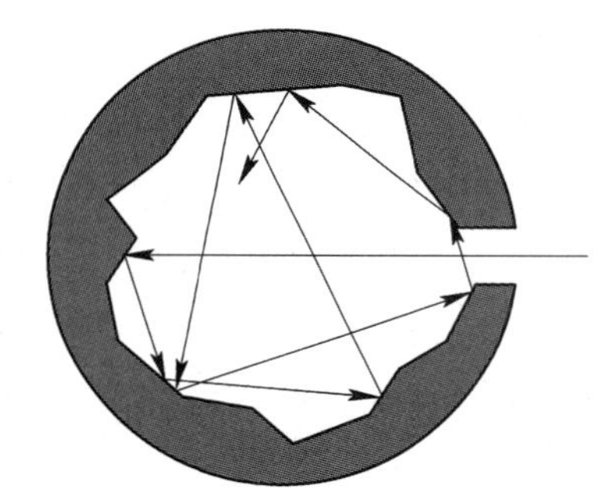
图 1.1-4　垂直入射

平时我们看远方的窗户，显现昏暗，就是光线从窗户进入室内后，经过多次反射很少再从窗户射出来的缘故. 在金属冶炼炉上开一个小孔观测炉温，远看小孔只有光线进入，没有光线射出，故小孔内腔可近似地认为是黑体.

1864 年，爱尔兰物理学家约翰·廷德尔(John Tyndall，1820—1893)提出了测量铂丝产生的红外辐射和相应的波长的方法，并采用实验的方法来研究物体总辐射强度与温度的关系. 进一步的实验表明，黑体的相对单色辐出度 $\frac{M_{\mathrm{B}\lambda}(T)}{2\pi hc^2}$ 随波长 λ 变化的关系曲线如图 1.1-5 所示. 不难看出，温度高的曲线与 λ 轴所围的面积大，同时每条曲线存在一个极大值. 事实上，在任意温度 T 下，物体辐射的电磁能量中包含各种波长(或频率)成分的电磁波. 当温度较低时，大部分能量分布于低频电磁辐射成分上；随着温度不断升高，高频电磁辐射成分对能量的贡献越来越大；当温度达到 500℃左右时，可见光辐射成分占主要地位；温度再高些，辐射的电磁波波谱的分布进一步向高频方向移动，使物体呈白热状态. 总的

辐射能量也与温度 T 有关，当物体变得越来越热时，总的辐射能量迅速增加.

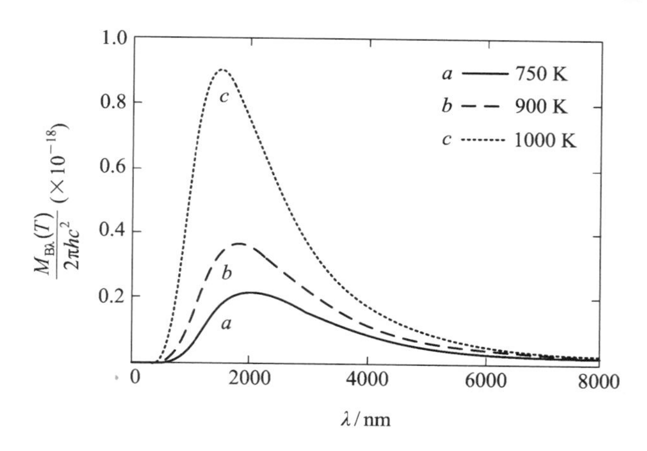

图 1.1-5　黑体的相对单色辐出度 $\frac{M_{B\lambda}(T)}{2\pi hc^2}$ 随波长 λ 变化的关系曲线

根据如图 1.1-5 所示的黑体的相对单色辐出度 $\frac{M_{B\lambda}(T)}{2\pi hc^2}$ 随波长 λ 变化的关系曲线，物理学家们先后得到了斯特藩-玻尔兹曼定律、维恩位移定律和普朗克公式等.

(1) 斯特藩-玻尔兹曼定律. 1879 年，奥地利籍斯洛文尼亚裔物理学家约瑟夫・斯特藩(Josef Stefan，1835—1893)从实验中归纳出一个黑体表面单位面积在单位时间内辐射出的总能量与黑体本身的热力学温度的四次方成正比. 1884 年，奥地利物理学家路德维希・玻尔兹曼(Ludwig Edward Boltzmann，1844—1906)从热力学理论出发，假设用光代替气体作为热机的工作介质，推导得到黑体的辐出度 $M_B(T)$ 与其绝对温度 T 的四次方成正比，即

$$M_B(T)=\int_0^{\infty}M_{B\lambda}(T)\mathrm{d}\lambda=\sigma T^4. \tag{1.1-3}$$

式中，σ 为**斯特藩-玻尔兹曼常量**(Stefan-Boltzmann constant)，其大小为

$$\sigma=5.670\ 51\times10^{-8}\ \mathrm{W\cdot m^{-2}\cdot K^{-4}}.$$

(2) 维恩位移定律. 德国物理学家威廉・维恩(Wilhelm Carl Werner Otto Fritz Franz Wien，1864—1928)于 1893 年发现**维恩位移定律**(Wien displacement law). 该定律表明：随着黑体温度的升高，每一条曲线的峰值波长 λ_m 与其绝对温度 T 成反比，即

$$\lambda_m T=b. \tag{1.1-4}$$

式中，常量 $b=2898\ \mu\mathrm{m\cdot K}$. 维恩因在热辐射等方面的贡献，荣获 1911 年诺贝尔物理学奖. 维恩位移定律的应用十分广泛，例如可以通过测定星体的谱线的分布来确定其热力学温度，也可以通过热像图比较物体表面不同区域的颜色变化，确定物体表面的温度分布；可以在遥感技术中监测森林防火，在医疗领域监测人体某些部位的病变；还可以在宇航、工业、军事等方面发挥作用.

(3) 普朗克公式. 1900 年，德国物理学家马克斯・卡尔・恩斯特・路德维希・普朗克(Max Karl Ernst Ludwig Planck，1858—1947)提出谐振子的能量不可能具有经典物理学所允许的任意值，一个频率为 ν 的谐振子只能处于一系列分立的状态，其最小能量为 $h\nu$，谐

振子振动的能量只能是最小能量的整数倍，即

$$\varepsilon=h\nu,\ 2h\nu,\ 3h\nu,\ \cdots,\ nh\nu,\ \cdots. \tag{1.1-5}$$

式中：n 为量子数；h 为普朗克常量，其值为 6.626×10^{-34} J·s. 式(1.1-5)对应的能量分立的概念，称为**能量量子化**(quantization of energy). 普朗克在此基础上导出了黑体单色辐出度公式，即普朗克公式：

$$M_{B\lambda}(T)=\frac{2\pi hc^2\lambda^{-5}}{e^{\frac{hc}{\lambda kT}}-1}. \tag{1.1-6}$$

式中：h 为普朗克常量，其值为 6.626×10^{-34} J·s；c 为光速，其值为 3×10^8 m·s^{-1}；λ 为单色光的波长；k 为玻尔兹曼常量，也可以用 k_B 表示，其值为 1.38×10^{-23} J·K^{-1}；T 为开尔文温度. 其实，普朗克的贡献远远超出了物理学范畴，他启发人们敢于建立新概念、新理论，冲破传统的能量连续思想的束缚. 由于提出能量量子化假设，普朗克荣获 1918 年诺贝尔物理学奖.

值得一提的是，在黑体辐射实验中，测得温度为 4174K，辐射峰值波长为 6943Å，在这个峰值附近 0.1Å范围内，辐射通量为

$$\begin{aligned}M_{B\lambda}(T)\Delta\lambda&=\frac{2\pi hc^2\lambda^{-5}}{e^{\frac{hc}{\lambda kT}}-1}\Delta\lambda\\&=\frac{2\times3.14159\times6.626\times10^{-34}\ \text{J}\cdot\text{s}\times(3\times10^8\ \text{m}\cdot\text{s}^{-1})^2}{\left(2.718^{\frac{6.626\times10^{-34}\ \text{J}\cdot\text{s}\times3\times10^8\ \text{m}\cdot\text{s}^{-1}}{6943\times10^{-10}\ \text{m}\times1.38\times10^{-23}\ \text{J}\cdot\text{K}^{-1}\times4174\text{K}}}-1\right)\times(6943\times10^{-10}\ \text{m})^5}\times0.1\times10^{-10}\ \text{m}\\&=1.571\times10^3\ \text{W}\cdot\text{m}^{-2}.\end{aligned}$$

而对于波长为 6943Å的红宝石激光，其线宽为 0.1Å，输出的脉冲辐射通量为10^{10} W·m^{-2}，该辐射通量是黑体辐射通量的数百万倍，由此可见激光研究的意义.

【例 1.1-1】 计算太阳表面温度.

【分析】 在太阳光光谱中，峰值波长为 470 nm，利用维恩位移公式(1.1-4)即可求出太阳表面温度.

【解】 由维恩位移公式 $\lambda_m T=b=2898\ \mu\text{m}\cdot\text{K}$，以及 $\lambda_m=470\ \text{nm}=0.47\ \mu\text{m}$，可得

$$T=\frac{2898\ \mu\text{m}\cdot\text{K}}{0.47\ \mu\text{m}}=6166\ \text{K}.$$

【答】 太阳表面温度为 6166 K.

【例 1.1-2】 计算太阳表面的辐出度，估算地球表面每平方米年平均分配到的太阳辐射能量.

【分析】 根据斯特藩-玻尔兹曼定律，知道太阳表面的温度，即可计算太阳表面的辐出度；根据太阳距离地球为 1 个天文单位，即 1.496×10^{11} m，地球半径为 6371 km，就可以估算地球表面每平方米年平均分配到的太阳辐射能量.

【解】 由 $M_B(T)=\sigma T^4$，而 $T=6166$ K，$\sigma=5.67051\times10^{-8}$ W·m^{-2}·K^{-4}，可得

$$M_B(T)=5.67051\times10^{-8}\ \text{W}\cdot\text{m}^{-2}\cdot\text{K}^{-4}\times(6166\ \text{K})^4=8.197\times10^7\ \text{W}\cdot\text{m}^{-2}.$$

考虑到太阳半径为 6.963×10^8 m，将太阳近似为黑体，那么太阳辐射功率为

$$P=M_B(T)\times4\pi\times(6.963\times10^8\ \text{m})^2=4.994\times10^{26}\ \text{W}.$$

由于地球与太阳之间的距离为 1.496×10^{11} m，地球的半径为 6.371×10^{6} m，因此不考虑大气的吸收，地球接收到的太阳辐射功率为

$$P_1=\frac{P}{4\pi\times(1.496\times10^{11}\,\text{m})^2}\times\pi\times(6.371\times10^6\ \text{m})^2=7.207\times10^{16}\ \text{W}.$$

又地球表面的面积为 $S_{地}=4\pi\times(6.371\times10^6\ \text{m})^2=5.101\times10^{14}\ \text{m}^2$，故地球表面每平方米平均分配到的太阳辐射功率为

$$P_2=\frac{7.207\times10^{16}\ \text{W}}{5.101\times10^{14}}=141.3\ \text{W}.$$

于是地球表面每平方米年平均分配到的太阳辐射能量为

$$E_1=P_2\times365.22\times86\,400\ \text{s}=141.3\ \text{W}\times365.22\times86\,400\ \text{s}=4.459\times10^9\ \text{J}.$$

【答】 地球表面每平方米年平均分配到的太阳辐射能量为 4.459×10^9 J.

【例 1.1-3】 从普朗克公式导出斯特藩-玻尔兹曼定律，并分析比例系数的差异.

【分析】 由普朗克公式 $M_{B\lambda}(T)=\dfrac{2\pi hc^2\lambda^{-5}}{e^{\frac{hc}{\lambda kT}}-1}$，计算 $M_B(T)=\displaystyle\int_0^\infty M_{B\lambda}(T)\mathrm{d}\lambda$.

【解】 令 $x=\dfrac{hc}{\lambda kT}$，则 $\lambda=\dfrac{hc}{xkT}$，$\mathrm{d}x=-\dfrac{hc}{\lambda^2kT}\mathrm{d}\lambda$，$\mathrm{d}\lambda=-\dfrac{\lambda^2kT}{hc}\mathrm{d}x$，故

$$\begin{aligned}M_B(T)&=\int_0^\infty M_{B\lambda}(T)\mathrm{d}\lambda=\int_\infty^0\frac{2\pi hc^2}{(e^x-1)\left(\dfrac{hc}{xkT}\right)^5}\left(-\frac{\lambda^2kT}{hc}\mathrm{d}x\right)\\&=\int_0^\infty\frac{2\pi x^3k^4T^4}{(e^x-1)h^3c^2}\mathrm{d}x=\frac{2\pi k^4T^4}{h^3c^2}\int_0^\infty\frac{x^3}{e^x-1}\mathrm{d}x.\end{aligned}$$

由于

$$\begin{aligned}\int_0^\infty\frac{x^3}{e^x-1}\mathrm{d}x&=\int_0^\infty[x^3e^{-x}(1+e^{-x}+e^{-2x}+\cdots)]\mathrm{d}x\\&=\int_0^\infty(x^3e^{-x}+x^3e^{-2x}+x^3e^{-3x}+\cdots)\mathrm{d}x,\end{aligned}$$

即

$$\int_0^\infty\frac{x^3}{e^x-1}\mathrm{d}x=\frac{3!}{1^4}+\frac{3!}{2^4}+\frac{3!}{3^4}+\frac{3!}{4^4}+\cdots=6.494,$$

因此

$$\begin{aligned}M_B(T)&=6.494\,\frac{2\pi k^4T^4}{h^3c^2}=6.494\times\frac{2\times3.141\,59\times(1.38\times10^{-23})^4}{(6.63\times10^{-34})^3\times(3\times10^8)^2}T^4\\&=5.642\times10^{-8}T^4.\end{aligned}$$

系数 5.642×10^{-8} 与 5.67×10^{-8} 相差 0.5%.

【答】 利用普朗克公式可以推导出斯特藩-玻尔兹曼定律，比例系数仅差 0.5%.

【例 1.1-4】 从普朗克公式导出维恩位移定律，并分析结果的差异.

【分析】 由普朗克公式 $M_{B\lambda}(T)=\dfrac{2\pi hc^2\lambda^{-5}}{e^{\frac{hc}{\lambda kT}}-1}$，以及曲线满足极大值的条件是一阶导数等于 0、二阶导数小于 0 进行推导.

【解】 令 $x=\dfrac{hc}{\lambda kT}$，则

$$\lambda = \frac{hc}{xkT},\ \frac{\mathrm{d}x}{\mathrm{d}\lambda} = -\frac{hc}{\lambda^2 kT},\ M_{B\lambda}(T) = \frac{2\pi hc^2\left(\frac{hc}{xkT}\right)^{-5}}{\mathrm{e}^x - 1} = \frac{2\pi x^5 k^5 T^5}{h^4 c^3(\mathrm{e}^x - 1)},$$

故

$$\frac{\mathrm{d}M_{B\lambda}(T)}{\mathrm{d}\lambda} = \frac{\mathrm{d}}{\mathrm{d}x}\left[\frac{2\pi x^5 k^5 T^5}{h^4 c^3(\mathrm{e}^x - 1)}\right]\frac{\mathrm{d}x}{\mathrm{d}\lambda} = \left[5\frac{2\pi x^4 k^5 T^5}{h^4 c^3(\mathrm{e}^x - 1)} - \frac{2\pi x^5 k^5 T^5 \mathrm{e}^x}{h^4 c^3(\mathrm{e}^x - 1)^2}\right]\left(-\frac{hc}{\lambda^2 kT}\right).$$

由

$$\frac{\mathrm{d}M_{B\lambda}(T)}{\mathrm{d}\lambda} = 0,$$

可得

$$\left[5\frac{2\pi x^4 k^5 T^5}{h^4 c^3(\mathrm{e}^x - 1)} - \frac{2\pi x^5 k^5 T^5 \mathrm{e}^x}{h^4 c^3(\mathrm{e}^x - 1)^2}\right]\left(-\frac{hc}{\lambda^2 kT}\right) = 0,$$

整理得

$$5 - \frac{x\mathrm{e}^x}{\mathrm{e}^x - 1} = 0,$$

即

$$5\mathrm{e}^x - x\mathrm{e}^x - 5 = 0. \tag{1}$$

为了求解式(1)，可以令 $y_1 = 5\mathrm{e}^x - 5$，$y_2 = x\mathrm{e}^x$，取 x 的取值范围为[4，6]，利用 Matlab 编制以下程序：

```
x = 4:0.001:6
y1 = 5. * exp(x) - 5;
y2 = x. * exp(x);
plot(x, y1, x, y2, 'linewidth', 3)
set (gca, 'Fontsize', 20)
```

运行程序可得到图 1.1-6，发现 x 在[4.8，5.2]范围内，两条曲线 y_1 和 y_2 存在一个交点；取 x 的取值范围为[4.8，5.2]，编程计算得到图 1.1-7，发现 x 在[4.95，4.98]范围内，两条曲线 y_1 和 y_2 存在一个交点；取 x 的取值范围为[4.95，4.98]，编程计算得到图 1.1-8，发现 x 在[4.964，4.967]范围内，两条曲线 y_1 和 y_2 存在一个交点；取 x 的取值范围为[4.964，4.967]，编程计算得到图 1.1-9，不难判断 $x = 4.9652$.

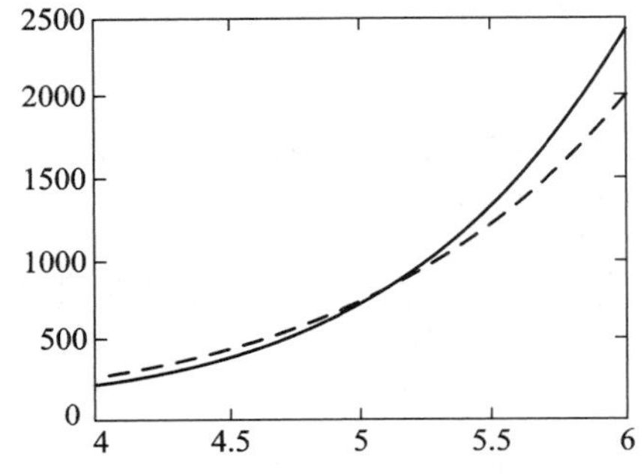

图 1.1-6　$x \in [4, 6]$ 范围内的 y_1 和 y_2 曲线

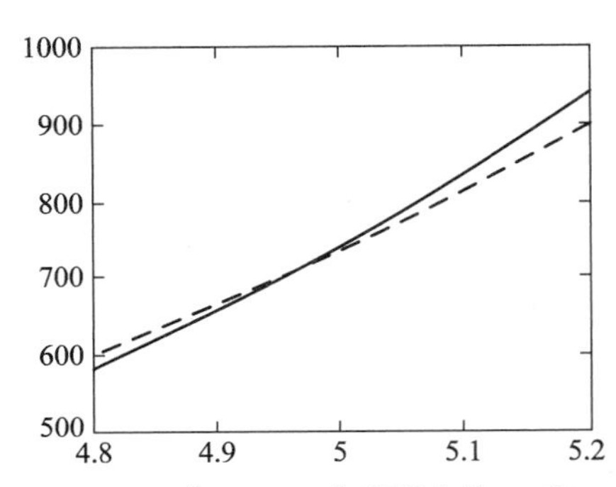

图 1.1-7　$x \in [4.8, 5.2]$ 范围内的 y_1 和 y_2 曲线

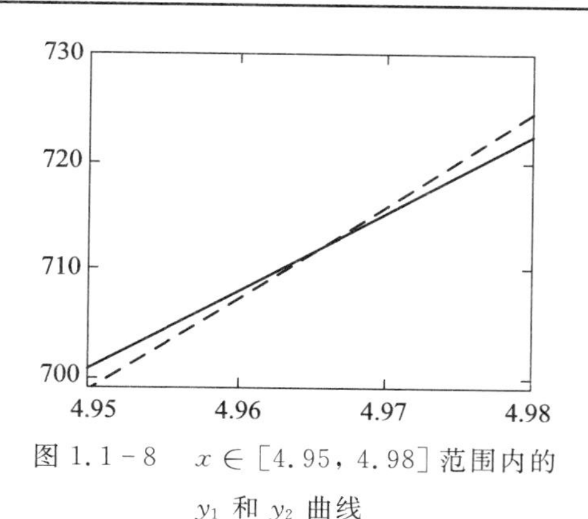

图 1.1-8　$x \in [4.95, 4.98]$ 范围内的 y_1 和 y_2 曲线

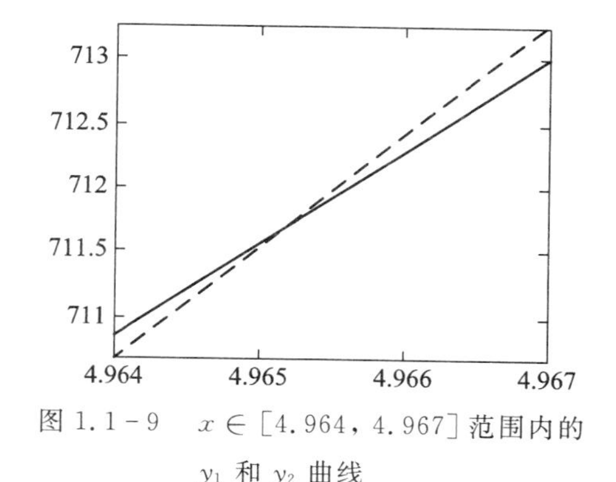

图 1.1-9　$x \in [4.964, 4.967]$ 范围内的 y_1 和 y_2 曲线

故 $\lambda_m T = \dfrac{hc}{4.9652k} = \dfrac{6.626 \times 10^{-34} \times 3 \times 10^8}{4.9652 \times 1.38 \times 10^{-23}} = 2.901 \times 10^{-3} \mathrm{m \cdot K} = 2901\ \mu\mathrm{m \cdot K}$.

【答】 利用普朗克公式可以推导出维恩位移定律，结果与维恩位移定律 $\lambda_m T = 2898\ \mu\mathrm{m \cdot K}$ 相差不到 1%.

【例 1.1-5】 英国物理学家瑞利(原名为约翰·威廉·斯特拉特，John William Strutt，1842—1919)和詹姆斯·霍普伍德·金斯(James Hopwood Jeans，1877—1946)根据经典统计理论，研究密封空腔中的电磁场，得到了空腔辐射的能量密度 $M_{B\lambda}(T) = \frac{c_1}{\lambda^4} T$，称为瑞利-金斯公式(Rayleigh-Jeans formula). 试从普朗克公式导出瑞利-金斯公式.

【解】 普朗克公式为 $M_{B\lambda}(T) = \dfrac{2\pi hc^2 \lambda^{-5}}{e^{\frac{hc}{\lambda kT}} - 1}$. 考虑当 λ 较大时，$\dfrac{hc}{\lambda kT} \to 0$，$e^{\frac{hc}{\lambda kT}} - 1 \approx \dfrac{hc}{\lambda kT}$，那么 $M_{B\lambda}(T) \approx \dfrac{2\pi hc^2}{\lambda^5} \dfrac{\lambda kT}{hc} = \dfrac{2c\pi}{\lambda^4} kT$，与瑞利-金斯公式的形式一样.

【答】 瑞利-金斯公式是普朗克公式长波长的极限规律，可以表示为 $M_{B\lambda}(T) = \dfrac{2c\pi}{\lambda^4} kT$.

【例 1.1-6】 从普朗克公式导出维恩公式 $M_{B\lambda}(T) = \dfrac{2\pi hc^2}{\lambda^5} e^{-\frac{hc}{\lambda kT}}$.

【解】 普朗克公式为 $M_{B\lambda}(T) = \dfrac{2\pi hc^2 \lambda^{-5}}{e^{\frac{hc}{\lambda kT}} - 1}$. 考虑当 λ 较小时，$\dfrac{hc}{\lambda kT} \gg 1$，$e^{\frac{hc}{\lambda kT}} - 1 \approx e^{\frac{hc}{\lambda kT}}$，那么 $M_{B\lambda}(T) \approx \dfrac{2\pi hc^2}{\lambda^5} e^{-\frac{hc}{\lambda kT}}$，与维恩公式的形式一样.

1.2 光电效应　爱因斯坦光子假说

在研究电磁波性质的实验中，德国物理学家海因里希·鲁道夫·赫兹(Heinrich Rudolf Hertz，1857—1894)于 1887 年发现用紫外光线照射金属电极能够助长火花放电. 阿尔伯特·爱因斯坦(Albert Einstein，1879—1955)的进一步研究表明，光照射到某些物质上，会引起物质的电性质发生变化，逸出光电子，这种现象称为**光电效应**(photoelectric effect).

1.2.1 光电效应

金属及其化合物在光照射下发射出光电子的现象称为光电效应. 如图 1.2-1 所示，在一个抽成真空的玻璃管内装有金属电极阴极 K 和阳极 A，一束频率为 ν 的光照射在阴极 K 上产生光电子，在阳极 A 收集到电子后，回路中产生光电流，这样从阴极 K 激发出来的光电子形成的光电流示意图如图 1.2-2 所示. 综合实验结论，归纳出如下规律.

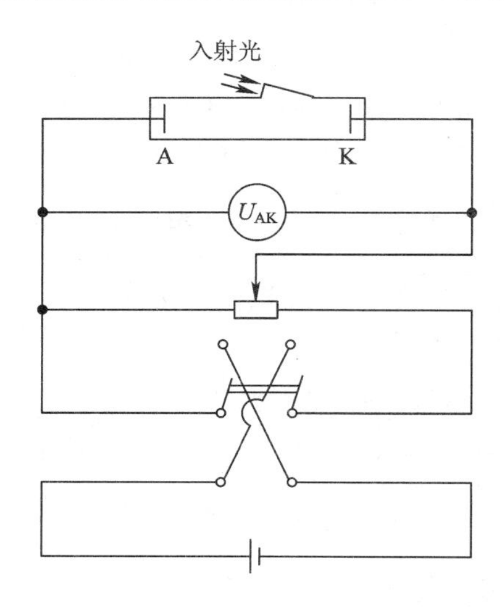

图 1.2-1　光电效应实验示意图

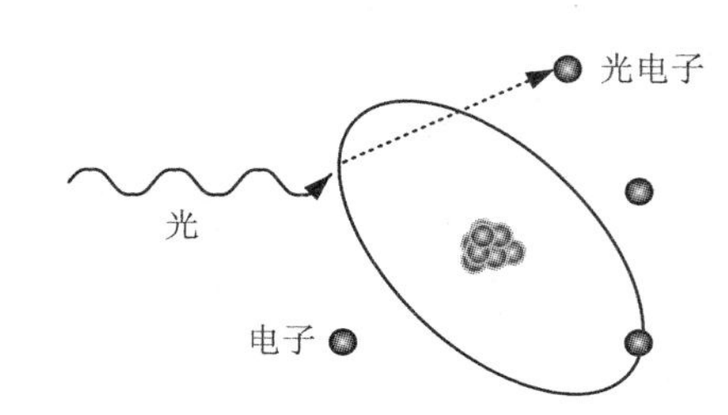

图 1.2-2　光电子形成的光电流示意图

1. 饱和电流

图 1.2-3 描述了入射光强度较强的黄光、蓝光和入射光强度较弱的黄光的光电流与电压的关系曲线. 它们的共同特征是：当光电流 i 较小时，光电流 i 与阳极 A、阴极 K 之间的电压 U 成正比；当光电流 i 趋于饱和时，产生的光电子在电场的作用下都被阳极 A 接收，电流达到饱和. 入射光强 I 与在单位时间内从阴极 K 发射的光电子数成正比，即 $I = Nh\nu$，其中 N 为光电子数.

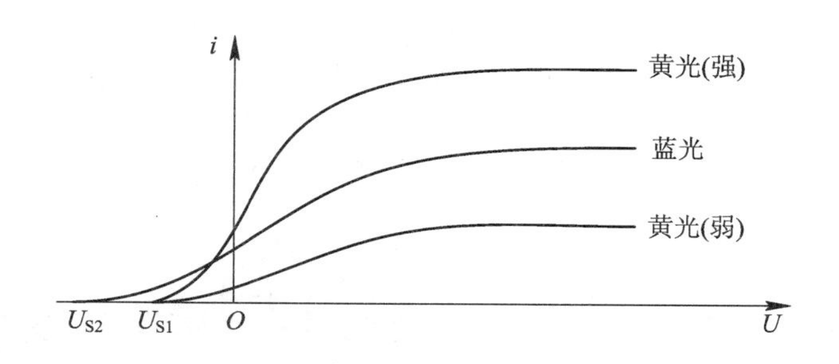

图 1.2-3　光电流与电压的关系曲线

2. 遏止电压

由图 1.2-3 可见，当 $U = 0$ 时，光电流不为零，这是因为光电子逸出时具有初动能 $\frac{1}{2}mv^2$. 为了使光电流为零，必须加上反向电压，这个反向电压的绝对值 U_S 满足

$$\frac{1}{2}mv_{\mathrm{m}}^{2}=eU_{\mathrm{S}}. \tag{1.2-1}$$

式中，v_{m} 为逸出电子的最大速率，U_{S} 为遏止电压.

由图 1.2-3 可见，两束强度不同的黄光照射到同一金属材料表面，它们的饱和电流不同，但是它们的遏止电压是相同的，说明遏止电压 U_{S} 与入射光强 I 无关. 入射的黄光与蓝光相比较，由于黄光的波长比蓝光的波长长，即黄光的频率比蓝光的频率低，所以黄光的光子能量比蓝光的光子能量低，黄光的遏止电压比蓝光的遏止电压小. 按照经典电磁理论，逸出的光电子动能应当与入射光强有关，入射光强大则逸出的光电子动能大，而实验的结果却证明了逸出的光电子动能与入射光强无关，只与入射光的频率有关. 这与经典电磁理论不符合.

3. 截止频率

遏止电压 U_{S} 与入射光强 I 无关，而与照射到阴极的光频率 ν 呈线性关系，即

$$U_{\mathrm{S}}=k(\nu-\nu_{0}). \tag{1.2-2}$$

式中：k 为比例系数，在数值上等于 h/e，$h=6.63\times10^{-34}\,\mathrm{J\cdot s}$，$e=1.6\times10^{-19}\,\mathrm{C}$；$\nu_0$ 称为截止频率，因 $\nu\geqslant\nu_0$ 才能产生光电效应. 截止频率的存在，使得实验结论与经典电磁理论不相符合. 按照经典电磁理论，入射的光无论是什么频率，只要其强度足够强，就能使电子具有足够的动能而逸出金属表面；但是实验结论是，若入射光的频率小于截止频率，则无论其强度多强，都不能产生光电效应.

对于作为金属电极阴极 K 的某一材料，当入射光频率 ν 小于某个最小频率 ν_0 时，不管以多大光强照射多长时间，都没有光电流产生，即阴极 K 不释放光电子，这个最小频率 ν_0 就是该材料产生光电效应的截止频率，也叫作红限频率. 截止频率 ν_0 相对应的截止波长 $\lambda_0=c/\nu_0$. 表 1.2-1 列出了几种金属材料的逸出功、截止频率和截止波长. 不同金属材料的截止频率不同，几种常见金属材料的截止频率对比如图 1.2-4 所示.

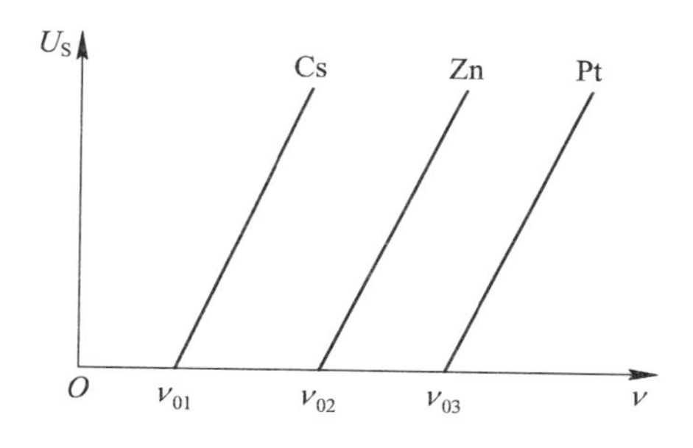

图 1.2-4　几种常见金属材料的截止频率对比

表 1.2-1　几种金属材料的逸出功、截止频率和截止波长

金属材料	铯(Cs)	钾(K)	钠(Na)	锌(Zn)	镁(Mg)	铍(Be)	钛(Ti)	铊(Tl)	钨(W)	银(Ag)	金(Au)	铂(Pt)
逸出功 /eV	1.94	2.25	2.29	3.38	3.73	3.96	4.13	4.49	4.54	4.63	4.85	6.34
$\nu_0(\times10^{14})$/Hz	4.69	5.44	5.53	8.06	9.01	9.55	9.97	10.83	10.99	11.24	11.7	15.3
$\lambda_0/\mu\mathrm{m}$	0.639	0.551	0.541	0.372	0.333	0.314	0.301	0.277	0.273	0.267	0.256	0.196

4. 滞后时间

按照经典电磁理论，受到光照射的物质表面电子逸出是预料之中的，电子需要一定的时间来积累能量，直到逸出金属表面为止. 然而实验的结果是，从光的照射到光电子的释

放，在 10^{-8} s 这一测量精度范围内，观察不到滞后现象，即光电子的逸出过程是即时发生的，逸出光电子滞后时间小于10^{-9} s.

1.2.2 光电效应方程

爱因斯坦在1905年发表的《论运动物体的电动力学》一文中指出:“在我看来，关于黑体辐射、光致发光、紫外光产生的阴极射线以及其他一些有关光的产生和转化现象的观测结果，如果用光的能量在空间中不是连续分布的这种假设来解释，似乎更好理解. ”于是爱因斯坦提出了**光子假说**(photon hypothesis)，其内容是：一束光就是以光速运动的称为光子的粒子流，频率为 ν 的光的每个光子的能量为 $h\nu$，这个能量不可再分割，只能整个地被吸收或者释放出来.

爱因斯坦的**光电效应方程**(photoelectric effect equation) 为

$$h\nu = \frac{1}{2}mv_{\mathrm{m}}^{2} + W. \tag{1.2-3}$$

式中，$W = h\nu_0$ 为逸出功.

爱因斯坦的光子假说成功地解释了光电效应等实验，因此爱因斯坦荣获1921年诺贝尔物理学奖.

1.2.3 光的波粒二象性

爱因斯坦根据光子假说，提出了光的波粒二象性，说明了光不仅具有能量

$$E = h\nu, \tag{1.2-4}$$

而且具有运动质量

$$m_{\varphi} = \frac{h\nu}{c^2} = \frac{h}{c\lambda} \tag{1.2-5}$$

和动量

$$p = m_{\varphi}c = \frac{h}{\lambda}. \tag{1.2-6}$$

式(1.2-5) 和式(1.2-6) 称为**爱因斯坦关系**(Einstein relation).

【例 1.2-1】 如图 1.2-5 所示，波长为 λ 的单色光照射到某金属 M 的表面发生光电效应，金属表面发射的光电子(电量为 $-e$，质量为 m) 经狭缝 S 后垂直进入均匀磁场 $\boldsymbol{B}$ 中. 今测出电子在磁场中做圆周运动的最大半径为 R，试求：

(1) 金属材料的逸出功；

(2) 遏止电压.

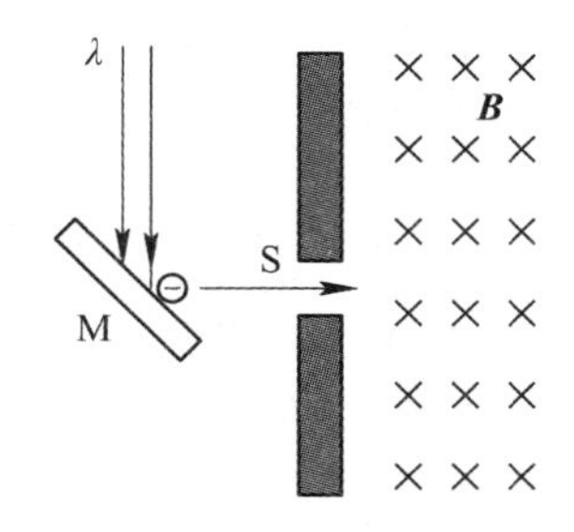

图 1.2-5　波长为 λ 的单色光照射到某金属 M 表面发生光电效应的示意图

【分析】 根据爱因斯坦光电效应方程 $h\nu = \frac{1}{2}mv_{\mathrm{m}}^{2} + W$(式中频率 $\nu = \frac{c}{\lambda}$，v_{m} 为逸出电子的最大速率)，以及带电粒子在磁场中运动，洛伦兹力提供向心力 $Bev_{\mathrm{m}} = m\frac{v_{\mathrm{m}}^{2}}{R}$ 进行求解.

【解】 (1) 由爱因斯坦光电效应方程可知，金属材料的逸出功为

$$W = h\nu - \frac{1}{2}mv_m^2 = h\frac{c}{\lambda} - \frac{1}{2}m\left(\frac{BeR}{m}\right)^2 = h\frac{c}{\lambda} - \frac{B^2e^2R^2}{2m}.$$

(2) 遏止电压为 $U_S = \frac{1}{2e}mv_m^2 = \frac{1}{2e}m\left(\frac{BeR}{m}\right)^2 = \frac{B^2eR^2}{2m}$.

【答】 (1) 金属材料的逸出功为 $h\frac{c}{\lambda} - \frac{B^2e^2R^2}{2m}$；(2) 遏止电压为 $\frac{B^2eR^2}{2m}$.

【例 1.2-2】 已知金属钨的逸出功是 4.52 eV. 试问：

(1) 金属钨产生光电效应的截止波长是多少？

(2) 当入射光波的波长为 200 nm 时，光电子的最大初动能是多少？

(3) 此情况下的遏止电压是多少？

【分析】 由光电效应方程 $h\nu = \frac{1}{2}mv_m^2 + W\left(\nu = \frac{c}{\lambda}\right)$ 进行求解.

【解】 (1) 已知 $W = 4.52$ eV，则截止波长为

$$\lambda_0 = \frac{hc}{W} = \frac{6.626 \times 10^{-34} \times 3 \times 10^8}{4.52 \times 1.6 \times 10^{-19}} = 2.75 \times 10^{-7}\ \text{m} = 275\ \text{nm}.$$

λ_0 位于紫外线区域.

(2) 当入射光波的波长为 200 nm 时，光电子的最大初动能为

$$\frac{1}{2}mv_m^2 = h\nu - W = \frac{hc}{\lambda} - W = \frac{6.626 \times 10^{-34} \times 3 \times 10^8}{200 \times 10^{-9} \times 1.6 \times 10^{-19}} - 4.52 = 1.69\ \text{eV}.$$

(3) 遏止电压恰好是对应于最大初动能 $\frac{1}{2}mv_m^2$ 的电压值，即

$$U_S = \frac{1.69\ \text{eV}}{e} = 1.69\ \text{V}.$$

【答】 (1) 截止波长为 275 nm；(2) 最大初动能为 1.69 eV；(3) 遏止电压为 1.69 V.

1.2.4　光电效应的应用

由表 1.2-1 可知，不同金属材料所对应的电子逸出功是不同的，这意味着对于同一频率照射的光，不同金属产生的光电效应效果是不一样的. 有的金属如银、金、铂等必须利用波长小于一定范围的紫外光才能产生光电效应，有的金属如铯、钾、钠利用可见光就能产生光电效应. 从另一个角度来说，红外光比可见光具有更强的热效应. 红外光通常是指波长位于 0.76 ～ 1000 μm 内的电磁波，在太阳光谱中红外光是不可见光. 1800 年，英国科学家弗里德里希·威廉·赫歇尔(Friedrich Wilhelm Herschel，1738—1822) 将太阳光用三棱镜折射，在各种颜色的色带上放置了温度计，试图测量各种颜色光的热效应，最终发现位于红光外侧的那支温度计升温最快. 在自然界中任何物体都能辐射红外光. 红外光照射到物体上，回路中形成电流，作为光电效应的应用，制造出了光电倍增管和热像仪等.

1. 光电倍增管

光电倍增管，简称光电管，是利用光电效应原理制成的光电成像器件，其外形如图 1.2-6 所示. 当光照射到光

图 1.2-6　光电倍增管的外形

电倍增管的阴极材料后，阴极材料表面瞬时逸出光电子．这些光电子经过电场加速聚集后，以更高的能量撞击第一级倍增极，从而发射出更多的低能量电子．这些电子在电场作用下加速，又向下一级倍增极撞去，导致一系列几何级数般的倍增，最终到达阳极，从而将可见光、红外光成像在焦平面上，转换成图像．光电倍增管已广泛地应用于军事方面，并应用于微光夜视中的像增强以及弱光探测等领域．

2．热像仪

热像仪是一种利用红外热量成像技术制造成的仪器，其工作原理是：通过对待测物体红外辐射的探测，即将红外光能通过光栅，由光电效应产生电信号，再把电信号转化为标准的视频信号或者可记录的信号，形成待测物体的温度分布图像．热像仪成像原理图如图1.2－7所示．

人的头部各部分温度有差异，热像仪能将这些差异转换成可见光图像，如图1.2－8所示．更奇怪的是，在漆黑的夜晚，热像仪能将远方的人显示在屏幕上，虽然肉眼看不到，但是人体温度比周围的环境温度高，就显示出白亮的人体．这一技术在医学上用来检测静脉曲张、脉管炎以及癌症部位，在线路上用于检测高压输电系统中的绝缘子工作状况．

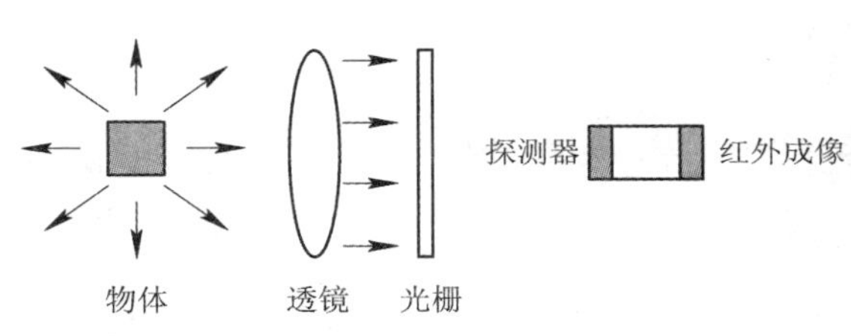

图1.2－7　热像仪成像原理图

图1.2－8　热像仪形成的可见光图像

1.3 康普顿效应

电磁辐射与物质相互作用，有的材料经可见光照射就有光电子逸出，有的材料只有经波长更短的X射线照射才能有光电子逸出．1923年，美国物理学家阿瑟·霍利·康普顿(Arthur Holly Compton，1892—1962)发现，单色X射线照射物质时，在散射线中有两种波长，其中一种波长是比入射波长更长的波长，这个波长λ与入射波长λ_0之差$\Delta\lambda=\lambda-\lambda_0$与入射波长$\lambda_0$无关，随着散射角$\theta$增大而增大，这一单色X射线入射出现两种波长的现象称为**康普顿效应**(Compton effect)．大量实验表明，当入射光子能量小于0.5 MeV时，以光电效应为主；当入射光子能量大于1.02 MeV时，产生康普顿效应的概率较大．

1.3.1　康普顿效应实验

康普顿效应也叫康普顿散射，其实验示意图如图1.3－1所示．当X射线(例如$\lambda_0\approx$ 0.1 nm)入射到石墨表面时，选择具有确定散射角θ的一束散射线进行探测，然后用摄谱仪

测出其波长及相对强度，再改变散射角 θ 进行实验.

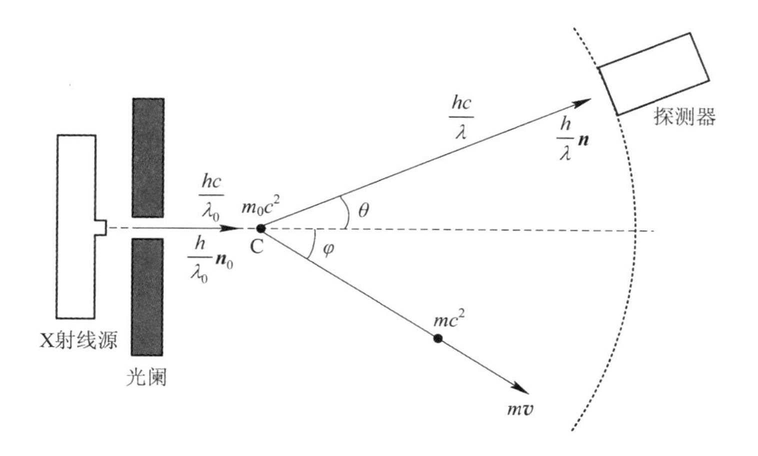

图 1.3－1　康普顿效应实验示意图

实验结果表明，对于任意散射角 θ 都测量到两种波长 λ 和 λ_0，且 $\Delta\lambda=\lambda-\lambda_0$ 随着散射角 θ 的增大而增大，而与入射波长 λ_0 无关，也与散射物质本身无关. 康普顿效应的实验结果如图 1.3－2 所示，随着散射角不断增大，波长为 λ_0 的成分所占比重越来越小，波长为 λ 的成分所占比重越来越大. 我国物理学家吴有训先生设计了很多实验，得到以下结论：散射物质元素越轻，则波长 λ 的散射线相对越强；散射物质元素越重，则波长 λ 的散射线相对越弱. 吴有训先生的实验结果如图 1.3－3 所示，对于原子序数小的物质(轻物质)，多数电子处于弱束缚状态，故在散射线中 λ_0 的成分较少，而 λ 的成分较多；对于原子序数大的物质(重物质)，多数电子处于强束缚状态，故在散射线中 λ_0 的成分较多，而 λ 的成分较少.

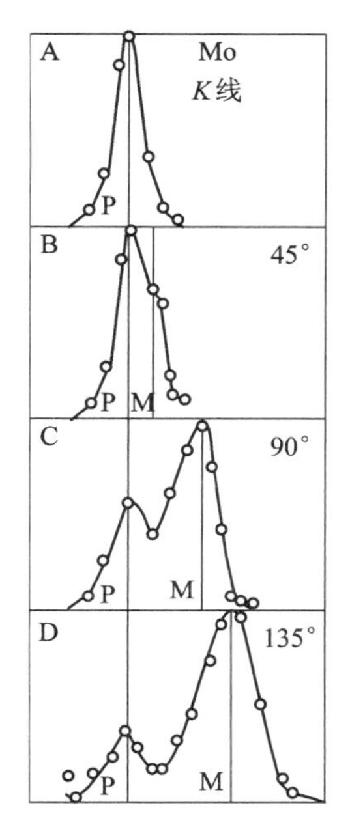

图 1.3－2　康普顿效应的实验结果

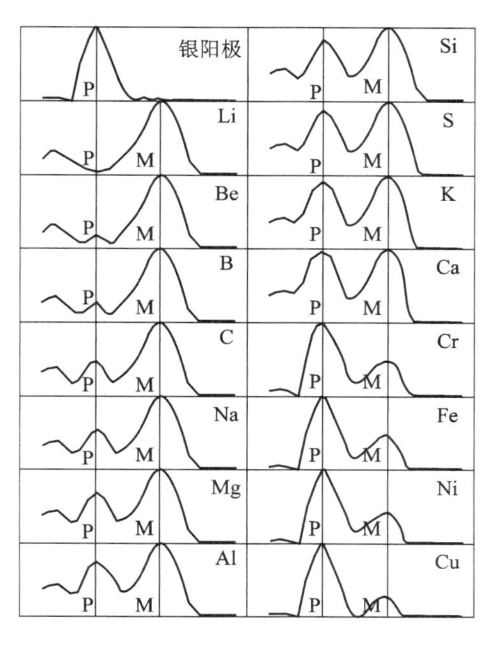

图 1.3－3　吴有训先生的实验结果

1.3.2 光子理论解释

按照经典理论，入射光子与外层电子碰撞，电子做受迫振动，发射同频率的散射线，只能说明波长不变的散射现象，而不能说明波长变大的现象. 康普顿另辟蹊径，根据光的量子理论，利用散射过程中X射线与反冲电子之间的动量与能量守恒定律，分析外层电子. 一方面，外层电子受到原子核的束缚较弱(10 ～ 100 eV)，可以看成是静止的近似自由的电子；另一方面，外层电子的动能远远小于入射X射线的能量(10^4 ～ 10^5 eV)，可以忽略不计，从而外层电子可以看成是静止的自由的电子. 这样就成功地解释了康普顿效应，因此康普顿荣获1927年诺贝尔物理学奖.

康普顿效应分析过程如图1.3-1所示. 入射光子的频率为ν_0，能量为$h\nu_0$，动量为$\frac{h\nu_0}{c}$；散射光子的频率为ν，能量为$h\nu$，动量为$\frac{h\nu}{c}$；反冲电子的能量为mc^2，比碰撞前动能增加了$mc^2-m_0c^2$，动量为mv(这里的动能是相对论动能，这里的动量也是相对论动量). 利用动量和能量守恒得到

$$\frac{h\nu_0}{c}=\frac{h\nu}{c}\cos\theta+mv\cos\varphi, \tag{1.3-1}$$

$$\frac{h\nu}{c}\sin\theta=mv\sin\varphi, \tag{1.3-2}$$

$$h\nu_0+m_0c^2=h\nu+mc^2. \tag{1.3-3}$$

由式(1.3-1)和式(1.3-2)消去φ，并将式(1.3-3)移项后两边平方，整理得到

$$\lambda-\lambda_0=\frac{h}{m_0c}(1-\cos\theta). \tag{1.3-4}$$

记电子的康普顿波长为$\lambda_C=\frac{h}{m_0c}$，则式(1.3-4)也可以写成

$$\lambda-\lambda_0=2\lambda_C\sin^2\frac{\theta}{2}. \tag{1.3-5}$$

康普顿波长的大小为

$$\lambda_C=\frac{h}{m_0c}=\frac{6.63\times10^{-34}\,\text{J}\cdot\text{s}}{9.1\times10^{-31}\,\text{kg}\times3\times10^8\,\text{m}\cdot\text{s}^{-1}}=0.0024\ \text{nm}.$$

康普顿效应不仅广泛应用于核物理、粒子物理、天体物理、X光晶体学等许多领域，还用于医疗方面，例如诊断骨质疏松等病症.

【例1.3-1】 由式(1.3-1)、式(1.3-2)和式(1.3-3)证明式(1.3-4).

【证明】 由式(1.3-1)和式(1.3-2)消去φ，得

$$(mv)^2=\left(\frac{h\nu_0}{c}-\frac{h\nu}{c}\cos\theta\right)^2+\left(\frac{h\nu}{c}\sin\theta\right)^2,$$

$$m^2v^2c^2=h^2\nu_0^2+h^2\nu^2-2h^2\nu\nu_0\cos\theta \tag{1}$$

将式(1.3-3)移项后两边平方得

$$m^2c^4=(h\nu_0+m_0c^2-h\nu)^2,$$

$$m^2c^4=(h\nu_0-h\nu)^2-2m_0c^2h\nu+2m_0c^2h\nu_0+m_0^2c^4,$$

$$m^2c^4=h^2\nu_0^2+h^2\nu^2-2h^2\nu\nu_0-2m_0c^2h\nu+2m_0c^2h\nu_0+m_0^2c^4. \tag{2}$$

式(2) − 式(1) 得

$$m^2c^2(c^2 - v^2) = -2h^2\nu\nu_0(1-\cos\theta) - 2m_0c^2h\nu + 2m_0c^2h\nu_0 + m_0^2c^4,$$

$$\frac{m_0^2}{1-\frac{v^2}{c^2}}c^2(c^2 - v^2) = -2h^2\nu\nu_0(1-\cos\theta) - 2m_0c^2h\nu + 2m_0c^2h\nu_0 + m_0^2c^4,$$

即 $h(1-\cos\theta) = \frac{m_0c^2}{\nu} - \frac{m_0c^2}{\nu_0}$. 由 $\frac{c}{\nu_0} = \lambda_0$，$\frac{c}{\nu} = \lambda$，得

$$\lambda - \lambda_0 = \frac{h}{m_0c}(1-\cos\theta).$$

【例 1.3－2】 波长为 0.240 nm 的 X 射线发生康普顿散射，散射束在相对入射束 60° 的方向上被测量，求：

(1) 散射的 X 射线波长；

(2) 散射的 X 射线光子的能量；

(3) 反冲电子的动能；

(4) 反冲电子的飞出方向.

【解】 (1) 散射的 X 射线波长为

$$\lambda = \lambda_0 + 2\lambda_C \sin^2\frac{\theta}{2} = 0.240\ \text{nm} + 0.0048\ \text{mm} \times \sin^2\frac{\theta}{2} = 0.241\ \text{nm}.$$

(2) 散射的 X 射线光子的能量为 $E = \frac{hc}{\lambda} = 5140\ \text{eV}$.

(3) 反冲电子的动能为 $\frac{hc}{\lambda_0} - E = 5170\ \text{eV} - 5140\ \text{eV} = 30\ \text{eV}$.

(4) 由 x 方向和 y 方向上动量守恒的方程

$$mv\cos\varphi + \frac{h}{\lambda}\cos\theta = \frac{h}{\lambda_0}$$

$$mv\sin\varphi - \frac{h}{\lambda}\sin\theta = 0$$

可以得到

$$\tan\varphi = \frac{\frac{h}{\lambda}\sin\theta}{\frac{h}{\lambda_0} - \frac{h}{\lambda}\cos\theta} = 1.715,$$

则 $\varphi = 59.7°$.

【答】 (1) 散射的 X 射线波长为 0.241 nm；(2) 散射的 X 射线光子的能量为 5140 eV；(3) 反冲电子的动能为 30 eV；(4) 反冲电子的飞出方向为 $\varphi = 59.7°$ 的方向.

1.4　玻尔氢原子理论

爱因斯坦的光电效应方程和康普顿效应的光子解释，它们相同的特征就是都说明了光不仅具有波动性还具有粒子性，即都回答了光具有波粒二象性. 与此同时，在原子光谱的线状结构以及原子本身稳定性问题上，经典物理理论也遇到了不可克服的困难. 丹麦物理学家尼尔斯·亨利克·戴维·玻尔(Niels Henrik David Bohr，1885—1962)发展了普朗克的量子假设和爱因斯坦的光子假说，创立了氢原子结构半经典量子理论，成功地解释了氢原子光谱的实验规律.

1.4.1　氢原子光谱

各种元素的原子光谱由分立的光谱线组成，光谱线的分布具有确定的规律. **氢原子光谱**(atomic spectrum of hydrogen)是最简单的原子光谱，是研究原子、分子光谱的基础. 氢原子光谱的实验及其规律的发现有着漫长的过程.

(1) 氢原子光谱的研究最早由瑞典物理学家安德斯·琼斯·埃斯特朗(Anders Jonas Ångström，1814—1874)等人开始，他们从氢放电管中发现了氢原子在可见光部分的四条离散谱线，这四条离散谱线分别称为 H_α、H_β、H_γ、H_δ、…. 为了纪念埃斯特朗，人们将波长单位记为“埃”，用“Å”表示，1Å = 0.1 nm. 瑞士数学家、物理学家约翰·雅各布·巴尔末(Johann Jakob Balmer，1825—1898)在巴塞尔大学(University of Basel)兼任讲师时受到该校物理学教授爱德华·哈根拜希(Eduard Hagenbch，1833—1910)的鼓励，于1884年针对已发现的光谱线波长写出了经验公式：

$$\lambda = B\frac{n^2}{n^2-4}. \tag{1.4-1}$$

式中，n表示能级，$B = 3.6546\times10^{-7}$ m称为**巴尔末常量**(Balmer constant). 为了纪念巴尔末的贡献，人们将氢原子可见光部分的光谱 656.3 nm、486.1 nm、434.1 nm、410.2 nm、…、364.6 nm 系列称为巴尔末系，分别对应于 H_α、H_β、H_γ、H_δ、…、H_∞，如图 1.4-1 所示.

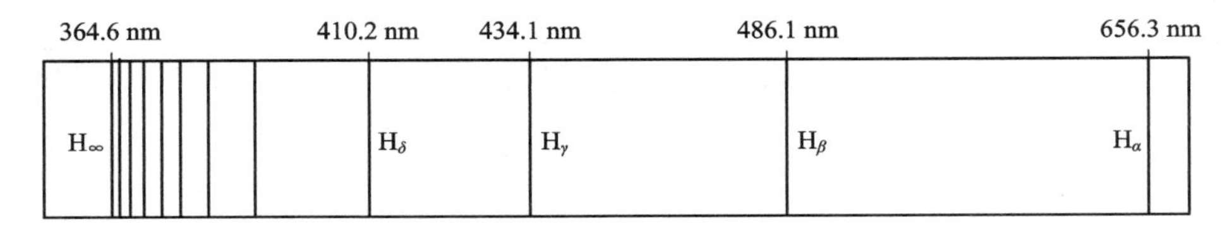

图 1.4-1　巴尔末系

(2) 1890年，瑞典物理学家约翰内斯·里德堡(Johannes Robert Rydberg，1854—1919)将巴耳末经验公式简化，发现每条光谱线的波数的倒数可以用简单的自然数平方的倒数差乘**里德堡常量**(Rydberg constant)计算得到：

$$\frac{1}{\lambda_{kn}} = R_H\left(\frac{1}{k^2}-\frac{1}{n^2}\right). \tag{1.4-2}$$

式中，λ_{kn} 为氢原子从第 k 能级跃迁到第 n 能级时放出光子的波长，$R_H = 1.097\ 373\ 1\times10^7\,\mathrm{m^{-1}}$ 为里德堡常量. 值得注意的是，当 $k=2$，$n=3$ 时，对应的波长为 $\lambda_{23} = 656.3$ nm，对应于如图 1.4-1 中所示的 H_α 谱线，依此类推. 另外，威廉·哈根斯(William Huggins，1824—1910)和赫尔曼·卡尔·沃格尔(Hermann Carl Vogel，1841—1907)等在拍摄恒星光谱中发现了10条紫外谱线，满足式(1.4-2)中 $k=1$ 的情况，验证了大气中氢元素的存在.

(3) 进入二十世纪，各国研究人员相继发现了氢原子的其他谱线系，从此掀起了研究氢原子的热潮.

1908 年，德国物理学家路易斯·卡尔·海因里希·弗里德里希·帕邢(Louis Carl Heinrich Friedrich Paschen，1865—1947)发现氢原子光谱的帕邢系(Paschen series). 帕邢系光谱位于红外光波段.

1914 年，美国物理学家西奥多·莱曼(Theodore Lyman，1874—1954)发现氢原子光谱的莱曼系(Lyman series). 莱曼系光谱位于紫外光波段.

1922 年，美国物理学家弗雷德里克·布喇开(Frederick Sumner Brackett，1892—1972)发现氢原子光谱的布喇开系(Brackett series). 布喇开系光谱位于近红外光波段.

1924 年，美国物理学家奥古斯特·赫尔曼·蒲芬德(August Herman Pfund，1879—1949)发现氢原子光谱的蒲芬德系(Pfund series). 蒲芬德系光谱位于远红外光波段.

1953 年，美国物理学家柯蒂斯·贾德森·汉弗莱(Curtis Judson Humphreys，1898—1986)发现氢原子光谱的汉弗莱系(Humphreys series). 汉弗莱系光谱位于远红外光波段.

当整数 k 取一定值时，n 取大于 k 的整数，得到一系列谱线系，例如：

当 $k=1$ 时，$n=2, 3, 4, \cdots$，有 121.5 nm，102.5 nm，97.2 nm，94.9 nm，93.7 nm，93.0 nm，92.6 nm，92.3 nm，92.0 nm，… 无穷多条谱线，它们构成了莱曼系光谱；

当 $k=2$ 时，$n=3, 4, 5, \cdots$，有 656.3 nm，486.1 nm，434.1 nm，410.2 nm，396.9 nm，388.8 nm，383.4 nm，379.7 nm，… 无穷多条谱线，它们构成了巴尔末系光谱；

当 $k=3$ 时，$n=4, 5, 6, \cdots$，有 1874.6 nm，1281.5 nm，1093.5 nm，1004.7 nm，954.3 nm，922.7 nm，901.3 nm，… 无穷多条谱线，它们构成了帕邢系光谱；

当 $k=4$ 时，$n=5, 6, 7, \cdots$，有 4050.1 nm，2624.4 nm，2164.9 nm，1944.0 nm，1816.9 nm，1735.7 nm，… 无穷多条谱线，它们构成了布喇开系光谱；

当 $k=5$ 时，$n=6, 7, 8, \cdots$，有 7455.8 nm，4651.3 nm，3738.5 nm，3295.2 nm，3037.6 nm，… 无穷多条谱线，它们构成了蒲芬德系光谱；

当 $k=6$ 时，$n=7, 8, 9, \cdots$，有 12 365.2 nm，7498.4 nm，5905.0 nm，5125.9 nm，… 无穷多条谱线，它们构成了汉弗莱系光谱.

1.4.2　氢原子结构半经典量子理论

玻尔根据埃斯特朗等人的氢原子光谱实验结果，提出了氢原子结构半经典量子理论，做出了三条基本假设，分别为轨道假设、跃迁假设和角动量量子化假设.

1. 轨道假设

原子只能处在一系列具有不连续能量的稳定状态，核外电子在一系列不连续的稳定轨道上运动，但并不辐射电磁波. 电子绕原子核的运动由库仑力提供向心力：

$$\frac{e^2}{4\pi\varepsilon_0 r^2}=m\frac{v^2}{r}. \tag{1.4-3}$$

2. 跃迁假设

当原子从一个能量为 E_k 的定态跃迁到另一个能量为 E_n 的定态时，会发射或者吸收一个频率为 ν 的光子，且满足

$$\nu=\frac{|E_k-E_n|}{h}. \tag{1.4-4}$$

3. 角动量量子化假设

电子在稳定轨道处运动时，其轨道角动量是 $\hbar$的整数倍，即

$$mvr = n\hbar. \tag{1.4-5}$$

式中，$\hbar = \frac{h}{2\pi}$，称为约化普朗克常量.

由式(1.4-3) 和式(1.4-5) 可以得到 $v = \frac{e^2}{4\pi\varepsilon_0 n\hbar}$，则

$$v_n = \frac{v_1}{n}. \tag{1.4-6}$$

式中，v_n 表示第n 个轨道上电子运动速率，v_1 表示基态时电子运动速率. 从式(1.4-6) 可以看出，基态时电子运动速率最大，电子在轨道上的运动速率是量子化的.

由式(1.4-5) 及 $v = \frac{e^2}{4\pi\varepsilon_0 n\hbar}$ 可得

$$r = \frac{n\hbar}{mv} = \frac{4\pi\varepsilon_0 n^2 \hbar^2}{me^2},$$

则

$$r_n = n^2 r_1. \tag{1.4-7}$$

式中，r_n 表示第n 个轨道的半径，r_1 表示基态时轨道半径. 从式(1.4-7) 可以看出，基态时轨道半径是最小的，其他轨道半径是基态时轨道半径的 n^2 倍，轨道半径也是量子化的.

综上，能量也是量子化的：

$$\begin{aligned} E_n &= \frac{1}{2}mv^2 - \frac{e^2}{4\pi\varepsilon_0 r} = \frac{1}{2}m\left(\frac{e^2}{4\pi\varepsilon_0 n\hbar}\right)^2 - \frac{e^2}{4\pi\varepsilon_0 \dfrac{4\pi\varepsilon_0 n^2 \hbar^2}{me^2}} \\ &= -\frac{me^4}{2(4\pi\varepsilon_0 \hbar)^2 n^2} = -\frac{E_1}{n^2} = -\frac{13.6\ \text{eV}}{n^2}. \end{aligned} \tag{1.4-8}$$

【例 1.4-1】 由式(1.4-8) 和式(1.4-4)，计算莱曼系光谱第一条谱线的波长.

【分析】 利用$\lambda = \frac{c}{\nu}$，$\nu = \frac{|E_k - E_n|}{h}$ 以及从$k = 2$ 跃迁到$n = 1$ 能级差为 10.2 eV 进行计算.

【解】 莱曼系光谱第一条谱线的波长为

$$\lambda_{21} = \frac{c}{\nu} = \frac{hc}{10.2\ \text{eV}} = \frac{6.626 \times 10^{-34} \times 3 \times 10^8}{10.2 \times 1.6 \times 10^{-19}}\ \text{m} = 1.218 \times 10^{-7}\ \text{m} = 121.8\ \text{nm}.$$

此计算结果与莱曼系光谱第一条谱线的波长的实验值相差不到 0.3%.

【例 1.4-2】 用动能为 12.9 eV 的电子轰击基态氢原子，试问：

(1) 氢原子最高将被激发到哪个能级?

(2) 受激发的氢原子向低能级跃迁时可能发出哪些谱线? 定性画出能级图，并将这些跃迁过程画在能级图上.

【分析】 根据氢原子第 n 个能级上的能量为 $E_n = -\frac{13.6\ \text{eV}}{n^2}$ 进行求解.

【解】 (1) 氢原子从第 n 个能级跃迁到基态的能量差为

$$\Delta E_{n1} = E_n - E_1 = 13.6\ \text{eV}\left(1 - \frac{1}{n^2}\right).$$

当 $n=2$ 时，$\Delta E_{21}=10.2$ eV；当 $n=3$ 时，$\Delta E_{31}=12.09$ eV；当 $n=4$ 时，$\Delta E_{41}=12.75$ eV；当 $n=5$ 时，$\Delta E_{51}=13.06$ eV.

可见，用动能为 12.9 eV 的电子轰击基态氢原子，氢原子最高将被激发到 $n=4$ 能级.

(2) 受激发的氢原子向低能级跃迁时，可能发出的谱线有 λ_{41}、λ_{42}、λ_{21}、λ_{43}、λ_{32}、λ_{31} 六条，如图 1.4-2 所示.

【答】 (1) 氢原子最高将被激发到 $n=4$ 能级；(2) 受激发的氢原子向低能级跃迁时可能发出 λ_{41}、λ_{42}、λ_{21}、λ_{43}、λ_{32}、λ_{31} 六条谱线.

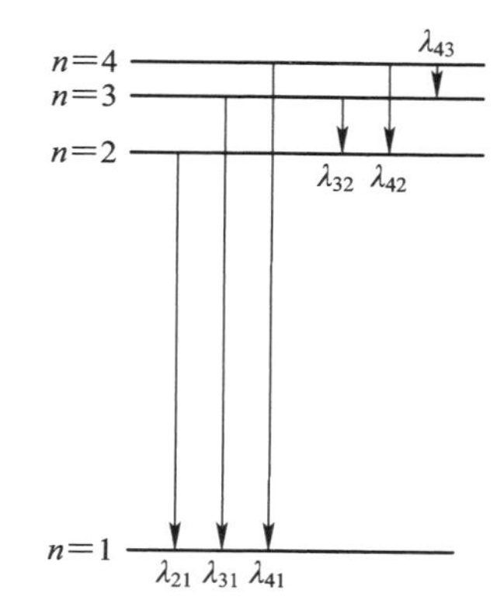

图 1.4-2　受激发的氢原子向低能级跃迁时可能发出的六条谱线

1.4.3　氢原子结构半经典量子理论的评价

玻尔的三条假设揭示了**玻尔模型**(Bohr model)，给出了清楚的图像，直到如今物理学家在解释原子性质时仍然参考这一物理图像. 最引人注目的是玻尔模型以其定态、分立能级、角动量量子化等新概念所取得的巨大成功比德布罗意假设和量子力学诞生早 10 年，玻尔理论无疑对量子力学的发展起到巨大的推动作用.

在 1911 年，人们对原子结构知之甚少，新西兰物理学家、化学家欧内斯特·卢瑟福(Ernest Rutherford，1871—1937) 提出了原子的有核模型结构，并且由实验证实，根据经典电磁理论，绕原子核运动的电子将辐射与其做圆周运动频率相同的电磁波，因而原子系统的能量将逐渐减少. 氢原子的动能 $E_k=-\dfrac{E_p}{2}$，势能 $E_p=-\dfrac{e^2}{4\pi\varepsilon_0 r}$，故氢原子的能量为 $E=-\dfrac{e^2}{8\pi\varepsilon_0 r}$. 随着能量的减少，电子轨道半径 r 将不断地变小，因此电子做圆周运动的频率将继续增大，原子光谱应是连续的带状光谱，电子最终将落到原子核上，不可能存在稳定的原子. 这一结论与实验事实相矛盾，也就是说，经典理论无法解释氢原子线光谱实验规律，同时也说明了玻尔的轨道假设中定态不辐射来自经典理论，所以说玻尔氢原子结构半经典量子理论不是一个完善的理论，只能计算氢原子和类氢原子光谱引波长，对于氢原子的光谱强度、精细结构及其他稍微复杂的原子光谱就无能为力了. 玻尔氢原子结构半经典量子理论无法说明原子是如何组成分子，如何构成液体、固体的.

1.5　微观粒子的波粒二象性　不确定关系

在物理学发展史上，利用类比法获取结论的例子有不少，微观粒子(例如电子) 的波粒二象性就是其中一例. 关于光的本性问题，牛顿学派认为光是粒子流，惠更斯学派认为光具有波性，直到 1905 年爱因斯坦指出光具有波粒二象性，才结束了持续二百年之久的光的本性问题的争论. 路易·维克多·德布罗意(Louis Victor·Duc de Broglie, 1892—1987)通过比较法提出微观粒子的波粒二象性假设(如表1.5-1所示), 微观粒子相对应的波称为德布罗意波.

表1.5-1　微观粒子的波粒二象性假设

性质		波动性	粒子性
名称	光	√	√
	微观粒子	?	√

1.5.1　微观粒子的波粒二象性

德布罗意假设: 一切微观粒子, 包括电子、质子、中子以及原子、分子都具有波粒二象性. 这些微观粒子运动相应的波称为德布罗意波, 或者称为物质波, 它们的波长 λ 和频率 ν 与粒子本身的质量 m、动量 p 和能量 E 之间的关系是

$$E = mc^2 = h\nu, \tag{1.5-1}$$

$$p = mv = \frac{h}{\lambda}. \tag{1.5-2}$$

式(1.5-1)和式(1.5-2)的左边 E、p 表示粒子性, 右边 ν、λ 表示波动性, 也就是说式(1.5-1)和式(1.5-2)用波动性表示粒子性. 反过来, 用粒子性表示波动性的公式为

$$\nu = \frac{E}{h} = \frac{mc^2}{h} = \frac{m_0 c^2}{h\sqrt{1-\frac{v^2}{c^2}}}, \tag{1.5-3}$$

$$\lambda = \frac{h}{p} = \frac{h}{mv} = \frac{h}{m_0 v}\sqrt{1-\frac{v^2}{c^2}}. \tag{1.5-4}$$

式(1.5-3)和式(1.5-4)称为**德布罗意关系**.

德布罗意指出, 满足谐振的德布罗意波才有稳定的轨道, 进一步地, 半径为 r 的圆轨道长度满足

$$2\pi r = n\lambda,\ n = 1, 2, 3, \cdots, \tag{1.5-5}$$

将式(1.5-4)代入式(1.5-5)得 $2\pi r = n\frac{h}{mv}$, 即

$$mvr = n\hbar, \tag{1.5-6}$$

满足玻尔氢原子结构半经典量子理论中的第三条假设——角动量量子化假设.

德布罗意物质波的波函数用 $\boldsymbol{\Psi}(\boldsymbol{r}, t)$ 表示, 它的模平方 $\boldsymbol{\Psi}^*(\boldsymbol{r}, t)\cdot\boldsymbol{\Psi}(\boldsymbol{r}, t) = |\boldsymbol{\Psi}(\boldsymbol{r}, t)|^2$ 表示微观粒子在空间某点 $\boldsymbol{r}$ 处出现的概率密度, 因此物质波就是一种概率波, 微观粒子在某处邻近位置出现的概率正比于该处的强度. 量子力学认为微观粒子没有确定的位置, 在不测量时, 微观粒子出现在这儿还是出现在那儿都是有可能的; 测量时, 得到它的一个本征值, 即观测到的位置. 物质波在宏观尺度上表现为概率波的期望值, 不确定度忽略不计.

1.5.2　物质波的实验验证

1926年, 美国贝尔(Bell)实验室的戴维森和革末研究Ni晶体表面对电子束的反射问

题，在晶体表面散射实验中，观察到和 X 射线的晶体表面衍射相类似的电子衍射现象，给出了电子波动性的第一个实验，即戴维森-革末实验. 这一实验就是在德布罗意假设提出之后不久完成的，实验装置如图 1.5-1 所示. 从电子枪 F 出来的电子束受到电压 U 的加速，撞击在 Ni 单晶体上，被散射的电子束在 φ 方向上接收. 具体地说，来自热灯丝的电子束经受电势差 U 的加速并通过小孔，打在 Ni 单晶体表面上. 电子被晶体原子向多方向散射出去，其中一部分到达检测器. 检测器可以相对入射电子束方向取任何角度，从而测量出某一方向上散射电子束的强度.

假定晶体中每个原子是一个散射体，则散射的电子可以发生干涉. 对于晶体，电子犹如一束衍射光，晶体中任意一个原子平面都有分布规则的散射中心，它们能够产生干涉图样. 电子受某一组平面散射的示意图如图 1.5-2 所示，其中原子间隔距离为 a，原子层面间隔距离为 d，散射角为 φ，布拉格角为 θ. 当 $\theta = 90° - \frac{\varphi}{2}$ 时，即发生相长干涉. 将光的圆孔衍射图像（如图 1.5-3 所示）与电子束穿过金箔的衍射图像（如图 1.5-4 所示）相比较，不难发现，它们具有相似的衍射规律.

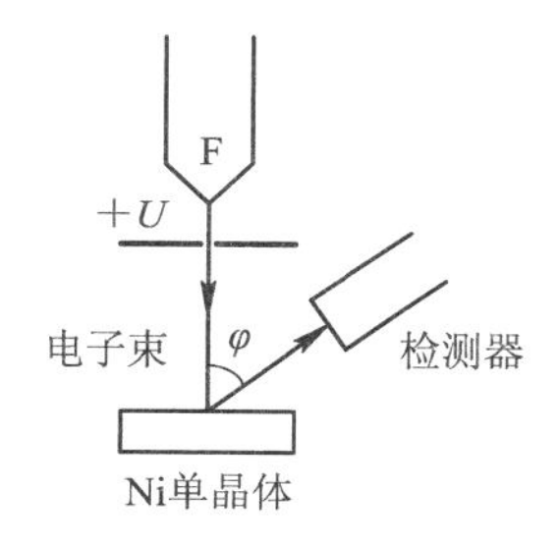

图 1.5-1　戴维森和革末用来研究电子衍射的实验装置

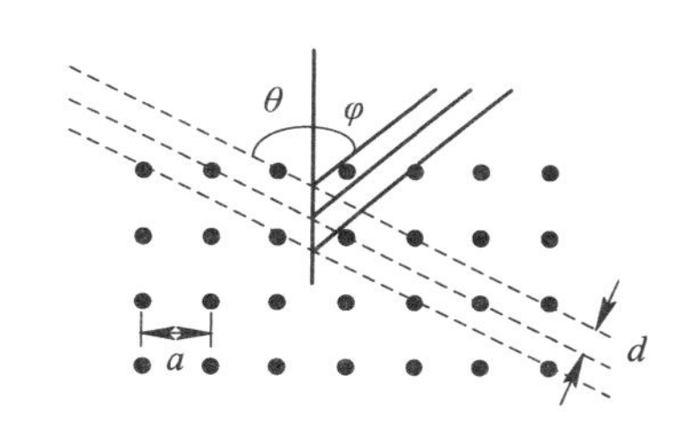

图 1.5-2　电子受某一组平面散射的示意图

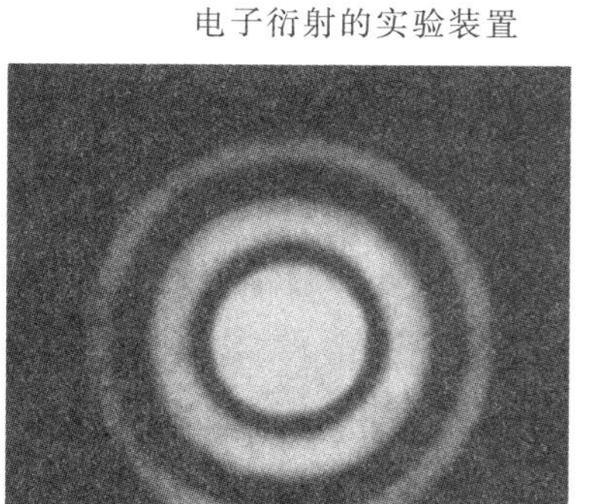

图 1.5-3　光的圆孔衍射图像

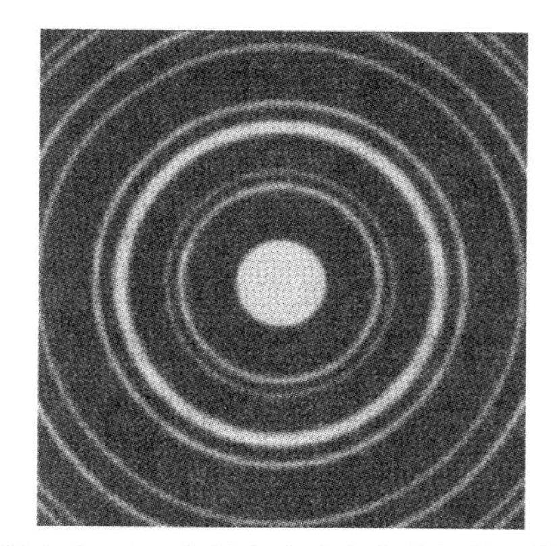

图 1.5-4　电子束穿过金箔的衍射图像

当布拉格角 θ 满足

$$2d\sin\theta = k\lambda \tag{1.5-7}$$

时，就能观察到强的反射束. 式(1.5-7)称为**布拉格条件**(Bragg condition). 这时原子间距 a 与原子层面间距 d 可分别看作一个直角三角形的斜边和一条直角边，直角边 d 所对的角为 $\varphi/2$，如图 1.5-5 所示，因此有

$$d = a\sin\frac{\varphi}{2}. \tag{1.5-8}$$

戴维森和革末所记录到的数据如图 1.5－6 所示，图中给出了散射角 φ 从 0° 到 90° 的反射束强度的分布. 相长干涉当 $U=54$ V 时使得反射的电子束强度在 $\varphi=50^\circ$ 处.

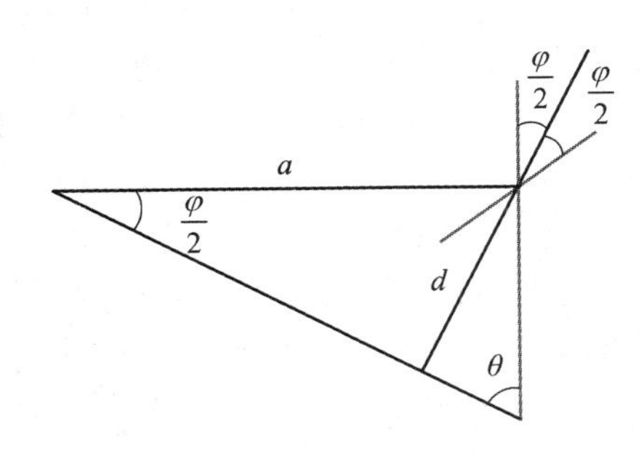

图 1.5－5　原子间距 a 与原子层面间距 d 的关系

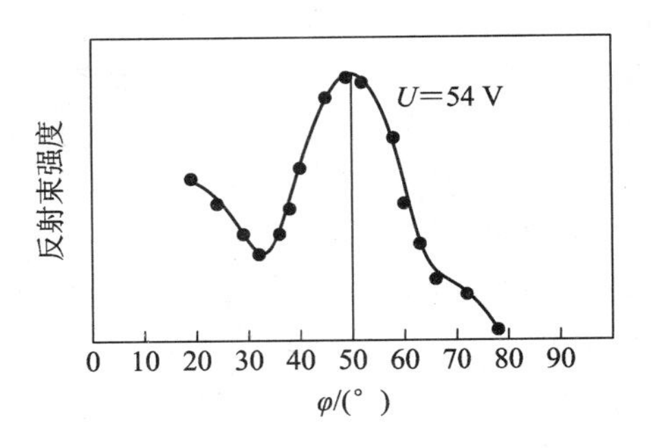

图 1.5－6　戴维森和革末所记录到的数据

根据布拉格条件 $2d\sin\theta=k\lambda$ 和式(1.5－8)，可以得到 $\varphi=50^\circ$ 时散射电子束的波长. 因为从其他实验中已经得到 Ni 原子的间距常量 a 为

$$a=0.215\ \text{nm},$$

所以

$$d=a\sin 25^\circ=0.0909\ \text{nm},\ \lambda=\frac{2d\sin\theta}{k}=0.165\ \text{nm}.$$

下面将此结果与德布罗意理论预言的结果作比较. 由于电子经过 54 V 的电势差加速所获得的动能 E_k 为 54 eV，因此它的动量是

$$p=\sqrt{2m_eE_k}=\frac{1}{c}\sqrt{2m_ec^2E_k}=\frac{7430}{c}\ \text{eV}.$$

又德布罗意波长为 $\lambda=\dfrac{h}{p}=\dfrac{hc}{pc}$，而 $hc=1240$ eV·nm，故有

$$\lambda=\frac{1240\ \text{eV}\cdot\text{nm}}{7430\ \text{eV}}=0.167\ \text{nm}.$$

这个德布罗意波长数值与从衍射极大值得到的结果符合得相当好，从而为德布罗意波的存在提供了有力的证据. 戴维森因此获得了 1937 年的诺贝尔物理学奖.

戴维森-革末实验证实了与电子相联系的德布罗意波的衍射行为. 对电子束做杨氏双缝实验是在 1961 年由约森(Jonsson)完成的. 如图 1.5－7 所示，来自电子枪 F 的电子经过 50 kV 电压的加速，通过缝宽为 0.5×10^{-6} m、间隔为 2×10^{-6} m 的双缝，所获得的双缝干涉图样与普通光源所产生的双缝干涉图样类似，再次证实了电子的波动性质.

电子在加速电压 U 的电场中做加速运动，获得动能 $E_k=eU$. 因电子的静止能量为 0.511 875 MeV，故一般当加速电压小于 10^4 V 时，就采用非相对论情形进行计算，即

$$\frac{1}{2}mv^2=eU. \qquad (1.5-9)$$

反之采用相对论情形进行计算：

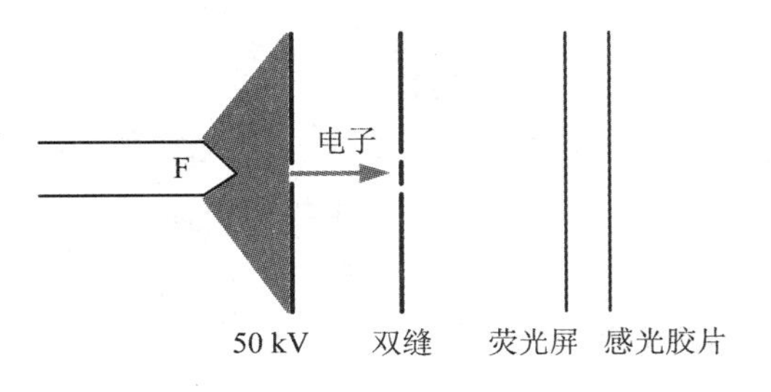

图 1.5－7　电子双缝衍射实验示意图

$$E = E_0 + E_k = 0.511\,875\ \text{MeV} + eU = \frac{0.511\,875\ \text{MeV}}{\sqrt{1-\frac{v^2}{c^2}}} \tag{1.5-10}$$

对于非相对论情形和相对论情形，相应的德布罗意波长分别为

$$\lambda = \frac{h}{m_0 v} = \frac{1.225\ \text{nm}}{\sqrt{U}}, \tag{1.5-11}$$

$$\lambda = \frac{h}{m_0 v}\sqrt{1-\frac{v^2}{c^2}} = \frac{511\,875h}{m_0 c\sqrt{U^2+1\,023\,750U}} = \frac{1242.38\ \text{nm}}{\sqrt{U^2+1\,023\,750U}}. \tag{1.5-12}$$

利用电子的波动性，可以制造出电子显微镜和扫描隧道显微镜：

(1) 1932年，德国恩斯特·鲁斯卡(Ernst Ruska，1906—1988)等人成功地研究出世界上第一台电子显微镜，如图1.5-8所示.

(2) 1981年，德国人格尔德·宾尼希(Gerd Binnig，1947—?，如图1.5-9所示)和瑞士人海因里希·罗雷尔(Heinrich Rohrer，1933—2013，如图1.5-10所示)制成了第一台扫描隧道显微镜.

图1.5-8　恩斯特·鲁斯卡与其第一台电子显微镜

图1.5-9　格尔德·宾尼希

图1.5-10　海因里希·罗雷尔

【例1.5-1】 计算在10^4 V电压下加速的电子速度.

【分析】 电子质量为$m_0 = 9.1\times10^{-31}$ kg，则电子的静止能量为

$$E_0 = m_0 c^2 = 9.1\times10^{-31}\times9\times10^{16} = 8.19\times10^{-14}\ \text{J} = 0.511\,875\ \text{MeV}.$$

电子在10^4 V电压下加速，所获得的动能接近静止能量的2%，故要考虑相对论效应.

【解】 电子在10^4 V电压下加速，总的能量为

$$E = E_0 + E_k = 0.521\,875\ \text{MeV} = \frac{0.511\,875\ \text{MeV}}{\sqrt{1-\frac{v^2}{c^2}}},$$

故$v = 5.84\times10^7\ \text{m}\cdot\text{s}^{-1}$.

【答】 在10^4 V电压下加速的电子速度为$5.84\times10^7\ \text{m}\cdot\text{s}^{-1}$.

值得注意的是，若按非相对论动能进行计算，则计算的结果偏大1.46%.

1.5.3　不确定关系

在经典物理学中，质点的运动在任意时刻都具有确定的位置和确定的动量. 但是在微观领域，微观粒子的运动具有不确定关系. 具体地说，位置坐标与动量、角坐标与角动量、

能量与时间，它们其中一个测量得越精确，另一个的不确定程度越大.

德国物理学家维尔纳·卡尔·海森堡(Werner Karl Heisenberg，1901—1976)根据量子力学导出，如果一个微观粒子的位置坐标具有不确定量 Δx，同时其动量也有一个不确定量 Δp_x，那么它们的乘积一定不小于 $\frac{\hbar}{2}$，即

$$\Delta x \cdot \Delta p_x \geqslant \frac{\hbar}{2}. \tag{1.5-13}$$

式(1.5－13)称为**海森堡坐标和动量的不确定关系**(uncertain relationship between Heisenberg coordinates and momentum).

为了更加形象地描述不确定关系，下面从电子单缝衍射和波动方程入手进行分析.

在波动光学中，对于可调单缝，当缝的宽度变小时，中央明纹宽度就变大；当缝的宽度变大时，中央明纹向中间收缩. 电子的单缝衍射实验如图1.5－11所示，令单缝宽度为 Δx，电子束从水平方向射向狭缝，照相底板置于缝后，用来记录电子落在底片上的位置. 电子可以从缝的任何一个位置通过单缝，其位置不确定量就是 Δx. 由于电子具有波动性，在底片上呈现出与光通过单缝时相似的单缝电子衍射图样. 在电子通过狭缝的时刻，其横向动量 p_x 的不确定量为 Δp_x，记 $\Delta p_x = p_x \sin\varphi$(式中衍射角 φ 选用第一级暗纹所对应的衍射角，满足 $\sin\varphi = \frac{\lambda}{\Delta x}$)，则 $\Delta p_x = \frac{h}{\lambda} \cdot \frac{\lambda}{\Delta x} = \frac{h}{\Delta x}$，即 $\Delta x \cdot \Delta p_x = h$. 考虑衍射次级，有

$$\Delta x \cdot \Delta p_x \geqslant h \tag{1.5-14}$$

值得注意的是，式(1.5－14)仅是粗略估算的结果，量子力学中严格推导得到的结果是式(1.5－13)，不过 $\Delta x \cdot \Delta p_x \geqslant h$ 肯定也满足 $\Delta x \cdot \Delta p_x \geqslant \frac{\hbar}{2}$.

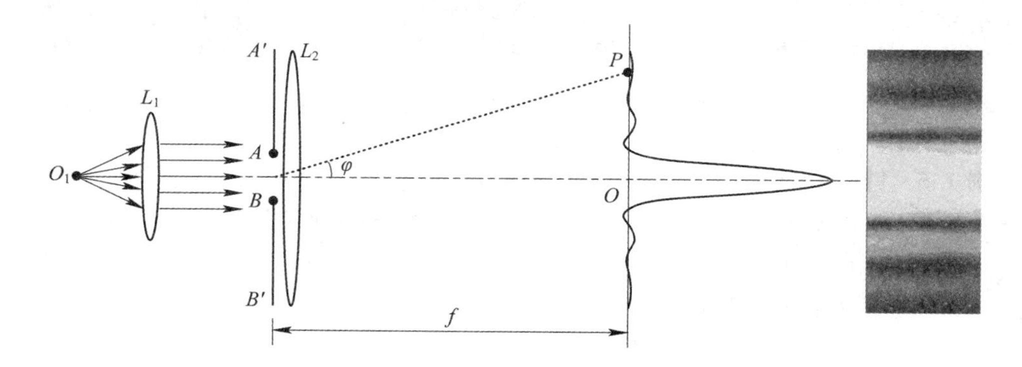

图1.5－11　电子的单缝衍射实验

在机械波中，我们采用

$$y(x, t) = A\cos(\omega t - kx + \varphi) \tag{1.5-15}$$

表示平面简谐波. 接下来做这样的变换：

$$E = h\nu = \frac{h}{2\pi} \cdot 2\pi\nu = \hbar\omega \Rightarrow \omega = \frac{E}{\hbar},$$

$$k = \frac{2\pi}{\lambda} = \frac{2\pi}{\frac{h}{p}} = \frac{p}{\hbar},$$

则式(1.5－15)可以改写成

$$y(x, t) = \mathrm{Re}[A\mathrm{e}^{-\mathrm{i}(\frac{Et}{\hbar} - \frac{px}{\hbar} + \varphi)}]. \tag{1.5-16}$$

式中，Re(·) 表示取实部. 将式(1.5 - 16) 从一维拓展到三维，得到

$$\xi(x, y, z, t) = \mathrm{Re}[A\mathrm{e}^{-\mathrm{i}(\frac{Et}{\hbar} - \frac{p_x x + p_y y + p_z z}{\hbar} + \varphi)}].$$

显然，能量 E 和时间 t 的乘积，与坐标位置 x 和动量 p_x、坐标位置 y 和动量 p_y、坐标位置 z 和动量 p_z 之积具有相同的量纲，故海森堡坐标和动量的不确定关系可以写成如下四种形式：

$$\Delta x \cdot \Delta p_x \geqslant \frac{\hbar}{2}, \tag{1.5-17a}$$

$$\Delta y \cdot \Delta p_y \geqslant \frac{\hbar}{2}, \tag{1.5-17b}$$

$$\Delta z \cdot \Delta p_z \geqslant \frac{\hbar}{2}, \tag{1.5-17c}$$

$$\Delta E \cdot \Delta t \geqslant \frac{\hbar}{2}. \tag{1.5-17d}$$

式(1.5 - 17d) 称为**能量与时间的不确定关系**(uncertain relationship between energy and time).

不确定关系是微观粒子具有波粒二象性的反映，是物理学中很重要的基本规律，在微观世界中应用非常广泛. 海森堡(见图 1.5-12)受爱因斯坦的相对论的启发，于 1925 年创立了矩阵力学，他提出的不确定性关系成为研究微观世界必不可少的有力工具. 由于海森堡对量子理论的新贡献，因此他于 1932 年获得了诺贝尔物理学奖.

图 1.5-12　维尔纳·卡尔·海森堡

1.6* 波函数　薛定谔方程

1.6.1　波函数的统计解释

物质波的波函数是空间坐标 $\boldsymbol{r}$ 和时间 t 的函数，记为 $\Psi(\boldsymbol{r}, t)$. 对于一个沿 x 轴正方向运动的、不受外力作用的自由粒子，由于能量 E 和动量 p 都是常量，其物质波的频率 ν 和波长 λ 也都不会随着时间变化，因此自由粒子的物质波是一列单色平面波，其方程表示为

$$y(x, t) = A\mathrm{e}^{-\mathrm{i}(\omega t - kx)}. \tag{1.6-1}$$

式中，$\omega = \frac{E}{\hbar}$，$k = \frac{p}{\hbar}$. 记

$$\Psi(x, t) = \Psi_0 \mathrm{e}^{-\frac{\mathrm{i}}{\hbar}(Et - px)}. \tag{1.6-2}$$

式中，Ψ_0 是一个待定常数，$\mathrm{e}^{\frac{\mathrm{i}}{\hbar}px}$ 为微观粒子出现在 x 处的波函数的复振幅，$\mathrm{e}^{-\frac{\mathrm{i}}{\hbar}Et}$ 表示波函数随时间的变化关系. 对于三维空间来说，微观粒子在 t 时刻在空间坐标 $\boldsymbol{r}$ 处附近 $\mathrm{d}V$ 体积元中出现的概率 $\mathrm{d}W$ 等于该处的波函数绝对值的平方乘以 $\mathrm{d}V$，即

$$\mathrm{d}W = |\Psi(\boldsymbol{r}, t)|^2 \mathrm{d}V = \Psi^*(\boldsymbol{r}, t)\Psi(\boldsymbol{r}, t)\mathrm{d}V. \tag{1.6-3}$$

式中：$\Psi^*(\boldsymbol{r}, t)$ 是 $\Psi(\boldsymbol{r}, t)$ 的复共轭；$|\Psi(\boldsymbol{r}, t)|^2$ 表示概率密度，即 t 时刻微观粒子在空间

坐标 $\boldsymbol{r}$ 处单位体积中出现的概率. 因此微观粒子的物质波是一种概率波，微观粒子在空间中的某一位置出现的概率是唯一的、有限的，空间各点概率分布是连续的，所以波函数具有单值、有限、连续特性. 微观粒子出现在空间某一位置是随机的，但是必定出现在空间某一点上，所以在任意时刻微观粒子在空间某一位置出现的概率之和等于1，即

$$\iiint |\Psi(\boldsymbol{r}, t)|^2 \mathrm{d}x\mathrm{d}y\mathrm{d}z = 1. \tag{1.6-4}$$

式(1.6-4)称为**归一化条件**(normalization condition).

1.6.2 薛定谔方程

图 1.6-1 埃尔温·薛定谔

质量为 m 的粒子在外力场的作用下运动，在一般情况下，其势能 V 可能是空间坐标和时间坐标的函数，即 $V = V(\boldsymbol{r}, t)$. 1926年，埃尔温·薛定谔(Erwin Schrödinger, 1887—1961，如图1.6-1所示)将物质波的概念和波动方程相结合，构建了一个二阶偏微分方程，即**薛定谔方程**(Schrödinger equation)：

$$\left[-\frac{\hbar^2}{2m}\left(\frac{\partial^2}{\partial x^2}+\frac{\partial^2}{\partial y^2}+\frac{\partial^2}{\partial z^2}\right)+V(\boldsymbol{r}, t)\right]\Psi(\boldsymbol{r}, t) = \mathrm{i}\hbar\frac{\partial}{\partial t}\Psi(\boldsymbol{r}, t). \tag{1.6-5}$$

式中，$-\frac{\hbar^2}{2m}\left(\frac{\partial^2}{\partial x^2}+\frac{\partial^2}{\partial y^2}+\frac{\partial^2}{\partial z^2}\right)=\frac{\hat{p}_x^2+\hat{p}_y^2+\hat{p}_z^2}{2m}=\frac{\hat{p}^2}{2m}$ 为微观粒子的动能部分，记算符 $\hat{p}_x = \frac{\hbar}{\mathrm{i}}\frac{\partial}{\partial x}$，$\hat{p}_y = \frac{\hbar}{\mathrm{i}}\frac{\partial}{\partial y}$，$\hat{p}_z = \frac{\hbar}{\mathrm{i}}\frac{\partial}{\partial z}$.

薛定谔方程可用来描述微观粒子的运动，每个微观系统都有一个相应的薛定谔方程. 薛定谔方程是量子力学的基本方程，它揭示了微观物理世界物质运动的基本规律. 像牛顿运动定律在经典力学中所起到的作用一样，它是原子物理学中求解一切非相对论问题的有力工具，因此在原子、分子、固体物理、核物理、化学等多个研究领域中广泛使用. 薛定谔方程是用来确定微观粒子运动基本特征的工具，它是量子物理的一个基本假定，是不能由其他理论推导得到的.

若微观粒子在不随时间变化的势场中运动，则记 $V = V(\boldsymbol{r})$，这时能量 $E = \frac{p^2}{2m} + V(\boldsymbol{r})$ 是不随时间变化的常量，微观粒子处于定态，波函数表示为

$$\psi(\boldsymbol{r}, t) = \psi(\boldsymbol{r})\mathrm{e}^{-\mathrm{i}\frac{Et}{\hbar}}. \tag{1.6-6}$$

显然微观粒子处于定态时，它在空间各点出现的概率密度 $|\psi(\boldsymbol{r}, t)|^2 = |\psi(\boldsymbol{r})|^2$ 与时间无关，即微观粒子在空间各点出现的概率密度形成稳定分布，此时 $\psi(\boldsymbol{r})$ 称为定态波函数. 在三维空间中，定态薛定谔方程表示为

$$\left(\frac{\partial^2}{\partial x^2}+\frac{\partial^2}{\partial y^2}+\frac{\partial^2}{\partial z^2}\right)\psi(\boldsymbol{r}) + \frac{2m}{\hbar^2}[E - V(\boldsymbol{r})]\psi(\boldsymbol{r}) = 0. \tag{1.6-7}$$

进一步地，在一维空间中，定态薛定谔方程表示为

$$\frac{\mathrm{d}^2}{\mathrm{d}x^2}\psi(x) + \frac{2m}{\hbar^2}[E - V(x)]\psi(x) = 0. \tag{1.6-8}$$

在微观粒子定态问题中，可以取势能函数 $V(r) = -\frac{e^2}{4\pi\varepsilon_0 r}$，来求解氢原子问题；可以取

势能函数 $V(x)=\frac{m\omega^2x^2}{2}$，来求解谐振子问题；通过定态波函数，确定概率密度的分布，从而确定能量和角动量. 当微观粒子处于束缚态，即只能局限在有限的区域运动时，由于波函数满足单值、有限、连续，因此微观粒子运动的能量、角动量等物理量是不连续的，是量子化的.

1.6.3　求解定态薛定谔方程的一般步骤

无论势能函数的形式如何，求解方程(1.6-5)的步骤是很类似的. 下面先讨论不含时间的一维定态问题.

已知势能函数 $V(x)$，波函数用 $\psi(x)$ 表示，能量用 E 表示. 只有对于 E 的某些值，才能得到方程的解，那些相应的 E 值称为能量本征值.

(1) 首先写出具有适当 $V(x)$ 的方程(1.6-8). 注意如果势能函数 $V(x)$ 是不连续变化的 [$\psi(x)$ 是连续的]，我们可以在不同的空间区域写出不同的方程.

(2) 使用一般数学方法求解函数 $\psi(x)$，它是相应方程的一个解. 求解微分方程并没有专门方法，我们只有通过实际例子学会找到方程的解.

(3) 一般来说，可以找到几个解，应用边界条件，消除掉这些解中的某些解，其中任意常数可以得到确定. 通常正是利用边界条件，才选择出能量本征值.

(4) 如果势能函数 $V(x)$ 是不连续的，为了求解方程的解，我们还必须将 $\psi(x)$(或 $\frac{\mathrm{d}\psi(x)}{\mathrm{d}x}$)的连续性条件应用于不同区域的边界上.

(5) 利用归一化条件，求出所有待定的常数.

1.6.4　薛定谔方程的应用

1. 一维自由粒子

自由粒子是指在空间任何区域不受力的作用的粒子，这种粒子的势能函数 $V(x)$ 是常数，不失一般性我们令 $V=0$，这样方程(1.6-8)可以写成

$$-\frac{\hbar^2}{2m}\frac{\mathrm{d}^2\psi(x)}{\mathrm{d}x^2}=E\psi(x), \tag{1.6-9}$$

即

$$\frac{\mathrm{d}^2\psi(x)}{\mathrm{d}x^2}=-k^2\psi(x). \tag{1.6-10}$$

式中：

$$k^2=\frac{2mE}{\hbar^2}. \tag{1.6-11}$$

当 k^2 总是正值时，方程(1.6-10) 的解是

$$\psi(x)=A\sin kx+B\cos kx, \tag{1.6-12}$$

也可以写成复数形式：

$$\psi(x)=A'\mathrm{e}^{\mathrm{i}kx}+B'\mathrm{e}^{-\mathrm{i}kx}.$$

允许的能量值可以从式(1.6－11)得到：

$$E=\frac{\hbar^2k^2}{2m}. \tag{1.6－13}$$

故能量允许取任意值，且 $p=\hbar k$，自由粒子的德布罗意波长为 $\lambda=\dfrac{h}{p}$.

2. 一维无限深势阱

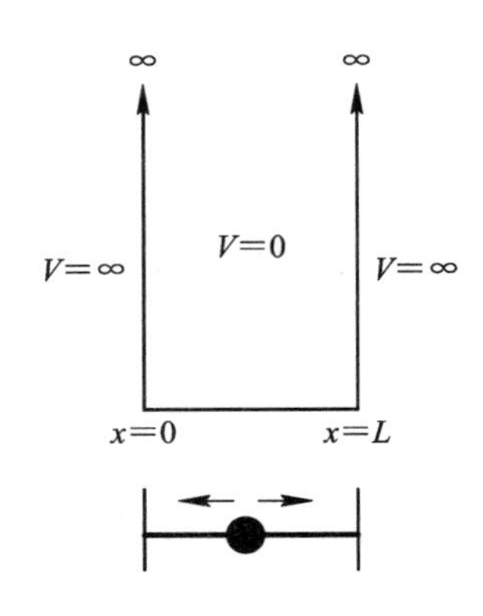

图 1.6－2　一维无限深势阱

下面讨论长度为 L 的“盒子”，即一维无限深势阱(如图 1.6－2 所示)中粒子的自由运动. 粒子完全限于盒中，这种情形的势能可以表示成

$$\begin{cases}V(x)=0, & 0\leqslant x\leqslant L\\ V(x)=\infty, & x<0,\ x>L\end{cases}. \tag{1.6－14}$$

显然必须对盒内和盒外区域分别写出薛定谔方程.

下面从两方面来分析盒外区域. 一方面，如果考察盒外区域的方程(1.6－10)，当 $V\to\infty$ 时，这个方程变得有意义的唯一的办法是要求 $\psi(x)=0$，这样 $V\psi(x)$ 才不会变得无穷大. 另一方面，盒的壁是完全刚性的，粒子必然是存在于盒内的，在其他地方找到粒子的概率必然为零. 因此在盒外，需要满足 $\psi(x)=0$，即有

$$\psi(x)=0,\ x<0,\ x>L\ . \tag{1.6－15}$$

对于盒内区域($0\leqslant x\leqslant L$)，这时 $V(x)=0$，薛定谔方程与方程(1.6－10)完全相同，其解为

$$\psi(x)=A\sin kx+B\cos kx\,(0\leqslant x\leqslant L). \tag{1.6－16}$$

式中：

$$k=\frac{\sqrt{2mE}}{\hbar}. \tag{1.6－17}$$

接下来要确定 A 或 B，以点 $x=0$ 为开始点，在 $x<0$ 区域，我们有 $\psi(x)=0$. 因此，必须令式(1.6－16)中的 $\psi(x)$ 在点 $x=0$ 为零，即

$$\psi(0)=A\sin 0+B\cos 0, \tag{1.6－18}$$

得

$$B=0. \tag{1.6－19}$$

当 $x>L$ 时，$\psi(x)=0$，所以必须令 $\psi(L)=0$，于是得到

$$\psi(L)=A\sin kL=0. \tag{1.6－20}$$

当 $A=0$ 或者 $k=0$ 时，$\psi(x)\equiv 0$，即不存在粒子，此解没有意义，舍去；当

$$kL=\pi,\ 2\pi,\ 3\pi,\ \cdots \tag{1.6－21}$$

或者

$$kL=n\pi,\ n=1,\ 2,\ 3,\ \cdots \tag{1.6－22}$$

时，因 $k=\dfrac{2\pi}{\lambda}$，故 $\lambda=\dfrac{2\pi}{k}=\dfrac{2L}{n}$，与经典力学中从两端固定、长度为 L 的弦上得到的驻波波长相同. 因此，限于长度 L 的一维盒中粒子的薛定谔方程的解正好是一系列驻波形式的德布罗意波：

$$\psi(x) = A\sin\frac{n\pi}{L}x. \tag{1.6-23}$$

然而，并非所有波长都是被允许的，只有波长值为$\frac{2L}{n}$的波长可以存在.

由式(1.6－22)和式(1.6－13)，我们知道只有某些能量值才可能存在，能量是量子化的：

$$E = \frac{\hbar^2 k^2}{2m} = \frac{\hbar^2 n^2 \pi^2}{2mL^2}. \tag{1.6-24}$$

$n=1$的能量$E_1 = \frac{\hbar^2\pi^2}{2mL^2}$称为单位能量，它由粒子质量和盒的长度所决定. 粒子的能量可以取E_1、$4E_1$、$9E_1$、…、n^2E_1、…，但绝不能取$3E_1$或$6E_1$等.

接下来确定待定常数A. 利用归一化条件：$\int_{-\infty}^{\infty}|\psi(x)|^2\mathrm{d}x = 1$，则有

$$\int_0^L A^2\sin^2\frac{n\pi x}{L}\mathrm{d}x = 1, \tag{1.6-25}$$

解得$A = \sqrt{\frac{2}{L}}$. 因此$0 \leqslant x \leqslant L$区域内的波函数为

$$\psi(x) = \sqrt{\frac{2}{L}}\sin\frac{n\pi}{L}x. \tag{1.6-26}$$

图 1.6－3 给出了一维无限深势阱中允许的能级，实线表示每个能级对应的波函数，虚线下面的区域给出对应于每个能级的概率密度.

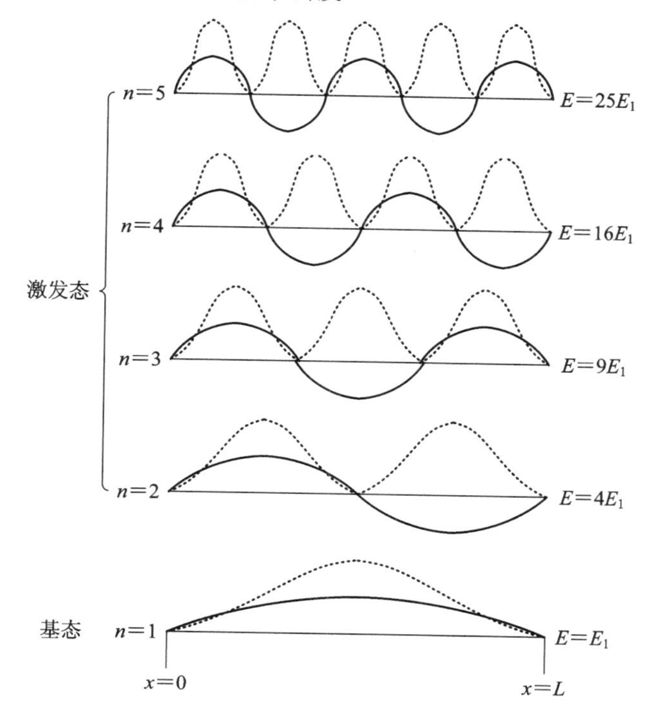

图 1.6－3　一维无限深势阱中允许的能级

对于 $n=1$ 时的基态情况，在 $\psi^2(x)$ 曲线中，在 $x=L/2$ 处，概率取极大值；当离开中心位置时，概率逐渐变小；当到达边缘位置时，概率几乎趋于零(如果我们研究的是经典粒子，将会发现在“盒”中所有的位置，概率取相同的值).

对于能量等于 $4E_1$ 的粒子，重复测量它的位置，结果的分布类似于 $n=2$ 时的 $\psi^2(x)$ 曲线. 概率的极大值出现在 $x=L/4$ 和 $x=3L/4$ 处，概率为零出现在 $x=L/2$ 处，即在点 $L/4$ 和 $3L/4$ 处有较大机会找到粒子，而在点 $L/2$ 处无论如何都找不到粒子.

关于概率和平均值的计算，可以用下面的例子来说明.

【例 1.6-1】 已知一电子限于长度为 1.0×10^{-10} m 的一维盒中运动.

(1) 如果将该电子从基态激发到第一激发态，则需要提供多少能量?

(2) 电子若处在基态，则在 $x_1=0.09\times10^{-10}$ m 到 $x_2=0.11\times10^{-10}$ m 区域内找到电子的概率是多大?

(3) 电子若处在第一激发态，则在 $x_3=0$ 到 $x_4=0.25\times10^{-10}$ m 区域内找到电子的概率是多大?

【解】 (1) $E_1=\dfrac{\hbar^2\pi^2}{2mL^2}=\dfrac{(1.05\times10^{-34}\ \text{J}\cdot\text{s})^2}{2\times(9.1\times10^{-31}\ \text{kg})}\times\dfrac{3.14^2}{(10^{-10}\ \text{m})^2}=6.0\times10^{-18}\ \text{J}=37\ \text{eV}.$

在基态电子的能量是 E_1，在第一激发态电子的能量是 $4E_1$. 如果将该电子从基态激发到第一激发态，则必须提供的能量等于这两个能量之差，即 $3E_1$ 或 111 eV .

(2) 在 $x_1\sim x_2$ 区域内找到电子的概率为

$$P_1=\int_{x_1}^{x_2}\psi^2(x)\mathrm{d}x=\frac{2}{L}\int_{x_1}^{x_2}\sin^2\frac{\pi x}{L}\mathrm{d}x=\left(\frac{x}{L}-\frac{1}{2\pi}\sin\frac{2\pi x}{L}\right)\Bigg|_{x_1}^{x_2}=0.0038=0.38\%.$$

(3) 在 $x_3\sim x_4$ 区域内找到电子的概率为

$$P_2=\int_{x_3}^{x_4}\frac{2}{L}\sin^2\frac{2\pi x}{L}\mathrm{d}x=\left(\frac{x}{L}-\frac{1}{4\pi}\sin\frac{4\pi x}{L}\right)\Bigg|_{x_3}^{x_4}=25\%.$$

由 $n=2$ 的 $\psi^2(x)$ 曲线可以看到，从 $x=0$ 到 $x=\dfrac{L}{4}$ 区域包含了整个 $\psi^2(x)$ 曲线下面积的 25%，据此可验证该结果.

【例 1.6-2】 证明粒子位置 x 的平均值为 $\bar{x}=\dfrac{1}{2}$，与量子态无关.

【证明】 考虑到除了 $0<x<L$ 区域，其他区域 $\psi(x)=0$，我们可以用 0 和 L 作为积分的上、下限，得到粒子位置 x 的平均值为

$$\bar{x}=\frac{2}{L}\int_0^L x\sin^2\frac{n\pi x}{L}\mathrm{d}x,$$

即 $\bar{x}=\dfrac{2}{L}\displaystyle\int_0^L\frac{x}{2}\left(1-\cos\frac{2n\pi x}{L}\right)\mathrm{d}x=\frac{1}{L}\frac{x^2}{2}\Bigg|_0^L=\frac{L}{2}$，与量子态 n 无关.

3. 二维无限深势阱

将前面讨论的一维情况推广到二维时，解的主要特征仍然存在，但会产生一个新的重要特征，即简并. 在研究原子物理学时，简并概念十分重要. 二维情况的薛定谔方程中势能

是 x 和 y 的函数，ψ 也将依赖于 x 和 y：

$$-\frac{\hbar^2}{2m}\left[\frac{\partial^2\psi(x, y)}{\partial x^2}+\frac{\partial^2\psi(x, y)}{\partial y^2}\right]+V(x, y)\psi(x, y)=E\psi(x, y). \quad (1.6-27)$$

二维“盒”势能可以表示成

$$V(x, y)=\begin{cases}0, & 0\leqslant x\leqslant L, 0\leqslant y\leqslant L\\ \infty, & \text{其他区域}\end{cases}. \quad (1.6-28)$$

可以将二维情况描绘成一个质点在台面上无摩擦地滑动，并与 $x=0$ 和 $x=L$，$y=0$ 和 $y=L$ 处的壁发生完全弹性碰撞，如图 1.6-4 所示. 为了简单起见，这里只讨论方“盒子”的情况，粒子在二维区域 $0\leqslant x\leqslant L$，$0\leqslant y\leqslant L$ 内自由地运动.

解偏微分方程(1.6-27)可以采用分离变量法，即令

$$\psi(x, y)=f(x)g(y). \quad (1.6-29)$$

式中 $f(x)$ 和 $g(y)$ 的形式类似于式(1.6-12)：

$$\begin{cases}f(x)=A\sin k_x x+B\cos k_x x\\ g(y)=C\sin k_y y+D\cos k_y y\end{cases}. \quad (1.6-30)$$

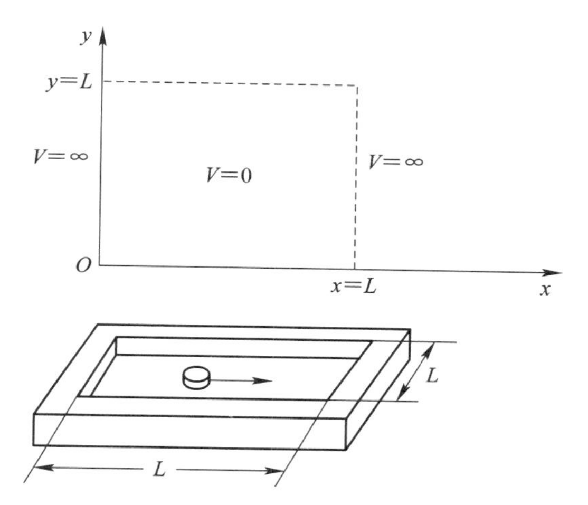

图 1.6-4　二维无限深势阱

值得注意的是，一维盒情况下的 k 已分别变成 k_x 与 k_y. 再考虑 $\psi(x, y)$ 的连续性条件，当 $x=0$ 和 $x=L$ 时，对于所有的 y，有 $\psi(0, y)=\psi(L, y)=0$；当 $y=0$ 和 $y=L$ 时，对于所有的 x，有 $\psi(x, 0)=\psi(x, L)=0$. $x=0$ 和 $y=0$ 的条件类似于一维情况，要求 $B=0$ 和 $D=0$. $x=L$ 的条件要求 $\sin k_x L=0$，则 $k_x L$ 应是 π 的整数倍. 类似地，$y=L$ 的条件要求 $k_y L$ 应是 π 的整数倍. 这些整数不一定相同. 因此，我们将它们分别记为 n_x 和 n_y. 于是有

$$\psi(x, y)=A'\sin\frac{n_x\pi x}{L}\sin\frac{n_y\pi y}{L}, \quad (1.6-31)$$

这里已将常数 A、C 合并为 A'，系数 A' 可从归一化条件得到. 在二维情况下，归一化条件变为

$$\iint\psi^2(x, y)\mathrm{d}x\mathrm{d}y=1. \quad (1.6-32)$$

将式(1.6－32)改写成

$$A'^2\int_0^L \sin^2\frac{n_y\pi y}{L}\mathrm{d}y\int_0^L \sin^2\frac{n_x\pi x}{L}\mathrm{d}x=1. \tag{1.6-33}$$

解得

$$A'=\frac{2}{L}.$$

将 $\psi(x, y)$ 代回到方程(1.6－27)中得到能量

$$E=\frac{\hbar^2\pi^2}{2mL^2}(n_x^2+n_y^2). \tag{1.6-34}$$

令 $E_1=\dfrac{\hbar^2\pi^2}{2mL^2}$，则式(1.6－34)变为

$$E=E_1(n_x^2+n_y^2). \tag{1.6-35}$$

图1.6－5给出了式(1.6－35)所描述的激发态能级.

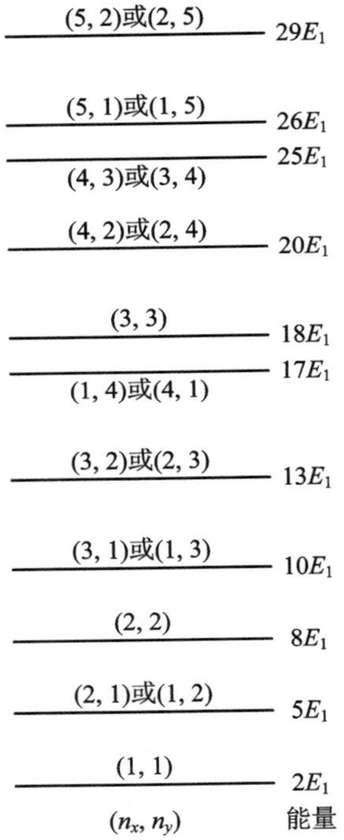

(n_x, n_y)	能量
(5, 2)或(2, 5)	$29E_1$
(5, 1)或(1, 5)	$26E_1$
(4, 3)或(3, 4)	$25E_1$
(4, 2)或(2, 4)	$20E_1$
(3, 3)	$18E_1$
(1, 4)或(4, 1)	$17E_1$
(3, 2)或(2, 3)	$13E_1$
(3, 1)或(1, 3)	$10E_1$
(2, 2)	$8E_1$
(2, 1)或(1, 2)	$5E_1$
(1, 1)	$2E_1$

图1.6－5　二维无限深势阱中粒子的激发态能级

从图上可看到，这些能级与一维情况(见图1.6－3)不同. 图1.6－6给出了量子数 n_x 和 n_y 取几种不同组合时的概率密度 $\psi^2(x, y)$ 曲线. 二维情况的概率密度也有极大值和极小值. 例如，如果我们给予粒子 $8E_1$ 的能量，然后对它的位置进行多次测量，则可以期望在4个点附近找到粒子的概率最大. 这4个点分别是 $\left(\frac{L}{4}, \frac{L}{4}\right)$，$\left(\frac{L}{4}, \frac{3L}{4}\right)$，$\left(\frac{3L}{4}, \frac{L}{4}\right)$，$\left(\frac{3L}{4}, \frac{3L}{4}\right)$，而在 $x=\frac{L}{2}$ 或 $y=\frac{L}{2}$ 点是根本找不到粒子的. 概率密度的峰值告诉我们关于量子数的某些信息. 例如，如果我们测量概率密度并发现6个极大值，就会推论出粒子有能

量 $13E_1$，量子数 $n_x=2$，$n_y=3$ 或者 $n_x=3$，$n_y=2$.

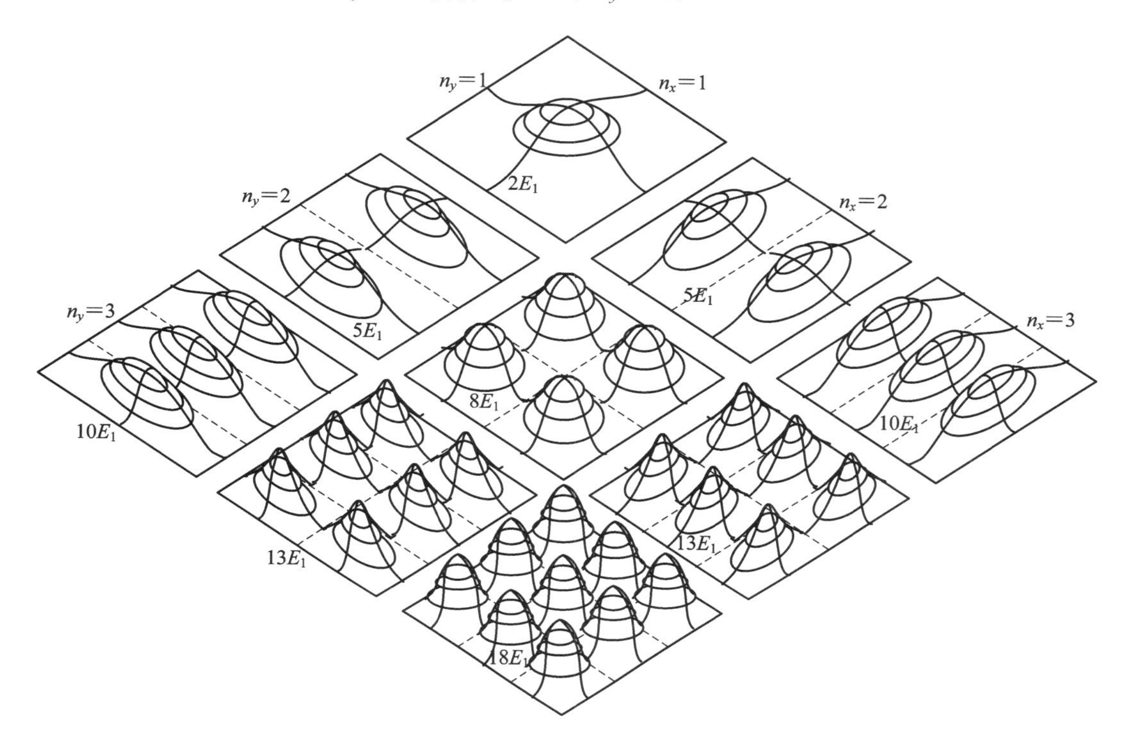

图 1.6－6　二维无限深势阱中粒子的某些低能级及相应的概率密度 $\psi^2(x,y)$ 曲线

有时量子数 n_x 和 n_y 的两种不同的组合有相同的能量，这种情况称为简并，相应的能级称为简并能级. 例如，能量为 $E=13E_1$ 的能级是简并的，因为 $n_x=2$，$n_y=3$ 和 $n_x=3$，$n_y=2$ 这两种组合都有 $E=13E_1$. 这种简并性产生于 n_x 和 n_y 的交换(相当于 x 轴和 y 轴的交换)，在这两种情况下，概率分布几乎是完全相同的. 但是，考虑 $50E_1$ 的状态，对应此状态存在三组量子数：$n_x=7$，$n_y=1$；$n_x=1$，$n_y=7$；$n_x=5$，$n_y=5$. 前两组的简并性来自 n_x 和 n_y 的交换，因而这两组有类似的概率分布. 但是第三组却代表很不相同的量子态，如图 1.6－7 所示. $E=13E_1$ 的能级是两重简并能级，$E=50E_1$ 的能级是三重简并能级.

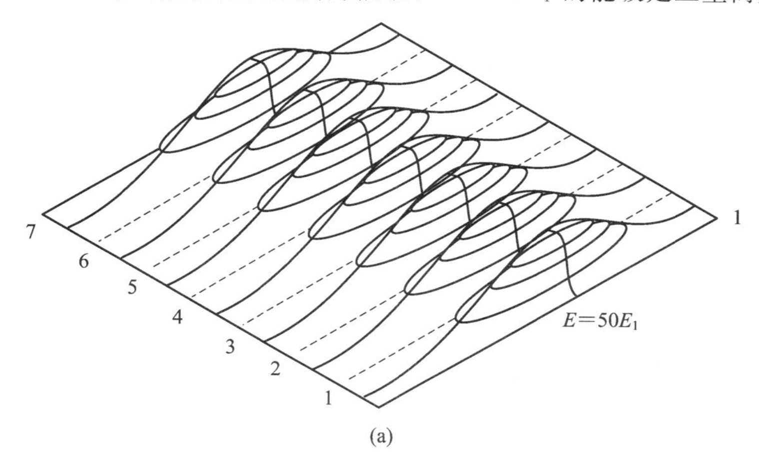

(a)

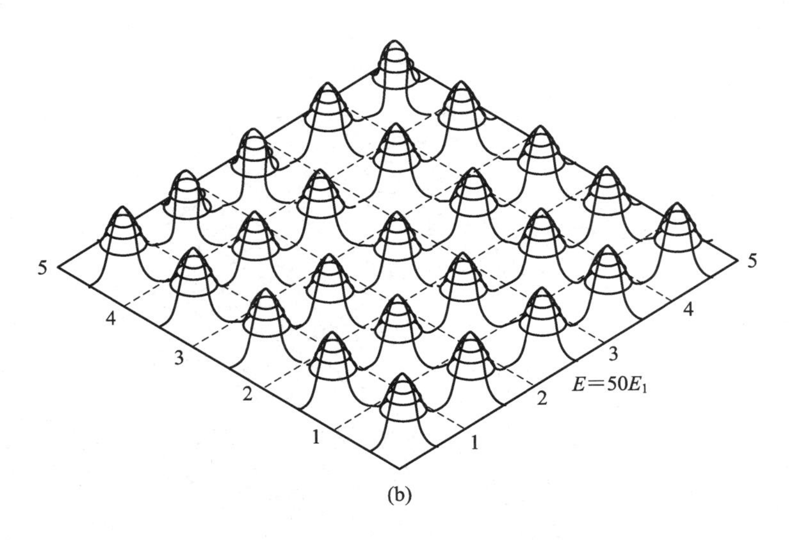

图 1.6-7　能量相同而概率密度完全不同的两个状态

(a) $n_x=7$，$n_y=1$ 或 $n_x=1$，$n_y=7$；(b) $n_x=5$，$n_y=5$

1.7* 电子自旋　四个量子数

1.7.1　电子自旋实验验证

电子自旋是原子物理学和量子力学的重要概念. 在微观领域，类似于自转的一类物质的运动属性定义为自旋. 自旋量子数是排在主量子数、副量子数、磁量子数后面的第四个量子数. 就像物质具有质量一样，自旋是电子的内禀属性之一. 施特恩-格拉赫实验(Stern-Gerlach experiment)、反常塞曼效应(anomalous Zeeman effect) 验证了电子的自旋属性.

1. 施特恩-格拉赫实验

1922 年，奥托·施特恩(Otto Stern，1888—1969，如图 1.7-1 所示) 与瓦尔特·格拉赫(Walther Gerlach，1889—1979，如图 1.7-2 所示) 在德国汉堡大学合作完成了一个实验，其最初目的是验证阿诺德·索末菲(Arnold Sommerfeld，1868—1951) 提出的空间量子化假设，但在实验中发现原子束经过非均匀磁场后分成两束，在不加磁场时，底板呈现正对狭缝

图 1.7-1　奥托·施特恩

图 1.7-2　瓦尔特·格拉赫

的银原子一条沉积，加上磁场后，呈现出上、下两条沉积. 这个实验称为施特恩-格拉赫实验，该实验首次证实了电子具有自旋性质，并证实了原子具有磁矩，且磁矩在外磁场中具有两种可能的取向，也就是说自旋角动量在磁场中的取向也是量子化的. 这一实验是原子物理学和量子力学的基础实验，提供了测量原子磁矩的一种方法，因此施特恩获得了 1943 年的诺贝尔物理学奖.

2. 反常塞曼效应

1897 年 12 月，托马斯・普雷斯顿(Thomas Preston，1860—1900) 首先报告了锌和镉原子在弱磁场中的反常塞曼效应光谱，指出光谱线的分裂可以不是三条，间隔也不一定相等. 在以后的 30 年中，有很多人对此进行理论解释. 因此这一现象一直称为反常塞曼效应. 索末菲把反常塞曼效应列为"原子物理中悬而未决的问题". 1925 年，荷兰物理学家乔治・尤金・乌伦贝克(George Eugene Uhlenbeck，1900—1988) 和塞缪尔・亚伯拉罕・古德斯米特(Samuel Abraham Goudsmit，1902—1978) 在分析原子光谱的一些实验结果的基础上，提出了电子具有自旋运动的假设，并且根据实验结果指出，电子自旋的角动量和自旋磁矩在外磁场中只有两种可能取向，在普雷斯顿实验中银原子处于基态 $l=0$，即轨道角动量和相应的磁矩都为零，只有自旋角动量和自旋磁矩.

1928 年，保罗・狄拉克(Paul Adrien Maurice Dirac，1902—1984) 从电子的相对论波动方程出发，从理论上得出了电子具有自旋运动和磁矩的结论. 完全类似于电子轨道运动的情况，假设电子自旋角动量的大小为 S，在外磁场方向上的投影为 S_z，则可以用自旋量子数 s 和自旋磁量子数 m_s 来表示 S 和 S_z：

$$\begin{cases} S = \sqrt{s(s+1)}\,\hbar, \\ S_z = m_s\hbar \end{cases} \tag{1.7-1}$$

且当 S 一定时，m_s 可取 $(2s+1)$ 个值，即 $2s+1=2$，得 $s=\dfrac{1}{2}$，$m_s=\pm\dfrac{1}{2}$，因此电子自旋角动量的大小 S 及其在外磁场方向上的投影 S_z 为

$$\begin{cases} S = \sqrt{\dfrac{1}{2}\left(\dfrac{1}{2}+1\right)}\,\hbar = \sqrt{\dfrac{3}{4}}\,\hbar \\ S_z = \pm\dfrac{1}{2}\hbar \end{cases}. \tag{1.7-2}$$

理论和实验研究表明，一切微观粒子都具有各自的自旋属性.

运动和自旋是电子的固有属性，电子的线状运动与自旋是两种密不可分的运动形式，两者互为条件.

1.7.2　四个量子数

电子的稳定运动状态应该用主量子数、副量子数、磁量子数、自旋磁量子数这四个量子数进行表征，其中前面三个决定了电子的轨道运动状态，最后一个决定了电子的自旋运动状态.

(1) 主量子数 n，$n=1, 2, 3, \cdots$. 该量子数大体上决定原子中电子的能量. 其中 $n=1$ 的有 H、He 共 2 个元素，$n=2$ 的有 Li、Be、B、C、N、O、F、Ne 共 8 个元素，$n=3$ 的有

Na、Mg、Al、Si、P、S、Cl、Ar 共 8 个元素，$n=4$ 的有 K、Ca、Sc、Ti、V、Cr、Mn、Fe、Co、Ni、Cu、Zn、Ga、Ge、As、Se、Br、Kr 共 18 个元素等.

(2) 副量子数 l，$l=0, 1, 2, \cdots$. 该量子数决定原子中电子的轨道角动量. 此外，由于轨道磁矩和自旋磁矩之间的相互作用以及相对论效应，副量子数 l 对能量也有一定的影响，可以用 $n+0.7l$ 表征，数值越大能级越高. 其中 $l=0$ 对应的是 s 轨道，源于锐系光谱(sharp)；$l=1$ 对应的是 p 轨道，源于主系光谱(principal)；$l=2$ 对应的是 d 轨道，源于漫系光谱(diffuse)；$l=3$ 对应的是 f 轨道，源于基系光谱(fundamental)，依次类推.

(3) 磁量子数 m_l，$m_l=0, \pm1, \pm2, \cdots$. 该量子数决定电子轨道角动量在外磁场中的取向. 对于 s 轨道，$l=0$，$m_0=0$，仅有 1 个轨道；对于 p 轨道，$l=1$，m_1 可以等于 0，也可以等于 1，还可以等于 -1，有 3 个轨道；对于 d 轨道，$l=2$，m_2 可以等于 0，可以等于 1，可以等于 -1，也可以等于 2，还可以等于 -2，有 5 个轨道，依次类推.

(4) 自旋磁量子数 m_s，$m_s=\frac{1}{2}, -\frac{1}{2}$. 该量子数表示一个轨道最多可容纳两个电子，这两个电子自旋方向相反.

1.8* 原子的电子壳层结构

1.8.1 泡利不相容原理

1925 年，泡利在分析了大量原子能级数据的基础上，为解释化学元素周期性而提出了以下规律：在一个原子中，不能有两个或者两个以上的电子处在完全相同的量子态上，即任意两个电子不能具有完全相同的量子数，每个电子壳层容纳电子的最大数目为

$$Z_n = 2\sum_{l=0}^{n-1}(2l+1) = 2n^2. \tag{1.8-1}$$

式中：n 为主量子数，$n=1, 2, 3, \cdots$，分别对应于电子层 K，L，M，N，O，P，…；l 为副量子数，$l=0, 1, 2, 3, \cdots$，分别对应于轨道 s，p，d，f，…. 原子中每个电子壳层最多可能容纳的电子数如表 1.8-1 所示.

表 1.8-1 原子中每个电子壳层最多可能容纳的电子数

n	1	2				3									4
l	0	0	1			0	1			2					…
m_l	0	0	−1	0	1	0	−1	0	1	−2	−1	0	1	2	…
m_s	↑ ↓	↑ ↓	↑ ↓	↑ ↓	↑ ↓	↑ ↓	↑ ↓	↑ ↓	↑ ↓	↑ ↓	↑ ↓	↑ ↓	↑ ↓	↑ ↓	…
Z_n	2	8				18									32

1.8.2 能量最小原理

原子处于正常状态时，每个电子都趋向占据可能最低能级，其中主量子数 n 直接决定

能级高低，副量子数 l 也影响能级高低．可以用 $n+0.7l$ 的大小来比较，其数值越大，能级就越高．例如：

(1) 对于19号元素K(钾)，其电子组态为$1s^2 2s^2 2p^6 3s^2 3p^6 4s^1$．因为用$n+0.7l$计算，4s的能级为4，3d的能级为4.4，所以先填充4s能级．

(2) 对于氦原子基态，按LS耦合规则有$^1S_0$ 和$^3S_1$，但实际上只有$^1S_0$．因为根据泡利不相容原理，两电子的 n、l、m_l 都相同，但 m_s 不能相同，不可能出现三重态$^3S_1$．

(3) 关于原子的大小，玻尔曾认为原子半径随着 Z_n 的增大而减小，但这是不对的．根据泡利不相容原理，虽然第一层的轨道半径减小了，但是轨道层数增加了，故原子几乎都一样大．

1.9 计算机在从光量子到光电子中的应用

【例 1.9-1】 绘制高温下青花瓷上的图案．

【分析】 常温下青花瓷上的图案正好与高温下青花瓷上的图案相反，常温下是白的区域说明反射光能力强，在高温下吸收光能力强，呈现灰黑色．

【解】 利用 Matlab 编制程序如下：

```
I = imread('e:/1113.jpg');
I1 = rgb2gray(I);
I2 = 255 - I1;
imshow(I2);
imwrite('e:/1013.jpg', I2)
```

【答】 常温下青花瓷盘如图 1.9-1 所示，高温下青花瓷盘如图 1.9-2 所示．

图 1.9-1　常温下青花瓷盘

图 1.9-2　高温下青花瓷盘

【例 1.9-2】 利用计算机绘制黑体单色辐出度 $M_{B\lambda}(T)$ 随波长 λ 变化的关系曲线．

【分析】 1900 年，普朗克指出黑体单色辐出度与光波长的关系是

$$M_{B\lambda}(T)=\frac{2\pi hc^2\lambda^{-5}}{e^{\frac{hc}{\lambda kT}}-1}.$$

【解】 利用 Matlab 编制程序如下：

```
lambda = 0.1:0.1:8000;
y1 = 1./( lambda.^5. * (exp(10000./ lambda) - 1));
y2 = 1./( lambda.^5. * (exp(9000./ lambda) - 1));
y3 = 1./( lambda.^5. * (exp(7500./ lambda) - 1));
plot(lambda, y1, lambda, y2, lambda, y3, 'linewidth', 3)
set(gca, 'Fontsize', 20);
```

【答】 黑体辐射曲线如图 1.9-3 如示.

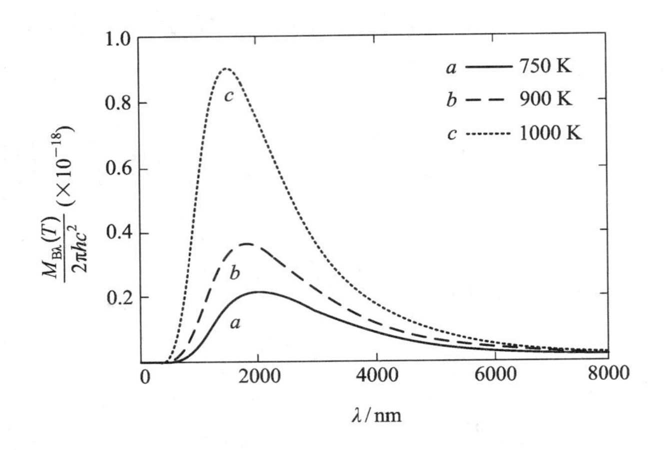

图 1.9-3　黑体辐射曲线

1.10 从光量子到光电子拓展性内容

1.10.1 一维简谐振子

用薛定谔方程能够方便处理的另一个问题是一维简谐振子问题. 在经典力学中, 简谐振子是由质量 m 连接在刚度系数为 k 的弹簧上构成的. 质量 m 受到的恢复力为 $F=-kx$, 其中 x 是 m 离开平衡位置的位移. 根据牛顿第二定律, 这样的谐振子有频率 $\omega=\sqrt{\dfrac{k}{m}}$, 周期 $T=2\pi\sqrt{\dfrac{m}{k}}$. 在 $x=0$ 处, 谐振子有最大动能; 在拐点 $x=\pm A$ 处, 谐振子的动能等于零, 其中 A 是运动振幅. 谐振子在拐点处倒转其运动方向, 其运动仅限于 $-A\leqslant x\leqslant A$ 范围.

双原子分子模型是在自然界中近似于一维简谐振子的系统, 与力 $F=-kx$ 相联系的势能为 $V=\dfrac{1}{2}kx^2$, 一维定态薛定谔方程可写成

$$-\frac{\hbar^2}{2m}\frac{\mathrm{d}^2}{\mathrm{d}x^2}\psi(x)+\frac{1}{2}kx^2\psi(x)=E\psi(x). \tag{1.10-1}$$

由于方程(1.10-1)的解需要满足当 $x\to\pm\infty$ 时趋于零, 因此方程(1.10-1)的解的形

式类似于函数 e^{-x^2}，所以选择 $\psi(x)=Ae^{-ax^2}$ 作为试探解，其中 A 和 a 为待定常数. 考虑到

$$\frac{d\psi(x)}{dx}=-2ax(Ae^{-ax^2}),$$

$$\frac{d^2\psi(x)}{dx^2}=-2a(Ae^{-ax^2})-2ax(-2ax)Ae^{-ax^2},$$

将 $\psi(x)$ 和 $\dfrac{d^2\psi(x)}{dx^2}$ 代入方程(1.10－1)，则有

$$-\frac{\hbar^2}{2m}(-2aAe^{-ax^2}+4a^2x^2Ae^{-ax^2})+\frac{1}{2}kx^2(Ae^{-ax^2})=EAe^{-ax^2},$$

消去 Ae^{-ax^2} 后得到

$$\frac{\hbar^2 a}{m}-\frac{2a^2\hbar^2}{m}x^2+\frac{1}{2}kx^2=E. \tag{1.10－2}$$

式(1.10－2)并不是一个确定 x 的式子，因为我们要找的解 $\psi(x)$ 应对任意的 x 值都成立，而不是仅对一个 x 值成立. 为了找到对任意 x 值都成立的解，x^2 的系数必须互相抵消，其余的常数必须相等，即

$$-\frac{2a^2\hbar^2}{m}+\frac{1}{2}k=0,\ \frac{\hbar^2 a}{m}=E,$$

于是

$$a=\frac{\sqrt{km}}{2\hbar},\ E=\frac{1}{2}\hbar\sqrt{\frac{k}{m}}.$$

又谐振子的振动频率 $\omega=\sqrt{\dfrac{k}{m}}$，则能量 E 为

$$E=\frac{\hbar\omega}{2}. \tag{1.10－3}$$

振幅 A 由归一化条件确定. 一维简谐振子的基态能量如图 1.10－1 所示. 经典物理不允许粒子跑出经典力学拐点 $x=\pm A$ 之外的范围，因为在那里粒子的动能 E_k 为负，概率密度 $|\psi|^2$ 在拐点之外不为零，按照量子力学观点，粒子可有一定概率出现在动能 E_k 为负的“禁区”内. 这个解有一个非常显著的特点，在经典力学拐点 $x=\pm A$ 之外，找到粒子的概率不等于零. 总的能量 E 值又是常量，在 $x=\pm A$ 之外势能大于基态能量，结果动能 E_k 变为负，按照经典力学概念这是不可能的. 在 $|x|>A$ 的区域，经典粒子根本不能存在，而在量子力学中粒子以一定概率穿透到经典力学禁区是可能的.

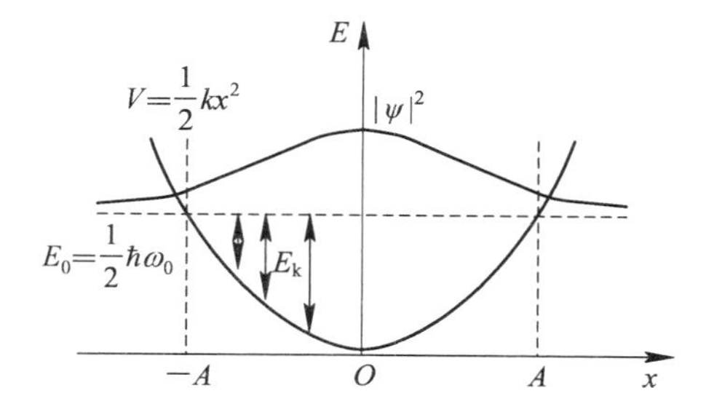

图 1.10－1　一维简谐振子的基态能量

对应于谐振子的基态的解为 $\psi(x)=A\mathrm{e}^{-ax^2}$，一般解的形式为

$$\psi_n(x)=Af_n(x)\mathrm{e}^{-ax^2}.$$

式中，$f_n(x)$ 是一多项式，其中 x 的最高幂次是 n，该多项式称为厄密多项式(Hermite polynomial)．一维简谐振子对应的能量为

$$E_n=(n+1/2)\hbar\omega. \tag{1.10-4}$$

式中，$n=0$，1，2，…．一维简谐振子的一些低能级及对应的概率密度如图 1.10-2 所示．值得注意的是，从图 1.10-2 给出的这些能级和相应的概率分布，可以看出能级是等间距的，这一点与“一维盒子”中粒子的情况是很不相同的．对于所有的解，概率密度都具有穿透到拐点之外的经典力学禁区的特点．概率密度是振荡的，在拐点之间有点类似于正弦波；而在拐点之外，按 e^{-2ax} 律趋于零．

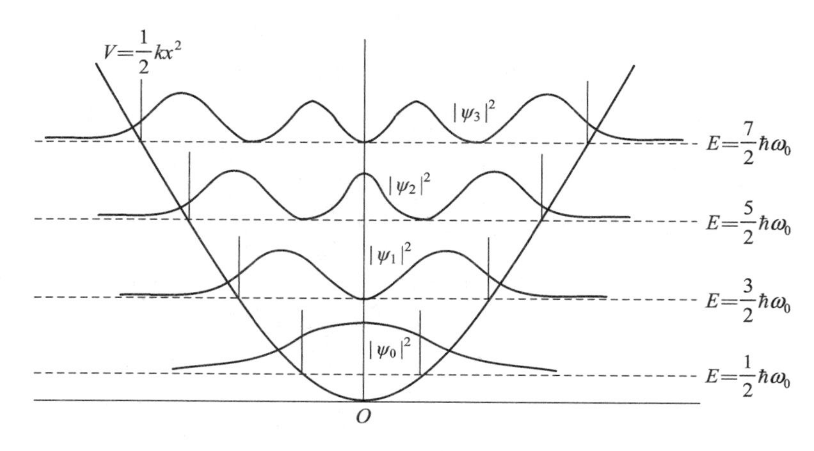

图 1.10-2　一维简谐振子的一些低能级及对应的概率密度

1.10.2　氢原子

在氢原子中，核外电子受到原子核的库仑力作用，被束缚在势能为 $V(r)=-\dfrac{e^2}{4\pi\varepsilon_0 r}$ 的中心力场中运动，波函数 $\psi=\psi(r,\theta,\varphi)$ 满足的是三维定态薛定谔方程：

$$\left[-\frac{\hbar^2}{2m_e}\nabla^2+V(r)\right]\psi=E\psi. \tag{1.10-5}$$

由于中心力场具有球对称性，因此采用球坐标(r,θ,φ)下的拉普拉斯算符形式：

$$\nabla^2=\frac{1}{r^2}\frac{\partial}{\partial r}\left(r^2\frac{\partial}{\partial r}\right)+\frac{1}{r^2\sin\theta}\frac{\partial}{\partial\theta}\left(\sin\theta\frac{\partial}{\partial\theta}\right)+\frac{1}{r^2\sin^2\theta}\frac{\partial^2}{\partial\varphi^2}, \tag{1.10-6}$$

则式(1.10-5)可写成

$$\frac{1}{r^2}\frac{\partial}{\partial r}\left(r^2\frac{\partial\psi}{\partial r}\right)+\frac{1}{r^2\sin\theta}\frac{\partial}{\partial\theta}\left(\sin\theta\frac{\partial\psi}{\partial\theta}\right)+\frac{1}{r^2\sin^2\theta}\frac{\partial^2\psi}{\partial\varphi^2}+\frac{2m_e}{\hbar^2}[E-V(r)]\psi=0. \tag{1.10-7}$$

式中，$V(r)$ 仅是 r 的函数．

下面采用分离变量法把波函数写成 $\psi(r,\theta,\varphi)=R(r)Y(\theta,\varphi)$ 形式，其中 $R(r)$ 称为径向函数(radial function)，$Y(\theta,\varphi)$ 称为球谐函数(spheric harmonic function)，代入式(1.10-7)得

$$\frac{Y}{r^2}\frac{\mathrm{d}}{\mathrm{d}r}\left(r^2\frac{\mathrm{d}R}{\mathrm{d}r}\right)+\frac{R}{r^2\sin\theta}\frac{\partial}{\partial\theta}\left(\sin\theta\frac{\partial Y}{\partial\theta}\right)+\frac{R}{r^2\sin^2\theta}\frac{\partial^2 Y}{\partial\varphi^2}+\frac{2m_e}{\hbar^2}[E-V(r)]RY=0.$$

上式左右两边同乘 r^2，再除以 RY，并移项得

$$\frac{1}{R}\frac{\mathrm{d}}{\mathrm{d}r}\left(r^2\frac{\mathrm{d}R}{\mathrm{d}r}\right)+\frac{2m_e r^2}{\hbar^2}[E-V(r)]=-\frac{1}{Y\sin\theta}\frac{\partial}{\partial\theta}\left(\sin\theta\frac{\partial Y}{\partial\theta}\right)-\frac{1}{Y\sin^2\theta}\frac{\partial^2 Y}{\partial\varphi^2}.\tag{1.10-8}$$

式(1.10－8)左边仅依赖于变量 r，右边依赖于变量 θ、φ，故令该式左右两边都等于常量 λ，就得到两个方程

$$\frac{1}{r^2}\frac{\mathrm{d}}{\mathrm{d}r}\left(r^2\frac{\mathrm{d}R}{\mathrm{d}r}\right)+\left\{\frac{2m_e}{\hbar^2}[E-V(r)]-\frac{\lambda}{r^2}\right\}R=0,\tag{1.10-9}$$

$$\frac{\sin\theta}{Y}\frac{\partial}{\partial\theta}\left(\sin\theta\frac{\partial Y}{\partial\theta}\right)+\lambda\sin^2\theta=-\frac{1}{Y}\frac{\partial^2 Y}{\partial\varphi^2}.\tag{1.10-10}$$

对于式(1.10－10)，令 $Y(\theta,\varphi)=\Theta(\theta)\Phi(\varphi)$，并令式(1.10－10)左右两边都等于 m^2，得

$$\frac{1}{\sin\theta}\frac{\mathrm{d}}{\mathrm{d}\theta}\left(\sin\theta\frac{\mathrm{d}\Theta}{\mathrm{d}\theta}\right)+\left(\lambda-\frac{m^2}{\sin^2\theta}\right)\Theta=0,\tag{1.10-11}$$

$$\frac{\mathrm{d}^2\Phi}{\mathrm{d}\varphi^2}+m^2\Phi=0.\tag{1.10-12}$$

式(1.10－12)的解为

$$\Phi(\varphi)=A\mathrm{e}^{\mathrm{i}m\varphi}+B\mathrm{e}^{-\mathrm{i}m\varphi},\tag{1.10-13}$$

式中，φ 为角度，周期为 2π，满足 $\Phi(\varphi)=\Phi(\varphi+2k\pi)$，因此 m 必须为整数或者零，从而有 $\Phi(\varphi)=A\mathrm{e}^{\mathrm{i}m\varphi}$，$m=0,\pm1,\pm2,\cdots$. 由归一化条件得 $\int_0^{2\pi}|\Phi(\varphi)|^2\mathrm{d}\varphi=A^2 2\pi=1$，解得 $A=\frac{1}{\sqrt{2\pi}}$，故

$$\Phi(\varphi)=\frac{1}{\sqrt{2\pi}}\mathrm{e}^{\mathrm{i}m\varphi},\ m=0,\pm1,\pm2,\cdots.\tag{1.10-14}$$

式(1.10－14)中 m 的取值在角度 φ 方向上显示出量子化，即波函数受到圆周的限制，一个圆周上的波数是圆周的整数分之一，与德布罗意圆周驻波条件一致.

对于式(1.10－11)，先令 $x=\cos\theta,\theta\in[0,\pi]$，则

$$\frac{\mathrm{d}}{\mathrm{d}\theta}=\frac{\mathrm{d}}{\mathrm{d}x}\cdot\frac{\mathrm{d}x}{\mathrm{d}\theta}=-\sin\theta\frac{\mathrm{d}}{\mathrm{d}x},\ \frac{\mathrm{d}\Theta}{\mathrm{d}\theta}=-\sin\theta\frac{\mathrm{d}\Theta}{\mathrm{d}x},$$

$$\frac{1}{\sin\theta}\frac{\mathrm{d}}{\mathrm{d}\theta}\left(\sin\theta\frac{\mathrm{d}\Theta}{\mathrm{d}\theta}\right)=\frac{\mathrm{d}}{\mathrm{d}x}\left(\sin^2\theta\frac{\mathrm{d}\Theta}{\mathrm{d}x}\right),$$

故

$$\frac{\mathrm{d}}{\mathrm{d}x}\left[(1-x^2)\frac{\mathrm{d}\Theta}{\mathrm{d}x}\right]+\left(\lambda-\frac{m^2}{1-x^2}\right)\Theta=0.\tag{1.10-15}$$

式(1.10－15)是连带勒让德方程(associated Legendre equation). 其中变量 $x\in[-1,1]$，这决定了函数 $\Theta(x)$ 的特性，同时也决定了 λ 的量子化特性.

取 $l=k+m$，$k=0,1,2,\cdots$；$\lambda=l(l+1)$，$l=0,1,2,\cdots$. 由 $|m|\leqslant l$，得 $m=$

0，±1，±2，…，±l. 在这样的限制下，$\Theta(x)$ 的表达式为

$$\Theta(x) = P_l^m(x) = (1-x^2)^{\frac{m}{2}} P_l^{[m]}(x). \quad (1.10-16)$$

式中，$P_l^{[m]}(x) = [P_l(x)]^{m\text{阶导数}}$. 而 $P_l(x) = \sum_{k=0}^{\left[\frac{l}{2}\right]} (-1)^k \frac{(2l-2k)!}{2^l k!(l-k)!(l-2k)!} x^{l-2k}$，故由归一化条件得

$$\Theta(x) = (-1)^m \sqrt{\frac{(2l+1)(l-m)!}{2(l+m)!}} P_l^m(x).$$

进一步地，有

$$\Theta(\theta) = (-1)^m \sqrt{\frac{(2l+1)(l-m)!}{2(l+m)!}} P_l^m(\cos\theta). \quad (1.10-17)$$

这样，球谐函数的表达式为

$$Y(\theta, \varphi) = (-1)^m \sqrt{\frac{(2l+1)(l-m)!}{2(l+m)!}} P_l^m(\cos\theta) \cdot \frac{1}{\sqrt{2\pi}} e^{im\varphi}. \quad (1.10-18)$$

最后考虑径向函数的表达式. 对于氢原子来说，$V(r) = -\frac{e^2}{4\pi\varepsilon_0 r}$. 令 $R(r) = \frac{u(r)}{r}$，则

$$\frac{1}{r^2}\frac{d}{dr}\left\{r^2 \frac{d}{dr}\left[\frac{u(r)}{r}\right]\right\} + \left\{\frac{2m_e}{\hbar^2}[E - V(r)] - \frac{l(l+1)}{r^2}\right\}\frac{u(r)}{r} = 0.$$

又

$$\frac{1}{r^2}\frac{d}{dr}\left\{r^2 \frac{d}{dr}\left[\frac{u(r)}{r}\right]\right\} = \frac{1}{r^2}\frac{d}{dr}\left\{-u(r) + r\frac{d}{dr}[u(r)]\right\}$$

$$= \frac{1}{r^2}\left[-\frac{du(r)}{dr} + \frac{du(r)}{dr} + r\frac{d^2u(r)}{dr^2}\right] = \frac{1}{r}\frac{d^2u(r)}{dr^2},$$

故

$$\frac{d^2u(r)}{dr^2} + \left\{\frac{2m_e}{\hbar^2}[E - V(r)] - \frac{l(l+1)}{r^2}\right\}u(r) = 0.$$

再令 $\alpha = \sqrt{\frac{8m_e|E|}{\hbar^2}}$，$\beta = \frac{2m_e e^2}{4\pi\varepsilon_0 \hbar^2 \alpha} = \frac{e^2}{4\pi\varepsilon_0 \hbar}\sqrt{\frac{m_e}{2|E|}}$，$\rho = \alpha r$，得

$$\frac{d^2u}{d\rho^2} + \left[\frac{\beta}{\rho} - \frac{1}{4} - \frac{l(l+1)}{\rho^2}\right]u = 0. \quad (1.10-19)$$

当 $\rho \to \infty$ 时，$u(\rho) = e^{-\frac{\rho}{2}}$. 一般情况下，取 $u(\rho) = e^{-\frac{\rho}{2}} f(\rho)$，则式(1.10-19)变成

$$\frac{d^2f(\rho)}{d\rho^2} - \frac{df(\rho)}{d\rho} + \left[\frac{\beta}{\rho} - \frac{l(l+1)}{\rho^2}\right]f(\rho) = 0. \quad (1.10-20)$$

式中，β 决定主量子数. 取 $\beta = n = 1, 2, 3, \cdots$，$l = 0, 1, 2, 3, \cdots$，得到氢原子的电子运动半径和能量本征值分别为

$$a = \frac{2}{n\alpha} = \frac{4\pi\varepsilon_0 \hbar^2}{m_e e^2},\ E = -\frac{m_e e^4}{(4\pi\varepsilon_0)^2 2\hbar^2 n^2}.$$

式中：$a = a_1 = 0.53\text{Å} = 0.053$ nm，称为第一玻尔半径；$E = \frac{E_1}{n^2}$，$E_1 = -13.6$ eV 为氢原子基态能量，与玻尔计算结果一样.

当 $\rho \to 0$ 时，$u(\rho) = D_1 \rho^{l+1}$.

综合 $\rho\to\infty$ 和 $\rho\to 0$ 的情况，取 $u(\rho)=\rho^{l+1}\mathrm{e}^{-\frac{\rho}{2}}f(\rho)$，得到广义拉盖尔方程：

$$\rho\frac{\mathrm{d}^2f(\rho)}{\mathrm{d}\rho^2}+[(2l+1)+1-\rho]\frac{\mathrm{d}f(\rho)}{\mathrm{d}\rho}+(n-l-1)f(\rho)=0. \quad (1.10-21)$$

方程(1.10-21)的解为

$$f(\rho)=L_{n-l-1}^{2l+1}(\rho)=\sum_{k=0}^{n-l-1}(-1)^k\frac{(n+l)!}{(n-l-1-k)!(2l+1-k)!}\cdot\frac{1}{k!}\rho^k. \quad (1.10-22)$$

因为 $\rho=\alpha r$，$\rho=\dfrac{r}{na_1}$，所以径向函数为

$$R(r)=N_{nl}\mathrm{e}^{-\frac{r}{na_1}}\left(\frac{2r}{na_1}\right)^l L_{n-l-1}^{2l+1}\left(\frac{2r}{na_1}\right). \quad (1.10-23)$$

式中，归一化常量

$$N_{nl}=\sqrt{\left(\frac{2}{na_1}\right)^3\frac{(n-l-1)!}{2n[(n+l)!]^3}}.$$

综上可得氢原子运动的波函数为

$$\begin{aligned}\psi(r,\theta,\varphi)&=\psi_{nlm}(r,\theta,\varphi)\\&=\sqrt{\left(\frac{2}{na_1}\right)^3\frac{(n-l-1)!}{2n[(n+l)!]^3}}\mathrm{e}^{-\frac{r}{na_1}}\left(\frac{2r}{na_1}\right)^l L_{n-l-1}^{2l+1}\left(\frac{2r}{na_1}\right)\cdot\\&\quad(-1)^m\sqrt{\frac{(2l+1)(l-m)!}{2(l+m)!}}P_l^m(\cos\theta)\cdot\frac{1}{\sqrt{2\pi}}\mathrm{e}^{\mathrm{i}m\varphi}.\end{aligned} \quad (1.10-24)$$

特别地，

$$\psi_{100}(r,\theta,\varphi)=\frac{1}{\sqrt{\pi}}\left(\frac{1}{a_1}\right)^{3/2}\mathrm{e}^{-\frac{r}{a_1}};$$

$$\psi_{200}(r,\theta,\varphi)=\frac{1}{\sqrt{\pi}}\left(\frac{1}{2a_1}\right)^{3/2}\left(1-\frac{r}{2a_1}\right)\mathrm{e}^{-\frac{r}{2a_1}};$$

$$\psi_{210}(r,\theta,\varphi)=\frac{1}{\sqrt{\pi}}\left(\frac{1}{2a_1}\right)^{3/2}\frac{r}{2a_1}\mathrm{e}^{-\frac{r}{2a_1}}\cos\theta;$$

$$\psi_{21\pm1}(r,\theta,\varphi)=\frac{1}{\sqrt{2\pi}}\left(\frac{1}{2a_1}\right)^{3/2}\frac{r}{2a_1}\mathrm{e}^{-\frac{r}{2a_1}}\sin\theta\,\mathrm{e}^{\pm\mathrm{i}\varphi}.$$

内容小结

1. 能量子假设. 1900年，普朗克提出能量子假设，认为金属空腔中的电子能量(谐振子的能量)只能取 $h\nu$，$2h\nu$，$3h\nu$，… 不连续的数值，发射或者吸收也只能是 $h\nu$ 的整数倍，$h\nu$ 为最小能量，称为能量子. 这一假设否定了经典物理学中能量连续变化的概念. 普朗克公式为

$$M_{\mathrm{B}\lambda}(T)=\frac{2\pi hc^2\lambda^{-5}}{\mathrm{e}^{\frac{hc}{\lambda kT}}-1}.$$

2. 光电效应. 金属或者化合物受到大于截止频率的光照射，在表面逸出电子的现象称

为光电效应，逸出的电子称为光电子，形成的电流称为光电流．爱因斯坦光电效应方程为

$$h\nu = \frac{1}{2}mv_{\mathrm{m}}^2 + W.$$

3．光子假设．爱因斯坦光子假设认为，光子的静止质量为零，光子的能量和动量分别为

$$E = h\nu,$$

$$p = \frac{h}{\lambda}.$$

上述等式左边 E 和 p 为粒子性，右边 ν 和 λ 为波动性．光子假设体现出光具有波粒二象性．

4．康普顿效应．1920 年，康普顿在用 X 射线轰击碳实验中发现散射的 X 射线中既有与入射波长相同的射线，又有比入射波长更长的射线，波长的增量与入射波长无关，与散射角 θ 有关：

$$\Delta\lambda = \frac{h}{m_0 c}(1 - \cos\theta).$$

5．玻尔氢原子理论．玻尔做出轨道假设、跃迁假设、角动量量子化假设，得到原子能量量子化$\left(E_n = -\frac{13.6\ \mathrm{eV}}{n^2}\right)$等结论，成功地解释了氢原子光谱的实验规律：

当 $k = 1$ 时，$n = 2, 3, 4, \cdots$，有无穷多条谱线构成了莱曼系；

当 $k = 2$ 时，$n = 3, 4, 5, \cdots$，有无穷多条谱线构成了巴尔末系；

当 $k = 3$ 时，$n = 4, 5, 6, \cdots$，有无穷多条谱线构成了帕邢系；

当 $k = 4$ 时，$n = 5, 6, 7, \cdots$，有无穷多条谱线构成了布喇开系；

当 $k = 5$ 时，$n = 6, 7, 8, \cdots$，有无穷多条谱线构成了蒲芬德系；

当 $k = 6$ 时，$n = 7, 8, 9, \cdots$，有无穷多条谱线构成了汉弗莱系．

6．德布罗意物质波．1924 年，德布罗意假设一切实物粒子都具有波动性，并给出德布罗意关系：

$$\nu = \frac{E}{h} = \frac{mc^2}{h} = \frac{m_0 c^2}{h\sqrt{1 - \frac{v^2}{c^2}}},$$

$$\lambda = \frac{h}{p} = \frac{h}{mv} = \frac{h}{m_0 v}\sqrt{1 - \frac{v^2}{c^2}}.$$

描述德布罗意物质波的波函数 $\Psi(\boldsymbol{r}, t)$ 具有单值、有限、连续性，$|\Psi(\boldsymbol{r}, t)|^2$ 表示粒子出现在 $\boldsymbol{r}$ 处的概率密度．

7．海森堡不确定关系．海森堡坐标和动量的不确定关系包括 x 方向位置与动量不确定之积大于常量、y 方向位置与动量不确定之积大于常量、z 方向位置与动量不确定之积大于常量、能量与时间不确定之积大于常量四种形式：

$$\Delta x \cdot \Delta p_x \geqslant \frac{\hbar}{2},\ \Delta y \cdot \Delta p_y \geqslant \frac{\hbar}{2},\ \Delta z \cdot \Delta p_z \geqslant \frac{\hbar}{2},\ \Delta E \cdot \Delta t \geqslant \frac{\hbar}{2}.$$

8．薛定谔方程．1926 年，薛定谔构建了薛定谔方程

$$\left[-\frac{\hbar^2}{2m}\left(\frac{\partial^2}{\partial x^2} + \frac{\partial^2}{\partial y^2} + \frac{\partial^2}{\partial z^2}\right) + V(\boldsymbol{r}, t)\right]\Psi(\boldsymbol{r}, t) = \mathrm{i}\hbar\frac{\partial}{\partial t}\Psi(\boldsymbol{r}, t);$$

定态薛定谔方程

$$\left[-\frac{\hbar^2}{2m}\left(\frac{\partial^2}{\partial x^2}+\frac{\partial^2}{\partial y^2}+\frac{\partial^2}{\partial z^2}\right)+V(\boldsymbol{r})\right]\psi(\boldsymbol{r})=E\psi(\boldsymbol{r});$$

一维薛定谔方程

$$\left[-\frac{\hbar^2}{2m}\frac{\mathrm{d}^2}{\mathrm{d}x^2}+V(x,t)\right]\Psi(x,t)=\mathrm{i}\hbar\frac{\partial}{\partial t}\Psi(x,t);$$

一维定态薛定谔方程

$$\left[-\frac{\hbar^2}{2m}\frac{\mathrm{d}^2}{\mathrm{d}x^2}+V(x)\right]\psi(x)=E\psi(x).$$

9. 四个量子数．主量子数 n，$n=1, 2, 3, \cdots$；副量子数 l，$l=0, 1, 2, \cdots$；磁量子数 m_l，$m_l=0, \pm 1, \pm 2, \cdots$；自旋磁量子数 m_s，$m_s=\frac{1}{2}, -\frac{1}{2}$.

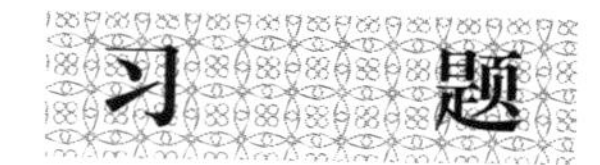

习题

1.1　某单色光照射到一金属表面产生了光电效应．若该金属的逸出电势是 u_a，即电子从金属表面逸出需要能量 eu_a，则此单色光波长 λ 必须满足________.

(A) $\lambda \leqslant \frac{hc}{eu_a}$　　(B) $\lambda \leqslant \frac{eu_a}{hc}$　　(C) $\lambda \geqslant \frac{hc}{eu_a}$　　(D) $\lambda \geqslant \frac{eu_a}{hc}$

1.2　金属能产生光电效应的截止频率依赖于________.

(A) 入射光的强度　　(B) 入射光的频率

(C) 该金属的逸出功　　(D) 入射光的频率与金属的逸出功

1.3　已知用频率为 ν 的单色光照射某种金属表面时，逸出光电子的最大动能为 E_k．若用频率为 2ν 的单色光照射此金属表面，则逸出光电子的最大动能为________.

(A) $2E_k$　　(B) $h\nu-E_k$　　(C) $2h\nu-E_k$　　(D) $h\nu+E_k$

1.4　用频率为 ν_1 和 ν_2 的两种单色光先后照射某种金属表面均能产生光电效应．若该金属的截止频率为 ν_0，测得两次照射时的遏止电压关系为 $|u_{a1}|=2|u_{a2}|$，则 ν_1 和 ν_2 的关系为________.

(A) $\nu_1=\nu_2-\nu_0$　　(B) $\nu_1=\nu_2+\nu_0$　　(C) $\nu_1=2\nu_2-\nu_0$　　(D) $\nu_1=\nu_2-2\nu_0$

1.5　在康普顿散射中，若反冲电子的速度为 $0.60c$（c 为真空中的光速），则因散射使电子获得的能量是其静止质量的________倍.

(A) 0.25　　(B) 0.50　　(C) 1.0　　(D) 1.5

1.6　用光照的办法将氢原子基态电子电离，可用的波长最长的光是 91.3 nm 的紫外光，那么氢原子从各激发态跃迁到基态的莱曼系光谱线的波长 λ 可表示为________.

(A) $91.3\frac{n^2+1}{n^2-1}$　　(B) $91.3\frac{n+1}{n-1}$

(C) $91.3\frac{n^2-1}{n^2+1}$　　(D) $91.3\frac{n^2}{n^2-1}$

1.7　根据玻尔氢原子理论，巴耳末系中光谱线的最短波长与最长波长之比为________.

(A) $\frac{2}{9}$　(B) $\frac{4}{9}$　(C) $\frac{5}{9}$　(D) $\frac{7}{9}$

1.8　对于氢原子光谱，莱曼系中最短波长的谱线所对应的光子能量为________ eV；巴耳末系中最短波长的谱线所对应的光子能量为________ eV. ________

(A) -13.6，-3.4　(B) -3.4，-13.6　(C) 13.6，3.4　(D) 3.4，13.6

1.9　要使处于基态的氢原子受激后能发射莱曼系(由从激发态跃迁到基态发射的各谱线组成)中最长波长的谱线，则至少应向基态的氢原子提供能量________.

(A) 1.5 eV　(B) 3.4 eV　(C) 10.2 eV　(D) 13.6 eV

1.10　设大量氢原子处于 $n=4$ 的激发态，它们跃迁时会发射出一簇光谱线，这簇光谱线最多有________条，其中波长最短的是________ nm. ________

(A) 4，121.5　(B) 5，102.5　(C) 6，97.2　(D) 7，94.9

1.11　已知氢原子的能级公式为 $E_n=-\frac{13.6}{n^2}$ eV，若氢原子处于第一激发态，则其电离能为________.

(A) -13.6 eV　(B) -3.4 eV　(C) 13.6 eV　(D) 3.4 eV

1.12　根据玻尔氢原子理论，氢原子在 $n=5$ 轨道上的角动量与其在第一激发态的轨道上时的角动量之比为________.

(A) 5　(B) $\frac{5}{2}$　(C) $\frac{5}{3}$　(D) $\frac{5}{4}$

1.13　具有下列哪些能量的光子，能被处于 $n=2$ 轨道上的氢原子吸收？________

(A) 1.51 eV　(B) 1.89 eV　(C) 2.16 eV　(D) 2.40 eV

1.14　若电子显微镜中的电子从静止开始通过电势差为 U 的静电场加速后，其德布罗意波长为 1 Å(1 Å $=0.1$ nm)，则 U 约为________.

(A) 150 V　(B) 300 V　(C) 600 V　(D) 940 V

1.15　静止质量不为零的高速运动的微观粒子，其德布罗意波长 λ 与速度 v 的关系为________.

(A) $\lambda\propto\frac{1}{v}$　(B) $\lambda\propto v$　(C) $\lambda\propto\sqrt{c^2-v^2}$　(D) $\lambda\propto\sqrt{\frac{1}{v^2}-\frac{1}{c^2}}$

1.16　若 α 粒子(氦原子核)在磁感应强度为 B 的均匀磁场中做半径为 R 的匀速圆周运动，则该 α 粒子的德布罗意波波长是________.

(A) $\frac{h}{eRB}$　(B) $\frac{h}{2eRB}$　(C) $\frac{1}{heRB}$　(D) $\frac{1}{2heRB}$

1.17　波长为 λ 的单色光入射到逸出功为 A 的某金属上，能产生光电效应的截止频率等于________.

1.18　玻尔氢原子理论的三个基本假设是：(1) ________；(2) ________；(3) ________.

1.19　在氢原子光谱的巴耳末系中，波长最长的谱线 H_α 与相邻的谱线 H_β 的波长之比为________.

1.20　电子的康普顿波长为 $\lambda_C = \dfrac{h}{m_0 c}$，当电子的动能等于它的静止能量时，其德布罗意波的波长为________.

1.21　在 X 射线散射实验中，位于散射角 $\theta_1 = 45°$ 和 $\theta_2 = 90°$ 处的散射光，其波长改变量之比为________.

1.22　真空中光子波长为 λ，则其运动速度为________，动量为________，动能为________.

1.23　从钼中移出一个电子需要 4.2 eV 的能量，用波长为 200 nm 的紫外光投射到钼的表面，试求：(1) 光电子的最大初动能；(2) 遏止电压；(3) 钼的截止波长.

1.24　已知锂的光电效应截止波长为 $\lambda_0 = 0.50\ \mu\text{m}$，试求：(1) 锂的电子逸出功；(2) 用波长 $\lambda = 0.33\ \mu\text{m}$ 的紫外光照射时的遏止电压.

1.25　已知元素 Pd 的 K_αX 射线的波长为 0.60Å，用该波长的光子做康普顿实验，试问：(1) 散射角 $\theta = 90°$ 处的康普顿散射波长是多少？(2) 反冲电子获得的动能有多大？($h = 6.63 \times 10^{-34}$ J·s，$m = 9.11 \times 10^{-31}$ kg)

1.26　试计算从 0.1 nm 入射的 X 射线的 60° 散射角上观察到的 X 光波长. 此时反冲电子所获得的动能是多少？

1.27　处于基态的氢原子被能量为 12.09 eV 的光子激发后能发射几条谱线？它们的波长是多少？

1.28　若基态氢原子被外来单色光激发后发出的光仅有三条谱线，试求该外来光的频率.

1.29　当电子的德布罗意波长等于其康普顿波长时，求：(1) 电子动量；(2) 电子速度与光速的比值.

1.30　静止质量为 m_e 的电子被电势差为 U 的电场从静止状态开始加速，考虑相对论效应，试求其德布罗意波波长.

第2章 激光技术

按照光量子理论，光是以光速 c 运动的大量光子组成的集合，这些光子不仅具有两种可能的独立偏振状态，还具有一定的统计规律性，即服从量子统计学中的玻色-爱因斯坦统计规律. 光和粒子之间的相互作用可以分为自发辐射、受激辐射和受激吸收. 激光就是受激辐射放大的一种相干光辐射.

2.1 激光原理

2.1.1 光传播的模式数目

光在各向同性介质中传播时，服从经典的电磁理论麦克斯韦方程组描述的规律. 在确定边界条件后，麦克斯韦方程组具有很多解，每个特解都代表电磁波的一种本征振动状态. 对于光传播来说，每个特解就代表光的一种模式，即具有一定的偏振方向、一定的传播方向、一定的振动频率、一定的寿命. 光传播的模式数目常从以下三种情形进行讨论.

(1) 在偏振性与频率一定的情形下，两束激光的传播方向不同，可能存在的模式数目如图 2.1-1 所示. 假设入射光束、出射光束的直径都为 d. 对于圆孔衍射，一级衍射暗纹所对应的衍射角 $\varphi_1 = 0.61\dfrac{\lambda}{d}$，由 $\dfrac{x}{R} = \sin\varphi_1 \approx 0.61\dfrac{\lambda}{d}$ 可得 $x \approx 0.61\dfrac{R\lambda}{d}$. 考虑到各向同性，一级衍射暗纹所对应的立体角为 $\Omega_1 = \dfrac{\pi x^2}{R^2} = \pi\left(0.61\dfrac{\lambda}{d}\right)^2 = 1.17\dfrac{\lambda^2}{d^2}$.

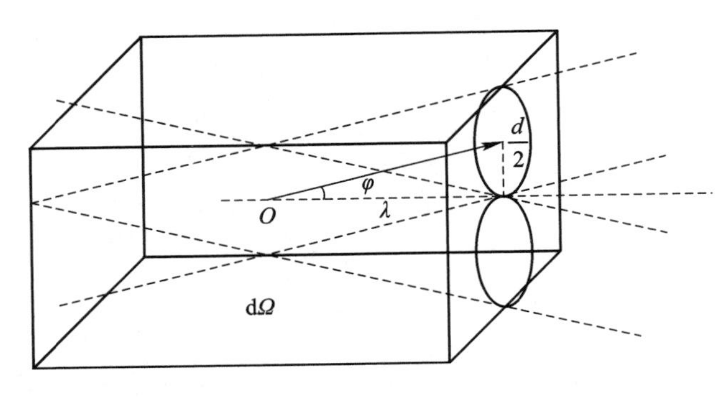

图 2.1-1 在单位体积中的各向同性介质中可能存在的模式数目

若取衍射孔的面积为单位面积，即 $\pi\left(\dfrac{d}{2}\right)^2 = 1$，$d = 1.12838$，则 $\Omega_1 = 0.9189\lambda^2 \approx \lambda^2$.

由此可得在单位体积中可以分辨出的光传播的模式数目为

$$N=\frac{4\pi}{\Omega_1}\approx\frac{4\pi}{\lambda^2}. \tag{2.1-1}$$

(2) 在偏振性与传播方向一定的情形下，在频率为 $\nu\sim\nu+\Delta\nu$ 范围内，对于寿命为 Δt 的光波列(如图 2.1-2(a) 所示)，由不确定关系 $\Delta E\cdot\Delta t\geqslant\frac{\hbar}{2}$ 得 $h\delta\nu\cdot\Delta t\geqslant\frac{h}{4\pi}$，式中 $\delta\nu$ 为光谱宽度(如图 2.1-2(b) 所示). 又 $\Delta t=\frac{l_c}{c}$，则 $\delta\nu\geqslant\frac{c}{4\pi l_c}$，故 $\frac{\Delta\nu}{\delta\nu}\leqslant\frac{4\pi\Delta\nu l_c}{c}$. 当 $l_c=\frac{1}{4\pi}$ 时，

$$\frac{\Delta\nu}{\delta\nu}\sim\frac{\Delta\nu}{c}. \tag{2.1-2}$$

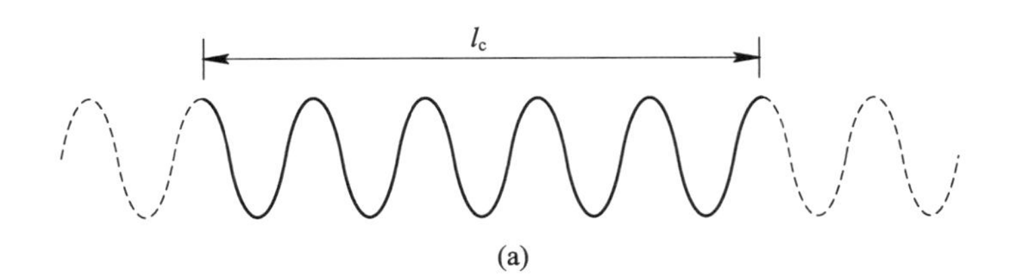

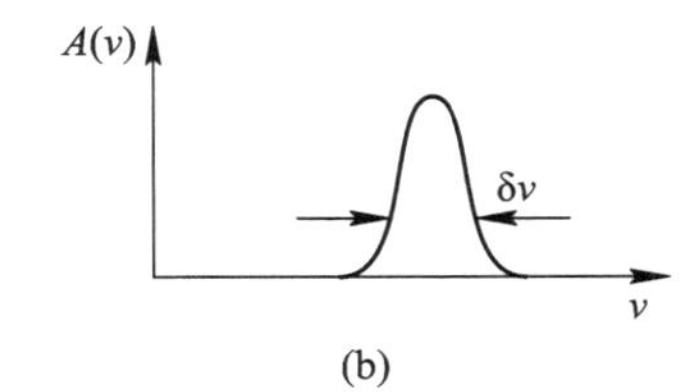

图 2.1-2　光波列与光谱宽度

(a) 光波列；(b) 光谱宽度

(3) 在偏振态不同的情形下，具有任意偏振状态的单色平面波可以分解为两个振动方向相互垂直且有一定相位关系的独立的线偏振光.

综合(1)(2)(3) 讨论的结果，在单位体积内，在频率为 $\nu\sim\nu+\Delta\nu$ 范围内，传播方向不同、偏振态不同的情形下，可能存在的光传播的模式数目为

$$g=\frac{8\pi\Delta\nu}{\lambda^2 c}V. \tag{2.1-3}$$

对于式(2.1-3)，取 $V=1\ \text{cm}^3$，$\nu=10^{14}$ Hz，$\Delta\nu=10^{11}$ Hz，则光传播的模式数目为

$$g=\frac{8\times3.141\,59\times10^{11}\times10^{-6}}{\frac{(3\times10^8)^3}{10^{28}}}=9.8\times10^8.$$

2.1.2　光子的简并度

光子属于玻色子，不服从泡利不相容原理，但满足玻色-爱因斯坦统计规律. 在 n 个光子体系中，出现能量 $\varepsilon_i=h\nu_i$ 状态的光子数目为

$$n_i=\frac{g_i}{e^{\frac{h\nu_i}{kT}}-1}. \tag{2.1-4}$$

式中，g_i 相应于能量 ε_i 的退化度，即处于能量 ε_i 的每一个运动状态的平均光子数为

$$\bar{n}_1=\frac{n_i}{g_i}=\frac{1}{e^{\frac{h\nu_i}{kT}}-1}. \tag{2.1-5}$$

式(2.1-5) 称为热光源的光子简并度. 对于表面温度为 6166 K 时的太阳，$\lambda=0.47\ \mu\text{m}$，频率为 $\nu=\frac{3\times10^8\ \text{m}\cdot\text{s}^{-1}}{0.47\times10^{-6}\ \text{m}}=6.38\times10^{14}$ Hz，则

$$\bar{n}_1 = \frac{1}{e^{\frac{6.626\times10^{-34}\,\mathrm{J\cdot s}\times6.38\times10^{14}\,\mathrm{Hz}}{1.38\times10^{-23}\,\mathrm{J\cdot K^{-1}}\times6166\,\mathrm{K}}}-1} = 0.007. \tag{2.1-6}$$

2.1.3 光子的简并度与单色亮度之间的关系

假定光辐射的光为准平行光，其截面积为 ΔS，所张立体角为 $\Delta\Omega$，频率范围为 $[\nu, \nu+\Delta\nu]$，则在 Δt 时间内通过截面积 ΔS 的光子总数为

$$n = \frac{P\Delta t}{h\nu}. \tag{2.1-7}$$

式中，P 为平均光功率.

分布在立体角 $\Delta\Omega$ 的光子数目为

$$g_{\Delta\Omega} = \frac{\Delta\Omega}{4\pi}g = \frac{\Delta\Omega}{4\pi}\frac{8\pi\Delta\nu}{\lambda^2 c}V = \frac{2\Delta\nu}{\lambda^2 c}V\Delta\Omega. \tag{2.1-8}$$

在 Δt 时间内，光束在垂直于 ΔS 截面上传播时所占据的空间范围为 $V=\Delta S\Delta tc$，因此

$$g_{\Delta\Omega} = \frac{2\Delta\nu}{\lambda^2 c}\Delta S\Delta tc\Delta\Omega = \frac{2\Delta\nu}{\lambda^2}\Delta S\Delta t\Delta\Omega, \tag{2.1-9}$$

故光子简并度为

$$\bar{n}_1 = \frac{n}{g_{\Delta\Omega}} = \frac{\frac{P\Delta t}{h\nu}}{\frac{2\Delta\nu}{\lambda^2}\Delta S\Delta t\Delta\Omega} = \frac{P}{\frac{2h\nu}{\lambda^2}\Delta S\Delta\Omega\Delta\nu}. \tag{2.1-10}$$

由于光辐射单色定向亮度为

$$B_\nu = \frac{P}{\Delta S\Delta\Omega\Delta\nu}, \tag{2.1-11}$$

因此光子的简并度 $\bar{n}_1$ 与单色亮度 B_ν 之间的关系为

$$\bar{n}_1 = \frac{B_\nu\lambda^2}{2h\nu}. \tag{2.1-12}$$

对于单模激光器，当功率 $P=1\ \mathrm{mW}$，$\Delta\nu=1\ \mathrm{Hz}$，$\nu=6.38\times10^{14}\ \mathrm{Hz}$ 时，在单位时间内从单位立体角内发出的光子的简并度为

$$\bar{n}_1 = \frac{\frac{1\ \mathrm{mW}}{1\ \mathrm{Hz}}\times(0.47\times10^{-6})\mathrm{m}^2}{2\times6.626\times10^{-34}\ \mathrm{J\cdot s}\times6.38\times10^{14}\,\mathrm{Hz}} = 261.3.$$

该值是式(2.1-6)的值的 3.73×10^4 倍，比其高出 4 个数量级.

2.1.4 光的自发辐射

自发辐射示意图如图 2.1-3 所示. 当原子被激发到较高能级 E_2 时，它是不稳定的，容易跃迁到较低能级 E_1，释放出来的能量为 E_2-E_1. 这种没有受到外界作用而产生的跃迁分为两种情形：一种是以热量形式释放的，称为**无辐射跃迁**(nonradiative transition)；一种是以光辐射形式释放的，称为**自发辐射跃迁**(spontaneous radiative transition)，辐射出来的光子能量 $h\nu$ 满足玻尔跃迁假设

$$h\nu = E_2 - E_1. \tag{2.1-13}$$

自发辐射的特征就是发生辐射的各粒子之间互不相关，它们发出的光波列的频率、相位、偏振态、传播方向等物理量都没有联系，即自发辐射的光波是非相干的.

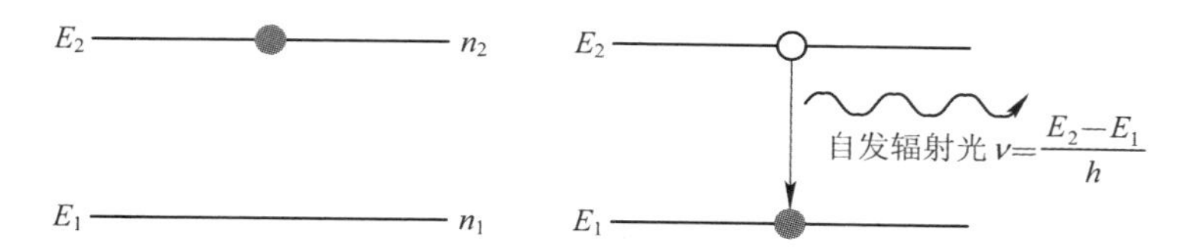

图 2.1－3　自发辐射示意图

假设在时刻 t 处于较高能级 E_2 上的原子数密度为 n_2，在时刻 $t+\mathrm{d}t$ 有 $\mathrm{d}n_{21}$ 个原子自发地跃迁到较低能级 E_1 上，$\mathrm{d}n_{21}$ 与 n_2 成正比，又与 $\mathrm{d}t$ 成正比，记为

$$\mathrm{d}n_{21} = A_{21} n_2 \mathrm{d}t. \qquad (2.1-14)$$

式中，A_{21} 为原子从较高能级 E_2 跃迁到较低能级 E_1 的自发辐射爱因斯坦系数. 原子光谱实验结果表明，原子的自发辐射爱因斯坦系数 A_{21} 为$10^8\ \mathrm{s}^{-1}$，并与原子处于较高能级 E_2 上的平均寿命 τ_{21} 成反比，即

$$\tau_{21} = \frac{1}{A_{21}}. \qquad (2.1-15)$$

在单位时间内，处于较高能级的 n_2 个原子中有 $A_{21} n_2$ 个参与自发辐射，因此光强为

$$I = n_2 A_{21} h\nu. \qquad (2.1-16)$$

值得注意的是，原子自发辐射的过程是随机的，各个原子在自发跃迁过程中彼此无关，产生的自发辐射光的相位、偏振态以及传播方向都是杂乱无章的，光的能量分布在较宽的频率范围内，因此自发辐射的光的单色性、相干性、方向性较差，没有确定的偏振状态.

2.1.5　受激吸收

当原子系统受到外来光的照射，光子的频率 ν 满足 $\nu=\dfrac{E_2-E_1}{h}$ 时，处于较低能级 E_1 上的原子吸收一个能量为 $h\nu$ 的光子后，跃迁到较高能级 E_2 上，这一过程称为**受激吸收**(stimulated absorption). 受激吸收示意图如图 2.1－4 所示.

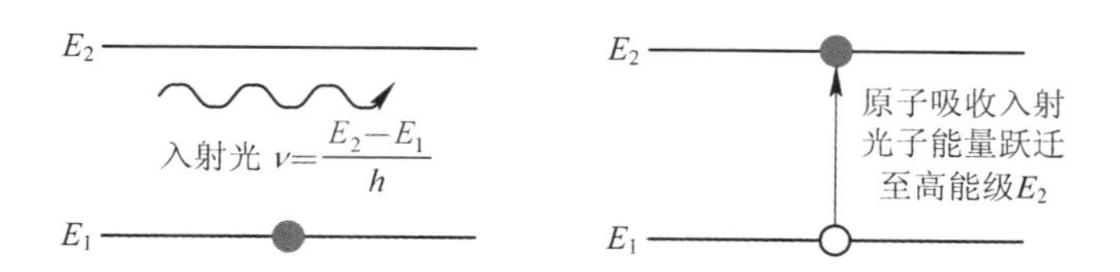

图 2.1－4　受激吸收示意图

假设在时刻 t 处于较低能级 E_1 上的原子数密度为 n_1，在时刻 $t+\mathrm{d}t$ 有 $\mathrm{d}n_{12}$ 个原子从较低能级 E_1 跃迁到较高能级 E_2，则 $\mathrm{d}n_{12}$ 与外界照射光的频率 ν 附近的辐射能量密度 $M(\nu, T)$ 成正比，也与 n_1 和 $\mathrm{d}t$ 成正比，即

$$\mathrm{d}n_{12} = B_{12} M(\nu, T) n_1 \mathrm{d}t. \qquad (2.1-17)$$

式中，B_{12} 为原子从较低能级 E_1 跃迁到较高能级 E_2 的受激吸收爱因斯坦系数.

2.1.6 受激辐射

光的受激吸收的反过程就是**受激辐射**(stimulated radiation). 当原子受到外来光的照射，光子的频率 ν 满足 $\nu=\dfrac{E_2-E_1}{h}$ 时，处于较高能级 E_2 上的原子也会在能量为 $h\nu$ 的光子诱发下，从较高能级 E_2 跃迁到较低能级 E_1，原子发射一个与外来光子一模一样的光子，如图 2.1－5 所示. 受激辐射的特征是：受激辐射发出的光波与入射光波具有完全相同的特征，即同频率、同相位、同偏振化方向、同传播方向，受激辐射的光是相干光.

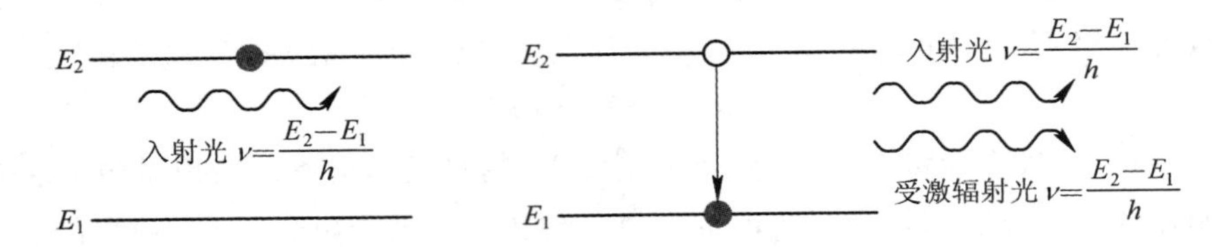

图 2.1－5 受激辐射示意图

设频率为 ν 的外来光的辐射能量密度为 $M(\nu,\ T)$，外来光照射后受激辐射，有 $\mathrm{d}n_{21}$ 个原子在 $t\sim t+\mathrm{d}t$ 时间内从较高能级 E_2 跃迁到较低能级 E_1，则有

$$\mathrm{d}n_{21}=B_{21}M(\nu,\ T)n_2\mathrm{d}t. \tag{2.1-18}$$

式中，B_{21} 为原子从较高能级 E_2 跃迁到较低能级 E_1 的受激辐射爱因斯坦系数.

根据经典辐射理论，原子的受激辐射过程是原子中的电子在外来光辐射场的作用下进行强迫振荡的过程. 在这个振荡过程中，原子所发出光的频率、相位、偏振性以及传播方向均与外来光子相同，即受激辐射实现了光子数的放大及光子简并度的提高，因此激光具有方向性好、单色性好、强度高等特征.

值得注意的是，光的受激吸收、受激辐射、自发辐射三个过程是同时出现的，在热平衡条件下，辐射率与吸收率相等，即

$$A_{21}n_2+B_{21}M(\nu,\ T)n_2=B_{12}M(\nu,\ T)n_1. \tag{2.1-19}$$

式中，n_2、n_1 分别表示处于较高能级 E_2、较低能级 E_1 上的原子数密度. 在热平衡时，各能级上的原子数密度服从玻尔兹曼统计分布，即

$$\frac{n_2}{n_1}=\frac{g_2\mathrm{e}^{-\frac{E_2}{kT}}}{g_1\mathrm{e}^{-\frac{E_1}{kT}}}=\frac{g_2}{g_1}\mathrm{e}^{-\frac{h\nu}{kT}}. \tag{2.1-20}$$

式中，g_1、g_2 分别表示原子在较低能级 E_1、较高能级 E_2 上的简并度. 频率为 ν 的光辐射能量密度为

$$M(\nu,\ T)=\frac{\dfrac{A_{21}}{B_{21}}}{\dfrac{B_{12}g_1}{B_{21}g_2}\mathrm{e}^{\frac{h\nu}{kT}}-1}, \tag{2.1-21}$$

与普朗克公式相比较得到

$$\frac{A_{21}}{B_{21}}=\frac{8\pi h\nu^3}{c^3}, \tag{2.1-22}$$

$$\frac{g_1}{g_2}\frac{B_{12}}{B_{21}}=1, \tag{2.1-23}$$

即当 $g_1=g_2$ 时，原子从较高能级 E_2 跃迁到较低能级 E_1 的受激辐射爱因斯坦系数与原子从较低能级 E_1 跃迁到较高能级 E_2 的受激吸收爱因斯坦系数相等，记为 $B_{12}=B_{21}=B$，则有 $A_{21}=\frac{8\pi h\nu^3}{c^3}B$.

2.1.7　激光的产生

基于受激辐射放大原理产生的一种相干光辐射称为**激光**(light amplification by stimulated emission of radiation，LASER)，产生激光的装置称为激光器. 1960年第一台激光器问世，从此有了相干性好的光源，促进了激光理论的研究、激光器的研制以及激光的应用.

原子中电子能级的变化，伴随着能量的变化. 从低能级 E_1 向高能级 E_2 跃迁需要吸收光子，从高能级 E_2 向低能级 E_1 跃迁则放出光子，光子的频率为

$$\nu=\frac{E_2-E_1}{h}. \tag{2.1-24}$$

受激辐射产生激光的三个条件是：① 有激光工作物质，即有提供放大作用的适合于产生受激辐射能级结构的增益介质；② 有外界激励源，让激光上下能级间产生粒子数反转(集居数反转，population inversion)；③ 有光学谐振腔，让受激辐射的光能够在谐振腔内维持振荡. 其中，激光形成的基本条件就是集居数反转分布和光在增益介质中放大.

1. 集居数反转分布

当物质处于热平衡状态时，其各能级上的集居数服从玻尔兹曼统计分布. 在 $g_1=g_2$ 条件下，有

$$\frac{n_2}{n_1}=e^{-\frac{E_2-E_1}{kT}}. \tag{2.1-25}$$

式中，$E_2>E_1$，故 $n_2<n_1$，即在热平衡状态下，高能级上的集居数小于低能级上的集居数，亦即光的吸收总是大于光的受激辐射. 在激光器工作物质中，由于外界能源激励破坏了热平衡，因此处于高能级 E_2 上的集居数 n_2 大大增加，即 $n_2>n_1$，出现集居数反转分布，如图2.1-6所示. 其中外界能源激励指的是光泵浦、放电泵浦、化学反应泵浦、重粒子泵浦、离子辐射泵浦、放电激励等.

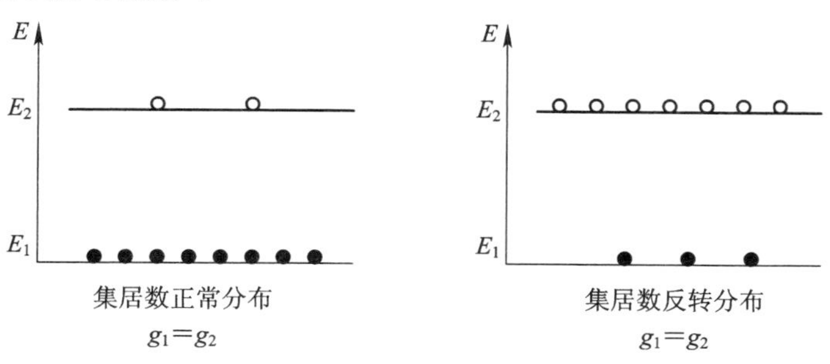

图2.1-6　集居数反转分布

2. 光在增益介质中放大

能实现集居数反转的工作物质称为激活物质，或者称为增益介质. 当有一束能量为 $h\nu = E_2 - E_1$ 的光入射到增益介质时，其受激辐射过程将超过受激吸收过程，这样光在增益介质内部越传输越强，激光工作中输出的光能量超过入射的光能量，起到放大作用，放大倍数用 G 来表示. 如图 2.1-7(a) 所示，在增益介质中，通过长度为 $\mathrm{d}z$，光强从 I 增大至 $I+\mathrm{d}I$，故

$$I + \mathrm{d}I - I = G(z)I(z)\mathrm{d}z, \tag{2.1-26}$$

即

$$G(z) = \frac{\mathrm{d}I(z)}{I(z)\mathrm{d}z}. \tag{2.1-27}$$

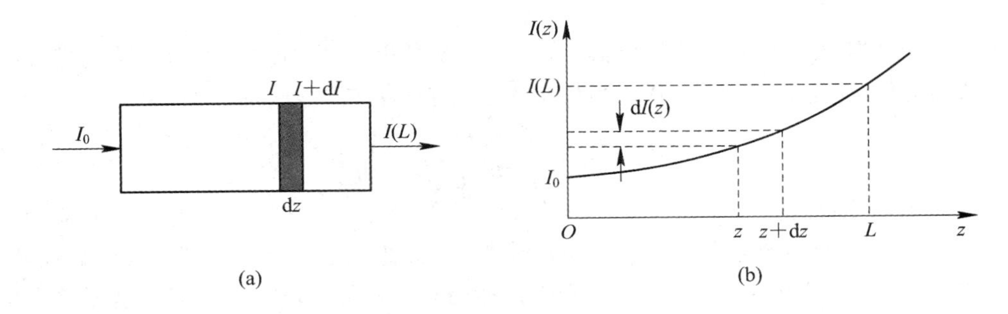

图 2.1-7　增益介质中的光放大

(a) 光强变化微元法；(b) 光强分布曲线

光强分布曲线如图 2.1-7(b) 所示. 对于式(2.1-27)，考虑到 $G(z)$ 不随 $I(z)$ 的变化而变化，记

$$\int_{I_0}^{I(L)} \frac{\mathrm{d}I(z)}{I(z)} = \int_0^L G\mathrm{d}z, \tag{2.1-28}$$

则

$$I(z) = I_0 \mathrm{e}^{Gz} \big|_0^L = I_0(\mathrm{e}^{GL} - 1). \tag{2.1-29}$$

激光不仅包括可见光范围内的激光，而且包括远红外、近红外、紫外甚至 X 射线相应的红外激光、紫外激光、X 射线激光.

按照激励能源不同，激光器分为光泵浦激光器、气体放电激光器、半导体激光器等.

光泵浦激光器的代表有红宝石(ruby，掺 Cr^{3+} 的 Al_2O_3 晶体) 激光器、掺铷钇铝石榴石(Nd^{3+}：YAG) 激光器、铷(rubidium，Rb) 玻璃激光器. 1960 年休斯(Hughes) 研究实验室的西奥多·哈罗德·梅曼(Theodore Harold Maiman，1927—2007) 研制的第一台固体激光器就是红宝石激光器.

气体放电激光器的代表有 He-Ne 激光器、Ar^+ 离子激光器、CO_2 离子激光器、金属蒸气激光器和准分子激光器等. 其中 He-Ne 激光器是 1961 年由贝尔(Bell) 电话实验室的阿里·贾万(Ali Javān，1926—2016) 等人研制成的第一个连续工作的激光器. 尽管功率小，但其实际上占据了应用于光准直、精密测量的绝大部分市场.

半导体激光器是指以 GaAs、GaAlAs 等为主要物质的激光器，其形成集居数反转的方法是：把载流子注入 p-n 结中，以产生大量过剩的电子-空穴对. 半导体激光器已成为激光光纤通信的光源.

2.2 光学谐振腔

2.2.1 光学谐振腔的分类

产生激光的三个条件是激光工作物质、外界激励源、光学谐振腔，其中光学谐振腔就是在激光工作物质两端适当的位置放置的两个光学反射镜. 光学谐振腔的长度远大于激光波长. 根据光学反射镜的形状，光学谐振腔可分为以下几类.

(1) 平行平面腔：由两块相互平行、相距为 L 的平面镜构成，如图 2.2-1(a) 所示.

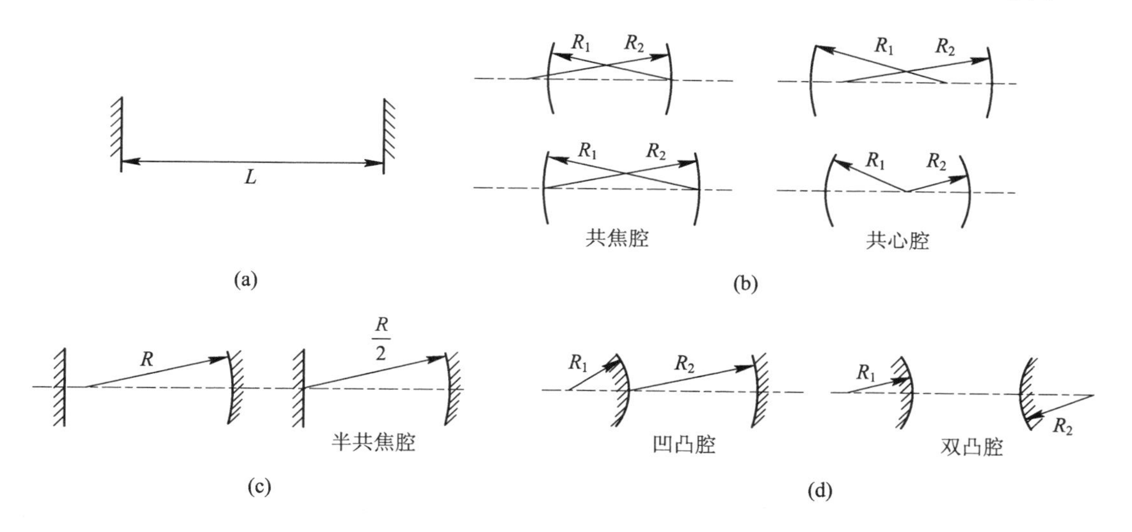

图 2.2-1 光学谐振腔

(a) 平行平面腔；(b) 凹球面腔；(c) 平凹腔；(d) 凹凸腔与双凸腔

(2) 凹球面腔：由两块曲率半径分别为 R_1 和 R_2 的凹球面反射镜构成，如图 2.2-1(b) 所示. 当 $R_1=R_2=L$ 时，两凹球面镜的焦点在腔中心位置处重合，称为共焦腔；当 $R_1+R_2=L$ 时，两凹球面镜的焦点在腔内重合，称为共心腔.

(3) 平凹腔：由一个平面镜和一个凹球面镜构成，如图 2.2-1(c) 所示. 平面镜与凹球面镜中心距离为 L，当 $R=2L$ 时，平凹腔称为半共焦腔.

(4) 特殊腔：包括平凸腔、凹凸腔、双凸腔等，用于特殊的激光器中，其中凹凸腔与双凸腔如图 2.2-1(d) 所示.

2.2.2 光学谐振腔的作用

光学谐振腔的作用包括：

(1) 提供光学正反馈. 激光器内部受激辐射过程是由激光工作物质自发辐射诱导的受

激辐射，在谐振腔内通过反射镜多次反射，反射镜面的反射率越高，光学反馈作用越强.

(2) 对振荡光束进行控制. 光学谐振腔对腔内振荡光束的方向和频率起到控制作用，能有效地控制实际振荡的模式数目，使得大量光子集结在几个状态，从而提高简并度，产生单色性好、方向性好的相干光. 此外，光学谐振腔能直接控制激光束的横向分布特性、光斑的大小、谐振的频率以及光束的发散角，还能改变光束在腔内的损耗，在增益一定的情况下控制输出光束的功率大小.

值得注意的是，当激光工作物质的增益系数足够高时，不需要反射镜，即不需要谐振腔.

2.2.3 光学谐振腔的模式

在光学谐振腔内可能形成的电磁场本征态称为该腔的模式. 同一模式的光子具有相同的状态，体现在频率、偏振、运动方向等方面. 光学谐振腔的模式可分为纵模和横模.

如图 2.2-2 所示，平行平面腔中入射的平面波可以表示为

$$y_1(x, t) = A\cos(\omega t - kx + \varphi), \tag{2.2-1}$$

反射的平面波可以表示为

$$y_2(x, t) = A\cos[\omega t - k(2L - x) + \varphi], \tag{2.2-2}$$

则合成波为

$$y = y_1(x, t) + y_2(x, t) = A\cos(\omega t - kx + \varphi) + A\cos[\omega t - k(2L - x) + \varphi].$$

当 $2kL = 2k_1\pi$，$k_1 = 0, 1, 2, \cdots$，即 $\frac{2\pi}{\lambda}L = k_1\pi$，

$$L = \frac{1}{2}k_1\lambda,\ k_1 = 0, 1, 2, \cdots \tag{2.2-3}$$

时形成驻波. 式(2.2-3) 称为**驻波条件**(standing wave condition). 光腔中形成的驻波如图 2.2-3 所示. 谐振腔中返回反射增益光的频率具有选择性，满足

$$\nu_{k_1+1} = \frac{c}{\lambda n} = \frac{c}{2nL}k_1,\ k_1 = 0, 1, 2, \cdots. \tag{2.2-4}$$

式中，n 为激光工作物质的折射率，k_1 表示光学谐振腔内半波长的个数. 对于一定长度的光学谐振腔而言，半波长个数不同，谐振腔中来回反射的光的频率也是不同的，所以说频率具有选择性.

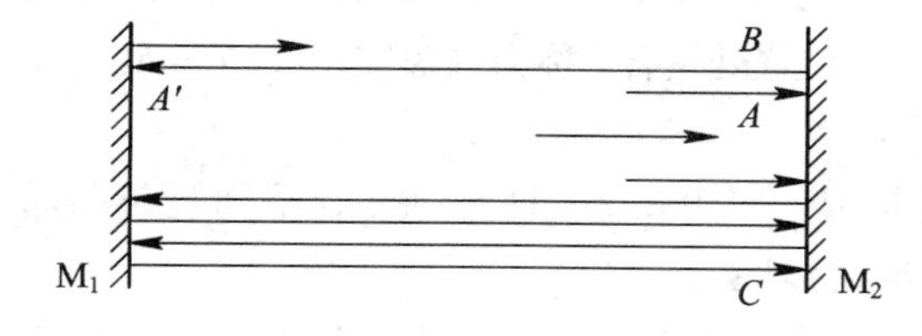

图 2.2-2　平行平面腔中入射、反射的平面波

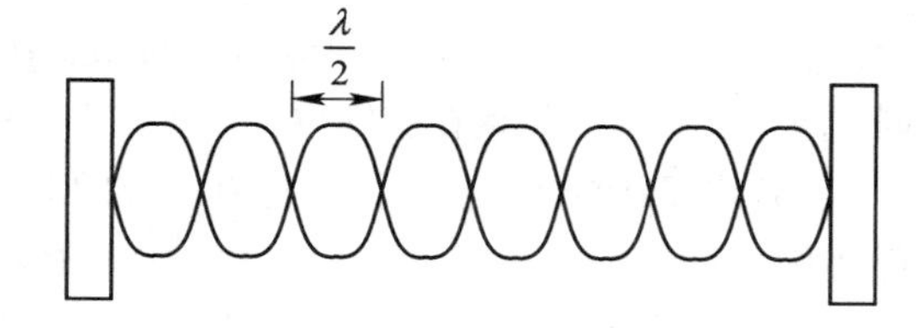

图 2.2-3　光腔中形成的驻波

1. 纵模

在激光的平行平面腔中，满足式(2.2-4) 条件的来回反射波在沿轴向方向形成驻波场，即沿纵向形成激光的本征模式，其特征是：在腔的横截面内场是均匀分布的，沿腔的轴线方向形成驻波. 对于两端是波节固定点的驻波而言，$(k_1 + 1)$ 个波节点之间有 k_1 个半波长，

整数(k_1+1)表征的光学谐振腔内稳定分布的模式为纵模，不同的纵模表示光学谐振腔内不同的频率，由此可见

$$\Delta\nu = \nu_{k_1+1} - \nu_{k_1} = \frac{c}{2nL}. \tag{2.2-5}$$

平行平面腔中的纵模在频率轴上是等距离均匀排列的，如图 2.2-4 所示，每种纵模以脉冲形式出现，其高度的$\frac{1}{e}$处对应的频率宽度称为谱线宽度，俗称半高宽，用 $\Delta\nu_c$ 表示. 荧光谱线及在荧光谱线宽度内的纵模如图 2.2-5 所示. 例如，若一个 He-Ne 激光器腔内激光工作物质折射率取 $n=1$，则当光学谐振腔长度为 $L=10.0$ cm 时，$\Delta\nu=\frac{c}{2nL}=\frac{3\times10^8\ \text{m}\cdot\text{s}^{-1}}{2\times1\times0.1\text{m}}=1.5\times10^9$ Hz；当光学谐振腔长度为 $L=30.0$ cm 时，$\Delta\nu=0.5\times10^9$ Hz. 因此光学谐振腔长度为 $L=10.0$ cm 的 He-Ne 激光器只能出现一种频率的激光，即只有单个纵模，如图 2.2-5(b) 所示，其波长为 6328Å，中心频率为 4.74×10^{14} Hz；而光学谐振腔长度为 $L=30.0$ cm 的 He-Ne 激光器可能有三种频率的激光，即有三种纵模，如图 2.2-5(c) 所示，这样的激光器称为多模激光器，或者称为多纵模激光器.

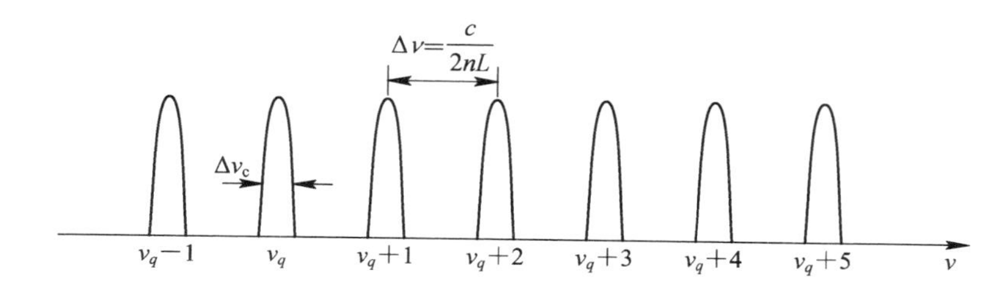

图 2.2-4 平行平面腔中的纵模

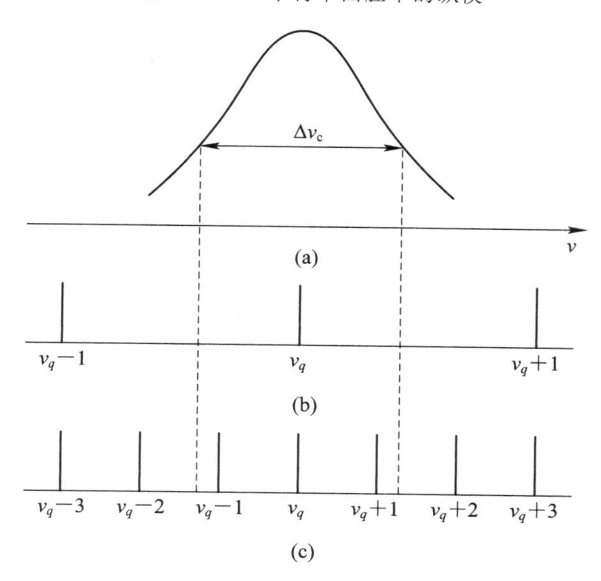

图 2.2-5 荧光谱线及在荧光谱线宽度内的纵模
(a) 荧光谱线；(b) 在荧光谱线宽度内的单个纵模；(c) 在荧光谱线宽度内的三个纵模

可见，虽然由光学谐振腔的谐振条件决定的谐振频率有无数个，但是只有落在原子、分子、离子的荧光谱线宽度内，并满足阈值条件的那些频率才能产生激光. 由此可得纵模数目与下列两个因素有关：① 工作原子、分子、离子的自发辐射荧光谱线宽度 $\Delta\nu_F$，$\Delta\nu_F$ 越大，可能出现的纵模数目越多；② 光学谐振腔长度 L，L 越长，相邻纵模的频率间隔 $\Delta\nu_{k_1}$ 越小，同样的荧光谱线宽度内可容纳的纵模数目越多.

2. 横模

在激光器内，除了纵向(Z 轴方向) 存在着稳定的场分布，腔内电磁场在垂直于其传播方向的横向($X-Y$ 平面) 也存在着稳定的场分布，称为横模. 方形反射镜和圆形反射镜的横模及线偏振腔模结构如图 2.2-6 所示，图中箭头密的区域表示振幅大，箭头方向表示场强的方向.

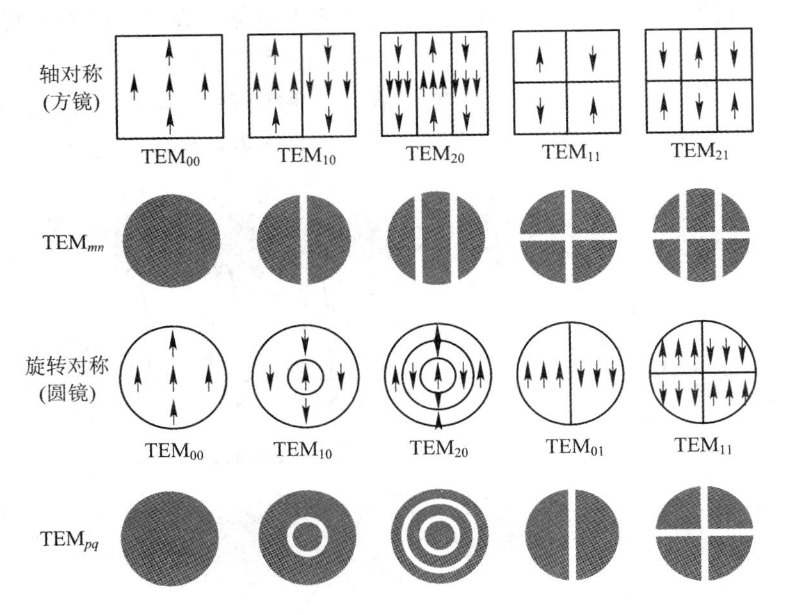

图 2.2-6　方形反射镜和圆形反射镜的横模及线偏振腔模结构

激光的模式用 TEM_{mnk_1} 表示，其中 TEM 表示横向电磁场. 由于纵模的序数 k_1 表示纵向半波长个数，一般为上万至数千万，因此对于方形镜一般只写 m 和 n；对于圆形镜写 p 和 q，其中 p 表示暗环数，q 表示角向节线数.

2.3 激光选模

产生激光的光学谐振腔的长度远大于激光波长，一般情况下，有数百至上亿个模式同时振荡. 为了输出单色性、相干性好的激光，需要进行激光选模. 基模 TEM_{00} 的强度分布比较均匀，光束的发散角比较理想，选择基模、抑制其他模式是常用的激光选模手段. 但是输出的激光不一定都是基模，可能是高阶横模或者几种模式的混合.

2.3.1 横模的选择

横模的选择方法包括：减小光学谐振腔的菲涅耳数法、倾斜腔镜法和选择腔结构法.

1. 减小光学谐振腔的菲涅耳数法

对于半径为 a 的圆形反射镜，菲涅耳数 N 定义为 $N=\frac{a^2}{L\lambda}$，其中 L 为光学谐振腔长度，λ 为激光的波长. 随着菲涅耳数 N 的减小，衍射损耗增加，为了得到基模光束，就需要抑制高阶模式的衍射损耗.

减小菲涅耳数一般采用两种方法：一种方法是减小反射镜的有效半径，在腔内靠近反射镜的地方安置光阑，并选择合适的光阑半径 r，$r<a$，此时菲涅耳数减小为 $N=\frac{ra}{L\lambda}$，由于基模在激光器内衍射损耗小，因此能一直在激光器内产生振荡，形成激光；另一种方法是增大反射镜间的距离 L，L 放大 1 倍，N 减半，由于光学谐振腔内衍射损耗增大，因此高阶模式不能引起振荡.

2. 倾斜腔镜法

倾斜腔镜法指的是将光学谐振腔中的一块反射镜偏离轴线，使得各种模式的衍射损耗都增加. 其中高阶模式的损耗更大，不能产生激光振荡，而基模的损耗比较小，仍然能产生激光. 球面谐振腔和半球面谐振腔采用此法选择横模更好.

3. 选择腔结构法

由于气体介质折射率小，因此气体放电激光器，如 He-Ne 激光器和小型 CO_2 激光器等常常选用近半球腔、平面大曲率半径腔、对称大曲率半径腔实现选模.

2.3.2 纵模的选择

纵模的选择方法包括：缩短腔的长度法、腔内插入 F-P 标准具法和组合干涉谐振腔限制纵模法.

1. 缩短腔的长度法

发光的原子或者分子的谱线都有增益线宽，当纵模间隔

$$\Delta\nu=\frac{c}{2nL}>\text{增益线宽}$$

时，线宽内只有一个纵模振荡. 对于 He-Ne 激光器，其波长为 6328 Å，增益线宽为 1500 MHz，光学谐振腔长度 $L\leqslant 10$ cm，在增益线宽内只有一个纵模，可采用缩短腔的长度法选择纵模；对于红宝石激光器、Nd^{3+}：YAG 激光器、钕玻璃激光器，它们具有宽的荧光线宽，不采用缩短腔的长度法选择纵模.

2. 腔内插入 F-P 标准具法

法布里-珀罗标准具(Fabry-Perot etalon，简称 F-P 标准具或者法-珀标准具)是主要由两块平板玻璃或石英板构成的一种干涉仪，两块板相互平行，朝里的表面各镀有高反射膜，两板之间形成一平行平面空气层. 这两块板是由透过率很高的石英材料制成的，两个界面

上镀有反射率为20%～30%的薄膜，将其插入光学谐振腔内，产生振荡的频率不仅符合谐振腔的共振条件，还对标准具有最大的透过率.

F-P标准具多光束干涉示意图如图2.3-1所示. 当一束光以入射角θ入射时，在平面镜1的内表面反射编号为"1"的光束，从平面镜2透射编号为"1′"的光束，从平面镜1透过的光束在平面镜2内表面反射编号为"2"的光束，同理在平面镜1内表面反射编号为"2′"的光束，以此类推.

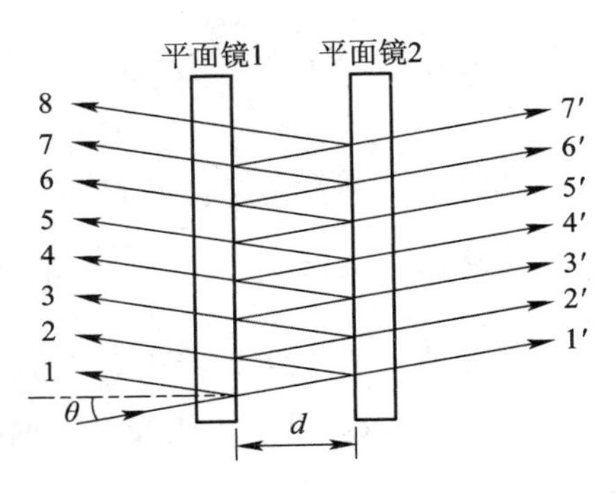

图2.3-1 F-P标准具多光束干涉示意图

对于1，2，3，… 等反射光束或者1′，2′，3′，… 等透射光束，相邻两光束间的光程差为

$$\delta = 2nd\cos\theta. \tag{2.3-1}$$

式中，d为F-P标准具两平面镜之间的距离，大小为2 mm；θ为入射角；n为平行板间介质的折射率，当介质为空气时，$n=1$.

当一系列相互平行并有一定光程差的光束，即多光束经会聚透镜在焦平面上发生干涉，满足$2d\cos\theta = k\lambda$时，干涉结果是光强取得极大值，因此在F-P标准具中将产生等倾干涉，相同的入射角θ对应于同一条条纹，整个花样则是一组同心圆环. 在F-P标准具中的干涉是多光束干涉，干涉条纹的宽度非常细锐，精细度为

$$F = \frac{\pi\sqrt{R}}{1-R}. \tag{2.3-2}$$

式中，R是两平面镜内表面反射膜的反射率. 由式(2.3-2)可以看出，精细度仅依赖于反射膜的反射率，反射率越大，则精细度越大，每一干涉花纹越细锐，仪器能分辨的条纹越多，也就是仪器的分辨率越高. 实际上由于两平面镜加工工艺的限制，仪器实际精细度往往低于理论值. F-P标准具选纵模图如图2.3-2所示. 其中图2.3-2(a)中谐振腔内放置的是平行平面镜. 干涉效应所决定的综合透过率为光频率ν的函数，如图2.3-2(b)所示，平行平面镜综合透过率为

$$T(\nu) = \frac{(1-R)^2}{(1-R)^2 + 4R\sin^2\dfrac{\delta}{2}}. \tag{2.3-3}$$

式中，R为两平面镜内表面反射膜的反射率，δ蕴含着相应的光频率ν. 如图2.3-2(c)所示为激光频谱图，相邻两透过率极大值之间的频率间隔为

$$\Delta\nu = \frac{c}{2nd\cos\theta}. \tag{2.3-4}$$

腔内插入 F-P 标准具法已用于 He－Ne 激光器、氩离子激光器以及红宝石激光器、Nd^{3+}：YAG 激光器、钕玻璃激光器的单频运转中，也有激光器在腔内同时采用多个厚度不同的平板来加强限模效果.

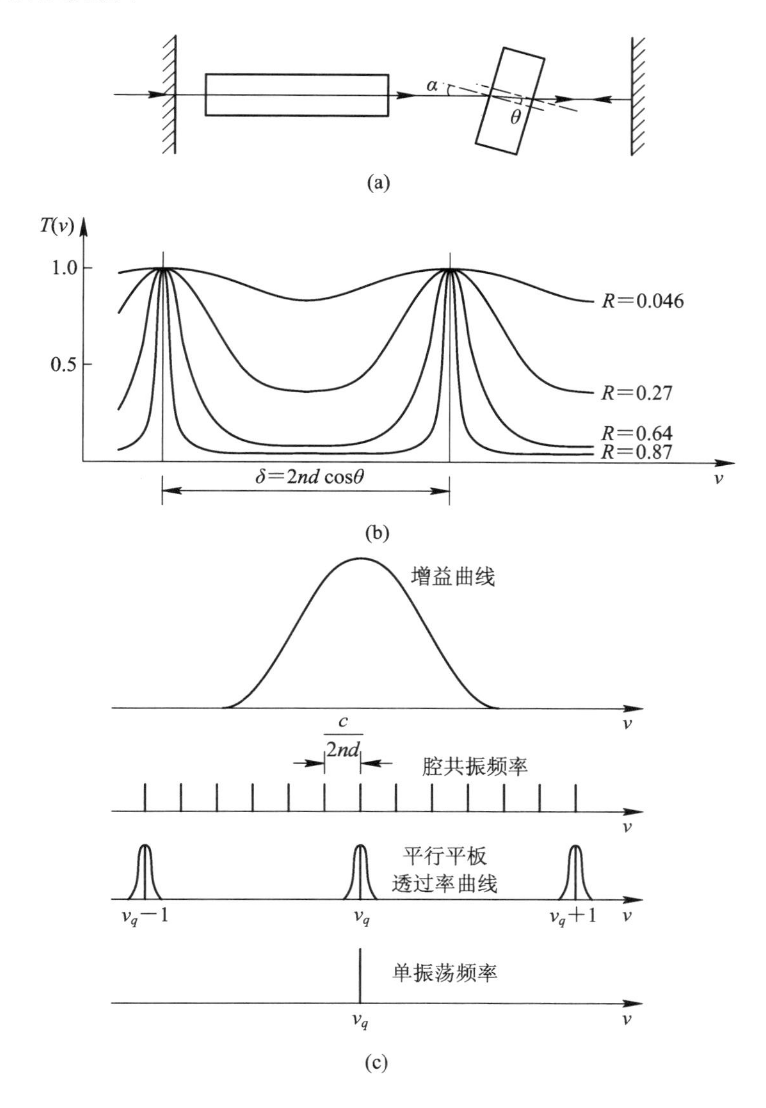

图 2.3－2 F-P 标准具选纵模图

(a) 谐振腔内放置平行平面镜；(b) 平行平面镜综合透过率；(c) 激光频谱图

3. 组合干涉谐振腔限制纵模法

组合干涉谐振腔限制纵模法就是用一个干涉系统来代替谐振腔的一个端面反射镜，从而改变出射方向的方法. 例如图 2.3－3 所示的福克斯-史密斯(Fox-Smith)型干涉仪，就在原来激光器中加入两块镜片，其中一块为半透射半反射镜 M_2，镜面与光轴之间成45°角，另一块是全反射镜 M_4. 这样 $M_1－M_3$ 构成第一个谐振腔，$M_4－M_2－M_3$ 构成第二个谐振腔，并且满足下列条件：

$$\nu_{k_1+1}=k_1\frac{c}{2(L_1+L_2)}, \tag{2.3-5}$$

$$\nu_{k_2+1}=k_2\frac{c}{2(L_2+L_3)}. \tag{2.3-6}$$

式中，k_1 和 k_2 为两个正整数，L_1 为激光放电管长度，L_2 为镜 M_2 后表面反射膜中心到镜 M_3 之间的距离，L_3 为镜 M_2 后表面反射膜中心到镜 M_4 之间的距离. 如果谐振腔中光的频率只满足式(2.3-5)，而不满足式(2.3-6)，那么这些频率的光在谐振腔内振荡损耗很大，不能产生激光，反之亦然.

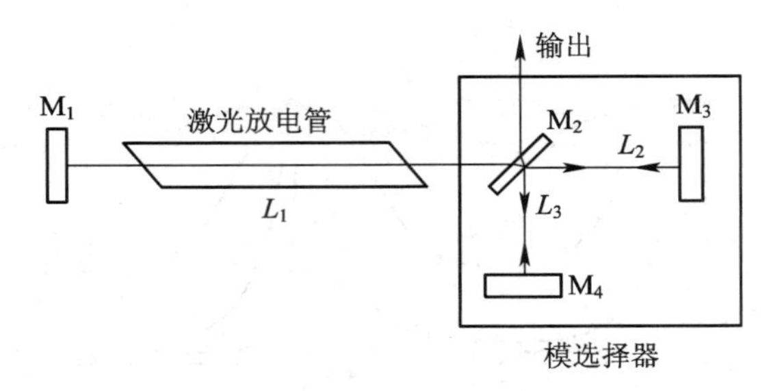

图 2.3-3　福克斯-史密斯型干涉仪

福克斯-史密斯型干涉仪选模原理如图 2.3-4 所示，其中图 2.3-4(a) 表示谐振腔 M_1-M_3 的光学损耗与频率之间的关系，图 2.3-4(b) 表示谐振腔 $M_4-M_2-M_3$ 的光学损耗与频率之间的关系. 只有当满足式(2.3-5) 和式(2.3-6) 以及

$$\Delta\nu=\frac{c}{2(L_2+L_3)}>\text{增益曲线宽度}$$

时，激光器才能实现单频运转. 输出功率的频率特性如图 2.3-4(c) 所示.

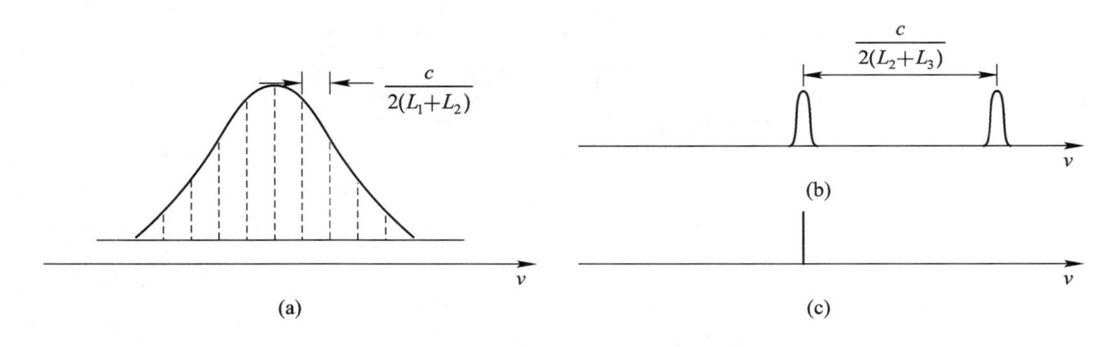

图 2.3-4　福克斯-史密斯型干涉仪选模原理

(a) 谐振腔 M_1-M_3 的光学损耗与频率之间的关系；(b) 谐振腔 $M_4-M_2-M_3$ 的光学损耗与频率之间的关系；(c) 输出功率的频率特性

2.4 稳频技术

当一个激光器通过选频获得单一频率振荡时，由于其内部和外部条件发生变化，谐振

频率会在一个范围内产生漂移，因此需要稳频技术．稳频技术就是要控制一些可以控制的因素，使得这些因素对振荡频率的干扰降到最低限度，从而提高激光频率的稳定性．

频率稳定性可以用两个指标衡量：一是激光器在连续工作期间，它的频率变化量 $\Delta\nu_1$ 与振荡频率 ν 的比值，称为稳定度，稳定度分为长期稳定度和短期稳定度，其数值为 $10^{-13} \sim 10^{-11}$；二是由同样的设计、同样的方法制成的激光器在同样的条件下使用时存在的频率偏差 $\Delta\nu_2$ 与振荡频率 ν 的比值，称为复现度，其数值一般为 10^{-7}，甚至达到 $10^{-11} \sim 10^{-10}$．

就 He-Ne 激光器而言，影响频率稳定的因素包括腔长的变化和折射率的变化．对于共焦腔的 TEM_{00} 模来说，根据腔长 L 和折射率 n 的变化，可得频率的变化率为

$$\frac{\Delta\nu}{\nu} = -\left(\frac{\Delta L}{L} + \frac{\Delta n}{n}\right). \tag{2.4-1}$$

式中，谐振频率 $\nu = k_1 \cdot \frac{c}{2nL}$，负号表示 ν 的变化趋势与腔长 L 和折射率 n 的变化趋势相反．

2.4.1　腔长 L 的变化

温度、机械振动、重力等因素，可能会使光学谐振腔的长度发生短期或者长期不稳定．

（1）由于温度变化 ΔT 而产生的长度变化为

$$\Delta L = \alpha L \Delta T. \tag{2.4-2}$$

式中，α 为谐振腔支架材料温度线胀系数，例如 $\alpha_{石英} = 5 \times 10^{-7}\ ℃^{-1}$，$\alpha_{铟钢} = 2 \times 10^{-8}\ ℃^{-1}$．由式(2.4-2)得频率相对变化率为

$$\frac{\Delta\nu}{\nu} = \frac{-\Delta L}{L} = -\alpha\Delta T. \tag{2.4-3}$$

如果采用石英材料，频率变化率达到高于 10^{-8} 的灵敏度，那么温度变化至少要控制在 0.02 ℃ 以内，难度很大．

（2）由于机械振动，沿长度方向产生位移 ΔL，此时频率相对变化率为

$$\frac{\Delta\nu}{\nu} = \frac{-\Delta L}{L}. \tag{2.4-4}$$

对于 $L = 5.0$ cm，有 $\Delta L = 0.15$ nm，则

$$\frac{\Delta\nu}{\nu} = \frac{-0.15 \times 10^{-9}\,\text{m}}{0.05\ \text{m}} = -3 \times 10^{-9}.$$

如果反射镜或者放电管长度的变化量不是沿着谐振腔的长度方向，而且布儒斯特窗的角度发生改变，如图 2.4-1 所示，设窗片厚度为 t，折射率为 n_1，则光通过窗片的光程为

$$d = n_1 \frac{t}{\cos\varphi_1}. \tag{2.4-5}$$

当入射角 φ 为布儒斯特角时，有 $\varphi + \varphi_1 = \frac{\pi}{2}$，则

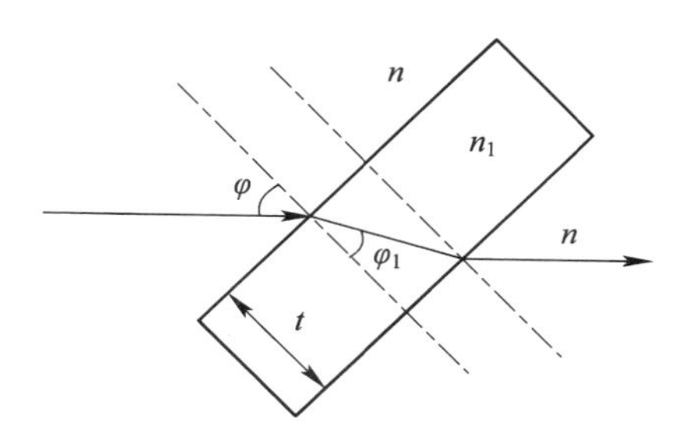

图 2.4-1　布儒斯特窗对频率不稳定性的影响

$$d = n_1 \frac{t}{\sin\varphi} = n_1 \frac{t}{\sin\left(\arctan \frac{n_1}{n}\right)}, \tag{2.4-6}$$

故

$$\Delta d = -\cos\varphi \frac{n_1 t}{\sin^2\varphi} \Delta\varphi. \tag{2.4-7}$$

当布儒斯特角 φ_B 满足 $\tan\varphi_B = \frac{n_1}{n}$ 时，$n_1 = n\tan\varphi_B$，将 φ 用 φ_B 代替并代入式(2.4-7)得

$$\Delta d = -\cos\varphi_B \frac{n \frac{\sin\varphi_B}{\cos\varphi_B} t}{\sin^2\varphi_B} \Delta\varphi = -\frac{nt}{\sin\varphi_B} \Delta\varphi.$$

对于由 $\Delta\varphi$ 引起的光程的改变所产生的频率变化率，相对于K9或者K8玻璃来说，布儒斯特角 $\varphi_B = 56°36'$. 若窗片厚度 $t = 2.0$ mm，谐振腔长度为 $L = 15.0$ cm，则当 $\Delta\varphi = 10^{-6}$ 时，频率变化率为 $\frac{\Delta\nu}{\nu} = 1.6 \times 10^{-8}$，因此实验中激光器采用海绵衬托可以减少声学振动，降低频率变化率. 例如对于 1000 Hz 的振动，海绵能吸收 70% 以上.

2.4.2 折射率 n 的变化

气体的折射率大小会受到温度 T、大气压强 P 和湿度 h 的影响. 对于内腔型激光器，温度 T、大气压强 P 和湿度 h 变化小，可以忽略不计；对于外腔型激光器或者腔的一部分处于大气之中的激光器，必须考虑温度 T、大气压强 P 和湿度 h 的影响. 设激光器谐振腔长度为 L，放电管的长度为 l，则处于大气中的一段腔的长度为 $L-l$. 若放电管内气体的折射率为 n_1，大气折射率为 n，则谐振腔长度对应的光程为 $n_1 l + n(L-l)$，于是式(2.2-4)就改写成

$$\nu_{k_1+1} = \nu = \frac{c}{2[n_1 l + n(L-l)]} k_1,\ k_1 = 0, 1, 2, \cdots. \tag{2.4-8}$$

因此有

$$\frac{\partial\nu}{\partial n} = \frac{ck_1}{2}\left\{-\frac{L-l}{[n_1 l + n(L-l)]^2}\right\}.$$

记

$$\frac{\Delta\nu}{\Delta n} = \frac{ck_1}{2}\left\{-\frac{L-l}{[n_1 l + n(L-l)]^2}\right\},$$

则

$$\Delta\nu = \frac{ck_1}{2}\left\{-\frac{L-l}{[n_1 l + n(L-l)]^2}\right\}\Delta n.$$

又 $\frac{\Delta\nu}{\nu} = \frac{\Delta n}{n}$，故

$$\frac{\Delta\nu}{\nu} = \frac{\frac{ck_1}{2}\left\{-\frac{L-l}{[n_1 l + n(L-l)]^2}\right\}\Delta n}{\frac{c}{2[n_1 l + n(L-l)]}k_1} = -\frac{L-l}{n_1 l + n(L-l)}\Delta n \approx -\frac{L-l}{nL}\Delta n. \tag{2.4-9}$$

式中，分母采用了 $n_1 l + n(L-l) \approx nL$ 近似. Δn 与温度变化量 ΔT、压强变化量 ΔP 和湿度变化量 Δh 有关，且

$$\Delta n = \left(\frac{\partial n}{\partial T}\right)_{P,\,h} \Delta T + \left(\frac{\partial n}{\partial P}\right)_{T,\,h} \Delta P + \left(\frac{\partial n}{\partial h}\right)_{T,\,P} \Delta h = n(\beta_T \Delta T + \beta_P \Delta P + \beta_h \Delta h). \tag{2.4-10}$$

对于大气来说，当 $T = 293\ \text{K}$，$P = 101\ 325\ \text{Pa}$，$h = 27\%$ 时，$\beta_T = -9.3 \times 10^{-7}\ \text{K}^{-1}$，$\beta_P = 2.7 \times 10^{-9}\ \text{Pa}$，$\beta_h = 9.8 \times 10^{-9}(\text{RH})^{-1}$. 令式(2.4-9)中 $n = 1$，$\dfrac{L-l}{L} = 0.1$，式(2.4-10)中 $\Delta T = 1\text{K}$，$\Delta P = \Delta h = 0$，则

$$\frac{\Delta\nu}{\nu} = -0.1 \times (-9.3 \times 10^{-7}) \times 1 = 9.3 \times 10^{-8}.$$

2.4.3　稳频技术

稳频技术可分为被动式稳频技术与主动式稳频技术.

1. 被动式稳频技术

被动式稳频技术包括将热膨胀系数低的材料作为光学谐振腔的间隔器，或者将膨胀系数为负值的材料和膨胀系数为正值的材料按长度与膨胀系数成反比例配合，使得热膨胀相互抵消. 例如在数十毫秒内发光波长为 6328Å(632.8 nm) 的 He-Ne 激光器发光频率的变化可小于 20Hz，稳定度达到 10^{-8}.

2. 主动式稳频技术

通过将单频激光器发光频率与参考频率相比较，鉴别器产生一个与频率偏差量成正比的不确定信号，这个不确定信号经放大后又通过反馈系统控制谐振腔的长度，使得振荡频率接近参考频率，这样的系统称为伺服系统. 如果将激光器中的原子跃迁的中心频率作为参考频率，那么这类稳频技术称为主动式稳频技术. 主动式稳频技术包括兰姆凹陷法、饱和吸收法、塞曼效应法、功率最大值法等，其稳定度可以达到 10^{-9}，其缺点是复现度较低，为 10^{-7}. 如果把振荡频率锁定为外界的参考频率，以分子或者原子的吸收线作为参考频率，那么选取的吸收频率必须与激光频率相重合. 例如 I_2^{127}、I_2^{129} 对于 He-Ne 激光器的 6328Å 谱线附近有强烈的吸收，CH_4 分子对于 He-Ne 激光器的 3.39 μm 谱线附近有强烈的吸收，这一类主动式稳频技术得到的稳定度和复现度均在 10^{-11} 以上，短时间稳定度可以达到 5×10^{-15}，复现度达到 3×10^{-14}.

1）兰姆凹陷法

兰姆凹陷法稳频技术就是利用非均匀地加宽气体激光器的输出功率，使得在中心频率 ν_0 处有一个极小值点，即在 ν_0 处出现凹陷. 具体地说，He-Ne 激光器的谱线主要为非均匀增宽型，输出功率 P 随频率 ν 变化的曲线像钟形，其中心频率 ν_0 出现在凹陷处，因此这一稳频技术称为兰姆凹陷法. 兰姆凹陷的宽度比谱线宽度小 2 个数量级，但在中心频率 ν_0 附近频率的微小改变会引起输出功率的显著改变. 兰姆凹陷法以增益曲线中心频率 ν_0 为参考频率，电子伺服系统通过压电陶瓷控制激光器的光学谐振腔的长度，使得频率接近于 ν_0. 兰姆凹陷法稳频技术框图如图 2.4－2 所示.

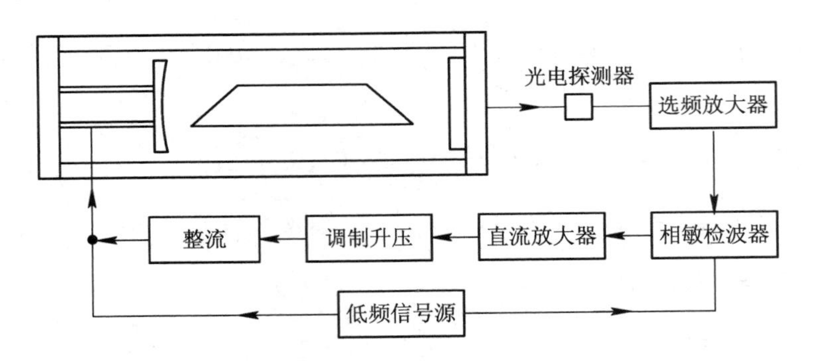

图 2.4－2　兰姆凹陷法稳频技术框图

为了实现稳频，提高频率的稳定性，需要通过微小的频率漂移就能产生足够大的使中心频率接近 ν_0 的不确定信号，这就需要兰姆凹陷又窄又深，例如频率稳定度小于 4×10^{-8}，凹陷深度达1/8. 如图2.4－3所示为兰姆凹陷法稳频技术输出功率曲线. 激光器工作于最佳电流时，若增加凹陷深度，则损耗降低. 图 2.4－4 给出了充填单一同位素 Ne^{20} 与普通氖气的 He－Ne 激光器输出功率曲线. 该曲线表明，充填普通氖气的 He－Ne 激光器的兰姆凹陷不对称且不够尖锐，应充填单一同位素 Ne^{20} 或者 Ne^{22}.

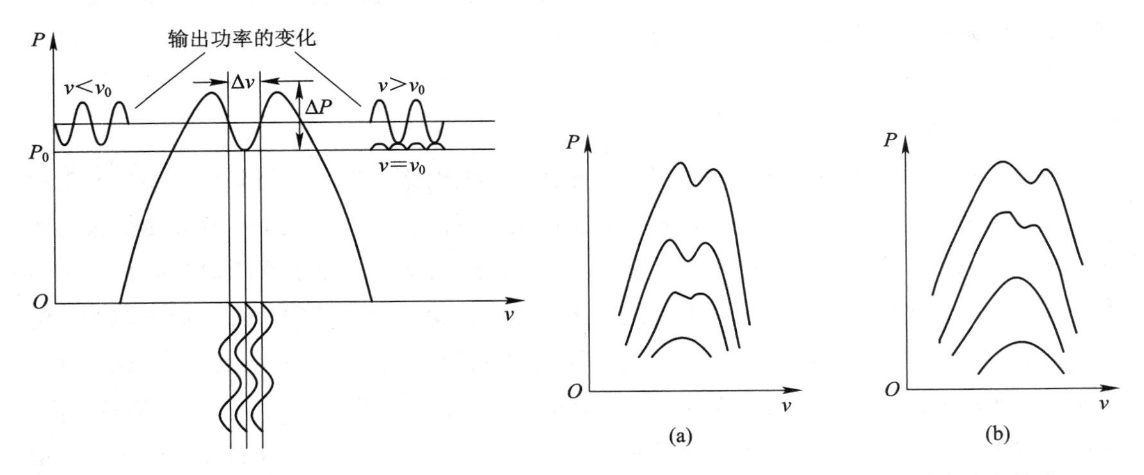

图 2.4－3　兰姆凹陷法稳频技术输出功率曲线

图 2.4－4　He－Ne 激光器输出功率曲线
(a) 充填单一同位素 Ne^{20}； (b) 充填普通氖气

值得注意的是，采用兰姆凹陷法稳频，激光器的激励电源最好是稳压的和稳流的，如果光强本身有起伏，特别是起伏的频率接近于选频放大器工作频率 f，就无法实现稳频了. 此外，频率的稳定性与兰姆凹陷两侧的斜率大小有关，斜率越大，频率的稳定性越好. 对于制成的激光管，可通过调节放电电流来增大兰姆凹陷的深度.

2）饱和吸收法

兰姆凹陷法稳频技术采用的参考频率是激光器原子谱线本身的中心频率 ν_0，但是 ν_0 可能产生漂移，从而导致频率复现度低. 为此人们提出了饱和吸收法稳频技术，即利用外界频率标准实现高精度稳频的技术. 如图 2.4－5 所示为饱和吸收法稳频装置示意图，只有那些沿着激

光管轴方向和速度$v_z=0$的原子才能吸收光子，而在偏离中心频率的某个频率ν处可能有$v_z=\pm\frac{\nu-\nu_0}{\nu_0}c$部分的原子参与吸收，因此在中心频率$\nu_0$处的吸收系数变小，从而出现凹陷，称为反转兰姆凹陷．这种在入射光增强情况下吸收系数变小的现象称为“饱和吸收”．

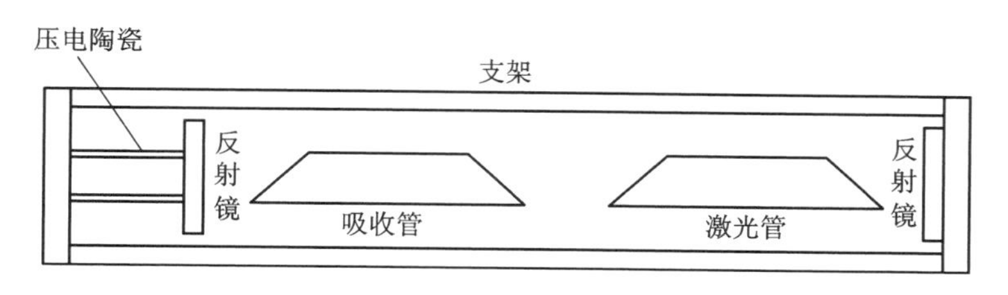

图 2.4－5　饱和吸收法稳频装置示意图

2.5 激光锁模技术

2.5.1　锁模物理原理

自发辐射往往是多个纵模同时振荡，各个模式的振幅、初相位一般均无确定的关系，它们之间互不相干．对激光束进行特殊的调制，可使得不同的振荡模之间具有确定的相位关系．下面对多纵模锁定法进行分析．

1．多纵模锁定法

设有N个纵模振荡的激光器，在均匀平面波近似下，在t时刻、空间z处每个纵模输出的光场可表示为

$$E_{k_1}(z,t)=E_{k_1}\mathrm{e}^{\mathrm{i}\left[\omega_{k_1}\left(t-\frac{z}{v}\right)+\Phi_{k_1}\right]}.\tag{2.5-1}$$

式中，E_{k_1}、ω_{k_1}、Φ_{k_1}分别是第k_1个模的振幅、角频率和初相位．激光器的输出光场为

$$E(z,t)=\sum_{k_1=-\frac{N-1}{2}}^{\frac{N-1}{2}}E_{k_1}\mathrm{e}^{\mathrm{i}\left[\omega_{k_1}\left(t-\frac{z}{v}\right)+\Phi_{k_1}\right]},\tag{2.5-2}$$

该式表示众多纵模间的初相位没有确定的相位关系，即模间不相干．激光器的平均光强为

$$\bar{I}=q\sum_{k_1}\left|E_{k_1}\right|^2=\sum_{k_1}I_{q_1}.\tag{2.5-3}$$

式中，q为比例系数．当众多纵模振幅相等时，有

$$\bar{I}=NI_0.\tag{2.5-4}$$

式中，I_0为每个模的光强．令$\Phi_{k_1+1}-\Phi_{k_1}\equiv\beta$，即$\Phi_{k_1}=\Phi_0+\beta k_1$，且$\omega_{k_1+1}-\omega_{k_1}\equiv\Omega=2\pi\cdot c/(2L)$，即$\omega_{k_1}=\omega_0+\Omega k_1$，其中$\omega_0$、$\Phi_0$分别为中心激光模的角频率和初相位，$L$为光学谐振腔的长度．当众多纵模场的振幅相等时，取$z=0$，则式(2.5－2)变成

$$E(t)=\sum_{k_1=-\frac{N-1}{2}}^{\frac{N-1}{2}}E_0\mathrm{e}^{\mathrm{i}[(\omega_0+k_1\Omega)t+(\Phi_0+k_1\beta)]}=E_0\mathrm{e}^{\mathrm{i}(\omega_0t+\Phi_0)}\sum_{k_1=-\frac{N-1}{2}}^{\frac{N-1}{2}}E_0\mathrm{e}^{\mathrm{i}k_1(\Omega t+\beta)}=A(t)\mathrm{e}^{\mathrm{i}(\omega_0t+\Phi_0)}.\tag{2.5-5}$$

式中，$A(t)=E_0 e^{i\left(-\frac{N-1}{2}\right)(\Omega t+\beta)}\left[1+e^{i(\Omega t+\beta)}+e^{i2(\Omega t+\beta)}+e^{i3(\Omega t+\beta)}+\cdots+e^{iN(\Omega t+\beta)}\right]$，即

$$A(t)=E_0 e^{i\left(-\frac{N-1}{2}\right)(\Omega t+\beta)}\frac{1-e^{iN(\Omega t+\beta)}}{1-e^{i(\Omega t+\beta)}}=E_0\frac{e^{-i\frac{N(\Omega t+\beta)}{2}}-e^{i\frac{N(\Omega t+\beta)}{2}}}{e^{-i\frac{(\Omega t+\beta)}{2}}-e^{i\frac{(\Omega t+\beta)}{2}}}$$

$$=E_0\frac{-2i\sin\dfrac{N(\Omega t+\beta)}{2}}{-2i\sin\dfrac{(\Omega t+\beta)}{2}}=E_0\frac{\sin\dfrac{N(\Omega t+\beta)}{2}}{\sin\dfrac{(\Omega t+\beta)}{2}},$$

因此合成光强为

$$I(t)=E^*(t)\cdot E(t)=E_0^2\frac{\sin^2\dfrac{N(\Omega t+\beta)}{2}}{\sin^2\dfrac{(\Omega t+\beta)}{2}}=I_0\frac{\sin^2\dfrac{N(\Omega t+\beta)}{2}}{\sin^2\dfrac{(\Omega t+\beta)}{2}}. \qquad (2.5-6)$$

对于 $N=8$，合成光强随时间的变化有 8 种情形，如图 2.5-1 所示. 其中，前 7 种分别对应于不等幅不同频不同相、不等幅同频不同相、不等幅不同频同相、等幅不同频不同相、等幅同频不同相、等幅不同频同相、不等幅同频同相的情形；图 2.5-1(h) 表示 8 个缝满足等幅同频同相时的光栅衍射结果.

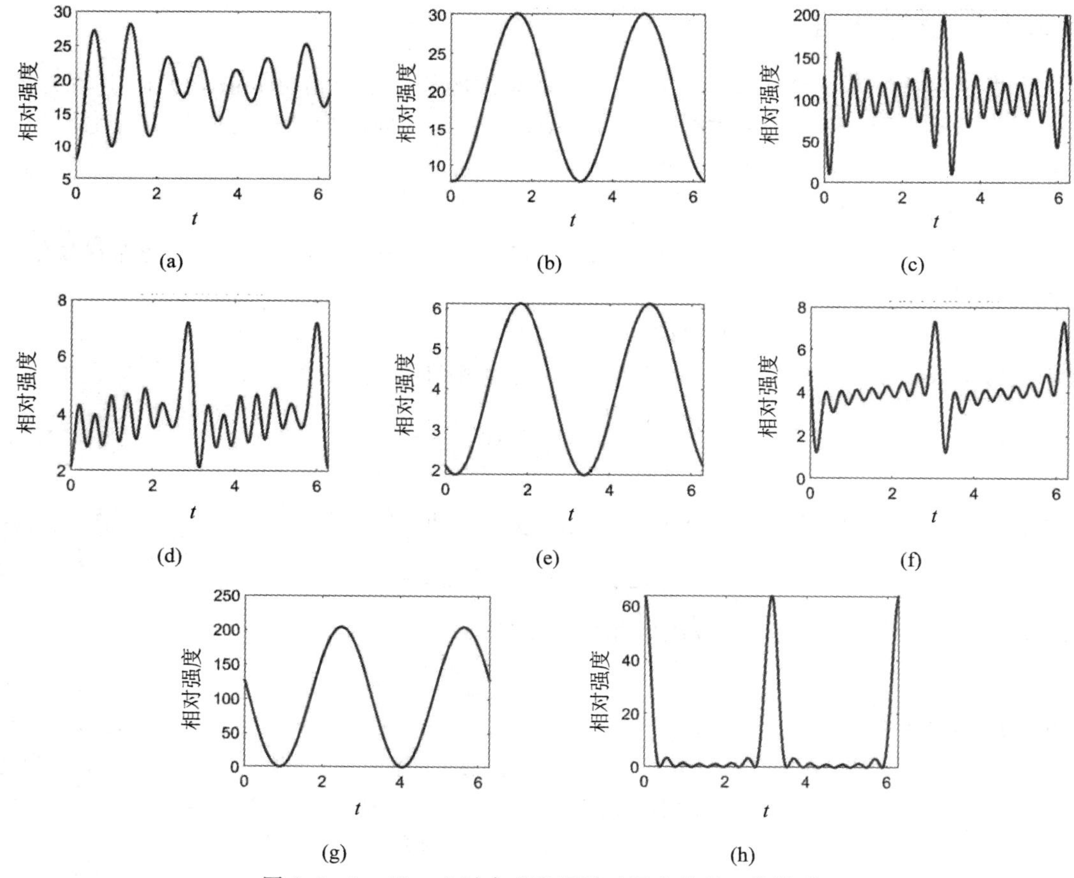

图 2.5-1　$N=8$ 时合成光强随时间变化的 8 种情形

(a) 不等幅不同频不同相；(b) 不等幅同频不同相；(c) 不等幅不同频同相；(d) 等幅不同频不同相；(e) 等幅同频不同相；(f) 等幅不同频同相；(g) 不等幅同频同相；(h) 等幅同频同相

2. 纵模锁定激光器的输出特性分析

(1) 激光器在给定空间点处的光场是振幅受到调制的、频率为 ω_0 的单色正弦波.

(2) 当满足 $\Omega t+\beta=2q\pi$, $q=0, 1, 2, \cdots$ 时，激光器输出光强取得极大值，极大值为

$$I_{\max}=N^2 I_0. \tag{2.5-7}$$

式(2.5-7)表明，这时的光强是没有锁模脉冲峰值光强的 N 倍，当 N 很大时，可得到很高的峰值功率.

(3) 调幅波极大值出现的周期，也就是主脉冲周期为

$$T=\frac{2\pi}{\Omega}=\frac{1}{\Delta\nu_{k_1}}=\frac{2L}{c}. \tag{2.5-8}$$

式(2.5-8)表示锁模脉冲序列的周期恰好等于一个光脉冲在谐振腔内往返一次所需要的时间.

(4) 在相邻两个锁模主脉冲之间有 $N-1$ 个极小值和 $N-2$ 个次极大值，主脉冲峰值与最邻近的光强为零的谷值之间的时间间隔为

$$\tau=\frac{2\pi}{N\Omega}=\frac{T}{N}. \tag{2.5-9}$$

2.5.2 激光锁模技术

在激光器中利用锁模技术可得到持续时间短到皮秒($1\ \mathrm{ps}=10^{-12}\ \mathrm{s}$)量级的强短脉冲激光. 20 世纪 80 年代后期，利用碰撞锁模技术可获得持续时间短到飞秒($1\ \mathrm{fs}=10^{-15}\ \mathrm{s}$)量级的超短脉冲. 极强的超短脉冲光源大大促进了非线性光学、时间分辨激光光谱学、等离子体物理学等学科的发展.

在 He-Ne 激光器的腔内插入声光损耗调制器可实现对 632.8 nm 激光锁模，He-Ne 激光介质的增益特性属于非均匀增宽类型，如果激光器的腔长不太短，就会出现多个激光纵模振荡，相邻纵模的圆频率差为

$$\omega_{q+1}-\omega_q=\Delta\omega=2\pi\Delta\nu=\frac{\pi c}{L}. \tag{2.5-10}$$

式中，c 为光速，L 为腔长. 若激光介质的增益线宽为 $\Delta\omega_G$，则激光器腔内就会有 N 个纵模存在，且

$$N=\frac{\Delta\omega_G}{\Delta\omega}. \tag{2.5-11}$$

在腔内 N 个纵模的总光场可表示为

$$E(z, t)=\sum_{n=-\left(\frac{N-1}{2}\right)}^{\frac{N-1}{2}} E_n\exp\left\{\mathrm{i}\left[(\omega_0+n\Delta\omega)\left(t-\frac{z}{c}\right)+\varphi_n\right]\right\}. \tag{2.5-12}$$

式中，ω_0 为增益线宽中心处的纵模频率. 一般在自由振荡的激光器中，N 个纵模初相位 φ_n 之间没有固定的关系，彼此是随机变化的. 在比纵模振荡周期大得多的时间内，根据式(2.5-12)对光强求平均，并假设各纵模振幅相等，即 $E_n=E_0$，可得

$$I=\overline{I(z, t)}\propto NE_0^2. \tag{2.5-13}$$

激光总强度正比于各纵模强度之和，用扫描干涉仪观察纵模频谱，可看到各个纵模强度是存在随机涨落的，这是由模式之间无规则的干涉所引起的．若用某种方法使激光器中各纵模初相位之间建立固定的联系，或者说使所有纵模进行同步振荡，则在激光腔内各纵模实现相干叠加．为了计算方便，令式(2.5－12)中的 $\varphi_n=0$，$E_n=E_0$，可得

$$E(z,t)=E_0\exp\left[\mathrm{i}\omega\left(t-\frac{z}{c}\right)\right]\frac{\sin\left[\frac{1}{2}N\Delta\omega\left(t-\frac{z}{c}\right)\right]}{\sin\left[\frac{1}{2}\Delta\omega\left(t-\frac{z}{c}\right)\right]}. \tag{2.5-14}$$

光强正比于电场强度的平方，即有

$$I(z,t)\propto\left|E(z,t)^2\right|=E_0^2\frac{\sin^2\left[\frac{1}{2}N\Delta\omega\left(t-\frac{z}{c}\right)\right]}{\sin^2\left[\frac{1}{2}\Delta\omega\left(t-\frac{z}{c}\right)\right]}. \tag{2.5-15}$$

把式(2.5－15)与式(2.5－13)进行比较可知，各纵模的相位同步以后，原来连续输出的光强变成了随时间和空间变化的光强．现在分别在固定空间位置或固定时间上来观察光强的变化特点．

(1) 在固定空间位置(令 $z=0$)上观察，光强随时间的变化关系为

$$I(t)=E_0^2\frac{\sin^2\left(\frac{1}{2}N\Delta\omega t\right)}{\sin^2\left(\frac{1}{2}\Delta\omega t\right)}. \tag{2.5-16}$$

这里 $I(t)$为相对光强，具有以下特征：

① N 个有相同频率间隔的同步等幅振荡可使激光光强变成随时间变化的脉冲序列，脉冲的周期 T 为

$$T=\frac{2\pi}{\Delta\omega}=\frac{2L}{c}. \tag{2.5-17}$$

式中，T 为光脉冲在腔内来回传播一次所需的时间．

② 在式(2.5－16)的分母趋于零时，可得光脉冲的峰值光强为

$$I_{\max}=N^2E_0^2. \tag{2.5-18}$$

与式(2.5－13)比较，发现此时光脉冲的峰值光强是自由振荡时的平均光强的 N 倍．

③ 光脉冲的宽度 τ 为

$$\tau=\frac{2\pi}{N\Delta\omega}=\frac{1}{\Delta v_G}. \tag{2.5-19}$$

τ 是脉冲周期 T 的$\frac{1}{N}$，说明锁住的纵模个数越多，锁模脉宽就越窄．把式(2.5－11)代入式(2.5－19)，得

$$\tau=\frac{2\pi}{\Delta\omega_G}=\frac{1}{\Delta v_G}. \tag{2.5-20}$$

锁模脉宽 τ 与增益线宽 Δv_G 成反比，增益线宽越宽，参与相干叠加的纵模个数越多，脉宽 τ 就越窄．图 2.5－2 给出了光脉冲序列时间分布规律，以及 $E_0=1$，$N=5$ 时，式(2.5－16)的计算结果．

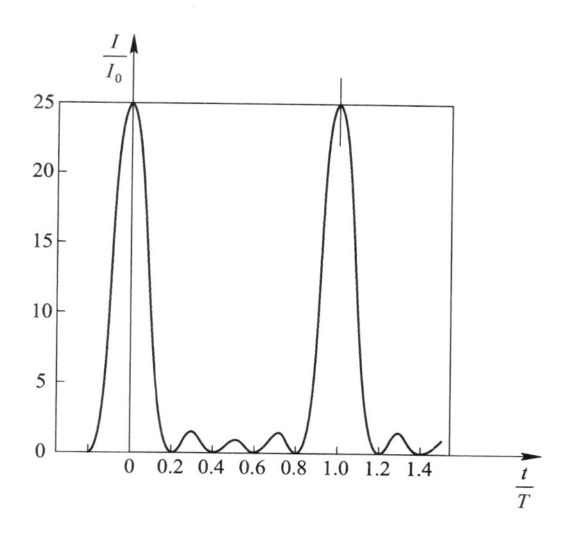

图 2.5－2　光脉冲序列时间分布规律

(2) 在固定时间(令 $t=0$) 上观察，光强随空间的变化关系为

$$I(z)=E_0^2\frac{\sin^2\left(N\frac{\pi}{2L}z\right)}{\sin^2\left(\frac{\pi}{2L}z\right)}. \tag{2.5-21}$$

这里 $I(z)$ 为相对光强，具有以下特征：

① N 个有相同频率间隔的同步等幅振荡的纵模相干叠加后变成随空间距离周期变化的脉冲激光序列，光脉冲的空间周期为 $2L$.

② 输出光脉冲的峰值强度为

$$I_{\max}(z)=gN^2E_0^2. \tag{2.5-22}$$

式中，g 为激光腔镜的透射率.

③ 光脉冲的空间宽度为$\frac{2L}{N}$，说明锁住的纵模个数越多，光脉冲的空间宽度就越窄.

了解光强的变化特点后，就要考虑如何使腔内同时存在的 N 个纵模有相同的相位，这就是具体的锁模技术.

随着超短光脉冲技术的迅猛发展，激光锁模技术发展成主动锁模、被动锁模、同步泵浦锁模、注入锁模、对撞锁模及其组合锁模技术，其中主动锁模、被动锁模是两种最基本、最常见的锁模技术. 在激光腔内放入可饱和吸收元件，这类元件在腔内运转过程中不能用人为的方法控制，因此这种锁模技术称为**被动锁模**(passive mode-locking)；在激光腔内放置调制元件，利用外部手段周期性地对光波进行调幅或调相，这类元件的某些参数可以人为地加以控制，因此这种锁模技术称为**主动锁模**(active mode-locking). 主动锁模又分为两种，一种是调制振幅(amplitude modulation，AM)的调幅锁模；另一种是调制频率(frequency modulation，FM)的调频锁模.

1) 主动锁模技术

主动锁模技术就是主动锁模的调幅技术，在谐振腔内安置的损耗调制器使腔损耗发生

角频率为Ω的正弦周期变化，锁定纵模就是使调制频率严格等于激光振荡纵模的频率间隔，即$\Omega=\frac{2\pi c}{2L}=\frac{\pi c}{L}$，亦即调制周期必须恰等于振荡光束在谐振腔内往返一周所需要的时间T. 设调制器的调幅系数为M_a，则频率为ω_{k_1}的振荡纵模光场可表示为

$$E_{k_1}(t)=E_0(1+M_a\cos\Omega t)\cos(\omega_{k_1}t+\Phi_{k_1}),\tag{2.5-23}$$

即

$$\begin{aligned}E_{k_1}(t)&=E_0\cos(\omega_{k_1}t+\Phi_{k_1})+E_0M_a\cos\Omega t\cos(\omega_{k_1}t+\Phi_{k_1})\\&=E_0\cos(\omega_{k_1}t+\Phi_{k_1})+\frac{E_0M_a}{2}\cos[(\omega_{k_1}+\Omega)t+\Phi_{k_1}]+\frac{E_0M_a}{2}\cos[(\omega_{k_1}-\Omega)t+\Phi_{k_1}].\end{aligned}$$

由此可见，谐振腔损耗正弦调制的结果是产生了频率为$\omega_{k_1}\pm\Omega$，且初相位不变的两个边频纵模，这两个边频纵模经调制后又产生新的边频而形成$\omega_{k_1}\pm2\Omega$的纵模振荡，依此类推，产生$\omega_{k_1}\pm3\Omega$的纵模振荡等.

同样，在增益线宽内所有的纵模都会受到相邻纵模产生的边频耦合，如图2.5-3(a)所示. 这迫使所有的纵模都以相同的相位振动，因此实现了同步振荡，达到了主动锁模的目的，如图2.5-3(b)所示.

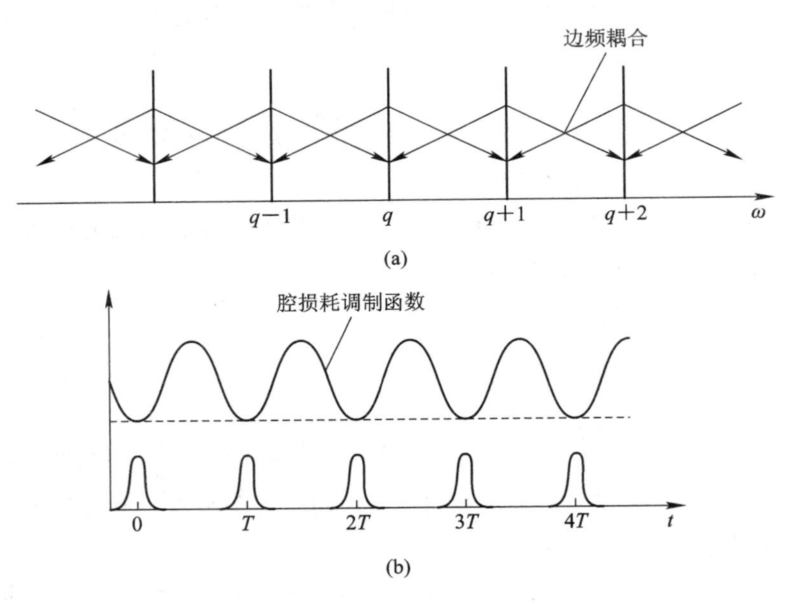

图2.5-3　主动锁模技术

(a) 边频耦合；(b) 主动锁模

从时域的角度看，因损耗调制的周期与光在腔内往返一次的时间相同，故当调制器损耗为零时，通过调制器的光波在腔内往返一次回到调制器时仍是损耗为零，若光波从介质中得到的增益大于腔内的损耗，则这部分光波就会得到不断增强直到饱和稳定. 当调制器损耗较大时，通过调制器的光波每次回到调制器时都会有较大的损耗，若损耗大于往返一次从介质中得到的增益，则这部分光波不能形成激光振荡，所以激光形成了周期为$2L/c$的光脉冲序列.

2）被动锁模技术

利用可饱和吸收介质的非线性吸收效应或者其他非线性效应实现激光器锁模的技术称为被动锁模技术．被动锁模可分为脉冲式锁模和连续式锁模．Nd^{3+}：YAG激光器、钕玻璃激光器、红宝石激光器、部分有机染料激光器采用脉冲式锁模；有机染料激光器、半导体激光器、CO_2激光器采用连续式锁模，以获得脉宽更窄的、小于ps量级的超短脉冲．如图2.5－4所示为有机染料激光器被动锁模示意图，其中图2.5－4(a)表示先经过有机染料盒型被动锁模技术，图2.5－4(b)表示后经过有机染料盒型被动锁模技术．

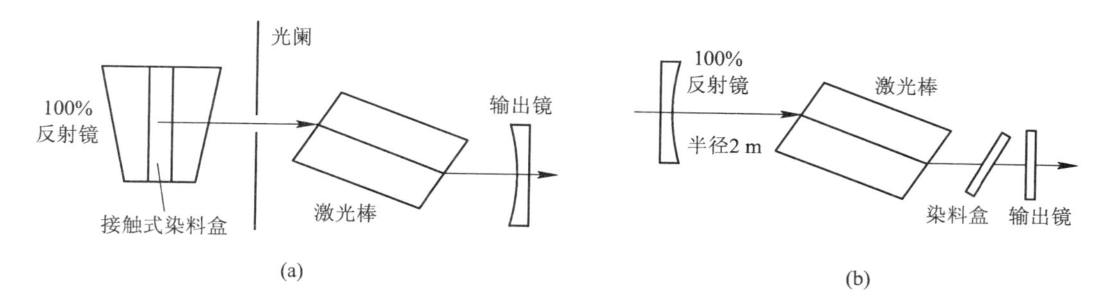

图2.5－4 有机染料激光器被动锁模示意图

(a)先经过有机染料盒型；(b)后经过有机染料盒型

2.5.3 【实验】声光调制锁模激光器实验

【实验目的】

(1)学习和掌握激光锁模和声光调制原理；

(2)掌握锁模激光器的结构特点及调试方法；

(3)观察腔长变化及调制深度对输出光脉冲的影响．

【实验器材】

在锁模激光器中，驻波型的声光调制器如图2.5－5所示．除电极外，它主要由四部分组成，分别为压电换能器、键合层、声光介质、反射层．压电换能器把外加一定频率的电磁波转换成机械波，其厚度为声波的半波长；键合层的作用是把压电层的机械振动耦合到声光介质中去，从而形成超声波；声光介质，即声光作用区，其厚度是声波半波长的整倍数；反射层使声波在声光介质中形成驻波．通过声驻波介质的衍射，光束的0级衍射光强将获得2倍于外加电源驱动频率的调制．当此调制频率正好等于激光纵模频率时，声光调制器就能实现损耗调制．对于输出波长为632.8 nm的He－Ne激光器，其增益系数不大，每米约为10%左右，若腔内损耗大于增益时，则激光将不能产生振荡．若声光调制器的衍射损耗能在0和10%之间变化，就能对632.8 nm激光进行锁模控制．拉曼-奈斯型0级衍射性能可达到上述要求，而且入射光束与0级衍射光束方向一致，为实验调节带来很大方便．

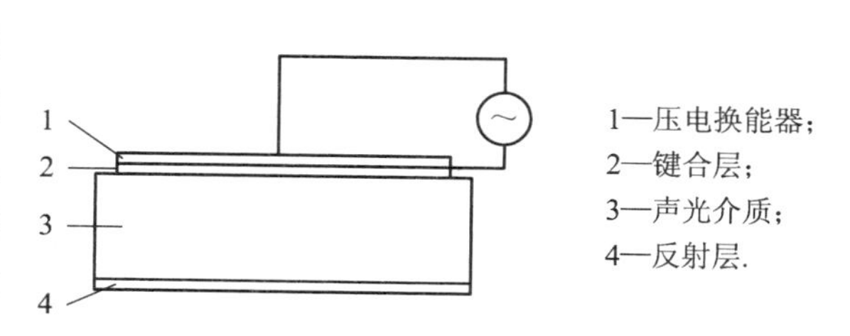

图2.5－5 驻波型的声光调制器

声光调制锁模激光器实验装置示意图如图 2.5-6 所示. 其中，放电管为 He-Ne 激光器；M_0 为布儒斯特窗片；M_1、M_2 是腔镜，M_1 镜装在可前后移动的镜座上，移动的精度可达10 μm；M_3 是辅助腔镜，必须用平面镜；M_d 是声光调制器；M_4 是分束镜；D_1 是快速光电二极管，接 250 MHz 示波器观察锁模脉冲序列；D_2 是激光功率计；F-P 是扫描干涉仪，接普通示波器观察激光纵模频率谱；L' 为锁模激光腔的几何长度.

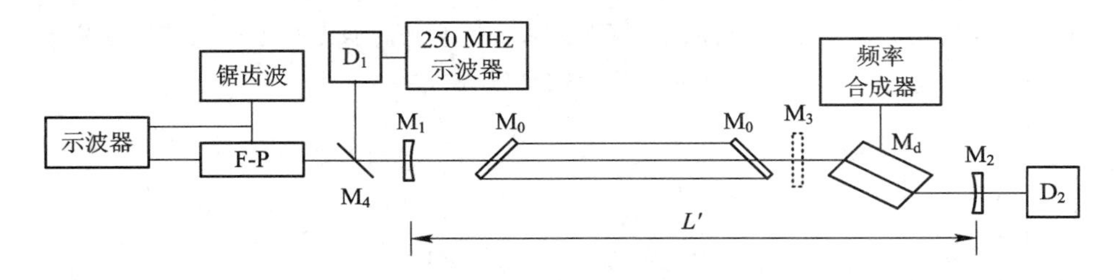

图 2.5-6　声光调制锁模激光器实验装置示意图

为了减小调制器在腔内的插入损耗，声光介质的入射和出射界面加工成布儒斯特角的形状，这种情况下调制器光路如图 2.5-7 所示. 图中，θ_B 为布儒斯特角. 此外，图 2.5-7 还给出了调制器的光程和几何程的关系. 声光介质材料为熔石英，其折射率 $n = 1.457$，且声速 $v = 5960\ \mathrm{m \cdot s^{-1}}$，长度 $l = 17.0$ mm.

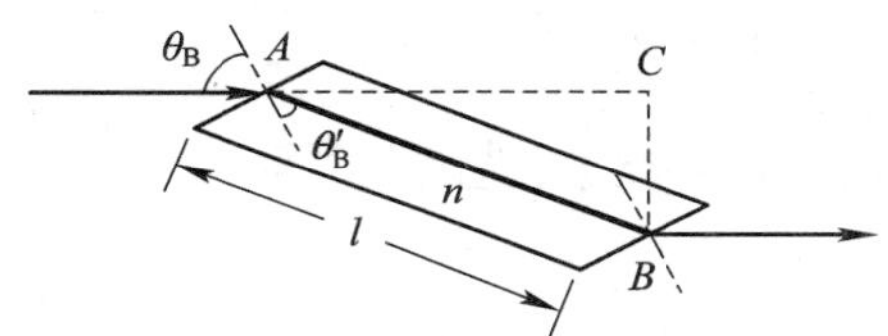

图 2.5-7　调制器光路

声光优值 $M_2 = 1.51 \times 10^{-15}\ \mathrm{s^3 \cdot kg^{-1}}$，超声频率 $\frac{\Omega}{2\pi} = 45.77$ MHz，波长 $\lambda = 130.22\ \mu$m，特征长度 $l_0 = 39.0$ mm，实验所用的声光器件长度偏长，在正入射时仍有多级对称衍射出现，换能器面积 $hl = 4 \times 38\ \mathrm{mm^2}$.

根据调制器的频率 Ω，可算出激光腔内所需光程长度为

$$L = \frac{\pi c}{2\Omega}. \tag{2.5-24}$$

由于激光腔内存在折射率大于 1 的声光介质和布儒斯特窗片(Brewster window plate)，所以腔的光程长度 L 比腔的本身长度 L' 大. 激光管窗片光路如图 2.5-8 所示，图中还给出了激光管窗片的光程和几何程的关系. 窗片的材料为熔石英，其折射率 $n = 1.457$，厚度 $d = 2$ mm. 根据如图 2.5-7 和图 2.5-8 所示的三角形关系，可分别算出两个图中的光程和几何程差：

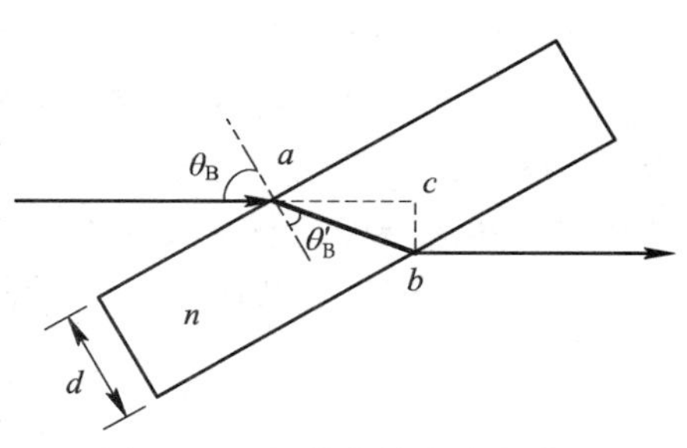

图 2.5-8　激光管窗片光路

$$\Delta_1 = n \cdot l - AC，\Delta_2 = n \cdot ab - ac. \tag{2.5-25}$$

两图中 $\theta_B = \arctan\frac{1}{n}$ 是介质内的布儒斯特角. 不难得到激光腔的实际几何长度为

$$L' = L - \Delta_1 - 2\Delta_2. \tag{2.5-26}$$

【实验步骤】

(1) 在腔镜 M_1 和 M_2 之间调出 632.8 nm,并使输出光强达到最大.

(2) 用 M_3 镜输出的激光束调节声光调制器的方位,使光束以布儒斯特角入射并通过声光介质的中部.取下 M_3 镜,使通过声光调制器的光束透射在光屏上.

(3) 在声光调制器上逐步加上电功率,观察**拉曼-奈斯衍射**(Raman-Nath diffraction)现象,正常情况下在光屏上能观察到0级、±1级、±2级衍射光.若衍射光强不对称,则可调节声光调制器支架下两个正交的调平螺丝,测出0级光束的衍射效率(或调制度)与电功率的关系曲线.

(4) 使声光调制器上的电功率降到0,按几何腔长 L' 放置 M_1 和 M_2 镜,并使 M_2 镜尽量靠近声光调制器.用 M_3 镜输出的激光调节 M_2 镜,使光束沿原路返回.这时在 M_2 镜上能看到光斑增强并伴有强度闪烁变化.取下 M_3 镜,在 M_1 镜和 M_2 镜之间即可形成激光振荡.细调 M_1、M_2 镜架上的螺丝使输出功率最大.

(5) 在声光调制器上加上适当的电功率,通常激光功率会下降,再细调 M_1、M_2 镜架上的螺丝,尽可能使激光功率增强.如果腔的长度 L' 合适,则这时激光腔内可能已形成了锁模振荡.

(6) 用快速光电二极管 D_1 观察锁模激光脉冲序列.在几何腔长度值附近改变腔长,小心移动 M_1 镜,观察锁模脉冲的变化,找出最佳锁模腔的长度位置,并得出锁模激光器对腔的长度调节精度的要求.测量脉冲周期及脉冲宽度,并与理论做比较,分析误差原因.

(7) 用扫描干涉仪观察激光器输出的纵模频谱,并比较锁模前后频谱的变化.实验频谱图如图2.5-9所示.用扫描干涉仪系统获得的激光锁模频率谱如图2.5-10所示,锁住约30个纵模.

(8) 改变声光调制器上的输入电功率,观察锁模状态,找出最佳锁模电功率及相应的声功率和零级衍射调制度.

图2.5-9 实验频谱图

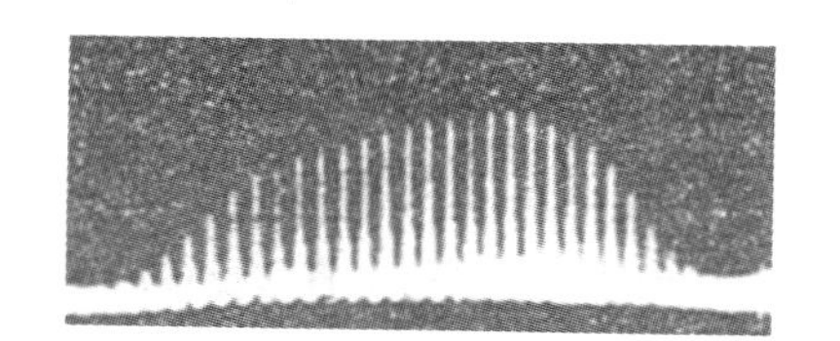

图2.5-10 632.8 nm 激光锁模频率谱

2.6 计算机在激光技术中的应用

(1) 观察多缝干涉与每个缝的衍射规律.对 $N=8$ 个缝区分缝宽大小,导致振幅不同;不同的光照射在不同的缝中,产生的光频率不同;缝与缝之间的距离不同,导致相邻两个缝之间的光束相位差不相同.于是出现多种情况,例如不等幅不同频不同相、不等幅同频不同相、不等幅不同频同相、等幅不同频不同相、等幅同频不同相、等幅不同频同相、不等幅同频同相.对于上述情况,利用Matlab编制的程序和绘制的图形分别如表2.6-1中的(a)、(b)、(c)、(d)、(e)、(f)、(g)所示.理想光栅则相应于等幅同频同相的情况,相应程序和图形如表2.6-1中的(h)所示.

表 2.6－1　$N=8$ 个缝干涉衍射结果比较

(a) 不等幅不同频不同相	(b) 不等幅同频不同相
A1 ＝ 1；　omiga1 ＝ 1； fei1 ＝ 2.1 * 3.14159/10； fei2 ＝ 2.2 * 3.14159/10； fei3 ＝ 3 * 3.14159/10； fei4 ＝ 4.4 * 3.14159/10； fei5 ＝ 5 * 3.14159/10； fei6 ＝ 5.5 * 3.14159/10； fei7 ＝ 7.5 * 3.14159/10； fei8 ＝ 5 * 3.14159/10； t ＝ 0:0.01:6.29； y1 ＝ (A1 * cos(omiga1 * t ＋ fei1)).^2； y2 ＝ (2 * A1 * cos(2 * omiga1 * t ＋ fei2)).^2； y3 ＝ (2.1 * A1 * cos(3.1 * omiga1 * t ＋ fei3)).^2； y4 ＝ (2.2 * A1 * cos(3.2 * omiga1 * t ＋ fei4)).^2； y5 ＝ (2.3 * A1 * cos(3.3 * omiga1 * t ＋ fei5)).^2； y6 ＝ (2.4 * A1 * cos(3.4 * omiga1 * t ＋ fei6)).^2； y7 ＝ (2.5 * A1 * cos(3.5 * omiga1 * t ＋ fei7)).^2； y8 ＝ (2.6 * A1 * cos(3.6 * omiga1 * t ＋ fei8)).^2； y ＝ y1 ＋ y2 ＋ y3 ＋ y4 ＋ y5 ＋ y6 ＋ y7 ＋ y8； plot(t, y, 'linewidth', 3) set(gca, 'Fontsize', 20)	A1 ＝ 1；　omiga1 ＝ 1； fei1 ＝ 2.1 * 3.14159/10； fei2 ＝ 2.2 * 3.14159/10； fei3 ＝ 3 * 3.14159/10； fei4 ＝ 4.4 * 3.14159/10； fei5 ＝ 5 * 3.14159/10； fei6 ＝ 5.5 * 3.14159/10； fei7 ＝ 7.5 * 3.14159/10； fei8 ＝ 5 * 3.14159/10； t ＝ 0:0.01:6.29； y1 ＝ (A1 * cos(omiga1 * t ＋ fei1)).^2； y2 ＝ (2 * A1 * cos(omiga1 * t ＋ fei2)).^2； y3 ＝ (2.1 * A1 * cos(omiga1 * t ＋ fei3)).^2； y4 ＝ (2.2 * A1 * cos(omiga1 * t ＋ fei4)).^2； y5 ＝ (2.3 * A1 * cos(omiga1 * t ＋ fei5)).^2； y6 ＝ (2.4 * A1 * cos(omiga1 * t ＋ fei6)).^2； y7 ＝ (2.5 * A1 * cos(omiga1 * t ＋ fei7)). *^2； y8 ＝ (2.6 * A1 * cos(omiga1 * t ＋ fei8)).^2； y ＝ y1 ＋ y2 ＋ y3 ＋ y4 ＋ y5 ＋ y6 ＋ y7 ＋ y8； plot(t, y, 'linewidth', 3) set(gca, 'Fontsize', 20)
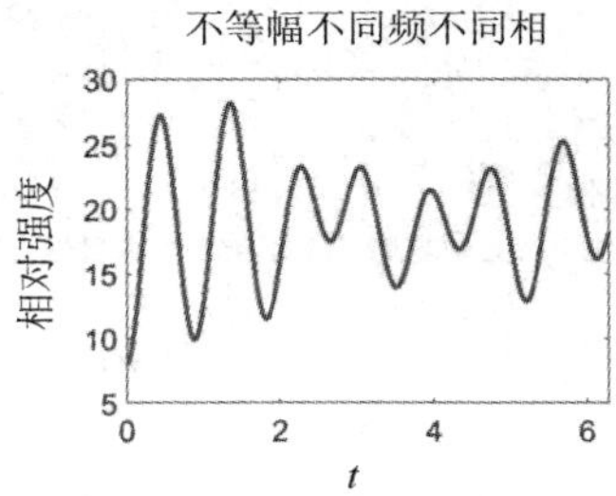 不等幅不同频不同相 相对强度 30 25 20 15 10 5 0 2 4 6 t	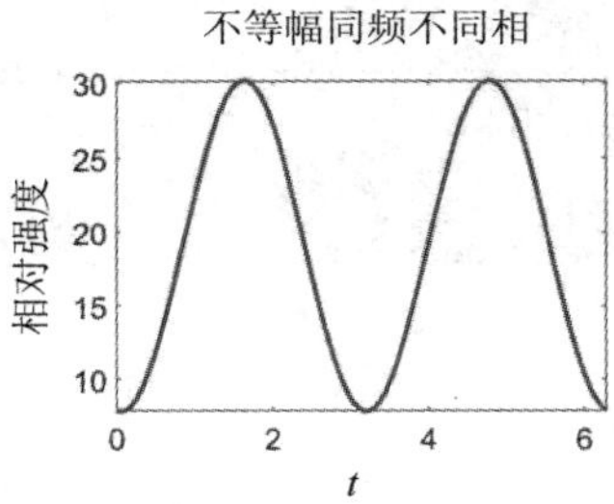 不等幅同频不同相 相对强度 30 25 20 15 10 0 2 4 6 t
(c) 不等幅不同频同相	(d) 等幅不同频不同相
A1 ＝ 1；　omiga1 ＝ 1； fei1 ＝ 2.1 * 3.14159/10； fei2 ＝ 2.2 * 3.14159/10； fei3 ＝ 3 * 3.14159/10； fei4 ＝ 4.4 * 3.14159/10； fei5 ＝ 5 * 3.14159/10； fei6 ＝ 5.5 * 3.14159/10；	A1 ＝ 1；　omiga1 ＝ 1； fei1 ＝ 2.1 * 3.14159/10； fei2 ＝ 2.2 * 3.14159/10； fei3 ＝ 3 * 3.14159/10； fei4 ＝ 4.4 * 3.14159/10； fei5 ＝ 5 * 3.14159/10； fei6 ＝ 5.5 * 3.14159/10；

续表一

(c) 不等幅不同频同相	(d) 等幅不同频不同相

fei7 = 7.5 * 3.14159/10;
fei8 = 5 * 3.14159/10;
t = 0:0.01:6.29;
y1 = (A1 * cos(omigal * t + fei1)).^2;
y2 = (2 * A1 * cos(2 * omigal * t + fei1)).^2;
y3 = (3 * A1 * cos(3 * omigal * t + fei1)).^2;
y4 = (4 * A1 * cos(4 * omigal * t + fei1)).^2;
y5 = (5 * A1 * cos(5 * omigal * t + fei1)).^2;
y6 = (6 * A1 * cos(6 * omigal * t + fei1)).^2;
y7 = (7 * A1 * cos(7 * omigal * t + fei1)).^2;
y8 = (8 * A1 * cos(8 * omigal * t + fei1)).^2;
y = y1 + y2 + y3 + y4 + y5 + y6 + y7 + y8;
plot(t, y, 'linewidth', 3)
set(gca, 'Fontsize', 20)
	fei7 = 7.5 * 3.14159/10;
	fei8 = 5 * 3.14159/10;
	t = 0:0.01:6.29;
	y1 = (A1 * cos(omigal * t + fei1)).^2;
	y2 = (A1 * cos(2 * omigal * t + fei2)).^2;
	y3 = (A1 * cos(3 * omigal * t + fei3)).^2;
	y4 = (A1 * cos(4 * omigal * t + fei4)).^2;
	y5 = (A1 * cos(5 * omigal * t + fei5)).^2;
	y6 = (A1 * cos(6 * omigal * t + fei6)).^2;
	y7 = (A1 * cos(7 * omigal * t + fei7)).^2;
	y8 = (A1 * cos(8 * omigal * t + fei8)).^2;
	y = y1 + y2 + y3 + y4 + y5 + y6 + y7 + y8;
	plot(t, y, 'linewidth', 3)
	set(gca, 'Fontsize', 20)

不等幅不同频同相 相对强度 *t*	等幅不同频不同相 相对强度 *t*
(e) 等幅同频不同相	**(f) 等幅不同频同相**

A1 = 1; omigal = 1;
fei1 = 2.1 * 3.14159/10;
fei2 = 2.2 * 3.14159/10;
fei3 = 3 * 3.14159/10;
fei4 = 4.4 * 3.14159/10;
fei5 = 5 * 3.14159/10;
fei6 = 5.5 * 3.14159/10;
fei7 = 7.5 * 3.14159/10;
fei8 = 5 * 3.14159/10;
t = 0:0.01:6.29;
y1 = (A1 * cos(omigal * t + fei1)).^2;
y2 = (A1 * cos(omigal * t + fei2)).^2;
y3 = (A1 * cos(omigal * t + fei3)).^2;
y4 = (A1 * cos(omigal * t + fei4)).^2;
y5 = (A1 * cos(omigal * t + fei5)).^2;
	A1 = 1; omigal = 1;
	fei1 = 2.1 * 3.14159/10;
	fei2 = 2.2 * 3.14159/10;
	fei3 = 3 * 3.14159/10;
	fei4 = 4.4 * 3.14159/10;
	fei5 = 5 * 3.14159/10;
	fei6 = 5.5 * 3.14159/10;
	fei7 = 7.5 * 3.14159/10;
	fei8 = 5 * 3.14159/10;
	t = 0:0.01:6.29;
	y1 = (A1 * cos(omigal * t + fei1)).^2;
	y2 = (A1 * cos(2 * omigal * t + fei1)).^2;
	y3 = (A1 * cos(3 * omigal * t + fei1)).^2;
	y4 = (A1 * cos(4 * omigal * t + fei1)).^2;
	y5 = (A1 * cos(5 * omigal * t + fei1)).^2;

续表二

(e) 等幅同频不同相	(f) 等幅不同频同相

y6 = (A1 * cos(omiga1 * t + fei6)).^2;
y7 = (A1 * cos(omiga1 * t + fei7)).^2;
y8 = (A1 * cos(omiga1 * t + fei8)).^2;
y = y1 + y2 + y3 + y4 + y5 + y6 + y7 + y8;
plot(t, y, 'linewidth', 3)
set(gca, 'Fontsize', 20)
	y6 = (A1 * cos(6 * omiga1 * t + fei1)).^2;
	y7 = (A1 * cos(7 * omiga1 * t + fei1)).^2;
	y8 = (A1 * cos(8 * omiga1 * t + fei1)).^2;
	y = y1 + y2 + y3 + y4 + y5 + y6 + y7 + y8;
	plot(t, y, 'linewidth', 3)
	set(gca, 'Fontsize', 20)

等幅同频不同相 相对强度 t	等幅不同频同相 相对强度 t
(g) 不等幅同频同相	(h) 等幅同频同相

A1 = 1; omiga1 = 1;
fei1 = 2.1 * 3.14159/10; fei2 = 2.2 * 3.14159/10;
fei3 = 3 * 3.14159/10; fei4 = 4.4 * 3.14159/10;
fei5 = 5 * 3.14159/10; fei6 = 5.5 * 3.14159/10;
fei7 = 7.5 * 3.14159/10; fei8 = 5 * 3.14159/10;
t = 0:0.01:6.29;
y1 = (A1 * cos(omiga1 * t + fei1)).^2;
y2 = (2 * A1 * cos(omiga1 * t + fei1)).^2;
y3 = (3 * A1 * cos(omiga1 * t + fei1)).^2;
y4 = (4 * A1 * cos(omiga1 * t + fei1)).^2;
y5 = (5 * A1 * cos(omiga1 * t + fei1)).^2;
y6 = (6 * A1 * cos(omiga1 * t + fei1)).^2;
y7 = (7 * A1 * cos(omiga1 * t + fei1)).^2;
y8 = (8 * A1 * cos(omiga1 * t + fei1)).^2;
y = y1 + y2 + y3 + y4 + y5 + y6 + y7 + y8;
plot(t, y, 'linewidth', 3)
set(gca, 'Fontsize', 20)
	N = 8;
	omiga = 1;
	beta = 0;
	t = 0:0.01:6.29
	I = (sin((omiga * t + beta/2) * N)).^2./(sin((omiga * t + beta/2) * 1)).^2;
	plot(t, I, 'Linewidth', 3)
	set(gca, 'Fontsize', 20)

不等幅同频同相 相对强度 t	等幅同频同相 相对强度 t

(2) 绘制 $N=5$ 个缝理想型干涉衍射结果和强度分布图. 由 Matlab 编制如下程序:

```
N = 5;
omiga = 1;
beta = 0;
t = 0 + 1.57:0.01:6.29 + 1.57
I = (sin((omiga * t + beta/2) * N)).^2./(sin((omiga * t + beta/2) * 1)).^2;
plot(t, I, 'Linewidth', 3)
set(gca, 'Fontsize', 20)
```

绘制图形如图 2.6-1 所示. 在 Photoshop 中选取框中信息, 另存为"111.jpg", 嵌入 Visio 中, 精确地绘制 $N=5$ 个缝理想型干涉衍射强度分布图, 如图 2.6-2 所示.

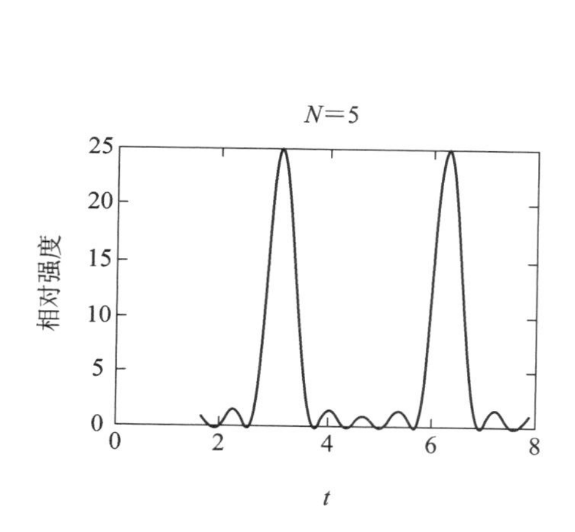

图 2.6-1　利用 Matlab 绘制 $N=5$ 个缝理想型干涉衍射结果图

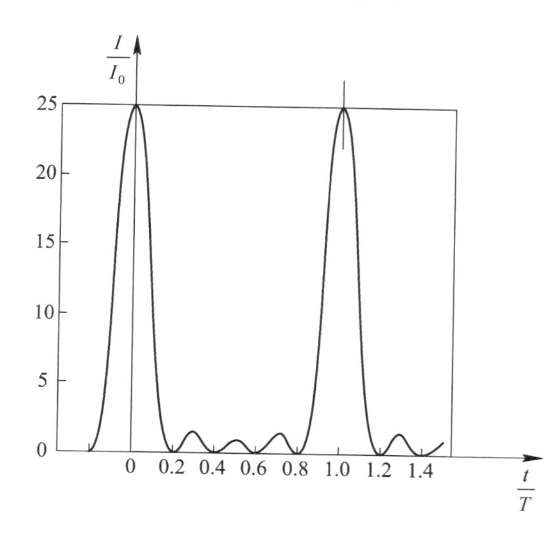

图 2.6-2　利用 Photoshop 和 Visio 绘制 $N=5$ 个缝理想型干涉衍射强度分布图

2.7 激光技术拓展性内容

2.7.1 激光的艰难探索过程

1953 年, 美国物理学家查尔斯·汤斯(Charles Townes, 1915—2015)用微波发明了激光器的前身——微波激射器(microwave amplification by stimulated emission of radiation, MASER). MASER 是利用辐射场的受激发射原理制成的、产生噪声极低的单色相干的微波辐射的放大装置, 是在微波波段利用电磁波与原子、分子等量子系统的共振相互作用而获得放大或者振荡的量子器件. 对于原子或分子中的某两个能级, 若其集居数处于粒子数反转的状态, 即当上能级的集居数大于下能级的集居数时, 原子或分子与入射电磁波相互作用后, 总的表现为原子或分子辐射相干电磁波, 从而使得入射电磁波的能量得到增加,即实现量子放大．当入射电磁波的频率为微波波段频率时，利用这种原理制成的放大器称为微波量子放大器．加上适当的反馈装置后，微波量子放大器就可以变成微波量子振荡器．微波激射器就是指微波量子放大器和微波量子振荡器．

法国的物理学家阿尔弗雷德·卡斯特勒(Alfred Kastler，1902—1984)因其在1949年至1951年间开发的将原子刺激到更高能量状态的方法而获得1966年诺贝尔物理学奖，卡斯特勒的光学泵浦技术使制造激光器、获得激光迈出了重要的一步．

在1954年至1957年间，MASER得到突飞猛进的发展．人们发明了用固体作为增益介质的MASER，采用合适波长的光进行抽运，具有3能级结构的红宝石实现了粒子数反转．与此同时，人们开始思考能否在更高频段实现粒子数反转，从而实现光波波段的激射器(即激光)．作为MASER的发明人，汤斯十分清楚激光的重要性，认为光的激射是MASER自然发展的结果，并称其为Optical MASER．实现Optical MASER的难点有：① 工作在光波波段的增益介质如何实现粒子数反转；② 如何实现合适的抽运方式；③ 难中之难，即怎样的谐振腔才能实现光的激射．当时人们认为谐振腔的尺度应该和波长差不多，汤斯的MASER的工作波长为1.5 cm左右，而光波的波长为μm数量级，做一个μm数量级大小的谐振腔难度非常大．汤斯从1957年开始担任贝尔实验室的顾问，他向贝尔实验室安全管理员肖洛(Schawlow，1921—1999)介绍了Optical MASER的初步构想，并且告诉肖洛可以使用光抽运和将钾金属气体作为增益介质，但是还不知道怎么制作谐振腔，肖洛对此也很感兴趣，随即二人开始合作，肖洛很快就想到可以用由两面平行镜子组成的法布里-珀罗腔作为激光器的谐振腔，于是实现激光器的三个部件全部齐全．两人合作写了一篇理论文章“Infrared and Optical MASERs”，于1958年12月15日发表在了Physical Review上．这篇文章第一次在理论上预言了激光的可行性，详细分析了在法布里-珀罗腔充当谐振腔的情况下，利用光抽运钾金属气体产生激光的机理．

在哥伦比亚大学物理系读博士的古德(Gordon Gould，1920—2005)在与汤斯谈话之后，思考到底该怎么实现激光．当时古德已经意识到可以采用光抽运气体，因此难点在于找到合适的谐振腔．又经过几个星期的思考，古德想到激光的谐振腔可以采用法布里-珀罗腔．1957年12月13日，古德将自己关于激光的构想写在了实验本上，题目叫作“Some rough calculations on the feasibility of a LASER: Light Amplification by Stimulated Emission of Radiation”，我们今天熟知的激光的名字来自古德．

1959年，汤斯与肖洛在Physical Review上发表文章后，很多研究组都试图第一个做出激光器，竞争异常激烈．仅贝尔实验室就有四个小组尝试用不同的办法、不同的增益介质(包括气体、半导体和晶体)做出激光器．1959年9月，汤斯把大家叫在一起，在离纽约曼哈顿不远的一个度假村召开了一个小型会议，共有163人参加，其中17人来自贝尔实验室．休斯实验室也来了4人，其中之一就是梅曼．

2.7.2 红宝石激光器的问世

1956年，梅曼开始在休斯实验室工作，承担的任务是为军方做一台基于红宝石的微波激射器．当时大家只对研究激光感兴趣，梅曼在参加1959年9月汤斯组织的会议之后，设法说服公司的管理人员，利用公司内部的科研经费开始进行激光的研制．

梅曼选用的增益介质是红宝石．值得一提的是，肖洛在贝尔实验室也尝试过红宝石，

但并没有成功，一是由于肖洛使用的红宝石晶体质量较差，二是肖洛使用连续光作为抽运光．经过计算，肖洛发现如果用光抽运具有 3 能级结构的红宝石，需要极高的抽运能量才能实现粒子数反转，而连续光抽运能量太高，晶体无法及时散热，最终晶体会因温度过高而损坏．肖洛由此得出结论：用红宝石做激光行不通．在 1958 年至 1959 年间，肖洛到处说红宝石不能用作激光的增益介质．由于肖洛已经被认为是这个领域的权威，很多人不再考虑将红宝石作为增益介质．在 1960 年 5 月 16 日下午，梅曼和自己的助手在实验室里增加氙抽运灯的电压，从几百伏开始往上加，并用示波器记录红色荧光随时间的变化．开始时，抽运比较弱，粒子数反转处在阈值之下，能产生的都是荧光，因为抽运光是个脉冲，脉冲过去之后激光器弛豫，荧光慢慢消失；继续增加电压到粒子数反转超过阈值，开始出现受激辐射，示波器上出现尖峰．当电压加到 900 多伏时，可以明显地看到一个尖峰，此时他们知道自己真正做出了人类历史上的第一束相干光，从此第一台激光器诞生了．

图 2.7－1 是红宝石激光器的工作过程．首先闪光管闪光并将光线射入红宝石棒，光线激发红宝石内的原子，其中的部分原子释放出光子，部分光子沿红宝石轴的平行方向运动，因而在两块反光镜之间来回反弹．它们经过红宝石晶体时，还会继续激发其他原子．单色、单相柱状光线通过半反射镜射出红宝石棒，形成了激光．

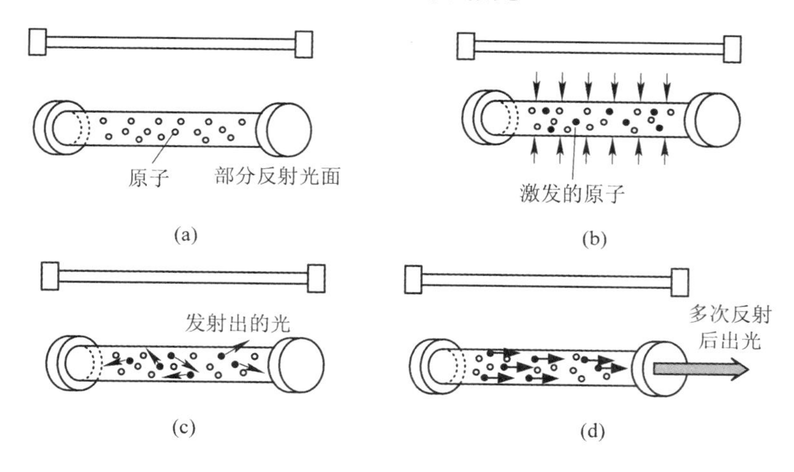

图 2.7－1　红宝石激光器的工作过程

(a) 闪光前；(b) 闪光中；(c) 刚闪光后；(d) 闪光后出光

此时距离爱因斯坦提出激光理论已有 43 年，人们终于成功地研制出第一台激光器．成功研制激光器，除了社会环境因素，技术上的主要原因是：普通光源中粒子产生受激辐射的概率极小，当频率一定的光射入工作物质时，受激辐射和受激吸收两个过程同时存在，受激辐射使光子数增加，受激吸收使光子数减小．物质处于热平衡态时，粒子在各能级上的分布遵循平衡态下粒子的统计分布规律．按统计分布规律，处在较低能级 E_1 的粒子数必大于处在较高能级 E_2 的粒子数，这样光穿过工作物质时，光的能量只会减弱而不会加强．要想使受激辐射占优势，就必须使处在较高能级 E_2 的粒子数大于处在较低能级 E_1 的粒子数，这种分布正好与平衡态时的粒子分布相反，即实现粒子数反转，而实现粒子数反转是产生激光的必要条件．

2.7.3 各种激光器的诞生

1. He－Ne激光器

威廉·贝内特(William Bennett，1930—2008)和唐纳德·赫里奥特(Donald Herriott，1928—2007)尝试制作并排列一个1 m长的高反射率腔，使低增益的氦-氖(He－Ne)激光器能够运行. 1960年12月12日下午，他们成功研制出世界上第一个连续波激光器，也是第一个气体激光器，即He－Ne激光器. He－Ne激光器是一大族放电激发气体激光器中第一个研制成功的激光器，与早期的脉冲固体激光器相比，它更接近于连续相干光振荡器的原始概念，尽管它将近1 m长，比肖洛和汤斯在分析中考虑的10 cm腔长得多.

He－Ne激光器分为内腔式和外腔式两种，其结构形式分别如图2.7－2(a)和图2.7－2(b)所示. 当激光放电管内气体加上一定电压后，放电管中的电子由负极向正极高速运动，在发生受激辐射时，分别发出波长为3.39 μm、1.53 μm和632.8 nm的三种激光，其中只有波长为632.8 nm的激光为可见光，另外两种是红外区的辐射光. 选择不同反射率的反射镜，就只输出波长为632.8 nm的激光.

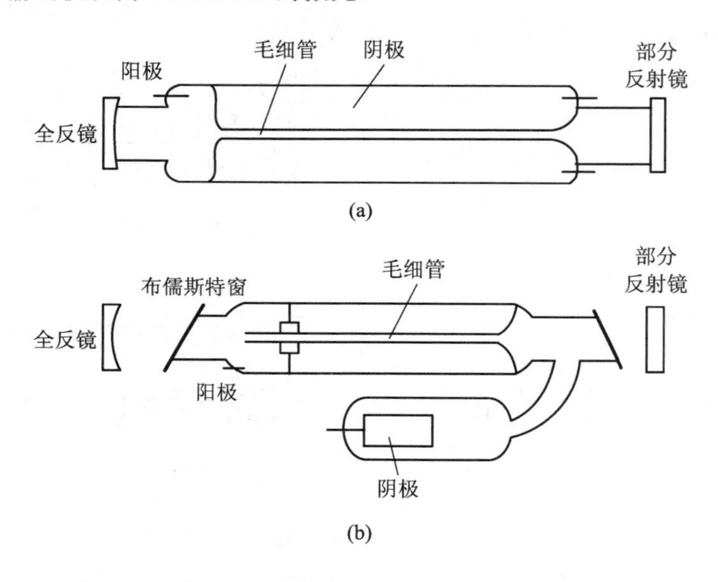

图2.7－2 He－Ne激光器的结构形式

(a)内腔式；(b)外腔式

1963年，洛根·E. 哈格罗夫(Logan E. Hargrove，1935—2019)、理查德·L. 福克(Richard L. Fork，1935—2018)、M. A. 波拉克(M. A. Pollack)首次报告了演示声光调制的锁模He－Ne激光器，这一发现奠定了飞秒激光通信的基础.

2. 钕玻璃激光器

20世纪60年代，伊莱亚斯·斯尼策(Elias Snitzer，1925—2012)正在美国光学公司(American Optical，光学玻璃的主要制造商，也是捆扎光纤的早期开发商)测试掺杂稀土的玻璃激光，他测量了红外光(IR)发出荧光的元素钕(neodymium，Nd)、镨(praseodymium，Pr)、钬(holmium，Ho)、铒(erbium，Er)和铥(thulium，Tm)，发现钕是迄今为止最强的发射体. 1961年，斯尼策在几毫米长的棒上用高折射率的钕玻璃展示了第一个钕玻璃激光

器，成为第一个光纤玻璃激光器开发人员.

3. 调Q激光器

与弗雷德·J. 麦克朗(Fred J. McClung，1931—2006)一起，赫尔沃思(Hellwarth，1930—2021)证明了他的激光理论. 通过使用电切换的Kerr电池快门，他们实现了峰值功率是普通红宝石激光器的峰值功率100倍的激光器，这一巨型脉冲形成技术称为Q开关技术，即将一般输出的连续激光能量压缩到宽度极窄的脉冲中发射，从而使光源的峰值功率提高几个数量级的一种技术. 利用此技术，他们制成了第一台调Q激光器. Q值是评定激光器中光学谐振腔质量好坏的指标，称为**品质因数**(quality factor). 1961年12月，查尔斯·J. 坎贝尔(Charles J. Campbell，1930—2000)博士和查尔斯·J. 科斯特(Charles J. Koester，1913—1994)第一次使用美国光学红宝石激光器对人类患者进行破坏视网膜肿瘤的激光治疗.

4. 二氧化碳激光器

1964年3月，从事He-Ne激光器和氙气激光器研究工作两年后，休斯研究所的威廉·B. 布里奇斯(William B. Bridges，1934—)发现了脉冲氩离子激光器. 该激光器可输出可见光几个波长的光和紫外波长，但体积庞大、效率较低. 二氧化碳激光器的基本结构如图2.7-3所示，它是由贝尔实验室的库马尔·帕特尔(Kumar Patel，1938—)发明的，是当时最强大的连续操作的激光器，目前在全球范围内用作外科和工业中的切割工具.

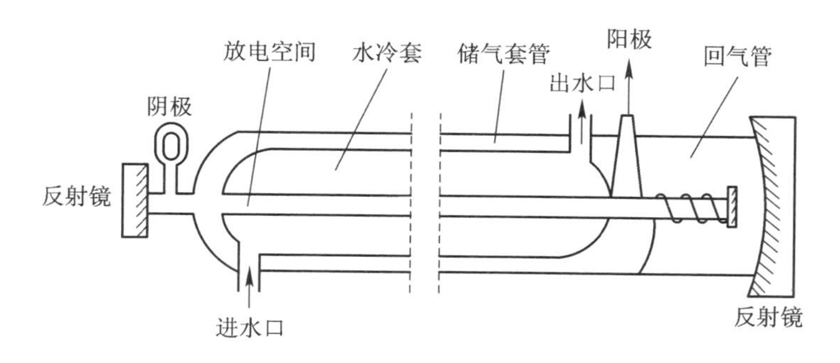

图2.7-3 二氧化碳激光器的基本结构

在放电管中，通常输入数十毫安或数百毫安的直流电流. 在放电时，放电管中的混合气体内的氮分子由于受到电子的撞击而被激发起来，和二氧化碳分子发生碰撞，并把自己的能量传递给二氧化碳分子，使二氧化碳分子从低能级跃迁到高能级上形成粒子数反转，从而产生激光. 同一时期，贝尔实验室的约瑟夫·E. 格西奇(Joseph E. Geusic，1931—)和理查德·G. 史密斯(Richard G. Smith，1929—2019)在1964年发明了掺钕钇铝石榴石激光器(neodymium-doped yttrium aluminum garnet laser，Nd:YAG)，激活物质钇铝石榴石在氪灯或者氙灯泵浦照射下，激发1064 nm的红外光，射到KTP($KTiOPO_4$，磷酸钛氧钾)或者BBO($\beta-BaB_2O_4$，偏硼酸钡)获得532 nm绿光. 这一激光器已是美容应用领域中的理想选择，能辅助原位角膜磨削视力矫正和皮肤表面重修等.

5. 氯化氢化学激光器

1965年，杰罗姆V. V. 卡斯帕(Jerome V. V. Kasper)和乔治·C. 皮门特尔(George

C. Pimentel, 1922—1989) 在加州大学伯克利分校展示了第一台波长为 3.7 μm 的氯化氢化学激光器.

6. 染料激光器

1966 年，休斯研究所的玛丽 · L. 斯派思(Mary L. Spaeth, 1938—2018) 发明了由红宝石激光泵浦的可调谐染料激光器.

7. 准分子激光器

1970 年，准分子激光器在 P. N. Lebedev 物理研究所开发问世. 同年春季，A. F. Ioffe 物理技术研究所的 Alferov 团队和贝尔实验室的莫特 · B. 潘尼什(Mort B. Panish, 1929—) 和 Izuo Hayashi(1922—2005) 生产了第一台连续光波室温半导体激光器，为光纤通信的商业化铺平了道路. 同一时期，贝尔实验室的亚瑟 · 阿什金(Arthur Ashkin) 发明了光学捕获，开辟了光学镊子和诱捕的研究领域，并在物理学和生物学方面取得了重大进展. 原子被激光捕获的过程如图 2.7-4 所示.

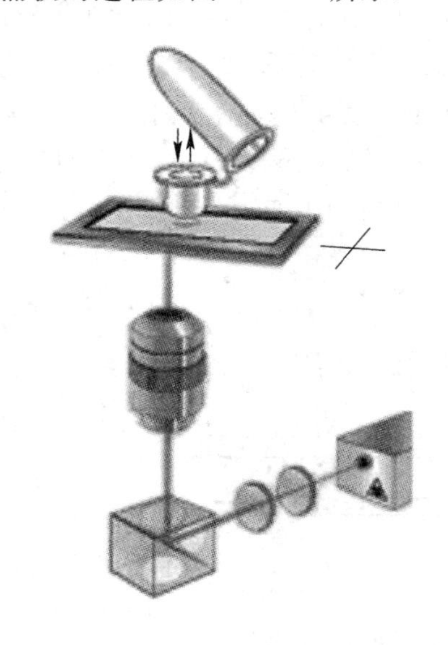

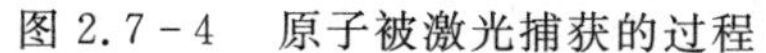
图 2.7-4　原子被激光捕获的过程

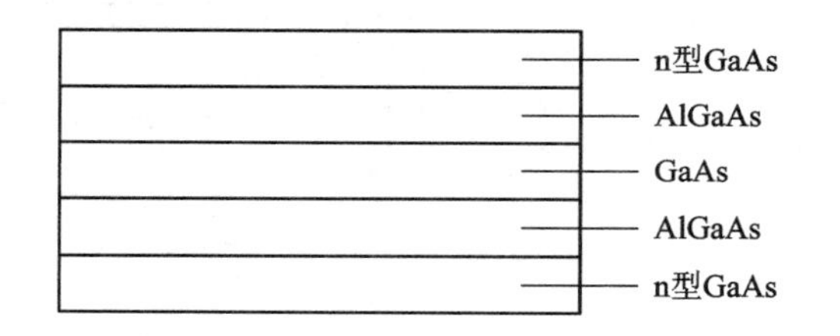

图 2.7-5　量子阱激光器的基本结构

8. 量子阱(点)激光器

1972 年，查尔斯 · H. 亨利(Charles H. Henry, 1937—2016) 发明了量子阱激光器，与传统的二极管激光器相比，它需要更少的电流来达到激光阈值，并且效率非常高. 霍洛尼亚克和伊利诺伊大学厄巴纳-香槟分校的学生于 1977 年首次展示了量子阱激光器，其基本结构如图 2.7-5 所示.

量子阱激光器的基本结构是两块 n 型 GaAs 附于两端，而中间有一个薄层，这个薄层由 AlGaAs/GaAs/AlGaAs 的复合形式组成. 在未加偏压时，各个区域的势能与中间的 GaAs 对应的区域形成了一个势阱，称为量子阱. 电子运动时从左边的 n 型区(发射极) 进入右边的 n 型区(集电极)，中间必须通过 AlGaAs 层进入量子阱，然后穿透另一层 AlGaAs.

1994 年，A. F. Ioffe 物理技术研究所的尼古拉 · N. 莱登佐夫(Nikolai N. Ledentsov,

1959—）报道了具有高阈值密度的量子阱激光器.

2016 年 2 月，在加利福尼亚州圣何塞举行的 SPIE 高级光刻研讨会上，半导体光刻工具制造商 ASML 公司宣布，极紫外（extreme ultraviolet，EUV）光刻技术似乎终于准备就绪，ASML 公司大力支持激光产生等离子体的方法. 通过这种方法，红外 CO_2 激光器向微小的熔融锡液滴发射集中脉冲，在过滤产生的发射突发后，产生 13.5 nm 或者 EUV 的光脉冲，其波长比半导体生产中使用的 193 nm 深紫外激光器短得多；来自卡迪夫大学、伦敦大学学院和谢菲尔德大学的研究人员在 3 月份的 Nature Photonics 杂志上报告了在硅上生长量子阱激光器，该激光器是电泵浦的，以 1300 nm 发射，在高达 120℃ 下工作长达 10 万小时；中国首次实现了“高功率光纤激光器”核心器件全国产化目标，研制出汽车制造中的高质高效激光焊接、切割关键工艺及成套装备.

2021 年 8 月 4 日，上海微电子装备有限公司成功制造出 UPLA 光刻机，精度达到 65 nm. 尽管此光刻机与荷兰 ASML 生产的 EUV 光刻机的精度（达到 7 nm）存在着一定的差距，但是向着为华为解决燃眉之急迈出了一大步.

9. 自由电子激光器

1976 年，半导体激光器首次在贝尔实验室展出. 它在室温下连续工作，波长超过 1 μm，是长波长光波系统光源的先驱. 之后，约翰 M. J. 马迪（John M. J. Madey，1943—2016）和他的团队在加利福尼亚州斯坦福大学展示了第一个自由电子激光器（FEL），其结构如图 2.7-6 所示. FEL 采用一束电子束，而不是增益介质，该电子束被加速到接近光速，然后通过周期性的横向磁场产生相干辐射. 由于激光介质仅由真空中的电子组成，因此 FEL 没有困扰普通激光器的材料损坏或热透镜问题，并且可以实现非常高的峰值功率.

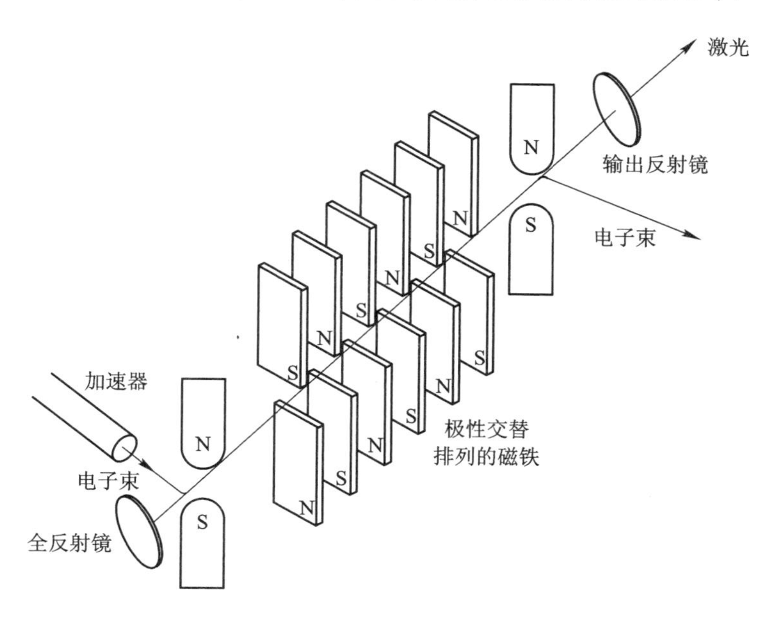

图 2.7-6　自由电子激光器的结构

10. 钛蓝宝石激光器

1982 年，麻省理工学院林肯实验室的彼得·F. 莫尔顿(Peter F. Moulton，1946—)开发了钛蓝宝石激光器，用于产生皮秒和飞秒范围内的短脉冲. 钛蓝宝石激光器取代了染料激光器，用于可调谐和超快激光器. 同年 10 月，音频 CD(Laser Disc 视频技术的衍生产品)首次亮相，比利·乔尔的粉丝们欢欣鼓舞，因为他 1978 年的"52nd Street"专辑是第一张以 CD 形式发行的专辑.

11. 光纤激光器

在标准电话与电缆有限公司标准通信实验室工作的查尔斯·K. 高(Charles K. Kao，1933—2018)与英国哈洛标准电信实验室的乔治·霍克姆(George Hockham，1938—2013)合作. 1964 年，他提出在电话网络中以光代替电流，以玻璃纤维代替导线；1965 年，他在以无数实验为基础的一篇论文中提出用石英基玻璃纤维进行长程信息传递，将带来一场通信业的革命，并提出当玻璃纤维损耗率下降到 20 dB/km 时，一根光纤能传输 20 万门电话. 高锟计算了如何通过光纤长距离传输光，并决定使用最纯净的玻璃光纤. 这种光纤可以在 100 km 的距离内传输光信号，而 20 世纪 60 年代的光纤只能在 20 m 的距离内传输光信号，因此高锟获得 2009 年诺贝尔物理学奖. 1965 年，贝尔实验室首次对两台激光器进行锁相，这是迈向光通信的重要一步.

1987 年，英国南安普敦大学的大卫佩恩(David Payne，1944—)和他的团队推出了掺铒光纤放大器，这种新型光纤放大器可增强光信号，而无需先将其转换为电信号，再转换回光信号，从而降低了长距离光纤通信的成本.

2007 年，武汉锐科光纤激光技术公司成立. 锐科激光创建以前，我国光纤激光器全部依赖进口，价格昂贵，供货周期长. 国内激光成套设备集成制造商迫切希望国产光纤激光器问世，打破国外技术封锁和价格垄断. 经过 5 年的努力，锐科激光现已成长为中国首家也是最大的一家专门从事高功率光纤激光器、核心器件研发和规模化生产的企业. 该公司先后自主研发了国内第一台 10 W 脉冲全光纤激光器、第一台 25 W 脉冲全光纤激光器、第一台 100 W 连续全光纤激光器和第一台 1000 W 连续全光纤激光器产品，这些成果一举打破了国外企业在光纤激光器领域的垄断局面，填补了国内空白，并迫使同类进口产品价格下降 50%.

2010 年，康斯坦茨大学的科学家利用掺铒光纤激光器产生了波长为 1.5 μm 的 4.3 fs 单周期光脉冲，这种短激光脉冲可能有利于频率测量、超快光学成像和其他应用；由马尼杰·拉泽吉(Manijeh Razeghi，1942—)教授领导的西北大学研究人员报告了量子级联激光器效率 的突破，达到了 53%(之前的最佳水平不到 40%)，该设备产生的光多于热量，发射波长为 4.85 μm 的激光，可应用于遥感信息的获取；7 月 15 日 Journal of Applied Physics 上的一篇论 文报告说，劳伦斯利弗莫尔国家实验室的物理学家使用超快激光脉冲来探测基本 的材料特性，在金刚石砧电池中产生了冲击波，将氩气和其他气体中的压力推高至 2.8×10^5 atm.

2012 年，华工科技与武汉锐科共同研制出 4 kW 光纤激光器，成为全球第 3 个拥有该项

技术的光纤激光器企业. 该企业研制的MARVEL16000光纤激光切割机如图2.7-7所示，为全自动数控MARVEL系列中的一员.

图2.7-7　华工科技研制的MARVEL16000光纤激光切割机

2013年12月，Nature Communications的一篇论文中报道了洛桑联邦理工学院(EPFL)的研究人员卡米尔布雷斯(Camille Brès)和吕克·特维纳兹(Luc Thévenaz)将多达10倍的脉冲装入光纤.

12. 硅拉曼激光器

2004年，加州大学洛杉矶分校的厄兹达尔·博伊拉兹(Ozdal Boyraz)和巴赫拉姆·贾拉里(Bahram Jalali，1963—)首次演示了第一台硅拉曼激光器在室温下工作的情况，其峰值输出功率为2.5 W. 与传统的拉曼激光器相比，硅拉曼激光器可以直接调制以传输数据.

13. 电动混合激光器

2006年9月，加州大学圣巴巴拉分校的约翰·鲍尔斯(John Bowers)及其同事和位于加利福尼亚州圣克拉拉的英特尔公司光子学技术实验室主任马里奥·帕尼恰(Mario Paniccia)宣布，他们已经制造了第一台采用标准硅制造工艺的电动混合硅激光器. 帕尼恰说，这一突破可能会导致未来计算机内部出现低成本、太比特级的光学数据管道.

14. 垂直外腔表面发射激光器

2009年5月，在纽约罗切斯特大学，研究员郭春磊宣布了一种使用飞秒激光脉冲使常规白炽灯泡实现超低效的新工艺. 在灯泡灯丝上训练的激光脉冲迫使金属表面形成纳米结构，使100 W的灯泡比60 W的灯泡消耗更少的电力. 同年，位于加利福尼亚州利弗莫尔的劳伦斯利弗莫尔国家实验室的能量最高的激光器，向目标发射所有192束激光束. 美国宇航局发射的月球勘测轨道飞行器(LRO)如图2.7-8所示，此飞行器所载的月球轨道器激光高度计使用激光收集有关月球高点和低点的数据，创建3D地图，以帮助确定月球冰的位置和未来航天器的安全着陆点. 同年9月，英特尔开发人员在论坛上宣布了Light Peak光纤技术，包含垂直外腔表面发射激光器，每秒可以发送和接收

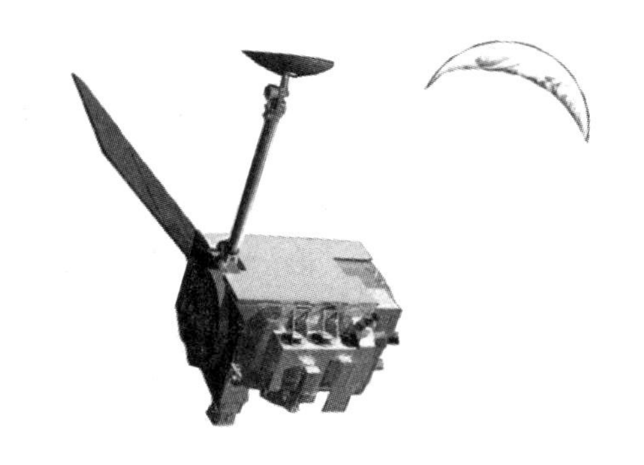

图2.7-8　月球勘测轨道飞行器(LRO)

100 亿比特的数据，也就是说，它可以在 17 min 内传输完成整个国会图书馆的所有资料.

2011 年，在汉斯·佐格(Hans Zogg)的指导下，苏黎世联邦能源机构(瑞士联邦理工学院的一部分)的研究人员首次生产了一种垂直外腔表面发射激光器(vertical external cavity surface emitting laser，VECSEL)，其工作波长为 5 μm；加州大学河滨分校的科学家在刘健林教授的带领下，生产了氧化锌(ZnO)纳米线波导激光器，设计了一种 p 型材料，制造了 p－n 结二极管，当由电池供电时，该二极管使纳米线从其末端脱落，因此该激光器比其他紫外半导体二极管激光器更小、成本更低、功率更高、波长更短.

15. 随机激光器

2012 年，耶鲁大学的一个团队创造了一种随机激光器，这种激光器由无序材料制成，并产生具有低空间相干性的发射，消除了噪声或斑点，有利于全视场显微镜和数字光投影. 同年 7 月，这种激光器的峰值功率超过 5×10^{14} W，由劳伦斯利弗莫尔国家实验室国家点火设施的 192 束紫外激光束发射，1.85×10^{6} J 的能量击中了直径为 2 mm 的目标.

2015 年 5 月，由德克萨斯 A&M 大学物理学家布雷特·霍克尔(Brett Hokr)领导的团队发展了一种随机拉曼激光器，可产生宽视场、无斑点的图像，频闪时间约为 1 ns；丹麦技术大学的研究人员安德斯·克里斯滕森(Anders Kristensen)等在 12 月的 Nature Nanotechnology 论文中报告说，激光打印太小而无法通过肉眼看到，但可以使用激光束使直径为 100 nm 的柱子变形，使柱子在照明时产生颜色，从而创造一个 50 μm 宽的“蒙娜丽莎”复制品，此复制品比原来的小约 1 万倍，其结构色及表面纳米微观结构图如图 2.7－9 所示. 同一时期，圣安德鲁斯大学(Nano Letters)和哈佛医学院(Nature Photonics)的两个研究小组同时发表了关于细胞吞噬微谐振器的研究成果，微小的塑料珠通过迫使光线沿其圆周进入圆形路径来捕获光线，当利用纳焦耳光源进行光泵浦时，谐振器会发出激光而不会损坏电池. 每个细胞的微型激光器的光谱组成都不同，可以为数千、数百万甚至数十亿个细胞实现新形式的细胞跟踪、细胞内传感和自适应成像.

图 2.7－9 “蒙娜丽莎”复制品结构色及表面纳米微观结构图

2018 年 7 月，劳伦斯利弗莫尔国家实验室的国家点火装置激光系统创下新纪录，达到 2.15×10^{6} J；在 8 月的 Optica 论文中，美国国家标准与技术研究院(NIST)的研究人员表明，商业激光测距可以提供物体在火灾中熔化时的 3D 图像，NIST 团队在 2 m 处以 30 μm

的精度测量了巧克力和塑料玩具上的 3D 表面；根据 9 月发表在 Nature Communications 上的一篇论文中概述的纳米级操纵技术，随机激光在未来的随机性可能会降低；来自芬兰坦佩雷理工大学、俄亥俄州凯斯西储和其他研究团队的研究表明，基于液晶介质的随机激光器的输出可以通过电信号进行控制；上海超强超快激光设施的科学家们将目光投向了 10 PW(1 PW $=10^{15}$ W）的发射，约是 5.3 PW 记录的两倍；在 11 月出版的 Optics Letters 上发表的一篇论文中，研究员 Li 等人报告了在该阈值方面取得的重大进展，在 800 nm 处产生了近 340 J 的输出，当压缩到 21 fs 脉冲时，他们估计峰值功率为 10.3 PW，预计 2023 年达到 100 PW.

16. 半导体激光器

1962 年，GE、IBM 和麻省理工学院林肯实验室的研究人员同时独立开发了一种半导体激光器——砷化镓(GaAs) 激光器. 在半导体材料中添加 GaAs 材料可制成半导体面结型二极管，当对该二极管注入足够大的电流时，中间有源区中电子(带负电）与空穴(带正电）会自发复合并将多余的能量以光子的形式释放，再经过谐振腔多次反射放大后形成激光. 半导体激光器的基本结构如图 2.7 - 10 所示.

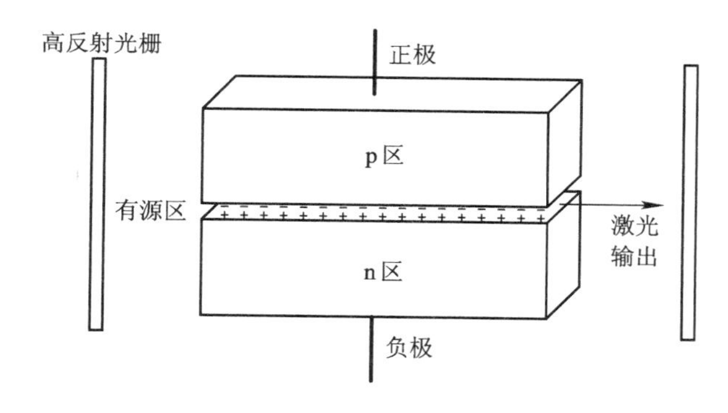

图 2.7 - 10　半导体激光器的基本结构

同年 10 月，纽约州锡拉丘兹通用电气公司实验室的咨询科学家小尼克 · 霍洛尼亚克(Nick Holonyak Jr.，1928—2022) 发表了他关于“红色可见光”GaAsP 激光二极管的研究成果，称他成功地获得了一种紧凑、高效的可见相干光源. GaAsP 激光二极管是当前消费类产品中使用的红色 LED 的基础，广泛地应用于电源指示器中. 在 1961 年至 1962 年间，世界各国发表的激光方面的论文有 200 多篇.

1963 年，加州大学圣巴巴拉分校的赫伯特 · 克罗默(Herbert Kroemer，1928—) 以及俄罗斯圣彼得堡 A. F. Ioffe 物理技术研究所的鲁道夫 · 卡扎里诺夫(Rudolf Kazarinov，1933—) 和佐雷斯 · 阿尔费罗夫(Zhores Alferov，1930—2019) 团队独立提出了从异质结构器件制造半导体激光器的想法，克罗默和阿尔费罗夫因此获得了 2000 年诺贝尔物理学奖.

1971 年，贝尔实验室的 Izuo Hayashi 和莫特潘尼什设计了第一台在室温下连续工作的半导体激光器.

1975 年，位于新泽西州的 Laser Diode Labs Inc 的工程师开发了第一台在室温下工作的商用连续波半导体激光器，连续波操作可实现电话交谈的传输. 同年，扬 · P. 范德齐尔

(Jan P. Van der Ziel，1937—)、R. 丁格尔(R. Dingle，)、罗伯特·C. 米勒(Robert C. Miller)、威廉·威格曼(William Wiegmann)和W. A. 小诺兰德(W. A. Nordland Jr.)进行了第一次量子阱激光操作.

1994年，第一台可以同时发射多个广泛分离波长的半导体激光器——量子级联激光器在贝尔实验室发明. 此激光器的独特之处在于，其整个结构是由称为分子束外延的晶体生长技术一次制造一层原子，简单地改变半导体层的厚度就可以改变激光器的波长. 凭借室温操作以及功率和调谐范围，量子级联激光器成为大气中气体遥感的理想选择. 量子级联激光器结构示意图如图2.7-11所示，其工作原理与通常的半导体激光器截然不同. 它打破了传统p-n结型半导体激光器的电子-空穴复合受激辐射机制，其发光波长由半导体能隙决定. 量子级联激光器受激辐射过程只有电子参与，它利用在半导体异质结薄层内由量子限制效应引起的分离电子态之间产生的粒子数反转，实现单电子注入的多光子输出，并且可以轻松地通过改变量子阱层的厚度来改变发光波长.

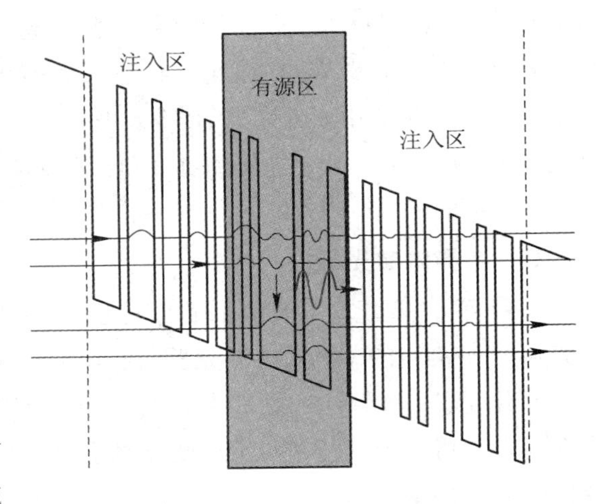

图2.7-11　量子级联激光器结构示意图

1996年，日本日亚公司的中村修二(Shuji Nakamura，1954—)领导其他人研制出世界上第一支GaN基紫光激光器，该激光器在脉冲操作中发出明亮的蓝紫色光. 从此，波长为405 nm的GaN基紫光激光器的发展和应用推动了高密度光存储、激光直写光刻和光固化产业的发展，以一种其他人认为不可能成功的材料获得了广泛的成功. 具有Pd/Pt/Au的传统GaN基激光器或具有ITO限制层的GaN基激光器的结构示意图如图2.7-12所示.

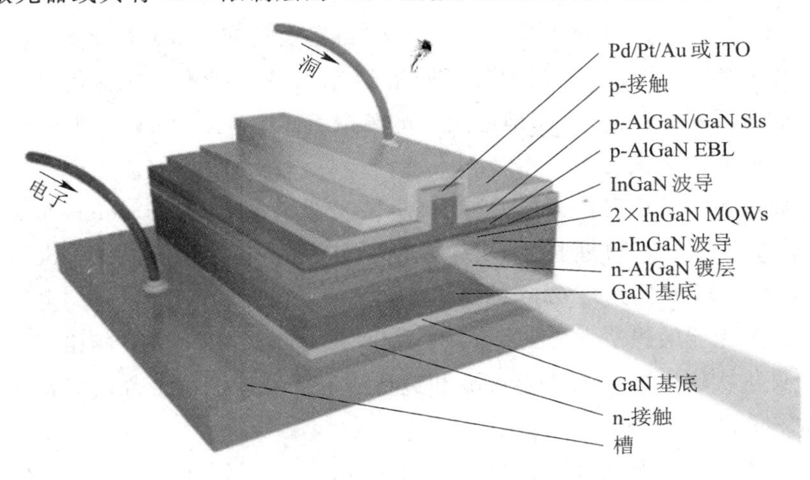

图2.7-12　具有Pd/Pt/Au的传统GaN基激光器或具有ITO限制层的GaN基激光器的结构示意图

内容小结

1. 在单位体积内，在频率为 $\nu \sim \nu + \Delta\nu$ 范围内，传播方向不同、偏振态不同的情形下，可能存在的光传播的模式数目为 $g = \dfrac{8\pi\Delta\nu}{\lambda^2 c}V$.

2. 光子简并度为 $\bar{n}_1 = \dfrac{P}{\dfrac{2h\nu}{\lambda^2}\Delta S\Delta\Omega\Delta\nu}$.

3. 受激辐射产生激光的三个条件是：① 有激光工作物质，即有提供放大作用的适合于产生受激辐射能级结构的增益介质；② 有外界激励源，让激光上下能级间产生粒子数反转(集居数反转，population inversion)；③ 有光学谐振腔，让受激辐射的光能够在谐振腔内维持振荡.

4. 在 F-P 标准具中的干涉是多光束干涉，精细度为 $F = \dfrac{\pi\sqrt{R}}{1-R}$.

5. 在 F-P 标准具中，平行平面镜综合透过率为 $T(\nu) = \dfrac{(1-R)^2}{(1-R)^2 + 4R\sin^2\dfrac{\delta}{2}}$.

6. 根据腔长 L 和折射率 n 的变化，可得频率的变化率为

$$\frac{\Delta\nu}{\nu} = -\left(\frac{\Delta L}{L} + \frac{\Delta n}{n}\right).$$

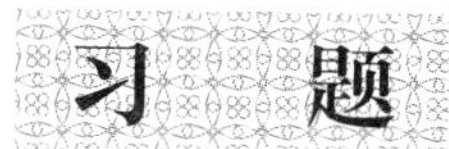

习题

2.1　试求折射率为 $n = 1.649$、半径为 $R = 4.0$ cm 的玻璃球的焦距 F 和主面的位置 h_1、h_2.

2.2　若 F-P 干涉仪的腔长为 4.5 cm，则它的自由谱宽为________. 该干涉仪能否分辨 $\lambda = 600$ nm、$\Delta\lambda = 0.01$ nm 的 He－Ne 激光谱线？

2.3　考虑一台氩离子激光器，其对称稳定球面腔的长度为 $L = 1.0$ cm，波长为 $\lambda = 514.5$ nm，腔镜曲率半径 $R = 4.0$ m，试计算基模光斑尺寸和镜面上的光斑尺寸.

2.4　为什么说调 Q 技术是压缩激光脉宽、提高峰值功率的有效方法？

2.5　试述用什么方法可以将激光脉冲进一步地压缩到皮秒甚至飞秒量级？

2.6　一台单模全内腔 He－Ne 激光器的工作波长为 $\lambda_0 = 632.8$ nm，若两腔反射镜的反射率分别为 100% 和 98%，其他腔损耗可忽略不计，激光器稳态输出功率为 0.5 mW，腔长为 10.0 cm，输出束径为 0.5 mm，试求腔内光子的总数. 假设介质中的原子集居数反转在 $t = 0$ 时刻，突然从 0 增加到 1.1 倍.

(1) 在不计饱和效应的情况下，粗略地估计腔内的光子数从 1 个噪声光子增加到所得到的稳态光子数所需要的时间；

(2) 考虑饱和效应的影响，估计当腔内光子数从 1 个噪声光子增加到稳态值的 90% 时所需要的时间.

2.7　有一台 Nd^{3+}:YAG 激光器，晶体棒尺寸为 $\Phi 6\times 60$ mm，工作离子 Nd^{3+} 的掺杂浓度为 $6\times 10^{19}\ cm^{-3}$，光学谐振腔的长度为 50.0 cm，两腔镜的反射率分别为 100% 和 10%，激光器单程内损耗为 2%. 已知初始集居数密度反转为 $3.408\times 10^{17}\ cm^{-3}$，阈值集居数密度反转为 $1.26\times 10^{17}\ cm^{-3}$，试求在阶跃调 Q 情况下的腔内最大光子数 N_m、脉冲峰值功率 P_m、光脉冲能量、激光器腔内储能的利用率 μ 及脉冲宽度. 若谐振腔的长度减半，则激光器的输出特性有什么变化？

2.8　(1) 如何产生激光？

(2) 什么是光的干涉和叠加？

(3) 什么是光的衍射？

(4) 什么是驻波？

(5) 晶体的折射率和哪些因素有关？

2.9　在声光调制锁模激光器实验中，

(1) 什么情况下产生的光强最强，应如何调节？

(2) 什么条件下示波器会稳定显示波的图像？

第 3 章　激光光纤通信

光是频率极高的电磁波，光波是一种横波. 与机械波相似的是，光也具有能量，具有干涉和衍射现象. 但是光波与机械波有着本质上的区别，光的传播不需要弹性介质. 麦克斯韦系统地总结了电磁学的成就，建立了麦克斯韦方程组，并且预言了电磁波的存在. 任何物体发光，从微观上看，都伴随着发光体中原子或者分子从高能级向低能级的跃迁. 要维持物体持续发光，必须由外界不断地向物体提供能量，使得原子或者分子重新激发到高能级，这种过程就是激励. 激励所需要的能量可以是电能，也可以是化学能、核能、热能、光辐射. 自从 20 世纪 60 年代激光出现之后，以激光为代表的现代光学在精密测量、材料加工、光电检测、空间测距以及医疗、工农业生产中起到了革命性的作用，激光光纤通信将通信技术现代化推向顶峰.

3.1 光波传输

3.1.1 光辐射的电磁理论

电磁波谱包括无线电波、红外光、可见光、紫外光、X 射线、γ 射线，其频率及真空中的波长如表 3.1－1 所示. 电磁波谱如图 3.1－1 所示.

表 3.1－1　电磁波谱的频率及真空中的波长

电磁波谱			频率 / Hz	真空中的波长 / m
无线电波 (radio wave)	长波		10 k～100 k	3000～30 000
	中波		100 k～150 k	200～3000
	中短波		1.5 M～6 M	50～200
	短波		6 M～30 M	10～50
	米波		30 M～300 M	1～10
	微波	分米波	300 M～3000 M	0.1～1
		厘米波	3000 M～30 000 M	0.01～0.1
		毫米波	30 000 M～300 000 M	0.001～0.01
红外光(infrared light)			$3.0\times10^{11}\sim3.9\times10^{14}$	$0.76\times10^{-6}\sim1000\times10^{-6}$

续表

电磁波谱		频率 / Hz	真空中的波长 / m
可见光 (visible light)	红	$3.9\times10^{14}\sim4.8\times10^{14}$	$0.622\times10^{-6}\sim0.76\times10^{-6}$
	橙	$4.8\times10^{14}\sim5.0\times10^{14}$	$0.597\times10^{-6}\sim0.622\times10^{-6}$
	黄	$5.0\times10^{14}\sim5.4\times10^{14}$	$0.577\times10^{-6}\sim0.597\times10^{-6}$
	绿	$5.4\times10^{14}\sim6.1\times10^{14}$	$0.492\times10^{-6}\sim0.577\times10^{-6}$
	青	$6.1\times10^{14}\sim6.4\times10^{14}$	$0.470\times10^{-6}\sim0.492\times10^{-6}$
	蓝	$6.4\times10^{14}\sim6.6\times10^{14}$	$0.455\times10^{-6}\sim0.470\times10^{-6}$
	紫	$6.6\times10^{14}\sim7.5\times10^{14}$	$0.400\times10^{-6}\sim0.455\times10^{-6}$
紫外光(ultraviolet light)		$7.5\times10^{14}\sim6.0\times10^{16}$	$50\times10^{-10}\sim4000\times10^{-10}$
X 射线(X ray)		$6.0\times10^{16}\sim7.5\times10^{18}$	$0.4\times10^{-10}\sim50\times10^{-10}$
γ 射线(γ ray)		$>7.5\times10^{18}$	$<0.4\times10^{-10}$

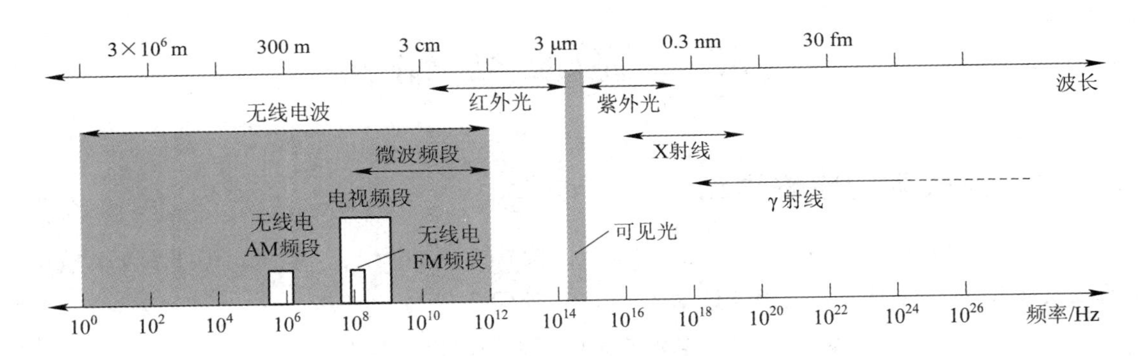

图 3.1-1　电磁波谱

可见光波长为 400 ~ 760 nm，其中包括 622 ~ 760 nm 的红光，597 ~ 622 nm 的橙光，577 ~ 597 nm 的黄光，492 ~ 577 nm 的绿光，470 ~ 492 nm 的青光，455 ~ 470 nm 的蓝光，400 ~ 455 nm 的紫光. 可见光光谱如图 3.1-2 所示.

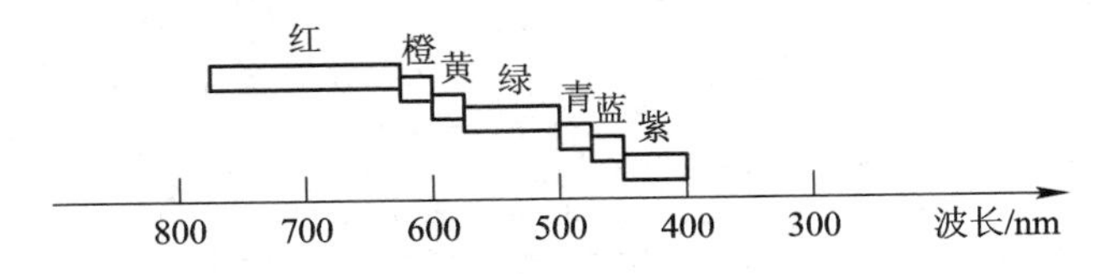

图 3.1-2　可见光光谱

电磁波是横波，如图 3.1-3 所示，其电场强度 $\boldsymbol{E}$ 在 y 方向振动，磁场强度 $\boldsymbol{H}$ 在 z 方向振动，传播方向为 x 方向. 电场强度 $\boldsymbol{E}$ 和磁场强度 $\boldsymbol{H}$ 具有相同的相位，可以表示为

$$\begin{cases} \boldsymbol{E} = \boldsymbol{E}_0 \cos\left(\omega t - \dfrac{2\pi}{\lambda} r\right) \\ \boldsymbol{H} = \boldsymbol{H}_0 \cos\left(\omega t - \dfrac{2\pi}{\lambda} r\right) \end{cases} \tag{3.1-1}$$

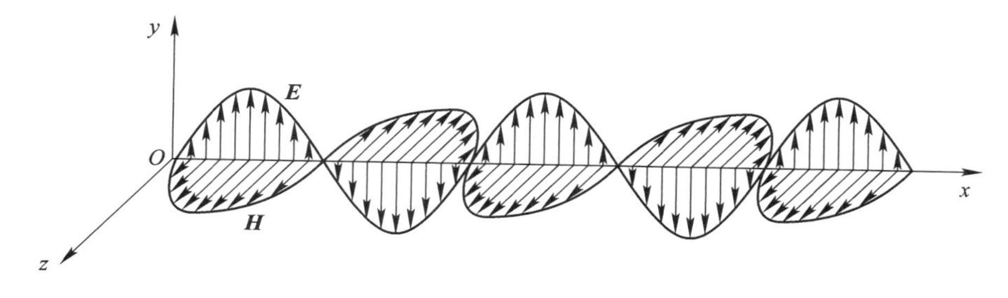

图 3.1 - 3　电磁波

电场强度 $\boldsymbol{E}$ 和磁场强度 $\boldsymbol{H}$ 满足麦克斯韦方程：

$$\nabla \cdot \boldsymbol{D} = \rho, \tag{3.1-2a}$$

$$\nabla \times \boldsymbol{E} = -\frac{\partial \boldsymbol{B}}{\partial t}, \tag{3.1-2b}$$

$$\nabla \cdot \boldsymbol{B} = 0, \tag{3.1-2c}$$

$$\nabla \times \boldsymbol{H} = \boldsymbol{j} + \frac{\partial \boldsymbol{D}}{\partial t}. \tag{3.1-2d}$$

式中，ρ 为介质中的自由电荷密度，$\boldsymbol{j}$ 为传导电流密度，$\boldsymbol{D}$ 为电位移，$\boldsymbol{B}$ 为磁感应强度，它们之间的关系为

$$\boldsymbol{j} = \sigma \boldsymbol{E}, \tag{3.1-3a}$$

$$\boldsymbol{D} = \varepsilon_0 \varepsilon_r \boldsymbol{E} = \varepsilon \boldsymbol{E} = \varepsilon_0 \boldsymbol{E} + \boldsymbol{P}, \tag{3.1-3b}$$

$$\boldsymbol{B} = \mu_0 \mu_r \boldsymbol{H} = \mu \boldsymbol{H} = \mu_0 \boldsymbol{H} + \boldsymbol{M}. \tag{3.1-3c}$$

式中，ε_0、ε_r、ε 分别表示真空介电常量、相对介电常量、介电常量，$\varepsilon_r = 1 + \chi$，其中 χ 为线性极化系数；μ_0、μ_r、μ 分别表示真空磁导率、相对磁导率、磁导率；$\boldsymbol{P}$ 表示极化强度，$\boldsymbol{M}$ 表示磁化强度，且电场强度振幅 $\boldsymbol{E}_0$ 和磁场强度振幅 $\boldsymbol{H}_0$ 满足

$$\sqrt{\varepsilon} \boldsymbol{E}_0 = \sqrt{\mu} \boldsymbol{H}_0. \tag{3.1-4}$$

式中，$\varepsilon = \varepsilon_0 \varepsilon_r$，$\mu = \mu_0 \mu_r$，则波在介质中的传播速度为

$$v = \frac{1}{\sqrt{\varepsilon\mu}} = \frac{1}{\sqrt{\varepsilon_r \mu_r}} \frac{1}{\sqrt{\varepsilon_0 \mu_0}} = \frac{c}{\sqrt{\varepsilon_r \mu_r}} = \frac{c}{n}.$$

式中，n 为折射率，c 为光速.

在两种介质的分界面上，若无自由面电荷和自由面电流，则电磁场满足的边界条件为

$$\boldsymbol{n} \cdot (\boldsymbol{D}_1 - \boldsymbol{D}_2) = 0, \tag{3.1-5a}$$

$$\boldsymbol{n} \times (\boldsymbol{E}_1 - \boldsymbol{E}_2) = 0, \tag{3.1-5b}$$

$$\boldsymbol{n} \cdot (\boldsymbol{B}_1 - \boldsymbol{B}_2) = 0, \tag{3.1-5c}$$

$$\boldsymbol{n} \times (\boldsymbol{H}_1 - \boldsymbol{H}_2) = 0. \tag{3.1-5d}$$

式中，$\boldsymbol{n}$ 表示界面的单位法向量. 在无自由电荷及电流的界面上，电场强度及磁场强度切向分量连续，电磁场的电位移及磁感应强度的法向分量连续.

考虑矢量 $\boldsymbol{E}$，计算其旋度的旋度.

$$
\begin{aligned}
\nabla\times\nabla\times\boldsymbol{E} &= \nabla\times\begin{vmatrix}\boldsymbol{i} & \boldsymbol{j} & \boldsymbol{k}\\ \dfrac{\partial}{\partial x} & \dfrac{\partial}{\partial y} & \dfrac{\partial}{\partial z}\\ E_x & E_y & E_z\end{vmatrix}\\
&= \nabla\times\left[\boldsymbol{i}\left(\frac{\partial}{\partial y}E_z-\frac{\partial}{\partial z}E_y\right)-\boldsymbol{j}\left(\frac{\partial}{\partial x}E_z-\frac{\partial}{\partial z}E_x\right)+\boldsymbol{k}\left(\frac{\partial}{\partial x}E_y-\frac{\partial}{\partial y}E_x\right)\right]\\
&= \begin{vmatrix}\boldsymbol{i} & \boldsymbol{j} & \boldsymbol{k}\\ \dfrac{\partial}{\partial x} & \dfrac{\partial}{\partial y} & \dfrac{\partial}{\partial z}\\ \dfrac{\partial}{\partial y}E_z-\dfrac{\partial}{\partial z}E_y & \dfrac{\partial}{\partial x}E_z-\dfrac{\partial}{\partial z}E_x & \dfrac{\partial}{\partial x}E_y-\dfrac{\partial}{\partial y}E_x\end{vmatrix}\\
&= \boldsymbol{i}\left[\frac{\partial}{\partial y}\left(\frac{\partial}{\partial x}E_y-\frac{\partial}{\partial y}E_x\right)-\frac{\partial}{\partial z}\left(\frac{\partial}{\partial x}E_z-\frac{\partial}{\partial z}E_x\right)\right]-\\
&\quad\ \boldsymbol{j}\left[\frac{\partial}{\partial x}\left(\frac{\partial}{\partial x}E_y-\frac{\partial}{\partial y}E_x\right)-\frac{\partial}{\partial z}\left(\frac{\partial}{\partial y}E_z-\frac{\partial}{\partial z}E_y\right)\right]+\\
&\quad\ \boldsymbol{k}\left[\frac{\partial}{\partial x}\left(\frac{\partial}{\partial x}E_z-\frac{\partial}{\partial z}E_x\right)-\frac{\partial}{\partial y}\left(\frac{\partial}{\partial y}E_z-\frac{\partial}{\partial z}E_y\right)\right]\\
&= \left(\frac{\partial}{\partial x}\boldsymbol{i}+\frac{\partial}{\partial y}\boldsymbol{j}+\frac{\partial}{\partial z}\boldsymbol{k}\right)\left(\frac{\partial}{\partial x}E_x+\frac{\partial}{\partial y}E_y+\frac{\partial}{\partial z}E_z\right)-\\
&\quad\ \left(\frac{\partial^2}{\partial x^2}+\frac{\partial^2}{\partial y^2}+\frac{\partial^2}{\partial z^2}\right)(E_x\boldsymbol{i}+E_y\boldsymbol{j}+E_z\boldsymbol{k})\\
&= \nabla(\nabla\cdot\boldsymbol{E})-\nabla^2\boldsymbol{E}. \qquad (3.1-6)
\end{aligned}
$$

由式(3.1－2b)和式(3.1－3c)得

$$\nabla\times\boldsymbol{E}=-\frac{\partial\boldsymbol{B}}{\partial t}=-\mu\frac{\partial\boldsymbol{H}}{\partial t},$$

则

$$\nabla\times\nabla\times\boldsymbol{E}=-\mu\frac{\partial\,\nabla\times\boldsymbol{H}}{\partial t}=-\varepsilon\mu\frac{\partial^2\boldsymbol{E}}{\partial t^2}=\nabla(\nabla\cdot\boldsymbol{E})-\nabla^2\boldsymbol{E},$$

故

$$\nabla^2\boldsymbol{E}-\varepsilon\mu\frac{\partial^2\boldsymbol{E}}{\partial t^2}=\nabla(\nabla\cdot\boldsymbol{E}). \qquad (3.1-7)$$

由$\nabla\cdot\boldsymbol{D}=0$，得$\nabla\cdot(\varepsilon\boldsymbol{E})=0$，则 $\nabla\varepsilon\cdot(\boldsymbol{E})+\varepsilon\,\nabla\cdot\boldsymbol{E}=0$，故

$$\nabla\cdot\boldsymbol{E}=-\frac{\nabla\varepsilon}{\varepsilon}\boldsymbol{E}. \qquad (3.1-8)$$

由于ε对空间变化率比较小，$\nabla\varepsilon\rightarrow0$，因此式(3.1－7)可改写成

$$\nabla^2\boldsymbol{E}-\varepsilon\mu\frac{\partial^2\boldsymbol{E}}{\partial t^2}=0. \qquad (3.1-9)$$

同理可得

$$\nabla^2\boldsymbol{H}-\varepsilon\mu\frac{\partial^2\boldsymbol{H}}{\partial t^2}=0. \qquad (3.1-10)$$

由于光速$c=\dfrac{1}{\sqrt{\varepsilon_0\mu_0}}$，在介质中相速$v_{\mathrm{p}}=\dfrac{1}{\sqrt{\varepsilon\mu}}=\dfrac{1}{\sqrt{\varepsilon_0\mu_0}}\dfrac{1}{\sqrt{\varepsilon_{\mathrm{r}}\mu_{\mathrm{r}}}}=\dfrac{c}{n}$，其中$n$为介质折射率，因此

$$\nabla^2 \boldsymbol{E} - \frac{n^2}{c^2}\frac{\partial^2 \boldsymbol{E}}{\partial t^2} = \nabla^2 \boldsymbol{E} - \frac{1}{v_p^2}\frac{\partial^2 \boldsymbol{E}}{\partial t^2} = 0, \tag{3.1-9a}$$

$$\nabla^2 \boldsymbol{H} - \frac{n^2}{c^2}\frac{\partial^2 \boldsymbol{H}}{\partial t^2} = \nabla^2 \boldsymbol{H} - \frac{1}{v_p^2}\frac{\partial^2 \boldsymbol{H}}{\partial t^2} = 0. \tag{3.1-10a}$$

将式(3.1-1)表示成 $\begin{cases}\boldsymbol{E}(x, y, z, t) = \boldsymbol{E}_0(x, y)\mathrm{e}^{\mathrm{j}(\omega t-\beta z)}\\ \boldsymbol{H}(x, y, z, t) = \boldsymbol{H}_0(x, y)\mathrm{e}^{\mathrm{j}(\omega t-\beta z)}\end{cases}$ 的形式，其中 $\beta = \frac{2\pi}{\lambda}$，有

$$\frac{\partial}{\partial t}\boldsymbol{E}(x, y, z, t) = \mathrm{j}\omega \boldsymbol{E}_0(x, y)\mathrm{e}^{\mathrm{j}(\omega t-\beta z)} = \mathrm{j}\omega \boldsymbol{E}(x, y, z, t),$$

同理

$$\frac{\partial}{\partial t}\boldsymbol{H}(x, y, z, t) = \mathrm{j}\omega \boldsymbol{H}(x, y, z, t),$$

$$\frac{\partial}{\partial z}\boldsymbol{E}(x, y, z, t) = -\mathrm{j}\beta \boldsymbol{E}_0(x, y)\mathrm{e}^{\mathrm{j}(\omega t-\beta z)} = -\mathrm{j}\beta \boldsymbol{E}(x, y, z, t),$$

同理

$$\frac{\partial}{\partial z}\boldsymbol{H}(x, y, z, t) = -\mathrm{j}\beta \boldsymbol{H}(x, y, z, t),$$

则对于无电荷源、无传导电流的情形，磁场强度 $\boldsymbol{H}$ 的旋度为

$$\nabla \times \boldsymbol{H} = \begin{vmatrix} \boldsymbol{i} & \boldsymbol{j} & \boldsymbol{k} \\ \frac{\partial}{\partial x} & \frac{\partial}{\partial y} & \frac{\partial}{\partial z} \\ H_x & H_y & H_z \end{vmatrix} = \varepsilon\frac{\partial E_x}{\partial t}\boldsymbol{i} + \varepsilon\frac{\partial E_y}{\partial t}\boldsymbol{j} + \varepsilon\frac{\partial E_z}{\partial t}\boldsymbol{k},$$

故

$$\frac{\partial}{\partial y}H_z - \frac{\partial}{\partial z}H_y = \varepsilon\frac{\partial E_x}{\partial t} = \mathrm{j}\omega\varepsilon E_x,$$

$$\frac{\partial}{\partial z}H_x - \frac{\partial}{\partial x}H_z = \varepsilon\frac{\partial E_y}{\partial t} = \mathrm{j}\omega\varepsilon E_y,$$

$$\frac{\partial}{\partial x}H_y - \frac{\partial}{\partial y}H_x = \varepsilon\frac{\partial E_z}{\partial t} = \mathrm{j}\omega\varepsilon E_z.$$

进一步地，有

$$\frac{\partial}{\partial y}H_z + \mathrm{j}\beta H_y = \mathrm{j}\omega\varepsilon E_x, \tag{3.1-11}$$

$$-\mathrm{j}\beta H_x - \frac{\partial}{\partial x}H_z = \mathrm{j}\omega\varepsilon E_y, \tag{3.1-12}$$

$$\frac{\partial}{\partial x}H_y - \frac{\partial}{\partial y}H_x = \mathrm{j}\omega\varepsilon E_z. \tag{3.1-13}$$

由式(3.1-2b)得到电场强度 $\boldsymbol{E}$ 的旋度为

$$\nabla \times \boldsymbol{E} = \begin{vmatrix} \boldsymbol{i} & \boldsymbol{j} & \boldsymbol{k} \\ \frac{\partial}{\partial x} & \frac{\partial}{\partial y} & \frac{\partial}{\partial z} \\ E_x & E_y & E_z \end{vmatrix} = -\mu\frac{\partial \boldsymbol{H}}{\partial t},$$

则

$$\frac{\partial}{\partial y}E_z - \frac{\partial}{\partial z}E_y = -\mu\frac{\partial}{\partial t}H_x = -\mathrm{j}\omega\mu H_x,$$

$$\frac{\partial}{\partial z}E_x - \frac{\partial}{\partial x}E_z = -\mu\frac{\partial}{\partial t}H_y = -\mathrm{j}\omega\mu H_y,$$

$$\frac{\partial}{\partial x}E_y - \frac{\partial}{\partial y}E_x = -\mu\frac{\partial}{\partial t}H_z = -\mathrm{j}\omega\mu H_z.$$

进一步地，有

$$\frac{\partial}{\partial y}E_z + \mathrm{j}\beta E_y = -\mathrm{j}\omega\mu H_x, \tag{3.1-14}$$

$$-\mathrm{j}\beta E_x - \frac{\partial}{\partial x}E_z = -\mathrm{j}\omega\mu H_y, \tag{3.1-15}$$

$$\frac{\partial}{\partial x}E_y - \frac{\partial}{\partial y}E_x = -\mathrm{j}\omega\mu H_z. \tag{3.1-16}$$

将式(3.1-15)中 $H_y = \frac{1}{\mathrm{j}\omega\mu}\left(\mathrm{j}\beta E_x + \frac{\partial}{\partial x}E_z\right)$代入式(3.1-11)并整理得

$$E_x = \frac{1}{\mathrm{j}\omega\varepsilon}\left(\frac{\partial}{\partial y}H_z + \mathrm{j}\beta H_y\right) = \frac{1}{\mathrm{j}\omega\varepsilon}\left[\frac{\partial}{\partial y}H_z + \mathrm{j}\beta\frac{1}{\mathrm{j}\omega\mu}\left(\mathrm{j}\beta E_x + \frac{\partial}{\partial x}E_z\right)\right]$$

$$= \frac{1}{\mathrm{j}\omega\varepsilon}\frac{\partial}{\partial y}H_z + \frac{\beta^2}{\omega^2\varepsilon\mu}E_x + \frac{\beta}{\mathrm{j}\omega^2\varepsilon\mu}\frac{\partial}{\partial x}E_z,$$

即

$$E_x = \frac{-\mathrm{j}}{\omega^2\varepsilon\mu - \beta^2}\left(\omega\mu\frac{\partial}{\partial y}H_z + \beta\frac{\partial}{\partial x}E_z\right). \tag{3.1-17}$$

同理可得

$$E_y = \frac{-\mathrm{j}}{\omega^2\varepsilon\mu - \beta^2}\left(\beta\frac{\partial}{\partial y}E_z - \omega\mu\frac{\partial}{\partial x}H_z\right), \tag{3.1-18}$$

$$H_x = \frac{-\mathrm{j}}{\omega^2\varepsilon\mu - \beta^2}\left(\beta\frac{\partial}{\partial x}H_z - \omega\varepsilon\frac{\partial}{\partial y}E_z\right), \tag{3.1-19}$$

$$H_y = \frac{-\mathrm{j}}{\omega^2\varepsilon\mu - \beta^2}\left(\beta\frac{\partial}{\partial y}H_z + \omega\varepsilon\frac{\partial}{\partial x}E_z\right), \tag{3.1-20}$$

$$\frac{\partial^2}{\partial x^2}E_z + \frac{\partial^2}{\partial y^2}E_z + (\omega^2\varepsilon\mu - \beta^2)E_z = 0, \tag{3.1-21}$$

$$\frac{\partial^2}{\partial x^2}H_z + \frac{\partial^2}{\partial y^2}H_z + (\omega^2\varepsilon\mu - \beta^2)H_z = 0. \tag{3.1-22}$$

式(3.1-21)和式(3.1-22)称为无源介质的**亥姆霍兹方程**(Helmholtz equation)，统一地写成

$$\nabla^2 Q + k^2 Q = 0. \tag{3.1-23}$$

式中，$k^2 = \omega^2\varepsilon\mu - \beta^2 = k_0^2 n^2 - \beta^2$，$k_0 = \frac{2\pi}{\lambda_0}$，$\lambda_0$ 为真空中的光波长；Q 可以是 E_z，也可以是 H_z.

3.1.2 电磁场的波动方程

由麦克斯韦方程的微分形式(3.1-2a)、(3.1-2b)、(3.1-2c)、(3.1-2d)可得

$$\nabla\times\nabla\times\boldsymbol{E} = -\frac{\partial(\nabla\times\boldsymbol{B})}{\partial t} = -\mu\frac{\partial(\nabla\times\boldsymbol{H})}{\partial t} = -\mu\frac{\partial\left(\boldsymbol{j} + \frac{\partial}{\partial t}\boldsymbol{D}\right)}{\partial t} = -\mu\frac{\partial\boldsymbol{j}}{\partial t} - \mu\frac{\partial^2\boldsymbol{D}}{\partial t^2}.$$

又 $\boldsymbol{j} = \sigma\boldsymbol{E}$，$\boldsymbol{D} = \varepsilon\boldsymbol{E} = \varepsilon_0\boldsymbol{E} + \boldsymbol{P}$，故

$$\nabla\times\nabla\times\boldsymbol{E}=-\mu\sigma\frac{\partial\boldsymbol{E}}{\partial t}-\mu\varepsilon\frac{\partial^2\boldsymbol{E}}{\partial t^2},$$

$$\nabla\times\nabla\times\boldsymbol{E}+\mu\varepsilon_0\frac{\partial^2\boldsymbol{E}}{\partial t^2}=-\mu\sigma\frac{\partial\boldsymbol{E}}{\partial t}-\mu\frac{\partial^2\boldsymbol{P}}{\partial t^2}. \tag{3.1-24}$$

式(3.1-24)为普遍的波动方程形式，其右边分别表示介质中的传导电流和极化电流，称为电磁波的波源. 对于导体而言，$-\mu\sigma\frac{\partial\boldsymbol{E}}{\partial t}$ 项起主要作用，其解说明了电磁波在导体中的衰减及在表面的反射；对于绝缘体而言，$\sigma=0$，那么 $-\mu\frac{\partial^2\boldsymbol{P}}{\partial t^2}$ 项起主要作用，导致电磁波的散射、吸收和色散；对于半导体而言，$-\mu\sigma\frac{\partial\boldsymbol{E}}{\partial t}$ 和 $-\mu\frac{\partial^2\boldsymbol{P}}{\partial t^2}$ 都起重要的作用.

平板电介质波导如图 3.1-4 所示，电磁波在 xOz 平面内传播. 沿 xOz 平面，有

区域 Ⅰ：

$$\frac{\partial^2}{\partial x^2}E_{z1}+(k_0^2n_1^2-\beta^2)E_{z1}=0, \tag{3.1-25}$$

区域 Ⅱ：

$$\frac{\partial^2}{\partial x^2}E_{z2}+(k_0^2n_2^2-\beta^2)E_{z2}=0, \tag{3.1-26}$$

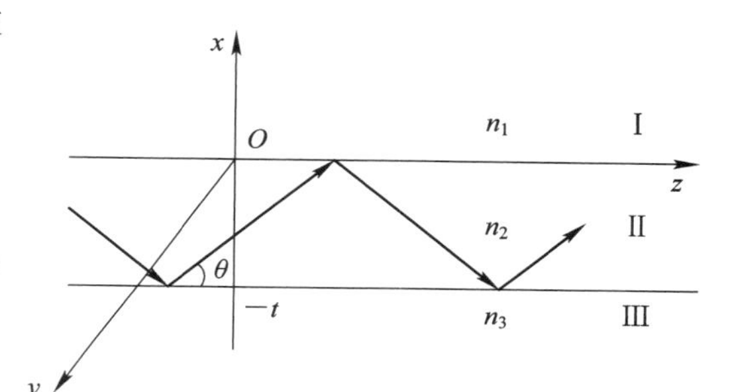

图 3.1-4　平板电介质波导

区域 Ⅲ：

$$\frac{\partial^2}{\partial x^2}E_{z3}+(k_0^2n_3^2-\beta^2)E_{z3}=0. \tag{3.1-27}$$

当 $n_2>n_3>n_1$ 时，对不同的 β 值，相应的电场强度分布曲线如图 3.1-5 所示.

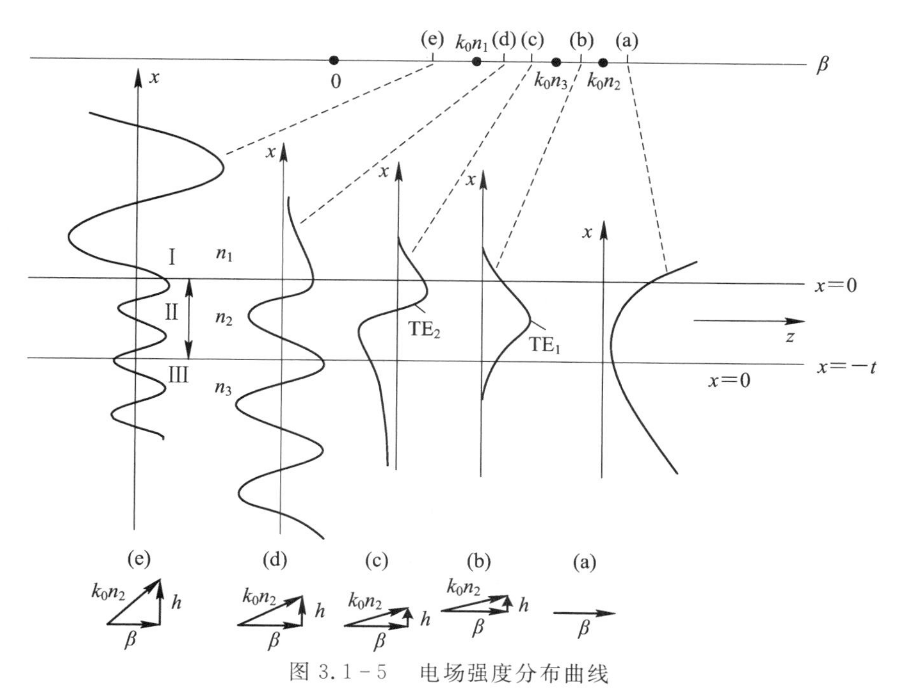

图 3.1-5　电场强度分布曲线

当 $n_1 = n_3 = n$，且 $n_2 > n$ 时，属于对称平板波导情形，如图 3.1-6 所示. 因$\nabla\times\boldsymbol{E} = -\frac{\partial\boldsymbol{B}}{\partial t}$，$\nabla\times\boldsymbol{H} = \frac{\partial\boldsymbol{D}}{\partial t}$，电磁波沿 y 方向没有变化，故

$$\frac{\partial}{\partial y}E_z - \frac{\partial}{\partial z}E_y = -\mu\frac{\partial H_x}{\partial t} = -\mathrm{i}\omega\mu H_x, \tag{3.1-28}$$

$$\frac{\partial}{\partial x}E_z - \frac{\partial}{\partial z}E_x = \mu\frac{\partial H_y}{\partial t} = \mathrm{i}\omega\mu H_y, \tag{3.1-29}$$

$$\frac{\partial}{\partial x}E_y - \frac{\partial}{\partial y}E_x = -\mu\frac{\partial H_z}{\partial t} = -\mathrm{i}\omega\mu H_z, \tag{3.1-30}$$

$$\frac{\partial}{\partial y}H_z - \frac{\partial}{\partial z}H_y = \varepsilon\frac{\partial E_x}{\partial t} = \mathrm{i}\omega\varepsilon E_x, \tag{3.1-31}$$

$$\frac{\partial}{\partial x}H_z - \frac{\partial}{\partial z}H_x = -\varepsilon\frac{\partial E_y}{\partial t} = -\mathrm{i}\omega\varepsilon E_y, \tag{3.1-32}$$

$$\frac{\partial}{\partial x}H_y - \frac{\partial}{\partial y}H_x = \varepsilon\frac{\partial E_z}{\partial t} = \mathrm{i}\omega\varepsilon E_z. \tag{3.1-33}$$

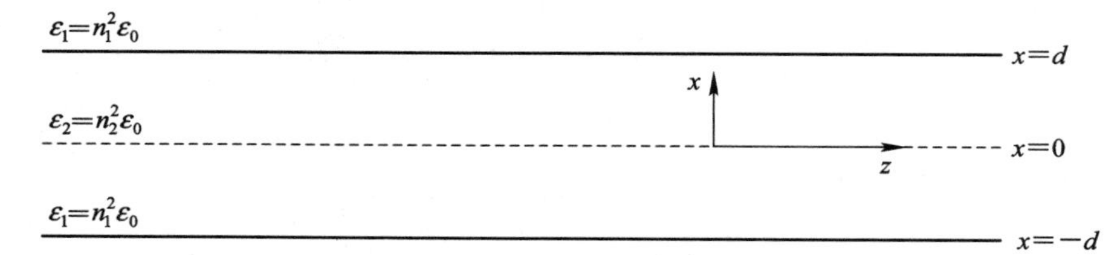

图 3.1-6　对称平板波导

再利用$\frac{\partial}{\partial z}Q = -\mathrm{i}\beta Q$，其中 Q 表示 E_x、E_y、E_z、H_x、H_y、H_z，得到

TE 模：

$$E_y = -\frac{\omega\mu}{\beta}H_x, \tag{3.1-28a}$$

$$H_z = \frac{\mathrm{i}}{\omega\mu}\frac{\partial}{\partial x}E_y; \tag{3.1-30a}$$

TM 模：

$$H_y = \frac{\omega\varepsilon}{\beta}E_x, \tag{3.1-31a}$$

$$E_z = \frac{-\mathrm{i}}{\omega\varepsilon}\frac{\partial}{\partial x}H_y. \tag{3.1-33a}$$

TE 模、TM 模从本质上讲是一样的，因此下面只讨论 TE 模. 对于如图 3.1-6 所示的对称平板波导，其解关于 x 的偶函数解为

$$E_y(x, z, t) = E_y(-x, z, t), \tag{3.1-34}$$

奇函数解为

$$E_y(x, z, t) = -E_y(-x, z, t). \tag{3.1-35}$$

式(3.1-34) 可以表示为

$$E_y(x, z, t) = \begin{cases} A(t)\mathrm{e}^{-p(|x|-d)-\mathrm{i}\beta z}, & |x| \geqslant d \\ B(t)\cos(hx)\mathrm{e}^{-\mathrm{i}\beta z}, & |x| < d \end{cases}. \tag{3.1-34a}$$

同理可得

$$H_z(x,z,t)=\begin{cases}-\dfrac{\mathrm{i}pA(t)}{\omega\mu}\mathrm{e}^{-p(x-d)-\mathrm{i}\beta z}, & x\geqslant d\\ -\dfrac{\mathrm{i}hB(t)}{\omega\mu}\sin(hx)\mathrm{e}^{-\mathrm{i}\beta z}, & -d\leqslant x<d.\\ \dfrac{\mathrm{i}pA(t)}{\omega\mu}\mathrm{e}^{p(x+d)-\mathrm{i}\beta z}, & x<-d\end{cases} \tag{3.1-36}$$

由连续性条件得

$$A(t)=B(t)\cos(hd),\ pA(t)=hB(t)\sin(hd)=hA(t)\tan(hd),$$

即

$$pd=hd\tan(hd).$$

对介质利用 $\beta^2=k_0^2n_2^2-h^2$ 和 $\beta^2=k_0^2n_1^2+p^2$，得

$$(pd)^2+(hd)^2=(\beta^2-k_0^2n_1^2)d^2+(k_0^2n_2^2-\beta^2)d^2=k_0^2(n_2^2-n_1^2)d^2.$$

以 hd 为横坐标、pd 为纵坐标，绘制如图 3.1-7 所示的本征值方程曲线. 第 $m(m=1,2,3,4,\cdots)$ 个模满足

$$(m-1)\frac{\pi}{2}<h_md<m\frac{\pi}{2}, \tag{3.1-37}$$

式中，$m=1,3,5,7,\cdots$ 对应于偶对称式(3.1-34)；$m=2,4,6,8,\cdots$ 对应于奇对称式(3.1-35).

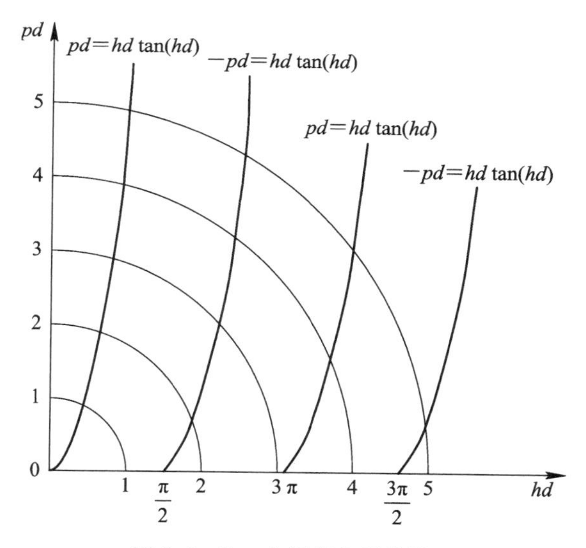

图 3.1-7　本征值方程曲线

TM 模与 TE 模相似，所不同的是相应的 p 值比较小，即局域程度较小. 与同级的 TE 模相比较，TM 模功率较大处出现在介质的外层.

3.2 光纤通信

自从高琨(Charles Kuen Kao，1933—2018)博士(见图 3.2-1)在 1964 年预言一根光纤能传输 20 万门电话以来，特别是美国 Corning 公司在 1970 年研制出第一批低损耗

(＜20 dB/km)光纤之后，光纤技术的发展与应用经历了五个重要的阶段，光纤通信现已成为通信的主流．随着人们生活水平的不断提高，信息通信量日益增加，波分复用技术向着密集型波分复用方向发展．

图 3.2-1　高琨——2009年诺贝尔物理学奖获得者

光纤的基本结构包括纤芯、包层、涂覆层，如图 3.2-2 所示．现在走进千家万户的光纤，其光缆结构分为层绞式和骨架式，如图3.2-3所示．其中，层绞式光缆从内向外由钢质加强芯、塑料层、交替排列的钢线与光纤、塑料绷带、铝皮、塑料护套等组成；骨架式光缆从内向外由钢质加强芯、管架、嵌入管架槽里的光纤、油膏、绷带、铝皮、塑料护套等组成．

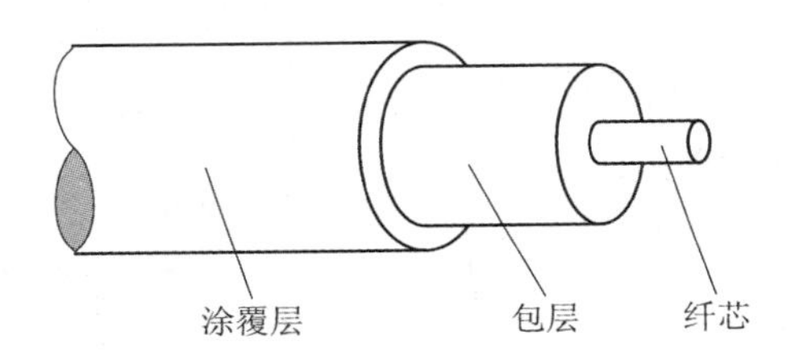

图 3.2-2　光纤的基本结构

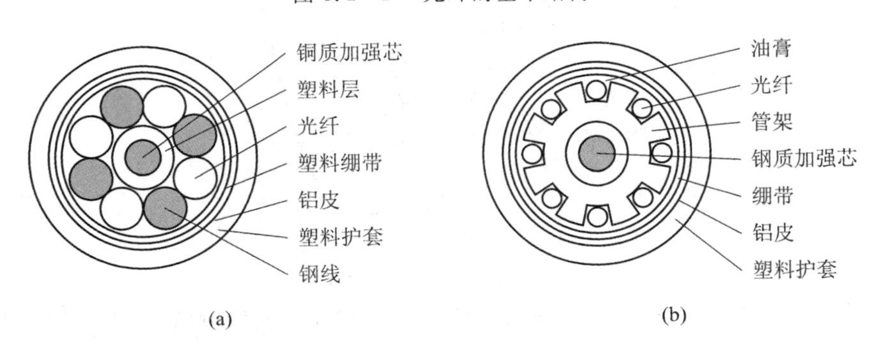

图 3.2-3　光缆的结构

(a) 层绞式；(b) 骨架式

按照本身材料的不同，光纤可分为以下4种：

(1) 石英系列光纤：纤芯和包层都由高纯度的 SiO_2 掺适量(约百分之几)其他物质制成；

(2) 全塑料光纤：纤芯和包层都由塑料制成；

(3) 多组分玻璃光纤：其主要成分为钠玻璃($SiO_2 \cdot Na_2O \cdot CaO$)；

(4) 石英芯、塑料包层光纤：纤芯由石英制成，包层用硅树脂.

在所有光纤中，均匀纤芯的光纤是最简单的光纤. 设纤芯折射率为 n_1，包层折射率为 n_2，且 $n_2 < n_1$，则 $\frac{n_1 - n_2}{n_1}$ 约为 0.1% ～ 1%.

如图 3.2－4 所示，光纤中传播的光线可以分为子午光线与斜入射光线.

(1) 子午光线(meridional ray)是入射光线、折射光线或者其延长线通过纤芯轴线的光线，它位于同一平面内在光纤中传输，如图 3.2－4(a)所示，在一个反射周期内与光轴相交 2 次；

(2) 斜入射光线(skew rays)是入射光线、折射光线及其延长线都不通过纤芯轴线的光线，它在光纤横截面上如图 3.2－4(b)所示，在纤芯内呈现折线轨迹，不与光轴相交.

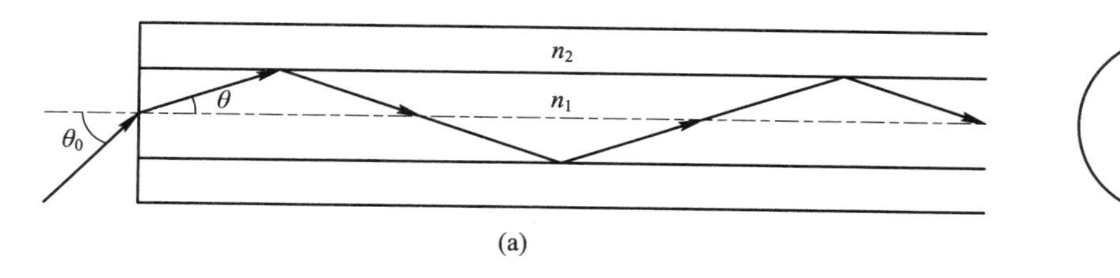

图 3.2－4 光纤中传播的光线

(a) 子午光线及其入射条件；(b) 斜入射光线

子午光线以入射角 θ_0 入射，有折射定律：

$$1 \times \sin\theta_0 = n_1 \sin\theta,$$

即

$$\sin\theta = \frac{\sin\theta_0}{n_1}; \tag{3.2-1}$$

在纤芯中折射后，必须满足全反射条件：

$$n_1 \times \sin\left(\frac{\pi}{2} - \theta\right) = n_2 \sin\frac{\pi}{2},$$

即

$$\cos\theta = \frac{n_2}{n_1}. \tag{3.2-2}$$

由式(3.2－1)和式(3.2－2)得 $\left(\frac{\sin\theta_0}{n_1}\right)^2 + \left(\frac{n_2}{n_1}\right)^2 = 1$，解得 $\sin\theta_0 = \sqrt{n_1^2 - n_2^2}$. 取 $n_2 = n_1 - \Delta$，Δ 很小，则 $\sin\theta_0 = \sqrt{n_1^2 - n_2^2} = \sqrt{n_1 - n_2}\sqrt{n_1 + n_2} \approx n_1\sqrt{2\Delta}$. 满足

$$\sin\theta_0 = n_1\sqrt{2\Delta} \tag{3.2-3}$$

条件的 θ_0，称为子午光线的最大入射角，故定义数值孔径(numerical aperture，NA)为

$$\mathrm{NA} = n_1\sqrt{2\Delta}. \tag{3.2-4}$$

实现长距离信号传输，需要研究降低光纤损耗和控制色散的方法.

3.2.1 光纤损耗

随着掺铒光纤放大器(erbium-doped fiber amplifier，EDFA)技术的应用，特别是三个低损耗窗口(如图 3.2-5 所示)的发现，光纤中传输信息的衰减大大地减少了.

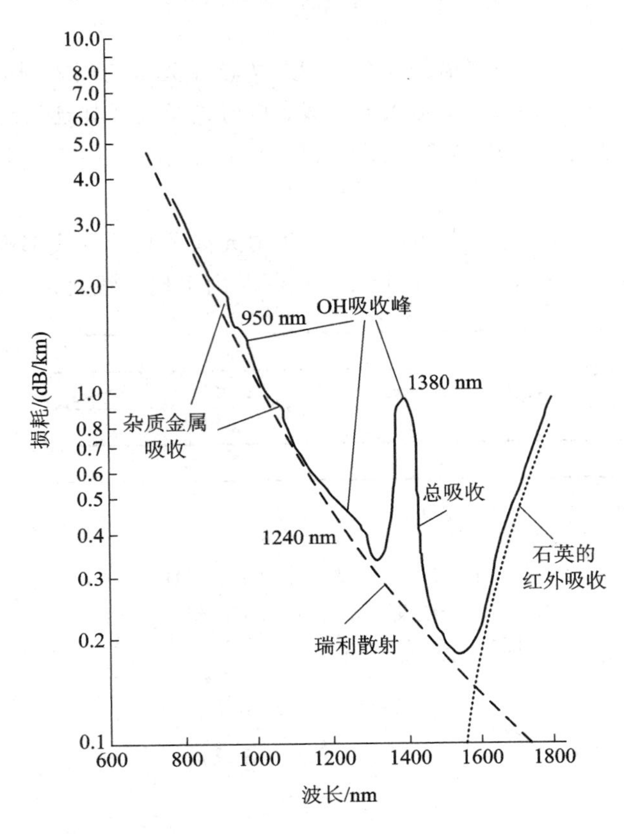

图 3.2-5　光纤衰减最低的三个窗口

3.2.2 光纤的色散

随着 EDFA 技术的应用，色散成为限制波分复用的重要因素. 产生色散的原因是不同频率的波在同一介质中的传播速度不同而引起的脉冲展宽. 从波动理论来看，色散包括多模色散、材料色散、波导色散、偏振色散. 如图 3.2-4 所示，行进最快的光束是 $\theta=0$ 的光束，行进最慢的光束是

$$\theta=\theta_{\max}=\arcsin\frac{\sqrt{n_1^2-n_2^2}}{n_1} \tag{3.2-5}$$

的光束，故在沿光纤单位长度上行进的光之间所产生的信号时延为

$$\begin{aligned}\Delta\tau &= t_{\max}-t_0=\frac{1}{\dfrac{c\cos\theta_{\max}}{n_1}}-\frac{1}{\dfrac{c}{n_1}}=\frac{n_1(1-\cos\theta_{\max})}{c\cos\theta_{\max}}=\frac{n_1\left(1-\dfrac{n_2}{n_1}\right)}{c\dfrac{n_2}{n_1}}\\ &=\frac{n_1(n_1-n_2)}{cn_2}\approx\frac{1}{c}\Delta.\end{aligned} \tag{3.2-6}$$

式中，取 $n_1 \approx n_2$，$\Delta = n_1 - n_2$. 当式(3.2-6)中的$\dfrac{n_1 - n_2}{n_2}$为0.1%～1%时，对应的光纤称为"弱波导光纤"，也称为低色散光纤.

1. 多模色散

多模色散指光在多模波导传输过程中，不同模式之间的传输常数不同的现象. 多模光纤的纤芯直径大于工作波长，单位长度上模式的最大时延差即传输速度最慢和最快的模式通过单位长度光纤所需时间的差值. 假定光纤中所支持的最高次模为 LP_{ml} 模，该模式的传播常数为 $\beta_{ml}(\omega)$，则单位长度上的群时延为

$$\tau_{ml} = \frac{d\beta_{ml}}{d\omega} = \frac{1}{v_g}. \tag{3.2-7}$$

式中，群速度 $v_g = \dfrac{d\omega}{d\beta_{ml}}$. 多模色散为

$$\Delta\tau(\omega) = \tau_{ml} - \tau_{01} = \frac{d(\beta_{ml} - \beta_{01})}{d\omega}, \tag{3.2-8}$$

因此多模色散本质为某一频率所发生的不同模之间的群时延展宽.

2. 波长色散

波长色散包括材料色散和波导色散. 其中，材料色散是材料的折射率随着光波长变化而导致群速度变化，即不同频率的电磁波在介质中具有不同的群速度的现象；波导色散是由于光纤几何特性而使信号的相位和群速度随波长变化所引起的色散. 波长色散为

$$\tau = \left(\frac{\delta\omega}{\omega_0}\right)\sigma = \delta\,\omega\left(\frac{d^2\beta}{d\omega^2}\right)_{\omega=\omega_0}. \tag{3.2-9}$$

式中，$\dfrac{\delta\omega}{\omega_0}$为光源的相对光谱宽度，$\delta\omega = |\omega - \omega_0|$表示由色散引起的圆频率的变化值. 当 $\omega = \omega_0$ 时，$\sigma = \omega\dfrac{d^2\beta}{d\omega^2}$为归一化波长色散量.

由于 $k = \dfrac{2\pi}{\lambda} = \dfrac{\omega}{c}$，$\sigma = \dfrac{\omega}{c^2}\dfrac{d^2\beta}{dk^2} = \dfrac{k}{c}\dfrac{d^2\beta}{dk^2} = \dfrac{k}{c}\dfrac{d}{dk}\left(\dfrac{d}{dk}\beta\right)$，因此

$$\frac{d}{dk}\beta = \frac{d}{dk}(nk) = n + k\frac{dn}{dk},\quad \frac{d^2}{dk^2}\beta = \frac{d}{dk}\left(n + k\frac{dn}{dk}\right) = 2\frac{dn}{dk} + k\frac{d^2n}{dk^2},$$

从而

$$\sigma = \frac{k}{c}\left(2\frac{dn}{dk} + k\frac{d^2n}{dk^2}\right) = \frac{2k}{c}\frac{dn}{dk} + \frac{k^2}{c}\frac{d^2n}{dk^2}. \tag{3.2-10}$$

式中，$\dfrac{2k}{c}\dfrac{dn}{dk}$与材料色散有关，$\dfrac{k^2}{c}\dfrac{d^2n}{dk^2}$与波导色散有关. 波导色散的大小与光纤的具体折射率的分布结构有关. 一般情形下，材料色散远大于波导色散，在材料零色散附近，可以通过适当设计光纤折射率结构来降低波导色散. 材料色散在某些波长上可以是负值，从而与波导色散相抵消.

3. 偏振色散

偏振色散是由于光纤轴不对称性导致在这个光纤横截面上两个正交方向上偏振膜的群速度不相同而引起的色散. 对于通常制造出的轴对称单模光纤来说，偏振色散远小于多模色散、材料色散、波导色散.

3.2.3　均匀纤芯光纤的波动方程

均匀纤芯光纤的特征就是轴对称性，常用柱坐标系进行描述，其中 z 表示光纤的光轴方向，ρ 表示垂直于光轴方向从光轴向外的方向，φ 表示圆周的方向，且逆时针方向为正方向．式(3.1－2b)用柱坐标可表示为

$$\nabla\times\boldsymbol{E}=\begin{vmatrix}\dfrac{\boldsymbol{a}_\rho}{\rho} & \boldsymbol{a}_\varphi & \dfrac{\boldsymbol{a}_z}{\rho}\\ \dfrac{\partial}{\partial\rho} & \dfrac{\partial}{\partial\varphi} & \dfrac{\partial}{\partial z}\\ E_\rho & \rho E_\varphi & E_z\end{vmatrix}=-\frac{\partial}{\partial t}(B_\rho\boldsymbol{a}_\rho+B_\varphi\boldsymbol{a}_\varphi+B_z\boldsymbol{a}_z),$$

展开得

$$\frac{\boldsymbol{a}_\rho}{\rho}\left[\frac{\partial}{\partial\varphi}E_z-\frac{\partial}{\partial z}(\rho E_\varphi)\right]-\boldsymbol{a}_\varphi\left(\frac{\partial}{\partial\rho}E_z-\frac{\partial}{\partial z}E_\rho\right)+\frac{\boldsymbol{a}_z}{\rho}\left[\frac{\partial}{\partial\rho}(\rho E_\varphi)-\frac{\partial}{\partial\varphi}E_\rho\right]$$

$$=-\frac{\partial}{\partial t}(B_\rho\boldsymbol{a}_\rho+B_\varphi\boldsymbol{a}_\varphi+B_z\boldsymbol{a}_z),$$

$$\frac{1}{\rho}\left[\frac{\partial}{\partial\varphi}E_z-\frac{\partial}{\partial z}(\rho E_\varphi)\right]=-\mu\frac{\partial}{\partial t}H_\rho,$$

$$\frac{\partial}{\partial\rho}E_z-\frac{\partial}{\partial z}E_\rho=\frac{\partial}{\partial t}B_\varphi,$$

$$\frac{1}{\rho}\left[\frac{\partial}{\partial\rho}(\rho E_\varphi)-\frac{\partial}{\partial\varphi}E_\rho\right]=-\frac{\partial}{\partial t}B_z.$$

令柱坐标系下 $\boldsymbol{E}(\rho,\varphi,z,t)=\boldsymbol{E}_0\mathrm{e}^{\mathrm{i}(\omega t-\beta z)}$，$\boldsymbol{H}(\rho,\varphi,z,t)=\boldsymbol{H}_0\mathrm{e}^{\mathrm{i}(\omega t-\beta z)}$，则$\dfrac{\partial}{\partial z}$可以用$-\mathrm{i}\beta$代替，$\dfrac{\partial}{\partial t}$可以用 $\mathrm{i}\omega$ 代替，故

$$\frac{1}{\rho}\left[\frac{\partial}{\partial\varphi}E_z+\mathrm{i}\beta(\rho E_\varphi)\right]=-\mathrm{i}\omega\mu H_\rho,\tag{3.2-11}$$

$$\frac{\partial}{\partial\rho}E_z+\mathrm{i}\beta E_\rho=\mathrm{i}\omega\mu H_\varphi,\tag{3.2-12}$$

$$\frac{1}{\rho}\left[\frac{\partial}{\partial\rho}(\rho E_\varphi)-\frac{\partial}{\partial\varphi}E_\rho\right]=-\mathrm{i}\omega\mu H_z.\tag{3.2-13}$$

同理可得

$$\frac{1}{\rho}\left[\frac{\partial}{\partial\varphi}H_z+\mathrm{i}\beta(\rho H_\varphi)\right]=\mathrm{i}\omega\varepsilon E_\rho,\tag{3.2-14}$$

$$\frac{\partial}{\partial\rho}H_z+\mathrm{i}\beta H_\rho=-\mathrm{i}\omega\varepsilon E_\varphi,\tag{3.2-15}$$

$$\frac{1}{\rho}\left[\frac{\partial}{\partial\rho}(\rho H_\varphi)-\frac{\partial}{\partial\varphi}H_\rho\right]=\mathrm{i}\omega\varepsilon E_z.\tag{3.2-16}$$

由式(3.2－12)得 $H_\varphi=\dfrac{1}{\mathrm{i}\omega\mu}\left(\dfrac{\partial}{\partial\rho}E_z+\mathrm{i}\beta E_\rho\right)$，将其代入式(3.2－14)并整理得

$$E_\rho=\frac{1}{\mathrm{i}\omega\varepsilon}\frac{1}{\rho}\left[\frac{\partial}{\partial\varphi}H_z+\mathrm{i}\beta(\rho H_\varphi)\right]=\frac{1}{\mathrm{i}\omega\varepsilon}\frac{1}{\rho}\left\{\frac{\partial}{\partial\varphi}H_z+\mathrm{i}\beta\left[\frac{\rho}{\mathrm{i}\omega\mu}\left(\frac{\partial}{\partial\rho}E_z+\mathrm{i}\beta E_\rho\right)\right]\right\}$$

$$=\frac{1}{\mathrm{i}\omega\varepsilon\rho}\left(\frac{\partial}{\partial\varphi}H_z+\frac{\beta\rho}{\omega\mu}\frac{\partial}{\partial\rho}E_z\right)+\mathrm{i}\beta\frac{\beta\rho}{\omega\mu}\frac{1}{\mathrm{i}\omega\varepsilon\rho}E_\rho,$$

即

$$E_\rho = \frac{-\mathrm{i}}{\omega^2 \varepsilon\mu - \beta^2}\left(\frac{\omega\mu}{\rho}\frac{\partial}{\partial\varphi}H_z + \beta\frac{\partial}{\partial\rho}E_z\right). \tag{3.2-17}$$

由式(3.2-11)得 $H_\rho = \frac{1}{-\mathrm{i}\omega\mu}\frac{1}{\rho}\left[\frac{\partial}{\partial\varphi}E_z + \mathrm{i}\beta(\rho E_\varphi)\right]$，将其代入式(3.2-15)并整理得

$$\begin{aligned} E_\varphi &= \frac{1}{-\mathrm{i}\omega\varepsilon}\left(\frac{\partial}{\partial\rho}H_z + \mathrm{i}\beta H_\rho\right) = \frac{1}{-\mathrm{i}\omega\varepsilon}\left\{\frac{\partial}{\partial\rho}H_z + \frac{\mathrm{i}\beta}{-\mathrm{i}\omega\mu}\frac{1}{\rho}\left[\frac{\partial}{\partial\varphi}E_z + \mathrm{i}\beta(\rho E_\varphi)\right]\right\} \\ &= \frac{1}{-\mathrm{i}\omega\varepsilon}\left(\frac{\partial}{\partial\rho}H_z - \frac{\beta}{\omega\mu\rho}\frac{\partial}{\partial\varphi}E_z\right) - \mathrm{i}\frac{\beta^2}{\omega\mu}\frac{1}{-\mathrm{i}\omega\varepsilon}E_\varphi, \end{aligned}$$

即

$$E_\varphi = \frac{\mathrm{i}}{\omega^2 \varepsilon\mu - \beta^2}\left(\omega\mu\frac{\partial}{\partial\rho}H_z - \frac{\beta}{\rho}\frac{\partial}{\partial\varphi}E_z\right). \tag{3.2-18}$$

同理可得

$$H_\rho = \frac{-\mathrm{i}}{\omega^2 \varepsilon\mu - \beta^2}\left(\beta\frac{\partial}{\partial\rho}H_z - \frac{\omega\varepsilon}{\rho}\frac{\partial}{\partial\varphi}E_z\right), \tag{3.2-19}$$

$$H_\varphi = \frac{-\mathrm{i}}{\omega^2 \varepsilon\mu - \beta^2}\left(\frac{\beta}{\rho}\frac{\partial}{\partial\varphi}H_z + \omega\varepsilon\frac{\partial}{\partial\rho}E_z\right). \tag{3.2-20}$$

由式(3.2-16)得

$$\begin{aligned} E_z &= \frac{1}{\mathrm{i}\omega\varepsilon}\frac{1}{\rho}\left[\frac{\partial}{\partial\rho}(\rho H_\varphi) - \frac{\partial}{\partial\varphi}H_\rho\right] \\ &= \frac{1}{\mathrm{i}\omega\varepsilon}\frac{1}{\rho}\left\{\frac{\partial}{\partial\rho}\left[\frac{-\mathrm{i}\rho}{\omega^2 \varepsilon\mu - \beta^2}\left(\frac{\beta}{\rho}\frac{\partial}{\partial\varphi}H_z + \omega\varepsilon\frac{\partial}{\partial\rho}E_z\right)\right] - \right. \\ &\quad \left. \frac{\partial}{\partial\varphi}\left[\frac{-\mathrm{i}}{\omega^2 \varepsilon\mu - \beta^2}\left(\beta\frac{\partial}{\partial\rho}H_z - \frac{\omega\varepsilon}{\rho}\frac{\partial}{\partial\varphi}E_z\right)\right]\right\}, \end{aligned}$$

即

$$E_z = \frac{1}{\mathrm{i}\omega\varepsilon}\frac{1}{\rho}\left(\frac{-\mathrm{i}\omega\varepsilon}{\omega^2 \varepsilon\mu - \beta^2}\frac{\partial}{\partial\rho}E_z + \frac{-\mathrm{i}\rho\,\omega\varepsilon}{\omega^2 \varepsilon\mu - \beta^2}\frac{\partial^2}{\partial\rho^2}E_z - \frac{\mathrm{i}}{\omega^2 \varepsilon\mu - \beta^2}\frac{\omega\varepsilon}{\rho}\frac{\partial^2}{\partial\varphi^2}E_z\right),$$

故

$$\frac{\partial^2}{\partial\rho^2}E_z + \frac{1}{\rho}\frac{\partial}{\partial\rho}E_z + \frac{1}{\rho^2}\frac{\partial^2}{\partial\varphi^2}E_z + (\omega^2 \varepsilon\mu - \beta^2)E_z = 0. \tag{3.2-21}$$

由式(3.2-13)得

$$\begin{aligned} H_z &= \frac{1}{-\mathrm{i}\omega\mu}\frac{1}{\rho}\left[\frac{\partial}{\partial\rho}(\rho E_\varphi) - \frac{\partial}{\partial\varphi}E_\rho\right] \\ &= \frac{1}{-\mathrm{i}\omega\mu}\frac{1}{\rho}\left\{\frac{\partial}{\partial\rho}\left[\frac{\mathrm{i}\rho}{\omega^2 \varepsilon\mu - \beta^2}\left(\omega\mu\frac{\partial}{\partial\rho}H_z - \frac{\beta}{\rho}\frac{\partial}{\partial\varphi}E_z\right)\right] - \right. \\ &\quad \left. \frac{\partial}{\partial\varphi}\left[\frac{-\mathrm{i}}{\omega^2 \varepsilon\mu - \beta^2}\left(\frac{\omega\mu}{\rho}\frac{\partial}{\partial\varphi}H_z + \beta\frac{\partial}{\partial\rho}E_z\right)\right]\right\}, \end{aligned}$$

即

$$H_z = \frac{-1}{\omega^2 \varepsilon\mu - \beta^2}\left(\frac{1}{\rho}\frac{\partial}{\partial\rho}H_z + \frac{\partial^2}{\partial\rho^2}H_z + \frac{1}{\rho^2}\frac{\partial^2}{\partial\varphi^2}H_z\right),$$

故

$$\frac{\partial^2}{\partial\rho^2}H_z + \frac{1}{\rho}\frac{\partial}{\partial\rho}H_z + \frac{1}{\rho^2}\frac{\partial^2}{\partial\varphi^2}H_z + (\omega^2 \varepsilon\mu - \beta^2)H_z = 0. \tag{3.2-22}$$

进一步地，利用分离变量法，令 $E_z = R_{Ez}(\rho)\Phi_{Ez}(\varphi)$，$H_z = R_{Hz}(\rho)\Phi_{Hz}(\varphi)$，将 E_z 代入式(3.2-11)，并除以 E_z 得

$$\frac{1}{R_{Ez}(\rho)}\frac{\partial^2}{\partial\rho^2}R_{Ez}(\rho)+\frac{1}{R_{Ez}(\rho)}\frac{1}{\rho}\frac{\partial}{\partial\rho}R_{Ez}(\varphi)+\frac{1}{\Phi_{Ez}(\rho)}\frac{1}{\rho^2}\frac{\partial^2}{\partial\varphi^2}\Phi_{Ez}(\varphi)+(\omega^2\varepsilon\mu-\beta^2)=0. \tag{3.2-23}$$

令$\frac{1}{\Phi_{Ez}(\varphi)}\frac{1}{\rho^2}\frac{\partial^2}{\partial\varphi^2}\Phi_{Ez}(\varphi)=-\frac{m^2}{\rho^2}$，则$\frac{\mathrm{d}^2}{\mathrm{d}\varphi^2}\Phi_{Ez}(\varphi)+m^2\Phi_{Ez}(\varphi)=0$，其通解为

$$\Phi_{Ez}(\varphi)=A\mathrm{e}^{\mathrm{i}m\varphi}+B\mathrm{e}^{-\mathrm{i}m\varphi}. \tag{3.2-24}$$

由于式(3.2-23)中 φ 为角度，周期为 2π，满足 $\Phi_{Ez}(\varphi)=\Phi_{Ez}(\varphi+2k\pi)$，因此 m 必须为整数或者零，从而有 $\Phi_{Ez}(\varphi)=A\mathrm{e}^{\mathrm{i}m\varphi}$，$m=0, \pm1, \pm2, \cdots$. 由归一化条件得$\int_0^{2\pi}|\Phi_{Ez}(\varphi)|^2\mathrm{d}\varphi=A^2 2\pi=1$，则 $A=\frac{1}{\sqrt{2\pi}}$，故

$$\Phi_{Ez}(\varphi)=\frac{1}{\sqrt{2\pi}}\mathrm{e}^{\mathrm{i}m\varphi}, m=0, \pm1, \pm2, \cdots. \tag{3.2-25}$$

于是式(3.2-23)可以写成

$$\frac{\partial^2}{\partial\rho^2}R_{Ez}(\rho)+\frac{1}{\rho}\frac{\partial}{\partial\rho}R_{Ez}(\varphi)+\left[(\omega^2\varepsilon\mu-\beta^2)-\frac{m^2}{\rho^2}\right]R_{Ez}(\rho)=0. \tag{3.2-26}$$

式(3.2-26)就是 m 阶贝塞尔方程，因此其解为

$$R_{Ez}(\rho)=\begin{cases}C_1\mathrm{J}_m(\sqrt{\omega^2\varepsilon\mu-\beta^2}\rho)+C_2\mathrm{N}_m(\sqrt{\omega^2\varepsilon\mu-\beta^2}\rho), & \omega^2\varepsilon\mu\geqslant\beta^2\\ D_1\mathrm{K}_m(\sqrt{\beta^2-\omega^2\varepsilon\mu}\rho)+D_2\mathrm{I}_m(\sqrt{\beta^2-\omega^2\varepsilon\mu}\rho), & \omega^2\varepsilon\mu<\beta^2\end{cases}. \tag{3.2-27}$$

式中，J_m、N_m、K_m、I_m 分别为第一类贝塞尔函数、第二类贝塞尔函数、第二类虚宗量贝塞尔函数、第一类虚宗量贝塞尔函数.

根据已知条件确定常数 C_1、C_2、D_1、D_2 后，就可以确定 $E_z=R_{Ez}(\rho)\Phi_{Ez}(\varphi)$. 同理可以确定 $H_z=R_{Hz}(\rho)\Phi_{Hz}(\varphi)$.

3.2.4 纤芯与包层中的电磁场

对于纤芯半径为 a、折射率为 n_1，包层折射率为 n_2 的光纤，若 $n_1>n_2$，则在式(3.2-27)中，纤芯 $\omega^2\varepsilon\mu=k_0^2n_1^2\geqslant\beta^2$，故采用

$$R_{Ez}(\rho)=C_1\mathrm{J}_m(\sqrt{\omega^2\varepsilon\mu-\beta^2}\rho)+C_2\mathrm{N}_m(\sqrt{\omega^2\varepsilon\mu-\beta^2}\rho).$$

当 $\rho\to0$ 时，纤芯中的传输光出现发散，则 $C_2=0$；当 $\rho\to\infty$ 时，包层中的传输光出现发散，则 $D_2=0$. 综合在一起，得

TM 模：

$$E_z(\rho, \varphi)=\begin{cases}C_1\mathrm{J}_m(\sqrt{k_0^2n_1^2-\beta^2}\rho)\frac{1}{\sqrt{2\pi}}\mathrm{e}^{\mathrm{i}m\varphi} & \text{纤芯中}\\ D_1\mathrm{K}_m(\sqrt{\beta^2-k_0^2n_2^2}\rho)\frac{1}{\sqrt{2\pi}}\mathrm{e}^{\mathrm{i}m\varphi} & \text{包层中}\end{cases}, \tag{3.2-28}$$

$$H_z(\rho, \varphi)=0,$$

$$E_\rho=\begin{cases}\dfrac{-\mathrm{i}}{\omega^2\varepsilon\mu-\beta^2}\left[\dfrac{\beta C_1}{\sqrt{2\pi}}\mathrm{e}^{\mathrm{i}m\varphi}\dfrac{\partial}{\partial\rho}\mathrm{J}_m(\sqrt{k_0^2n_1^2-\beta^2}\rho)\right] & \text{纤芯中}\\ \dfrac{-i}{\omega^2\varepsilon\mu-\beta^2}\left[\dfrac{\beta D_1}{\sqrt{2\pi}}\mathrm{e}^{\mathrm{i}m\varphi}\dfrac{\partial}{\partial\rho}\mathrm{K}_m(\sqrt{\beta^2-k_0^2n_2^2}\rho)\right] & \text{包层中}\end{cases},\quad(3.2-29)$$

$$E_\varphi=\begin{cases}\dfrac{-\mathrm{i}}{\omega^2\varepsilon\mu-\beta^2}\dfrac{1}{\sqrt{2\pi}}\mathrm{e}^{\mathrm{i}m\varphi}\left[\dfrac{\beta C_1}{\rho}\dfrac{\partial}{\partial\varphi}\mathrm{J}_m(\sqrt{k_0^2n_1^2-\beta^2}\rho)\right] & \text{纤芯中}\\ \dfrac{-\mathrm{i}}{\omega^2\varepsilon\mu-\beta^2}\dfrac{1}{\sqrt{2\pi}}\mathrm{e}^{\mathrm{i}m\varphi}\left[\dfrac{\beta D_1}{\rho}\dfrac{\partial}{\partial\varphi}\mathrm{K}_m(\sqrt{\beta^2-k_0^2n_2^2}\rho)\right] & \text{包层中}\end{cases},\quad(3.2-30)$$

$$H_\rho=\begin{cases}\dfrac{\mathrm{i}}{\omega^2\varepsilon\mu-\beta^2}\dfrac{1}{\sqrt{2\pi}}\mathrm{e}^{\mathrm{i}m\varphi}\left[\dfrac{\omega\varepsilon C_1}{\rho}\dfrac{\partial}{\partial\varphi}\mathrm{J}_m(\sqrt{k_0^2n_1^2-\beta^2}\rho)\right] & \text{纤芯中}\\ \dfrac{\mathrm{i}}{\omega^2\varepsilon\mu-\beta^2}\dfrac{1}{\sqrt{2\pi}}\mathrm{e}^{\mathrm{i}m\varphi}\left[\dfrac{\omega\varepsilon D_1}{\rho}\dfrac{\partial}{\partial\varphi}\mathrm{K}_m(\sqrt{\beta^2-k_0^2n_2^2}\rho)\right] & \text{包层中}\end{cases},\quad(3.2-31)$$

$$H_\varphi=\begin{cases}\dfrac{-\mathrm{i}}{\omega^2\varepsilon\mu-\beta^2}\dfrac{1}{\sqrt{2\pi}}\mathrm{e}^{\mathrm{i}m\varphi}\left[\omega\varepsilon C_1\dfrac{\partial}{\partial\rho}\mathrm{J}_m(\sqrt{k_0^2n_1^2-\beta^2}\rho)\right] & \text{纤芯中}\\ \dfrac{-\mathrm{i}}{\omega^2\varepsilon\mu-\beta^2}\dfrac{1}{\sqrt{2\pi}}\mathrm{e}^{\mathrm{i}m\varphi}\left[\omega\varepsilon D_1\dfrac{\partial}{\partial\rho}\mathrm{K}_m(\sqrt{\beta^2-k_0^2n_2^2}\rho)\right] & \text{包层中}\end{cases};\quad(3.2-32)$$

TE模：

$$H_z(\rho,\varphi)=\begin{cases}C_3\mathrm{J}_m(\sqrt{k_0^2n_1^2-\beta^2}\rho)\dfrac{1}{\sqrt{2\pi}}\mathrm{e}^{\mathrm{i}m\varphi} & \text{纤芯中}\\ D_3\mathrm{K}_m(\sqrt{\beta^2-k_0^2n_2^2}\rho)\dfrac{1}{\sqrt{2\pi}}\mathrm{e}^{\mathrm{i}m\varphi} & \text{包层中}\end{cases},\quad(3.2-33)$$

$$E_z(\rho,\varphi)=0,$$

$$E_\rho=\begin{cases}\dfrac{-\mathrm{i}}{\omega^2\varepsilon\mu-\beta^2}\dfrac{1}{\sqrt{2\pi}}\mathrm{e}^{\mathrm{i}m\varphi}\left[\dfrac{\omega\mu C_3}{\rho}\dfrac{\partial}{\partial\varphi}\mathrm{J}_m(\sqrt{k_0^2n_1^2-\beta^2}\rho)\right] & \text{纤芯中}\\ \dfrac{-\mathrm{i}}{\omega^2\varepsilon\mu-\beta^2}\dfrac{1}{\sqrt{2\pi}}\mathrm{e}^{\mathrm{i}m\varphi}\left[\dfrac{\omega\mu D_3}{\rho}\dfrac{\partial}{\partial\varphi}\mathrm{K}_m(\sqrt{\beta^2-k_0^2n_2^2}\rho)\right] & \text{包层中}\end{cases},\quad(3.2-34)$$

$$E_\varphi=\begin{cases}\dfrac{\mathrm{i}}{\omega^2\varepsilon\mu-\beta^2}\dfrac{1}{\sqrt{2\pi}}\mathrm{e}^{\mathrm{i}m\varphi}\left[\omega\mu C_3\dfrac{\partial}{\partial\rho}\mathrm{J}_m(\sqrt{k_0^2n_1^2-\beta^2}\rho)\right] & \text{纤芯中}\\ \dfrac{\mathrm{i}}{\omega^2\varepsilon\mu-\beta^2}\dfrac{1}{\sqrt{2\pi}}\mathrm{e}^{\mathrm{i}m\varphi}\left[\omega\mu D_3\dfrac{\partial}{\partial\rho}\mathrm{K}_m(\sqrt{\beta^2-k_0^2n_2^2}\rho)\right] & \text{包层中}\end{cases},\quad(3.2-35)$$

$$H_\rho=\begin{cases}\dfrac{-\mathrm{i}}{\omega^2\varepsilon\mu-\beta^2}\dfrac{1}{\sqrt{2\pi}}\mathrm{e}^{\mathrm{i}m\varphi}\left[\beta C_3\dfrac{\partial}{\partial\rho}\mathrm{J}_m(\sqrt{k_0^2n_1^2-\beta^2}\rho)\right] & \text{纤芯中}\\ \dfrac{-\mathrm{i}}{\omega^2\varepsilon\mu-\beta^2}\dfrac{1}{\sqrt{2\pi}}\mathrm{e}^{\mathrm{i}m\varphi}\left[\beta D_3\dfrac{\partial}{\partial\rho}\mathrm{K}_m(\sqrt{\beta^2-k_0^2n_2^2}\rho)\right] & \text{包层中}\end{cases},\quad(3.2-36)$$

$$H_\varphi=\begin{cases}\dfrac{-\mathrm{i}}{\omega^2\varepsilon\mu-\beta^2}\dfrac{1}{\sqrt{2\pi}}\mathrm{e}^{\mathrm{i}m\varphi}\left[\dfrac{\beta C_3}{\rho}\dfrac{\partial}{\partial\varphi}\mathrm{J}_m(\sqrt{k_0^2n_1^2-\beta^2}\rho)\right] & \text{纤芯中}\\ \dfrac{-\mathrm{i}}{\omega^2\varepsilon\mu-\beta^2}\dfrac{1}{\sqrt{2\pi}}\mathrm{e}^{\mathrm{i}m\varphi}\left[\dfrac{\beta D_3}{\rho}\dfrac{\partial}{\partial\varphi}\mathrm{K}_m(\sqrt{\beta^2-k_0^2n_2^2}\rho)\right] & \text{包层中}\end{cases}.\quad(3.2-37)$$

3.3 光子晶体光纤

在光纤诞生之前，电缆作为传输信号的主要载体，为当时人们的信息交流提供了很多便利. 但是，在使用电缆过程中，时常遇到信号接收错误的情况. 电缆在数据传输过程中充当天线的角色，很容易受到发出和接收信号端的电磁干扰，使接收信号发生延迟或误传. 此外，由于电缆的芯区由铜制成，铜较为昂贵，因此经常发生电缆被盗取的情况，带来经济损失. 后经技术改进，使用石英材料代替铜，制成质量轻、抗干扰能力强的光纤.

光纤(optical fiber) 的出现，标志着光通信时代的到来. 在光纤通信系统中，波分复用(wavelength division multiplexing，WDM) 技术起着十分重要的作用. WDM 技术的基本原理是：在发送端将多个光信号复用到同一根光纤中进行传输，在接收端将不同波长的光信号解复用，恢复出原信号并将不同信号送入不同的终端. 此项技术可以在不增加光纤纤芯的情况下成倍地增加系统的传输容量.

但是，光纤的色散和非线性效应对高速率的传输系统有很强的限制作用. 随着系统传输速率的增加，色散效应变得明显，当色散大到一定程度时，相邻的光脉冲发生重叠，产生严重的码间干扰，引起系统误码. 在 WDM 系统中，每个波长信号本身产生自相位调制(self phase modulation，SPM)，不同波长信号之间产生交叉相位调制(cross phase modulation，CPM). 多个波长的混合可能产生一个新的波长，新波长的产生以及原有波长信号能量的转移消耗会在多波长系统中产生串音干扰或产生过大的信号衰减.

20 世纪 70 年代，第一根单模光纤损耗小于 20 dB/km. 在短短 30 年中，光纤构建成先进的全球通信网络系统，其损耗为 0.2 dB/km，损耗降低近百倍，使得光纤系统的通信能力与制作技术接近极限. 光学物理学家预言具有波长尺度(小于 1 μm) 的新颖结构的光学材料 —— 光子晶体光纤(photonic crystal fiber，PCF) 有望突破这个极限.

1987 年，Yablonovitch 证明了存在类似于半导体能带理论的光子带隙. 在半导体中，自由电子的运动与由材料中离子的排列而形成的周期性电场有关；而在光子带隙结构中，光子的运动与周期介电常量有关. 光子晶体(photonic crystal) 的概念在 1987 年同时由 Yablonvitch 和 John 分别用来抑制自发辐射和将光场强制在特定区域而提出，此后证明这种周期性的排列可以使得介质变成理想的无损耗介质，可以使光在特定的波长无法传输. 这种对光传输的限制性并不是由材料的吸收引起的，而是由这种周期性的排列结构引起的. 在限制频率范围(即禁带) 内，连自发辐射都是不可能发生的；而在导带频率范围内，光可以正常传输. 不同介电常数的材料在一维、二维或三维空间内组成的具有波长量级的周期性结构就构成了光子晶体. 光子晶体中带隙的存在和性质与半导体材料中的电子禁带相似. 光子带隙主要取决于介质的类型和排列方式. 改变介质的排列方式和分布周期，可以使光子晶体的性质发生变化，进而实现特定的功能.

自从光子带隙的概念提出以来，寻找和设计能够产生光子带隙的光子晶体结构迅速成为研究热点. 研究表明，若要在三角晶格结构中产生完全光子带隙，则两种介质的折射率

之比不能低于 2.66. 这一限制使得对光子晶体材料和结构的选择要求较高. 1991 年，P. St. J. Russen 提出了新设想，将二维光子晶体作为光纤的包层，把光波限制在中空的纤芯中沿轴向传输，PCF 的概念就此诞生.

3.3.1 PCF 的分类

PCF 的结构如图 3.3-1 所示，其中单芯缺陷型 PCF 的截面如图 3.3-2 所示. 人们依据导光机理的不同将 PCF 分为两大类：全内反射(total internal reflection, TIR) 型和光子带隙(photonic band gap, PBG) 型. 全内反射型 PCF 的结构如图 3.3-3 所示，它与传统光纤的结构类似，只是在光纤包层的横截面上有周期性分布的三角形或者蜂窝状结构，导光机制仍然是传统的反射式；而光子带隙型 PCF 的结构如图 3.3-4 所示，它是在纤芯中引入低于包层折射率的空气孔，受光子带隙的影响对某一波段的波产生带隙，因此将光波限制在缺陷中进行传播.

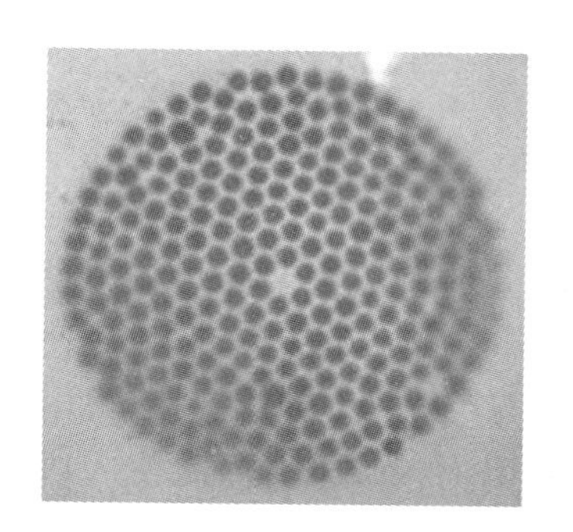

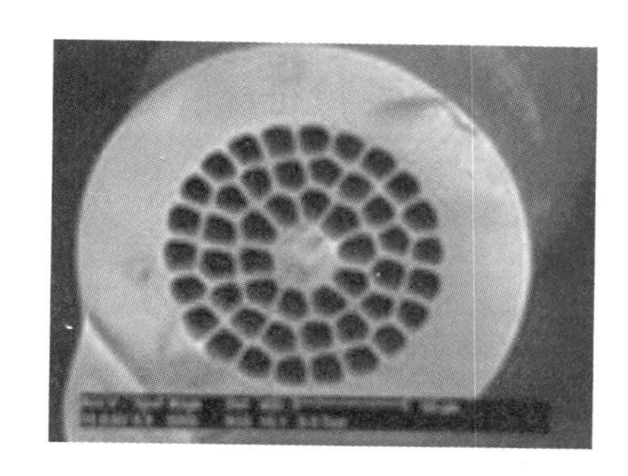

图 3.3-1　PCF 的结构

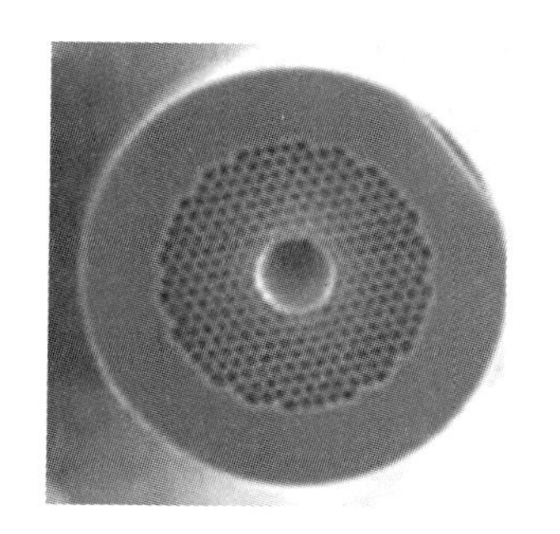

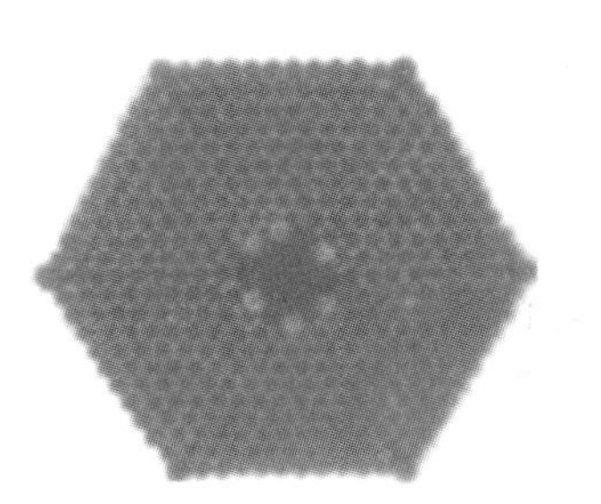

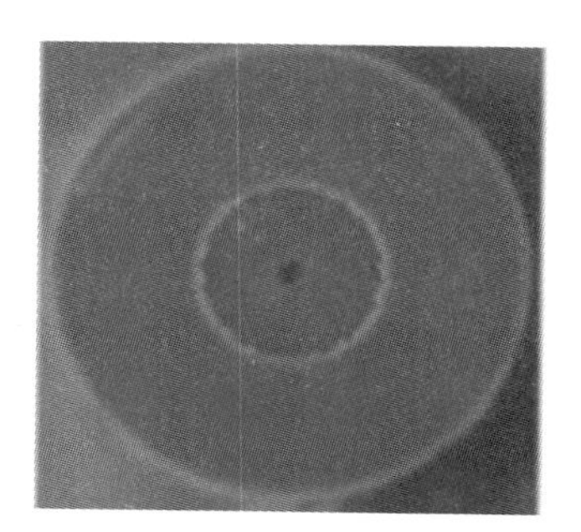

图 3.3-2　单芯缺陷型 PCF 的截面

图 3.3-3　全内反射型 PCF 的结构

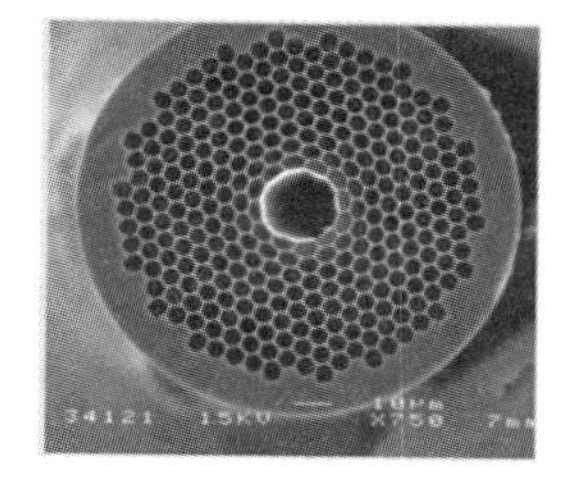

图 3.3-4　光子带隙型 PCF 的结构

1. 全内反射型 PCF

周期性缺陷使得纤芯(SiO_2 玻璃)折射率大于周期性包层(空气)的折射率，因此光能够在纤芯中传播，此结构的 PCF 的导光机理依然是全内反射，但与普通的 G.652 光纤有所不同. 由于包层含有空气，因此这种机制称为改进的全内反射，这是由空心 PCF 中的小孔尺寸比传导光的波长还小所导致的.

2. 光子带隙型 PCF

光在实心和空心 PCF 的传导条件可由光波在晶体中的本征方程求解得出，即由光子带隙导光理论求解得出. 在空心 PCF 中由空气形成周期性缺陷，空气芯折射率比包层 SiO_2 玻璃低，但依然可使光不折射出光纤外，这是因为包层中的小孔点阵构成了光子晶体. 当小孔间距和直径满足一定条件时，在光子能隙范围内就能阻止相应的光传播，光被限制在中间空心之内传输. 这种 PCF 可传输 99% 以上的光能，而空间中光衰减极低，其衰减只有标准光纤的$\frac{1}{4}\sim\frac{1}{2}$.

3.3.2 PCF 的主要特征

1. 色散特性

色散是影响信号在光纤中传输的另一个因素. PCF 的色散主要分为材料色散和波导色散. 材料色散由制作材料的属性决定，PCF 一般是由单一介质和空气进行周期(或无序)排列而成的，在中心形成缺陷(空心或实心)，即它是由石英光纤的包层中顺轴向均匀排列空气孔洞，并在纤芯的端面存在一个无周期性结构的缺陷而构成的，以此使入射光能被约束在光纤纤芯中传输. 而波导色散可通过结构设计来改变，通过合理设计，PCF 可在波长不大于 1.3 μm 处得到反常色散且保持单模. 反常色散特性为短波长孤子传输提供了可能，经合理设计后的 PCF，能在 0.1 μm 的带宽内获得−2000 ps/(nm・km) 的负色散系数，并且可以为长度是自身长度数十倍的 G.652 光纤进行色散补偿，其补偿能力是传统光纤的 100 倍.

2. 无截止的单模传输特性

对于 PCF，若其空气孔径与孔间距之比小于 0.2，则可在蓝光到 2 μm 的波段范围内实现单模传输，且无截止波长.

3. 双折射特性

普通单模光纤具有弱的双折射特性，由于受到扭转、弯曲、拉伸等外界因素的影响，当输入一个偏振光时，输出端的偏振态是随机的、不可控的. 制作高双折射光纤需要引入形状双折射或者应力双折射，这会大大增加工艺的难度和制作成本. 但是在 PCF 中，只需将 PCF 横截面的圆对称性破坏，即可获得较高的双折射. 具体方法有：改变 PCF 中心附近空气孔径的大小；改变孔径间隔的大小；改变空气孔的形状，例如将空气孔变为椭圆形；改变 PCF 中心位置的形状等. 通过这些方法，可使 PCF 获得比传统光纤高出 1 ～ 2 个数量级的双折射特性.

4. 抗弯曲特性

传统光纤抗弯曲能力差，容易造成光信号的泄漏，严重减小了无中继距离. 但在 PCF

中，无论是光线的弯曲还是扭转都不会激发产生高阶模，并且直径不大于 0.5 cm 的 PCF 传输波长为 1.66 μm 时不存在弯曲损耗，因此适用于深海通信.

5. 低损耗特性

光纤的损耗主要指光信号在传输过程中能量不断被降低的效应，是限制光通信系统传输距离和传输容量的重要因素之一. 对于 PCF 来说，全内反射型(也称为折射率引导型)PCF 的传输原理与传统光纤的相似，因此它的损耗与普通光纤接近，在 1.55 μm 处的损耗为 0.28 dB/km；光子带隙型 PCF 不会受到瑞利散射和材料吸收作用的影响，仅需要保持其纤芯管壁的光滑、增加表面张力即可，因此在理论上可以使光子带隙型 PCF 的损耗做得很低.

6. 非线性特性

光纤单位面积上接收的光强过大而降低系统传输质量的现象称为非线性效应. 在 PCF 中，通过结构设计可以获得比常规光纤小几十倍的有效模场面积. 常见光纤的有效截面积为 50～100 μm^2，而 PCF 可以做到 1 μm^2 量级，从而获得比常规光纤更高的非线性系数，因此只需要较短长度的高非线性 PCF，就可以获得与传统光纤相同的非线性效应. 由于光子带隙型 PCF 的空心结构可以将光控制在纤芯区传播，因此其非线性系数比传统光纤低1000 多倍，这为实现长距离传输提供了一个理想方案. 常见非线性光纤器件如克尔光闸、非线性环形镜等就可做到比普通光纤短 100 倍. 全内反射型 PCF 可以通过增大包层占空比，增大纤芯和包层的有效折射率的差，从而减小光纤的有效截面积，增强 PCF 的非线性效应.

3.3.3　分析计算 PCF 中光传输的理论基础

伽辽金有限元法可用于分析横截面为任意形状的光纤，也可用于分析基底材料为除石英外的其他材料的光纤结构. 它是众多分析光纤传输特性的方法中应用较为广泛的一种.

基于麦克斯韦方程，磁场分量描述的 PCF 的矢量波动方程表示为

$$\nabla\times\left(\frac{1}{\varepsilon_r}\nabla\times\boldsymbol{H}\right)-k_0^2\boldsymbol{H}=0. \tag{3.3-1}$$

式中，$\boldsymbol{H}$ 为磁场强度，k_0 为真空中的波数，ε_r 为介质相对介电常数. 沿着轴向方向传播的磁场表达式为

$$H(x,y,z,t)=[H_x, H_y, H_z]^{\mathrm{T}}(x,y)\mathrm{e}^{\mathrm{i}(\omega t-\beta z)}. \tag{3.3-2}$$

式中，$\beta=k_0 n_{\mathrm{eff}}$ 为传播常数，n_{eff} 为光纤的有效折射率.

对于非磁性介质，$\nabla\times\boldsymbol{H}=0$. 仅含有横向磁场分量的矢量波动方程为

$$\begin{bmatrix}\dfrac{\partial}{\partial y}\left[\dfrac{1}{n_{zz}^2}\left(\dfrac{\partial H_y}{\partial x}-\dfrac{\partial H_x}{\partial y}\right)\right]\\ -\dfrac{\partial}{\partial x}\left[\dfrac{1}{n_{zz}^2}\left(\dfrac{\partial H_y}{\partial x}-\dfrac{\partial H_x}{\partial y}\right)\right]\end{bmatrix}-\begin{bmatrix}\dfrac{1}{n_{yy}^2}\dfrac{\partial}{\partial x}\left(\dfrac{\partial H_x}{\partial x}+\dfrac{\partial H_y}{\partial y}\right)\\ \dfrac{1}{n_{xx}^2}\dfrac{\partial}{\partial y}\left(\dfrac{\partial H_x}{\partial x}+\dfrac{\partial H_y}{\partial y}\right)\end{bmatrix}+k_0^2 n_{\mathrm{eff}}^2\begin{bmatrix}\dfrac{1}{n_{yy}^2}H_x\\ \dfrac{1}{n_{xx}^2}H_y\end{bmatrix}=k_0^2\begin{bmatrix}H_x\\ H_y\end{bmatrix}. \tag{3.3-3}$$

式中，n_{xx} 为 x 方向的折射率，n_{yy} 为 y 方向的折射率，n_{zz} 为 z 方向的折射率. 使用伽辽金有限元法导出的相应的变分方程为

$$\iint_{\Omega}\left\{\nabla_t\begin{bmatrix}\frac{1}{n_{zz}^2}\omega_y\left(\frac{\partial H_y}{\partial x}-\frac{\partial H_x}{\partial y}\right)\\ \frac{1}{n_{zz}^2}\omega_x\left(\frac{\partial H_y}{\partial x}-\frac{\partial H_x}{\partial y}\right)\end{bmatrix}+\nabla_t\begin{bmatrix}\frac{1}{n_{yy}^2}\omega_x\left(\frac{\partial H_x}{\partial x}-\frac{\partial H_y}{\partial y}\right)\\ \frac{1}{n_{xx}^2}\omega_y\left(\frac{\partial H_x}{\partial x}-\frac{\partial H_y}{\partial y}\right)\end{bmatrix}\right\}\mathrm{d}x\mathrm{d}y+$$
$$\iint_{\Omega}\left[\frac{1}{n_{zz}^2}\left(\frac{\partial\omega_y}{\partial x}-\frac{\partial\omega_x}{\partial y}\right)\left(\frac{\partial H_y}{\partial x}-\frac{\partial H_x}{\partial y}\right)\right]\mathrm{d}x\mathrm{d}y+\iint_{\Omega}\left[k_0^2n_{\mathrm{eff}}^2\left(\frac{\omega_xH_x}{n_{yy}^2}+\frac{\omega_yH_y}{n_{xx}^2}\right)\right]\mathrm{d}x\mathrm{d}y+$$
$$\iint_{\Omega}\left\{\left[\frac{\partial}{\partial x}\left(\frac{\omega_x}{n_{yy}^2}\right)+\frac{\partial}{\partial y}\left(\frac{\omega_y}{n_{xx}^2}\right)\right]\left(\frac{\partial H_x}{\partial x}+\frac{\partial H_y}{\partial y}\right)-k_0^2(\omega_xH_x+\omega_yH_y)\right\}\mathrm{d}x\mathrm{d}y=0. \tag{3.3-4}$$

式中，Ω 为需要计算的区域，$\nabla_t=\boldsymbol{i}\frac{\partial}{\partial x}+\boldsymbol{j}\frac{\partial}{\partial y}$，$\omega=[\omega_x,\ \omega_y]^{\mathrm{T}}$ 代表权值函数. 利用格林公式将式(3.3-4)离散化为

$$\sum_{B_e}\left\{-\int_{\Gamma_e}\frac{\omega_y}{n_{zz}^2}\left(\frac{\partial H_y}{\partial x}-\frac{\partial H_x}{\partial y}\right)\mathrm{d}y-\int_{\Gamma_e}\frac{\omega_x}{n_{zz}^2}\left(\frac{\partial H_y}{\partial x}-\frac{\partial H_x}{\partial y}\right)\mathrm{d}x\right\}-$$
$$\sum_{B_e}\left\{-\int_{\Gamma_e}\frac{\omega_x}{n_{yy}^2}\left(\frac{\partial H_x}{\partial x}-\frac{\partial H_y}{\partial y}\right)\mathrm{d}y-\int_{\Gamma_e}\frac{\omega_x}{n_{xx}^2}\left(\frac{\partial H_x}{\partial x}-\frac{\partial H_y}{\partial y}\right)\mathrm{d}x\right\}+$$
$$\sum_{\mathrm{int}_e}\left\{-\int_{\Gamma_{\mathrm{int}_e}}\Delta_x\left(\frac{1}{n_{yy}^2}\right)\omega_x\left(\frac{\partial H_x}{\partial x}-\frac{\partial H_y}{\partial y}\right)\mathrm{d}y-\int_{\Gamma_{\mathrm{int}_e}}\Delta_y\left(\frac{1}{n_{xx}^2}\right)\omega_y\left(\frac{\partial H_x}{\partial x}+\frac{\partial H_y}{\partial y}\right)\mathrm{d}x\right\}+$$
$$\sum_{\mathrm{int}_e}\iint_{\Omega_e}\frac{1}{n_{zz}^2}\left\{\left(\frac{\partial\omega_y}{\partial x}-\frac{\partial\omega_x}{\partial y}\right)\left(\frac{\partial H_y}{\partial x}-\frac{\partial H_x}{\partial y}\right)+\left[\frac{\partial}{\partial x}\left(\frac{\omega_x}{n_{yy}^2}\right)+\frac{\partial}{\partial y}\left(\frac{\omega_y}{n_{xx}^2}\right)\right]\left(\frac{\partial H_x}{\partial x}+\frac{\partial H_y}{\partial y}\right)\right\}\mathrm{d}x\mathrm{d}y+$$
$$\sum_{\mathrm{int}_e}\iint_{\Omega_e}\left[k_0^2n_{\mathrm{eff}}^2\left(\frac{\omega_xH_x}{n_{yy}^2}+\frac{\omega_yH_y}{n_{xx}^2}\right)-k_0^2(\omega_xH_x+\omega_yH_y)\right]\mathrm{d}x\mathrm{d}y=0. \tag{3.3-5}$$

式中，B_e 为网格划分形成的三角形单元，Ω_e 为 Ω 离散化的三角单元，Γ_e 为外边界单元，Γ_{int_e} 为内边界单元，int_e 为内部区域边界单元. 于是

$$\Delta_x\left(\frac{1}{n_{yy}^2}\right)=\left(\frac{1}{n_{yy}^2}\right)_{x=x_{\mathrm{int}_+}}-\left(\frac{1}{n_{yy}^2}\right)_{x=x_{\mathrm{int}_-}}, \tag{3.3-6}$$

$$\Delta_x\left(\frac{1}{n_{xx}^2}\right)=\left(\frac{1}{n_{xx}^2}\right)_{y=y_{\mathrm{int}_+}}-\left(\frac{1}{n_{xx}^2}\right)_{y=y_{\mathrm{int}_-}}. \tag{3.3-7}$$

式中，int_+ 为内部区域边界的外侧，int_- 为内部区域边界的内侧.

PCF 的色散特性与有效折射率 n_{eff} 有关，因此，根据伽辽金有限元法求得的 n_{eff} 可以对光纤结构的色散特性进行理论分析设计. 对于密集波分复用(dense wavelength division multiplexing，DWDM)系统，采用 1550 nm 窗口的 G.652 光纤，存在着一定量的色散，在通信过程中会出现信息串码，需要对光信号脉冲展宽进行色散补偿，因此设计具有尽可能高的负色散系数的 PCF 显得十分重要.

3.4 激光光纤通信

光纤通信技术在光信息通信中后来者居上，已成为现代通信的重要支柱之一，在现代电信网中起着重要的作用. 光纤通信作为 20 世纪 70 年代后期发展起来的一项新兴技术，在

21 世纪发展速度之快、应用面之广在通信史上罕见，它是世界新技术革命的重要标志，必会成为未来信息社会中各种信息的主要传送工具.

3.4.1　激光光纤通信系统的发展历程

1. 第一代激光光纤通信系统

在人类发展的历史长河中，长距离通信一直是人们追求的目标，从烽火传信到电报电文，从 1940 年第一条同轴电缆(coaxial cable) 生产并投入使用到目前光纤通信进入千家万户、渗透到各行各业，光纤通信扮演着越来越重要的角色. 20 世纪 60 年代激光的问世，开启了激光通信新纪元. 1970 年康宁公司(Corning Glass Works) 制造出满足光纤通信之父高琨所提出的 20 dB/km 高品质低衰减要求的光纤，验证了光纤作为通信介质的可行性. 光纤具有以下特点：

(1) 通信容量大. 光纤的传输宽度比电缆线或者铜线的大很多，随着终端设备的不断改进，光纤的传输宽度的优点越来越明显，传输的容量不断增加.

(2) 适应能力强. 光纤通信的损耗率比普通通信的损耗率低得多，而且光纤也可以进行长距离通信，因此光纤通信更加适用于社会网络信息量集中的地方.

(3) 抗电磁干扰能力强. 光纤主要是由石英作为原材料制造出的绝缘体材料，这种材料绝缘性好，而且不容易腐蚀，因此抗电磁干扰能力强，并且不受自然界的太阳黑子活动的干扰、电离层的变化以及雷电的干扰，也不会受到人为的电磁干扰. 此外，光纤通信还可以与电力导体进行复合形成复行型的光缆线或者与高压电线平行架设，这一特性对强电领域的通信系统具有很大的作用.

(4) 安全性能高、保密性好. 在无线电波的传输中，由于电磁波在传输的过程中有泄漏的现象，因此会造成各种传输系统的干扰，影响保密性. 但是光纤通信主要是利用光波传输信号的，光信号完全被限制在光波导的结构中，即使在条件不好的环中或者拐角处也很少有光波泄漏的现象，因为光信号会被光纤线外的包皮所吸收，并且在光纤通信的过程中，将很多的光纤线放进一个光缆内，也不会出现干扰的情况，安全性能高、保密性好.

基于上述特点，在光纤中使用砷化镓(GaAs) 作为掺杂材料，人们发明了半导体激光器，并且半导体激光器凭借体积小的优势，被应用于第一代激光光纤通信系统中. 1976 年，在美国亚特兰大的地下管道中诞生了第一个速率为 44.7 Mb/s 的光纤通信系统；1980 年诞生了第一个商用的光纤通信系统，即第一次使用波长为 800 nm 的 GaAs 激光光源的光纤通信系统，该系统每 10 km 需要一个中继器增强信号，在光强度上加载信息来进行传输，其接收灵敏度取决于数据传输速率(data transfer rate)，其传输距离由数据传输速率与接收机跨导放大器(receiver transconductance amplifier) 的热噪声共同决定.

2. 第二代激光光纤通信系统

第二代激光光纤通信系统使用波长为 1300 nm 的磷砷镓铟(InGaAsP) 激光光源，1981 年单模光纤(single-mode fiber，SMF) 的发明，克服了色散问题. 1987 年，商用光纤通信系统的传输速率高达 1.7 Gb/s，是第一代激光光纤通信系统的 38 倍，同时传输的功率与信号衰减的问题得到了明显改善，并且传输 50 km 才需要中继器增强信号. 20 世纪 80 年代末，掺铒光纤放大器的诞生，使得光纤通信可直接进行光中继，使长距离高速传输成为可能，并促进了波分复用技术的发展.

3. 第三代激光光纤通信系统

第三代激光光纤通信系统采用波长为1550 nm的激光作为光源，而且信号的衰减已经降低到0.2 dB/km，并设计出色散迁移光纤(dispersion-shifted fiber，DSF)，解决了采用InGaAsP的激光光纤通信系统中出现的脉冲波延散(pulse spreading)问题. 此代激光光纤通信系统将激光限制在单一纵模(single longitudinal mode)内实现色散几乎为零，传输速率达到2.5 Gb/s(是第一代激光光纤通信系统的56倍)，中继器的间隔达到100 km.

4. 第四代激光光纤通信系统

第四代激光光纤通信系统不仅引进了光放大器(optical amplifier)，进一步降低中继器的需求，而且采用密集波分复用技术，大幅度地增加传输速率. 这两项技术的发展使激光光纤通信系统的容量以每6个月增加1倍的方式发展，在2001年通信容量达到10 Tb/s，是第一代激光光纤通信系统的224倍，传输速率增加到14 Tb/s，每隔160 km中继器工作一次.

5. 第五代激光光纤通信系统

第五代激光光纤通信系统低损耗波段延伸到1300 nm至1650 nm之间. 人们引进光孤子(optical soliton)的概念，通过对激光光纤通信系统进行信道分析，对光纤的大波段色段进行有效管理，很好地抑制色散问题的发生；同时利用光纤的非线性效应，包括自相位调制、交叉相位调制、四波混频、受激拉曼散射、受激光布里渊散射，让脉冲激光能够抵消色散而维持原有的波形. 现在激光光纤通信系统向着全光网络方向发展，逐步代替电信号通信系统.

3.4.2 激光光纤通信系统的应用

因为不受电磁脉冲的影响干扰，激光光纤通信系统已广泛地应用于军事通信中；同时由于中继距离长、保密性能好、体积小、质量轻、便于施工与维护，激光光纤通信系统已进入千家万户.

激光光纤通信系统基本上由光发射系统、光传输系统和光接收系统组成，如图3.4-1所示. 信号输入电端机，进行模/数转换后发送到光发射机，通过光纤传输，到达光中继器后继续传输，由光接收机接收，传送至电端机进行数/模转换后输出，完成激光光纤通信.

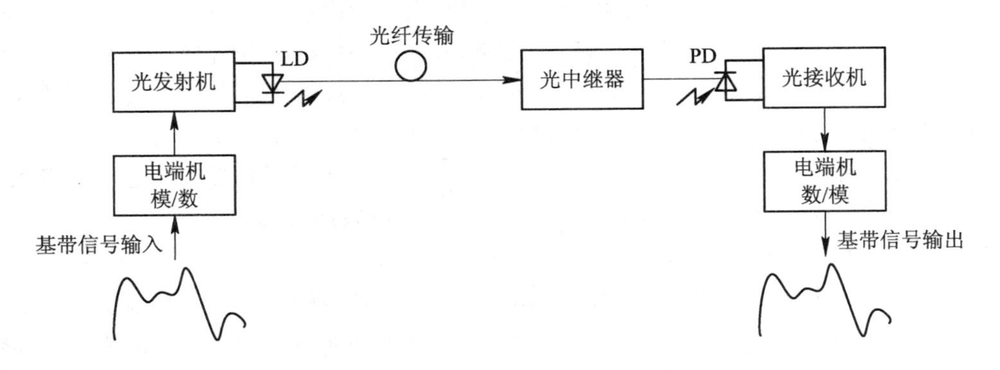

图3.4-1 激光光纤通信系统的基本组成

激光光纤通信系统的特征有以下三点.

(1) 信息化时代，人们离不开方便快捷的通信业务，激光光纤通信系统可应用于因特网、有线电视、视频电话. 与传统金属铜缆相比较，在光纤中传输的信号在传输过程中衰减

小、遭受干扰程度低. 在远距离大数据传输过程中，光纤优势突出.

（2）光传输性能好、传输容量大，一条光纤通路可同时容纳多人通话，同时传送多套电视节目. 激光光纤通信所具有的显著功能和独特优势，有助于电力系统的发展，例如许多地区的电力系统已经逐步实现由主干网向光纤的过渡. 目前，我国发展最为完善的、规模最大的专用通信网就是电力系统的光纤通信网，它的宽带、语音、数据等一系列电力生产和电信业务基本上都是利用光纤通信来进行承载的. 激光光纤通信技术在电力系统稳定和安全运行的保障方面，以及满足人们生活与生产需要方面有着重要的作用，因而受到了人们的热烈欢迎.

（3）激光光纤通信系统可应用于医学、传感器、光纤艺术等领域. 在医学领域，像导纤维内窥镜可以导入心脏和脑室，测量心脏血压值、血氧饱和度、体温等物理量；光导纤维连接的激光手术刀已成功地应用于临床，同样也可用于光敏法治愈癌症患者，利用光导纤维做成的内窥镜可以帮助医生检查胃、食道等疾病，由于光导纤维胃镜是由上千根玻璃纤维组成的软管，具有输送光线、传导图像的功能，而且具有光纤的柔软、灵活、任意弯曲等优势，因此能轻而易举地通过食道进入胃里，并导出胃中图像，方便医生根据情况进行诊断和治疗. 在传感器领域，激光光纤通信系统的应用体现在应用于生活中路灯的光敏传感器、红外传感器，广泛应用于汽车中的温度传感器，交通中测速度的雷达传感器，与敏感元件组合或者利用光纤本身的特性测量流量、压力、温度、颜色等. 在光纤艺术领域，由于光导纤维具有良好的物理特征，所以光纤照明和 LED 照明越来越多地用于艺术装修美化，比如广告显示、草坪上的光纤地灯、艺术装饰品等.

现代通信网络架构如图 3.4 - 2 所示，此网格架构中有核心网、城域网、接入网、蜂窝网、局域网、数据中心网络与卫星网络等，不同网络之间的连接都可由激光光纤通信技术实现. 如在移动蜂窝网中，基站连接到城域网、核心网的部分都是由光纤通信构成的；而在数据中心网络中，光互连是当前应用最广泛的一种方式，即采用激光光纤通信的方式实现数据中心内与数据中心间的信息传递. 因此，由激光光纤通信技术构筑的光纤传送网是其他业务网络的基础承载网络.

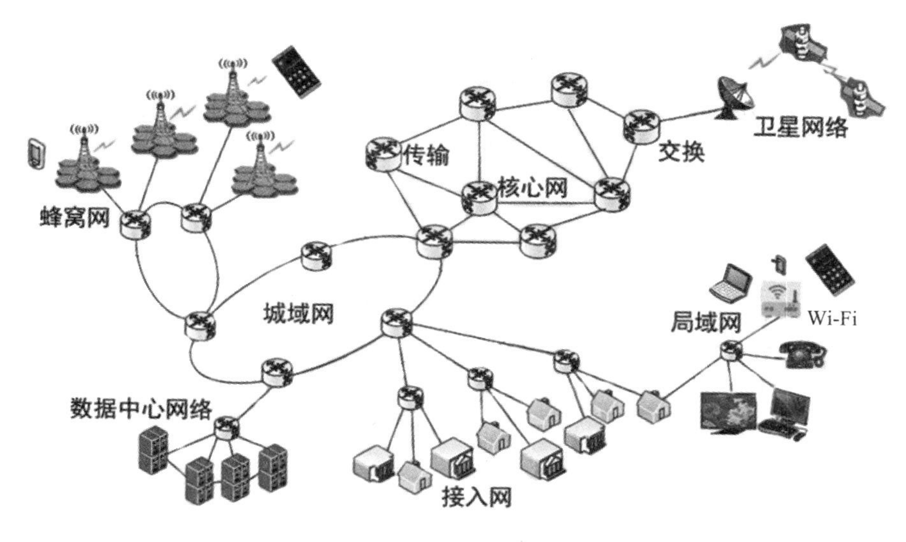

图 3.4 - 2 现代通信网络架构

3.4.3 激光光纤通信系统展望

随着激光器的泵光耦合技术和光学谐振腔改进技术的发展，光纤激光器脉冲能量更大、线宽更窄、输出功率更大、调谐范围更宽，光纤通信系统及网络技术向超大容量、智能化、集成化的方向迈进．激光光纤通信在提升传输性能的同时，不断地降低成本，在服务民生和助力国家构建信息社会方面发挥越来越大的作用．

1．智能化光网络的构建

与无线通信系统相比，智能化光网络的光通信系统及其网络在配置、维护和故障诊断方面还处于初级阶段．由于单根光纤的潜在容量大于100 Tb/s，光纤通信的故障将给经济、社会带来巨大的影响，因此网络参数的监测显得十分重要．基于简化相干技术与机器学习的系统参数监测系统、基于相干信号分析(coherent signal analysis，CSA）和相位敏感光时域反射(phase sensitive optical time-domain reflectometry，PSOTDR）的物理量监测技术，有待下一步研究与应用．

2．新颖光通信器件的研制

在光通信器件方面，硅光器件的研发已发挥了很大作用．今后的研究方向涉及有源器件与硅光器件的集成研究，非硅光器件(包括 Ⅲ－Ⅴ 族材料）衬底集成研究(如集成技术的研究），兼具高速与低功耗优点的集成铌酸锂光波导新型器件的研究等．

3．集成技术与系统的开发与应用

在激光光纤通信领域，器件集成的核心目的是降低成本，克服相干系统的集成困难问题，实现大规模集成的光-电-光系统．在集成技术与系统方面，需要对空分复用系统关键器件的技术进行突破，涉及集成激光器与调制器、二维的集成接收机和高能效的集成光放大器等，以及新型光纤拓展系统带宽，与新型光纤相匹配使用的各类器件．

随着各种新兴技术如物联网、大数据、虚拟现实、人工智能(AI)、第五代移动通信(5G)等技术的不断涌现，人们对信息交流与传递提出了更高的要求．思科公司(Cisco)2019年发布的研究数据显示，全球年度网络IP流量将由2017年的1.5 ZB(1ZB＝10^{21} B)增长为2022年的4.8 ZB，如图3.4－3所示，复合年增长率为26％．面对高流量的增长趋势，光纤通信作为通信网中最骨干的部分，承受着巨大的升级压力，高速、大容量的光纤通信系统及网络将是光纤通信技术的主流发展方向．

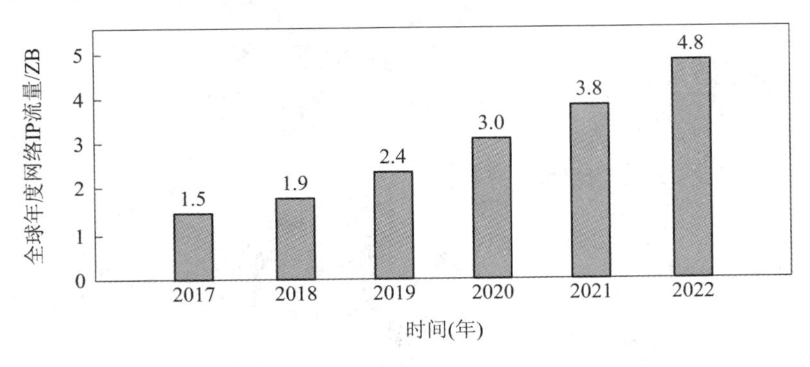

图3.4－3　2017—2022年全球年度网络IP流量走势

3.5 计算机在激光光纤通信中的应用

3.5.1 PCF 建模设计、分析与计算

由于 PCF 截面尺寸小，结构设计千变万化，不同结构的负色散系数计算相当困难，因此本节采用先进的 COMSOL Multiphysics 软件进行建模计算.

1. 色散补偿光纤

色散补偿光纤(dispersion compensation fiber，DCF)的实质就是利用在 1550 nm 处能产生负色散的光纤消除线路中已经产生的正色散. 在众多的色散补偿技术中，DCF 以其便捷、灵活、稳定等优势，成为进行色散补偿的常用技术.

因为光纤的色散系数与其界面设计(也就是折射率分布)密切相关，所以可以利用这一特点进行色散补偿光纤的设计. 目前根据截面折射率分布的不同，色散补偿光纤可分为单包层型、W 型及双芯型.

单包层型色散补偿光纤的结构比较简单，它的实质就是将光纤的零色散点推迟到更大的波长处，进而利用在此波长之前的负色散部分进行补偿. 单包层型色散补偿光纤的优点是：结构比较简单，容易生产，并且负色散系数的提高可以通过优化纤芯直径获得，相对来说比较容易. 其缺点是：不管光纤结构如何变化，它的色散斜率永远是正值，不能用于宽带补偿中.

W 型色散补偿光纤引入了一个下陷的包层，相对于单包层型色散补偿光纤会获得较大的负色散系数以及负的色散斜率，可以运用于宽带色散补偿中. 但是下陷的包层会导致弯曲损耗的产生.

双芯型色散补偿光纤最早于 1996 年由 Thyagarajan 等人提出. 和之前的两种类型色散补偿光纤相比，它在补偿效果上具有更大的优越性，它的一种典型结构如图 3.5－1 所示.

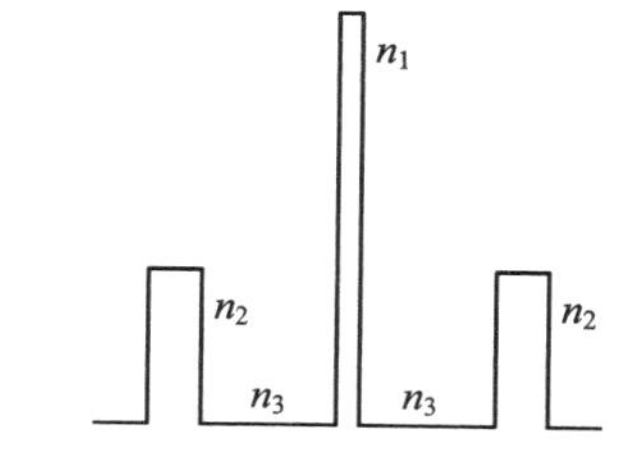

图 3.5－1　双芯型色散补偿光纤的一种典型结构

从图 3.5－1 中不难看出，该结构的第一层芯由中心折射率为 n_1 和周围折射率为 n_3 的材料构成，它的第二层芯由中心折射率和周围折射率分别为 n_2 和 n_3 的材料构成. 基于 Peschel 等人提出的模式耦合理论，就是当 $n_1 \neq n_3$ 时，形成了非对称的耦合双芯结构. 两个纤芯能各自支持独立模式进行传输，当传输波长接近于相位匹配波长时，两种模式会发生耦合，从而有效折射率在此耦合波长处发生明显的改变，由此产生负色散进行色散补偿. 目前，商用色散补偿光纤的色散系数一般在 -200 ps/(nm · km) 到 -100 ps/(nm · km) 之间，在进行色散补偿的同时也会因为光纤自身的原因产生损耗. 为了降低这种损耗，就必须缩短补偿光纤的长度，提高负色散系数，因此研究高负色散系数是非常有意义的.

2. COMSOL Multiphysics

COMSOL Multiphysics 是一款大型的高级数值仿真软件，具有高效的计算性能和杰出的多场双向直接耦合分析能力，广泛地应用于科学研究、工程计算，为计算负色散系数带来了方便. 因此，利用 COMSOL Multiphysics 能够很好地计算 PCF 高负色散系数.

利用 COMSOL Multiphysics 的波动光学模块，可以方便地设计六边形中心缺陷的光子晶体结构. 空气按六边形方式进行排列，中心抽走 1 个空气孔，就形成中心单孔缺陷，其模型、强度正视图和强度立体图分别如图 3.5-2(a)、(b)、(c) 所示. 空气按六边形方式进行排列，中心附近对称地抽走 2 个空气孔，就形成中心双孔缺陷，其模型、强度正视图和强度立体图分别如图 3.5-3(a)、(b)、(c) 所示. 空气按六边形方式进行排列，中心附近抽走 3 个空气孔，就形成中心附近三孔缺陷，其模型、强度正视图和强度立体图分别如图 3.5-4(a)、(b)、(c) 所示.

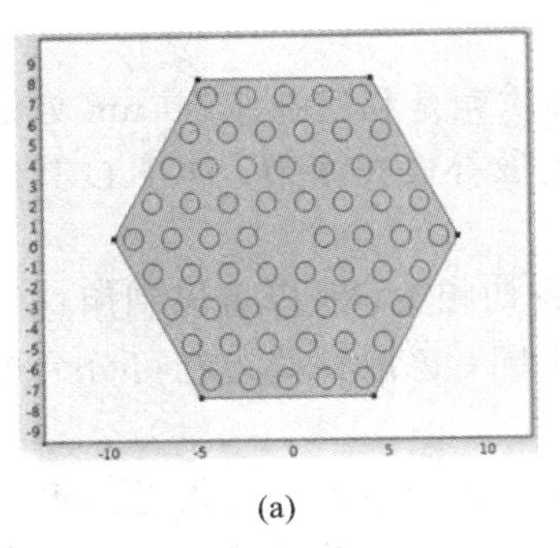

(a)

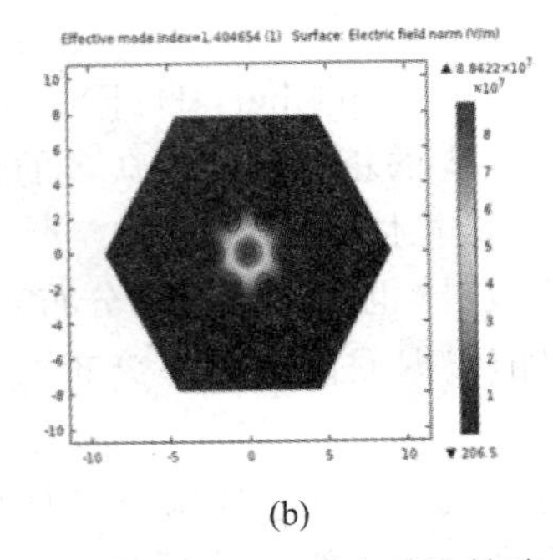

(b)

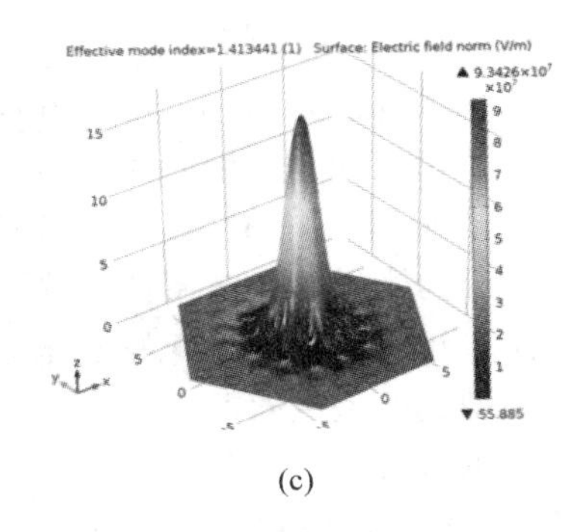

(c)

图 3.5-2　中心单孔缺陷

(a) 模型；(b) 强度正视图；(c) 强度立体图

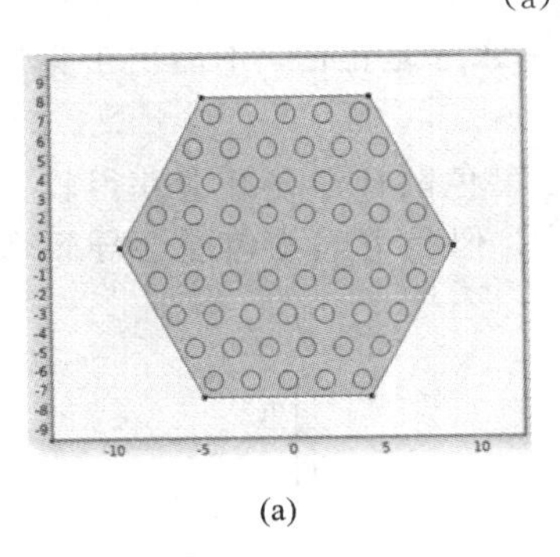

(a)

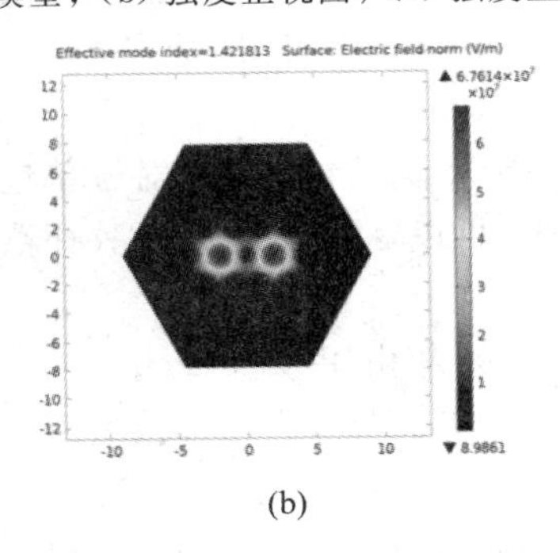

(b)

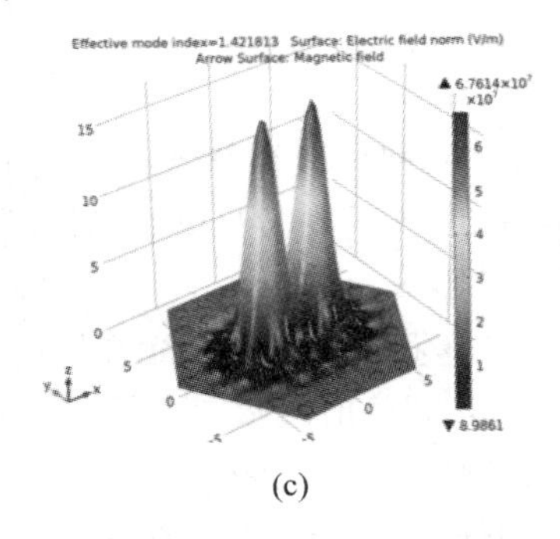

(c)

图 3.5-3　中心双孔缺陷

(a) 模型；(b) 强度正视图；(c) 强度立体图

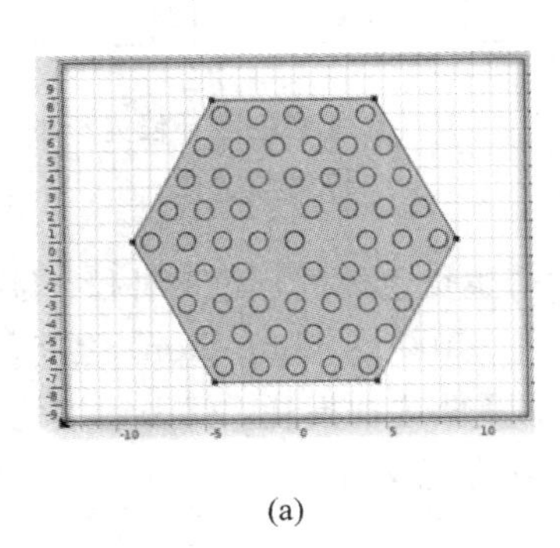

(a)

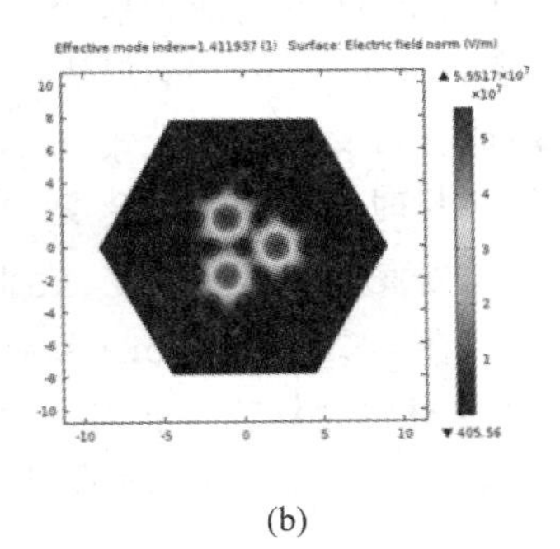

(b)

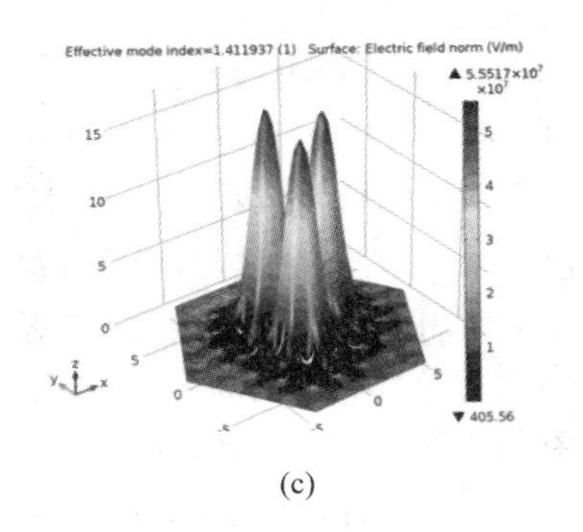

(c)

图 3.5-4　中心附近三孔缺陷

(a) 模型；(b) 强度正视图；(c) 强度立体图

3. 六边形 PCF 负色散特性研究

下面对含有大、小空气孔结构的PCF和中间含六小圆孔的PCF进行建模设计、分析与计算.

1) 含有大、小空气孔结构的 PCF 光传输强度分析

利用 COMSOL Multiphysics，可对含有大、小空气孔的几种不同结构的 PCF 进行几何结构建模、光传输稳态分析. 对于中心为大空气孔缺陷的大、小空气孔分层排列的情形和中心为小空气孔缺陷的中间层为小空气孔而其他层为大空气孔排列的情形，其模型、二维强度图、等值线图与三维强度图如图 3.5-5 所示.

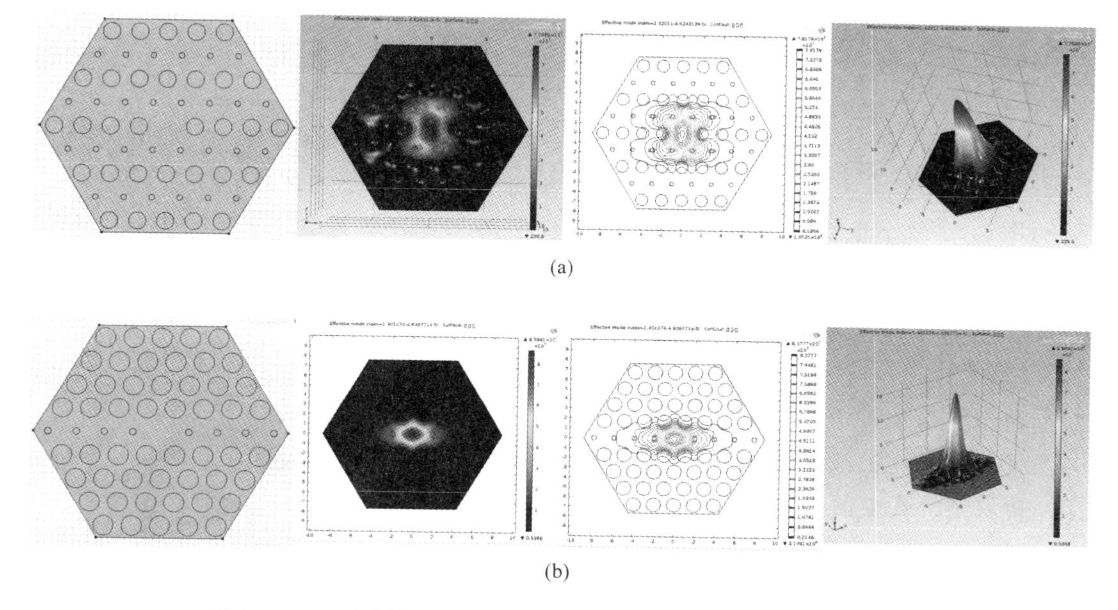

(a)

(b)

图 3.5-5　两种情形的模型、二维强度图、等值线图与三维强度图

(a) 中心为大空气孔缺陷的大、小空气孔分层排列；

(b) 中心为小空气孔缺陷的中间层为小空气孔而其他层为大空气孔排列

2) 中间含六小圆孔的 PCF 负色散特性研究

利用 COMSOL Multiphysics，可对中间含六小圆孔的 PCF 的色散特性进行数值模拟，这种 PCF 的截面示意图如图 3.5-6 所示.

设小孔间距 $\Lambda_2 = 1\ \mu\text{m}$，小孔直径 $d_2 = 0.4\ \mu\text{m}$，大孔间距 $\Lambda_1 = 2\ \mu\text{m}$. 当大孔直径与大孔间距比 d_1/Λ_1 分别为0.6、0.7、0.8时，有效折射率与入射波长的关系如图 3.5-7 所示.

从图 3.5-7 中不难发现，对于相同的大孔直径 d_1，即相同的 d_1/Λ_1，有效折射率随入射波长的增大而降低(小孔间距及直径都不变)；对于相同的输入波长，有效折射率随 d_1/Λ_1 的增大而减小(小孔间距及直径都不变).

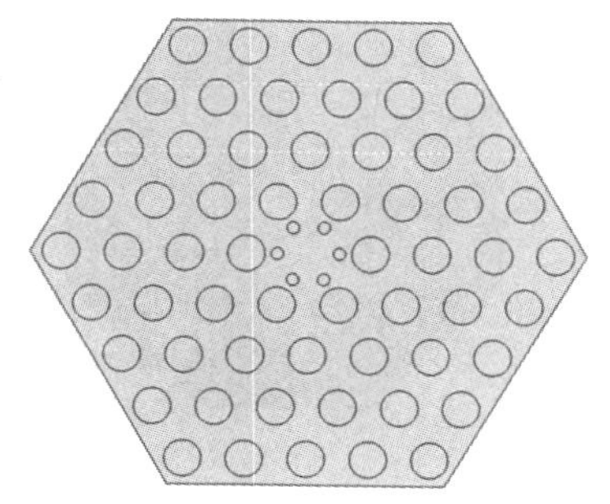

图 3.5-6　中间含六小圆孔的 PCF 的截面示意图

设小孔间距 $\Lambda_2 = 2\ \mu\text{m}$，小孔直径 $d_2 = 0.4\ \mu\text{m}$，大孔间

距 $\Lambda_1=2\ \mu\mathrm{m}$. 当大孔直径与大孔间距比 d_1/Λ_1 分别为0.6、0.7、0.8时，色散系数与入射波长的关系如图 3.5－8 所示.

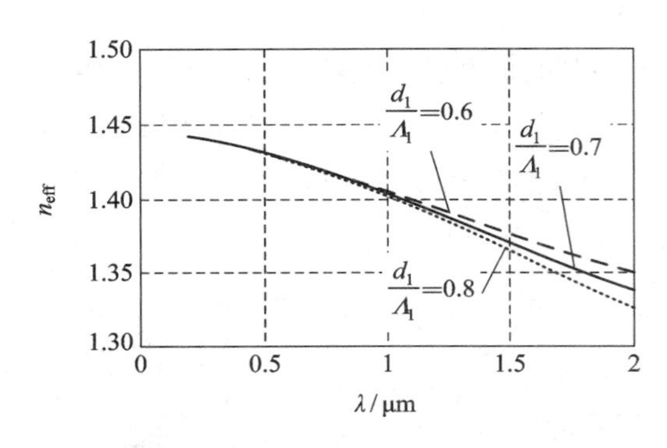

图 3.5－7　有效折射率与入射波长的关系

图 3.5－8　色散系数与入射波长的关系（小孔间距及直径都不变）

由图 3.5－8 不难发现，在小孔间距及直径都不变的前提下，色散系数的极大值随着 d_1/Λ_1 的增大而逐渐向长波长区域移动；在相同的入射波长下，色散系数随着 d_1/Λ_1 的增大而增大.

4. 色散补偿双芯八边形 PCF 的结构模型

设计按八边形排列空气孔的 PCF，在中心向外第三层孔中填充不同折射率的液体. 该结构具体描述为：拥有 5 层空气孔，每层空气孔按正八边形排列；每个空气孔的直径都是 $d=1.00\ \mu\mathrm{m}$，空气孔层与层孔间距都是 $\Lambda=1.50\ \mu\mathrm{m}$；包层材料是二氧化硅($SiO_2$)，折射率为 1.444. 上述八边形 PCF 的结构如图 3.5－9 所示.

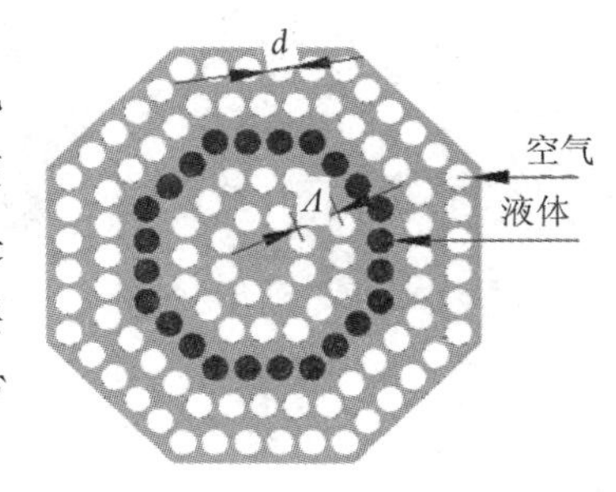

图 3.5－9　八边形 PCF 的结构

利用 COMSOL Multiphysics 对设计的八边形 PCF 结构进行建模、材料设定、网格剖分、计算，得到三个传输波长区间的二维电场图如图 3.5－10 所示. 可以发现，模场在不同的波长处的分布是不同的.

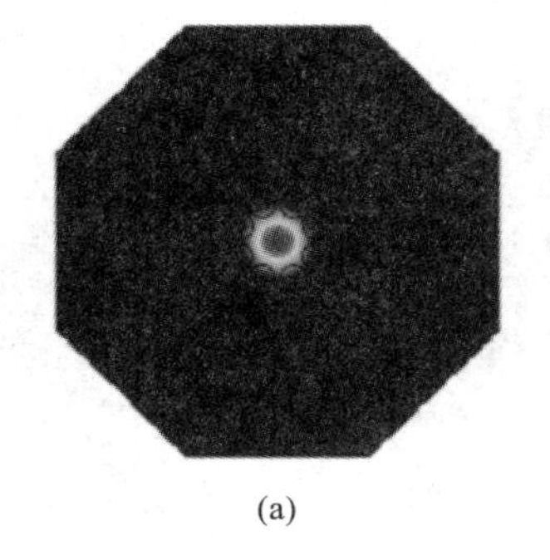

(a)

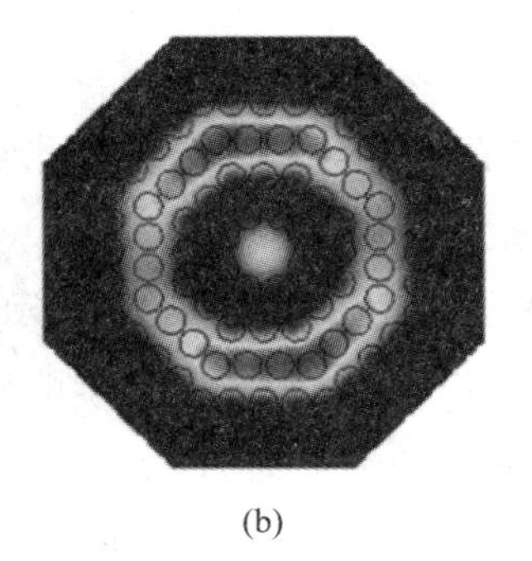

(b)

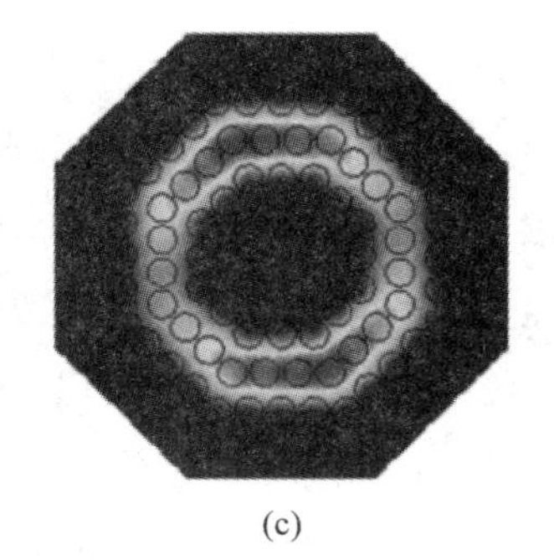

(c)

图 3.5－10　三个传输波长区间的二维电场图

(a) $\lambda<1.54\ \mu\mathrm{m}$; (b) λ 为 $1.54\sim1.56\ \mu\mathrm{m}$; (c) $\lambda>1.56\ \mu\mathrm{m}$

当传输波长小于 1.54 μm 时，内芯基模被很好地限制在内芯中传输，如图 3.5－10 (a) 所示；当传输波长为 1.54～1.56 μm 时，内芯基模会随着传输波长的不断增大逐渐向外部扩散，外芯高阶模逐渐向内芯转移，如图 3.5－10(b) 所示．与模场分布相对应的不同模式的有效折射率也随传输波长的变化而同步发生改变．当波长为 1.56 μm 时，模场交换的速度会加快，这直接导致模式耦合的进行；当波长大于 1.56 μm 时，大部分的能量从内芯转移到外芯并且很好地限制在外芯中传输，如图 3.5－10(c) 所示．此外，有效折射率曲线的斜率在耦合波长附近会有一个明显的改变，如图3.5－11 所示，这个突然的改变产生高负色散系数．

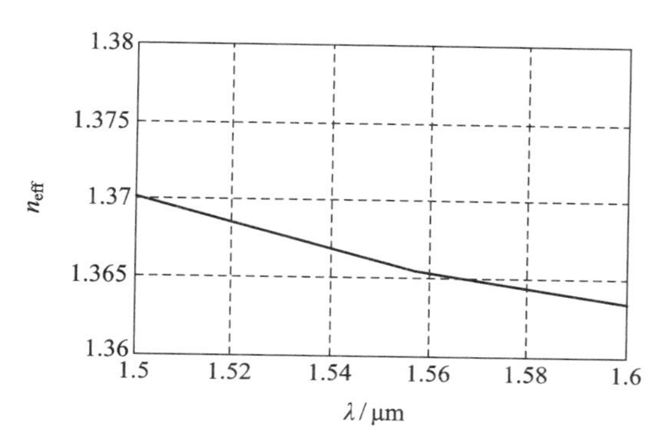

图 3.5－11　有效折射率与波长的关系

由图 3.5－11 可以计算色散系数．PCF 的总色散系数主要包括两部分，即波导色散系数和材料色散系数，其中 PCF 的波导色散系数为

$$D_w(\lambda)=-\frac{\lambda}{c}\frac{d^2 n_{eff}}{d\lambda^2}. \tag{3.5-1}$$

式中，n_{eff} 代表有效折射率，λ 为工作波长，c 为真空中的光速．

PCF 的材料色散系数与波长有关，组成 PCF 的二氧化硅的折射率随波长的变化规律，可以通过 Sellmeier 公式进行计算：

$$n^2=1+\frac{B_1\lambda^2}{\lambda^2-C_1}+\frac{B_2\lambda^2}{\lambda^2-C_2}+\frac{B_3\lambda^2}{\lambda^2-C_3}. \tag{3.5-2}$$

式中：

$$B_1=0.696\ 166\ 300,\ B_2=0.407\ 942\ 600,\ B_3=0.897\ 479\ 400;$$
$$C_1=0.004\ 679\ 148\ 26,\ C_2=0.013\ 512\ 063\ 1,\ C_3=97.934\ 002\ 5.$$

PCF 的材料色散系数为

$$D_m(\lambda)=-\frac{\lambda}{c}\frac{d^2 n}{d\lambda^2}. \tag{3.5-3}$$

式中，n 代表二氧化硅的折射率，λ 是工作波长，c 是真空中的光速．

将 PCF 的波导色散系数与材料色散系数相加，可得到 PCF 的总色散系数，它与波长的关系如图3.5－12 所示．

从图 3.5－12 中不难看出，当 $\lambda=1.555$ μm 时，PCF 的最大负色散系数可以达到 －42 530 ps/(nm·km)，这样一个大的负色散系数不仅可以大大减小 DCF 的长度，还能降低补偿过程中引起的损耗．

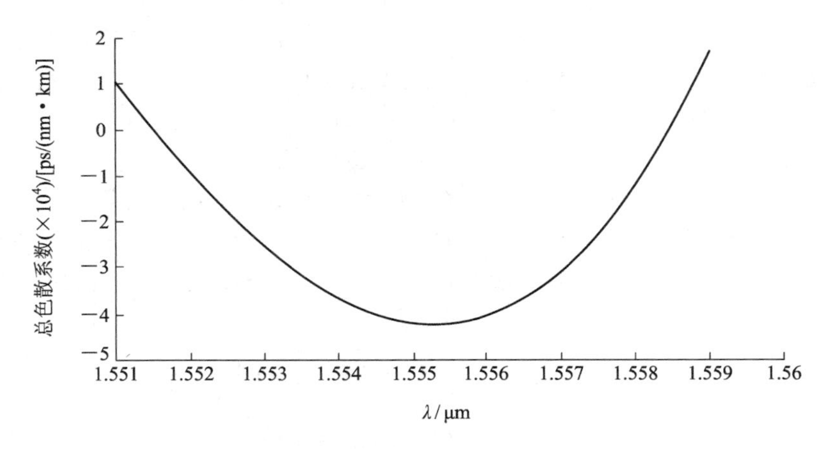

图 3.5-12　PCF 的总色散系数与波长的关系($d=1$ μm，$\Lambda=1.5$ μm，$n_L=1.374$)

3.5.2　双芯八边形结构 PCF 的色散补偿特性

PCF 的传输特性与光纤截面的设计密切相关. 具体地说，在 PCF 的外纤芯中填充的液体的折射率、孔间距和空气孔直径以及 PCF 中空气孔所构成的包层形状，对 PCF 的传输特性有影响.

1. 色散系数和外纤芯填充液体折射率的关系

当空气孔直径 d 为 1.000 μm，孔间距 Λ 为 1.500 μm 时，对不同的填充液体折射率 $n_L=1.373$、$n_L=1.374$、$n_L=1.375$，PCF 的色散系数与传输波长的关系如图 3.5-13 所示. 从图 3.5-13 中不难看出，若介质折射率增加，则耦合波长向长波长方向移动，负色散系数的绝对值随着介质折射率增加而减小. 介质折射率每增加 0.001，耦合波长增大 32 nm，最大负色散系数达到 −50 000 ps/(nm·km).

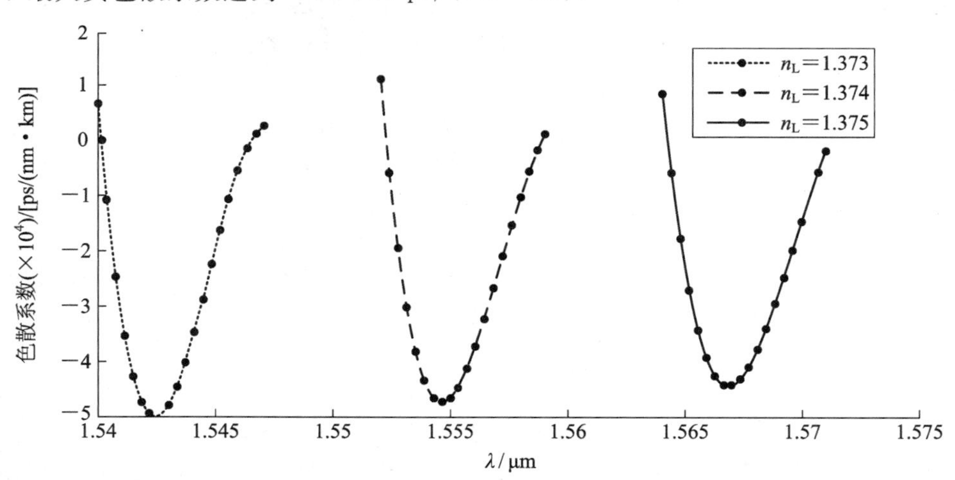

图 3.5-13　PCF 的色散系数与传输波长的关系($d=1.000$ μm，$\Lambda=1.500$ μm)

2. 色散系数和孔间距的关系

当空气孔直径 $d=1.000$ μm，填充液体折射率 $n_L=1.374$ 时，对不同的孔间距 $\Lambda=1.400$ μm、$\Lambda=1.500$ μm、$\Lambda=1.600$ μm，PCF 的色散系数与传输波长的关系如图 3.5-14 所示.

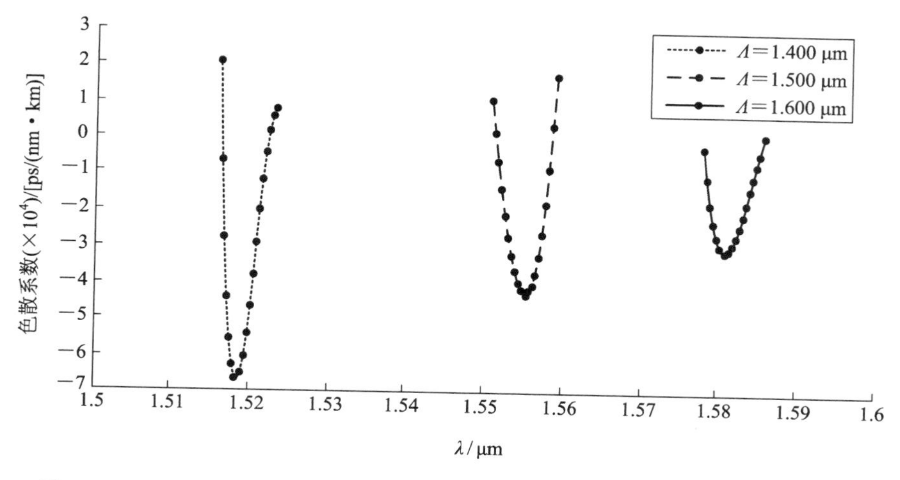

图 3.5-14　PCF 的色散系数与传输波长的关系(d = 1.000 μm，n_L = 1.374)

从图 3.5-14 中可以发现，随着孔间距，即内外芯之间的距离的增大，基模和高阶模的耦合波长向长波长方向移动. 孔间距每变化 0.1 μm，耦合波长移动 30 nm. 当Λ = 1.400 μm 时，在λ = 1.518 μm 处，光纤的色散系数可以达到 −68 000ps/(nm·km).

3. 色散系数和空气孔直径的关系

当孔间距Λ = 1.500 μm，填充液体折射率 n_L = 1.380 时，对于不同的空气孔直径 d =1.100 μm、d = 1.080 μm、d = 1.060 μm，PCF 的色散系数与传输波长的关系如图 3.5-15 所示. 可以发现，随着 d 的减小，耦合波长向长波长方向移动，且负色散系数的绝对值逐渐增大. d 每变化 0.02 μm，耦合波长移动 14 nm. 当 d = 1.080 μm 时，在λ = 1.558 μm 处，PCF 的色散系数达到 −59 120 ps/(nm·km).

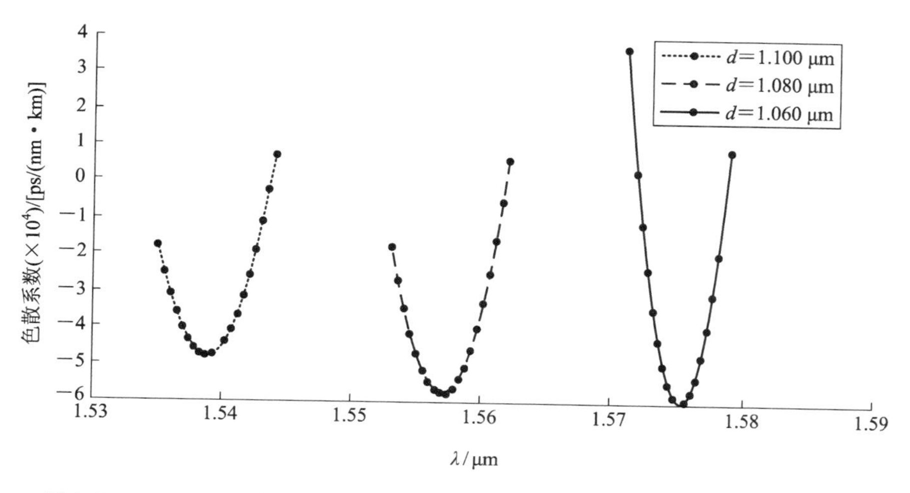

图 3.5-15　PCF 的色散系数与传输波长的关系(Λ = 1.500 μm，n_L = 1.380)

3.5.3 【专利】超高负色散系数的 PCF 结构的设计

设计 PCF 的结构，技术构思如下：① 实心的光纤纤芯折射率大于包层折射率，二者之比为 1.48∶1.46，PCF 以二氧化硅为纤芯中心，纤芯中心周围有空气孔，其折射率之比为

1.48 : 1，远大于实心的光纤纤芯折射率与包层折射率之比；② 纤芯中的空气孔以中心为对称轴，按规则排列；③ 设计空气孔某一层折射率较大，分离传输的能量.

按照上述构思设计的微结构光纤截面图如图 3.5－16 所示，其说明用图如图 3.5－17 所示. 光纤中心没有空气孔，其余各层空气孔呈圆形且中心对称地分布，其中

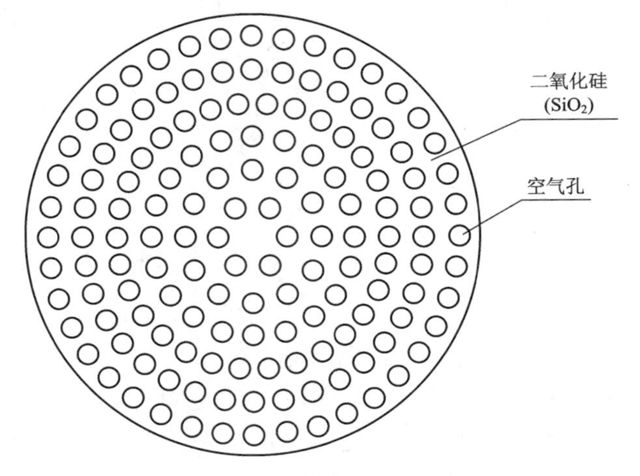

图 3.5－16　设计的微结构光纤截面图

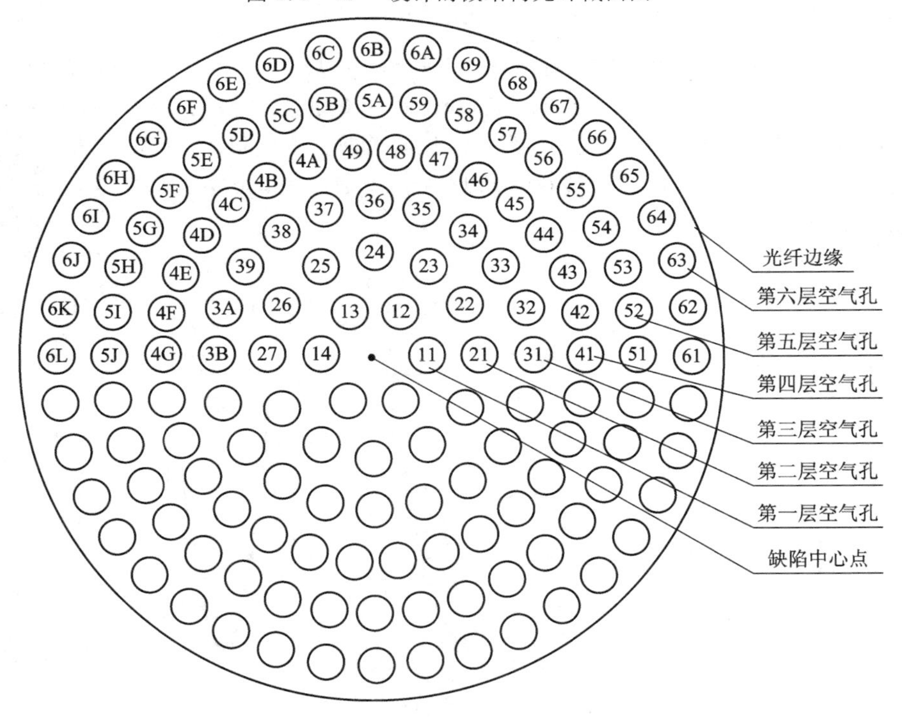

图 3.5－17　设计的微结构光纤截面图说明用图

第一层空气孔分别取名为 11，12，13，…；

第二层空气孔分别取名为 21，22，23，…；

第三层空气孔分别取名为 31，32，33，…；

第四层空气孔分别取名为 41，42，43，…；

第五层空气孔分别取名为 51，52，53，…；

第六层空气孔分别取名为 61，62，63，….

在图 3.5-17 中，取缺陷中心点的坐标为(0，0)、水平方向向右为正方向、竖直方向向上为正方向，则各空气孔中心坐标为 P_{11}(1，0)，P_{12}(0.5，0.866 025)，P_{13}(−0.5，0.866 025)，P_{14}(−1，0)，P_{21}(2，0)，P_{22}(1.732 051，1)，P_{23}(1，1.732 051)，P_{24}(0，2)，P_{25}(−1，1.732 051)，P_{26}(−1.732 051，1)，P_{27}(−2，0)，P_{31}(3，0)，P_{32}(2.853 17，0.927 051)，P_{33}(2.427 052，1.763 354)，P_{34}(1.763 354，2.427 052)，P_{35}(0.927 051，2.853 17)，P_{36}(0，3)，P_{37}(−0.927 051，2.853 17)，P_{38}(−1.763 354，2.427 052)，P_{39}(−2.427 052，1.763 354)，P_{3A}(−2.853 17，0.927 051)，P_{3B}(−3，0)，P_{41}(4，0)，P_{42}(3.912 591，0.831 646)，P_{43}(3.654 182，1.626 945)，P_{44}(3.236 069 2，2.351 139 3)，P_{45}(2.676 525，2.972 577)，P_{46}(2，3.464 099 8)，P_{47}(1.236 072，3.804 224 75)，P_{48}(0.418 119，3.978 087)，P_{49}(−0.418 119，3.978 087)，P_{4A}(−1.236 072，3.804 224 75)，P_{4B}(−2，3.464 099 8)，P_{4C}(−2.676 525，2.972 577)，P_{4D}(−3.236 069 2，2.351 139 3)，P_{4E}(−3.654 182，1.626 945)，P_{4F}(−3.912 591，0.831 646)，P_{4G}(−4，0)，P_{51}(5，0)，P_{52}(4.924 039，0.868 24)，P_{53}(4.698 464，1.710 099)，P_{54}(4.330 128，2.5)，P_{55}(3.830 224，3.213 936)，P_{56}(3.213 936，3.830 224)，P_{57}(2.5，4.330 128)，P_{58}(1.710 099，4.698 464)，P_{59}(0.868 24，4.924 039)，P_{5A}(0，5)，P_{5B}(−0.868 24，4.924 039)，P_{5C}(−1.710 099，4.698 464)，P_{5D}(−2.5，4.330 128)，P_{5E}(−3.213 936，3.830 224)，P_{5F}(−3.830 224，3.213 936)，P_{5G}(−4.330 128，2.5)，P_{5H}(−4.698 464，1.710 099)，P_{5I}(−4.924 039，0.868 24)，P_{5J}(−5，0)，P_{61}(6，0)，P_{62}(5.926 13，0.938 606)，P_{63}(5.706 34，1.8541)，P_{64}(5.346 040 2，2.723 940 87)，P_{65}(4.854 104，3.526 709)，P_{66}(4.242 643 5，4.242 643 5)，P_{67}(3.526 715 4，4.854 099 159)，P_{68}(2.723 948，5.346 037)，P_{69}(1.8541，5.706 34)，P_{6A}(0.938 606，5.926 13)，P_{6B}(0，6)，P_{6C}(−0.938 606，5.926 13)，P_{6D}(−1.8541，5.706 34)，P_{6E}(−2.723 948，5.346 037)，P_{6F}(−3.526 715 4，4.854 099 159)，P_{6G}(−4.242 643 5，4.242 643 5)，P_{6H}(−4.854 104，3.526 709)，P_{6I}(−5.346 040 2，2.723 940 87)，P_{6J}(−5.706 34，1.8541)，P_{6K}(−5.926 13，0.938 606)，P_{6L}(−6，0).

设计好PCF的结构后，采用COMSOL Multiphysics进行模拟计算. 取空气孔的层间距 $d_0 = 1.500\ \mu$m，空气孔直径 d 的范围为 1.12 ～ 1.16 μm、步长为 0.02 μm，传输波长的范围为 1.500 ～ 1.600 μm、步长为 0.001 μm，计算得到稳态所对应波长的有效折射率 n_{eff}. 其中，空气孔直径为 1.12 μm，传输波长范围为 1.500 ～ 1.600 μm、步长为 0.001 μm 的情形对应的 101 个有效折射率数据分别为 1.366 893，1.366 810，1.366 728，1.366 645，1.366 563，1.366 480，1.366 398，1.366 315，1.366 233，1.366 150，1.366 067，1.365 985，1.365 902，1.365 819，1.365 737，1.365 654，1.365 571，1.365 489，1.365 406，1.365 323，1.365 240，1.365 158，1.365 075，1.364 992，1.364 909，1.364 826，1.364 744，1.364 661，1.364 578，1.364 495，1.364 412，1.364 329，1.364 246，1.364 163，1.364 081，1.363 998，1.363 915，1.363 832，1.363 749，1.363 666，1.363 583，1.363 500，1.363 417，1.363 334，1.363 251，1.363 168，1.363 085，1.363 002，1.362 919，1.362 836，1.362 753，1.362 672，1.362 610，1.362 574，1.362 539，1.362 505，1.362 470，1.362 435，1.362 401，1.362 366，1.362 331，1.362 297，1.362 262，1.362 227，1.362 193，1.362 158，1.362 124，

1.362 089，1.362 054，1.362 020，1.361 985，1.361 950，1.361 916，1.361 881，1.361 847，1.361 812，1.361 777，1.361 743，1.361 708，1.361 674，1.361 639，1.361 605，1.361 570，1.361 535，1.361 501，1.361 466，1.361 432，1.361 397，1.361 363，1.361 328，1.361 293，1.361 259，1.361 224，1.361 190，1.361 155，1.361 121，1.361 086，1.361 052，1.361 017，1.360 983，1.360 948.

成功的例子是：

第一层空气孔中的 11 和 12 两个空气孔中心与光纤中心所张的角为 60°，故第一层空气孔中有 6 个空气孔，空气孔呈旋转 60° 对称；

第二层空气孔中的 21 和 22 两个空气孔中心与光纤中心所张的角为 30°，故第二层空气孔中有 12 个空气孔，空气孔呈旋转 30° 对称；

第三层空气孔中的 31 和 32 两个空气孔中心与光纤中心所张的角为 18°，故第三层空气孔中有 20 个空气孔，空气孔呈旋转 18° 对称；

第四层空气孔中的 41 和 42 两个空气孔中心与光纤中心所张的角为 12°，故第四层空气孔中有 30 个空气孔，空气孔呈旋转 12° 对称；

第五层空气孔中的 51 和 52 两个空气孔中心与光纤中心所张的角为 10°，故第五层空气孔中有 36 个空气孔，空气孔呈旋转 10° 对称；

第六层空气孔中的 61 和 62 两个空气孔中心与光纤中心所张的角为 9°，故第六层空气孔中有 40 个空气孔，空气孔呈旋转 9° 对称.

此外，第一层空气孔中的所有空气孔的中心与光纤中心距离为 d_0，第二层空气孔中的所有空气孔的中心与光纤中心距离为 $2d_0$，第三层空气孔中的所有空气孔的中心与光纤中心距离为 $3d_0$，第四层空气孔中的所有空气孔的中心与光纤中心距离为 $4d_0$，第五层空气孔中的所有空气孔的中心与光纤中心距离为 $5d_0$，第六层空气孔中的所有空气孔的中心与光纤中心距离为 $6d_0$.

当层间距 $d_0 = 1.500\ \mu\text{m}$、空气孔直径 $d = 1.14\ \mu\text{m}$、波长范围为 $1.500 \sim 1.600\ \mu\text{m}$ 时，稳态有效折射率与波长的关系曲线如图 3.5－18 所示. 取波长范围为 $1.545 \sim 1.566\ \mu\text{m}$，对图

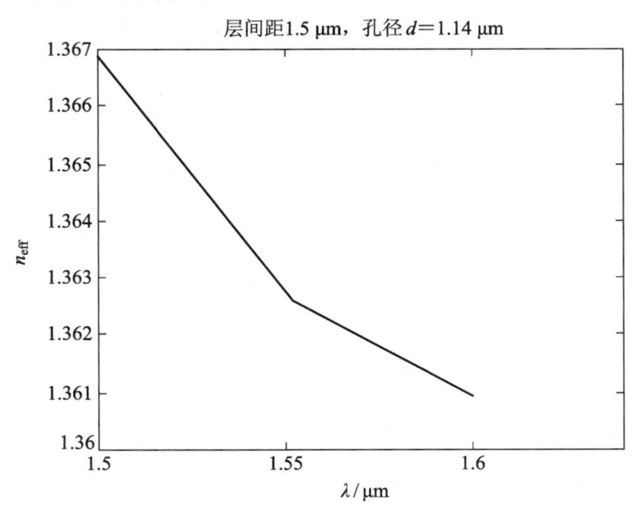

图 3.5－18　稳态有效折射率与波长的关系曲线

3.5-18 中的曲线进行放大，得到如图 3.5-19 所示的曲线，其三次项拟合曲线如图 3.5-20 所示，对应的方程为

$$n_{\text{eff}} = -134.87\lambda^3 + 631.04\lambda^2 - 984.2\lambda + 513.05, \quad (3.5-4)$$

代入色散系数方程后得

$$D = -\frac{\lambda}{c}\frac{d^2}{d\lambda^2}n_{\text{eff}} = -\frac{\lambda}{c}(-134.87\times 6\lambda + 631.04\times 2). \quad (3.5-5)$$

对于 $\lambda = 1.550\ \mu m$，色散系数 $D = -65\ 207.4\ ps/(nm \cdot km)$.

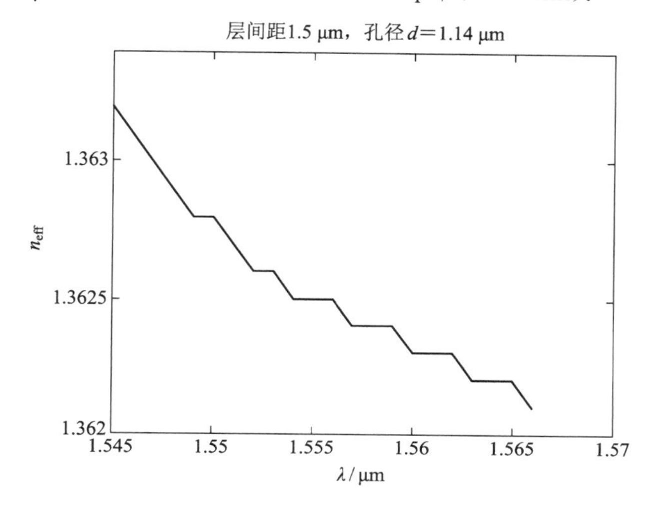

图 3.5-19 图 3.5-18 的局部放大曲线

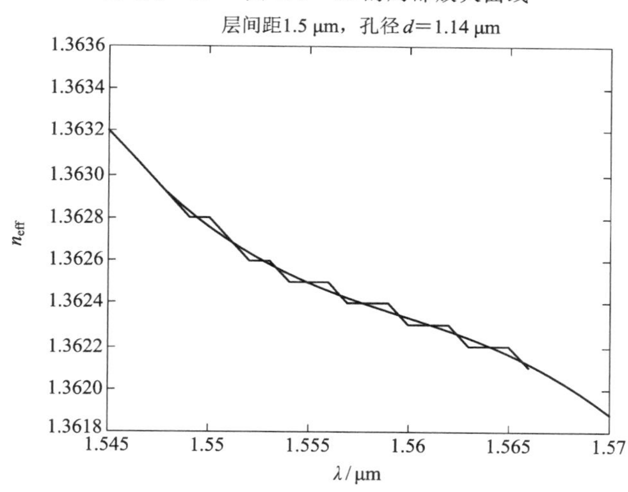

图 3.5-20 图 3.5-19 中曲线的三次项拟合曲线

3.5.4 利用计算机设计光缆结构

待画的光缆结构如图 3.5-21 所示. 在 Visio 界面利用圆工具⬭在界面上画一个圆，并用“Shape/Size & Position”打开“Size & Position”对话框，取圆 C1 的边界长和宽都为 35 mm，如图 3.5-22 所示. 同理画出 C2、C3、C4、C5、C6、C7、C8 共 7 个圆，它们的边界长和宽都相等，分别为 29 mm、27 mm、25 mm、23 mm、16.5 mm、10 mm、5.5 mm. 选中

这 7 个圆，采用排列工具中的左右对称工具和上下对称工具，得到如图 3.5－23 所示的图形.

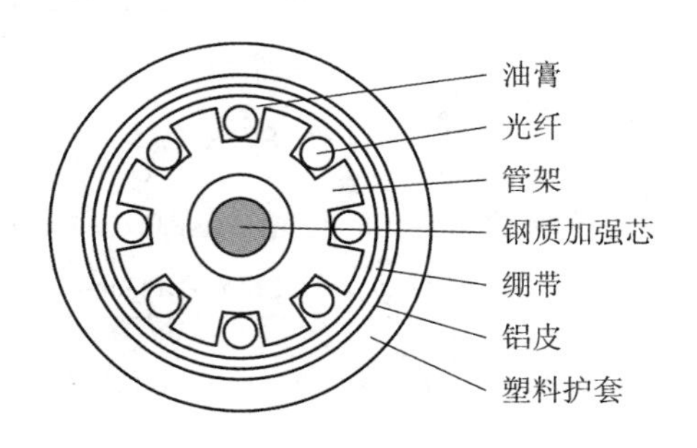

图 3.5－21　待画的光缆结构

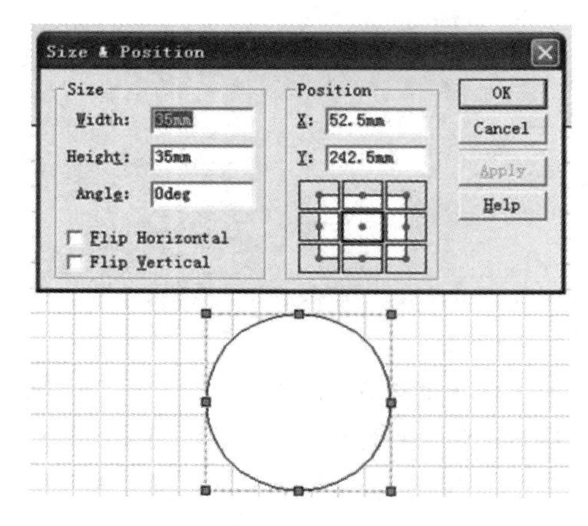

图 3.5－22　圆 C1 及其边界长、宽设置

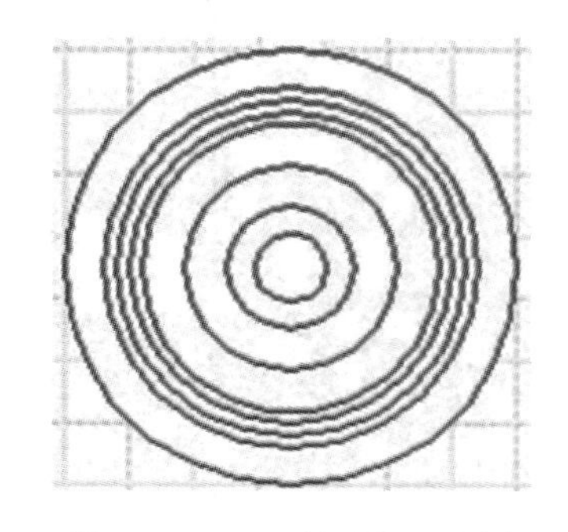

图 3.5－23　所画的 8 个圆

利用直线工具，画出长度为 45 mm 的水平直线，利用 Ctrl＋C 和 Ctrl＋V 复制直线，并且用“Shape/Size & Position”打开“Size & Position”对话框，选择“Begin，Length，Angle”条目，在“Angle”栏中键入“11.25deg”，如图 3.5－24 所示. 同理，画出“22.5deg”“33.75deg”“45deg”“56.25deg”“67.5deg”“78.75deg”共 6 条直线.

选择直径 35mm 为基准，按住 Shift 键选择连同水平直线在内的 8 条直线，采用排列工具中的左右对称工具和上下对称工具，得到如图 3.5－25 所示的图形.

选中 8 条直线，利用组合工具，将其组合成一个群组 A1，利用 Ctrl＋C 和 Ctrl＋V 得到复制后的群组 A2，对 A2 再按顺时针旋转按钮；选择群组 A1，再选择复制后的群组 A2，用排列工具中的左右对称工具和上下对称工具，得到如图 3.5－26 所示的图形. 利用解群组工具，将群组 A1 和 A2 解开，然后选择直径为 23mm 的 C5 和直径为 16.5 mm 的 C6 以及 16 条直线，如图 3.5－27 所示. 用“Shape/Operations/Trim”将相交部分剪断，并且将多余线段删去，得到如图 3.5－28 所示的图形.

最后，利用圆工具画出直径为 3 mm 的 8 个圆，分别置于如图 3.5－21 所示的“齿轮”与圆 C4 之间的空隙中，再标注中文后得到如图 3.5－21 所示的图形.

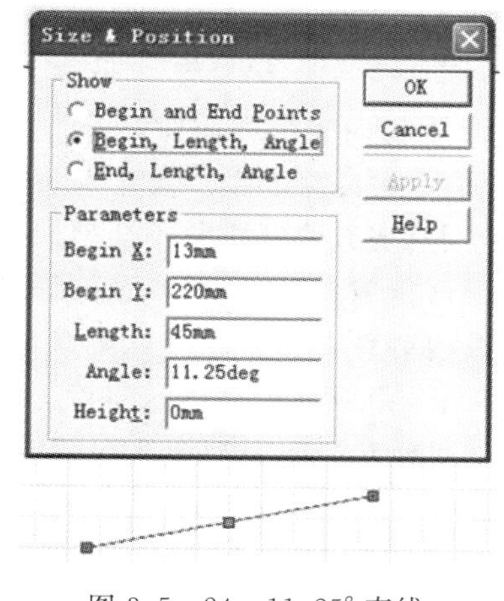

图 3.5-24　11.25°直线

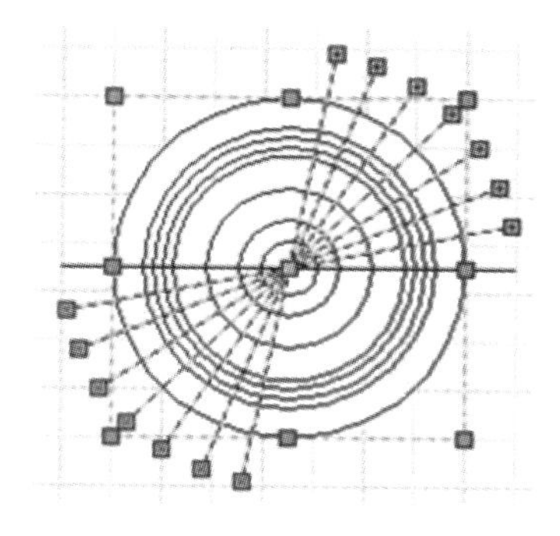

图 3.5-25　等分直线

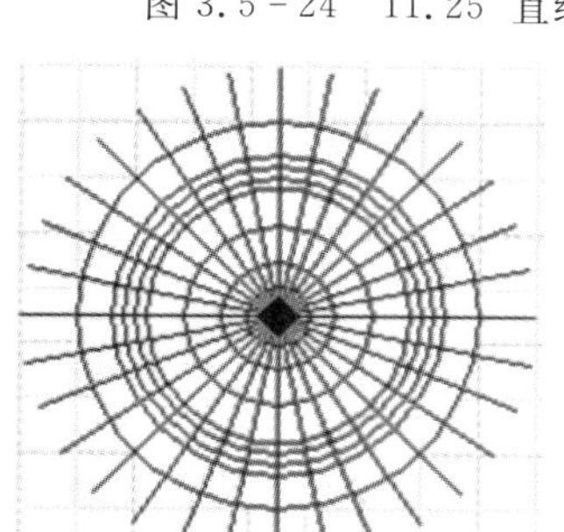

图 3.5-26　16 等分直线

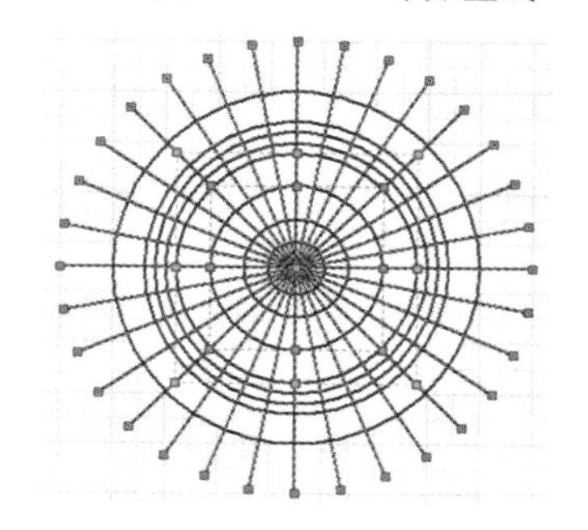

图 3.5-27　选择 16 条直线和 2 个圆

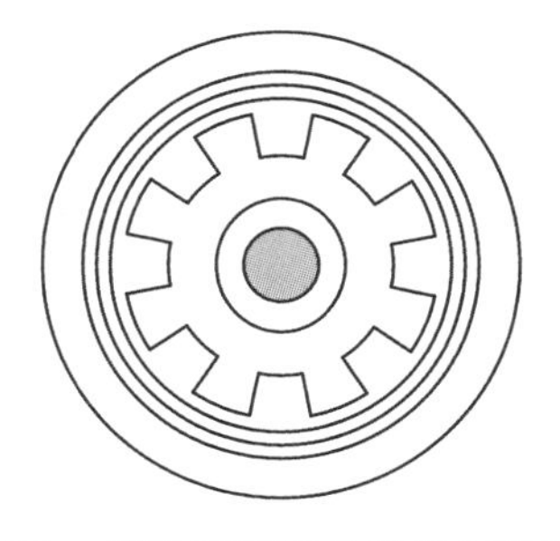

图 3.5-28　删除不需要的线段后得到的图形

3.6　激光光纤通信拓展性内容

光纤通信已经成为新时代的主流通信，以激光光纤通信为主要代表的光纤通信技术搭建了现代通信网络的框架，成为信息传递的重要组成部分．光纤通信技术的基本要素是光源、光纤和光电探测器．光源中应用最广泛的是激光器，波导电磁传输系统中传输损耗最小的就是光纤，光电探测器是光纤通信接收端的关键器件．

1970 年，康宁玻璃公司根据高锟博士提出的建议，研制了损耗约为 20 dB/km 的石英多模光纤．之后经过不断探索，在 1974 年石英系光纤的损耗降低到 1 dB/km，在 1979 年降低到 0.2 dB/km，逼近了石英系光纤的理论损耗极限，完全满足了光纤通信的要求．

3.6.1　单频光纤激光器

光纤利用的是光的全反射原理，当光从光密介质射向光疏介质时，折射角将大于入射角．当入射角增大到某一数值时，折射角将达到 90°，该入射角称为临界角．若入射角大于临界角，则无折射，全部光线均返回光密介质，这时在光疏介质中将不会出现折射光线，这就是全反射．光纤纤芯由高折射率玻璃芯中心、中低折射率硅玻璃涂层和最外层的增强树脂涂层三种物质组成，光线在纤芯中传输，当光线射到纤芯和外层界面的角度大于产生全反射的临界角时，光线透不过界面，会全部反射回来，继续在纤芯内向前传送，而包层主要起到保护作用．光纤有单模光纤和多模光纤两种，单模光纤中心玻璃芯很细（芯径一般为 9 μm 或 10 μm），只能传一种模式的光纤，其色散很小；多模光纤的核心直径较粗，可以传输多种模式的光纤，但其模间色散大．

激光作为人类有史以来最重大的发明之一，具有能量密度高、单色性好、准直性好的特点，所以成为现代科学研究中最具重量级的工具之一．在红宝石激光器出现后不久，第一台光纤激光器也出现了．

光纤放大器是一种固体激光器，由于工作物质为光纤，故也称为光纤激光器．20 世纪 80 年代后期，1550 nm 波长的掺铒光纤放大器刚研制出来，就很快被投入使用，这也是光纤通信技术发展史上的一个重要转折点．具体地说，光纤激光器是指用掺稀土元素玻璃光纤作为增益介质的激光器，在泵浦光作用下光纤内光功率密度升高，造成“粒子数反转”，适当加入正反馈回路就可以形成激光振荡输出．

单频光纤激光器具有线宽窄、噪声低、相干性好、转换效率高等优点，在激光武器、激光雷达、空间激光通信、相干光通信、高精度光谱测量、引力波探测等领域有着广泛的应用前景，是激光领域的一个研究热点．根据增益光纤稀土离子掺杂类型与激射波长的不同，目前主要有 1.0 μm、1.5 μm 和 2.0 μm 三种典型波段的单频光纤激光器．按照单频光纤激光器中谐振腔的结构和工作原理，可将其分为分布式布拉格反射（distributed Bragg reflection，DBR）型、分布式反馈（distributed feedback ，DFB）型和环形腔（ring cavity，RC）型单频光纤激光器，其中 DBR 型和 DFB 型单频光纤激光器的腔型为驻波腔，环形腔型单频光纤激光器的腔型为行波腔．相对而言，环形腔的腔长一般较长、结构复杂、缺乏有效的鉴频机制，容易出现跳模，在某一特定纵模下难以长期稳定地工作；线形腔结构简单、效率高、不易出现跳模、工作稳定，直接在光纤纤芯写入 Bragg 光栅作为腔镜可形成单频激光输出．

1. 1.0 μm 波段单频光纤激光器

掺入 Nd^{3+} 或者 Yb^{3+} 的增益光纤单频激光器，其工作波长范围为 890 ～ 1120 nm，称为 1.0 μm 波段．其中，工作波长范围为 910 ～ 940 nm 的单频光纤激光器通过倍频技术获得纯蓝光单频激光，应用于原子冷却、高分辨率 3D 光刻、水声通信等领域；工作波长范围为 960 ～ 985 nm 的单频光纤激光器用来产生蓝光及深紫外激光；工作波长范围为 1020 ～ 1080 nm 的单频光纤激光器应用于相干或非相干光谱合束、激光测距、引力波探测、激光雷达等领域；工作波长为 1120 nm 的单频光纤激光器可用作 1178 nm 拉曼光纤激光器的高质量泵浦源，也可以通过倍频技术，获得 560 nm 单频激光，用于原子冷却、生物医学成像和生物检测等领域．

通过优化 Bragg 光栅参数和增益光纤的使用长度，取长度为 3.1 cm 的掺 Yb^{3+} 磷酸盐光

纤制作DBR短腔，可以获得功率为62 mW、线宽为5.7 kHz、偏振消光比大于25 dB的单频激光，其相对强度噪声在频率10 MHz处小于−150 dB/Hz，其实验装置如图3.6−1所示. 图中，LD为发光二极管；PM WDM为保偏光波分复用器(polarization maintaining wavelength division multiplexer)；HR FBG为高反射率光纤布拉格光栅(high reflectivity fiber Bragg grating)；PM FBG为保偏光纤布拉格光栅(polarization maintaining fiber Bragg grating).

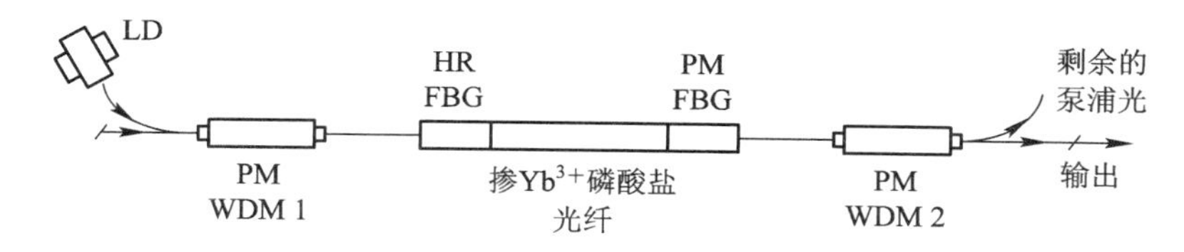

图 3.6−1　1120 nm线偏振DBR单频光纤激光器的实验装置

脉冲单频光纤激光器在获得高峰值功率和高脉冲能量的同时，能保持良好的光束质量，在时间特性上也具有多样性，更能满足实际应用需求. 单频ns脉冲光纤激光器在具有较窄脉冲宽度的同时，还拥有极窄的光谱线宽，可应用于非线性频率转换、激光雷达、激光精密测距和相干合成等领域.

2007年，美国NPPhotonics公司的Leigh等人利用压电陶瓷作为调Q元件，与掺Yb^{3+}磷酸盐光纤组成短直腔，实现了峰值功率为13.6 W、重复频率为700 kHz、脉宽为18.8 ns、波长为1064 nm的脉冲单频激光，其峰值功率随着重复频率的增加而减小，同时随着泵浦功率的增加而增大.

2016年，Zhang等人将波长为1083 nm的DBR短腔单频光纤激光种子源注入环形腔中，获得了峰值功率为3.8W、重复频率为1 kHz、信噪比达58.4 dB的脉冲单频激光，其实验装置如图3.6−2所示. 图中，LD为发光二极管；WDM为波分复用器(wavelength division multiplexer)；ISO表示隔离器(isolator)；YDF表示掺镱光纤(ytterbium-doped fiber)；AOM表示声光调制器(acousto-optic modulator)；BPF表示带通滤波器(band-pass filter)；PZT表示锆钛酸铅压电陶瓷(piezoelectric ceramic transducer).

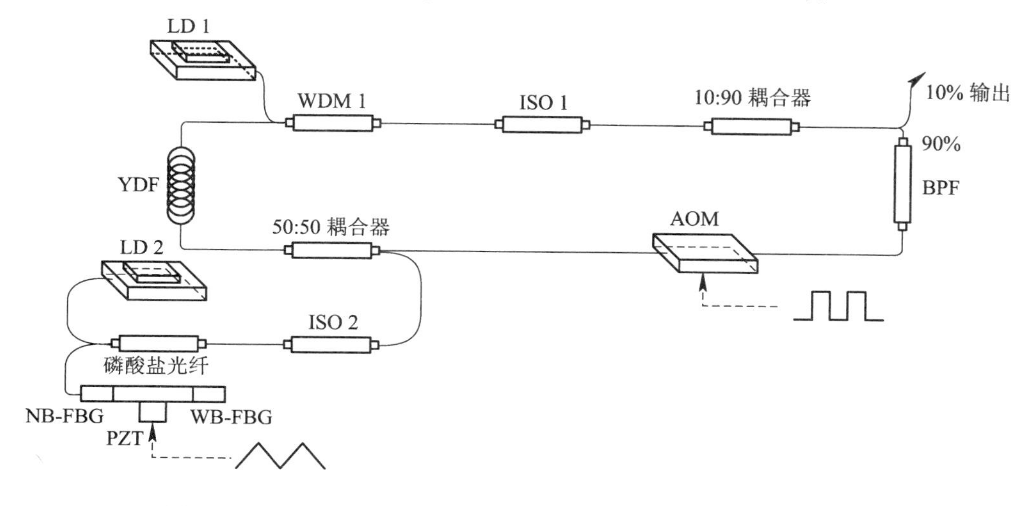

图 3.6−2　1083 nm线性频率调制脉冲单频光纤激光器的实验装置

在国内，2011 年，中国科学院上海光学精密机械研究所的 Zhu 等人利用声光调制器对非平面环形腔(non-planar ring oscillator，NPRO)进行调制，随后采用主振荡功率放大(master oscillator power amplifier，MOPA)结构对脉冲种子光进行了放大，获得了单脉冲能量为 100 μJ、脉宽为 500 ns、重复频率为 100 Hz、光束质量为 1.1 的 1064 nm 单频脉冲激光；2013 年，国防科技大学的 Wang 等人利用电光调制器(electro-optic modulator，EOM)和模拟函数发生器将连续单频光纤激光种子源调制成脉宽为 6ns、重复频率为 10 MHz 的脉冲激光，采用全光纤 MOPA 结构对其进行了放大，主放大级使用纤芯直径为 30 μm 的大模场面积掺 Yb^{3+} 双包层光纤来抑制受激布里渊散射(stimulated Brillouin scattering，SBS)，获得了平均功率为 280 W、峰值功率为 4.6 kW、光束质量为 1.3 的 1064 nm 单频脉冲激光，其实验装置如图 3.6-3 所示. 图中，MO 为主振荡(master oscillation)模块；seed 表示激光种子源；EOM 为电光调制器；YDF 表示掺镱光纤；PD 表示光电探测器(photoelectric detector). 由于重复频率控制在兆赫兹量级，尽管脉冲单频激光的平均功率和峰值功率都较高，单脉冲能量也不高.

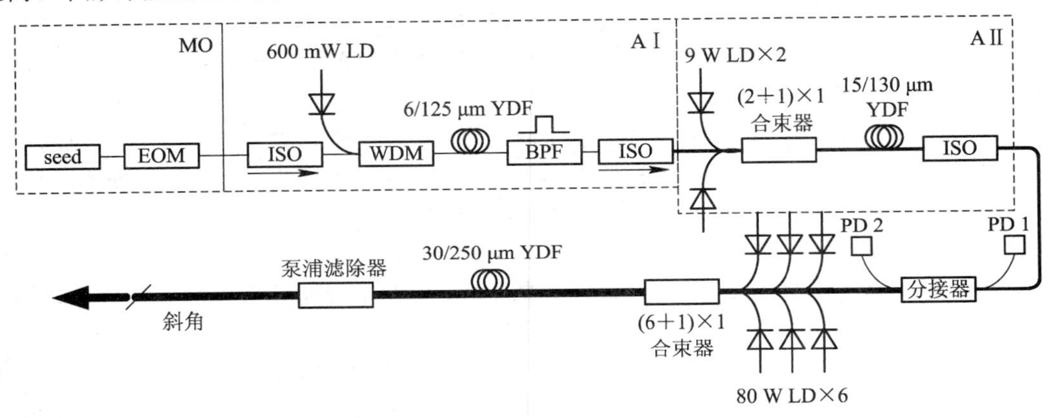

图 3.6-3　单频全光纤脉冲 MOPA 的实验装置

2020 年，Wang 等人利用长度为 1.5 cm 的掺 Nd^{3+} 硅酸盐光纤制作了 DBR 短腔，获得了阈值为 10 mW、线宽为 71.5 kHz、功率为 15 mW 的连续单频激光. 掺 Nd^{3+} 硅酸盐光纤的增益谱出现在 1120 nm 区域，属于四能级系统(Nd^{3+}：$4F_{\frac{3}{2}} \rightarrow 4I_{\frac{11}{2}}$)，相比于传统的三能级系统，它更容易实现粒子数反转，且其阈值更低些. 与掺 Yb^{3+} 光纤相比，掺 Nd^{3+} 光纤在波长 1120 nm 处具有更大的发射截面，故在激射波长大于 1100 nm 的激光方面，掺 Nd^{3+} 光纤具有优势.

2. 1.5 μm 波段单频光纤激光器

掺 Er^{3+} 或 Er^{3+}/Yb^{3+} 共掺增益光纤的单频激光器主要工作于 1530 ～ 1565 nm 和 1565 ～1625 nm 波段，前者称为 1.5 μm 波段，后者属于 L 波段. 1.5 μm 波段单频激光器的波长处于光纤通信的 C 窗口，具有线宽窄、噪声低的特性. 1.5 μm 波段单频光纤激光器应用于高分辨率传感、光频域反射、激光雷达等领域；L 波段单频光纤激光器应用于高分辨率分子光谱学、激光雷达、掺 Tm^{3+} 激光器的高性能泵浦源和非线性频率转换领域.

1991 年，美国联合技术研究中心的 Ball 等人使用光纤 Bragg 光栅作为腔镜，在掺 Er^{3+} 石英光纤中实现了功率为 5 mW、线宽小于 47 kHz 的 1548 nm 连续单频激光.

2017 年，Yang 等人报道了 1.6 μm 单频光纤激光器，他们利用长度为 1.6 cm 的 Er^{3+}/Yb^{3+} 共掺磷酸盐光纤制作 DBR 短光学谐振腔，通过优化增益光纤使用长度和 Bragg 光栅参数，获得了功率为 20 mW、线宽为 1.9 kHz 的 1603 nm 线偏振单频激光，其相对强度噪声在 5 MHz 频率处低于 140 dB/Hz，其实验装置如图 3.6－4 所示.

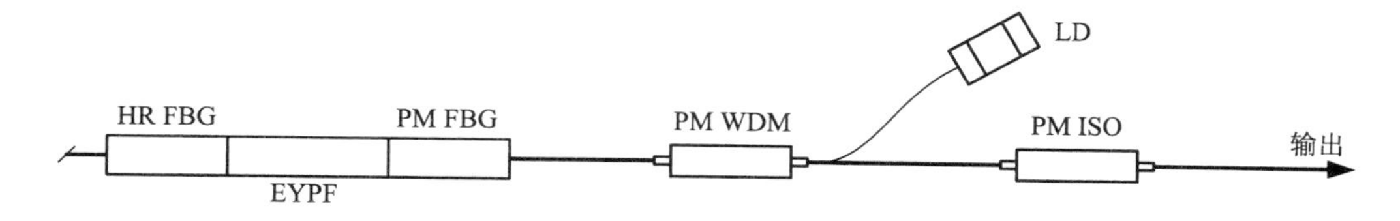

图 3.6－4　1.6 μm 线偏振 DBR 单频光纤激光器的实验装置

2018 年，Yang 等人利用 MOPA 结构对 1.6 μm 单频光纤激光种子源进行了放大，主放大级采用一段长度为 4 m、纤芯直径为 25 μm 的大模场面积 Er^{3+}/Yb^{3+} 共掺保偏双包层光纤，获得了功率为 15 W、线宽为 4.5 kHz、偏振消光比大于 23 dB 的 1603 nm 连续单频激光.

在高功率连续单频激光输出方面，2013 年，Yang 等人利用一级 Er^{3+}/Yb^{3+} 共掺光纤放大器对线偏振单频激光种子源进行了放大，实现了功率为 10.9 W、线宽为 3.5 kHz、偏振消光比大于 24 dB 的 1560 nm 连续单频激光；2015 年，天津大学的 Bai 等人利用三级保偏光纤放大器组成的 MOPA 结构对线宽为 700 Hz 的单频光纤激光种子源进行了放大，获得了功率为 56.4 W、光—光转换效率为 37.6% 的 1550 nm 连续单频激光，最终激光谱线展宽至 4.21 kHz，这是因为泵浦功率的提升，增大了激光中非相干成分，产生了放大自发辐射(amplified spontaneous emission，ASE).

2016年，英国BAE系统公司的Creeden等人利用MOPA结构对单频光纤激光种子源进行了放大，主放大级采用 940 nm 多模半导体激光器后向抽运大模场面积 Er^{3+}/Yb^{3+} 共掺双包层光纤，获得了功率为 207 W、斜率效率达 50.5% 的 1560 nm 连续单频激光. 他们采用了 976 nm 泵浦波长非吸收峰值的泵浦方案，有效地提高了 Er^{3+}/Yb^{3+} 离子之间的能量传递效率，抑制了 1.0 μm 波段产生的 ASE，降低了增益光纤的单位长度热负荷. 这种光纤放大器的实验原理如图 3.6－5 所示.

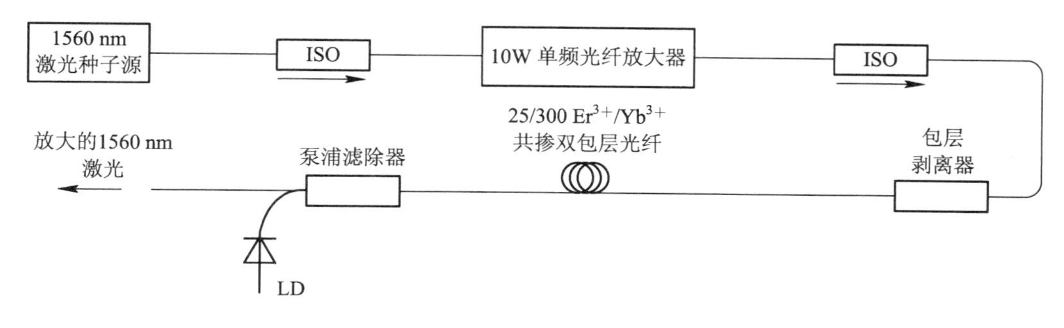

图 3.6－5　高功率单频 Er^{3+}/Yb^{3+} 共掺光纤放大器的实验原理

在单频激光噪声抑制方面，1996 年，意大利米兰工业大学的 Taccheo 等人对光电探测器采集的噪声信号处理后，将其与半导体激光器的直流驱动信号相叠加，并加载在半导体

激光器上，从而将单频光纤激光器在 160 kHz 附近的弛豫振荡峰处的强度噪声从 −84 dB/Hz 降低到 −114 dB/Hz；2014 年，法国雷恩大学的 Danion 等人将掺 Er^{3+} 光纤放大器和半导体光纤放大器(semiconductor optical-fiber amplifier，SOA)相结合，实现了具有强度噪声抑制功能的混合光放大器，获得的最大抑制幅度达 20 dB，抑制带宽超过 3 GHz；2016 年，Zhao 等人提出了 SOA 结合光电反馈的强度噪声抑制方案，使用可调衰减器和偏振控制器来控制输入光的功率和偏振，使 SOA 工作于增益饱和状态，在 0.8 kHz～50 MHz 频段内的相对强度噪声在 0.5 mW 的功率下降低到 −150 dB/Hz，该值距离量子噪声极限仅为 2.9 dB；2017 年，Yang 等人利用两级光纤放大器组成的 MOPA 结构对经强度噪声抑制的单频光纤激光种子源进行了放大，实现了功率为 23 W、线宽小于 1.7 kHz 的低噪声1550 nm 连续单频激光，在 0.1～50 MHz 频段内的相对强度噪声在 0.5 mW 的功率下降低到 −150 dB/Hz.

3. 2 μm 波段单频光纤激光器

2 μm 单频光纤激光器(2 μm single frequency fiber laser)采用 MOPA 结构一体化台式设计，设计紧凑，内置单频管线宽 MHz 量级的种子激光器，优化设计级联型光纤放大器，输出功率可调，技术参数通过 LCD 液晶显示，支持高功率输出，维护成本低，安装方便. 2 μm 波段单频光纤激光器包括 1940 nm、1950 nm、2004 nm、2050 nm 等多种波长，其中 1950 nm 连续可调波长型单频光纤激光器如图 3.6－6 所示.

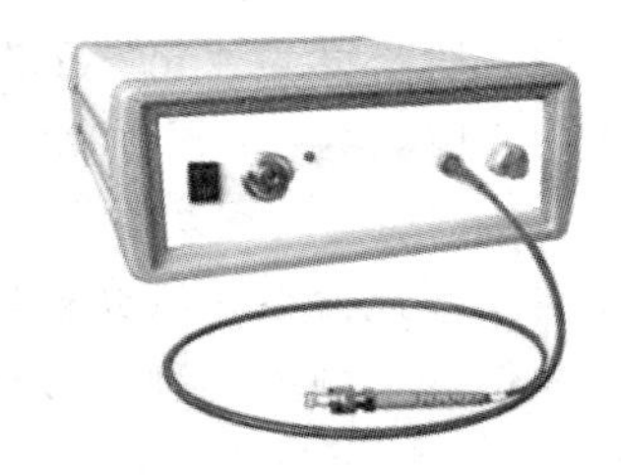

图 3.6－6　1950 nm 连续可调波长型波单频光纤激光器

3.6.2　掺铒光纤放大器

自 20 世纪 90 年代掺铒光纤放大器成功研制以来，它便以增益高、工作频带宽、输出信号光功率高、泵浦功率高为特征，并凭借信息传输速度快、容量大、传输距离很长，成为全球激光光纤通信的理想器件.

1. 工作原理

铒(Er)是一种稀土金属元素，在常温下为银白色，密度为 9.006 g/cm³，溶于酸不溶于水. 在制造光纤过程中掺入一定量的三价铒离子(Er^{3+})，可以制成掺铒光纤放大器(EDFA). 在 EDFA 中泵浦光的能量转化为信号光能量，从而实现了光信号放大. 硅光纤中铒离子能级图如图 3.6－7 所示. 铒离子有基态、亚稳态、激发态三个能级，其中基态(图 3.6－7 中的能级“1”)最稳定，激发态(图 3.6－7 中的能级“5”)最不稳定. 在没有任何光线照射时，铒离子处在基态，能量最低；而当泵浦光射入后，光子能量发生了变化，当光子能量与基态和激发态的能量差相同时，铒离子就会吸收泵浦光能量，从基态跃迁至激发态，但铒离子随时都会

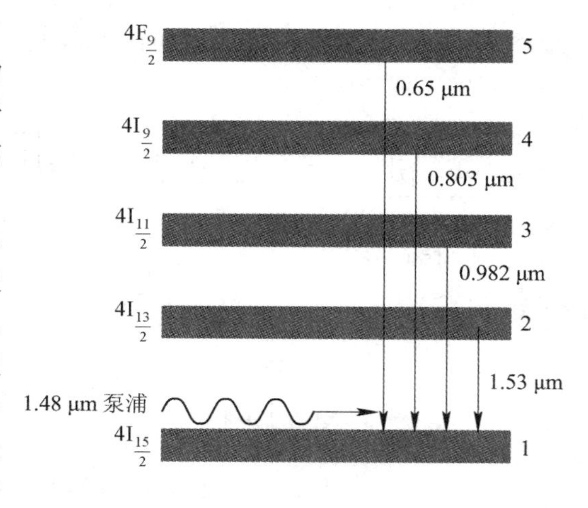

图 3.6－7　硅光纤中铒离子能级图

回到亚稳态. 若铒离子在亚稳态能级(图 3.6-7 中的能级“2”“3”“4”)上，则可以转移到基态或者吸收能量到达激发态.

2. 结构

掺铒光纤放大器主要由掺铒光纤(erbium-doped fiber，EDF)、泵浦光源(pump light source)、隔离器(isolator，ISD)、波分复用器(wavelength division multiplexer，WDM)和光滤波器(optical filter)构成，如图 3.6-8 所示. 其中，以石英为基本组成物质，加入铒离子制成掺铒光纤；泵浦光源起到对铒离子进行光学激励的作用；波分复用器的作用是把泵浦光与信号光进行耦合；在放大器两端放置光隔离器，防止光发生反射，从而减小噪声，确保系统稳定工作.

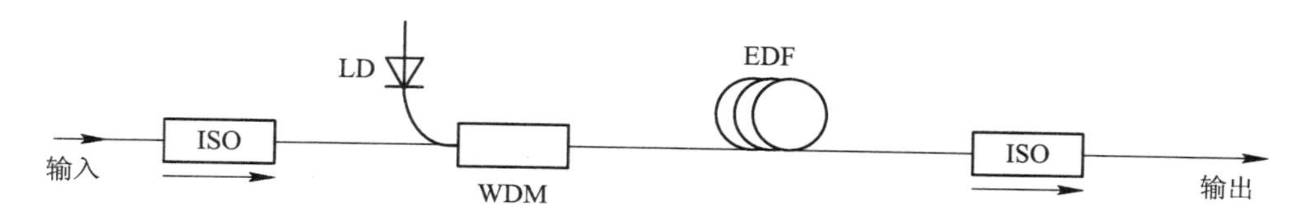

图 3.6-8　掺铒光纤放大器的构成

3. 增益特性

增益(gain)指光放大器的放大能力，可表示为

$$\text{功率增益} = 10\ \lg \frac{\text{输出功率}}{\text{输入功率}}\ \text{dB}. \tag{3.6-1}$$

引起 EDFA 增益系数变化的参数包括掺铒光纤的长度、泵浦光的功率、铒离子的浓度和输入信号的功率等. 图 3.6-9 为小信号条件下，放大器增益与泵浦光功率之间的关系.

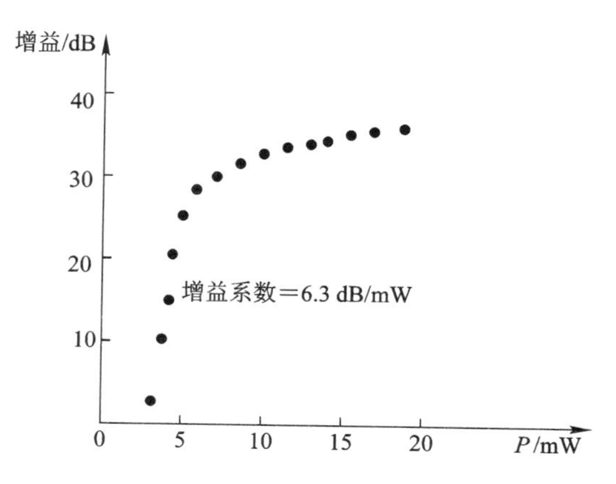

图 3.6-9　放大器增益与泵浦光功率之间的关系

由图 3.6-9 可知，当输入泵浦光功率增加时，增益系数也在增加；当泵浦光功率增大到某个特定值时，增益系数增长速率快速减缓，直到不再增加趋于饱和.

4. 应用

EDFA 的优点有：

(1) 工作波长恰好落在光纤通信的最佳波段，即 1500 ~ 1600 nm；

(2) 具有较高的增益(达到 30 ~ 40 dB),噪声系数为 5 ~ 8 dB,输出饱和光功率为 9 ~ 16 dBm;

(3) 增益特性在 100℃ 以下可以维持稳定,增益变化很小,比较平缓;

(4) 在 1550 nm 窗口范围内,EDFA 的带宽为 20 ~ 40 nm,制造成本低.

EDFA 的缺点有:

(1) 只对波长为 1550 nm 附近的光波有放大作用;

(2) 在传输过程中产生噪声,从而降低接收机灵敏度;

(3) 积聚光纤的色散和非线性效应,从而影响信号的光放大;

(4) 带宽 20 ~ 40 nm,使得增益谱不平坦.

权衡利弊,EDFA 可用于波分复用系统、光频分复用系统和光孤子通信系统,大大地增加传输距离,具体如下:

(1) 可用作中继放大器,即线路放大器,拓宽增益频带,具有较大且稳定的输出功率;

(2) 可用作前置放大器,能够对非常微弱的光信号进行放大,提高接收灵敏度;

(3) 可用作后置放大器,补偿线路传输损耗,达到需要的较大的输出光功率.

3.6.3 光纤激光器发展现状

1. 稀土掺杂光纤激光器

稀土掺杂光纤在制造放大器、传感器、光纤激光器方面有着重要作用,它的结构是圆柱形,芯的直径较小,所以它能够轻松地降低阈值,提高散热功能. 由于它的芯径大小与通信光纤匹配,耦合效率高,所以它是让全光通信的基点. 通常将稀土元素离子掺杂到光纤纤芯使光纤成为激光介质,进而制作稀土掺杂激光器. 将大功率激光二极管发出的光通过特殊构造耦合到一起作为增益介质,这部分光子的能量造成介质电子受激跃迁到激发态,随后再通过自发辐射释放电子能量向低能级跃迁,造成粒子数反转. 受激辐射光波就是这样经过不断震荡造成激光输出掺杂的稀土离子的种类,限制有源光纤的工作波长范围. 图 3.6-10 为掺铒、铥、钬光纤的工作波长范围.

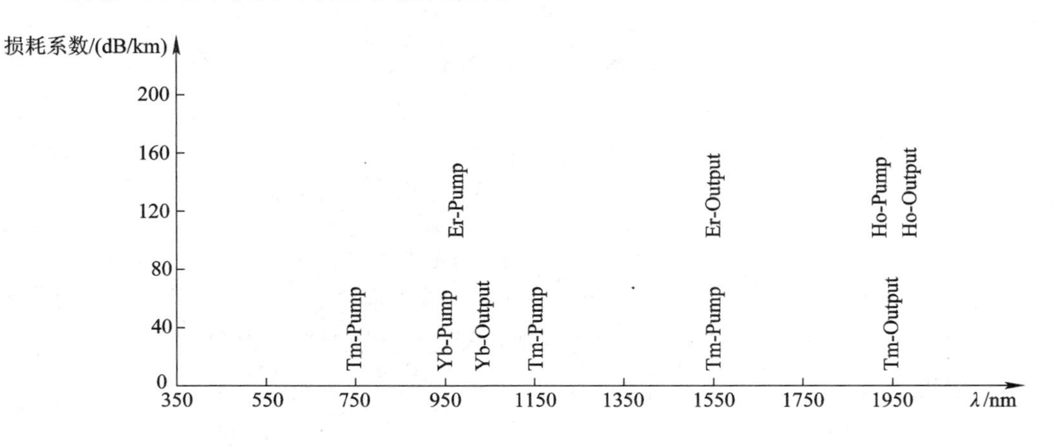

图 3.6-10 掺铒、铥、钬光纤的工作波长范围

2. 双包层光纤激光器

对于双包层光纤激光器，其内包层、外包层和保护层的熔覆层内部为同心圆形截面结构，纤维芯单模光纤的核心有很大的折射指数，用来传输单模光信号. 内包层和普通光纤的核心具有相同的材料，外包层的折射率最小，内包层和纤维芯构成了一个大的纤维芯，用于输送泵，通过掺杂和吸收的方式反复进行，从而使光纤核心中的光传播比例增加. 图 3.6－11 是双包层光纤激光器的基本结构示意图.

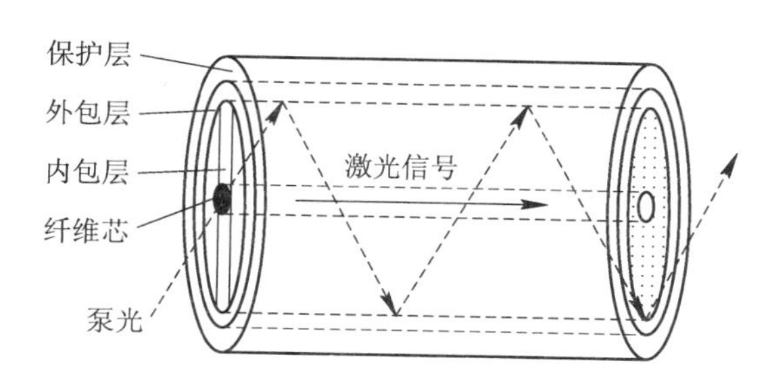

图 3.6－11 双包层光纤激光器的基本结构示意图

3. PCF 激光器

不一样介电常数的介质周期性排列，使得光的色散曲线形成一种带状结构，带之间有机会出现一种像半导体的带光子带隙，存在频率禁止中心，这种带光子带隙的周期性介电结构称为“光子晶体”. 如果在光子晶体结构中引入缺陷，则与缺陷频率相匹配的光子可能被限制在缺陷位置. 与传统的光纤激光器相比较，PCF 激光器的优点有：

（1）具有无截止时间单模传输特性；

（2）具有可调的高非线性、高双折射等色散特性.

图 3.6－12 是 PCF 激光器.

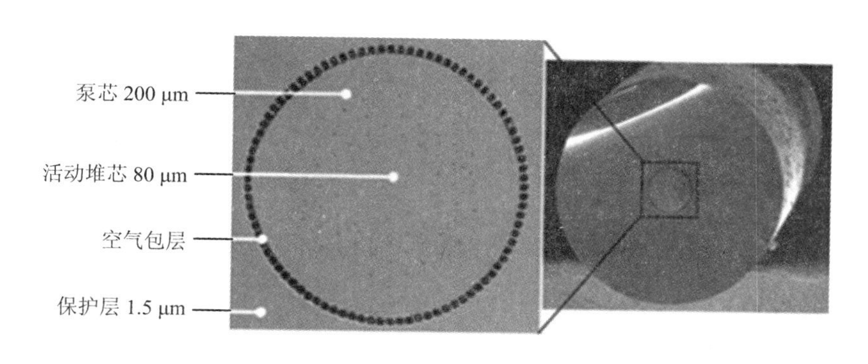

图 3.6－12 PCF 激光器

4. 被动锁膜光纤激光器

1963 年，第一个被动锁膜光纤激光器问世并迅速成为研究的热点. 被动锁模光纤激光器可以输出超短脉冲，其结构简单、体积小、易与光纤兼容、生产成本低，具有超短脉冲固体激光器的特点. 具体地说，被动锁膜光纤激光器的优点有：

（1）防尘度高、抗震性好，在一些灰尘比较多的地方或者震荡的工作环境下工作，丝毫不会受到影响；

（2）兼容性好，光纤激光器的输出尾纤可以与各种输出光纤搭配，耦合效率高，容易实现全光纤传输；

（3）调节维护简单，因为在被动锁模光纤激光器谐振腔内无光学镜片，所以采用光纤耦合方式或者直接制作光纤截面腔镜，构成谐振腔；

（4）结构简单，被动锁模光纤激光器的几何尺寸小，对制作元件的要求低，便于设计和制作，温度稳定性高，可以在较高温度条件下工作，并且可以产生高峰值功率的脉冲；

（5）性价比高，可以使用与稀土离子吸收谱对应的半导体二极管作为泵浦源，制造激光器的成本得到降低.

内容小结

1. 光是电磁波，可见光波长范围 400 ～ 760 nm 仅仅是整个电磁波波长范围内的一小部分.

2. 无源介质中的亥姆霍兹方程为$\nabla^2 Q + k^2 Q = 0$.

3. 均匀纤芯光纤中传播的电磁波为

$$R_{Ez}(\rho) = \begin{cases} C_1 \mathrm{J}_m(\sqrt{\omega^2 \varepsilon\mu - \beta^2}\,\rho) + C_2 \mathrm{N}_m(\sqrt{\omega^2 \varepsilon\mu - \beta^2}\,\rho), & \omega^2 \varepsilon\mu \geqslant \beta^2 \\ D_1 \mathrm{K}_m(\sqrt{\beta^2 - \omega^2 \varepsilon\mu}\,\rho) + D_2 \mathrm{I}_m(\sqrt{\beta^2 - \omega^2 \varepsilon\mu}\,\rho), & \omega^2 \varepsilon\mu < \beta^2 \end{cases}.$$

4. PCF 的总色散系数包括波导色散系数 $D_{\mathrm{w}}(\lambda) = -\dfrac{\lambda}{c}\dfrac{\mathrm{d}^2 n_{\mathrm{eff}}}{\mathrm{d}\lambda^2}$ 和材料色散系数 $D_{\mathrm{m}}(\lambda) = -\dfrac{\lambda}{c}\dfrac{\mathrm{d}^2 n}{\mathrm{d}\lambda^2}$.

习　题

3.1　某阶跃折射光纤，其芯区折射率为 $n_1 = 1.46$，芯半径为 $a = 4.5\ \mu\mathrm{m}$，相对折射率差为 $\Delta = 0.0025$，试计算截止波长 λ_C，并判断当工作波长分别为 1.31 μm 和 0.85 μm 时该光纤是单模传输还是多模传输.

3.2　某阶跃折射光纤，纤芯折射率为 $n = 1.5$，相对折射率差为 $\Delta = 0.01$，光纤长为 $L = 1000$ m，纤芯半径为 $a = 25\ \mu\mathrm{m}$，LP_{01}、LP_{02} 模的归一化截止频率分别为 0 和 3.832.

（1）求光纤的数值孔径.

（2）求子午光线的最大时延差.

（3）若入射光波长 $\lambda = 0.85\ \mu\mathrm{m}$，则该光纤能否实现单模传输？若不能，则光纤中传输的模式数量为多少？当 a 为多少时该光纤能实现单模传输？

(4) 若该光纤分别与面发光二极管、半导体激光器($\theta_{//}=10°$，$\theta_{\perp}=30°$) 耦合，试求直接耦合效率.

(5) 计算 LP_{01}、LP_{02} 模的截止波长.

3.3　工作波长为 $\lambda=1.31\ \mu m$、折射率分布具有各向异性的材料，若 $n_y-n_x=4\times10^{-4}$，则该单模光纤因偏振色散引起的每千米脉冲展宽值为多少？其拍长为多大？

3.4　一半导体激光器谐振腔长度为 $L=300\ \mu m$，工作物质损耗系数为 $\alpha_i=2\ mm^{-1}$，谐振腔前后镜面反射系数为 $r_1\times r_2=0.9\times0.33$，光场的约束因子 Γ 为 1，试求激光器的阈值增益系数 g_{th}. 若后镜面反射系数 $r_2=1$，求 g_{th}. 当 r_2 由 0.33 增大到 1 时，激光器的阈值电流如何变化？

3.5　试用功率预算法进行损耗限制系统计算. 当工作波长 $\lambda=0.85\ \mu m$，传输码率为 20 Mb/s，$BER=10^{-9}$ 时，先选择 Si-PIN 接收机，其接收灵敏度为 −42 dBm；再选择 LED 光源，耦合入多模光纤功率为 −13 dBm. 设发送机和接收机各有一个活动连接器，每个损耗 1 dB，光纤损耗(包括熔接头损耗) 为 3.5 dBm · km，系统富余度为 6 dB，试计算系统传输距离 L.

3.6　已知输入脉冲及输出脉冲的 FWHW 分别为 6 ns 和 10 ns，光纤长度为 50 km.

(1) 试求该光纤的带宽.

(2) 若用这样的光纤传输 30 km，带宽可增大多少？(已知光纤的带宽距离指数为 $\gamma=0.75$)

(3) 若该光纤的损耗系数为 −0.5 dB/km，最初射入光纤的功率为 0.5 mW，试求传输 50 km 后，以 μW 为单位的功率电平为多大.

3.7　某雪崩光电二极管(avalanche photodiode，APD) 光电检测器的工作波长为 1.31 μm，量子效率为 0.8，平均倍增增益 G 为 30. 当每秒有 10^{12} 个光子入射时，其响应度及接收到的光功率为多大？

第4章 调制技术

在激光通信中，光波作为信息载体，其振幅、相位、偏振态变换的过程称为调制．其中直接对光源参量进行的调制称为内调制；通过介质的特殊物理效应对光束进行的调制称为外调制，这里所述的物理效应有电光效应、磁光效应、声光效应．

4.1 电光效应

4.1.1 线性电光效应

当光波射入介质时，介质中的带电粒子在其平衡位置做微小的高频振动．但是当光强很大的激光照射时，介质就会呈现出非线性效应，各向同性的介质就变成各向异性的介质．本节先介绍线性电光效应．

线性电光效应也叫作泡克耳斯(Pockels)效应．泡克耳斯(弗里德里希·卡尔·阿尔温·泡克耳斯，Friedrich Carl Alwin Pockels，1865—1913)是德国物理学家．当介质处于恒定电场中时，介电常量采用张量形式，其逆张量用 $\boldsymbol{\eta}$ 表示，介电张量 $\boldsymbol{\varepsilon}$ 和其逆张量 $\boldsymbol{\eta}$ 都是电场强度 $\boldsymbol{E}$ 的函数，即

$$\eta_{ij}(\boldsymbol{E}) = \eta_{ij}(0) + \sum_{k}\gamma_{ijk}E_k + \sum_{k,l}s_{ijkl}E_kE_l + \cdots, \tag{4.1-1}$$

式中，γ_{ijk} 称为线性电光系数(linear electro-optical coefficient)，也叫泡克耳斯系数(Pockels coefficient)；s_{ijkl} 称为二次电光系数(secondary electro-optical coefficient)，也叫克尔系数(Kerr coefficient)；$\gamma_{ijk}\neq 0$ 且 $s_{ijkl}\neq 0$ 的介质称为电光介质(electro-optical medium)．

在电场的作用下，在正交的 $O\xi_1\xi_2\xi_3$ 坐标系中(如图 4.1-1 所示)，电位移矢量 $\boldsymbol{D}$ 空间等能面方程(即介质法线椭球方程)可表示为

$$\frac{\xi_1^2}{n_1^2}+\frac{\xi_2^2}{n_2^2}+\frac{\xi_3^2}{n_3^2}=1, \tag{4.1-2}$$

式中，n_1、n_2、n_3 为椭球三个主轴方向上的折射率，称为主折射率．

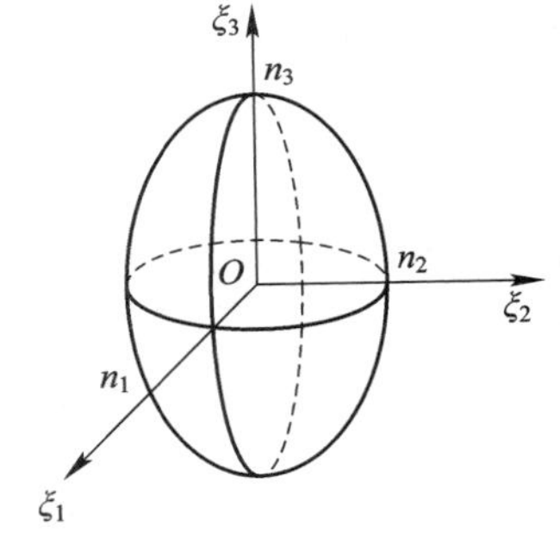

图 4.1-1　$O\xi_1\xi_2\xi_3$ 坐标系及其折射率

在外电场的作用下，介质法线椭球方程用逆张量表示为

$$\sum_{i,j}\eta_{ij}(\boldsymbol{E})\xi_i\xi_j = 1, \tag{4.1-3}$$

式中，$i, j=1, 2, 3$，逆张量的元素 η_{ij} 在透明介质中是厄米型的，在非旋光介质中是实对称

的. 由于 i、j 可以对易，因此将三阶光电系数张量中的 27 个元素写成二阶光电系数张量中的 18 个元素，方法如下：

$\gamma_{111}\to\gamma_{11}$，$\gamma_{112}\to\gamma_{12}$，$\gamma_{113}\to\gamma_{13}$；$\gamma_{221}\to\gamma_{21}$，$\gamma_{222}\to\gamma_{22}$，$\gamma_{223}\to\gamma_{23}$；

$\gamma_{331}\to\gamma_{31}$，$\gamma_{332}\to\gamma_{32}$，$\gamma_{333}\to\gamma_{33}$；$\gamma_{231}\to\gamma_{321}\to\gamma_{41}$，$\gamma_{322}\to\gamma_{232}\to\gamma_{42}$，$\gamma_{323}\to\gamma_{233}\to\gamma_{43}$；

$\gamma_{311}\to\gamma_{131}\to\gamma_{51}$，$\gamma_{312}\to\gamma_{132}\to\gamma_{52}$，$\gamma_{313}\to\gamma_{133}\to\gamma_{53}$；

$\gamma_{121}\to\gamma_{211}\to\gamma_{61}$，$\gamma_{122}\to\gamma_{212}\to\gamma_{62}$，$\gamma_{123}\to\gamma_{213}\to\gamma_{63}$.

将光电系数张量 $\boldsymbol{\gamma}$ 中的 18 个元素记为 $\gamma_{\mu i}(\mu=1, 2, 3, \cdots, 6, i=1, 2, 3)$. 若忽略二次电光效应，则线性电光效应表示为

$$\Delta\eta_{ij} = \eta_{ij}(\boldsymbol{E}) - \eta_{ij}(0) = \sum_k \gamma_{ijk}E_k, \tag{4.1-4}$$

式(4.1-4)的意义如下：

$\Delta\eta_{11}=\gamma_{11}E_1+\gamma_{12}E_2+\gamma_{13}E_3$，$\Delta\eta_{12}=\gamma_{61}E_1+\gamma_{62}E_2+\gamma_{63}E_3$，$\Delta\eta_{13}=\gamma_{51}E_1+\gamma_{52}E_2+\gamma_{53}E_3$；$\Delta\eta_{21}=\Delta\eta_{12}$，$\Delta\eta_{22}=\gamma_{21}E_1+\gamma_{22}E_2+\gamma_{23}E_3$，$\Delta\eta_{23}=\gamma_{41}E_1+\gamma_{42}E_2+\gamma_{43}E_3$；$\Delta\eta_{31}=\Delta\eta_{13}$，$\Delta\eta_{32}=\Delta\eta_{23}$，$\Delta\eta_{33}=\gamma_{31}E_1+\gamma_{32}E_2+\gamma_{33}E_3$.

因此，用逆张量表示的介质法线椭球方程为

$$\begin{aligned}\sum_{i,j}\eta_{ij}(\boldsymbol{E})\xi_i\xi_j = &\left(\frac{1}{n_1^2}+\gamma_{11}E_1\right)\xi_1^2+(0+\gamma_{21}E_1)\xi_2^2+(0+\gamma_{31}E_1)\xi_3^2+2\gamma_{41}E_1\xi_2\xi_3+\\ &2\gamma_{51}E_1\xi_3\xi_1+2\gamma_{61}E_1\xi_1\xi_2+(0+\gamma_{12}E_2)\xi_1^2+\left(\frac{1}{n_2^2}+\gamma_{22}E_2\right)\xi_2^2+(0+\gamma_{32}E_2)\xi_3^2+\\ &2\gamma_{42}E_2\xi_2\xi_3+2\gamma_{52}E_2\xi_3\xi_1+2\gamma_{62}E_2\xi_1\xi_2+(0+\gamma_{13}E_3)\xi_1^2+(0+\gamma_{23}E_3)\xi_2^2+\\ &\left(\frac{1}{n_3^2}+\gamma_{33}E_3\right)\xi_3^2+2\gamma_{43}E_3\xi_2\xi_3+2\gamma_{53}E_3\xi_3\xi_1+2\gamma_{63}E_3\xi_1\xi_2=1,\end{aligned} \tag{4.1-5}$$

当外场强为 0 时，式(4.1-5)变成式(4.1-2).

4.1.2 KDP 晶体

KDP 晶体为磷酸二氢钾(KH_2PO_4)，属于单轴晶体，为四方晶系的$\bar{4}2m$ 点群. 若取四重轴为 ξ_3 轴，则 KDP 晶体的电光系数张量为

$$\boldsymbol{\gamma}=\begin{bmatrix}0&0&0\\0&0&0\\0&0&0\\\gamma_{41}&0&0\\0&\gamma_{41}&0\\0&0&\gamma_{63}\end{bmatrix}, \tag{4.1-6}$$

外加电场以后 KDP 晶体变成双轴晶体，介质法线椭球方程改写为

$$\frac{\xi_1^2}{n_o^2}+\frac{\xi_2^2}{n_o^2}+\frac{\xi_3^2}{n_e^2}+2\gamma_{41}E_1\xi_2\xi_3+2\gamma_{41}E_2\xi_3\xi_1+2\gamma_{63}E_3\xi_1\xi_2=1, \tag{4.1-7}$$

若沿着 ξ_3 方向外加电场，则介质法线椭球方程改写为

$$\frac{\xi_1^2+\xi_2^2}{n_o^2}+\frac{\xi_3^2}{n_e^2}+2\gamma_{63}E_3\xi_1\xi_2=1. \tag{4.1-8}$$

假定绕 ξ_3 轴方向旋转45°，并将 ζ 代替 ξ_3，则有

$$\begin{bmatrix}\xi_1\\ \xi_2\end{bmatrix}=\begin{bmatrix}\frac{1}{\sqrt{2}} & -\frac{1}{\sqrt{2}}\\ \frac{1}{\sqrt{2}} & \frac{1}{\sqrt{2}}\end{bmatrix}\begin{bmatrix}\xi\\ \eta\end{bmatrix}, \tag{4.1-9}$$

得

$$\left(\frac{1}{n_o^2}+\gamma_{63}E_3\right)\xi^2+\left(\frac{1}{n_o^2}-\gamma_{63}E_3\right)\eta^2+\frac{\zeta^2}{n_e^2}=1. \tag{4.1-10}$$

令

$$n_\xi=n_o-\frac{1}{2}n_o^3\gamma_{63}E_3,\ n_\eta=n_o+\frac{1}{2}n_o^3\gamma_{63}E_3, \tag{4.1-11}$$

则

$$\frac{1}{n_\xi^2}=\frac{1}{\left(n_o-\frac{1}{2}n_o^3\gamma_{63}E_3\right)^2}=\frac{1}{n_o^2}(1+n_o^2\gamma_{63}E_3),\ \frac{1}{n_\eta^2}=\frac{1}{\left(n_o+\frac{1}{2}n_o^3\gamma_{63}E_3\right)^2}=\frac{1}{n_o^2}(1-n_o^2\gamma_{63}E_3),$$

故

$$\frac{\xi^2}{n_\xi^2}+\frac{\eta^2}{n_\eta^2}+\frac{\zeta^2}{n_e^2}=1, \tag{4.1-12}$$

式(4.1－12)就是外加电场方式的纵向调制(longitudinal modulation)，外加电场的方向与晶体原来的光轴方向相一致.

【实例一】 $\bar{4}3m$ 点群的砷化镓(GaAs)和 $m3$ 点群的锗酸铋($Bi_{12}GeO_{20}$，BGO)、硅酸铋($Bi_{12}SiO_{20}$，BSO)都是立方晶系. 未加电场时它们为光学各向同性晶体，加上电场后变成了双轴晶体，它们的电光系数张量为

$$\boldsymbol{\gamma}=\begin{bmatrix}0 & 0 & 0\\ 0 & 0 & 0\\ 0 & 0 & 0\\ \gamma_{41} & 0 & 0\\ 0 & \gamma_{41} & 0\\ 0 & 0 & \gamma_{41}\end{bmatrix}, \tag{4.1-13}$$

即 $\frac{\xi_1^2+\xi_2^2+\xi_3^2}{n^2}+2\gamma_{41}E_z\xi_1\xi_2=1$，正交变换后得到

$$\left(\frac{1}{n^2}+\gamma_{41}E_z\right)\xi^2+\left(\frac{1}{n^2}-\gamma_{41}E_z\right)\eta^2+\frac{\zeta^2}{n_\zeta^2}=1, \tag{4.1-14}$$

化成标准形式后得到

$$\frac{\xi^2}{n_\xi^2}+\frac{\eta^2}{n_\eta^2}+\frac{\zeta^2}{n_\zeta^2}=1, \tag{4.1-15}$$

式中，$n_\xi=n-\frac{1}{2}n^3\gamma_{41}E_3$，$n_\eta=n+\frac{1}{2}n^3\gamma_{41}E_3$，$n_\zeta=n$.

【实例二】 $3m$ 点群的铌酸锂($LiNbO_3$)、钽酸锂($LiTaO_3$)都有三重对称轴，它们对 ξ_3 轴的电光系数张量为

$$\boldsymbol{\gamma}=\begin{bmatrix} 0 & -\gamma_{22} & \gamma_{13} \\ 0 & \gamma_{22} & \gamma_{13} \\ 0 & 0 & \gamma_{33} \\ 0 & \gamma_{51} & 0 \\ \gamma_{51} & 0 & 0 \\ -\gamma_{22} & 0 & 0 \end{bmatrix}, \tag{4.1-16}$$

代入式(4.1-5)得

$$\frac{1}{n_1^2}\xi_1^2+2\gamma_{51}E_1\xi_3\xi_1-2\gamma_{22}E_1\xi_1\xi_2-\gamma_{22}E_2\xi_1^2+\left(\frac{1}{n_2^2}+\gamma_{22}E_2\right)\xi_2^2+2\gamma_{51}E_2\xi_2\xi_3+\gamma_{13}E_3\xi_1^2+$$
$$\gamma_{13}E_3\xi_2^2+\left(\frac{1}{n_3^2}+\gamma_{33}E_3\right)\xi_3^2=1.$$

若 $3m$ 点群的铌酸锂、钽酸锂沿 ξ_3 方向传播，即 $E_1=E_2=0$，则

$$\left(\frac{1}{n_1^2}+\gamma_{13}E_3\right)\xi_1^2+\left(\frac{1}{n_2^2}+\gamma_{13}E_3\right)\xi_2^2+\left(\frac{1}{n_3^2}+\gamma_{33}E_3\right)\xi_3^2=1, \tag{4.1-17}$$

式中，n_1、n_2 为垂直于 ξ_3 方向的折射率，$n_1=n_2=n_o$；n_3 为平行于 ξ_3 方向的折射率，$n_3=n_e$，即

$$\left(\frac{1}{n_o^2}+\gamma_{41}E_z\right)\xi^2+\left(\frac{1}{n_o^2}-\gamma_{41}E_z\right)\eta^2+\frac{\zeta^2}{n_e^2}=1. \tag{4.1-18}$$

令 $n_\xi=n_o-\frac{1}{2}n_o^3\gamma_{13}E_3$，$n_\eta=n_o-\frac{1}{2}n_o^3\gamma_{13}E_3$，$n_\zeta=n_e-\frac{1}{2}n_e^3\gamma_{33}E_3$，得椭球的标准形式为

$$\frac{\xi^2}{n_\xi^2}+\frac{\eta^2}{n_\eta^2}+\frac{\zeta^2}{n_\zeta^2}=1. \tag{4.1-19}$$

4.2 电光调制技术

若采用激光作为传递信息的工具，则首先需要解决如何将传输信号加载到激光辐射上去的问题. 信息加载于激光辐射的过程称为激光调制(laser modulation)，完成这一过程的装置称为激光调制器(laser modulator). 由已调制好的激光辐射还原出所加载信息的过程称为解调(demodulation). 由于激光实际上只起到了“携带”低频信号的作用，因此称为载波(carrier)，而起控制作用的低频信号称为调制信号(modulation signal)，被调制的载波称为已调波或调制光. 就调制的性质而言，激光调制与无线电波调制类似，它们都可以采用连续的调幅、调频、调相以及脉冲调制等形式，但激光调制多采用强度调制. 强度调制是根据光载波电场振幅的平方正比于调制信号的强度这一原理实施的，其使输出的激光辐射的强度按照调制信号的规律变化. 激光调制之所以常采用强度调制形式，主要是因为光接收器一般都是直接地响应其所接收的光强度变化的.

激光调制的方法很多，如机械调制、电光调制、声光调制、磁光调制和电源调制等. 其中电光调制器开关速度快、结构简单，因此其在激光调制技术及混合型光学双稳器件等方面有着广泛应用. 根据所施加的电场方向的不同，电光调制可分为纵向电光调制和横向电光调制. 下面具体介绍一下这两种调制的原理和典型的调制器.

4.2.1 KDP晶体的纵向电光调制

假设选取的KDP晶体是与$\xi_1\xi_2$平面平行的晶片，其沿ξ_3方向的厚度为L，在ξ_3方向加电压U，在输入端放一个与ξ_1轴方向平行的起偏器，入射光波沿ξ_3方向传播，且沿ξ_1方向偏振，其射入到晶体后分解成ξ、η方向的偏振光，如图4.2-1所示，射出晶体后o光、e光两个本征态的相位差为

$$\delta=\frac{2\pi}{\lambda_0}(n_\eta-n_\xi)L=\frac{2\pi}{\lambda_0}(n_o^3\gamma_{63}E_3)L=\frac{2\pi}{\lambda_0}n_o^3\gamma_{63}U, \qquad (4.2-1)$$

式中，E_3相当于$O\xi_1\xi_2\xi_3$坐标系中的E_3，$E_3L=U$，U为外加电压值.

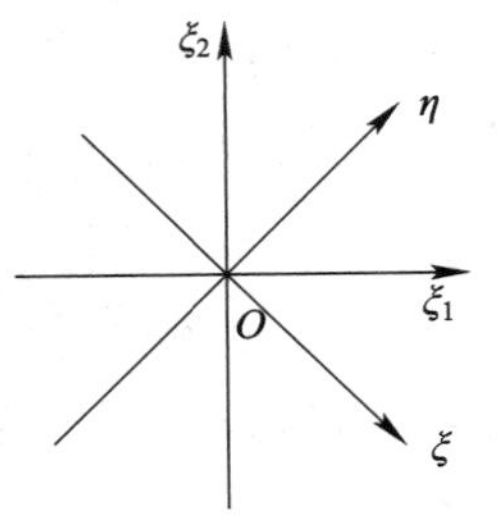

图4.2-1 坐标变换

当入射光波在ξ_1轴方向(即ξ、η的角平分线方向)偏振时，其在$O\xi\eta$坐标系内归一化的琼斯矩阵(Jones matrix)为

$$\hat{\boldsymbol{J}}_{\xi\eta}=\frac{1}{\sqrt{2}}\begin{bmatrix}1\\1\end{bmatrix}, \qquad (4.2-2)$$

射出晶体后的琼斯矩阵为

$$\hat{\boldsymbol{J}}'_{\xi\eta}=\frac{1}{\sqrt{2}}\begin{bmatrix}e^{i\frac{\delta}{2}}\\e^{-i\frac{\delta}{2}}\end{bmatrix}. \qquad (4.2-3)$$

当o光、e光两个本征态产生的相位差为π时，所加的电压记为U_π，由式(4.2-1)得

$$U_\pi=\frac{\pi}{\frac{2\pi}{\lambda_0}n_o^3\gamma_{63}}=\frac{\lambda_0}{2n_o^3\gamma_{63}}, \qquad (4.2-4)$$

因此，相位差为

$$\delta=\pi\frac{U}{U_\pi}. \qquad (4.2-5)$$

如图4.2-1所示，将$O\xi\eta$坐标系绕$O\xi_1\xi_2$坐标系的原点顺时针旋转45°，得到Oxy坐标系内琼斯矩阵的表达式为

$$R\left(\frac{\pi}{4}\right)\hat{\boldsymbol{J}}'_{\xi\eta}=\frac{1}{2}\begin{bmatrix}1 & 1\\-1 & 1\end{bmatrix}\begin{bmatrix}e^{i\frac{\delta}{2}}\\e^{-i\frac{\delta}{2}}\end{bmatrix}=\begin{bmatrix}\cos\frac{\delta}{2}\\-i\sin\frac{\delta}{2}\end{bmatrix}. \qquad (4.2-6)$$

如果在输出端放一个与ξ_2平行的检偏器，那么就构成泡克耳斯盒(Pockels cell)，由检偏器输出的光波的琼斯矩阵为

$$\hat{\boldsymbol{J}}'_{xy}=\begin{bmatrix}0 & 0\\0 & 1\end{bmatrix}\begin{bmatrix}\cos\frac{\delta}{2}\\-i\sin\frac{\delta}{2}\end{bmatrix}=\begin{bmatrix}0\\-i\sin\frac{\delta}{2}\end{bmatrix}, \qquad (4.2-7)$$

由于$\delta=\pi\frac{U}{U_\pi}$，因此式(4.2-7)表示输出光波是沿$\xi_2$方向的线偏振光，其光强为

$$I'=\frac{I_0}{2}(1-\cos\delta)=I_0\sin^2\left(\frac{\pi U}{2U_\pi}\right), \qquad (4.2-8)$$

式中，I_0为光强的幅值，当$U=U_\pi$时$I'=I_0$.

式(4.2-8)说明光强受到外加电压的调制，称为振幅调制(amplitude modulation).

泡克耳斯盒(振幅型纵向调制系统)示意图如图 4.2-2 所示. 在 ξ_3 方向切割的 KD＊P(磷酸二氘钾)晶体两端胶合上透明电极 ITO_1 和 ITO_2，在晶体上通过透明电极加电压. 在玻璃基底上蒸镀透明导电膜，构成透明电极，膜层材料为 Sn、In 的氧化物，膜层厚度从几十微米到几百微米，其透明度高(>80%～90%)，膜层的面电阻小(几十欧姆). 在通光孔径外镀铬，再镀金或铜即可将电极引线焊上，KD＊P 调制器前后为一对互相正交的起偏器 P与检偏器 A，P 的偏振化方向是沿 KD＊P 感生主轴 ξ 和 η 的角平分线的. 在 KD＊P 和 A 之间通常还加相位延迟片 Q(即 λ/4 波片)，其快、慢轴方向分别与 ξ、η 相同.

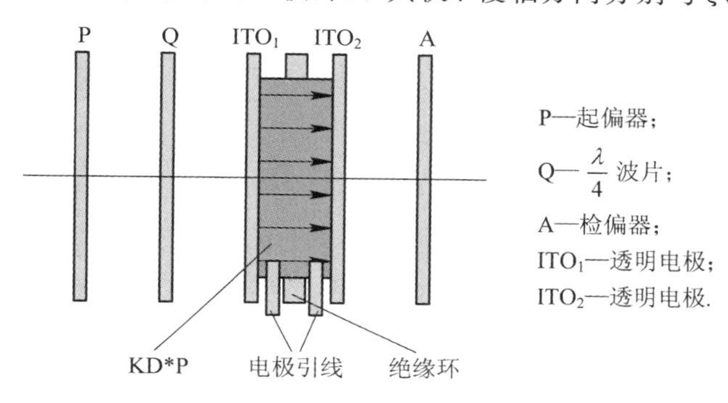

图 4.2-2 泡克耳斯盒

由于入射光波预先通过 λ/4 波片移相，因此

$$I' = \frac{I_0}{2}\left[1-\cos\delta(\delta+\delta_0)\right]\Big|_{\delta_0=\frac{\pi}{2}} = I_0\ \sin^2\left(\frac{\pi U}{2U_\pi}+\frac{\pi}{4}\right). \tag{4.2-9}$$

加上预置的相位 δ_0 后，工作点移到调制曲线的中点附近，使振幅型电光调制器的特性曲线的线性得到了大大改善. 振幅型电光调制器的特性曲线如图 4.2-3 所示. 输出光信号的功率随着外电压的增大而增大，这表明有更多的能量从 ξ_1 偏振态转移到 ξ_2 偏振态.

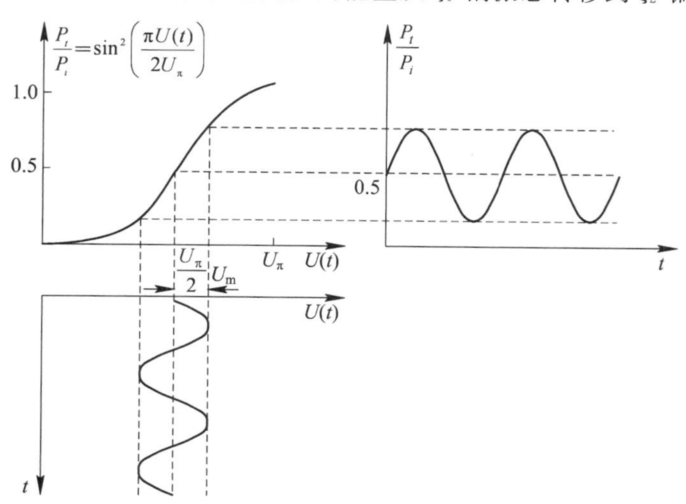

图 4.2-3 振幅型电光调制器的特性曲线

在图 4.2-3 中，$P_i(t)$为输入光信号的功率，$P_t(t)$为输出光信号的功率，$\frac{P_t(t)}{P_i(t)}$为器件的透过率，$U(t)$为调制电压. 可以看出 $\lambda/4$ 波片的作用相当于工作点偏置到特性曲线中部的线性部分，在这一点进行调制的效率最高，波形失真小. 若不使用 $\lambda/4$ 波片(即 $\delta_0=0$)，则在输出信号中只存在二次谐波分量.

如果在电极间加上交变电压

$$U=U_{\mathrm{m}}\sin\Omega t, \tag{4.2-10}$$

式中 U_{m} 为最大电压，则光强的透射率 T 可表示为

$$T=\frac{1}{2}+\frac{1}{2}\sin(\delta_{\mathrm{m}}\sin\Omega t)=\frac{1}{2}+\sum_{k=0}^{\infty}\mathrm{J}_{2k+1}\left(\frac{\delta_{\mathrm{m}}}{2}\right)\sin(2k+1)\Omega t, \tag{4.2-11}$$

式中，$\mathrm{J}_{2k+1}(z)$为 $2k+1$ 阶贝塞尔函数，δ_{m} 定义为

$$\delta_{\mathrm{m}}=\frac{\pi U_{\mathrm{m}}}{U_{\pi}}. \tag{4.2-12}$$

当 δ_{m} 不大时(即当调制电压幅度较低时)，式(4.2-12)近似地表示为

$$T=\frac{1}{2}+\frac{\delta_{\mathrm{m}}}{2}\sin\Omega t, \tag{4.2-13}$$

可见系统的输出光波的幅度也是按正弦变化的，故称为正弦振幅调制.

对于 He-Ne 激光，如果用 KDP 晶体，则其半波电压为

$$U_{\pi}=\frac{\lambda_0}{2n_{\mathrm{o}}^3\gamma_{63}}=\frac{632.8\times10^{-9}\ \mathrm{m}}{2\times1.5075^3\times11\times10^{-12}\ \mathrm{m\cdot V^{-1}}}=8.396\times10^3\ \mathrm{V}, \tag{4.2-14}$$

如果用 KD*P(磷酸二氘钾)，则其半波电压为

$$U_{\pi}=\frac{\lambda_0}{2n_{\mathrm{o}}^3\gamma_{63}}=\frac{546\times10^{-9}\ \mathrm{m}}{2\times1.5079^3\times26.8\times10^{-12}\ \mathrm{m\cdot V^{-1}}}=2.971\times10^3\ \mathrm{V}. \tag{4.2-15}$$

由于调制电压达到数千伏，故常常采用环状金属电极代替透明电极，但外加电场方向与晶体中的晶轴方向不一致，使透过调制器的光波的消光比下降.

4.2.2 铌酸锂晶体的横向电光调制

式(4.2-13)表明纵向调制器件的调制度近似为 δ_{m}，与外加电压的振幅成正比，而与光波在晶体中的作用距离(即晶体沿光轴的厚度 L)无关. 纵向调制器的主要缺点有两个：(1) 大部分重要电光晶体的半波电压 U_{π} 都很高，由于 U_{π} 与 λ 成正比，因此，当光源波长较长时(例如 10.6 μm)，U_{π} 就更高，从而增加了控制电路的成本，电路的体积和重量都较大；(2) 为了沿光轴方向增加电场，必须使用透明电极或带中心孔的环形金属电极，而透明电极制作困难，插入损耗较大；带中心孔的环形金属电极引起晶体中电场不均匀. 克服纵向调制器缺点的方案之一是采用横向调制，横向调制(transverse modulation)器示意图如图 4.2-4 所示，其中电极 D_1、D_2 与光波传播方向平行，外加电场则与光波传播方向垂直.

由于电光效应引起的相位差 δ_{m} 正比于电场强度 E 和作用距离 L(即晶体沿光轴 ζ_3 的厚度)的乘积 EL，两电极间的电压 $U=Ed$，故相位差 δ_{m} 反比于两电极间的距离 d，因此

$$\delta_{\mathrm{m}}\propto\frac{LU}{d}, \tag{4.2-16}$$

式中，δ_m 与外加电压 U 与晶体长宽比 $\frac{L}{d}$ 成反比，其中电压 U 下降不仅使控制电路成本下降，而且有利于提高开关速度.

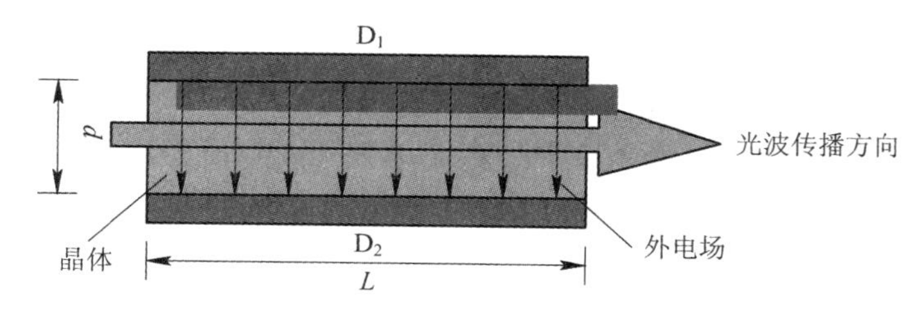

图 4.2-4 横向调制器(电极为 D_1、D_2)

由于铌酸锂($LiNbO_3$)晶体具有优良的加工性能及很高的电光系数，即

$$\gamma_{33}=30.8\times10^{-12}\ \mathrm{m}\cdot\mathrm{V}^{-1},$$

因此其常常用来做成横向调制器. $LiNbO_3$ 为单轴负晶体，且 $n_o=2.297$，$n_e=2.208$. 令电场强度为 $E=E_3$，代入式(4.1-17)得到电场感生的法线椭球方程式为

$$\left(\frac{1}{n_o^2}+\gamma_{13}E_3\right)(\xi^2+\eta^2)+\left(\frac{1}{n_e^2}+\gamma_{33}E_3\right)\zeta^2=1, \tag{4.2-17}$$

或写成

$$\frac{\xi^2}{n_1^2}+\frac{\eta^2}{n_2^2}+\frac{\zeta^2}{n_3^2}=1, \tag{4.2-18}$$

式中，

$$n_1=n_2\approx n_o-\frac{1}{2}n_o^3\gamma_{13}E_3,\ n_3\approx n_e-\frac{1}{2}n_e^3\gamma_{33}E_3. \tag{4.2-19}$$

值得注意的是，在这一情况下电场感生坐标系和主轴坐标系一致，虽然铌酸锂晶体为单轴晶体，但寻常光 o 和非常光 e 的折射率都受到外电场的调制. 设入射线偏振光沿 ξ_1 轴和 ξ_3 轴的角平分线方向振动，两个本征态 ξ 和 ζ 分量的折射率差为

$$n_1-n_3=(n_o-n_e)-\frac{1}{2}(n_o^3\gamma_{13}-n_e^3\gamma_{33})E_3=(n_o-n_e)-\frac{1}{2}(n_o^3\gamma_{13}-n_e^3\gamma_{33})E. \tag{4.2-20}$$

式中，E_3 写成 E. 当晶体的厚度为 L 时，对于从晶体射出的光波，其两个本征态的相位差(即通过晶体后 o 光和 e 光的相位差)为

$$\delta=\frac{2\pi}{\lambda_0}(n_1-n_3)L=\frac{2\pi}{\lambda_0}(n_o-n_e)L-\frac{2\pi}{\lambda_0}\frac{n_o^3\gamma_{13}-n_e^3\gamma_{33}}{2}EL=\frac{2\pi}{\lambda_0}(n_o-n_e)L-\frac{2\pi}{\lambda_0}\frac{n_o^3\gamma_{13}-n_e^3\gamma_{33}}{2}U, \tag{4.2-21}$$

式中，$U=EL$，说明在横向调制情况下，相位差由两部分构成：晶体的自然双折射部分(式中第一项)及电光双折射部分(式中第二项). 当两个本征态的相位差为 $\pi/2$ 的奇数倍时，这样的晶体制成的器件称为 $\lambda/4$ 波片，即 o 光通过该晶体后，偏振化方向旋转 90°，入射的线偏振光会变成椭圆偏振光；当两个本征态的相位差为 $\pi/2$ 的偶数倍时，这样的晶体制成的器件称为 $\lambda/2$ 波片，即 o 光通过该晶体后，偏振化方向旋转 180°，入射的是线偏振光，出射的还是线偏振光. 其中横向调制器的半波电压为

$$U_\pi=\frac{d}{L}\frac{\lambda_0}{n_e^3\gamma_{33}-n_o^3\gamma_{13}},\tag{4.2-22}$$

即半波电压 U_π 与晶体长宽比 L/d 成反比，可以采用加大器件的长宽比 L/d 来减小 U_π，因此设计的 $LiNbO_3$、$LiTaO_3$(钽酸锂)晶体的横向调制器的调制频率能达到 4×10^9 Hz.

横向调制器的主要缺点是半波电压对波长 λ_0 很敏感，λ_0 稍有变化，由非常光 e、寻常光 o 双折射引起的相位差就显著地变化. 若使用激光，λ_0 值稳定，则半波电压依赖于作用距离 L. 但是由于加工误差、装调误差同样能引起相位差的明显改变，因此有时也用巴比涅-索勒尔(Babinet-Soleil)补偿器将工作点偏置到特性曲线的线性范围内.

无论是纵向调制还是横向调制，振幅调制的物理实质是输入的线偏振光在调制晶体中分解为一对偏振方位正交的本征态，在晶体中传播一段距离后获得与外加电压有关的相位差 δ，这一对正交偏振分量在输出的偏振元件透光轴上重新叠加，输出光的振幅被外加电压调制.

4.2.3 改变直流偏压对输出特性的影响

(1) 当 $U_0=U_\pi/2$ 且 $U_m\ll U_\pi$ 时，将工作点选在线性工作区的中心处，改变直流偏压对输出特性的影响如图 4.2-5(a)所示，此时可获得较高效率的线性调制，把 $U_0=U_\pi/2$ 代入式(4.2-9)可得通过晶体的光强与入射光强之比为

$$T=\sin^2\left(\frac{\pi}{4}+\frac{\pi}{2U_\pi}U_m\sin\omega t\right)=\frac{1}{2}\left[1-\cos\left(\frac{\pi}{2}+\frac{\pi}{U_\pi}U_m\sin\omega t\right)\right]=\frac{1}{2}\left[1+\sin\left(\frac{\pi}{U_\pi}U_m\sin\omega t\right)\right],\tag{4.2-23}$$

当 $U_m\ll U_\pi$ 时，$T\approx\frac{1}{2}\left[1+\left(\frac{\pi U_m}{U_\pi}\right)\sin\omega t\right]$，即

$$T\propto\sin\omega t.\tag{4.2-24}$$

这时，虽然调制器输出的信号和调制信号的振幅不同，但是两者的频率却是相同的，输出信号不失真，称为线性调制.

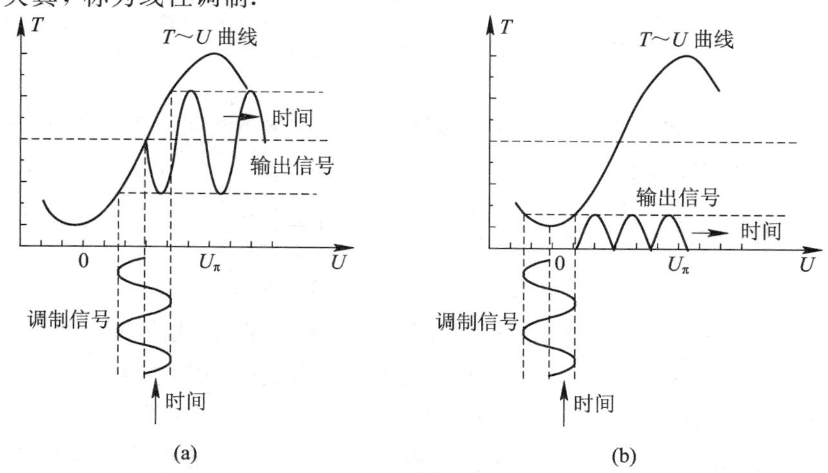

图 4.2-5　改变直流偏压对输出特性的影响

(a) 工作点选在线性工作区的中心处；(b) 产生倍频

(2) 当 $U_0=0$ 且 $U_m \ll U_\pi$ 时产生倍频，改变直流偏压对输出特性的影响如图 4.2-5(b) 所示，把 $U_0=0$ 代入式(4.2-8)得

$$T=\sin^2\left(\frac{\pi}{2U_\pi}U_m\sin\omega t\right)=\frac{1}{2}\left[1-\cos\left(\frac{\pi}{U_\pi}U_m\sin\omega t\right)\right]$$

$$\approx\frac{1}{4}\left(\frac{\pi}{U_\pi}U_m\right)^2\sin^2\omega t\approx\frac{1}{8}\left(\frac{\pi U_m}{U_\pi}\right)^2(1-\cos 2\omega t),\tag{4.2-25}$$

即

$$T\propto\cos 2\omega t.\tag{4.2-26}$$

从式(4.2-26)可以看出，输出信号的频率是调制信号频率的二倍，即产生“倍频”失真. 若把 $U_0=U_\pi$ 代入式(4.2-25)，经推导可得

$$T\approx 1-\frac{1}{8}\left(\frac{\pi U_m}{U_\pi}\right)^2(1-\cos 2\omega t),\tag{4.2-27}$$

即 $T\propto\cos 2\omega t$，输出信号仍是“倍频”失真的信号.

(3) 当直流偏压 U_0 在 0 V 附近或在 U_π 附近变化时，由于工作点不在线性工作区，故输出波形将失真.

(4) 当 $U_0=U_\pi/2$ 且 $U_m>U_\pi$ 时，调制器的工作点虽然选定在线性工作区的中心，但不满足小信号调制的要求. 因此，工作点虽然选定在线性工作区，但输出波形仍然是失真的.

在电光调制器中，直流偏压的作用主要是使晶体中 ξ、η 两偏振方向的光之间产生固定的位相差，从而使正弦调制工作在光强调制曲线上的不同点. 直流偏压的作用可以用 $\lambda/4$ 波片来实现. 具体地说，在起偏器和检偏器之间加入一个 $\lambda/4$ 波片，调整 $\lambda/4$ 波片的快、慢轴方向，使之与晶体的 ξ、η 轴平行，即可保证电光调制器工作在线性调制状态，转动 $\lambda/4$ 波片可使电光晶体处于不同的工作点上.

4.2.4　二次电光效应

相比线性电光效应来说，二次电光效应是高一级的效应，其特征是与外电场强度的平方成正比. 只有当线性电光效应不存在或者忽略不计时，二次电光效应才可能在一些具有对称中心的晶体中显现出来. 在 $O\xi_1\xi_2\xi_3$ 坐标系中，伴随着 $s_{\alpha\beta}$($\alpha=1, 2, \cdots, 6$；$\beta=1, 2, \cdots, 6$)共 36 个二次电光效应的法线椭球方程表达式为

$$\begin{aligned}&\frac{\xi_1^2}{n_1^2}+\frac{\xi_2^2}{n_2^2}+\frac{\xi_3^2}{n_3^2}+\xi_1^2(s_{11}E_1^2+s_{12}E_2^2+s_{13}E_3^2+2s_{14}E_2E_3+2s_{15}E_3E_1+2s_{16}E_1E_2)\\&+\xi_2^2(s_{21}E_1^2+s_{22}E_2^2+s_{23}E_3^2+2s_{24}E_2E_3+2s_{25}E_3E_1+2s_{26}E_1E_2)\\&+\xi_3^2(s_{31}E_1^2+s_{32}E_2^2+s_{33}E_3^2+2s_{34}E_2E_3+2s_{35}E_3E_1+2s_{36}E_1E_2)\\&+2\xi_2\xi_3(s_{41}E_1^2+s_{42}E_2^2+s_{43}E_3^2+2s_{44}E_2E_3+2s_{45}E_3E_1+2s_{46}E_1E_2)\\&+2\xi_3\xi_1(s_{51}E_1^2+s_{52}E_2^2+s_{53}E_3^2+2s_{54}E_2E_3+2s_{55}E_3E_1+2s_{56}E_1E_2)\\&+2\xi_1\xi_2(s_{61}E_1^2+s_{62}E_2^2+s_{63}E_3^2+2s_{64}E_2E_3+2s_{65}E_3E_1+2s_{66}E_1E_2)=1,\end{aligned}\tag{4.2-28}$$

在外电场为 0 时，各向同性晶体中微观分子偶极矩的取向总是随机的，它们之间的相互作用相互抵消，在宏观任意小的体积内不表现出极性. 但是在外场的作用下，微观分子

偶极子在偏向外电场的方向随着外电场的增加，趋向于外电场方向的程度也增加．在各向同性晶体中，$s_{\alpha\beta}$张量矩阵表示为

$$\boldsymbol{s}=\begin{bmatrix} s_{11} & s_{12} & s_{12} & 0 & 0 & 0 \\ s_{12} & s_{11} & s_{12} & 0 & 0 & 0 \\ s_{12} & s_{12} & s_{11} & 0 & 0 & 0 \\ 0 & 0 & 0 & \dfrac{s_{11}-s_{12}}{2} & 0 & 0 \\ 0 & 0 & 0 & 0 & \dfrac{s_{11}-s_{12}}{2} & 0 \\ 0 & 0 & 0 & 0 & 0 & \dfrac{s_{11}-s_{12}}{2} \end{bmatrix}, \tag{4.2-29}$$

因此式(4.2－28)改写为

$$\xi_1^2\left(\frac{1}{n_1^2}+s_{11}E_1^2+s_{12}E_2^2+s_{12}E_3^2\right)+\xi_2^2\left(\frac{1}{n_2^2}+s_{12}E_1^2+s_{11}E_2^2+s_{12}E_3^2\right)+\xi_3^2\left(\frac{1}{n_3^2}+s_{12}E_1^2+s_{12}E_2^2+s_{11}E_3^2\right)+$$
$$2\xi_2\xi_3(s_{11}-s_{12})E_2E_3+2\xi_3\xi_1(s_{11}-s_{12})E_3E_1+2\xi_1\xi_2(s_{11}-s_{12})E_1E_2=1. \tag{4.2-30}$$

由于光沿着 ξ_3 方向传播，$E_1=E_2=0$，对于各向同性晶体有 $n_1=n_2=n_3=n$，因此式(4.2－30)可简化为

$$\xi_1^2\left(\frac{1}{n^2}+s_{12}E_3^2\right)+\xi_2^2\left(\frac{1}{n^2}+s_{12}E_3^2\right)+\xi_3^2\left(\frac{1}{n^2}+s_{11}E_3^2\right)=1, \tag{4.2-31}$$

令 $n_o=n-\frac{1}{2}n^3s_{12}E^2$，$n_e=n-\frac{1}{2}n^3s_{11}E^2$，即得

$$\frac{\xi_1^2+\xi_2^2}{n_o^2}+\frac{\xi_3^2}{n_e^2}=1, \tag{4.2-32}$$

式中，n_o 为光振动方向与外电场方向正交时晶体的折射率，n_e 为光振动方向与外电场方向平行时晶体的折射率，且

$$n_e-n_o=\frac{1}{2}n^3(s_{12}-s_{11})E^2=K\lambda E^2, \tag{4.2-33}$$

式中，K 称为二次电光系数(secondary electro-optical coefficient)，$K=\frac{n^3(s_{12}-s_{11})}{2\lambda}$．例如，对于 CCl_4，若波长为 0.633 nm，折射率为 1.456，则其二次电光系数 $K=0.74$；若波长为 0.546 nm，折射率为 1.460，则其二次电光系数 $K=0.86$．

4.2.5 【实验】晶体的电光效应实验

【实验目的】

(1) 掌握晶体电光调制的原理和实验方法．

(2) 学会测量晶体半波电压、电光常数的实验方法．

(3) 了解一种激光通信的方法．

【实验器材】

实验器材包括电光调制电源组件、光接收放大器组件、He－Ne 激光器组件、电光调制

晶体组件、起偏器组件和检偏器组件. 实验装置如图 4.2-6 所示.

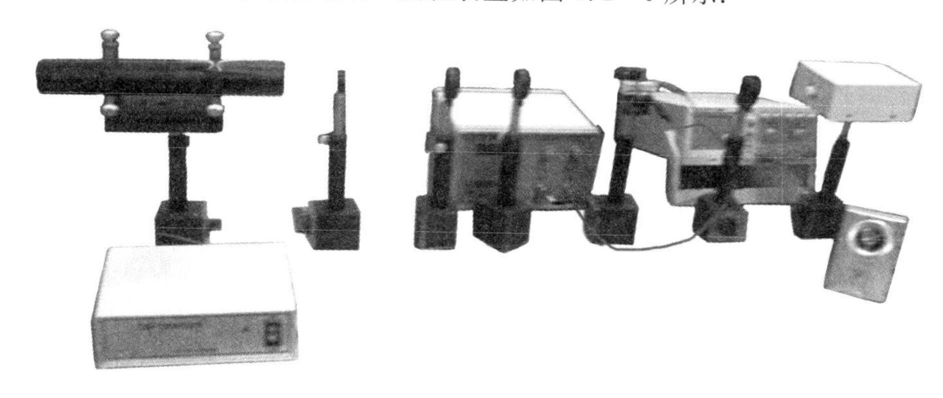

图 4.2-6　晶体的电光效应实验装置图

【实验内容】

(1) 测定铌酸锂晶体的透过率曲线(即 $T \sim U$ 曲线), 计算半波电压 U_π.

晶体上只加直流电压, 不加交流信号, 把直流电压从小到大逐渐增大, 输出的光强将会出现极小值和极大值, 相邻极小值和极大值对应的直流电压之差即是半波电压 U_π. 加在晶体上的电压从电源面板上的数字表中读出, 每隔 5 V 增大一次, 再读出相应的光强值, 数据填入表 4.2-1 中.

表 4.2-1　偏压与光强 T 关系

偏压 U/V0	5	10	15	20	25	30	35	40	
光强 T/mV									
偏压 U/V	45	50	55	60	65	70	75	80	85
光强 T/mV									
偏压 U/V	90	95	100	105	110	115	120	125	130
光强 T/mV									
偏压 U/V	135	140	145	150	155	160	165	170	175
光强 T/mV									
偏压 U/V	180	185	190	195	200	205	210	215	220
光强 T/mV									

以 T 为纵坐标、U 为横坐标, 画出 $T \sim U$ 关系曲线, 确定半波电压 U_π 的数值. 晶体尺寸如图 4.2-7 所示, 单位(mm), 其中 S_1、S_2 面镀银电极.

(2) 利用示波器观察电光调制箱中的内置波形信号以及解调信号. 实验装置示意图如图 4.2-8 所示.

(3) 用 $\lambda/4$ 波片改变工作点, 观察输出特性.

(4) 演示光通信.

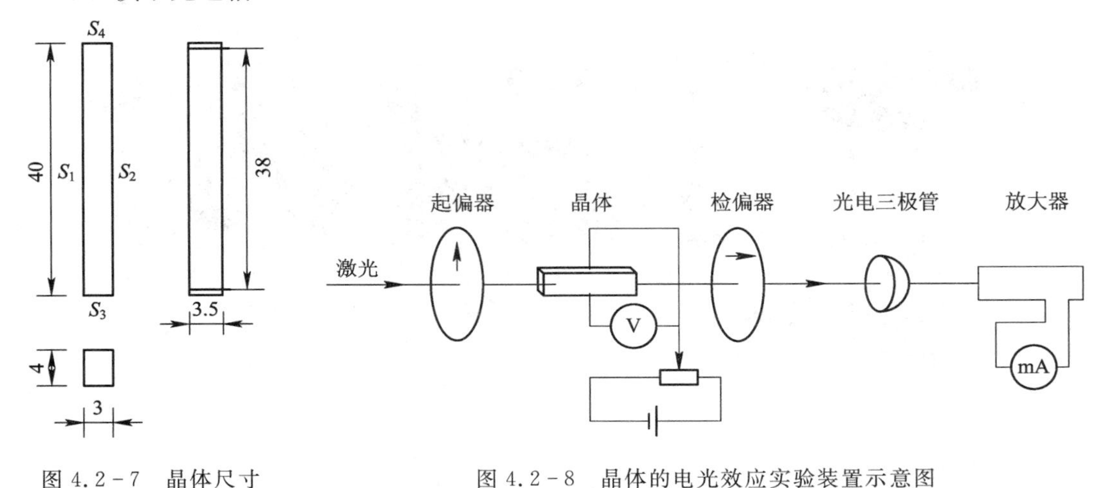

图 4.2-7　晶体尺寸　　　　图 4.2-8　晶体的电光效应实验装置示意图

4.3 磁光调制技术

4.3.1 磁光调制

与外电场一样，有些介质在外磁场 H 的作用下对称性地发生破坏. 具体地说，当线偏振光沿着外磁场方向传播时，光波的振动平面产生的旋转角度 φ 为

$$\varphi = VBL, \tag{4.3-1}$$

式中，V 为菲尔德(塞勒斯·韦斯特·菲尔德，Cyrus West Field，1819—1892)常量，也称为法拉第旋转系数(Faraday rotation coefficient)；L 为光在磁场中传播的距离；B 为磁感应强度. 这一效应称为磁光效应(magneto-optic effect)，能产生磁光效应的介质称为磁光介质(magneto optical medium). 菲尔德常量的单位为 $T^{-1}\cdot m^{-1}$，其大小取决于材料本身的性质与入射光的波长，可表征物质的磁光特性. 当 $V>0$ 时，这样的材料称为右手螺旋材料，或者右手介质；当 $V<0$ 时，这样的材料称为左手螺旋材料，或者左手介质. 对于 20 ℃的水(H_2O)，菲尔德常量为 $0.218°T^{-1}\cdot mm^{-1}$；对于 20℃的二硫化碳($CS_2$)，菲尔德常量为 $0.705°T^{-1}\cdot mm^{-1}$；铈(Ce)玻璃的菲尔德常量为 $2.8°T^{-1}\cdot mm^{-1}$. 值得注意的是，当光波来回两次通过磁光介质时，在同一固定坐标系中，偏转角加倍，这一特殊性质称为非对易性(nonreciprocal property)，也称为不可逆性(irreversibility)或者单向性(unipolarity).

当光波沿着晶轴方向传播时，没有微扰的两个 0 级本征值相等，即 o 光与 e 光的速度相等，这时磁光效应起主要作用，本征态变成一对圆偏振光，旋转方向相反. 在一级近似下，两个本征态表示为

$$n_{+} = \bar{n} - \frac{\bar{n}^3}{2}G_3,\ n_{-} = \bar{n} + \frac{\bar{n}^3}{2}G_3, \tag{4.3-2}$$

式中，$\bar{n}$ 为不存在微扰时的折射率，在单轴晶体情况下，$\bar{n}=n_o$；G_3 为 G 在 ξ_3 方向上的分

量，在弱磁场 H 条件下，也就是在多数情况下，G_3 展开至 H 的一级项，即

$$G_3=fH. \tag{4.3-3}$$

当沿着 ξ_3 方向传播距离 L 后，振动平面转动 φ 角，其值等于左旋圆偏振光和右旋圆偏振光折射率引起的相位差的一半，即

$$\varphi=\frac{1}{2}\left(\frac{2\pi}{\lambda_0}\Delta nL\right)=\frac{\pi}{\lambda_0}\bar{n}^3 fHL, \tag{4.3-4}$$

式中，$\Delta n=n_- - n_+$，φ 与波长有关．当白光沿着磁场方向传播时，不同的单色光成分的偏转角不同，形成磁旋光色散现象．将式(4.3-4)与式(4.3-1)比较，得

$$V=\frac{\pi}{\mu\lambda_0}\bar{n}^3 f, \tag{4.3-5}$$

式中 μ 为无量纲的比例常数．进一步地，$G_3=\frac{V\mu H\lambda_0}{\pi\bar{n}^3}$，故

$$G_3(-H)=-G_3(H). \tag{4.3-6}$$

因此当光波反向传播时，传播方向和偏振面旋转方向同时反向，导致 φ 角加倍，即非互易性．

(1) 采用磁光效应工作的调制器称为磁光调制器．磁光调制器如图 4.3-1 所示，在正交的两个偏振片 P_1(用作起偏器)、P_2(用作检偏器)之间加上一个绕有线圈的、两端抛光的重火石玻璃棒磁光调制器(即法拉第磁光调制器)，在线圈中通有交变电流，并在晶体中激励沿 ξ_3 轴方向的磁场．假定线偏振光的振动方向为 ξ_2 方向，则输入光的琼斯矩阵表示为

$$\boldsymbol{E}=E_0\begin{bmatrix}\sin\varphi\\ 1\end{bmatrix}, \tag{4.3-7}$$

式中，偏转角 φ 表示成

$$\varphi=\varphi_0\sin\Omega t. \tag{4.3-8}$$

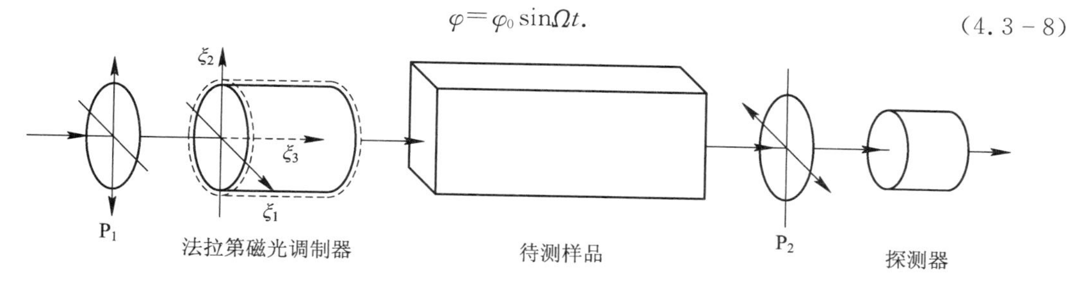

图 4.3-1　磁光调制器

由于 P_2(用作检偏器)的通光方向为 ξ_1，因此由马吕斯定律得出射光强度为

$$I_1=E_0^2\cos^2\left(\frac{\pi}{2}-\varphi\right)=E_0^2\sin^2(\varphi_0\sin\Omega t)\approx 4E_0^2\mathrm{J}_1^2(\varphi_0)\sin^2\Omega t=2E_0^2\mathrm{J}_1^2(\varphi_0)(1-\cos 2\Omega t), \tag{4.3-9}$$

式中 J_1 为 1 阶贝塞尔函数．对于式(4.3-9)中出现 2Ω 项的二次谐波，在光电探测器后面加上基频选频网络，输出信号为 0 的位置称为系统的零点．

当在光路中加入样品时，它使得光波的振动平面旋转 φ_1，这样通过样品后光波的琼斯矩阵为

$$\boldsymbol{E}=E_0\begin{bmatrix}\sin(\varphi_1+\varphi)\\ \cos(\varphi_1+\varphi)\end{bmatrix},\tag{4.3-10}$$

这时通过 P_2(用作检偏器)的光强为

$$I_2=E_0^2\cos^2\left(\frac{\pi}{2}-\varphi_1-\varphi\right)=E_0^2\sin^2(\varphi_1+\varphi),$$

式中 $\varphi=\varphi_0\sin\Omega t\ll\varphi_1$，故取 $\sin\varphi\approx\varphi$，$\cos\varphi\approx1$，得

$$\begin{aligned}I_2&=E_0^2(\sin\varphi_1\cos\varphi+\cos\varphi_1\sin\varphi)^2\approx E_0^2(\sin\varphi_1+\varphi\cos\varphi_1)^2\approx E_0^2[\sin^2\varphi_1+2\varphi\sin\varphi_1\cos\varphi_1]\\&=E_0^2\sin^2\varphi_1\left(1+2\varphi\frac{\cos\varphi_1}{\sin\varphi_1}\right)=E_0^2\sin^2\varphi_1\left(1+2\frac{\cos\varphi_1}{\sin\varphi_1}\varphi_0\sin\Omega t\right),\end{aligned}\tag{4.3-11}$$

测得通过 P_2(用作检偏器)的光强 I_2，反演算出样品的旋光度 φ_1.

(2) 采用磁光效应工作的光隔离器(optical isolator)称为法拉第磁光调制器，法拉第磁光调制器放置在偏振化方向正交的两个偏振片 P_1、P_2 之间，并保持共轴，如图 4.3-2(a) 所示. 光从 P_1(用作起偏器)左侧入射，以上下方向为偏振方向进入光路系统，通过法拉第磁光调制器后偏振化方向右旋 45°角；经过 $\frac{\lambda}{4}$ 波片后形成水平方向偏振的光，一部分通过 P_2(用作检偏器)，一部分从 P_2 反射的光又经过 $\frac{\lambda}{4}$ 波片后形成左旋 45°角偏振的光，如图 4.3-2(b) 所示；再经法拉第磁光调制器后，形成水平方向偏振的光，这样就无法再通过 P_1(用作起偏器). 因此从输入端来看，系统返回 0，故该装置称为光隔离器，又称为光单向器(any experience of light).

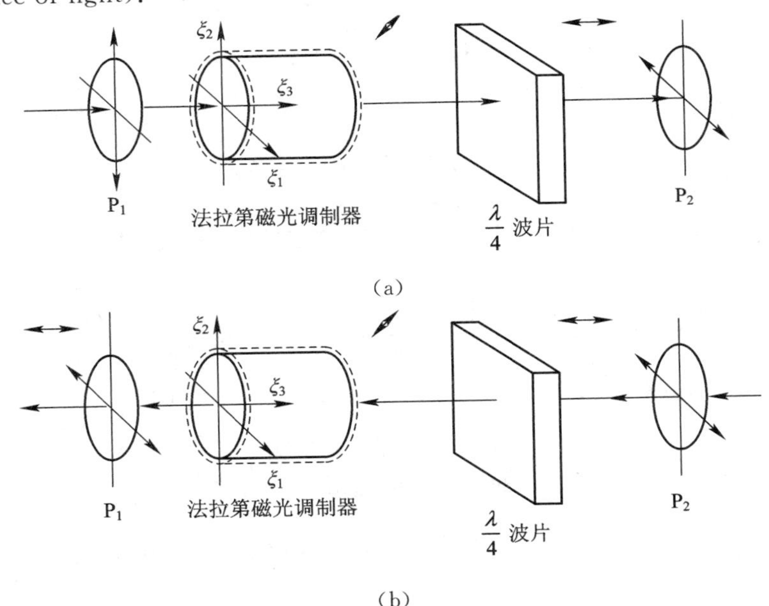

图 4.3-2　光隔离器

(a) P_1(用作起偏器)→法拉第磁光调制器→$\frac{\lambda}{4}$波片→P_2(用作检偏器)；

(b) P_2(作用检偏器)→$\frac{\lambda}{4}$波片→法拉第磁光调制器→P_1(用作检偏器)

与电光效应相比，磁光效应比较微弱，菲尔德常量 V 较小，直到 20 世纪 60 年代科学

家们才研制出一批菲尔德常量 V 较大的磁光材料. 例如，铁磁晶体钇铁石榴石(yttrium iron garnet，$Y_3Fe_5O_{12}$，简称 YIG)是菲尔德常量较大的磁光材料，具有较小的共振线宽，较低的饱和磁化强度，低介电损耗和同密度等特点，其密度为 $5.2\ g \cdot cm^{-3}$，饱和磁化强度为 0.0225～0.15 T. 对于 9 kHz 信号，铁磁共振的线宽为 $2.8 \sim 6.4\ kA \cdot m^{-1}$，晶体损耗角正切值为 $2.5 \times 10^{-4} \sim 40.0 \times 10^{-4}$，用稀土元素置换钇，并用铟、锆、钛等置换铁，能获得具有各种特性的石榴石型铁氧体. 其中多晶钇铁石榴石可用一般陶瓷工艺制得；单晶钇铁石榴石常用熔盐法制得. 科学家们利用液相外延技术、高频溅射技术成功地制造了石榴石薄膜和稀土-过渡金属磁光单晶薄膜，并利用这些薄膜制成了环行器、隔离器、相移器、调制器、滤波器、开关，应用于磁泡、磁记录、光信息处理、光计算、光显示、光通信等. 又例如，钆镓石榴石(gadolinium gallium garnet，$Gd_3Ga_3O_{12}$，简称 GGG)、掺铋钇铁石榴石(bismuth-doped yttrium iron garnets，Bi-YIG)等也是菲尔德常量较大的磁光材料，对于 Bi-YIG，由于 Bi^{3+} 的 6p 轨道、O^{2-} 的 2p 轨道、Fe^{3+} 的 3d 轨道相重叠，形成杂化分子轨道，增加了费米面两侧部分的能态密度，因此使得 Bi-YIG 具有较大的法拉第旋转角. 特别是，科学家们先制备透明的 GGG 基底，再采用液相外延技术生长厚度为 1 μm～100 μm 的 Bi-YIG磁性薄膜，该薄膜是单轴晶体，晶轴垂直于薄膜的表面，具有很强的磁光效应.

4.3.2 【实验】晶体的法拉第效应实验

【实验目的】

(1) 测量介质在不同磁场下的旋光特性.

(2) 测量不同介质在磁场下的旋光特性.

【实验原理】

晶体的法拉第效应示意图如图 4.3-3 所示. 当一束激光 L 首先从左向右入射通过偏振片 P_1，然后再通过磁场中长度为 l 的某晶体或者溶液，出射的偏振光沿入射光方向旋转一个角度 φ，且

$$\varphi = VBL, \tag{4.3-12}$$

最后沿偏振片 P_2 的偏振化方向进入接收器 R.

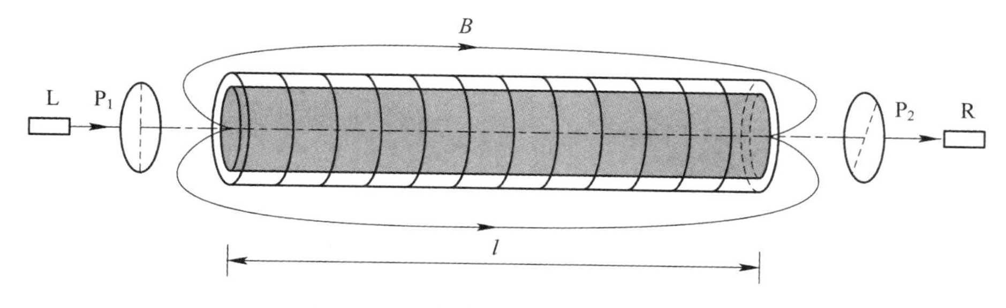

图 4.3-3　晶体的法拉第效应示意图

圆电流线圈在其中心轴上一点处的磁场如图 4.3-4 所示. 由图可知，半径为 R、通有电流 I 的圆电流线圈在其中心轴上一点 P 处，与圆心 O 的距离为 x，则在圆电流线圈上取一电流元 Idl，在 P 点产生的磁感应强度为 dB. dB 可以分解为与 x 轴平行和垂直的两个分量，当取遍整个圆电流线圈时，与 x 轴垂直的分量矢量叠加为零，与 x 轴平行的分量为

$$dB_x = dB\cos\alpha_1 = dB\sin\alpha = \frac{\mu_0 I dl}{4\pi r^2}\sin\alpha,$$

因此

$$B_x = \int_{l=0}^{2\pi R} \frac{\mu_0 I dl}{4\pi r^2}\sin\alpha = \frac{\mu_0 IR}{2(R^2+x^2)} \frac{R}{\sqrt{R^2+x^2}} = \frac{\mu_0 IR^2}{2\,(R^2+x^2)^{\frac{3}{2}}}. \quad (4.3-13)$$

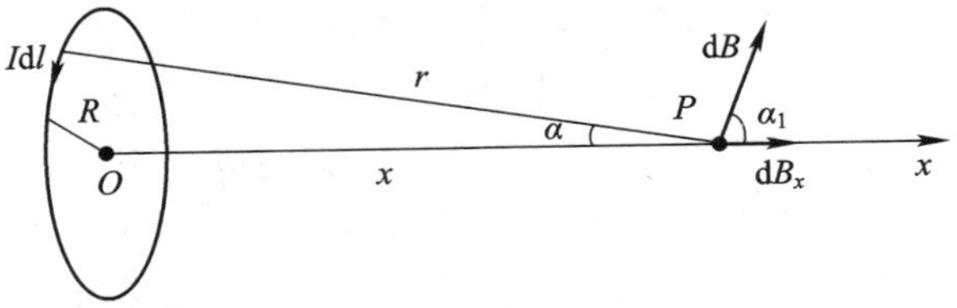

图 4.3-4　圆电流线圈在其中心轴上一点处的磁场

螺线管中磁场计算示意图如图 4.3-5 所示. 螺线管 AB 通有电流 I，利用式(4.3-13)的结果，在 AB 段取元 dl，则在轴线上一 P 点处产生的磁感应强度为

$$dB = \frac{\mu_0 R^2}{2\,(R^2+l^2)^{\frac{3}{2}}} dI = \frac{\mu_0 R^2}{2\,(R^2+l^2)^{\frac{3}{2}}} nIdl,$$

由于 $l=R\cot\beta$，$dl=-R\dfrac{d\beta}{\sin^2\beta}$，$(R^2+l^2)^{\frac{3}{2}}=\dfrac{R^3}{\sin^3\beta}$，故

$$B = \int \frac{\mu_0 R^2}{2\,(R^2+l^2)^{\frac{3}{2}}} nI\,dl = -\int_{\beta_1}^{\beta_2} \frac{\mu_0 nI}{2}\sin\beta d\beta = \frac{\mu_0 nI}{2}(\cos\beta_2 - \cos\beta_1). \quad (4.3-14)$$

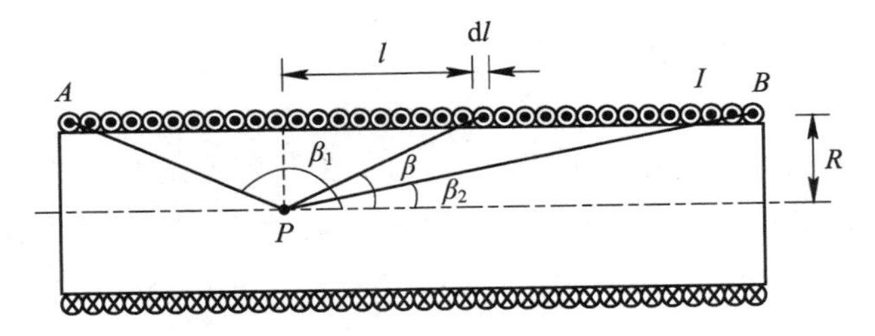

图 4.3-5　螺线管中磁场计算示意图

值得注意的是，当螺线管的直径为 50 mm、长度为 100 mm 时，设 P 点距离螺线管中心的距离为 $|x|$，则 P 点处的磁感应强度为

$$B = \frac{\mu_0 nI}{2}\left[\frac{50+x}{\sqrt{25^2+(50+x)^2}} + \frac{50-x}{\sqrt{25^2+(50-x)^2}}\right],$$

当 $x=0$ 时，$B_0=0.9\mu_0 nI$；当 $x=50$ mm 时，$B_{50}=0.5\mu_0 nI$.

【实验器材】

晶体磁旋光效应实验器材包括光具座、激光器及其电源、起偏器 2 个、中空可插入样品的螺线管、光电接收器、样品(ZF6 材料、酒石酸、糖溶液)若干、支架若干.

【实验内容】

1) 预备工作：安装偏振光路

(1) 将激光器、起偏器 1、螺线管、起偏器 2、光电接收器用支架依次固定在光具座的导轨上，接通电源.

(2) 调节激光器、起偏器 1、螺线管、起偏器 2、光电接收器的高度，使得它们同轴

等高.

(3) 先调节起偏器1使得光电接收器的显示数值最大，再调节起偏器1使得光电接收器的显示数值最小，分别记录起偏器1的偏振化方向.

2) 实验

(1) 用特斯拉计测量螺线管中心的磁感应强度，并对比理论值与实验测量值. 将特斯拉计的霍尔元件探头插入中空可插入样品的螺线管中，记录各个位置的磁场的大小，绘制磁场与位置的关系曲线.

(2) 测定ZF6材料的法拉第旋光角与螺线管磁场的关系.

① 将ZF6材料插入中空可插入样品的螺线管中，打开励磁电源，调节电流至1 A，观察光电接收器显示数值的变化，记录光电接收器显示数值最大时的角度 φ_{11}.

② 调节起偏器2，使得光电接收器的显示数值最小，记录其角度 φ_{12}.

(3) 测量ZF6材料的菲尔德常量，利用式(4.3-1)进行计算.

(4) 对比无外加磁场和有外加磁场两种情况下，20%的酒石酸、40%的酒石酸、60%的酒石酸溶液、60%的糖溶液的旋光角，并绘制相应的曲线.

4.4 声光调制技术

声光效应(acousto-optic effect)是指光通过某一受到超声波扰动的晶体时发生衍射的现象，是光波与晶体中超声波相互作用的结果. 1922年，布里渊(莱昂·尼古拉斯·布里渊，Léon Nicolas Brillouin，1889—1969)预言若液体中存在弹性波，则以一定角度垂直于弹性波传播方向传输的光波经过液体后将会产生类似于光栅衍射的现象. 1932年，德拜(彼得·约瑟夫·威廉·德拜，Peter Joseph William Debye，1884—1966)与西尔斯(弗朗西斯·韦斯顿·西尔斯，Francis Weston Sears，1898—1975)、卢卡斯(奥古斯特·雷内·卢卡斯，Auguste René Lucas，1898—1990)与夸特(皮埃尔·夸特，Pierre Biquard，1901—1992)分别从实验中观察到声光衍射现象，使布里渊在理论上的预测得到了实验的验证. 后来，通过多次实验，人们不仅在液体中发现了声光效应，而且在透明的固体中也发现了此现象. 利用反压电效应在压电晶体中激发超声波，产生的超声波在压电晶体中传播，从而产生衍射现象. 20世纪60年代，激光的出现促进了声光效应从理论到应用研究的迅速发展，人们利用声光效应控制激光的频率、方向和强度，制成声光调制器、声光偏转器、可调谐滤光器等多种声光器件.

当外力作用于弹性体而产生应变时，弹性体的折射率发生变化，呈现双折射性质，这一光学效应称为弹光效应(elastic-optic effect). 例如，当运动的流体中存在速度梯度时，运动的流体出现各向异性，这是由于光学材料的残余应力会引起双折射现象，或者当仪器中光学零件装配得过紧时，也会引起影响分辨率的应力双折射现象，且折射周期性变化的规律为

$$\Delta n(\boldsymbol{r}, t) = \Delta n\cos(\Omega t - \boldsymbol{k}\cdot\boldsymbol{r}), \tag{4.4-1}$$

式中，Ω 为声波振动的圆频率；$\boldsymbol{k}$ 为声波的波矢量，其标量形式为 $k=\frac{2\pi}{\lambda}=\frac{\Omega}{v}$，$v$ 为声音在

弹性晶体中的速度.

4.4.1 声光衍射效应

当超声波通过晶体时，作为纵波的超声波使晶体产生弹性应力或应变，晶体的光学性质发生改变，晶体的折射率 n 随着超声波强度的改变而改变，整个晶体相当于一个位相光栅. 当光栅常量与入射光的波长可以比拟时就会发生衍射，衍射光的强度、频率与方向都是随着超声波强度的变化而改变的，这种现象称为声光效应(acousto-optic effect). 各向异性晶体的折射率随晶体内的方向不同而异，因此声光效应将随声波和光波在晶体内的传播方向不同而异，折射率的变化和应变需用张量表示. 对各向同性晶体应变引起的折射率变化也是各向同性的，声光效应不随声波和光波的传播方向不同而改变.

声光衍射如图 4.4-1 所示. 对于各向同性晶体而言，设超声波为沿 y 方向传播的平面纵波，其角频率为 ω_s，波长为 λ_s，波矢量为 $\boldsymbol{k}_s$($\boldsymbol{k}_s$ 是沿着 y 方向的矢量，且 $\boldsymbol{k}_s \cdot y\mathrm{j}=k_s y$)，入射光为沿 x 方向传播的平面波，其角频率为 ω，在晶体中的波长为 λ，波矢量为 $\boldsymbol{k}$. 晶体应变也以行波形式随声波一起沿 y 方向传播，由于光速大约是声速的 10^5 倍，因此在光波通过的时间内，晶体在空间上的周期变化可看成是固定. 由应变引起的晶体折射率变化为

$$\Delta\left(\frac{1}{n^2}\right)=\boldsymbol{P}\cdot\boldsymbol{S} \tag{4.4-2}$$

式中，n 为晶体折射率；$\boldsymbol{P}$ 为光弹系数；$\boldsymbol{S}$ 为应变量，其中 $\boldsymbol{P}$ 和 $\boldsymbol{S}$ 是两个张量. 当声波在各向同性晶体中传播时，$\boldsymbol{P}$ 和 $\boldsymbol{S}$ 可作为标量处理，即 $\Delta\left(\frac{1}{n^2}\right)=-PS$，应变也以行波形式传播，所以应变量 S 可写成

$$S=S_0\sin(\omega_s t-k_s t), \tag{4.4-3}$$

式中 S_0 表示静态时的应变. 当应变较小时，折射率可作 y(空间位置)和 t(时间)的函数，即

$$n(y,\ t)=n_0+\Delta n\sin(\omega_s t-k_s y), \tag{4.4-4}$$

式中，n_0 为无超声波时的晶体折射率；Δn 为声波折射率变化的幅值，其大小为

$$\Delta n=\frac{1}{2}n_0^3 PS_0. \tag{4.4-5}$$

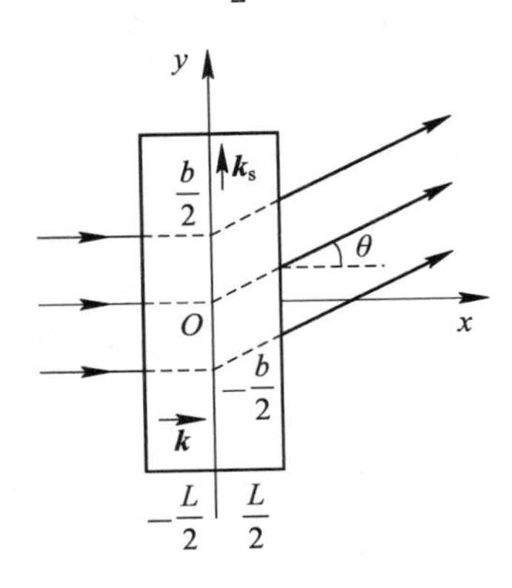

图 4.4-1 声光衍射

根据入射光、衍射光的偏振特性不同，声光效应可分为正常声光效应和反常声光效应.

其中正常声光效应指的是衍射光的偏振方向与入射光的相同，因而折射率相同. 若入射光是 o 光(寻常光)，则衍射光也是 o 光；反之若入射光是 e 光(非常光)，则衍射光也是 e 光. 正常声光效应是由超声纵波引起的. 反常声光效应指的是衍射光的偏振方向与入射光的不同，因而折射率也不同. 若入射光是 o 光，则衍射光变成 e 光；反之若入射光是 e 光，则衍射光为 o 光. 反常声光效应是由超声切变横波引起的. 对于正常声光效应，按声光互作用的长度来分，可以分成拉曼-奈斯(Raman-Nath)声光效应和布拉格(Bragg)声光效应.

4.4.2　拉曼-奈斯声光效应

由于拉曼(Chandrasekhara Venkata Raman，1888—1970，因光的散射荣获 1930 年的诺贝尔物理学奖)、奈斯(Nagendra Nath，拉曼的学生)利用微积分方程解决了超声波及其他波衍射方面的物理学基本问题，故采用两个人的名字命名这种声光效应，即拉曼-奈斯声光效应. 该声光效应的作用长度区域比布拉格声光效应的短. 由于声速比光速小得多，因此声光晶体可近似看作一个相对静止的“平面相位光栅”，它对入射光的方向要求不严格，垂直入射或者斜入射都可以，并且能产生多级衍射光.

当超声波的角频率 $\omega_s=2\pi f_s$(f_s 为超声波频率)比较低时，光波平行于声波面入射，声光作用长度 l 较短且 $l<l_0/2$，其中，l_0 称为特征长度，$l_0=\lambda_0^2/\lambda_s$，$\lambda_0$ 为入射光波长，λ_s 为超声波波长. 在光波通过晶体的这段时间内，折射率的变化可以忽略不计，超声波波长 λ_s 比光波长 λ 大得多. 当光波平行通过晶体时，其几乎不通过声波面，因此只受到相位调制，即通过折射率大的部分时，光波阵面将会延时；而通过折射率小的部分时，光波阵面将会超前. 于是通过声光晶体的平面波的波阵面出现凹凸现象，形成褶皱曲面. 与一般的光栅相比，超声波引起的有应变的晶体相当于一个光栅常数为 λ_s 的光栅，弹性行波产生衍射的频移如图 4.4-2 所示. 当光束垂直入射，即 $\boldsymbol{k}\perp\boldsymbol{k}_s$ 时，各级衍射方位角满足

$$\sin\theta_m=m\frac{k_s}{k_0}=m\frac{\lambda_0}{\lambda_s} \tag{4.4-6}$$

式中，m 为衍射级次，$m=0$，±1，±2，$\cdots m$. 衍射强度极大的方位角 θ_m 满足 $\theta_m\approx\sin\theta_m=m\frac{\lambda_0}{\lambda_s}$，第 m 级衍射光的角频率 ω_m 为

$$\omega_m=\omega-m\omega_s. \tag{4.4-7}$$

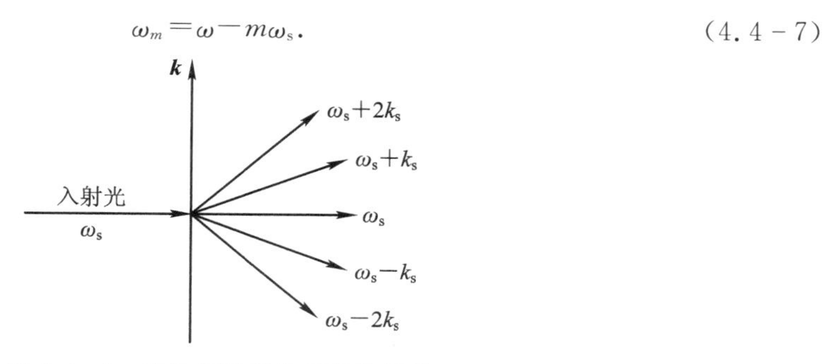

图 4.4-2　弹性行波产生衍射的频移

衍射光仍是偏振光，并发生了多普勒频移. 由于超声波的频率为10^7 Hz 左右，光波的频率达10^{14} Hz，$\omega\gg\omega_s$，故这一多普勒频移可以忽略.

(1) 当声波在晶体中以行波方式传播时，折射率的变化为

$$n(y,\ t)-n_0=\Delta n\sin(\omega_s t-k_s y),$$

各级衍射光波有以下形式：

$$E=E_0\mathrm{J}_m(\xi)\exp[\mathrm{i}(\omega-m\omega_s)t], \tag{4.4-8}$$

式中，$\mathrm{J}_m(\xi)$为 m 阶贝塞尔函数；ξ 为光波通过声光作用区长度 l 获得的最大附加相位差，称为声致相移(acoustic phase shift)，且

$$\xi=\frac{2\pi}{\lambda_0}\Delta nl. \tag{4.4-9}$$

第 m 级衍射极大的强度为

$$I_m=E_0E_0^*=I_0\mathrm{J}_m^2(\xi), \tag{4.4-10}$$

式中，E_0^* 为 E_0 的共轭；$\mathrm{J}_m(\xi)$为 m 阶贝塞尔函数. 第 m 级衍射光的衍射效率 η_m 正比于 $E_0^2\mathrm{J}_m^2(\xi)$，当 m 为整数时，$\mathrm{J}_{-m}(\xi)=(-1)^m\mathrm{J}_m(\xi)$，各级衍射光相对于零级对称分布. 拉曼-奈斯衍射光强与声致相移的关系和拉曼-奈斯衍射图分别如图 4.4-3 和图 4.4-4 所示.

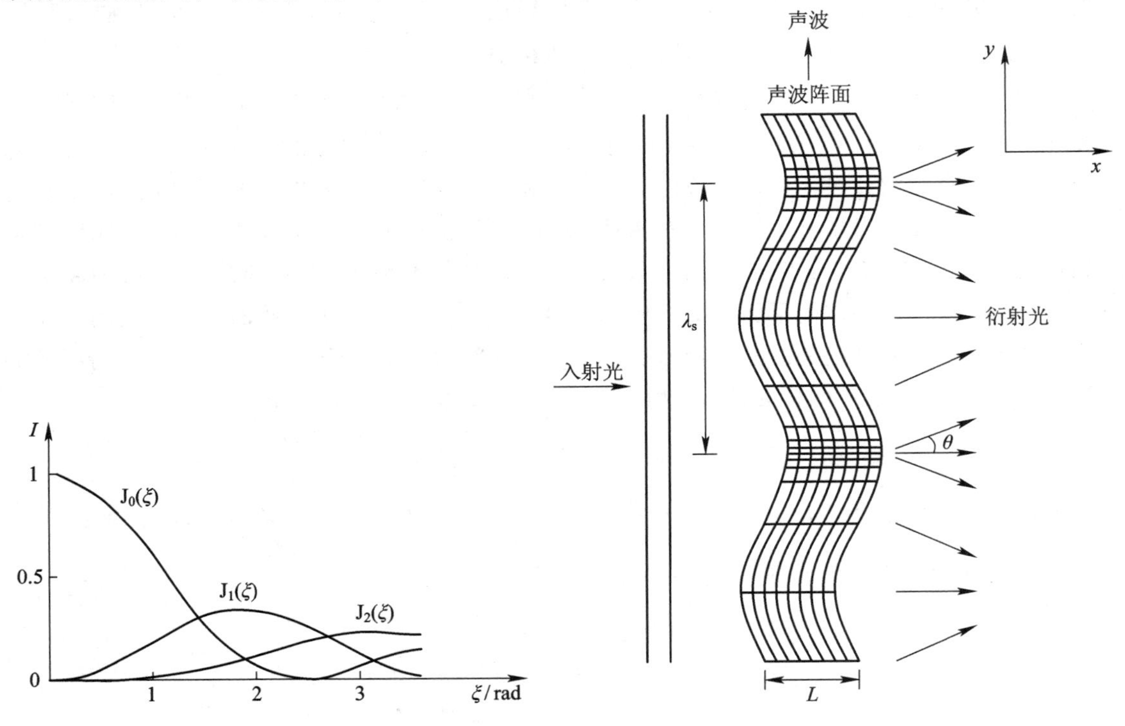

图 4.4-3 拉曼-奈斯衍射光强与声致相移的关系　　图 4.4-4 拉曼-奈斯衍射图

(2) 当超声波在晶体中以驻波方式传播时，折射率的变化有如下形式

$$n(y,\ t)-n_0=\Delta n\sin(\omega_s t-k_s y), \tag{4.4-11}$$

各级衍射光波由下式表示：

$$E=E_0\mathrm{J}_m(\xi\sin\omega_s t)\exp(\mathrm{i}\omega t), \tag{4.4-12}$$

式中，$\mathrm{J}_m(\xi\sin\omega_s t)$为 m 阶贝塞尔函数；$E_0\mathrm{J}_m(\xi\sin\omega_s t)$是第 m 级衍射光波的振幅，它受到了 $\xi\sin\omega_s t$ 的调制，所以各级衍射光不再是单色光，而是含有多种频率成分的合成光. 各级衍射光的频率成分如图 4.4-5 所示. 对于 0 级衍射光束，其强度正比于 $\mathrm{J}_0^2(\xi\sin\omega_s t)$，由于

$J_0(\xi\sin\omega_s t)$是偶函数，因此其光强受到 $2\omega_s$ 的调制.

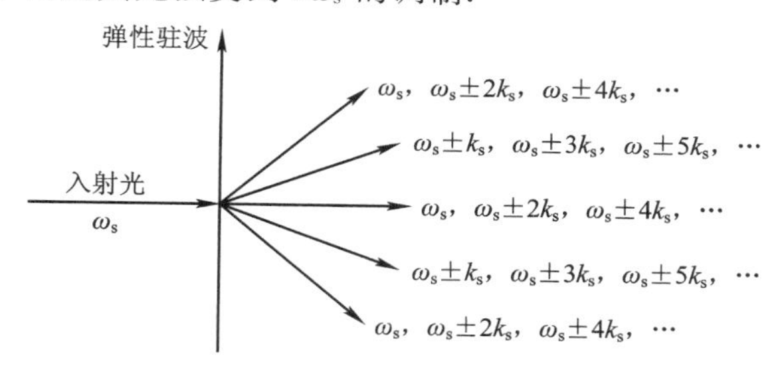

图 4.4－5　各级衍射光的频率成分

4.4.3　布拉格声光效应

布拉格声光效应源于劳伦斯·布拉格(威廉·劳伦斯·布拉格，William Lawrence Bragg，1890—1971)于 1912 年推导并发表的布拉格公式(Bragg formula). 与拉曼-奈斯声光效应相比，布拉格声光效应的作用区域比较长，整个声光晶体相当于一个体光栅. 当 $l=2l_0$时，光波的入射角 θ_B 等于衍射角并满足

$$2k\sin\theta_B=\frac{m2\pi}{\lambda_s},\tag{4.4-13}$$

式中，m 为衍射级，$m=0$，±1；λ_s 为超声波在晶体中的波长；$k=\frac{2\pi}{\lambda}=n\frac{2\pi}{\lambda_0}$，$\lambda_0$ 和 λ 分别是入射光在真空和晶体中的光波长，n 为晶体中光波的折射率.

由于式(4.4－13)与晶体中的布拉格衍射公式 $2d\sin\theta_B=m\lambda$ 相似，因此满足式(4.4－13)的衍射称为布拉格衍射(Bragg diffraction). 晶体内各级衍射光会产生干涉，高级次的衍射光互相抵消，因此布拉格衍射只有 0 级和±1 级，且±1 级不同时存在. 布拉格衍射图如图 4.4－6 所示.

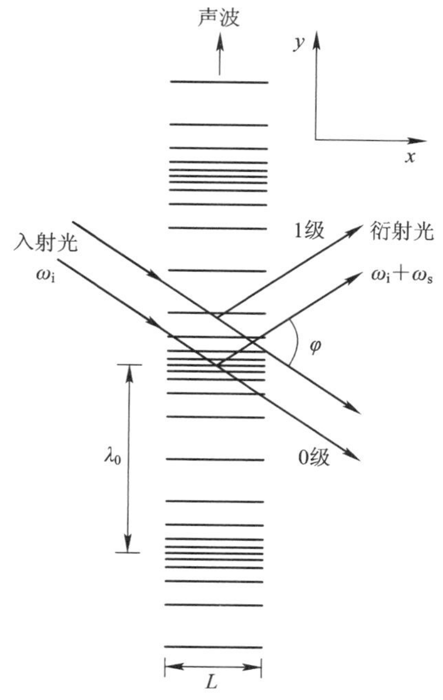

图 4.4－6　布拉格衍射图

当超声波满足条件

$$2k\sin\theta_B=\frac{2\pi}{\lambda_s},\tag{4.4-14}$$

全部衍射光的能量都集中在1级衍射光中，则有

$$\theta_B=\arcsin\frac{2\pi}{2k\lambda_s}=\arcsin\frac{\lambda_0 f_s}{2nv},\tag{4.4-15}$$

式中，v为声波的速度，f_s为声波在晶体中的频率. 式(4.4-14)和式(4.4-15)称为布拉格条件(Bragg condition). 将0级和1级衍射的相对强度分别表示为

$$I_0=E_0^2\cos^2\frac{\xi}{2},\ I_1=E_0^2\sin^2\frac{\xi}{2},\tag{4.4-16}$$

当$\xi=\pi$时，在理论上，1级衍射的效率可达100%.

4.4.4 驻波型声光器件衍射光强的调制度

驻波型声光器件的各级衍射光强是受到调制的，定义光强的调制度M为

$$M=\frac{I_{max}-I_{min}}{I_{max}},\tag{4.4-17}$$

式中，I_{max}为调制光中光强的最大值，I_{min}为光强的最小值. 除0级以外，各种衍射光强的调制度均为1.

1) 拉曼-奈斯衍射

拉曼-奈斯衍射的0级衍射光强的最大值和最小值分别为

$$I_{max}=E_0^2J_0^2(\xi=0),\ I_{min}=E_0^2J_0^2(\xi).$$

一般地，光电接收器的光电转换效率是受到频率限制的. 当接收器的响应频率大大低于调制频率时，测量的结果通常反映的是光强的平均值$\overline{I}$，$\overline{I}$可表示为

$$\overline{I}=\frac{I_{max}+I_{min}}{2}.\tag{4.4-18}$$

在ξ不是很大的范围内($\xi<2$ rad)，0级衍射光强的平均值可近似表示为

$$\overline{I}_0=E_0^2J_0^2\left(\frac{\xi}{2}\right),\tag{4.4-19}$$

则0级衍射光强的调制度可近似表示为

$$M=2(1-\overline{\eta}_0),\tag{4.4-20}$$

式中，$\overline{\eta}_0$定义为0级衍射光强的平均衍射效率，$\overline{\eta}_0=\dfrac{J_0^2\left(\dfrac{\xi}{2}\right)}{J_0^2(0)}$. 驻波型拉曼-奈斯0级平均衍射效率与声致位移的关系曲线如图4.4-7所示.

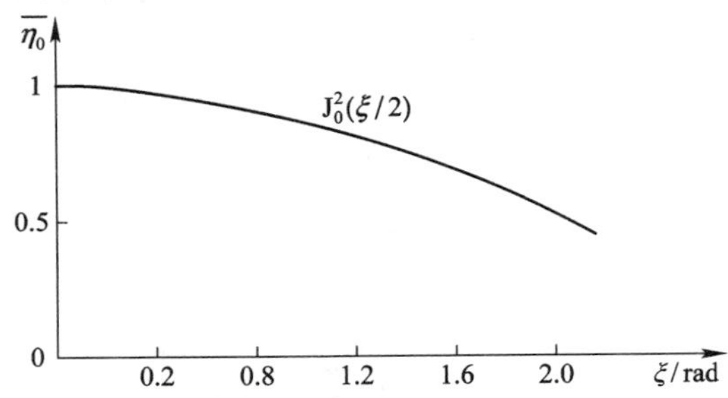

图4.4-7　驻波型拉曼-奈斯0级平均衍射效率与声致相移的关系曲线

2）布拉格衍射

声波的平均能流或超声波功率 P_s 可以表示为

$$P_s=\frac{1}{2}\rho v^3 S_0^2 hl, \tag{4.4-21}$$

式中，ρ 为声光晶体的密度，v 为声速，h、l 为超声换能器的宽和长，S_0 为静态时的应变.

将 $\Delta n=\frac{1}{2}n^3 PS_0$ 和 $P_s=\frac{1}{2}\rho v^3 S_0^2 hl$ 代入 $\xi=\frac{2\pi}{\lambda_0}\Delta nl$ 可得

$$\xi=\frac{1}{2}n^3 PS_0\ \frac{2\pi}{\lambda_0}l=\frac{\pi}{\lambda_0}\sqrt{\frac{2n^6P^2P_s}{\rho v^3 h}}\sqrt{l}=\frac{\pi}{\lambda_0}\sqrt{\frac{2M_2 lP_s}{h}},$$

即

$$\xi=\frac{\pi}{\lambda_0}\sqrt{\frac{2M_2 l}{h}P_s}, \tag{4.4-22}$$

式中，M_2 称为声光优值，$M_2=\frac{n^6P^2}{\rho v^3}$.

式(4.4－22)建立了超声波功率与声致相移的关系.

在布拉格衍射中，1 级衍射光的衍射效率为

$$\eta=\sin^2\left(\frac{\xi}{2}\right)=\sin^2\left(\frac{\pi}{\lambda_0}\sqrt{\frac{M_2 l}{2h}P_s}\right), \tag{4.4-23}$$

在布拉格衍射中，由于衍射光的频率由 $\omega_m=\omega-m\omega_s(m=1,2,3,\cdots)$决定，因此有以下结论：

（1）为了在一定的超声波功率 P_s 下使得衍射效率尽可能大，需要选择声光优值较大的晶体，因此尽可能地将超声换能器制作成又长又窄的形状，并选择发光波长短的激光.

（2）当超声波功率足够大，即满足条件$\frac{\pi}{\lambda_0}\sqrt{\frac{M_2 l}{2h}P_s}=\frac{\pi}{2}$(Bragg 衍射)时，$\frac{I_1}{I_i}=100\%$（$I_i$ 表示入射光的强度)，值得注意的是，当继续加大超声波功率时，衍射效率不仅不会增大，反而减小.

（3）由于衍射效率随着超声波功率的改变而改变，因此通过控制加在超声换能器上驱动电信号的功率可以达到控制光强度的目的，这是声光调制(acousto-optic modulation)的原理.

当声光作用较弱(拉曼-奈斯衍射)，即满足 $\eta<50\%$时，利用近似得 $\sin x\approx x$，则 1 级衍射光的衍射效率简化为衍射效率与$\frac{\xi}{2}\left(\frac{\xi}{2}=\frac{\pi^2 M_2 lP_s}{2\lambda_0^2 h}\right)$成正比，也就是与超声波功率 P_s 成正比.

与超声行波类似，超声驻波对光波的衍射会产生拉曼-奈斯衍射和布拉格衍射，两者的比较如表 4.4－1 所示.

表 4.4－1　拉曼-奈斯衍射和布拉格衍射比较

参　　数	拉曼-奈斯衍射	布拉格衍射
声光作用长度	短	长
超声波频率	低	高
入射方向	光垂直于声场传播	光在声波波面间以一定的角度斜入射
声光晶体相当于	平面光栅	立体光栅
衍射效率	低(≤33.9%)	高(≤100%)

0级衍射调制度与超声波功率的关系曲线如图4.4-8. 由图可知，当超声波功率不大时，调制度与超声波功率呈近似线性关系. 当超声波功率为0.5 W时，调制度约为0.09. 在实验中通过测量0级平均衍射效率可以求得调制度的大小，再由图4.4-8可以得到相应的超声波功率，从调制器的驱动电源上可读出电功率的大小，从而可以得到电功率和超声波功率的转换效率 η_s，即

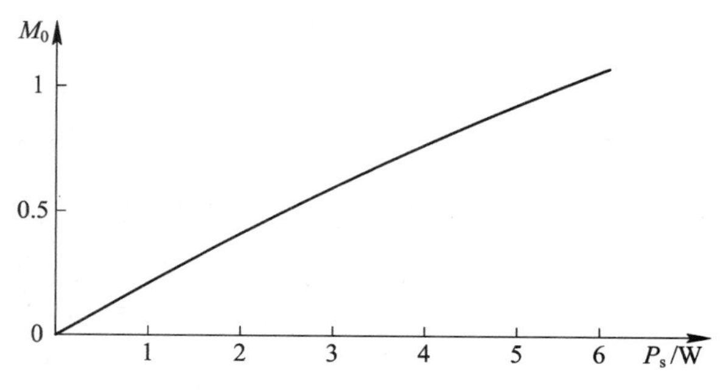

图4.4-8 0级衍射调制度与超声波功率的关系曲线

$$\eta_s = \frac{P_s}{P_e}, \tag{4.4-24}$$

式中 P_e 为加在超声换能器上的电功率.

4.4.5 声光器件

常见的超声换能器结构如图4.4-9所示. 由图可知，超声换能器由压电晶片(换能器)、声光晶体(TeO_2)、电极引线(顶电极)等组成. 在制作超声换能器时，首先将已镀金属层的压电晶片与声光晶体按键合工艺粘在一起；其次采用减薄工艺将已键合好的声光晶体减薄至所需要的厚度；最后将晶体的端面磨成斜面或者牛角状，以吸收声光晶体传播到端面的超声波. 声光器件的三要素是中心频率 f_c、带宽、损耗.

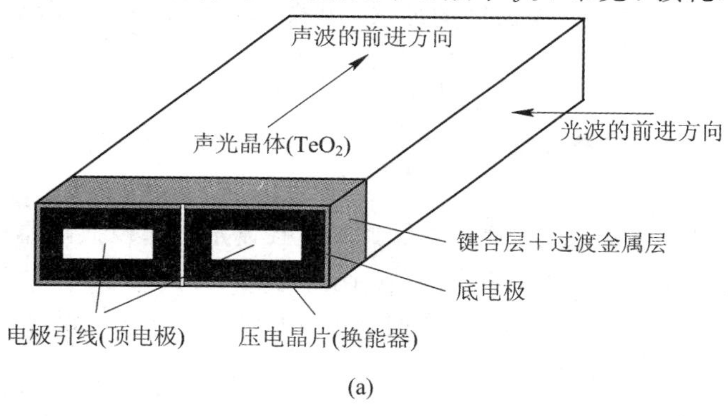

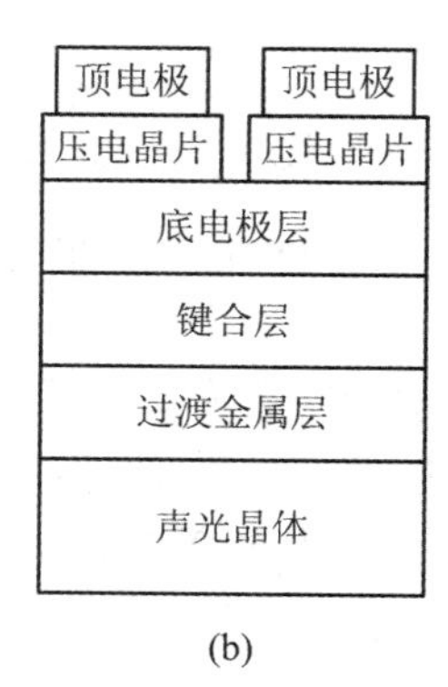

图4.4-9 超声换能器结构示意图
(a) 声光晶体结构图；(b) 声光晶体结构截面图

压电晶片(换能器)又称为超声发声器，由铌酸锂($LiNbO_3$)或其他压电材料通过反压电效应制成，以完成电发声，并在声光晶体中建立超声场，因此其既可以看成机械振动系统，又可以看成与功率信号源相联系的电振动系统. 为了获得最佳的电声能量转换效率，超声换能器的阻抗应与信号源内的内阻相匹配. 所述的压电现象指的是，当晶体受到压力作用时，会出现电荷或者产生电场；所述的反压电效应指的是，在晶体两端加上电压时，会产生应力、应变，只有晶体结构中无对称中心的晶体才具有反压电效应. 如果在压电晶片的上、下晶面上的电压是交变电压，那么会产生应变方向随时改变的超声波. 压电晶片的厚度决定了声光器件的中心频率，厚度越小，则中心频率越大.

声光器件由单轴声光晶体钼酸铅($PbMoO_4$)和氧化碲(TeO_2)等材料制成，它们具有较

大的弹光系数与较高的折射率，因此具有很高的品质因子. 其中 TeO_2 的透明区域长 0.35～5 μm，在整个可见光范围内全部透明，属于四方晶系的 422 晶类，其主折射率、声光优值分别如表 4.4-2、表 4.4-3 所示.

表 4.4-2　TeO_2 主折射率

波长 / nm	1.064	0.638	0.5145	0.4880	0.4416
n_o	2.2068	2.2597	2.3111	2.3299	2.3759
n_e	2.3507	2.4119	2.4732	2.4958	2.5494

表 4.4-3　TeO_2 正常声光效应的声光优值(对激光波长 632.8 nm)

声光作用工作模式		声速 $v\times10^3$ /m·s^{-1}	入射光的折射率 n_i 射	衍射光的折射率 n_d	光弹系数 P	声光优值 $M_2\times10^{-15}$ /s^3·kg^{-1}
声	光					
沿 z 方向纵波	o	4.203	2.26	2.26	$P_{13}=0.34$	34.7
	e	4.203	2.412	2.412	$P_{33}=0.24$	25.6

在设计声光器件，特别是设计声光偏转器时，带宽是一个非常重要的问题. 换能器带宽指的是有效地将电功率转换成超声波功率的频率范围，带宽越宽，工作频率的范围就越大，设计的超声驱动电源能在较宽的频率范围内与声光器件相匹配. 在声光晶体中，声光作用使得超声波引起入射光的布拉格衍射，从而产生衍射光. 在实际工作时，入射角不变，不同的超声频率会引起不同程度的失配，因此称能有效地完成布拉格衍射的带宽为布拉格带宽. 换能器带宽与布拉格带宽形成了声光器件的综合带宽. 一般定义声光衍射效率从最大值下降到一半时的频率宽度为声光作用的 3 dB 带宽.

由于单片压电换能器的声光器件的布拉格带宽较窄，因此需要采用多片结构，使得合成声波的方向随着频率的改变而改变，这种在较宽的频率范围内实现布拉格匹配的器件称为超声跟踪声光器件. 实际上，两片平面结构的换能器声光器件很难实现超声跟踪. 两片结构换能器声光器件的布拉格损耗(Bragg loss，简写成 BL)与超声相对频率 f 之间的关系如图 4.4-10 所示. 由图可知，BL～f 曲线关于中心频率 $f_c=1$ 对称，布拉格损耗最小的位置不在中心频率处.

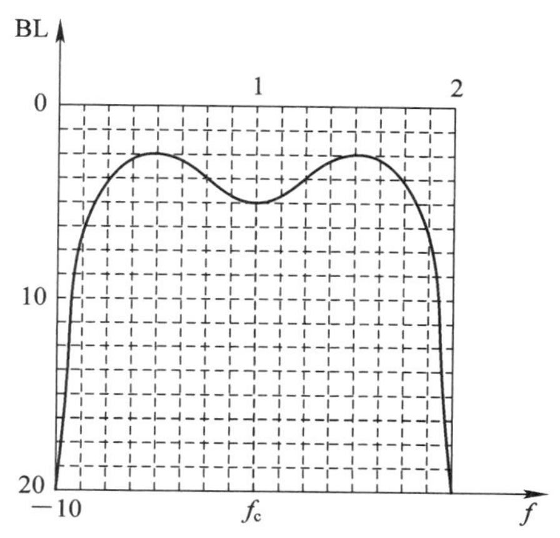

图 4.4-10　两片结构换能器声光器件的 BL～f 曲线图

4.4.6 【实验】晶体的声光效应实验

【实验目的】

(1) 测量声光偏转曲线，画出偏转量与超声频率之间的关系曲线.

(2) 理解声光相互作用原理、外调制技术，观察拉曼-奈斯衍射现象，计算超声在声光晶体中的传播速度，测量声光器件的 3 dB 带宽.

(3) 测量衍射效率与超声波功率之间的关系，绘制声光调制曲线.

【实验器材】

实验器材包括半导体激光器及其电源、声光器件、功率信号源、准直屏、线阵 CCD 光电转换器、示波器、导轨等. 晶体的声光效应结构示意图如图 4.4-11 所示.

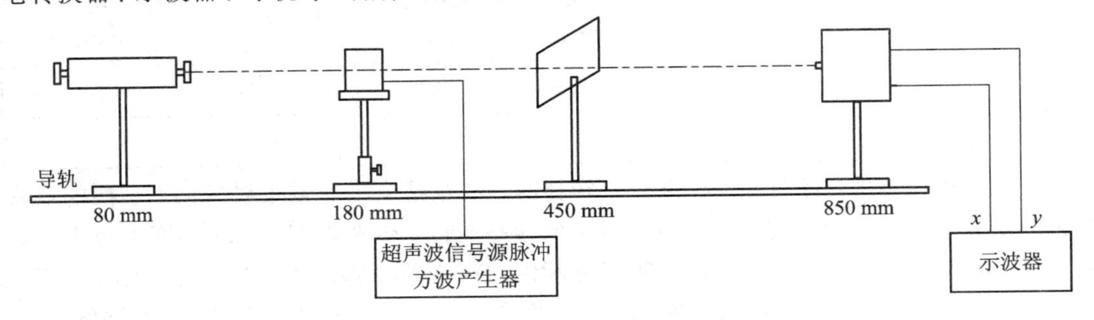

图 4.4-11　晶体声光效应结构示意图

(1) 半导体激光器及其电源：置于二维调节架上，其输出中心波长为 650 nm，光斑大小可调，激光输出端固定 0.8 mm 孔径光阑. 半导体激光器的光源是可调直流电源，电流范围为 0～16 mA.

(2) 声光器件：由声光转换性能良好的声光晶体氧化碲(TeO_2)和压电晶体铌酸锂($LiNbO_3$)在高真空条件铟压焊而成，其工作波长为 650 nm，中心频率为 100 MHz，3 dB 带宽的频率为 50 MHz，有效孔径为 1 mm，衍射效率>85%，驱动功率≤1 W. 声光器件置于精密转角平台上，其调节精度<0.5 mrad 每转.

(3) 功率信号源：给声光器件提供一定范围的频率和功率信号，并自带频率和功率显示功能. 在“等幅”的位置处，输出的信号频率范围为 60～130 MHz，分辨率为 0.1 MHz，输出功率在 0～1000 mW 范围内可调，分辨率为 1 mW. 在“等幅”位置，输出一个 TTL 电平的数字信号就可以对超声波功率进行幅度调制，频率范围为 0～20 kHz.

(4) 准直屏：用于实验前调节激光俯仰程度.

(5) 线阵 CCD 光电转换器：包括空间分辨率为 14 μm 的线阵 CCD 光电传感器、有效光敏单元为 2048 个、中心频率为 100 MHz 的声光器件、宽调频范围功率信号源. 一个完整的线阵 CCD 光电传感器由光敏单元、转移栅、转移寄存器及一些辅助输入、输出电路组成，其结构如图 4.4-12 所示. 当线阵 CCD 光电传感器工作时，在设定的积分时间内由光敏单元对光信号进行取样，将光的强弱转换为各光敏单元的电荷，取样结束后，各光敏单元由转移栅转移到移位寄存器的相应单元中. 移位寄存器在驱动时钟的作用下，将信号电

荷顺次转移到输出端，将输出信号接到计算机、示波器、图像显示器或者其他信号存储、处理设备中，这样就可以对信号再现或者进行存储处理，线阵 CCD 光电传感器的光敏单元的尺寸约 10 μm，因此图像分辨率很高.

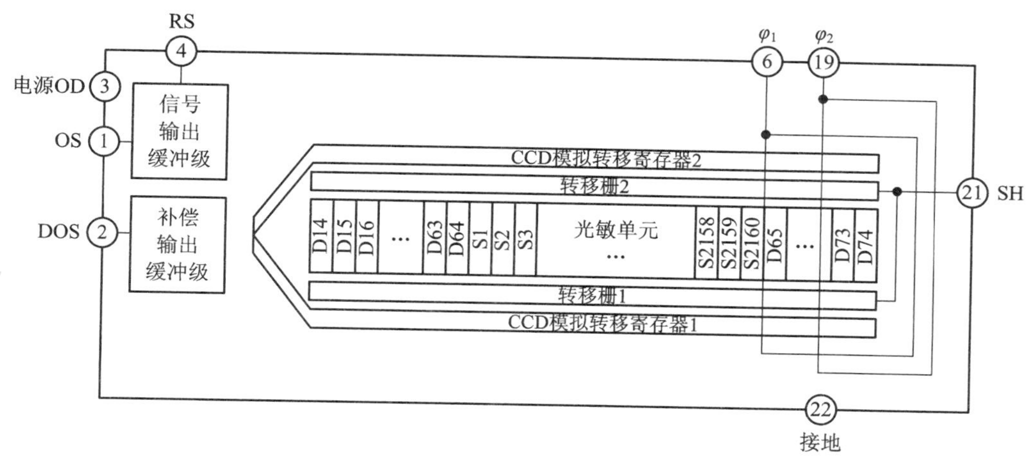

图 4.4-12　线性 CCD 光电传感器结构示意图

(6) 示波器：宽度为 20 MHz.

【实验内容】

1) 实验准备

(1) 调节半导体激光器.

① 将半导体激光器(未加光阑)固定于导轨一端(例如 80 mm 处)，适当地调节半导体激光器的高度，激光出射方向大致沿导轨并朝着导轨的另一端. 将准直屏置于导轨上激光出射方向，准直屏上带网格一面朝向半导体激光器，调节准直屏的高度使得激光斑落在准直屏上.

② 连接半导体激光器与半导体激光器的电源，打开电源开关，调节电流大小(如8.0 mA)，使得准直屏上出现明显的激光光斑. 旋转半导体激光器出光孔端的调焦旋钮，调节出射光束，直到激光大致以平行光出射.

③ 在半导体激光器上加上光阑，用准直屏辅助调节激光，使其沿导轨方向平行出射. 具体方法是，首先将准直屏沿导轨移动光源，观察并记住光斑在准直屏上的位置；然后将准直屏沿导轨尽量远离光源，观察光斑在准直屏上的位置，若两次观察光斑不在同一位置，则需要调节半导体激光器的水平调节螺丝或者俯仰调节螺丝. 同轴等高调节示意图如图 4.4-13所示，位置 B 处的光点在图中的“1”处，位置 C 处的光点在图中的“2”处，先调节位置 B 处“1”点高度，再调节激光光源 A 的角度. 如果光阑位于位置 C 处，激光照射在“2”处，则说明光阑孔“1”需要上移；如果光阑位于位置 C 处，激光照射在“3”处，则说明光阑孔“1”需要下降，当光阑孔“1”在位置 B 和位置 C 处时，激光都能通过光阑孔“1”，这时就可以说，激光光源 A 与光阑同轴等高.

(2) 调节线阵 CCD 光电转换器.

① 将线阵 CCD 光电转换器固定于导轨上(如 850 mm 处)，机壳大致沿导轨方向并且

进光口朝激光器一侧．线阵 CCD 光电转换器尾端的电源插孔接上 DC12V 直流电源，“信号”接口接示波器 CH1 接口端，“同步”接口接示波器 CH2 接口端．

② 打开示波器电源开关，将示波器设置为 CH2 上升沿触发；CH1、CH2 的垂直挡位分别为 200 $mV \cdot div^{-1}$、10.0 $mV \cdot div^{-1}$，水平挡位为 100 $\mu m \cdot div^{-1}$；平均采样 8 次；CH2 信号和 CH1 低电平信号在示波器屏幕上居中靠下显示．

③ 取下白屏，同时调节线阵 CCD 光电转换器的高度及水平转角，使 CH1 信号峰位于示波器屏幕的水平中央，且幅值最大．

④ 将声光器件固定在导轨上(如 180 mm 处)，连接声光器件与功率信号源，打开功率信号源电源开关，拨到“等幅”方式，旋转频率和功率旋钮，输出“100 MHz，200 mW”信号，然后将准直屏置于导轨上(如 450 mm 处)，准直屏上无网格且一面朝向半导体激光器．

⑤ 小心取下半导体激光器上的光阑，此时，准直屏上的图像应变为两个小圆光斑．

⑥ 取下准直屏，此时能观察到示波器屏幕上出现两个峰，屏幕中心为 0 级光，0 级光的旁边为+1 或−1 级衍射光．调节声光器件上的水平转角调节螺丝，可以看到两峰值发生此消彼长的变化，且+1 或−1 级衍射光逐渐减弱直到消失，然后在 0 级光的另一侧出现+1或−1 级衍射光，并逐渐增强、减弱．

⑦ 在理论上，+1 或−1 级衍射光的最大光强是一样的，因此在晶体均匀、不同线阵 CCD 光电转换器的像元均一致的情况下，可以根据+1 或−1 级衍射光的最大强度是否相等来判断线阵 CCD 光电转换器的各像元是否在衍射发生面上．至此，调节线阵 CCD 光电转换器完成．

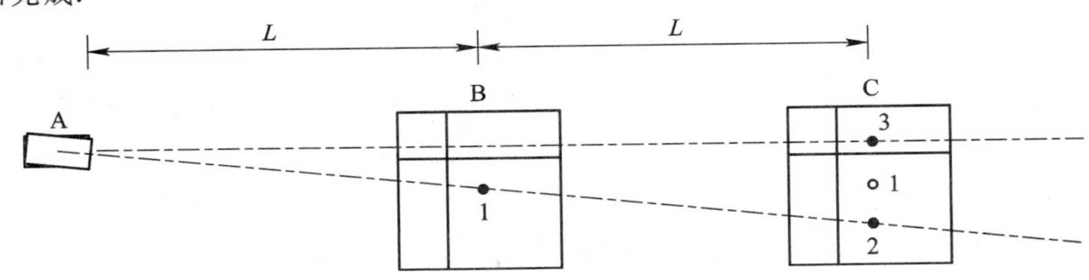

图 4.4－13　同轴等高调节示意图

2）声光器件频率特性测量

(1) 半导体激光器的光源通电后，当电路的电流达到 8.0 mA 时产生强度适当的激光，使线阵 CCD 光电传感器不达到饱和，同时峰值曲线占据示波器屏幕约 3/4 高度．

(2) 将超声信号源频率调到 100 MHz 处，驱动功率调到饱和功率(300 mW)以下(如 200 mA)．

(3) 调节声光器件的转角，使入射角与 100 MHz 处的布拉格角相匹配，具体调节方法是，调节声光器件的水平转角，使得从示波器上可以观察到 1 级衍射光强度最大的位置，此时入射角等于该频率处的布拉格角(若 1 级衍射光强度较小，不易分辨峰值差异，则可适当减小示波器的垂直挡位)，水平转角调好后示波器需要恢复到原挡位．

(4) 记录 CH2 同步信号高电平占据的横向格数，此即为线阵 CCD 光电转换器总共占据的水平格数 Y．

(5) 记录线阵CCD光电转换器受光面到晶体中心的距离 D(精确到1 mm).

(6) 保持功率不变，改变超声频率，记录不同频率下1级衍射光对0级光的偏离格数 X 及0级光、1级衍射光的强度，填入表4.4-4中.

表4.4-4 声光频率特性数据记录表

线阵CCD光电转换器总共占据的水平格数 $Y=$ div，线阵CCD光电转换器受光面到晶体中心的距离 $D=$ mm

超声频率 f/MHz	60	65	…	95	100	105	…	125	130
1级光对0级光的偏离量 X/div									
0级光强度									
1级衍射光强度									
总强度									
衍射效率 η									

注：表中总强度为0级光强度与1级衍射光强度之和.

3) 数据处理

(1) 测量偏离量与超声频率的关系. 利用表4.4-4绘制 $X\sim f$ 关系曲线，并进行线性拟合，求出斜率 k，同时分析实验结果.

(2) 计算晶体中的超声波波速. 1级衍射角如图4.4-14所示，晶体的1级衍射角 $\varphi\approx\dfrac{X\cdot\dfrac{y}{Y}}{D}$，其中，$y$ 是线阵CCD光电转换器有效像元的实际总长度，$y=28.672$ mm，计算时取 $D=55$ mm.

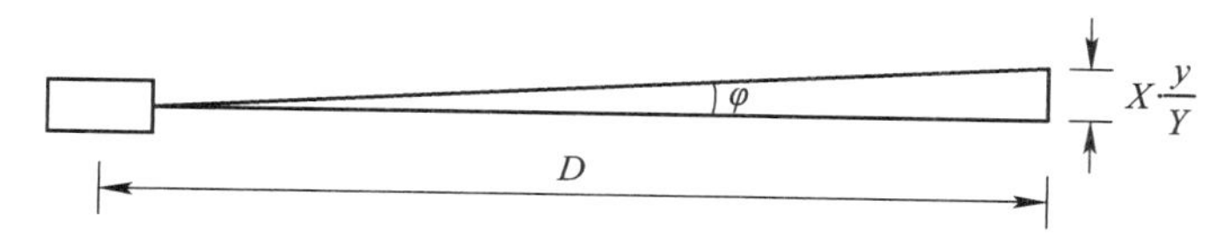

图4.4-14 1级衍射角

由此可以推得 $\dfrac{X\cdot\dfrac{y}{Y}}{D}=\dfrac{\lambda_0 f}{v_s}$，$\dfrac{\dfrac{X}{f}\cdot\dfrac{y}{Y}}{D}=\dfrac{\lambda_0}{v_s}$，$\dfrac{k\cdot\dfrac{y}{Y}}{D}=\dfrac{\lambda_0}{v_s}$，故声光晶体中的超声波在 TeO_2 晶体中的传播速度 $v_s=\dfrac{\lambda_0}{y}\cdot\dfrac{YD}{k}$，求出超声波波速 v_s，与公认值 $4203\ \text{m}\cdot\text{s}^{-1}$ 比较，并求出相对误差.

(3) 测量声光器件带宽. 根据表4.4-4绘制 $\eta\sim f$ 关系曲线，求出带宽.

(4) 测量声光调制曲线. 在一定驱动功率范围内，驱动功率越大，1级衍射光的强度就越大，当超过这个功率范围后，衍射强度反而随着功率的增加而减小，出现此消彼长的现象. 此时首先将超声频率调节到100 MHz处，调节声光器件的转角，使得入射角与100 MHz处的布拉格角匹配；然后保持频率不变，改变驱动功率，记录不同驱动功率下1级

衍射光强度和0级光强度的纵向格数并填写入表4.4－5中.

表4.4－5 测量衍射强度与驱动功率的关系

驱动功率 P/mW	0	20	40	60	80	100	120	140	160	180	200	…
0级光强度												
1级衍射光总强度												
总强度												
衍射效率 η												

绘制 $I_1 \sim P$、$I_0 \sim P$ 关系曲线，找到衍射强度最大时的驱动功率，计算最大衍射效率 $\frac{I_{1\max}}{I_{\text{in}}}$，并估计该声光器件在多大功率范围内可实现信号不失真传输.

(5) 测量拉曼-奈斯条件下的衍射角和衍射效率.

① 将信号源的频率调至100 MHz，功率输出设置为200 mW.

② 调节声光器件的转动角度，使得激光在声光晶体表面垂直入射(拉曼-奈斯衍射条件)，此时在示波器屏幕上可以观察到在0级光两侧出现光强相等、峰位对称的＋1和－1级衍射光.

③ 记录线阵CCD光电转换器的受光面到晶体中心的距离(精确到1 mm)；

④ 记录在拉曼-奈斯衍射条件下，＋1和－1级衍射光对0级光的偏离格数和衍射强度格数，填入表4.4－6中.

表4.4－6 测量拉曼-奈斯条件下＋1和－1级衍射光对0线光的偏离量和衍射总强度

	＋1级衍射光	－1级衍射光
对0级光的偏离量 X/div		
衍射总强度 $I_{总}$		

利用 $\varphi \approx \frac{X \cdot \frac{y}{Y}}{D}$ 计算1级衍射角，与公认值4203 m·s^{-1}比较，求出相对误差. 计算拉曼-奈斯条件下1级衍射效率 $\frac{I_1}{I_{总}}$，并与布拉格衍射条件下的最大衍射效率进行比较.

4.5 计算机在调制技术中的应用

对于拉曼-奈斯衍射的衍射效率为

$$\eta = \frac{\mathrm{J}_0^2\left(\frac{\xi}{2}\right)}{\mathrm{J}_0^2(0)}, \tag{4.5-1}$$

式中，J_0 表示0阶贝塞尔函数，且 $\xi = \frac{2\pi}{\lambda_0}\Delta n l$. 布拉格衍射的衍射效率为

$$\eta = \sin^2\left(\frac{\xi}{2}\right), \tag{4.5-2}$$

式中 $\xi = \frac{\pi}{\lambda_0}\sqrt{\frac{2M_2 l}{h}P_s}$. 试用 Matlab 分别绘制拉曼-奈斯衍射的衍射效率与 ξ 的变化关系、布拉格衍射的衍射效率与 ξ 的变化关系.

【分析】 在 Matlab 中，贝塞尔函数采用 besselj(number, x)，其中 number 表示阶数，例如 0 阶、1 阶、2 阶等. 由此编制程序为

```
clc; clear all;
format long
x=(0:0.01:20)';
y1=besselj(0, x./2).^2./besselj(0, 0).^2;
y2=sin(x./2).^2;
plot(x, y1, x, y2, 'linewidth', 3);
set(gca, 'Fontsize', 20);
grid on;
axis([0, 20, -0.1, 1.1]);
xlabel('Variable Kexi');
ylabel('Variable Eta');
```

绘制的图形如图 4.5-1 所示.

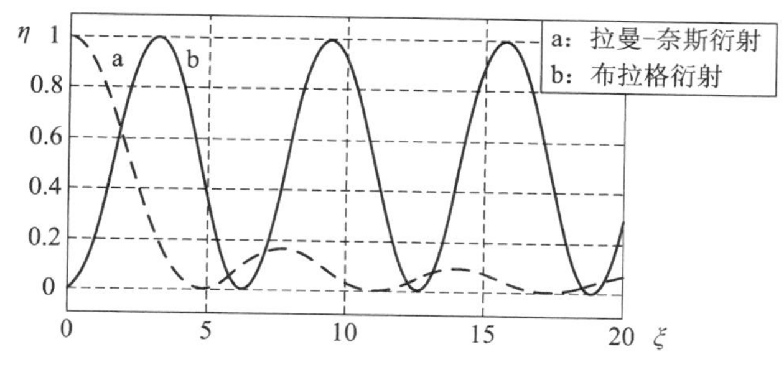

图 4.5-1 拉曼-奈斯衍射与布拉格衍射的衍射效率与 ξ 的变化关系

4.6 调制技术拓展性内容

4.6.1 发光

当某种物质受到光的照射或者受到外加电场、电子束轰击后，该物质没有发生化学变化，它总是会恢复到原来的平衡状态. 在这个过程中，一部分多余的能量会通过光或热的形式释放出来. 如果这部分能量是以可见光或近可见光的电磁波形式释放的，那么该过程就称为发光. 概括地说，发光就是物质在热辐射之外以光的形式发射且具有一定持续时间

的过程.

关于发光的研究可以追溯到1852年对光谱的研究，在“发光”这一概念提出以前，人们只注意到发光同热辐射之间的区别. 1936年，瓦维洛夫(С. И. Вавилов，1891—1951)引入了“发光期间”这一概念(即余辉)，并以此作为发光现象的一个主要的判据，至此“发光”才有了确切的定义. 发光现象有两个主要的特征. (1)任何物体在一定温度下都有热辐射，发光是物体吸收外来能量后所发出的总辐射中超出热辐射的部分；(2)当外界激发源对物体的作用停止后，发光现象还会持续一定的时间，称为余辉.

对于各种发光现象，可按其被激发的方式不同进行分类，如表4.6-1所示.

表4.6-1 宏观发光类型

发光类型	说　明
光致发光(photoluminescence)	用光激发发光体而引起的原子从高能级向低能级跃迁并伴随着能量释放的过程
电致发光(electroluminescence)	将电能直接转换成光能的发光现象，分本征型电致发光(intrinsic electroluminescence)和薄膜型电致发光(thin film electroluminescent)两种，其中本征型电致发光是指电阻率高的材料被悬置在树脂等绝缘介质中，夹在两块平板电极之间，接通交流电源后，光从透明电极的一侧透射出来；薄膜型电致发光是指在电场作用下薄膜发光体出现的发光现象
阴极射线发光(cathodoluminescence)	发光物质在电子束激发下发出光的现象，当高速的电子入射到发光物质后电离原子中的电子，使其成为动能很大的次级电子，这些高速的次级电子又产生再次级电子，最终这些次级电子激发发光物质而发光
X射线及高能粒子发光(X-ray and high-energy particle luminescence)	在X射线、γ射线、α粒子、β粒子等高能粒子激发下，发光物质产生X射线及高能粒子发光，其过程包括带电粒子的减速、高能光子的吸收与电子-正电子对的形成
化学发光(chemiluminescence)	由化学反应过程中释放出来的能量激发发光物质所产生的发光
生物发光(bioluminescent)	在生物体内，由于生命过程的变化，其相应的生化反应释放的能量激发发光物质所产生的发光

4.6.2 半导体发光的发展史

1. 半导体发光二极管(light-emitting diode, LED)的发展史

1907年，马可尼实验室的朗德(亨利·约瑟夫·朗德，Henry Joseph Round，1881—1966)使用碳化硅(SiC)晶体和cat's-whisker探测器发现了电致发光现象，其中cat's-whisker探测器如图4.6-1所示.

图 4.6-1 cat's-whisker 探测器

1927 年，俄国发明家洛塞夫(奥列格·洛塞夫，Oleg Losev，1930－1942)发明了第一个 LED. 他的研究发表在苏联、德国和英国的科学期刊上，但几十年来这一发明没有得到实际应用.

1936 年，Destriau(Georges Destriau，1903—1960)观察到当硫化锌(ZnS)粉末悬浮在绝缘体中并对其施加交变电场时，会产生电致发光. 在他的著作里，Destriau 经常将发光称为 Losev-Light.

1939 年，匈牙利 Zoltán Bay(1900—1992)与 György Szigeti(1905－1978)在匈牙利抢占了 LED 照明市场，并为基于 SiC 的照明设备申请了专利.

1955 年，美国无线电公司的布劳恩斯坦(鲁宾·布劳恩斯坦，Rubin Braunstein，1922—2018)报道了砷化镓和其他半导体合金的红外发射，并使用锑化镓(GaSb)、砷化镓(GaAs)、铟磷化物(InP)和硅锗(SiGe)合金制造了简单二极管. 1957 年，Braunstein 进一步证明，这些基本设备可用于短距离的非无线电通信. 这预示着 LED 将用于光通信应用.

1961 年 9 月，比亚尔(詹姆斯·R. 比亚尔，James R. Biard，1931—至今)和 Pittman(Gary Pittman，1956—1964)在德州仪器公司(TI)工作时发现了在 GaAs 衬底上构建的隧道二极管会发出 900 nm 的近红外光；同年 10 月他们证明了 GaAs p-n 结光发射器和电隔离半导体光电探测器之间的高效光发射和信号耦合. 1961 年底，JW Allen 和 RJ Cherry 演示了第一个可见红色光谱 LED，并将该结果发表在《固体物理与化学》杂志上.

尼克·霍洛尼亚克(Nick Holonyak Jr.，1928—至今)和 Bevacqua 在 1962 年 12 月 1 日的《Applied Physics Letters》杂志上报道了可见红色光谱 LED. M. George Craford 发明了第一个黄色 LED，并在 1972 年将红色和红橙色 LED 的亮度提高了 10 倍. 1962 年 8 月 8 日，Biard 和 Pittman 根据他们的发现申请了一项名为“半导体辐射二极管”的专利，该专利描述了一种具有间隔阴极的锌扩散 p-n 结 LED，以允许在正向偏置下有效发射红外光，这就是第一个实用的 LED. 1962 年 10 月，在 Biard 和 Pittman 提交专利后，德州仪器公司(TI)立即开始了一个制造红外二极管的项目，并发布了第一款商用 LED 产品 SNX-100，该产品采用纯 GaAs 晶体，输出光波长为 890 nm.

1970 年，Fairchild Optoelectronics 公司生产了单片不到 5 美分的商业 LED 器件，其采用的是利用平面工艺制造的化合物半导体芯片.

1972 年，斯坦福大学博士生 Herb Maruska 和 Wally Rhines(1946—至今)制造了第一个使用镁掺杂氮化镓的蓝紫色 LED. 直到今天，氮化镓的镁掺杂仍然是所有商用蓝色 LED 和激光二极管的基础.

1976年，T. P. Pearsall使用新型半导体材料设计了适用于光纤传输波长的高亮度、高效率的LED.

1989年8月，Cree公司推出了第一款基于间接带隙半导体碳化硅(SiC)的商用蓝色LED，尽管SiC LED的效率不超过0.03%，但是这是首次发现在可见光光谱的蓝色部分发光.

20世纪80年代后期，GaN外延生长和p型掺杂的关键突破开启了基于GaN的光电器件的现代时代. 在此基础上，波士顿大学的Theodore Moustakas于1991年为一种使用新的两步工艺生产高亮度蓝色LED的方法申请了专利.

1993年，日亚公司的Nakamura(Shuji Nakamura，1954—至今)使用氮化镓生长工艺展示了高亮度蓝色LED. 与此同时，名古屋大学的赤崎(伊萨姆·赤崎，Isamu Akasaki，1929—2021)和天野浩(Hiroshi Amano，1960—至今)正在开发蓝宝石衬底上重要的GaN沉积和GaN p型掺杂的演示. 这一新发展彻底改变了LED照明，使大功率蓝色光源变得实用，从而推动了蓝光等技术的发展. Nakamura因其发明获得了2006年千禧年技术奖. Nakamura、Amano和Akasaki因发明蓝色LED获得了2014年诺贝尔物理学奖.

1995年，卡迪夫大学实验室的Alberto Barbieri研究了高亮度LED的效率和可靠性，并展示了在AlGaInP/GaAs上使用氧化铟锡(ITO)的“透明接触”LED.

2012年1月，欧司朗(OSRAM，是西门子集团的重要企业)展示了在硅衬底上商业化生长的高功率的InGaN LED.

2014年Cree公司展示了实验性白光LED，其发光效率是30 $lm \cdot W^{-1}$，持续时间长达10^5小时.

到2017年底，制造商们正在使用SiC作为LED生产的基板，以替代占据主流地位的蓝宝石. 由于SiC具有与GaN最相似的特性，因此降低了对蓝宝石晶片的外延晶圆的依赖性.

到2018年底，市售LED的发光效率为223 $lm \cdot W^{-1}$. 2018年，在发现钙钛矿LED不到4年后，钙钛矿LED(PLED)的发光效率可以与性能最佳的有机LED(OLED)相媲美，钙钛矿LED成为一个新的LED系列. 由于钙钛矿LED是从溶液中加工的，因此其具有低成本、低技术和高效率等特点，其还可以消除非辐射损失；同时通过解决薄膜LED等的外耦合问题或将平衡电荷载流子注入，可以提高外量子效率(external quantum efficiency，EQE). 同年，Cao等人和Lin等人独立发表了两篇关于开发EQE大于20%的钙钛矿LED的论文，这两篇论文成为PLED发展的里程碑，制造的器件具有相似的平面结构，即钙钛矿活性层夹在两个电极之间，减少了非辐射复合，提高了EQE.

2. 半导体激光器的发展史

早在1953年，诺依曼(约翰·冯·诺依曼，John von Neumann，1903—1957)在一份未发表的手稿中就描述了半导体激光器的概念.

1962年，哈尔(罗伯特·N. 哈尔，Robert N. Hal，1919—2016)证明了砷化镓(GaAs)半导体二极管的相干光发射. 同年尼克·霍洛尼亚克演示了第一个可见波长GaAs激光二极管.

1963 年初，巴索夫(尼古拉·根纳季耶维奇·巴索夫，Никола́й Генна́диевич Ба́сов，1922—2001)领导的团队在苏联研制了砷化镓激光器．当时的二极管激光器要在 77 K 温度下和 1000 A·cm^{-2}的阈值电流密度下工作．而在 300 K 左右的室温下运行时，阈值电流密度达到10^5 A·cm^{-2}，因此困难之处就是在 300 K 温度下获得低阈值电流密度．第一个二极管激光器是同质结二极管，波导芯层以及带隙的材料与其周围包层的材料是相同的．砷化镓中引入异质结后，即砷化镓异质结由具有不同带隙和折射率的半导体晶体层组成，人们使用沉积铝镓砷(AlGaAs)制备了异质结二极管．赫伯特·克罗默于 20 世纪 50 年代中期在美国无线电公司(radio corporation of American，RCA)实验室工作时就认识到异质结二极管激光器等多种电子和光电设备具有独特的优势，1963 年，他提出了利用液相处延(LPE)技术的双异质结构激光器设想，为制造异质结二极管激光器提供了技术支撑．第一个异质结二极管激光器利用 LPE 技术在衬底上生长 n 型砷化镓，层上方注入铝元素，由于铝的混合物取代了半导体晶体中的镓，在室温下无法在连续波状态下发挥作用，因此需要双异质结构，其做法是在 LPE 设备中的不同"熔体"p 型或者 n 型铝镓砷与第三种砷化镓熔体之间快速移动晶片，当砷化镓核心区域的厚度明显低于 1 μm 时，形成双异质结构．

1970 年，Zhores Alferov(Жоре́с Ива́нович Алфёров，1930—2019)及帕尼什(莫顿·帕尼什，Morton Panish，1929—至今)和哈亚希(Izuo Hayashi，1922—2005)发明了第一个实现连续光波的激光二极管，Zhores Alferov 因此获得了 2000 年诺贝尔物理学奖．Bell 实验室的阿斯金(亚瑟·阿斯金，Arthur Ashkin，1922—2020)发明了能够捕获原子和蛋白质的光学镊子，同时还发现了原子被激光捕获的过程，并将此过程称为光捕获，开创了光镊和光捕获领域，在物理学、生物学方面取得重要进展．

4.6.3　半导体 LED 发光

1. 半导体 LED 发光的基本原理

半导体中的电子可以吸收光子的能量而从材料表面激发出来，这就是光电效应，如图 4.6-2 所示．由图可知，当频率为 ν 的光照射至金属表面时，会有电子从中溢出，光子的能量为 $E=h\nu$，其中 h 为普朗克常量，$h=6.63\times10^{-34}$ J·s，ν 是频率，单位是 s^{-1}．同样，处于激发态能级 E_2 的电子向较低的能级 E_1 跃迁时，以光辐射的形式释放出能量 $h\nu=E_2-E_1$，如图 4.6-3 所示．也就是说电子从高能级向低能级跃迁时伴随着发射光子，这就是半导体的发光现象．

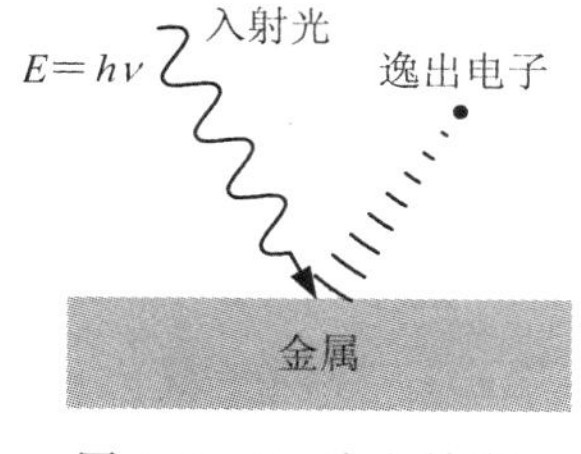

图 4.6-2　光电效应

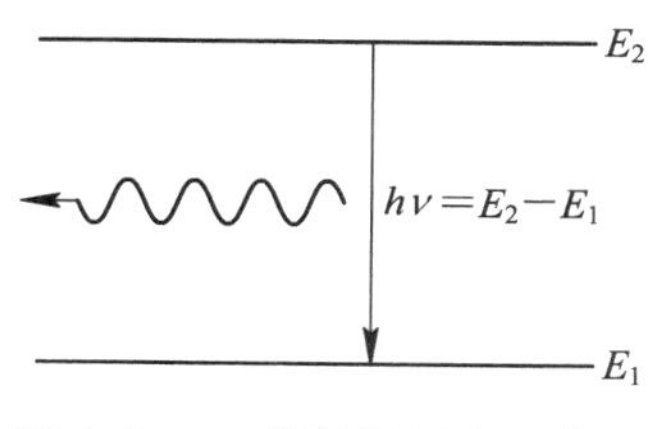

图 4.6-3　能级跃迁产生光子

产生光子发射的主要条件是系统必须处于非平衡状态，即在半导体内需要有某种激发过程存在，通过非平衡载流子的复合才能形成发光，与此同时半导体中的电子需在导带和价带之间直接跃迁才能产生光子．例如，Si、Ge 在间接禁带半导体内，载流子因复合释放出的能量以热能的形式传递给晶格．在直接禁带半导体内，载流子因复合释放出的能量以光子的形式发射称为直接跃迁，如图 4.6－4(a)所示；如果跃迁两次或两次以上，则称为间接跃迁，如图 4.6－4(b)所示．

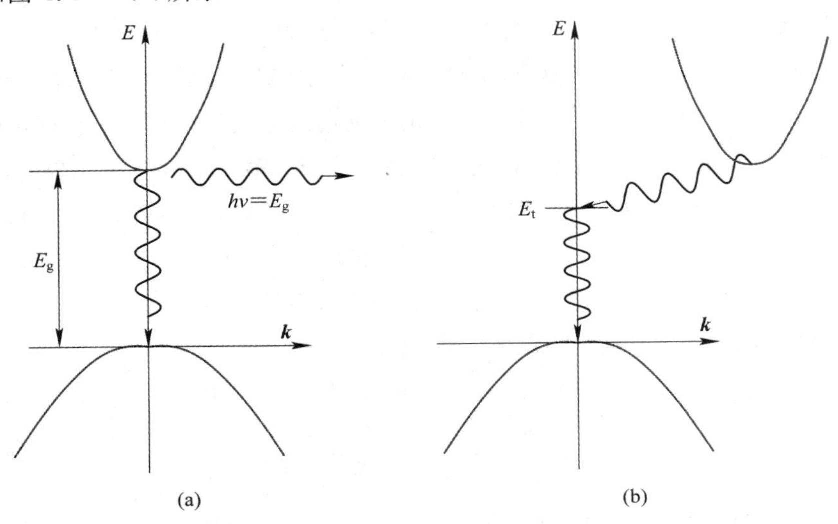

图 4.6－4　半导体内的直接跃迁和间接跃迁

(a) 直接跃迁；(b) 间接跃迁

人们利用直接禁带半导体材料的发光性质制成了发光二极管(LED)和半导体激光器，其中半导体激光器是利用正偏 p－n 结中载流子的受激辐射复合机理而制成的，直接禁带半导体材料制成的 LED 的发光原理如图 4.6－5 所示．半导体激光器发出的光是相干光，其单色性、方向性好．当电流流过时，电子从 n 区穿过后再与 p 区中存在的空穴复合，任何直接带隙材料中的 p－n 结都会发光．由于自由电子在能级的导带中，空穴在价能带中，故空穴的能级低于电子的能级，必须耗散一部分能量来重新组合电子和空穴，并以热和光的形式释放出来．当二极管处于正向导通时，注入的载流子在耗尽区以及耗尽区之外的中性区内发生复合，形成电流．对于间接带隙材料，电子在晶体硅和锗二极管中，其或者以热量的形式耗散能量，或者像磷砷镓(GaAsP)、磷化镓(GaP)半导体一样通过发射光子来耗散能量．若半导体是半透明的，则 p－n 结成为发光二极管的光源．晶体二极管的伏安特性曲线如图 4.6－6 所示．当正向导通时，一开始电流很小，随着电压的增加，电流以指数形式上升，当所加电压超过 2 V 或者 3 V 时，LED 开始发光；当接有反向电压时，漏电流几乎与电压保持恒定，直到发生击穿为止．LED 通常构建于一个 n 型基板上，电极连接到沉积在其表面的 p 型层，p 型衬底在少数情况下使用．许多商业 LED，特别是氮化镓(GaN)/氮化铟镓(InGaN)，使用蓝宝石衬底．

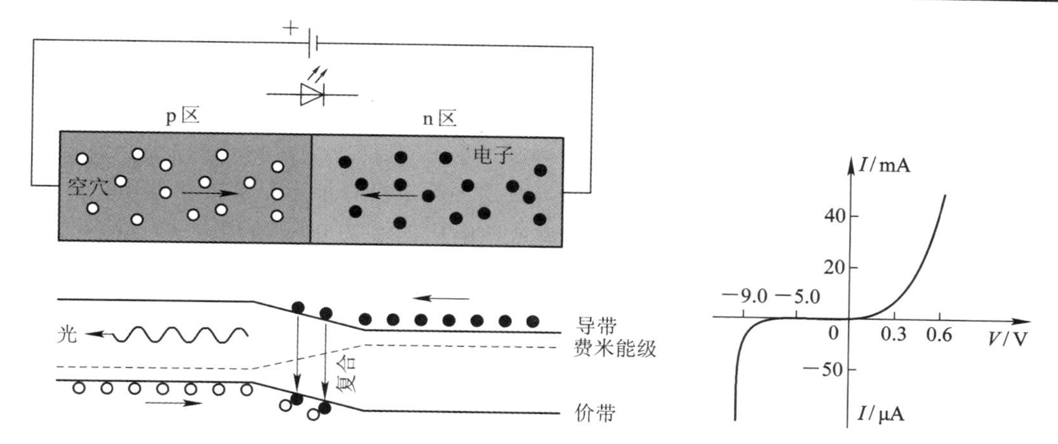

图 4.6－5　直接禁带半导体材料制成的 LED 的发光原理　图 4.6－6　晶体二极管的伏安特性曲线

LED 输出的光谱波长一般在 30～40 nm 之间，具有相对较宽的波长范围，若输出光是可见光，则发射谱很窄，有利于观察到一些特殊颜色. 在直接带隙材料中，电子和空穴通过带与带间的直接复合就可以发射光子，如图 4.6－3 所示，发射波长满足以下式子：

$$\lambda=\frac{hc}{E_2-E_1}=\frac{hc}{E_g}, \tag{4.6-1}$$

式中，E_g 是禁带宽度，单位为 eV；c 是光速，$c=3\times10^8\ \mathrm{m\cdot s^{-1}}$.

当在 p－n 结上加上电压时，电子和空穴被注入空间电荷区，成为过剩少子，扩散到中性区，并与多数载流子复合. 当复合是直接的带与带间的复合时，有光子发射，发射光子的强度正比于理想二极管的扩散电流. 在砷化镓中，由于电子的注入效率比空穴的高，因此电致发光首先发生在 p 区.

2. 内量子效率

内量子效率是注入效率的函数，其值为辐射复合与总复合的百分比，是产生发光的二极管电流的重要参数. 在正向导通的二极管中有三种成分的电流：少数载流子电子扩散电流、少数载流子空穴扩散电流、空间电荷复合电流，其表达式分别是

$$j_n=\frac{eD_n n_{p0}}{L_n}(e^{\frac{eV}{kT}}-1), \tag{4.6-2}$$

$$j_p=\frac{eD_p p_{n0}}{L_p}(e^{\frac{eV}{kT}}-1), \tag{4.6-3}$$

$$j_R=\frac{en_iW}{2\tau_0}(e^{\frac{eV}{kT}}-1). \tag{4.6-4}$$

式中，e 为电子电量，$e=1.6\times10^{-19}$ C；D_n 为电子扩散系数；D_p 为空穴扩散系数；n_{p0} 为少子电子浓度；p_{n0} 为少子空穴浓度；L_n 为电子在扩散区域边扩散边复合，减小至原值$\frac{1}{e}$时的扩散距离；L_p 为空穴在扩散区域边扩散边复合，减小至原值的$\frac{1}{e}$时的扩散距离；W 为空间电荷区宽度；n_i 为多子电子浓度，即本征载流子浓度；τ_0 为截流子寿命；V 为 p-n 结势垒；W 为 p-n 结耗尽层的宽度；k 为玻尔兹曼常量，$k=1.38\times10^{-23}\ \mathrm{J\cdot K^{-1}}$；$T$ 为开尔文温度.

空间电荷区的电子空穴一般通过禁带中央附近的陷阱复合，称为非辐射过程. 由于在

砷化镓中原子发光主要是少子电子的复合所致，因此注入效率 γ 定义为电子电流与总电流之比，即

$$\gamma=\frac{j_n}{j_n+j_p+j_R}.\tag{4.6-5}$$

由于 j_p 只占二极管电流很小的一部分，因此再给二极管加上足够的正偏电压，j_R 也就只占总电流很小的一部分，这使得注入效率 γ 趋近于 1. 一旦电子被注入 p 区，不是所有的电子都将辐射复合，于是定义辐射复合和非辐射复合的比率分别为

$$R_r=\frac{\delta n}{\tau_r},\ R_{nr}=\frac{\delta n}{\tau_{nr}},\tag{4.6-6}$$

式中，τ_r 和 τ_{nr} 分别是辐射复合寿命与非辐射复合寿命；δn 为过剩载流子浓度. 由式(4.6-6)可知总的复合率为

$$R=R_r+R_{nr}=\frac{\delta n}{\tau}=\frac{\delta n}{\tau_r}+\frac{\delta n}{\tau_{nr}},\tag{4.6-7}$$

式中 τ 为有效的过剩载流子寿命. 辐射效率 η 定义为

$$\eta=\frac{R_r}{R_r+R_{nr}}=\frac{\frac{1}{\tau_r}}{\frac{1}{\tau_r}+\frac{1}{\tau_{nr}}}=\frac{1}{\tau_r}.\tag{4.6-8}$$

由于非辐射复合率正比于禁带中非辐射陷阱的密度 N_t，辐射效率随着 N_t 的减小而增加，因此内量子效率可以写为

$$\eta_i=\gamma\eta,\tag{4.6-9}$$

即辐射复合率正比于 p 型掺杂，注入效率随着 p 型掺杂的增加而下降，故存在一个最适宜的掺杂浓度使得内量子效率达到最大.

3. 外量子效率

外量子效率是 LED 的一个非常重要的参数. 由于产生的光子实际上是从半导体发出的，因此外量子效率通常比内量子效率小得多. 一旦半导体中产生光子，光子就有可能遇到三种损耗机制，即光子在半导体里被吸收、菲涅耳损耗、临界角损耗. 若光子可以向任何方向发射，则必须满足 $h\nu\geqslant E_g$，所以这些光子可以被半导体材料再吸收，且大多数光子实际上是从表面处发射后又重新被吸收的. 光子要从半导体中发射到空气中，就必须透射过不同折射率材料组成的界面. 设半导体的折射率为 n_2，空气的折射率为 n_1，则反射系数为

$$\Gamma=\left(\frac{\bar{n}_2-\bar{n}_1}{\bar{n}_2+\bar{n}_1}\right)^2,\tag{4.6-10}$$

称式(4.6-10)为菲涅尔损耗(Fresnel loss).

4. LED 效率

LED 效率下降是由于 LED 效率随着电流的增加而降低，其最初被认为与高温有关，实验证明在高温下 LED 效率下降的程度不严重. 2007 年，LED 效率下降被确定为俄歇(Auger)重组效应. 在电子跃迁过程中，除了发射光子的辐射跃迁，还存在无辐射跃迁. 电子从高能级向低能级跃迁时将多余的能量传递给第三个载流子，使其受激跃迁到更高的能级，这个过程称为俄歇过程，如图 4.6-7 所示. 此外，当电子和空穴复合时也可以将能量转变为晶格振动能量，这就是伴随着发射声子的非辐射复合过程. 除了 LED 效率较低，

LED 在较高电流下运行会产生更多热量，也会影响 LED 的寿命. 高亮度 LED 的工作电流通常为 350 mA，这就是综合考虑光输出、效率、寿命之间关系的最佳方案.

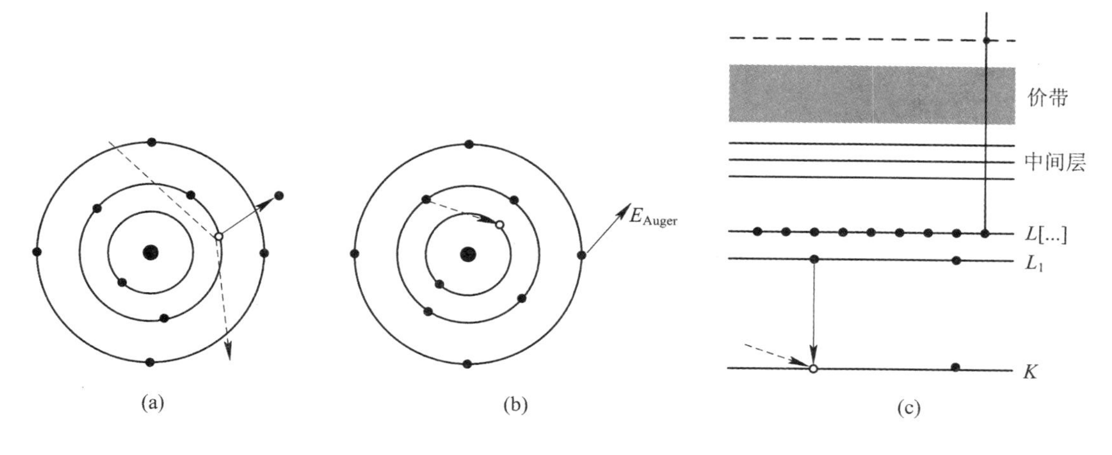

图 4.6-7 俄歇过程

(a) 电子碰撞(electron collision)；(b) 俄歇电子碰撞(Auger electron collision)；(c) 能级

美国海军研究实验室的研究人员找到了一种减少 LED 效率下降的方法，创造了具有软限制潜力的量子阱，以减少非辐射俄歇过程，避免由注入的载流子产生的非辐射俄歇复合. Epistar 公司的研究人员开发了一种通过使用具有较高热导率的陶瓷氮化铝(AlN)基板来减少 LED 效率下降的方法.

5. 半导体发光材料

LED 由多种无机半导体发光材料制成，其发出的光的波长及颜色取决于形成 p-n 结的材料的带隙能量. 在间接带隙材料硅或锗二极管中，电子和空穴通常通过非辐射跃迁重新结合，不产生光发射. 用于 LED 的材料具有直接带隙，对应于近红外光、可见光或近紫外光的光子能量. LED 的应用始于用砷化镓制成的红外线和红色器件，材料科学的进步使制造集成电路采用的波长越来越短，半导体发光材料及其波长分别如表 4.6-2 和图 4.6-8 所示.

表 4.6-2 半导体发光材料及其波长

颜色	波长/nm	半导体发光材料
红外	大于 760	GaAs、AlGaAs
红色	610～760	AlGaAs、GaAsP、AlGaInP、GaP
橘色	590～610	GaAsP、AlGaInP、GaP
黄色	570～590	GaAsP、AlGaInP、GaP
绿色	500～570	传统绿色：GaP、AlGaInP、AlGaP；纯绿：InGaN/GaN
蓝色	450～500	ZnSe、InGaN
紫色	400～450	InGaN
紫外	小于 400	InGaN (385～400 nm)、Diamond (235 nm)、Boron nitride (215 nm)、AlN (210 nm) 、AlGaN、AlGaInN (210 nm 以下)

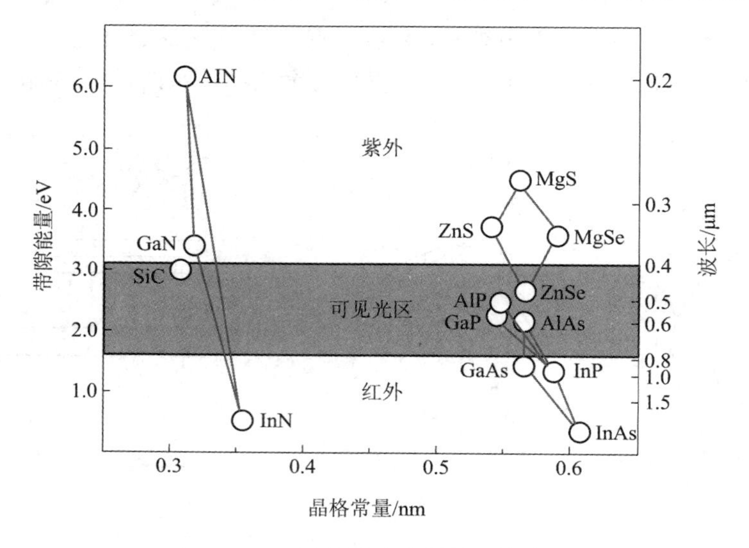

图 4.6-8 半导体发光材料及其波长

6. 激光二极管

激光二极管(laser diode，LD)是一种类似于发光二极管的半导体器件. 直接用电流泵浦的二极管在二极管的结处产生激光，LED 的光子输出归因于电子独立地从导带到价带的跃迁，这种自发的过程满足了具有相对较宽带宽的 LED 发光条件. 一旦 LED 的结构和工作条件改变，器件就可以在一个新的模式下工作，产生波长小于 0.1 nm 的光.

(1) 激光二极管的发光原理.

当入射光子被吸收时，有两种情况：一种情况是一个电子从低能级 E_1 激发到高能级 E_2，当电子自发地回到低能级时伴随着放出光子，即自发发射；另一种情况是当一个电子在高能级 E_2 时，入射光子和电子相互作用，使得电子回到低能级 E_1，在跃迁过程中会产生光子，由于这一过程是由光子引起的，故称为受激发射或者感应发射，如图 4.6-9 所示. 其中受激发射的过程产生两个光子，这样就能够得到光增益或光放大，且这两个发射的光子是同相的，因此其光谱输出是一致的.

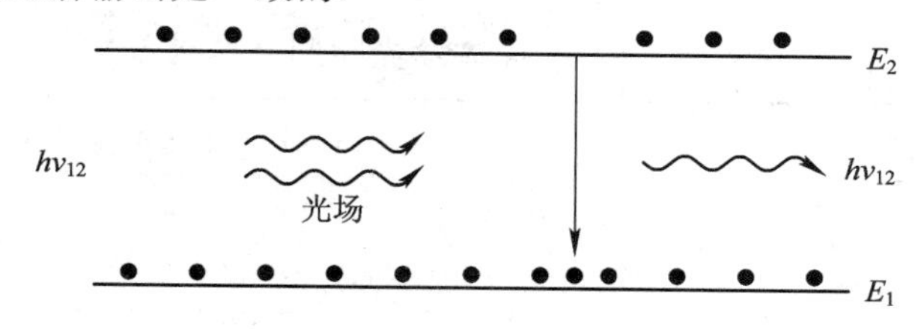

图 4.6-9 受激发射示意图

在热平衡状态，半导体中的电子分布由费米统计决定，即

$$n_2=n_1\mathrm{e}^{-\frac{E_2-E_1}{kT}}, \tag{4.6-11}$$

式中，n_1 为能级 E_1 的电子浓度；n_2 为能级 E_2 的电子浓度，k 为玻尔兹曼常量，T 是开尔文温标. 在热平衡状态下，满足 $n_2<n_1$，由于感应吸收和受激跃迁的可能性相同，因此被吸收的光子数目与 n_1 成正比，被发射的光子数目与 n_2 成正比，获得激光的条件是 $n_2>n_1$，即需要粒子数反转. 设一束强度为 I_ν 的光波沿着 z 方向传播，则有

$$\frac{\mathrm{d}I_\nu}{\mathrm{d}z}=n_2W_ih\nu-n_1W_ih\nu,\tag{4.6-12}$$

式中 W_i 为感应跃迁概率. 若忽略自发跃迁，则

$$\frac{\mathrm{d}I_\nu}{\mathrm{d}z}=\gamma(\nu)I_\nu,\tag{4.6-13}$$

式中增益系数 $\gamma(\nu)\propto(n_2-n_1)$，故

$$I(\nu)=I_\nu(0)\mathrm{e}^{\gamma(\nu)z}.\tag{4.6-14}$$

当 $\gamma(\nu)>0$ 时增益，当 $\gamma(\nu)<0$ 吸收. 如果 p－n 结的两边都是简并掺杂的，那么在正向同质二极管中就能得到粒子数反转. 在 n 区中，费米能级位于导带；在 p 区中，费米能级位于价带. 在 p－n 同质结二极管中，增益系数可表示为

$$\gamma(\nu)\propto\left[1-\mathrm{e}^{\frac{h\nu-(E_{\mathrm{Fn}}-E_{\mathrm{Fp}})}{kT}}\right],\tag{4.6-15}$$

式中，E_{Fn} 为 n 区中的费米能级，E_{Fp} 为 p 区中的费米能级. 当 $h\nu<E_{\mathrm{Fn}}-E_{\mathrm{Fp}}$ 时就能达到 $\gamma(\nu)>1$ 增益的条件，即 p－n 结必须简并掺杂，并满足 $h\nu\geqslant E_{\mathrm{g}}$.

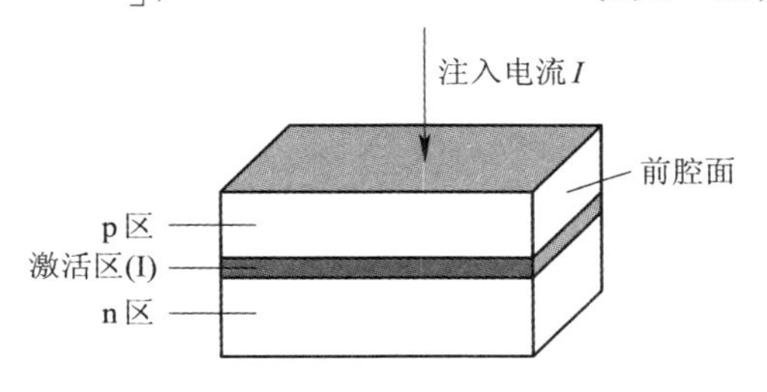

图 4.6－10　半导体激光二极管基本结构

现代半导体激光器都使用双异质结构来实现，其中的载流子与光子受到限制，以最大限度地提高复合和发光的机会. 半导体激光二极管的基本结构如图 4.6－10 所示，其中激活区(I)位于 p 区和 n 区之间，形成 PIN 二极管.

(2) 光学空腔谐振器.

产生激光的必要条件是粒子数反转. 相干发射输出是通过光学空腔谐振器得到的，共振腔由两个平行镜面组成，称为法布里-珀罗共振腔，起到增益作用. 这种共振腔可以由裂开的 GaAs 晶体沿(110)平面形成，在(110)平面形成法布里-柏罗共振腔的 p－n 结激光二极管如图 4.6－11 所示. 光波沿着 z 方向传播，在反射面间来回反射，实际上镜面只是部分反射，以便将光波的一部分传输出 p－n 结. 共振腔的长度满足以下式子：

$$N\cdot\frac{\lambda}{2}=L,\tag{4.6-16}$$

式中，N 为正整数，表示腔中可能有很多共振方式. 长度为 L 的腔的共振方式如图 4.6－12(a)所示.

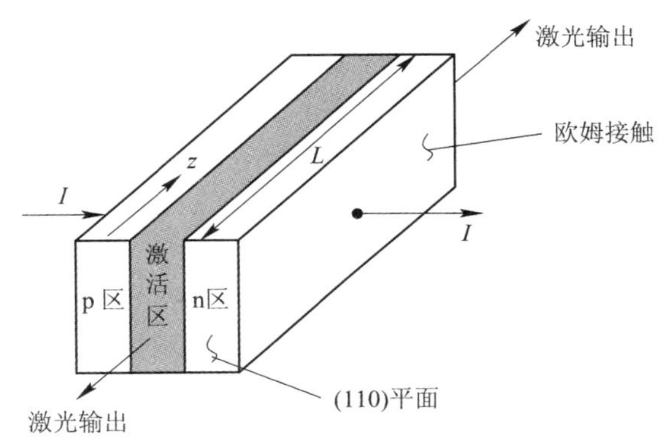

图 4.6－11　在(110)平面形成法布里-柏罗共振腔的 p－n 结激光二极管

当正向电流通过 p－n 结时，自发发射产生的光谱相对较宽，自发发射曲线如图 4.6－12(b)所示. 为使激光发射，自发发射增益必须比光损耗大. 由于腔的正反馈，因此激光能够在如图 4.6－11(c)所示的几个特殊波长处发生.

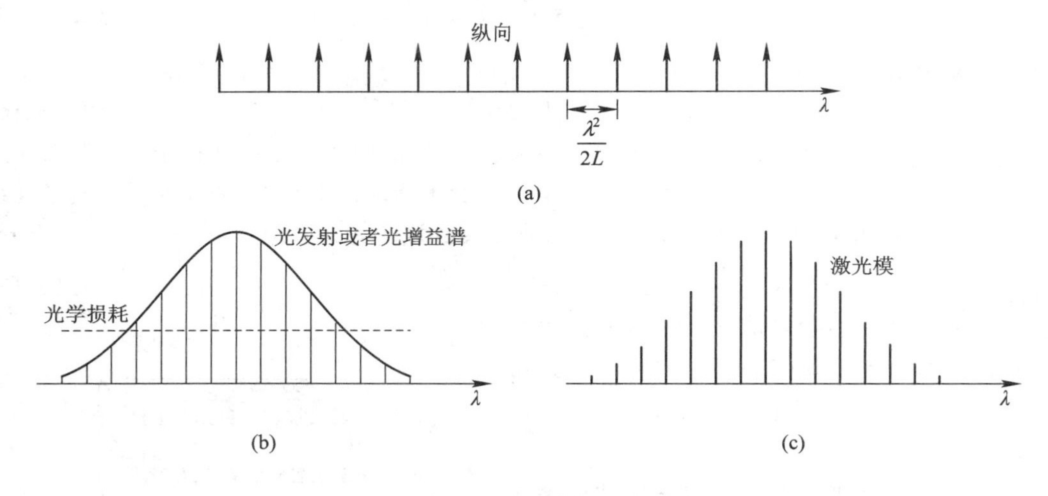

图 4.6－12 共振方式

(a) 长度为 L 的腔的共振方式；(b) 自发发射曲线；(c) 激光二极管的实际发射方式

(3) 阈值电流.

由式(4.6－14)可知，器件中的光强度可写为 $I_\nu \propto e^{\gamma(\nu)z}$，其中 $\gamma(\nu)$为增益系数. 随着传播距离的增大，产生第一种基本损耗，第一种基本损耗就是半导体材料中的光子吸收，写成

$$I_\nu \propto e^{-\alpha(\nu)z}, \tag{4.6－17}$$

式中 $\alpha(\nu)$是吸收系数；第二种基本损耗是光信号通过端面的部分传输或者通过反射镜面的传输. 在发射激光的阈值处，腔中一个来回的光损耗恰好被光增益抵消，满足阈值条件

$$\Gamma_1 \Gamma_2 e^{2\gamma_t(\nu) - 2\alpha(\nu)L} = 1, \tag{4.6－18}$$

式中，Γ_1 和 Γ_2 分别是两端镜面的反射率；$\gamma_t(\nu)$为阈值处的光增益. 对于 GaAs 而言，如果其光学镜面是裂开的(110)平面，则反射系数大约为

$$\Gamma_1 = \Gamma_2 = \left(\frac{\bar{n}_2 - \bar{n}_1}{\bar{n}_2 + \bar{n}_1}\right)^2, \tag{4.6－19}$$

式中，$\bar{n}_2$ 为半导体的折射率；$\bar{n}_1$ 为空气折射率.

由式(4.6－19)可知 $r_t(\nu)$表示为

$$\gamma_t(\nu) = \alpha + \frac{1}{2L}\ln\left(\frac{1}{\Gamma_1 \Gamma_2}\right), \tag{4.6－20}$$

$\gamma_t(\nu)$与阈值电流密度有关，阈值电流密度 j_{th}定义为

$$j_{th} = \frac{1}{\beta}\left(\alpha + \frac{1}{2L}\ln\frac{1}{\Gamma_1 \Gamma_2}\right), \tag{4.6－21}$$

式中 β 由实验确定.

4.6.4 半导体激光二极管的种类

按结构不同，半导体激光二极管可以分为双异质结构激光二极管、量子阱激光二极管、量子级联激光二极管、带间级联激光二极管、分离约束异质结构激光二极管、分布式布拉格反射激光二极管、分布式反馈激光二极管、垂直腔面发射激光二极管、垂直外腔面发射激光二极管、外腔二极管激光器等. 其中双异质结构激光二极管、简单的量子阱激光二极管、分离约束异质结构激光二极管、简单的垂直腔面发射激光二极管这四种半导体激光二极管的结构图如图 4.6－13 所示.

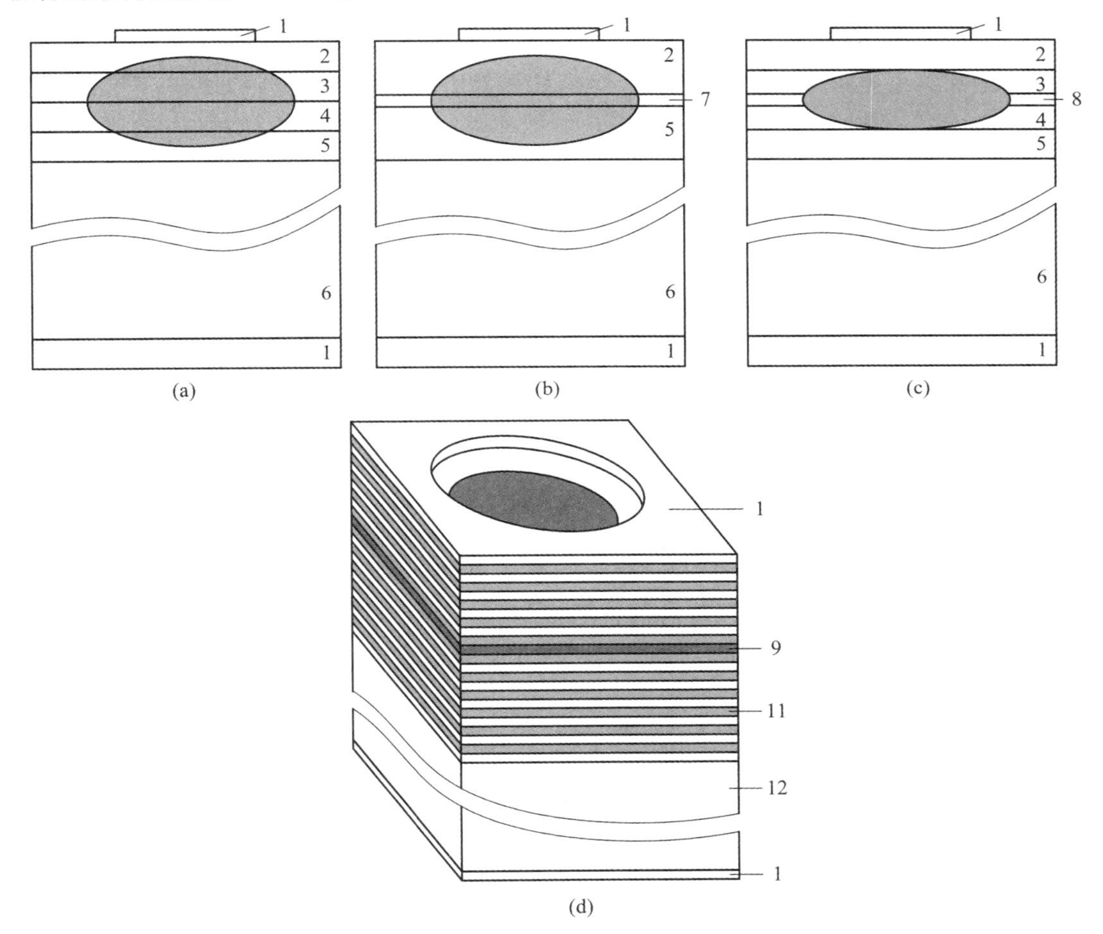

1—金属接触层；2—p型材料A；3—p型材料B；4—n型材料B；5—n型材料A；6—n型衬底材料A；7—量子阱材料B；8—量子阱材料C；9—量子阱；10—上布拉格反射器；11—下布拉格反射器；12—n型衬底.

图 4.6－13 四种半导体激光二极管

(a)双异质结构激光二极管；(b)简单的量子阱激光二极管；(c)分离约束异质结构激光二极管；(d)简单的垂直腔面发射激光二极管

(1) 双异质结构激光二极管. 双异质结构激光二极管如图 4.6－13(a)所示，材料 A 为砷化镓(GaAs)，材料 B 为铝镓砷($Al_xGa_{1-x}As$)，不同带隙材料之间的每个结构成异质结构，其优点是自由电子和空穴同时存在于有源区，且被限制在薄的中间层中.

(2) 量子阱激光二极管. 量子阱激光二极管如图 4.6-13(b)所示. 量子阱就是中间层足够薄的那一层，电子的波函数是垂直变化的，能量是量子化的，其特点就是量子阱系统中电子的状态密度函数具有突然的边缘，该边缘将电子集中在有助于激光作用的能态中，故量子阱激光二极管的发光效率高.

(3) 量子级联激光二极管. 在量子级联激光二级管中，量子阱能级之间的差异用于激光跃迁，而不是带隙，这使得激光作用于长波长，并可以简单地通过改变层的厚度来调整.

(4) 带间级联激光二极管. 带间级联激光二极管(ICL)是一种激光二极管，可以在电磁光谱的大部分红外区域中产生相干辐射.

(5) 分离约束异质结构激光二极管. 分离约束异质结构激光二极管如图 4.6-13(c)所示. 为了解决量子阱二极管薄层太小而无法有效地限制光的问题，人们在前三层之外添加了另外两层，这些层的折射率低于中心层的，因此有效地限制了光. 这种二极管称为分离约束异质结构(separate confinement heterostructure，SCH)激光二极管，目前商用激光二极管都是 SCH 激光二极管.

(6) 分布式布拉格反射激光二极管. 分布式布拉格反射激光二极管是一种单频激光二极管，其特点是光学腔由两个反射镜之间的电或光泵浦增益区域组成，以提供反馈，其中一个反射镜是宽带反射镜，另一个反射镜用于选择合适的波长，因此增益有利于单个纵模，从而以单个谐振频率产生激光.

(7) 分布式反馈激光二极管. 分布式反馈激光二极管是一种单频激光二极管，是密集型光波复用系统中最常见的发射器. 为了稳定激光波长，人们在二极管的 p-n 结附近蚀刻一个像滤光器衍射光栅，故分布式反馈激光二极管至少有一个面是抗反射涂层的. 基于其静态特性，分布式反馈激光二极管的阈值电流约为 11 mA，在线性状态下的偏置电流为 50 mA，常采用插入单相移(1PS)或均匀布拉格光栅中的多相移(MPS)等技术来实现.

(8) 垂直腔面发射激光二极管(VCSEL). 垂直腔面发射激光二极管的光腔轴沿着电流方向，如图 4.6-13(d)所示. 由于有源区长度非常短，因此辐射从腔体表面发出，而不是从其边缘发出. 腔体末端的反射器是由高、低折射率交替的、光程为$\frac{\lambda}{4}$的多层制成的介电镜，其特点是在 3 英寸(1 英寸=7.62 厘米)砷化镓晶片上可以同时处理数万个 VCSEL.

(9) 垂直外腔面发射激光二极管. 垂直外腔表面发射激光二极管类似于 VCSEL，其与 VCSEL 的区别是它的两个反射镜中的一个位于二极管结构的外部，空腔包括自由空间区域，从二极管到外镜的典型距离为 1 cm. 垂直外腔面发射激光二极管的特征是其在半导体增益区传播方向上的厚度小于 100 nm，而 VCSEL 在半导体增益区传播方向上的厚度为 250 μm～2 mm.

(10) 外腔二极管激光器. 外腔二极管激光器(ECDL)是一种可调谐激光器，其主要使用 $Al_xGa_{1-x}As$ 类型的双异质结构，它的第一个外腔二极管激光器使用的腔内标准与简单的调谐 Littrow 光栅的相同.

内容小结

1. 介电常量的逆张量用 $\boldsymbol{\eta}$ 表示为 $\eta_{ij}(\boldsymbol{E})=\eta_{ij}(0)+\sum_{k}\gamma_{ijk}E_k+\sum_{k,l}s_{ijkl}E_kE_l+\cdots$.

2. KDP 晶体的 o 光、e 光两个本征态的相位差为 $\delta=\frac{2\pi}{\lambda_0}n_o^3\gamma_{63}V$.

3. 对于 He－Ne 激光，KDP 晶体的半波电压为 8396 V；KD＊P 的半波电压为 2971 V.

4. 铌酸锂横向调制器件的半波电压为 $V_\pi=\frac{d}{L}\frac{\lambda_0}{n_e^3\gamma_{33}-n_o^3\gamma_{13}}$.

5. 磁光效应光波的振动平面产生的旋转角度为 $\varphi=VBL$.

6. 当声光作用较弱时，以拉曼-奈斯衍射为主，衍射效率与 $\frac{\xi}{2}\left(=\frac{\pi^2M_2lP_s}{2\lambda_0^2h}\right)$ 成正比，满足 $\eta<50\%$；当声光作用较强时，满足布拉格条件 $\frac{\pi}{\lambda_0}\sqrt{\frac{M_2l}{2h}P_s}=\frac{\pi}{2}$，以布拉格衍射为主，且 $\frac{I_1}{I_i}=100\%$；当继续加大超声波功率，衍射效率不仅不会增大，反而减小.

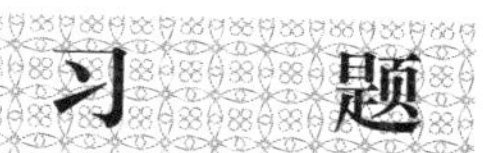

习题

4.1 试确定：

(1) 三斜晶系(点群：1)$CaS_2O_3\cdot6H_2O$(硫代硫酸钙)的电光系数张量

$$\boldsymbol{\gamma}=\begin{bmatrix}\gamma_{11}&\gamma_{12}&\gamma_{13}\\\gamma_{21}&\gamma_{22}&\gamma_{21}\\\gamma_{31}&\gamma_{32}&\gamma_{33}\\\gamma_{41}&\gamma_{42}&\gamma_{43}\\\gamma_{51}&\gamma_{52}&\gamma_{53}\\\gamma_{61}&\gamma_{62}&\gamma_{63}\end{bmatrix}$$

中的各个元素.

(2) 单斜晶系中(点群：$2(2//\xi_3)$)$LiSO_4\cdot H_2O$(硫酸锂)的电光系数张量

$$\boldsymbol{\gamma}=\begin{bmatrix}0&0&\gamma_{13}\\0&0&\gamma_{23}\\0&0&\gamma_{33}\\\gamma_{41}&\gamma_{42}&0\\\gamma_{51}&\gamma_{52}&0\\0&0&\gamma_{63}\end{bmatrix}$$

中的 8 个元素.

(3) 单斜晶系(点群：m ($m\perp\xi_3$))KNO_2(亚硝酸钾)的电光系数张量

$$\boldsymbol{\gamma}=\begin{bmatrix}\gamma_{11} & \gamma_{12} & 0\\ \gamma_{21} & \gamma_{22} & 0\\ \gamma_{31} & \gamma_{32} & 0\\ 0 & 0 & \gamma_{43}\\ 0 & 0 & \gamma_{53}\\ \gamma_{61} & \gamma_{62} & 0\end{bmatrix}$$

中的 8 个元素.

(4) 四方晶系(点群：$4mm$)$BaTiO_3$(钛酸钡)的电光系数张量

$$\boldsymbol{\gamma}=\begin{bmatrix}0 & 0 & \gamma_{13}\\ 0 & 0 & \gamma_{13}\\ 0 & 0 & \gamma_{33}\\ 0 & \gamma_{51} & 0\\ \gamma_{51} & 0 & 0\\ 0 & 0 & 0\end{bmatrix}$$

中的 3 个元素.

(5) 四方晶系(点群：$\bar{4}2m(2//x_2)$)KDP(钛酸钡)的电光系数张量

$$\boldsymbol{\gamma}=\begin{bmatrix}0 & 0 & 0\\ 0 & 0 & 0\\ 0 & 0 & 0\\ \gamma_{41} & 0 & 0\\ 0 & \gamma_{41} & 0\\ 0 & 0 & \gamma_{63}\end{bmatrix}$$

中的 2 个元素.

(6) 三方晶系(点群：$3m(m\perp\xi_2)$)$LiNbO_3$(铌酸锂)的电光系数张量

$$\boldsymbol{\gamma}=\begin{bmatrix}\gamma_{11} & 0 & \gamma_{13}\\ -\gamma_{11} & 0 & \gamma_{13}\\ 0 & 0 & \gamma_{33}\\ 0 & \gamma_{51} & 0\\ \gamma_{51} & 0 & 0\\ 0 & -\gamma_{11} & 0\end{bmatrix}$$

中的 4 个元素.

4.2 试分析铌酸锂晶体的电光系数，并给出其数值.

4.3 在电光效应实验中，工作点选定在线性工作区中心，信号幅度加大时怎样失真？为什么失真？请画图说明.

4.4　在电光效应实验中，当晶体上不加交流信号，只加直流电压 $U_{\pi}/2$ 或 U_{π} 时，在检偏器前从晶体末端出射的光的偏振态如何？怎样检测？

4.5　酒石酸和外消旋酸盐的结构都是非对称的，而且外消旋酸盐的一部分具有酒石酸的晶体形状结构，为什么酒石酸具有旋光性，而外消旋酸盐没有旋光性？旋光性的另一种英文表示是什么？

4.6　若旋光角与磁感应强度所成的线性关系为 $\varphi=0.094B-0.648$，式中 φ 的单位是°(度)，B 的单位是 mT，ZF6 的长度为 9.90 cm，试估计菲尔德常量.

4.7　根据题 4.7 表分析加外磁场后，各溶液产生的旋光角如何变化？旋光角随溶液浓度增加而如何变化？

题 4.7 表　各溶液产生的旋光角比较

电流	20%的酒石酸	40%的酒石酸	60%的酒石酸	60%的糖溶液
0 A	118.5	120.5	122	158
3.4 A	116.5	118	118	155

4.8　试推导声光衍射的特征长度公式 $l_0=\dfrac{\lambda_s^2}{\lambda}=\dfrac{nv^2}{\lambda_0 f_s^2}$ 和声光偏转角公式 $\varphi=2i_B\approx\dfrac{\lambda}{\lambda_s}=\dfrac{\lambda_0}{v}f_s$.

4.9　试解释换能器带宽、布拉格带宽、综合带宽和 3 dB 带宽的物理意义，并说明文中 div 的意义.

4.10 试推导声光优值公式 $M_2=\dfrac{n^6P^2}{\rho v^3}$，并说明其物理意义.

第 5 章 光电探测技术

光吸收是光发射的逆过程，即半导体材料吸收光子的能量，产生电子-空穴对，形成光电流. 由此人们设计了光电探测器，形成了光电探测技术. 当光子的能量大于带隙宽度 E_g 时，形成本征吸收；当光子的能量小于带隙宽度 E_g 时，形成杂质吸收或者自由载流子吸收，其中本征吸收构成了光电探测器工作的基础.

5.1 光子吸收

半导体对光子的吸收有本征吸收、激子吸收、晶格振动吸收、杂质吸收、自由载流子吸收等. 导带、禁带、价带能级图如图 5.1－1 所示，能量为 $h\nu$ 的光入射到带隙宽度为 E_g 的半导体材料表面，当 $h\nu>E_g$ 时，位于价带上的电子可能吸收光子的能量激发到导带中，形成本征吸收；当 $h\nu<E_g$ 时，导带中的自由电子和价带中的自由空穴会产生运动，自由载流子吸收光子能量后加速运动，形成自由载流子吸收，这时价带中的电子吸收光能后没有进入导带，受激电子与价带中的空穴靠库仑力作用相互束缚在一起构成激子，激子本身是电中性的，可在晶体中运动，激子复合后可以产生光子，并释放出原来吸收的光子能量. 在掺杂半导体中，若一个能级被电子占据时呈中性，不被占据时带正电，则这个能级称为施主能级. 施主杂质能级 E_D、价带顶部能级 E_v、导带底部能级 E_c、受主杂质能级 E_A 呈依次降低分布. 当 $E_D-E_V<E_g$、$E_C-E_A<E_g$、$E_D-E_A<E_g$ 时，电子吸收光子能量，实现带边-杂质或者杂质能级之间的跃迁，形成杂质能级吸收. 其中，向纯净的半导体材料中掺杂受主能级会形成空穴，当获得能量 ΔE_A 后，电子就从受主的激发态跃迁到价带 E_V，成为导电空穴，所需要的能量对于硅中掺杂约为 0.045～0.065 eV，对于锗中掺杂约为 0.01 eV.

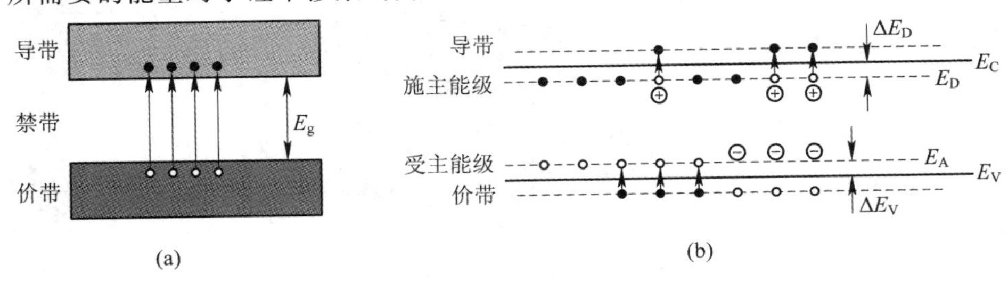

图 5.1－1 导带、禁带、价带能级图

(a) 本征和杂质半导体能带；(b) 能级图

在带隙半导体中，导带底部能量 E 与其波矢 k 之间具有抛物线型的函数关系，即

$$E=E_g+\frac{k^2}{2\eta m_r}, \tag{5.1-1}$$

式中 m_r 为电子质量 m_e 和空穴质量 m_h 的调和平均值，即

$$\frac{1}{m_r}=\frac{1}{m_e}+\frac{1}{m_h}. \tag{5.1-2}$$

带间跃迁的光子吸收系数 $\alpha\propto\sqrt{h\nu-E_g}$，比例系数为

$$A=\frac{\alpha}{\sqrt{h\nu-E_g}}=\frac{2\pi e^2\sqrt{(2m_r)^3}\,|p_{m0}|}{3m_0^2 n\varepsilon_0 ch^3\nu}, \tag{5.1-3}$$

式中，m_0 为电子质量，$m_0=9.1\times10^{-31}$ kg；e 为电子电量；ε_0 为真空介电常量；c 为光速；n 为材料对光的折射率；h 为普朗克常量且 $h=6.626\times10^{-34}$ J·s；p_{m0} 为电子由第 0 态向第 m 态跃迁的矩阵元，且

$$p_{m0}=\frac{h}{\mathrm{i}}\int\left(\psi_m^*\frac{\mathrm{d}\psi_0}{\mathrm{d}x}+\psi_m^*\frac{\mathrm{d}\psi_0}{\mathrm{d}y}+\psi_m^*\frac{\mathrm{d}\psi_0}{\mathrm{d}z}\right)\mathrm{d}x\mathrm{d}y\mathrm{d}z, \tag{5.1-4}$$

式中，ψ_0 为第 0 态的波函数；ψ_m 为第 m 态的波函数；* 表示共轭运算.

5.2 光电探测器的分类

5.2.1 按内外光电效应分类

根据内外光电效应不同，光电探测器可分为光电管、光导管、光电池和半导体光电探测器. 其中光电管(phototube)分为一般光电管、光电倍增管、像增强管，其作用已在第 1 章中叙述. 光导管(light pipe)指光敏电阻(photosensitive resistance). 光敏电阻的特征是，当受到光照射后其电阻率会改变，且光照越强，电阻越小，这种受到光照射后电阻变小的现象又称为光电导效应(photoconductivity effect). 光敏电阻的结构及工作原理图如图 5.2-1 所示，以下是光敏电阻涉及的五个概念.

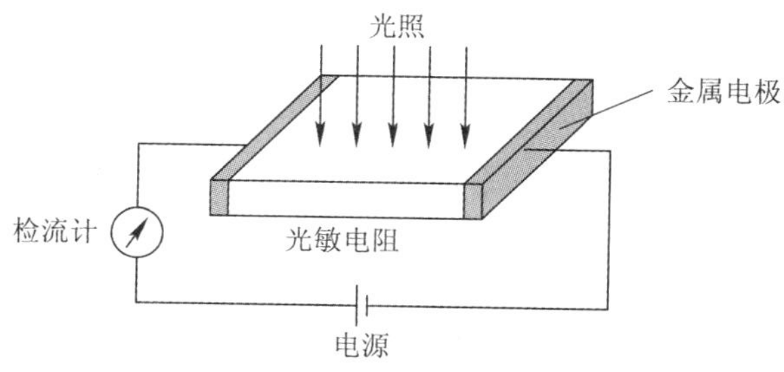

图 5.2-1　光敏电阻的结构及工作原理图

暗电阻：光敏电阻在室温条件下，在全暗环境下经过一定时间后测出电阻值；

暗电流：光敏电阻在室温条件下，在全暗环境下经过一定时间后测出电流值；

亮电阻：光敏电阻在某一光照条件下的电阻；

亮电流：光敏电阻在某一光照条件下流过的电流；

光电流：亮电流减去暗电流.

光敏二极管剖面形状、电路符号及特性曲线如图 5.2-2 所示. 光敏晶体管的外形、结构及电路符号如图 5.2-3 所示.

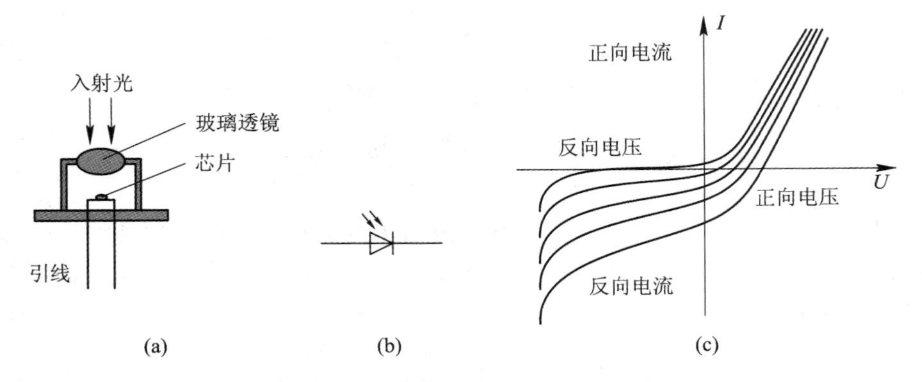

图 5.2-2 光敏二极管剖面形状、电路符号及特性曲线
(a)剖面形状；(b)电路符号；(c)特性曲线

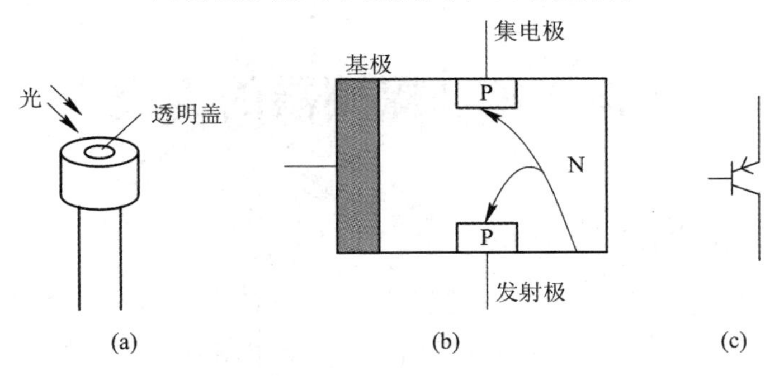

图 5.2-3 光敏晶体管的外形、结构及电路符号
(a)外形；(b)结构；(c)电路符号

半导体光电探测器包含远红外波段的半导体光电探测器、红外波段的半导体光电探测器、可见光波段的半导体光电探测器. 根据光电探测器结构不同，光电探测器可分为光电二极管、PIN 光电二极管、雪崩光电二极管、金属-半导体-金属光电二极管等.

半导体光电探测器与半导体发光器件不同，无论是直接带隙型半导体材料还是间接带隙型半导体材料，都能用来制备半导体光电探测器，而只有直接带隙型半导体材料才能用来制备半导体发光器件. 制备半导体光电探测器的材料不仅包括Ⅳ族的 Si、Ge、SiGe 合金，还包括 GaAs、InGaAs、InGaAsP、InGaN 等. 制备可见光波段的半导体光电探测器的材料有 Si、InGaN，制备红外波段的半导体光电探测器的材料有 Ge、InGaAs、GaAs，制备远红外波段的半导体光电探测器的材料有 TeCdHg 等.

(1) 光电二极管. 光电二极管(photo-diode，PD)即 p-n 结二极管，具有单向导通性.

(2) PIN 光电二极管. PIN 光电二极管是一个由 p 型层、i 型层、n 型层构成的半导体二极管，其结构简单，容易制作，外加−20 V 反向电压就能稳定工作，具有光电响应好、噪声低、频带宽等特性，是光纤通信中的主要器件. PIN 光电二极管与场效应晶体管(field effect transistor，FET)或者异质结双极晶体管(heterojunction bipolar transistor，HBT)构成光电集成电路的光接收模块. 一种 SI InP 衬底的双异质结 PIN 如图 5.2-4 所示.

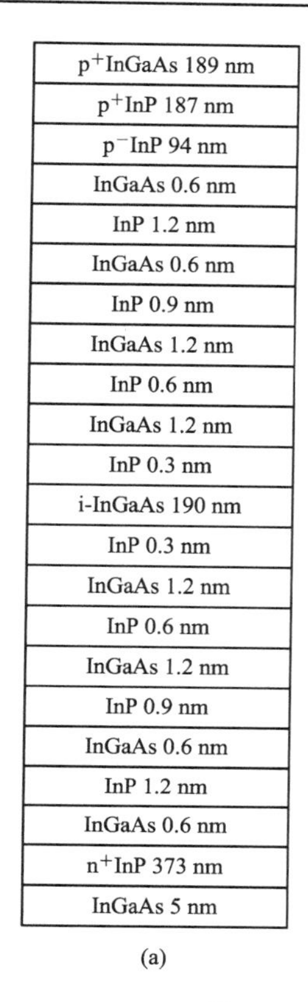

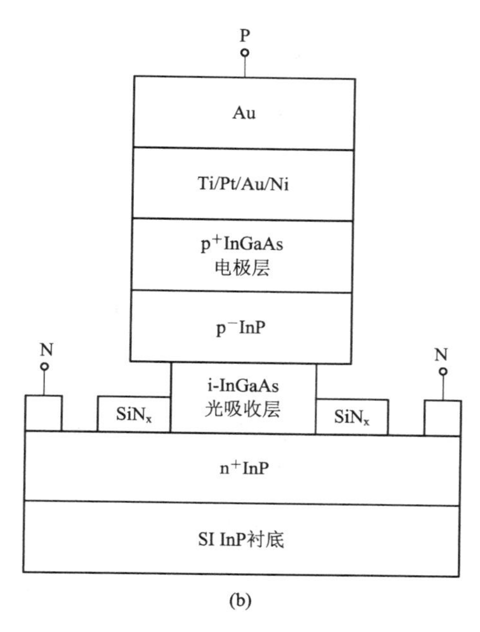

图 5.2－4　一种 SI InP 衬底的双异质结 PIN

(a) 横截面图；(b)示意图

PIN 光电二极管在半绝缘(semi-insulated，SI)的 InP 衬底上生长了 n^+ InP、i-InGaAs 光吸收层、p^- InP、p^+ InGaAs 电极层. 当光入射到 PIN 光电二极管时，若入射光子能量 $h\nu$ 小于 InP 衬底的带隙 E_g，则入射光透过 InP 衬底进入未掺杂的 i-InGaAs 光吸收层，价电子吸收光子能量后跃迁至导带，产生电子-空穴对，外接回路中接上负载后，光生载流子形成光电流，完成光转换成电的过程.

(3) 雪崩光电二极管. 雪崩光电二极管(avalanche photodiode，APD)是一种具有内部增益、能探测到光电流并进行放大的有源器件. 4 种雪崩光电二极管(平面雪崩光电二极管、掩埋雪崩光电二极管、台面雪崩光电二极管、谐振腔型雪崩光电二极管)如图 5.2－5 所示，

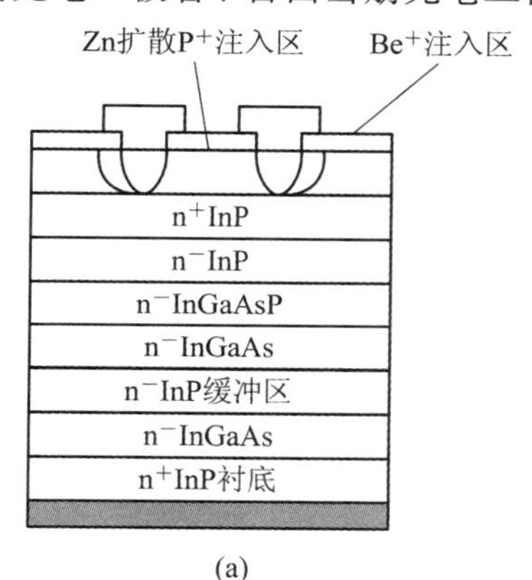

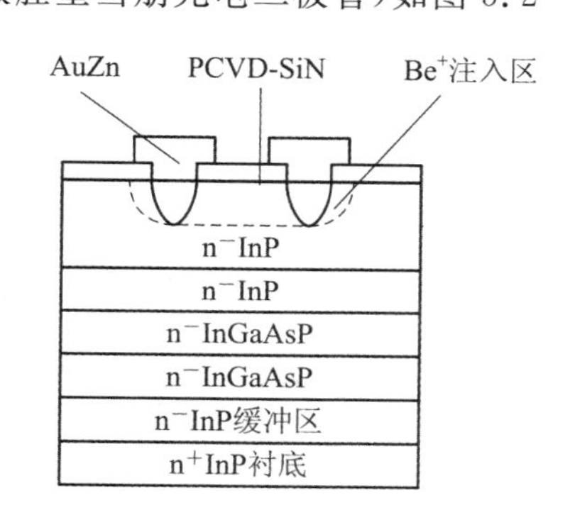

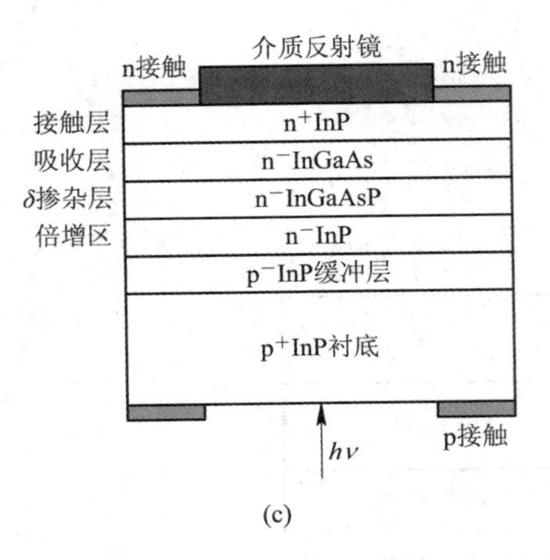

(c)

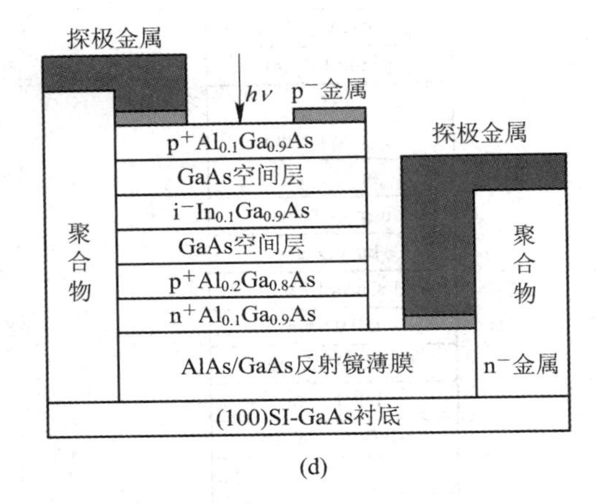

(d)

图 5.2-5　4种雪崩光电二极管

(a) 平面雪崩光电二极管；(b) 掩埋雪崩光电二极管；

(c) 台面雪崩光电二极管；(d) 谐振腔型雪崩光电二极管

这里只讲述平面雪崩光电二极管和谐振腔型雪崩光电二极管．其中平面雪崩光电二极管以 n^+ InP 为衬底，由下向上依次为 n^- InP 缓冲区层，n^- InGaAs 层，n^- InGaAsP 层，n^- InP 层，n^+ InP 层中的 Zn 扩散 P^+ 注入区、Be^+ 注入区．

谐振腔型雪崩光电二极管以(100)SI-GaAs 作为衬底，由下向上依次为 AlAs/GaAs 反射镜薄膜层、n^+ $Al_{0.1}Ga_{0.9}As$ 层、p^+ $Al_{0.2}Ga_{0.8}As$ 层、GaAs 空间层、i-$In_{0.5}Ga_{0.9}As$ 层、GaAs 空间层、p^+ $Al_{0.1}Ga_{0.9}As$ 层、p^- 金属层．光可以直接照射到 p^+ $Al_{0.1}Ga_{0.9}As$ 层上，一个探测金属通过聚合物直接连接 p^- 金属层和(100)SI-GaAs 衬底，另一个探测金属通过聚合物连接 AlAs/GaAs 反射镜薄膜层和(100)SI-GaAs 衬底．

(4) 金属-半导体-金属光电二极管．金属-半导体-金属光电二极管(metal-semiconductor-metal photodiode，MSMPD)结构图如图 5.2-6 所示，该二极管的特征是没有 p-n 结，吸收层连接两电极和衬底，光通过电极间隙照射到吸收层来产生光生载流子，金属电极呈梳状，与场效应晶体管 FET 集成．这种二极管可用来制成光波系统接收器光电集成电路(optoelectronic integrated circuit，OEIC)．

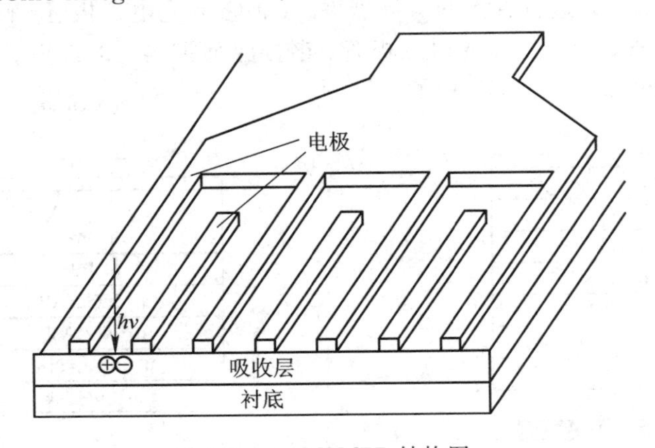

图 5.2-6　MSMPD 结构图

5.2.2　按光热效应分类

根据热辐射、温差电、热释电不同，光电探测器可分为热敏电阻(如图 5.2-7 所示)、测辐射热计(如图 5.2-8 所示)、金属测辐射热计、超导远红外探测器；热电偶(如图 5.2-9 所示)、热电堆；热释电探测器(热释电红外传感器如图 5.2-10 所示)等. 这些光电探测器在吸收光辐射后，把吸收的光能变成晶格的热运动能量，引起探测元件的温度上升，温度上升使得光电探测器的电学性质发生变化，因此光电探测器广泛地应用于红外辐射探测中.

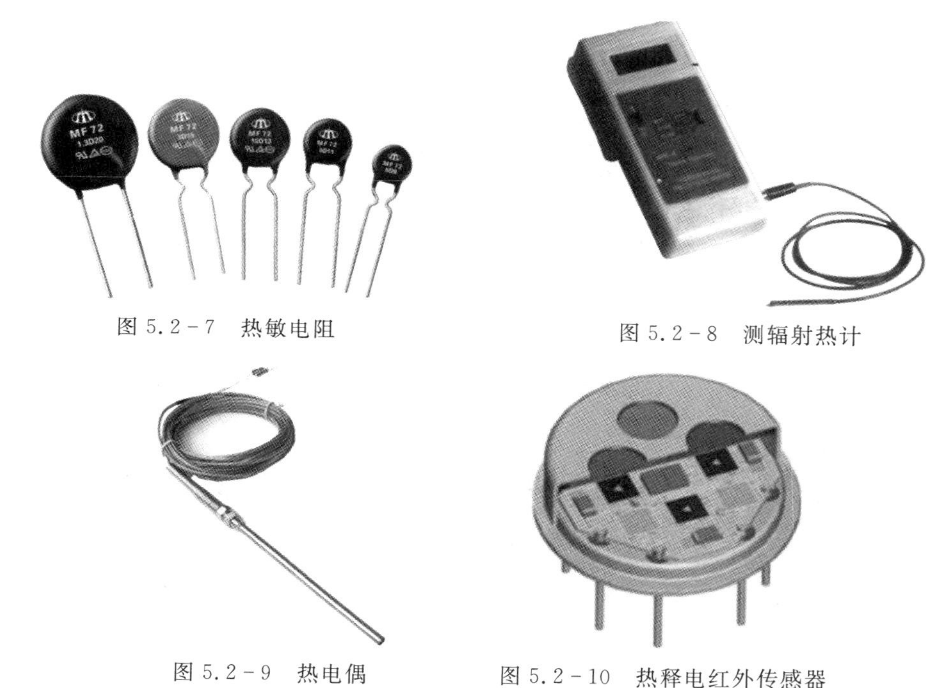

图 5.2-7　热敏电阻

图 5.2-8　测辐射热计

图 5.2-9　热电偶

图 5.2-10　热释电红外传感器

(1) 温差电效应. 当两种金属或者半导体配偶材料各有一端焊接在一起后，经光照射温度升高 ΔT，另两端处于温度为 T 的环境中，这两端连接一个检流计，检流计中有电流流过，这种由于温度差产生电势差的现象称为温差电效应(thermoelectric effect)(如图 5.2-11所示)，这两种配偶材料构成了热电偶(thermocouple). 将若干个热电偶串联起来称为热电堆(thermopile)，其应用在激光能量计中.

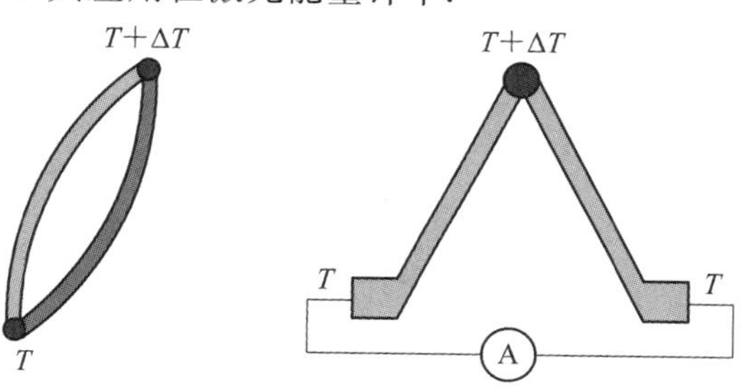

图 5.2-11　温差电效应

(2) 热释电效应. 热释电材料(pyroelectric material)是一种电介质，是一种结晶对称性

很差的压电晶体，其在常态下会自发电极化，具有固有电偶极矩的绝缘体．在热释电材料内部自发的电极化矢量排列混乱，总的极化矢量 $\boldsymbol{P}_s$ 是很小的．当外加电场时，总的极化矢量 $\boldsymbol{P}_s$ 变大，而且随着外加电场的增加而增加，直到所有极化矢量趋向于外电场方向为止；当撤去电场后，总的极化矢量 $\boldsymbol{P}_s$ 保持不变，这种效应称为热释电效应(pyroelectric effect)．具有热释电效应的材料称为热释电材料，也叫热电体(pyroelectrics)．

热释电效应如图 5.2－12 所示．热电体的总的极化矢量的模 $|\boldsymbol{P}_s|$ 决定了面电荷密度 σ_s 的大小．当 $|\boldsymbol{P}_s|$ 发生变化时，σ_s 也发生变化，当温度升高时，$|\boldsymbol{P}_s|$ 逐渐下降．值得注意的是，当温度升高到该材料的居里温度 T_0 时，自发极化突然消失．

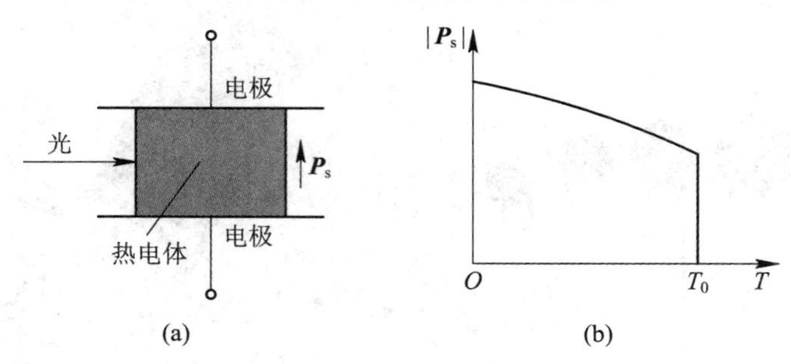

图 5.2－12　热释电效应

(a)电极结构；(b) $|\boldsymbol{P}_s|$ 随温度变化曲线

5.3　半导体光电探测器的性能评价

半导体光电探测器的主要性能包括量子效率、响应度、暗电流、噪声与功率信噪比、照度特性、伏安特性、频率响应特性、温度稳定特性等．

5.3.1　量子效率

一个入射光子能产生电子-空穴对的概率称为光电二极管的量子效率(quantum efficiency)，即生成的电子-空穴对的数目除以入射光子数目．单位时间内产生的电子-空穴对数目为 $N_1=\dfrac{I_p}{e}$，单位时间内入射光的能量 $N_2h\nu=P_{oi}$，量子效率用 η 表示，则

$$\eta=\frac{N_1}{N_2}=\frac{I_p/e}{P_{oi}/(h\nu)}=\frac{h\nu I_p}{eP_{oi}},\tag{5.3-1}$$

式中，I_p 为光电流，P_{oi} 为光入射到半导体表面处的功率，$h\nu$ 为入射光子的能量，e 是电子电量．

光敏电阻模型如图 5.3－1 所示．该模型是非本征 N 型半导体材料模型，图中 L、W、H 分别表示模型的长、宽、高．当光沿着 x 方向入射时，半导体材料中的光功率变化规律为

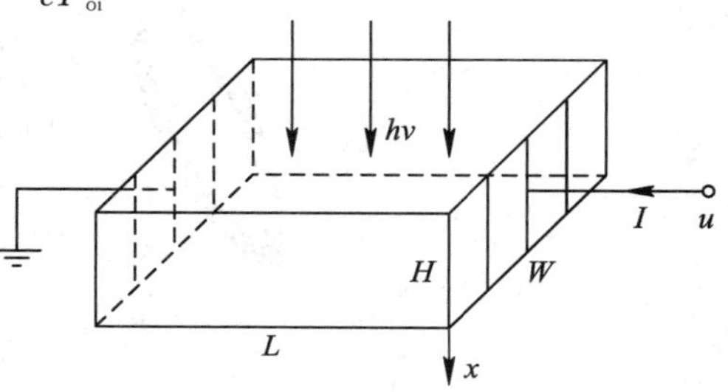

图 5.3－1　光敏电阻模型

$$P(x)=P\mathrm{e}^{-\alpha x}(1-R),\tag{5.3-2}$$

式中，P 为入射光功率，d 为衰减系数，x 为光传输的距离，R 为反射系数.

由于光生电流的面电流为

$$J(x)=ev_{\mathrm{n}}n(x),\tag{5.3-3}$$

式中，e 是电子电量；v_{n} 是电子沿外电场方向的漂移速度；$n(x)$为电子在 x 处的体密度. 因此通过电极的总电流为

$$i=\int_0^H J(x)\mathrm{d}S=\int_0^H J(x)W\mathrm{d}x=ev_{\mathrm{n}}W\int_0^H n(x)\mathrm{d}x,\tag{5.3-4}$$

式中 $n(x)$由稳态时电子产生率与复合率相等确定，即由

$$n(x)=\frac{\alpha(1-R)\eta\tau_{\mathrm{n}}P\mathrm{e}^{-\alpha x}}{h\nu\cdot WL}\tag{5.3-5}$$

确定，式中 τ_{n} 为电子的平均寿命，故

$$i=ev_{\mathrm{n}}W\int_0^H\frac{\alpha(1-R)\eta\tau_{\mathrm{n}}P\mathrm{e}^{-\alpha x}}{h\nu\cdot WL}\mathrm{d}x=-ev_{\mathrm{n}}W\int_0^H\frac{(1-R)\eta\tau_{\mathrm{n}}P}{h\nu\cdot WL}\mathrm{d}\mathrm{e}^{-\alpha x}=\frac{(1-R)\eta ev_{\mathrm{n}}\tau_{\mathrm{n}}P}{h\nu L}(1-\mathrm{e}^{-\alpha H}).\tag{5.3-6}$$

电荷放大系数 $M=\dfrac{v_{\mathrm{n}}\tau_{\mathrm{n}}}{L}=\dfrac{\tau_{\mathrm{n}}}{t_{\mathrm{n}}}$，其中 $t_{\mathrm{n}}=\dfrac{L}{v_{\mathrm{n}}}$. M 也称为光电流内增益，是载流子的平均寿命与载流子渡越时间之比，其大小与外加偏压 u 和长度 L 有关. 当 $M>1$ 时，表明载流子已经渡越完毕. 当电子到达正极消失时，陷阱俘获的空穴还在半导体内，它又会将负极的电子感应到半导体中，被诱导来的电子又在电场中运动到正极，如此循环直到正电中心消失，这放大了初始的光生电流.

CdS 光敏电阻的结构和偏置电压如图 5.3-2所示. 人们在 CdS 光敏电阻的绝缘基底上沉积掺杂半导体薄膜，并在薄膜面上蒸镀 Au 或者 In，形成梳状电极结构，排列很密. 由于 L 很小，故 M 很大，因此 CdS 光敏电阻具有较大的光敏面积和较高的灵敏度. 整个管子密封是为了防潮.

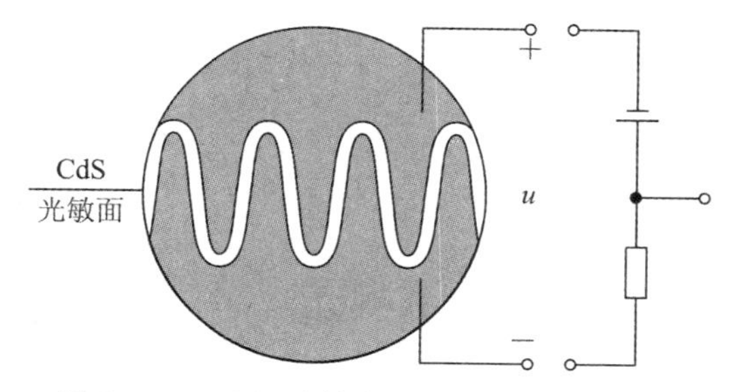

图 5.3-2　CdS 光敏电阻的结构和偏置电压

5.3.2　响应度

单位入射光功率所产生的光电流称为响应度(responsibility)，也称为灵敏度(sensitivity)，用 R_1 表示，即

$$R_1=\frac{I_{\mathrm{p}}}{P_{\mathrm{oi}}}=\frac{e\eta}{h\nu}.\tag{5.3-7}$$

CdS、CdSe、PbS、Si、InGaAs、Ge 六种半导体材料响应度与波长的关系如表 5.3-1 所示. 光敏电阻对各种光的响应度随着入射光的波长变化而变化的特性称为光谱响应特性(spectral response characteristic). 六种半导体材料响应度与波长的关系曲线如图 5.3-3 所

示. 由图可知，CdSe 在红光波段、近红外波段(0.7～0.9 μm)的响应度达到 80%以上，InGaAs 在远红外波段(1.1～1.5 μm)的响应度达到 60%，Ge 在远红外波段的1.4 μm 附近的响应度接近 50%；CdS、CdSe、PbS 的响应度峰值波长分别对应于 0.58 μm、0.76 μm、2.0 μm.

表 5.3-1　六种半导体材料响应度与波长的关系

波长/μm	0.4	0.45	0.5	0.55	0.6	0.65	0.7	0.75	0.8	0.85	0.9	0.95	1.0	1.05	1.1	1.15
CdS	0.327	0.491	0.655	0.909	0.982	0.691	0.509	0.364	0.255	—	—	—	—	—	—	—
CdSe	0.091	0.236	0.291	0.436	0.727	0.873	0.964	0.982	0.625	0.418	0.291	0.218	0.138	0.073	0.036	0
PbS	0.495	0.509	0.523	0.537	0.551	0.565	0.579	0.594	0.608	0.622	0.636	0.650	0.664	0.678	0.692	0.706
Si	—	—	—	—	0.382	0.436	0.491	0.527	0.564	0.591	0.618	0.545	0.40	0.127	—	—
InGaAs	—	—	—	—	—	—	—	—	—	—	0.327	0.418	0.473	0.509	0.545	0.573
Ge	—	—	—	—	—	—	—	—	—	—	—	—	—	0.365	0.409	0.455
波长/μm	1.2	1.25	1.3	1.35	1.4	1.45	1.5	1.55	1.6	1.65	1.7	1.75	1.8	1.85	1.9	1.95
PbS	0.720	0.734	0.748	0.762	0.777	0.791	0.805	0.819	0.833	0.847	0.861	0.875	0.889	0.903	0.917	0.931
InGaAs	0.60	0.618	0.645	0.664	0.682	0.70	0.709	0.720	0.728	0.728	0.700	0.491	0.127	—	—	—
Ge	0.473	0.518	0.542	0.546	0.545	0.518	0.455	0.40	0.327	—	—	—	—	—	—	—
波长/μm	2.0	2.05	2.1	2.15	2.2	2.25	2.3	2.35	2.4	2.45	2.5	2.55	—	—	—	—
PbS	0.945	0.942	0.938	0.916	0.891	0.873	0.818	0.782	0.727	0.673	0.600	0.545	—	—	—	—

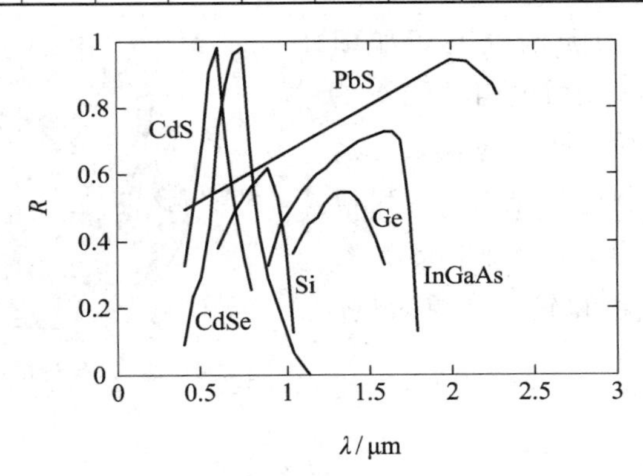

图 5.3-3　CdS、CdSe、PbS、Si、InGaAs、Ge 六种半导体材料响应度与波长的关系曲线

实际半导体光电二极管的量子效率在 30%～95%之间，为了能吸收大部分的入射光，减少透射光成分，耗尽层需要足够厚，光生载流子电子和空穴漂移到加有反向偏压的 p-n 结两端所需要的时间要足够长，因此要在响应时间与量子效率之间权衡并设计出最佳方案.

5.3.3　暗电流

在半导体内部，热电子发射在没有光照的情况下也会产生电子-空穴自由载流子，这些自

由载流子在电场的作用下产生光电流，这种没有光照射在电路中形成的微小电流称为暗电流(dark currency). 在光电二极管中，暗电流可分为本体暗电流和表面漏电流，其中本体暗电流指的是 p－n 结中因热生成的电子和空穴所引起的电流，用 i_{DB} 表示；表面漏电流与表面缺陷、清洁度、偏置电压、表面面积等因素相关，用 i_{DF} 表示. 对于雪崩光电二极管而言，减小表面暗电流的方法是采用环结构，使得表面漏电流不会流向负载电阻，即使表面漏电流在环内短路.

5.3.4　噪声和功率信噪比

在光电检测中，光电探测器的噪声不可避免，其大致可以分为散粒噪声、电阻热噪声、低频噪声. 噪声的存在影响着测量的结果，噪声的来源主要有以下几种：

(1) 体块材料中的暗电流噪声以及受到温度的影响造成的暗电流噪声.

(2) 光信号入射到光电探测器上，导致半导体内产生电子-空穴对和收集光电流过程中因量子效应引起的量子噪声，其满足泊松过程.

(3) 在探测器的受光面上因为器件表面缺陷等原因引起的表面漏电流，产生表面漏电流噪声.

1. 散粒噪声

光电探测器的光电转换过程是一个光电子计数的随机过程. 由于随机起伏的单元是离散的电子电量 e，因此将光电转换过程中引入的噪声称为散粒噪声(shot noise)，其功率谱为

$$p(\nu)=eIM^2, \tag{5.3-8}$$

式中，I 是流过光电探测器的平均电流；M 是光电探测器内的增益. 散粒噪声的电流为噪声电流 i_n 的方均根值，即

$$I_n=\sqrt{\overline{(i_n)^2}}=\sqrt{2ei\Delta\nu M^2}, \tag{5.3-9}$$

式中，i 为光电流，$\Delta\nu$ 为频率的变化量. 散粒噪声的电压为

$$U_n=I_nR_L=\sqrt{\overline{(i_n)^2}}=\sqrt{2ei\Delta\nu R_L^2M^2}. \tag{5.3-10}$$

式中 R_L 为负载电阻.

由于背景光功率 P_b、信号光功率 P_s、热激发暗电流 i_d 对应的平均电流分别为 I_b、I_s、I_d，因此流过光电探测器的平均电流 I 为

$$I=I_b+I_s+I_d, \tag{5.3-11}$$

相应地，散粒噪声的电流为

$$I_n=\sqrt{Se\left(i_d+\frac{e\eta}{h\nu}P_b+\frac{e\eta}{h\nu}P_s\right)M^2\Delta\nu}, \tag{5.3-12}$$

式中，

$$S=\begin{cases}2 & \text{光电发射型}\\ 4 & \text{光伏型}\end{cases},$$

$$M\begin{cases}>1 & \text{光导、光电倍增、雪崩型}\\ =1 & \text{光伏型}\end{cases}.$$

2. 电阻热噪声

光电探测器在工作过程中等效于电阻 R，其中自由电子的随机碰撞运动将在电阻器两端

产生随机起伏的电压，因此这样的热噪声称为电阻热噪声(resistance thermal noise). 电阻热噪声的电流功率谱为

$$p(\nu)=\frac{2kT}{R}, \tag{5.3-13}$$

电阻热噪声的电流为

$$I_{\mathrm{n}}=\sqrt{i_{\mathrm{n}}^{2}}=\sqrt{2\Delta\nu p(\nu)}=\sqrt{2\Delta\nu\frac{2kT}{R}}=\sqrt{\frac{4kT\Delta\nu}{R}}, \tag{5.3-14}$$

电阻热噪声的电压为

$$U_{\mathrm{n}}=RI_{\mathrm{n}}=\sqrt{4kTR\Delta\nu}. \tag{5.3-15}$$

电阻热噪声等效电路可以等效为电阻 R 与一个电压源 U_{n} 的串联，或者等效为电阻 R 与一个电流源 I_{n} 的并联.

3. 低频噪声

所有探测器中都存在小于 1 kHz 的低频频域的低频噪声(low frequency noise)，由于它与光辐射的调制频率 ν 成反比，因此也称为$\frac{1}{\nu}$噪声. 低频噪声的平均电流公式为

$$I_{\mathrm{n}}=\sqrt{i_{n}^{2}}=\sqrt{\frac{Ai^{\alpha}\Delta\nu}{\nu^{\beta}}}\approx\frac{\sqrt{Ai\Delta\nu}}{\nu}, \tag{5.3-16}$$

式中，A 为与光电探测器相关的比例系数；i 为流过光电探测器的总直流电流；$\alpha\approx1$，$\beta\approx2$.

总的说来，功率信噪比(power signal-to-noise ratio，PSNR)定义为光电流产生的信号功率 P_{ls}除以光探测器的噪声功率 P_{ln}与放大器的噪声功率 P_{fn}之和，即

$$\mathrm{PSNR}=\frac{P_{\mathrm{ls}}}{P_{\mathrm{ln}}+P_{\mathrm{fn}}}. \tag{5.3-17}$$

为了提高光敏电阻的功率信噪比，应尽可能地提高探测器的灵敏度，降低探测器的噪声，使得光探测器具有较高的量子效率 η 和响应度 R，从而产生较大的光电流信号功率，而探测器、光学接收机放大器的电路噪声应尽可能地小.

光敏电阻的噪声特性如图 5.3-4 所示，由图可知，光敏电阻的噪声有复合噪声、热噪声、低频噪声三种. 其中复合噪声平方的平均为$\frac{4eiM^{2}\Delta\nu}{1+4\pi^{2}\nu^{2}\tau_{\mathrm{c}}^{2}}$，热噪声平方的平均为$\frac{i^{2}A\Delta\nu}{\nu}$，低频噪声平方的平均为$\frac{4kT\Delta\nu}{R_{\mathrm{L}}}$，式中 τ_{c} 为载流子的寿命，R_{L} 为探测器等效电阻，因此平均噪声电流为

$$I_{\mathrm{n}}=\sqrt{i_{\mathrm{n}}^{2}}=\sqrt{\frac{4eiM^{2}\Delta\nu}{1+4\pi^{2}\nu^{2}\tau_{\mathrm{c}}^{2}}+\frac{i^{2}A\Delta\nu}{\nu}+\frac{4kT\Delta\nu}{R_{\mathrm{L}}}}. \tag{5.3-18}$$

当 $\nu\ll\frac{1}{2\pi\tau_{\mathrm{c}}}$时，产生的复合噪声与频率 ν 无关；当 $\nu\gg\frac{1}{2\pi\tau_{\mathrm{c}}}$时，复合噪声明显减小，热噪声占据主导地位；当 $\nu>1$ kHz 时，低频噪声中的比例系数 $A\approx10^{-11}$，因此可以忽略.

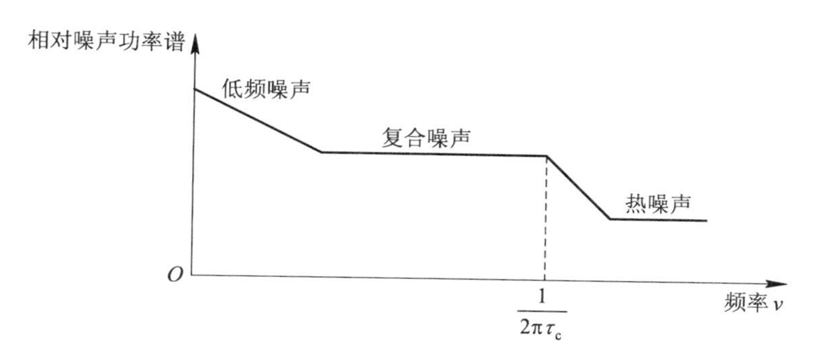

图 5.3-4　光敏电阻的噪声特性

5.3.5　照度特性

CdS 光敏电阻的照度特性曲线如图 5.3-5 所示. 由图可知，光电流 i 与入射光强度 P 之间呈现非线性关系，它们之间的关系为

$$i=\alpha u^{\beta}P^{\gamma},\qquad(5.3-19)$$

式中，α 与光敏电阻的材料、尺寸、形状及载流子的寿命有关；电压指数 $\beta\in[1.0, 1.2]$；光功率指数 $\gamma\in[0.5, 1.0]$. 当入射光功率较小时，$\beta=\gamma=1$，光电流 i 与入射光强度 P 之间呈现线性关系.

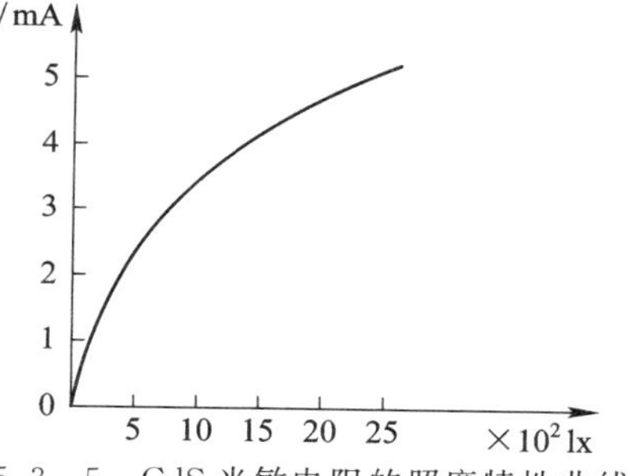

图 5.3-5　CdS 光敏电阻的照度特性曲线

5.3.6　伏安特性

CdS 光敏电阻的伏安特性曲线如图 5.3-6 所示. 设 R_L 为负载电阻，R_g 为亮电阻，R_d 为暗电阻，即在环境全暗的条件下测量到的电阻，则在图 5.3-6 中，

$$\alpha_1=\arctan\frac{1}{R_L},\ \alpha_2=\arctan\frac{1}{R_g},\ \alpha_3=\arctan\frac{1}{R_d}.\qquad(5.3-20)$$

光敏电阻的暗电阻 R_d 一般大于 10 MΩ，光照后亮电阻显著地下降，亮电阻为暗电阻的 $10^{-2}\sim10^{-6}$倍，且倍数越小，响应度越高.

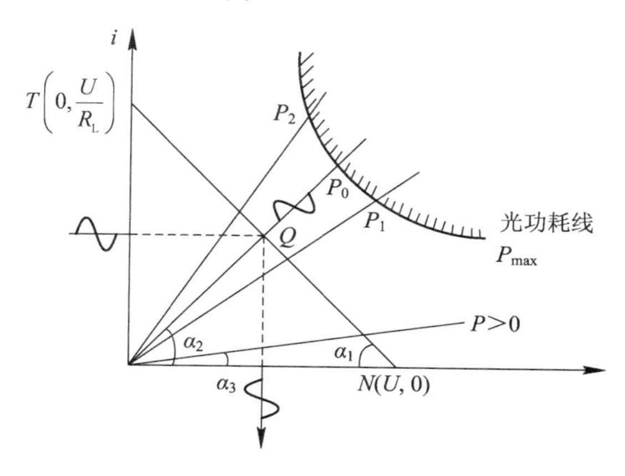

图 5.3-6　CdS 光敏电阻的伏安特性曲线

光敏电阻工作电路如图5.3-7所示．光敏电阻两端的电压$u=U-iR_L$，其中负载电阻R_L的大小决定了图5.3-6中$N-T$线的斜率．图5.3-7中左边R_g为光照功率为P_0时的亮电阻．当光照功率为P时，功率变化为$\Delta P=P-P_0$，亮电阻R_g变成$R_g-\Delta R_g$，光电流i变成$i+\Delta i$，故

$$i+\Delta i=\frac{U}{R_L+R_g-\Delta R_g},\tag{5.3-21}$$

式中$i=\dfrac{U}{R_L+R_g}$，则

$$\Delta i=\frac{U}{R_L+R_g-\Delta R_g}-\frac{U}{R_L+R_g}=\frac{U\Delta R_g}{(R_L+R_g-\Delta R_g)(R_L+R_g)}\approx\frac{U\Delta R_g}{(R_L+R_g)^2}.\tag{5.3-22}$$

同理可得，$u+\Delta u=U-(i+\Delta i)R_L$，则

$$\Delta u=-\Delta iR_L\approx-\frac{U\Delta R_gR_L}{(R_L+R_g)^2}.\tag{5.3-23}$$

$-\dfrac{U\Delta R_gR_L}{(R_L+R_g)^2}$对$R_L$求导，取一阶导数为0，得到$-\dfrac{U\Delta R_g}{(R_L+R_g)^2}+\dfrac{2U\Delta R_gR_L}{(R_L+R_g)^3}=0$，即$R_L+R_g=2R_L$，故

$$R_L=R_g,\tag{5.3-24}$$

$-\dfrac{U\Delta R_gR_L}{(R_L+R_g)^2}$对$R_L$求二阶导数，得$\dfrac{2U\Delta R_g}{(R_L+R_g)^3}+\dfrac{2U\Delta R_g}{(R_L+R_g)^3}-3\dfrac{2U\Delta R_gR_L}{(R_L+R_g)^4}$，并将$R_L=R_g$代入得到$\dfrac{U\Delta R_g}{2R_L^3}-\dfrac{0.75U\Delta R_g}{2R_L^3}$．当$\Delta R_g>0$时，式(5.3-23)能取得极小值；当$\Delta R_g<0$时，式(5.3-23)能取得极大值，极大值为$-\dfrac{U\Delta R_g}{4R_g}$，这时$i=\dfrac{U}{R_L+R_g}=\dfrac{U}{2R_g}$，$i^2R_g\leqslant P_{max}$，即$\dfrac{U^2}{4R_g}\leqslant P_{max}$，$U\leqslant\sqrt{4R_gP_{max}}$．

当$R_L=R_g=1\ \mathrm{M\Omega}$，$P_{max}=0.1\ \mathrm{W\cdot cm^{-2}}$，光敏面积为$1\ \mathrm{cm^2}$时，$U\leqslant\sqrt{4\times10^6\ \Omega\times0.1\ \mathrm{W\cdot cm^{-2}}\times1\ \mathrm{cm^2}}=632.46\ \mathrm{V}$．当其他条件不同，光敏面积为$0.01\ \mathrm{cm^2}$时，$U\leqslant63.25\ \mathrm{V}$．

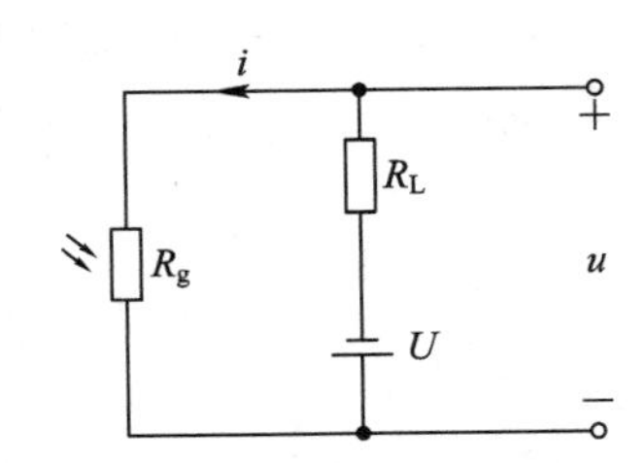

图5.3-7　光敏电阻工作电路

5.3.7　频率响应特性

频率响应特性的测定电路及其波形如图5.3-8所示．当光敏电阻受到光照射后或者被挡光时，回路中的电流不会立即增大到最大或者立即减小到0，而会有一段响应时间．用t_r表示电流从0增加到63%所需要的时间，用t_f表示电流从最大减小到37%所需要的时间为什么不是50%，即$\dfrac{1}{2}$？原因是$\dfrac{1}{e}=\dfrac{1}{2.1718}=37\%$)．

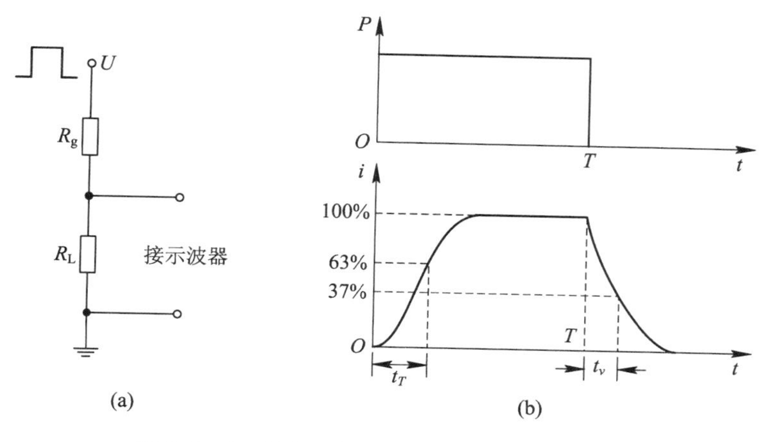

图 5.3-8　频率响应特性的测定电路及其波形
(a) 电路；(b) 波形

5.3.8　温度稳定特性

光敏电阻的阻值是随着温度的变化而变化的. 例如，CdS 光敏电阻在 10 lx 照度下，温度系数约为 0；当照度大于 10 lx 时，温度系数大于 0；当照度小于 10 lx 时，温度系数小于 0. 若照度偏离 10 lx 越多，则温度系数的绝对值也越大. 值得注意的是，在环境温度为 0～60 ℃范围内，光敏电阻的响应速度几乎不变，但是在低温环境下，光敏电阻的响应速度变慢. 例如，在环境温度为－30℃时，光敏电阻的响应时间约为 20℃时的 2 倍.

5.4　光栅光谱仪的工作原理及应用

光栅光谱仪常用的光栅有两种，一种是透射光栅，另一种是闪耀光栅.

5.4.1　透射光栅

透射光栅是在一个平板上平行地刻有大量狭缝的光学元件，其综合了光的干涉和光的衍射原理，可以实现多光束干涉，又受到每个缝衍射调制. 透射光栅衍射如图 5.4-1 所示，

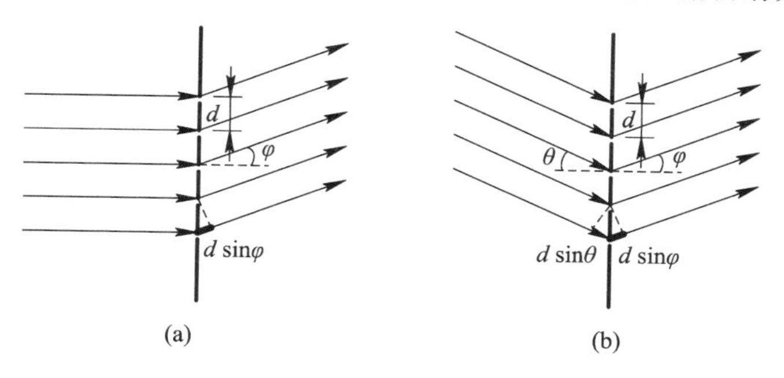

图 5.4-1　透射光栅衍射
(a) 垂直入射；(b) 斜入射

若每毫米平板上刻有300条刻痕，则光栅常量 $d=\frac{1\ \text{mm}}{300}\approx 3.33\ \mu\text{m}$. 对于垂直于透射光栅照射的平行光，其主极大方程为

$$d\sin\varphi=\pm k\lambda,\ k=1,\ 2,\ \cdots, \tag{5.4-1}$$

式中 φ 表示第 k 级主极大的衍射角. 对于以 θ 角入射的平行光入射，其 k 级主极大方程为

$$d(\sin\theta\pm\sin\varphi)=\pm k\lambda,\ k=1,\ 2,\ \cdots. \tag{5.4-2}$$

值得注意的是，对于如图5.4-1(b)所示的情形，式(5.4-2)中取"+".

汞灯平行光入射如图5.4-2所示. 当汞灯以平行光垂直入射时，在中央混合光谱线两侧对称分布着波长由小到大的紫色谱线、绿色谱线、两条黄色谱线、紫色谱线、绿色谱线、两条黄色谱线……，每条谱线都是单色谱线. 光谱的级次越高，其分辨本领越强，色散本领也越强，即分得更开，同时强度也就越小. 当汞灯以平行光斜入射时，在中央混合光谱线两侧，谱线分布级数不对称.

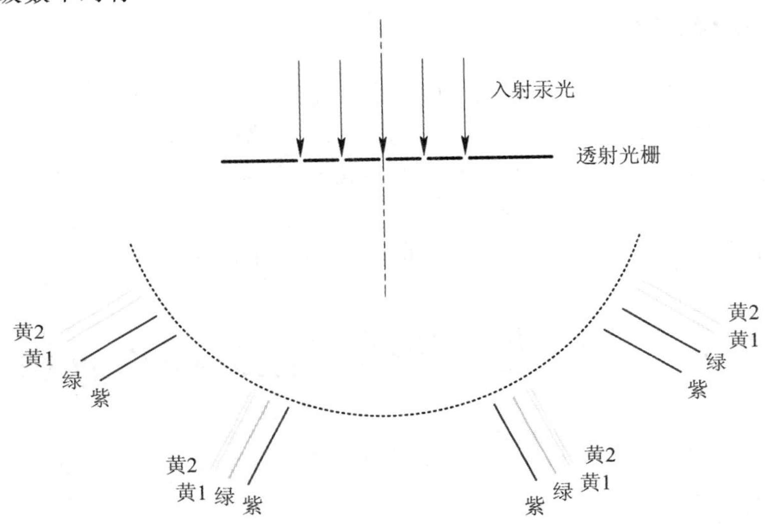

图5.4-2　汞灯平行光入射

5.4.2　闪耀光栅

闪耀光栅大多是平面反射光栅，如图5.4-3所示. 闪耀光栅以磨光的金属板或镀上金属膜的玻璃为基板，槽面的反光面与光栅面之间的夹角用 γ 表示，单个槽面衍射的零级主极大和各槽面间干涉的零级主极大分开，使得光能量从干涉零级主极大转移并集中到某一级光谱上去. 当入射光线垂直于槽面，且 $\theta=i=\gamma$ 时，光栅方程写成

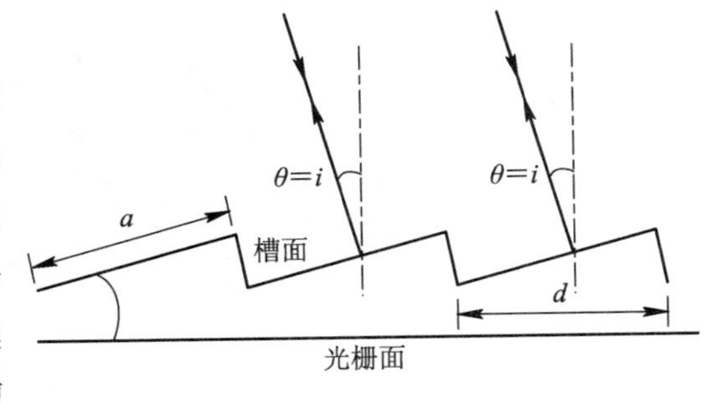

图5.4-3　闪耀光栅

$$2d\sin\gamma = k\lambda_B,\ k=1,\ 2,\ \cdots, \tag{5.4-3}$$

式中 λ_B 称为第 1 级闪耀波长．一级光谱处的光强度最大，其集中了 80%～90%的能量．通过设计 γ 角，可以将光强集中到第 2 级闪耀波长 $\frac{\lambda_B}{2}$ 或者第 3 级闪耀波长 $\frac{\lambda_B}{3}$ 上．闪耀光栅光能量的分布如图 5.4－4 所示．

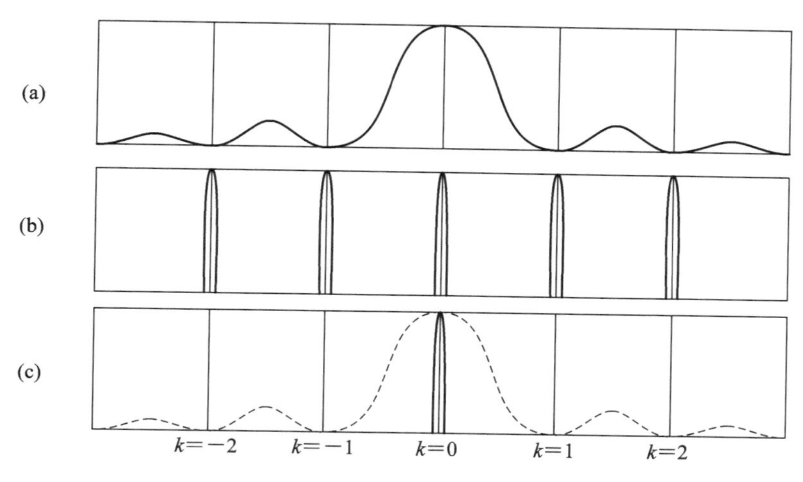

图 5.4－4　闪耀光栅光能量的分布

(a) 单槽衍射不同级次光能量的分布；(b) 槽间干涉不同级次光能量的分布；(c) 衍射光栅光能量的分布

5.4.3　光谱仪

光谱仪是一种利用光学色散原理设计制作的光学仪器，其主要用于研究物质的辐射、光与物质之间的相互作用、物质结构、物质含量分析，以及用于探测星体(像地球表面)和太阳的大小、质量、运动速度和方向等．光谱仪由光源与照明系统、分光系统、接收系统三个部分组成．光谱仪主要有发射光谱仪和吸收光谱仪，其中发射光谱仪包括光电直读光谱仪、看谱仪、摄谱仪；吸收光谱仪有分光光度计等．目前广泛使用的光谱仪为光栅光谱仪，而频率调制的傅里叶变换光谱仪将成为新一代光谱仪．

光度计中利用利特罗(littrow)棱镜组成的一种最简单的单光束光学系统称为自准式光路系统(autocollimating optical system)．利特罗装置衍射简图如图 5.4－5 所示．利特罗装置采用凹面反射镜代替透镜聚焦，既避免了吸收和色差，又缩短了装置的长度，适用于红外和紫外光谱区，这样在谱面上既可以通过一次曝光来获得光谱图，又可以利用光栅狭缝来提取不同的谱线．

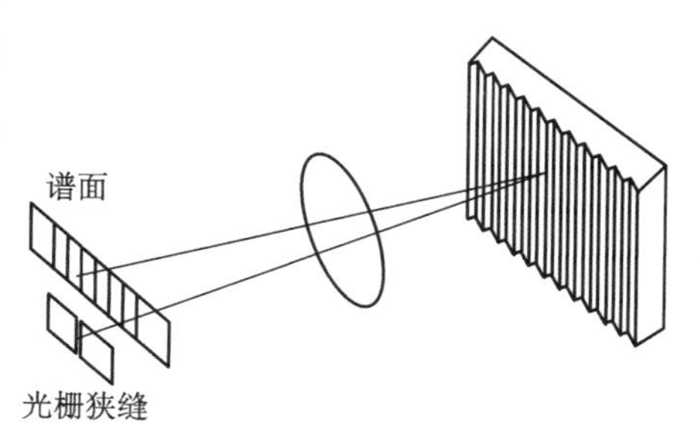

图 5.4－5　利特罗装置衍射简图

在半导体激光器中，半导体激光管发出的光经准直透镜后入射到光栅，利特罗准直装置如图 5.4－6 所示．激光对闪耀光栅的入射面就是闪耀光栅表面的入射激光与闪耀光栅的

法线方向所构成的平面，即水平面，转台的转轴垂直于水平面．当通过所述光栅调谐激光的输出频率时，应使得光栅的调谐转动中心在 xOy 坐标中的位置满足下式：

$$x_{\mathrm{q}}+\frac{u_{\mathrm{q}}}{\cos\theta}=0, \tag{5.4-4}$$

式中，θ 为半导体激光管发出的光经准直透镜准直后在光栅上的入射角或者衍射角，x_{q} 为光栅调谐转动中心到等效外腔半导体激光器反射面的距离，u_{q} 为光栅调谐转动中心到光栅衍射表面所在平面的距离．若从半导体激光管发出的到光栅的光线与调谐转动中心位于所述等效外腔半导体激光器反射面的同侧，则 x_{q} 为正，否则为负；若从半导体激光管发出的到光栅的光线与调谐转动中心位于光栅表面所在平面的同侧，则 u_{q} 为正，否则为负．一种利特罗结构光栅外腔半导体激光器如图 5.4－7 所示．

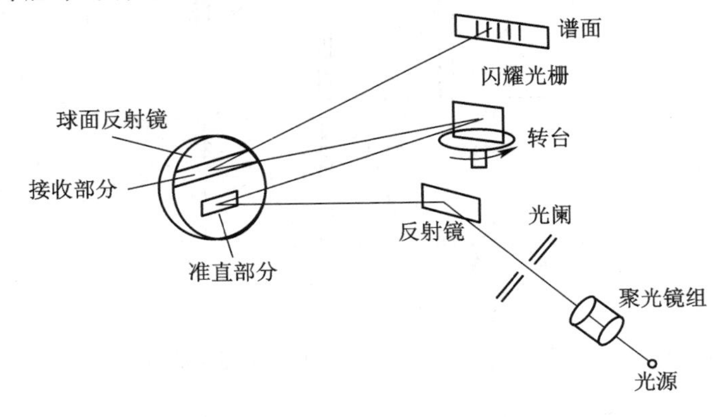

图 5.4－6　利特罗准直装置

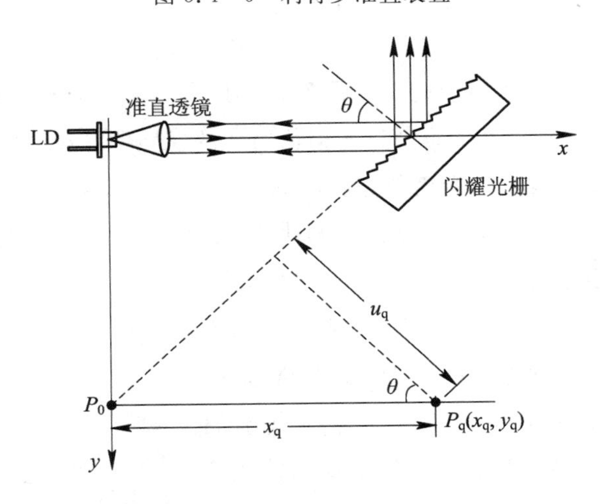

图 5.4－7　一种利特罗结构光栅外腔半导体激光器

5.4.4　光波分复用器

在光纤通信中，光栅用作光波分复用技术中的光滤波器和光波分复用器．光波分复用(wavelength division multiplexing，WDM)技术是指一根光纤中同时传播多个波长信号的技术，其工作原理是在发送端先将不同波长的光信号组合复用，再耦合到光缆线路上的同

一根光纤中进行传播；在接收端将组合复用的光信号进行解复用，即分开复用的信号，恢复出原信号后再送入不同的终端．因此光波分复用器和解复用器是 WDM 技术中的关键器件．光栅型光波分复用器是利用衍射光栅的角色散特性使输入光波中的不同波长成分以不同角度输出，再将它们分开的一种光波分复用器．光栅型光波分复用器结构示意图如图 5.4－8所示．由图可知，光栅型光波分复用器由闪耀光栅、自聚焦透镜、输入光纤、输出光纤和玻璃楔组成．将 λ_1、λ_2、λ_3、λ_4、λ_5 五种波长的光信号输入光纤并送到自聚焦透镜，准直后成为平行光束并垂直射向光栅的槽面．光栅的角色散作用使不同波长的光以不同的角度衍射，经自聚焦透镜聚焦后进入相应的输出光纤．

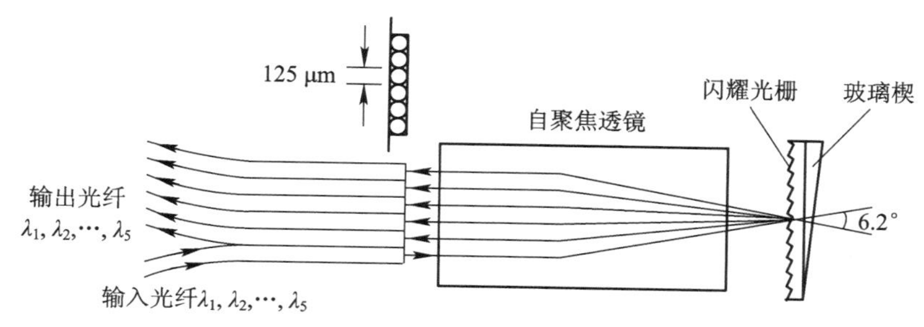

图 5.4－8　光栅型光波分复用器结构示意图

5.4.5　波导光栅

波导光栅是集成光学中的一个重要功能器件，其结构形式如图 5.4－9 所示．波导光栅受到的一种周期性微扰或者是表面几何形状的周期性变化，或者是波导表面层内折射率的周期性变化．

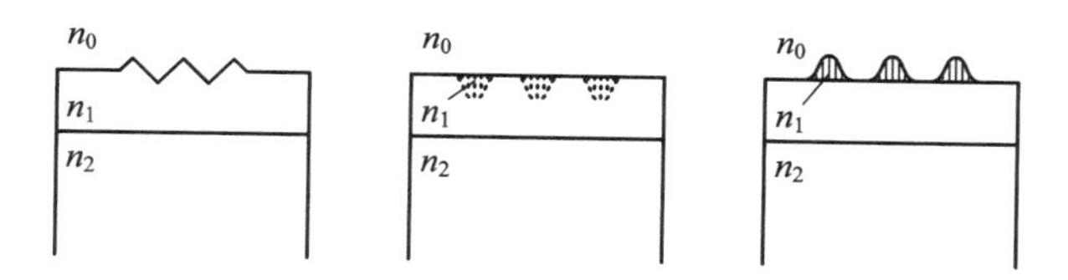

图 5.4－9　波导光栅的结构形式

反射式波导光栅示意图如图 5.4－10 所示．当一束入射光 E_i 在 yOz 平面内照射到闪耀光栅上时，衍射光为 E_s，波导光栅矢量为 $\boldsymbol{k}_d=\dfrac{2\pi}{d}\boldsymbol{k}$，式中 d 为光栅常量，$\boldsymbol{k}$ 为 z 方向的单位矢量．图 5.4－10 中 θ_i 为入射光在 yOz 平面内与 z 轴负半轴的夹角，θ_s 为衍射光在 yOz 平面内与 z 轴负半轴的夹角．β_i 为入射光在 yOz 平面内的传播常量，$\beta_i=k_i\cos\theta_i$；β_s 为衍射光在 yOz 平面内的传播常量，$\beta_s=k_s\cos\theta_s$．一般来说，光栅衍射系数为

$$R=\left|\frac{E_s(0)}{E_i(0)}\right|^2=\frac{k_0^2\sinh(\tilde{\gamma}L)}{\left|\mathrm{j}\left(\dfrac{\Delta k_0}{2}\right)\sinh(\tilde{\gamma}L)+\tilde{\gamma}\cosh(\tilde{\gamma})\right|^2},\tag{5.4－5}$$

式中，$E_s(0)$为入射光的振幅；$E_i(0)$是入射光的振幅；$\tilde{\gamma}$为复传播常量，$\tilde{\gamma}=\sqrt{k_0^2+\left(\mathrm{j}\dfrac{\Delta k_0}{2}\right)^2}$；

k_0 为入射光与衍射光之间的耦合系数，$k_d=\dfrac{2\pi}{d}$；$\Delta k_0=k_d-(\beta_i\cos\theta_i+\beta_s\cos\theta_s)$，且 $\boldsymbol{k}_i-\boldsymbol{k}_s=\boldsymbol{k}_d$. 值得一提的是，当 $\Delta k_0=0$ 时，光栅衍射系数为

$$R=\tanh(k_d L), \tag{5.4-6}$$

该条件称为布拉格(Bragg)条件.

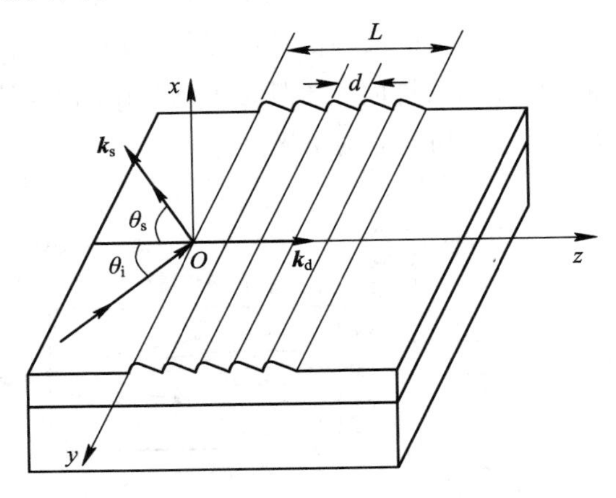

图 5.4-10　反射式波导光栅示意图

刻蚀式光栅耦合器的原理图如图 5.4-11 所示. 图中 d 为光栅常量，a 为沟槽宽度. 刻蚀式光栅耦合器的中间是一个平面波导，下面为衬底，上面为包层，两侧是在波导薄膜上刻蚀出来的波导光栅. 激光束以入射角 θ_i 入射，产生若干束衍射光. 当某一级衍射光的衍射角和波导中导模的模角相等时，入射光通过这个衍射光束将能量有效地耦合到平面波导中，使光在波导中有效地传输，这时波导光栅成为输入耦合器；反之成为输出耦合器. 对于单光束耦合器，在一定条件下，当光栅长度足够长或者耦合系数足够大时，其输出的耦合效率可达到 100%.

图 5.4-12 所示为新研制的利用变周期光栅制作的输出光束会聚耦合器. 根据相位匹配条件，这种耦合器输出光束的方向在光束区域内随传播距离变化，输出光束可以聚焦到一个点上，且焦点的坐标随着波长的变化而改变. 这种耦合器可用于光盘、激光打印，且可构成小型光纤光谱仪.

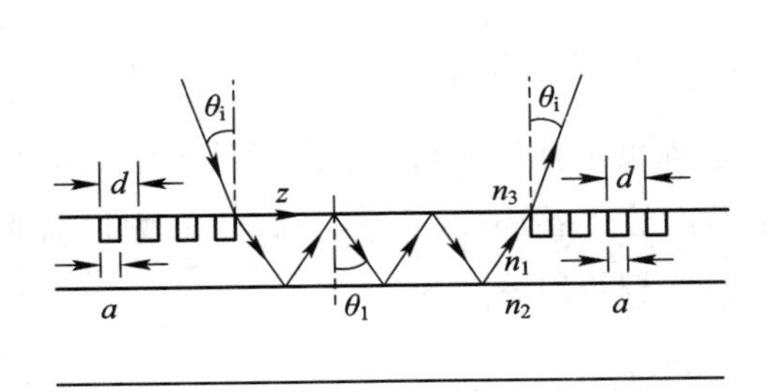

图 5.4-11　刻蚀式光栅耦合器原理图

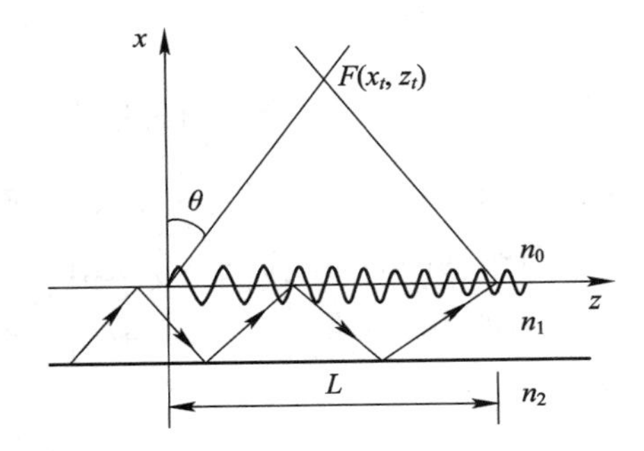

图 5.4-12　利用变周期光栅制作的输出光束会聚耦合器

5.4.6 光纤光栅

光纤光栅是最快速的光纤无源器件之一，其利用光纤材料的光敏性(外界入射光和掺锗光纤纤芯内的锗离子相互作用引起折射率永久性地变化)在纤芯内形成空间相位光栅，其作用实质就是在纤芯内形成一个窄带的(透射或者反射)滤波或者反射镜. 对于均匀正弦分布的光纤光栅，其光栅方程为

$$\lambda_B = 2n_{eff}d, \tag{5.4-7}$$

式中，λ_B 为光栅的中心波长，即布拉格中心波长；n_{eff}为有效折射率；d 为光栅常量. 光通过光栅的反射率为

$$R = \tanh^2\left(\frac{\pi\Delta n_M L}{\lambda_B}\right), \tag{5.4-8}$$

式中，Δn_M 为光栅折射率的最大变化量；L 为光栅长度. 相应的反射谱约为

$$\left(\frac{\Delta\lambda}{\lambda_B}\right)^2 = \left(\frac{\Delta n_M}{2n_{eff}}\right)^2 + \left(\frac{d}{L}\right)^2. \tag{5.4-9}$$

目前制作的光纤光栅的反射率 R 可达 98%，反射谱宽度为 1 nm. 在光纤通信中，光纤光栅作为光纤波分复用器，其与稀土掺杂光纤结合可构成光纤激光器，在一定范围内可以实现输出波长调谐. 变周期光纤光栅可用作光纤的色散补偿器件，由于其在光纤传感中可用于温度传感器、压力传感器，因此这种光纤光栅可构成公布式或者多点式测量系统.

5.4.7 光栅分束器

光栅可以用作分束器，其不需要采用半透半反镜就可以将入射波分成两个或者多个分量，从而避免了常规分束器的损耗功率的问题. 光栅分束法检测表面如图 5.4-13 所示. 图中的光栅分束器为用于研究非光学平面表面平坦度的掠入射干涉仪，其使用了两个光栅，一个将光束分裂，另一个将分裂的光束重新结合在一起，即图中的光栅 1 将波阵面分成两个分量，0 级衍射没有受到扰动，但是 1 级衍射被待测表面的其他方向反射，再在光栅 2 上与 0 级衍射重新合成，产生干涉条纹. 在掠入射时，由偏离平坦度 Δh 引入的光程差等于 $\Delta h\cos i$，这时干涉级改变为

$$\Delta m = \frac{2\Delta h\cos i}{\lambda}, \tag{5.4-10}$$

式中 λ 为入射的 He-Ne 激光器发出的激光的波长，i 为入射角.

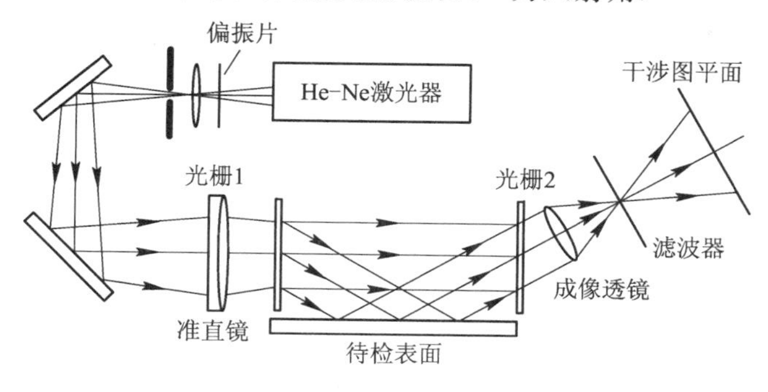

图 5.4-13　光栅分束法检测表面

入射角由光栅方程决定，即

$$\cos i=\sin\theta=\frac{\lambda}{d},\tag{5.4-11}$$

代入式(5.4-10)得 $\Delta m=2\Delta h/d$，这与正入射时斐索干涉仪中的 $\Delta m=2\Delta h/\lambda$ 相似.

光栅式双光束干涉仪如图 5.4-14 所示. 该种干涉仪相当于用一个衍射光栅代替两块反射镜的迈克耳孙干涉仪，其两块等腰直角棱镜的胶合面镀有半透半反膜，轴线 OO' 与反射光栅的法线重合，光栅常量为 d，入射光经 OO' 分别以角 i 入射到光栅上，按相反方向的衍射光经过半透半反膜和透镜 L 后在焦点 F 处发生干涉，将光栅按箭头方向平移 Δd，两束光的相位差随之变化，并满足下式：

$$\Delta\varphi_{AB}=8\pi\frac{\Delta d}{d}.\tag{5.4-12}$$

式中 $\Delta\varphi_{AB}$ 为光经过 A、B 两点间的相位差

当光栅移动一个光栅常量 $\Delta d=d$ 时，在焦点 F 处发生 4 个干涉条纹移动，从而可以测量微小位移. 如图 5.4-15 所示为光栅用作直线度测量的传感元件系统，经准直的激光垂直照射到光栅上，±1 级衍射光分束垂直入射到双面反射镜上，并按原路返回，再经过光栅后重新组合成一路光. 当光栅沿双箭头方向在导轨上移动时，可以根据光电探测器记录的信号强度变化检测导轨的直线度.

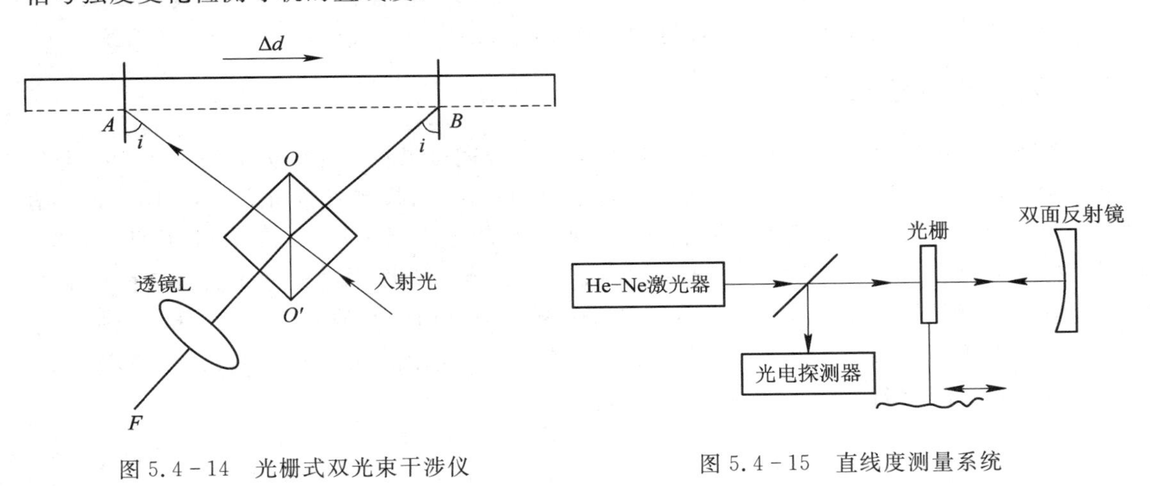

图 5.4-14　光栅式双光束干涉仪　　　　图 5.4-15　直线度测量系统

5.5　MODIS 传感器及其在海洋内波研究中的应用

1999 年，美国发射了地球观测系统 AM(EOS-AM/TREEA). 2002 年，美国发射了地球观测系统 PM(EOS-PM/AQUA)，其星载 36 波段的中分辨率成像光谱仪(moderate resolution imaging spectroradiometer，MODIS).

利用搭载在卫星或者飞机平台上的传感器可获取海洋内波信息，通过航空航天摄像、可见光传感器、高度计以及合成孔径雷达(synthetic aperture radar，SAR)使得探测海洋内波成为可能. 由于内波调制了海面的粗糙度，影响了传感器接收到太阳光反射的强度，太阳光以一定倾斜角度入射到海面，传感器接收太阳光在海面上的反射光强，因此出现明暗

相间的条纹. 遥感资料具有空间覆盖范围广、空间分辨率高、资料获取费用相对较低的优点. 应用遥感资料对研究海洋内波的空间分布特征与时间演变特征具有独到的优势. 根据遥感影像，人们可以直观地看到海洋内波的空间分布情况.

MODIS是搭载于美国EOS系列卫星之上的一个重要遥感传感器，是一种光学遥感仪器. 它受太阳光照条件的限制，在夜晚或者阴天等太阳光照不足的情况下，很难观测到海洋内波. 即使有海洋内波，但如果在内波附近有云或者雾，那么也是看不见内波的. SAR具有能够昼夜工作、不受太阳光照条件的限制、能够穿透尘埃和烟雾及其他一些障碍、分辨率高等特点. 目前已有多位学者根据KdV方程和SAR的成像机理，建立了从SAR遥感影像反演海洋内部海水状态参数等的方法，所述的参数包括混合层深度、海水密度差异、内波的波长、波脊线长、波包间距和传播方向等. 该方法实现了从SAR遥感影像上反演海水状态参数与海洋内波动力学参数，拓宽了遥感影像在海洋内波研究中的应用. 虽然SAR图像分辨率高，也不受太阳光照条件的限制，但是其获取成本高，成像范围小且噪声大. 相比而言，MODIS具有获取成本低、成像范围大、噪声低等优点，更适合对海洋内波的大范围研究.

5.5.1 MODIS遥感

1999年12月18日，美国国家航空航天局(national aeronautics and space administration, NASA)成功地发射了地球观测系统(earth observing system, EOS)的第一颗先进的极地轨道环境遥感卫星Terra(EOS-AM1).

2002年4月18日，NASA又发射了Aqua(即EOS-PM1). 在Terra和Aqua上搭载的主要仪器是MODIS. EOS-AM1和EOS-PM1均为与太阳同步的极地轨道卫星，其中EOS-AM1在地方时早晨10:30由北向南穿越赤道线，而EOS-PM1在地方时下午1:30由南向北穿越赤道线.

EOS-AM1在云量最少的时候过境，主要对地球的生态系统进行观测；而EOS-PM1在云最多的时候过境，主要对地球的水循环系统进行观测. MODIS是EOS系列卫星的最主要探测仪器之一，它是EOS Terra平台上唯一能直接广播的对地观测仪器. MODIS是当前世界上新一代“图谱合一”的光学遥感仪器，代表了迄今为止最先进的空间星载传感器技术和遥感应用技术. MODIS具有36个光谱通道，分布在0.4～14 μm的电磁波谱范围内. 具体地说，MODIS的通道包括了对陆表及云边界特征敏感的空间分辨率为250 m的可见光及近红外2个通道(0.620～0.670 μm、0.841～0.876 μm)；对陆表及云特征敏感的空间分辨率为500 m的可见光及近红外5个通道(0.459～0.479 μm、0.545～0.565 μm、1.230～1.250 μm、1.628～1.652 μm、2.105～2.155 μm)；能有效地探测陆表物理状况、海洋水色、大气水汽含量、臭氧等参量的空间分辨率为1000 m的29个通道. MODIS采用“多元并扫”的对地遥感方式，即并排多个探测器同时扫描，扫描宽度为2330 km. 在对地观测过程中，每秒可同时获得6.1 Mb的来自大气、海洋和陆地表面的信息，每1～2天可获取一次全球观测数据. MODIS探测器是一种被动式摆动扫描探测器，其横向扫描角为±55°. 每条扫描线由1354个1 km像素或者2708个500 m像素或者5416个250 m像素组成. 受地球曲率的影响，扫描线的实际跨度大约为2340 km. 每完成一次扫描，MODIS探测器沿轨道前进10 km，这10 km的区域就是一个扫描条带. 扫描条带的宽度分别为10个像素(1 km分辨率)、20个像素(500 m分辨率)或者40个像素(250 m分辨率). MODIS数据是

唯一由 NASA 提供的免费广播服务的一种数据，下发使用 X 波段信号，频率为 82 125 GHz，与我国无线通信领域目前经常使用的 17 G 波段不重叠，其接收基本上无重大干扰，只要净空条件有保证就可以收到较好的卫星图像. NASA 提供 MODIS 全球数据产品，主要有陆地数据产品、海洋数据产品和大气数据产品等，根据处理级别不同，MODIS 数据产品可以分为如下 6 种产品：

(1) 0 级产品：指由进机板进入计算机的原始数据(Raw Data)包.

(2) 1 级产品：指已经被赋予定标参数的 1A 数据.

(3) 2 级产品：指 1B 级数据，经过定标定位后的数据，是国际标准的 EOS-HDF 格式，可用商用软件包(如 ENVI)直接读取.

(4) 3 级产品：在 1B 数据的基础上，对由遥感器成像过程产生的边缘畸变(bowtie 效应)进行校正产生的产品.

(5) 4 级产品：由参数文件提供的参数对图像进行几何纠正、辐射校正，使图像的每一点都有精确的地理编码、反射率和辐射率，是应用级产品不可缺少的基础. 当 4 级产品的 MODIS 图像进行不同时相的匹配时，误差小于 1 个像元.

(6) 5 级及以上产品：根据各种应用模型开发的产品.

在 Terra 卫星运行期间，根据 MODIS 1A 产品和定位产品，使用 1B 产品预处理软件生成 MODIS 1B 产品文件. 在美国国家宇航局 Goddard 空间飞行中心资料分发存档中心，MODIS 1A 产品将 2 个小时内的 0 级产品组织成一系列“景”(granules)，每景包含大约 5 min的 MODIS 数据. MODIS 自旋周期为 1.4771 s，因此每景包含 204 个扫描条带. 每天的全球资料共有 288 景. 1A 数据中包括每个像元的位置和太阳、月亮相对于 MODIS 仪器的位置等信息. 在 1A 数据基础上进行定位、定标处理得到 1B 数据. 地球观测数据文件包括250 m、500 m 和 1000 m 分辨率的定标后的资料，采用分层数据格式(HDE)存储.

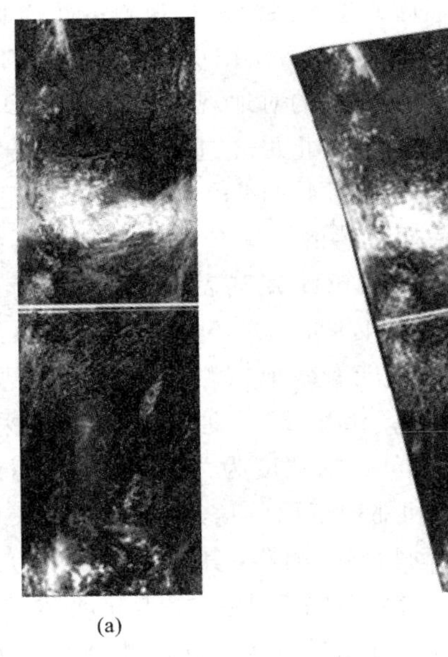

(a)

(b)

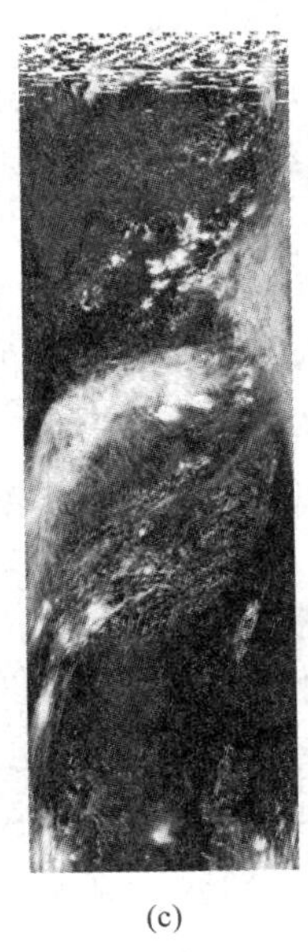

(c)

图 5.5-1　MODIS 遥感图像

(a) MODIS 1A 数据 1；(b)MODIS 1A 数据 1 校正图；(c) 200807010533 数据

5.5.2　海洋内波

海洋内波与表面波是海洋中的两种波动形式．在无云遮挡的情况下，由于海洋内波波长远大于表面波波长，因此 MODIS 遥感影像能记录海洋内波．基于特定的算法，MODIS 遥感影像中海洋内波的物理参数可以被提取出来．

1．改进型 Canny 算法

边缘是图像最基本的特征，其主要存在于目标与背景、目标与目标之间，是图象分割、目标识别、区域形状提取等图像分析领域内十分重要的基础．

Canny 算子是 John Canny 于 1986 年提出的，其是一种先平滑后求导数的方法．John Canny 研究了最优边缘检测方法所需的特性，给出了评价边缘检测性能优劣的三个指标，即高信噪比、高定位精度、单一边缘有唯一响应．Canny 算子边缘检测的具体算法如下．

（1）用高斯滤波器平滑图像．

（2）用一阶偏导有限差分计算梯度幅值和方向，通过计算 2×2 邻域矩阵的平均有限差分来得到图像梯度的幅值和方向．

（3）对梯度幅值进行非极大值抑制．

（4）用双阈值算法检测和连接边缘．

虽然 Canny 算子在边缘检测方面获得了较好的效果，但由于阈值是人为确定的，就会存在检测出假边缘和丢失一些灰度值变化缓慢的局部边缘问题，因此人们提出了改进型 Canny 算法．

在 MODIS 遥感影像中，内波呈现出明暗相间的条纹，利用这些条纹可以获得内波的波长估计值和内波的传播方向．利用 ENVI 软件系统打开 MODIS 传感器中分辨率为250 m 的第一波段遥感影像，如图 5.5－2(a)所示，其中内波出现区域如图 5.5－2(b)、5.5－2(c)、5.2－2(d)所示．

(a)

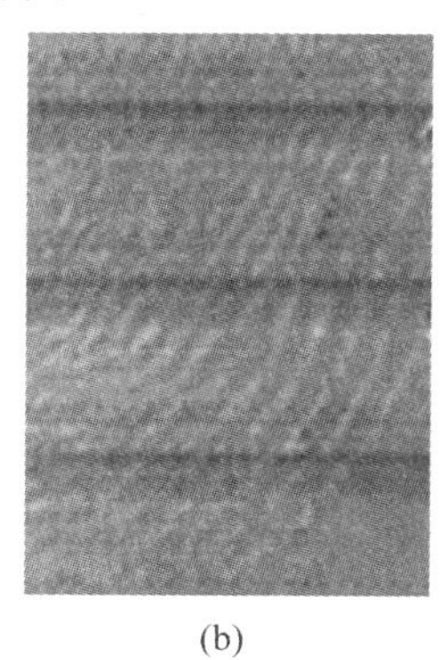

(b)

(c)

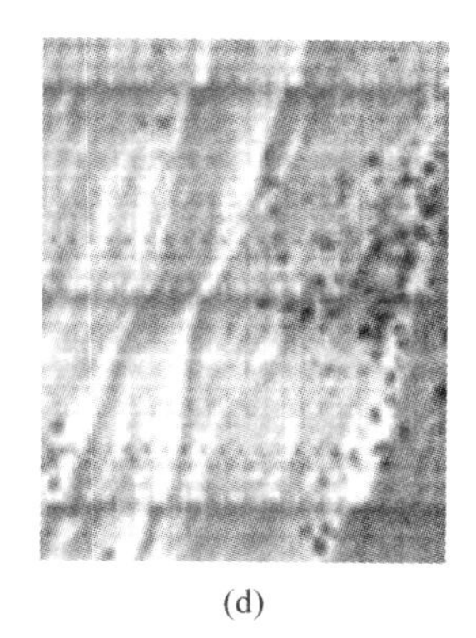

(d)

图 5.5－2　原始图像

(a) 遥感影像；(b) 第 1 组内波；(c) 第 2 组内波；(d) 第 3 组内波

对于第 1 组内波，先采用阈值法滤除遥感影像中的噪声(阈值法增强后的影像如图 5.5－3所示)，再运用 Canny 算法进行边缘提取(Canny 算子边缘检测后的影像如图 5.5－4 所示)．图 5.5－4 中边缘为双边缘．为提高物理参数的精度，对上述双边缘进行细化，结果如图5.5－5所示．其中图 5.5－5(a)为原始图中直接边缘细化图，图 5.5－5(b)为按地理位置进行几何校正后的边缘细化图．

图 5.5－3　阈值法增强后的影像

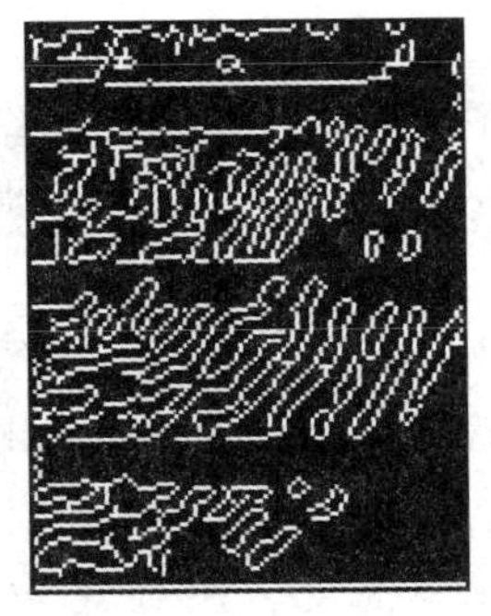

图 5.5－4　Canny 算子边缘检测后的影像

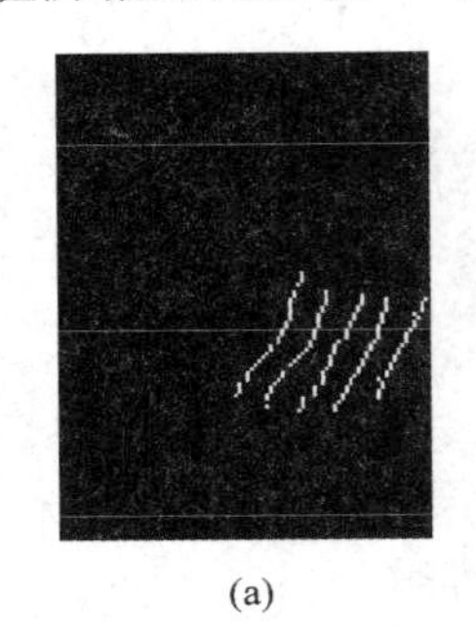

(a)

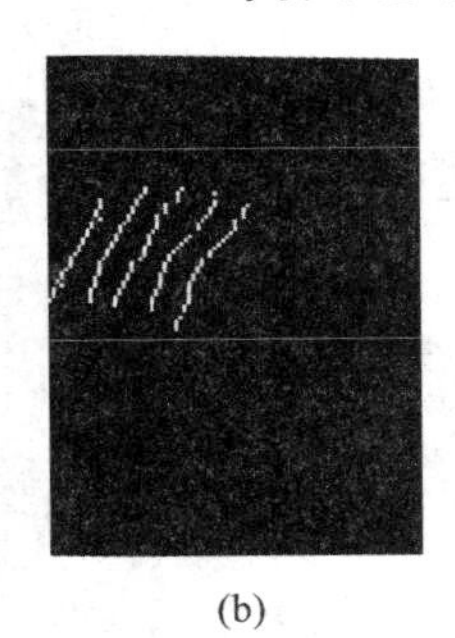

(b)

图 5.5－5　边缘细化
(a)校正前；(b)校正后

2．内波参数估计

将图 5.5－5(b)中内波波峰线(白色线)从右向左依次记为 l_1、l_2、l_3、l_4、l_5 并进行直线拟合．若 l_3 的拟合直线方程为 $y=2.2x-1.5153$(如图 5.5－6 所示)，则可计算出 l_3 的传播方向为北偏西 65.56°，计算出波长 3(l_3 和 l_4 之间)为 1694 m(每个像素以 250 m 计)．

利用同样的方法可求得 l_1、l_2、l_4、l_5 的传播方向分别为北偏西 62.24°、60.95°、50.20°、47.73°；波长 1(l_1 和 l_2 之间)为 1539 m，波长 2(l_2 和 l_3 之间)为 1563 m，波长 4(l_4 和 l_5 之间)为 1320 m．第 2 组内波和第 3 组内波的物理参数估计方法同上．

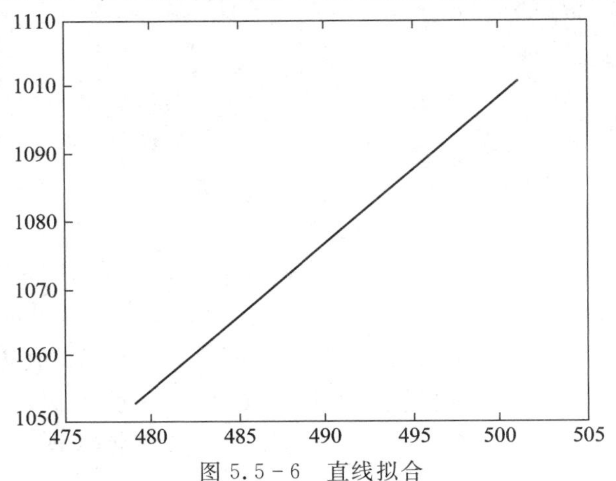

图 5.5－6　直线拟合

3. 统计结果

对于 2008 年 7 月 1 日 13:30 的遥感影像，获取 3 组海洋内波明暗相间的条纹，分析结果如表 5.5-1 所示.

表 5.5-1　内波参数

第 1 组内波			第 2 组内波			第 3 组内波		
波腹数	波向	波长/km	波腹数	波向	波长/km	波腹数	波向	波长/km
5	北偏西 (57±9)°	1.529±0.19	3	北偏西 (52±2)°	1.18±0.02	3	北偏西 (70.0±4.8)°	2.57±0.96

从这 3 组海洋内波明暗相间的条纹的计算结果来看，各组内波的传播方向、波长差异很大. 统计结果表明，在东沙群岛东北部出现的海洋内波传播方向为北偏西 47°～76°，波长为 1.1 ～ 3.5 km.

5.6 光机电一体化

光机电一体化(opto-mechatronics)技术起源于 20 世纪 70 年代，其概念萌芽可追溯到德国提出的精密工程技术(precision engineering technology). 该技术是由机械技术与激光、微电子技术融合于一体的新兴技术. 人们利用光机电一体技术能够感知外界环境的变化，并根据这种变化做出相应的机器或者机构，这些机器或机构具有小型化、轻型化、高精度、多功能、柔性化、智能化、知识密集和高可靠性等特征. 具体地说，通过电力电子器件或者电子装置进行动作控制可以灵活地按需要控制和改变生产操作程序，实现操作全自动化和智能化. 随着反馈控制水平的提高和运算速度的加快，自行诊断、校正和补偿可减少不确定度，使得光机电一体化装置能够按照人们的意图进行自动控制、自动检测、自动采集信息、自动诊断、自动保护以及自动记录并显示打印工作结果. 由于光机电一体化装置的可动部件少，磨损小，因此装置的寿命长，故障率低，可靠性和稳定性高.

光机电一体化将渗透到各个学科领域，成为一种新兴的学科，并逐渐成为一种产业，而这些产业作为新的经济增长点，越来越受到重视. 美国、德国、日本等工业发达国家已将光机电一体化列为国家高新技术的重点发展目标. 在国际上，光机电一体化技术表现出来的特点是技术发展迅速、市场不断拓展、产业相互融合. 在国内政策的支持与驱动下，北京、上海、武汉、长春、深圳、合肥等城市形成了产业基地，具体内容如下：

(1) 在高端装备制造方面，将光电子技术、数控技术与传统产业融合，使其不断转型升级，制造满足石化、冶金、轻工、煤炭、汽车等行业的转型升级、节能降耗、自动化、智能化需要的装备，实现光机电一体化.

(2) 在节能、环保与资源开发利用装备方面，围绕资源开发利用、二氧化碳减排等重大工程所需的成套装备(如新能源、核电、清洁燃煤、智能电网、海洋工程装备等)实现光机电一体化.

(3) 在先进运输装备方面，围绕航空运输、远洋运输、城市轨道交通和新能源汽车等实现光机电一体化.

(4) 在智能化的基础制造装备方面，突破数字化制造、高档数控系统、高精度轴承及机床功能部件等关键技术，开发先进工艺技术所需要的装备，实现光机电一体化.

(5) 在基础元件及仪器仪表方面，把通用基础元件(液压、气动)、大型铸锻件、关键特种材料(高档绝缘材料)、控制系统的元器件(包括仪器仪表)、数控机床的功能部件等作为光机电一体化的优先发展领域.

(6) 在新兴产业专用装备方面，围绕生物医药、电子信息、新材料等新兴产业发展所需要的装备实现光机电一体化. 例如，光敏二极管对电器装置的控制、光控自动开关电路；由光发射系统、光传输系统和光接收系统组成的数字光纤通信系统；由动力、机构、执行器、计算机和传感器五个部分组成的光机电一体化系统都是光电一体化在新兴产业专用装备方面的应用.

5.6.1 先进印刷装备 3D 打印机

光机电一体化产业涉及先进制造装备(包括计算机辅助设计、计算机辅助制造、管理信息系统等计算机辅助工艺过程装备)、仪器仪表装备(包括自动测试、信息处理、传感器、现场总线等技术装备)、先进印刷装备(包括数字印刷、制版等技术装备)、先进医疗装备(包括图像处理、影像显示、医用激光等技术装备). 其中先进印刷装备中最具有代表性的是 3D 打印机，如图 5.6-1 所示. 该种打印机是利用光固化、纸层叠等技术的快速成型装置. 打印机内部装有液体或者粉末等“打印材料”，连接计算机后，计算机能将“打印材料”一层一层叠加起来，最终将计算机上的蓝图变成具体的三维实物. 3D 打印机的发展历程如下.

1986 年，美国科学家 Charles Hull 开发了第一台商业 3D 印刷机.

1993 年，麻省理工学院获得了 3D 印刷技术专利.

1995 年，美国 Z Corporation 公司从麻省理工学院获得唯一授权并开始开发 3D 打印机.

2005 年，Z Corporation 公司首先研制了市面上高清晰彩色 3D 打印机 Spectrum Z510.

图 5.6-1　3D 打印机

2010 年，世界上第一辆 3D 打印汽车 Urbee 问世，时速可达 100～110 km. 同年，中国

杭州铭展网络科技公司成功打印山西天龙山多尊唐代石窟佛像.

2011 年，英国成功研制了第一台巧克力打印机.

2012 年，苏格兰科学家第一次用 3D 打印机打印出人造肝脏组织，并在技术、娱乐、设计(technology、entertainment、design，TED)大会上亮相. 同年，维也纳科技大学成功研制了“纳米级”3D 打印机，其模型尺寸小于一粒沙子.

目前，流行的 3D 技术有三维打印和涂胶(three dimensional printing and gluing，3DP)技术、熔融层积成型(fused deposition modelling，FDM)技术、立体平版印刷(stereo lithography，SLA)技术、选区激光烧结(selected laser sintering，SLS)技术、数字光处理器(digital light processor，DLP)激光成型(laser forming)技术、紫外线(ultraviolet，UV)成型技术等.

5.6.2　亚龙 YL－235A 型光机电一体化装置

亚龙 YL-235A 型光机电一体化装置是按工程过程导向并用于教学的实验装置，利用它可以完成气动系统安装与调试、电气控制电路与可编程逻辑控制器(programmable logic controller，PLC)程序安装与调试、机电设备安装与调试、自动控制系统安装与调试等实验项目. 亚龙 YL-235 型光机电一体化装置采用铝合金导轨，主要由 PLC 模块、变频器模块、触摸屏模块、电源模块(三相漏电开关 1 个、熔断器 3 只、单相电源插座 2 个、安全插座 5 个)、按钮模块(急停按钮 1 个、转换开关 2 个、蜂鸣器 1 个、复位开关黄绿红各 1 个、自锁按钮黄绿红各 1 个，24 V 黄绿红各 2 个)，以及送料机部件(直流减速电机 24 V 且 6 rev/min 1台、送料盘 1 个、光电开关 1 个)、气动机械手部件(单出双杆气缸 1 个、单出杆气缸 1 个、气手爪 1 个、旋转气缸 1 个、电感式接近开关 2 个、磁性开关 5 个、缓冲阀 2 个、非标螺丝 2 个、双控电磁换向阀 4 个)、皮带输送机部件(三相减速电机 380 V 且 40 rev/min 1 台、平皮带 1355 mm×49 mm×2 mm 1 条)、物料分拣部件(单出杆气缸 3 个、金属传感器 1 个、光传感器 2 个、磁性开关 6 个、物件导槽 3 个、单控电磁换向阀 3 个)、计算机和空气压缩机组成，还包括接线端子排、物料(金属 5 个、尼龙黑白各5 个)、安全接插线、气压导管、PLC 编程线缆、PLC 编程软件、实验桌.

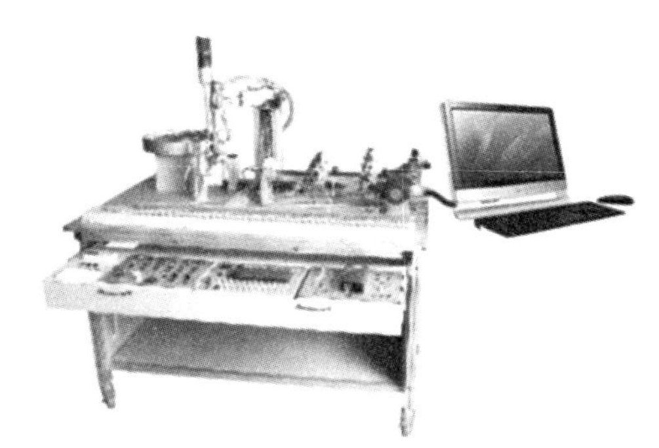

图 5.6－2　亚龙 YL－235A 型光机电一体化装置

在亚龙 YL－235A 型光机电一体化装置工作时，当按下启动按钮后，PLC 启动送料电机驱动放料盘旋转，物料由送料槽滑到物料提升位置，物料检测光电传感器进行检测，送料电机运行 14 s 后，物料检测光电传感器开始检测，若没有检测到物料，则说明送料机构已经没有物料，需要停机报警；若检测到物料，则发出信号给 PLC，由 PLC 驱动上料单向电磁阀上料. 上料时，首先机械手臂伸出手爪下降抓物；然后手爪提升臂缩回，手臂向右旋转到右限位，手臂伸出，手爪下降将物料放到传送带上，传送带输送物料，传感器根据物料性质判别是金属还是非金属，分别由 PLC 控制相应电磁阀使气缸工作，分拣物料；最后机械手臂再回到原位准备下一个流程.

5.6.3 激光制冷技术

激光制冷技术的工作原理从麦克斯韦速率分布函数 $f(v)=4\pi\left(\frac{\mu}{2\pi kT}\right)^{\frac{3}{2}}v^2\mathrm{e}^{-\frac{\mu v^2}{2kT}}$入手，式中，$k$ 为玻尔兹曼常量，$k=1.38\times10^{-23}$ J·K^{-1}；μ 为粒子的质量；v 为麦克斯韦速率；T 为开尔文温度. 若将麦克斯韦速率分布函数写成一维方向 $v_i(i=x,\ y,\ z)$，则分布概率为

$$f_1(v_i)=\frac{1}{\sqrt{2\pi}\sqrt{\frac{kT}{\mu}}}\mathrm{e}^{-\left(\frac{v_i}{\sqrt{\frac{2kT}{\mu}}}\right)^2},\tag{5.6-1}$$

式中，$kT=\frac{(\hbar k)^2}{\mu}=2\varepsilon$，$\hbar=\frac{h}{2\pi}$为约化普朗克常量，$\varepsilon$ 为粒子反冲的动能. 在接近于绝对零度时进行测量，并具有较高的灵敏度，测试过程是通过测量捕获原子的自发辐射光的强度来实现的，其二阶时间相干函数为

$$g^{(2)}(\tau)=1+\mathrm{e}^{-\frac{kTk^2\tau^2}{\mu}}=1+\mathrm{e}^{-\left(\frac{\tau}{\tau_0}\right)^2},\tag{5.6-2}$$

式中，τ 为自发辐射光的时间，$k=\frac{2\pi}{\lambda}$，$\tau_0=\sqrt{\frac{\mu}{kT\,k^2}}$. 当 $\tau=0$ 时，$g^{(2)}(\tau)=2$；当 $\tau=\sqrt{\frac{\mu}{kT\,k^2}}$时，$g^{(2)}(\tau)=1+\frac{1}{\mathrm{e}}$. 通过测量 τ_0 的值并利用公式 $T=\frac{\mu}{k_\mathrm{B}k^2\tau_0^2}$可计算出 T.

使得运动粒子停止所需要的受激吸收、受激辐射的次数 N 为

$$N=\frac{P_\mathrm{P}}{P_\mathrm{O}}=\frac{\mu v}{\frac{h}{\lambda}}=\frac{\lambda\sqrt{2\mu\varepsilon}}{h}=\frac{\lambda\sqrt{\mu kT}}{h},\tag{5.6-3}$$

式中，P_P 表示粒子的动量；P_O 表示光子的动量.

运动粒子停止所需要的时间 t 为

$$t=2N\tau_\mathrm{s}=\frac{2\lambda\tau_\mathrm{s}}{h}\sqrt{\mu kT},\tag{5.6-4}$$

式中 τ_s 为被冷却粒子高能级寿命.

在停止作用期间，粒子移动的距离 l 为

$$l=\frac{1}{2}vt=\frac{1}{2}\frac{2\lambda\tau_\mathrm{s}}{h}\sqrt{\mu kT}\sqrt{\frac{8kT}{\mu\pi}}=\frac{\lambda\tau_\mathrm{s}kT}{h}\sqrt{\frac{8}{\pi}},\tag{5.6-5}$$

式中 $v=\bar{v}=\sqrt{\frac{8kT}{\mu\pi}}$.

在 $T=600$ K 的原子炉内，Na 原子的平均速率为 $\bar{v}=900$ m·s^{-1}，若用波长为 $\lambda=632.8$ nm 的激光制冷，则 $N=\frac{\lambda\sqrt{\mu kT}}{h}=\frac{632.8\times10^{-9}\times\sqrt{\frac{23\times10^{-3}}{6.022\times10^{23}}\times1.38\times10^{-23}\times600}}{6.626\times10^{-34}}=16\ 983$，在停止作用期间，粒子移动的距离 l 为

$$l=\frac{\lambda\tau_\mathrm{s}kT}{h}\sqrt{\frac{8}{\pi}}=\frac{632.8\times10^{-9}\times1.38\times10^{-23}\times600}{6.626\times10^{-34}}\sqrt{\frac{8}{3.141\ 59}}\tau_\mathrm{s}=12\ 618\ 729\tau_\mathrm{s},$$

式中，τ_s 为被冷却粒子高能级寿命.

激光制冷实验装置如图 5.6－3 所示. 激光制冷机简图如图 5.6－4 所示. 两图中真空室为圆柱形结构，内壁涂有低热辐射反光涂层，制冷元件及其支架位于圆柱形真空室内，激光器发出的光通过光纤与真空室相连.

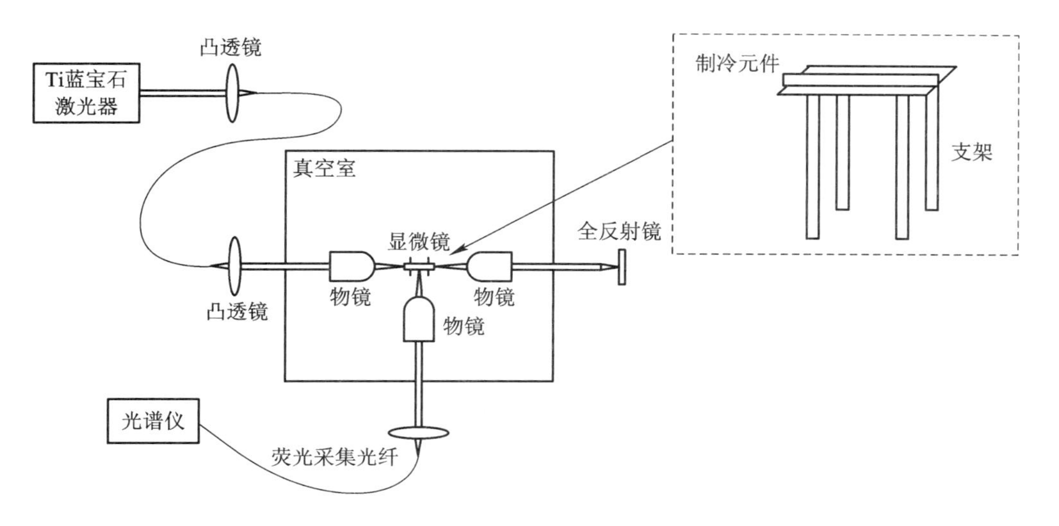

图 5.6－3　激光制冷实验装置

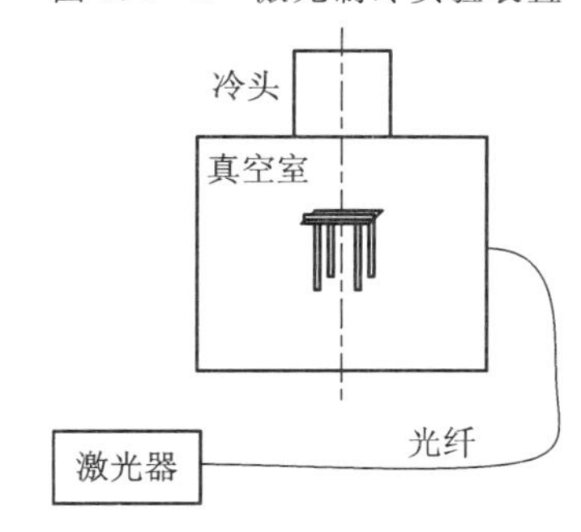

图 5.6－4　激光制冷机简图

Los Alamos 国家实验室 2000 年研制的激光制冷机样机如图 5.6－5 所示. 真空室内壁涂有高反射金属涂层.

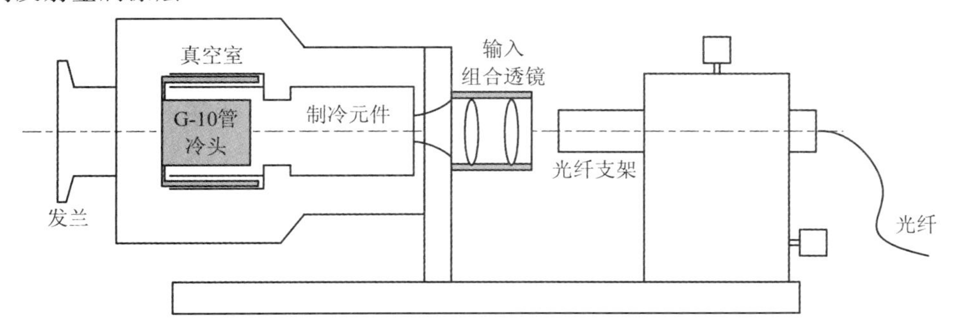

图 5.6－5　Los Alamos 国家实验室 2000 年研制的激光制冷机样机

5.7 【专利】一种基于单幅白光干涉图样的等高线与三维形貌再现的方法

【技术领域】

本发明属于一种三维形貌再现技术，更确切地说是一种基于白光干涉图样的等高线与三维形貌再现的方法.

【背景技术】

随着精加工技术与表面测量技术的不断提高，三维表面再现显得越来越重要. 本专利基于白光干涉条纹，编制计算机软件，再现某种颜色的干涉条纹，由此再现表面的三维形貌.

【发明内容】

本发明提供了一种简易且直观的再现表面等高线与三维形貌的方法.

为了实现上述目的，本发明所采用的技术方案是基于迈克耳孙干涉仪显微装置摄取的物体表面白光干涉条纹，通过编制程序，只要拖曳红色的特征点，点击相应的等高线按钮，在按钮下方显示折线的点个数，即可同时再现等高线；在获得一系列等高线后，只要单击三维形貌按钮即可获得物体表面的三维形貌.

在上述方案中，基于迈克耳孙干涉仪显微装置获得零光程差附近的等厚干涉条纹，由于同一条纹对应的空气膜的厚度相同，因此将同一条纹上各特征点连成的一条折线称为等高线.

上述方案中所述的三维形貌指的是上述相应两等高线所对应的空气膜厚度为光波长的一半. 通过平面上的等高线可以再现物体表面的三维形貌.

上述方案中所述的光波长为可见光波长 400～760 nm.

上述方案中所述的迈克耳孙干涉仪指一束光通过与入射方向成 45°的玻璃板后，在玻璃板后表面涂有半透射半反射薄膜，这束光遇到半透射半反射薄膜后分为两束相互垂直的光，第一束光在半透射半反射薄膜处反射后再与第一个平面镜相遇而反射，又到达半透射半反射薄膜处透射；第二束光在半透射半反射薄膜处透射后再与所测物体表面相遇而反射，又到达半透射半反射薄膜处反射. 两束光都经历了两次反射后再相遇，所测物体表面关于半透射半反射薄膜为镜面的像与第一个反射镜各处形成不同的微小角度，因此通过电荷耦合器(CCD)可以获取等厚干涉条纹.

上述方案中所述显微装置就是将干涉条纹本身与间距放大了数十倍(例如 40 倍)的装置.

基于单幅白光干涉图样的等高线与三维形貌再现的方法包括以下步骤.

(1) 将由迈克耳孙干涉仪显微装置(如图 5.7－1 所示)摄取的物体表面白光干涉条纹输入至 Multimedia ToolBook 多媒体著作系统界面中，设置一个红色的特征点，对这个红色特征点编制程序，使其在输入的图像尺寸范围内可以拖曳. 若用户将该红色特征点拖出图

像尺寸范围，则强制性地将其落在所输入的图像尺寸范围内.

(2) 设置若干条折线，分别取名为 angledline1，angledline2，…，允许折线点有数十个点，用于显示等厚干涉条纹上有代表性的特征点位置，形成等高线.

(3) 设置若干个按钮，每条等高线对应一个按钮，在按钮的表面写有"等高线 1" "等高线 2" ……，每按一次按钮记录一下等厚干涉条纹上各有代表性的特征点位置，并显示等高线.

(4) 在每个等高线按钮下方设置显示域，其目的在于显示折线点的个数，同时也增加人机交互性，使用户可以清楚地知道选择了多少个有代表性的特征点位置.

(5) 在做完等高线按钮与相应的显示域后，再设置"清除"按钮和"三维形貌"按钮. 其中设置"清除"按钮的目的在于将系统复位，使若干个等高线按钮下方的显示域显示为"0"，表示没有选择有代表性的特征点位置，同时将用于显示等高线的若干条折线隐藏起来；设置 "三维形貌"按钮的目的在于根据所显示的平面等高线，按照相邻两干涉条纹对应的空气薄膜厚度为光波长的一半的原则在二维平面内进行三维显示，从而清楚地再现物体表面的三维形貌.

本发明的有益效果是：基于单幅白光等厚干涉图样方便地再现某种单色光形成的等厚干涉的等高线位置；基于等高线的位置再现物体表面的三维形貌. 该发明操作简单，使用方便，经济价值可观.

【附图说明】

下面结合附图对本发明进一步说明. 其中本发明中的迈克耳孙干涉仪显微装置如图 5.7－1 所示，软件界面如图 5.7－2 所示，三维形貌图如图 5.7－3 所示.

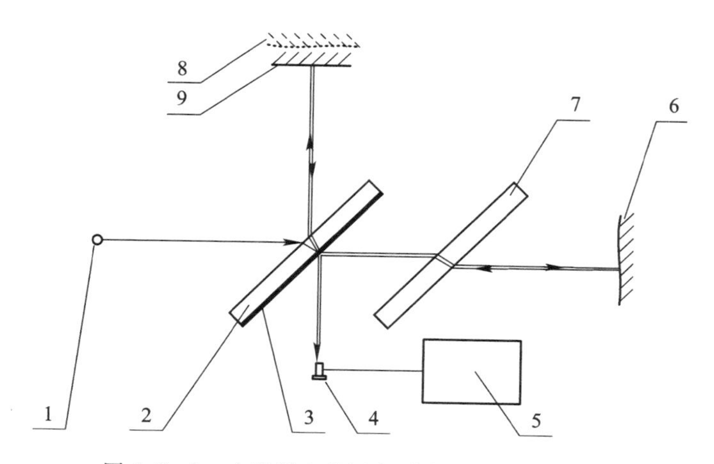

图 5.7－1　本发明中的迈克耳孙干涉仪显微装置

在图 5.7－1 至图 5.7－3 中，1—白光源；2—玻璃板(与入射光线成 45°角)；3—半透射半反射薄膜；4—电荷耦合器(CCD)；5—计算机；6—物体表面；7—补偿板；8—物体表面关于半透射半反射像；9—第一平面镜；10—白光干涉图样；11—特征点；12—等高线；13—等高线按钮；14—显示相应折线点个数的显示域；15—"三维形貌"按钮；16—提示显示域；17—"清除"按钮；18—三维形貌图.

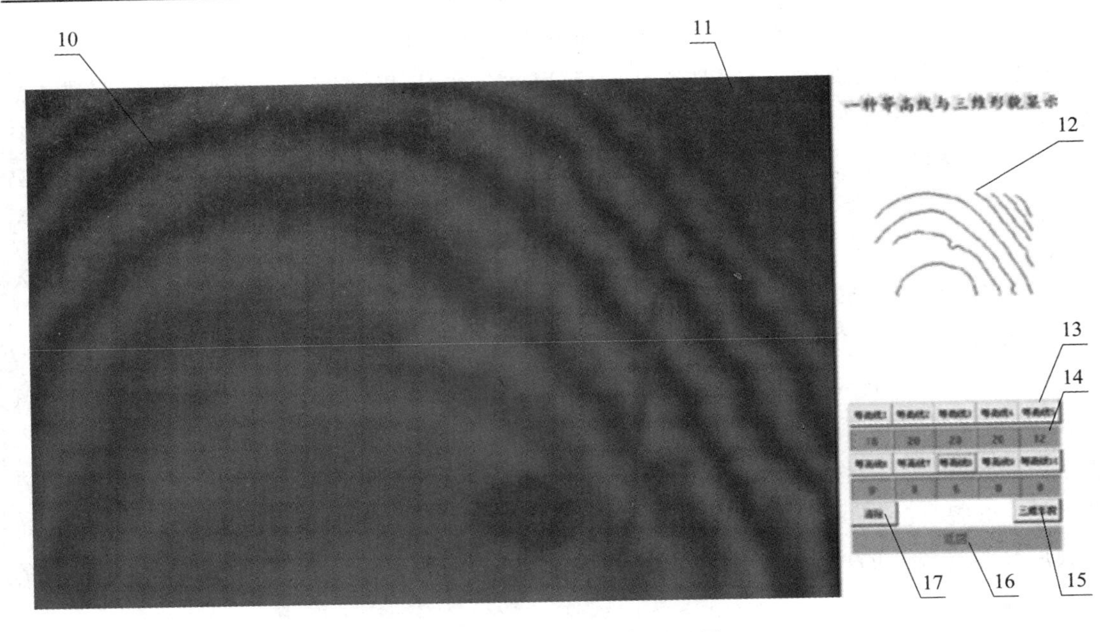

图 5.7－2　本发明软件界面图

图 5.7－3　本发明三维形貌图

【具体实施方式】

在图 5.7－1 中，白光源(1)以 45°角入射到玻璃板(2)上并分为两束光，这两束光的传播方向相互垂直，第一束光经半透射半反射薄膜(3)后经第一平面镜(9)反射后折回，从半透射半反射薄膜(3)透过到达电荷耦合器(CCD)(4)；第二束光透过半透射半反射薄膜(3)后经补偿板(7)和物体表面(6)反射后折回，再经过补偿板(7)，经半透射半反射薄膜(3)反射后到达 CCD(4)，这两束光形成一定的光程差，并形成图 5.7－2 中所示的白光干涉图样(10)．对于某一波长为 λ 的光，在形成的干涉条纹中，相邻两条纹对应的空气薄膜的厚度为$\frac{\lambda}{2}$．在 Multimedia ToolBook 多媒体著作系统界面中插入白光干涉图样(10)，基于单幅白光干涉图样的等高线与三维形貌再现的方法包括以下步骤：

(1) 设置一个红色的特征点(11)，对这个红色特征点编制程序，实现在读者状态时用户可以在白光干涉图样区域范围内拖曳红色特征点．如果用户将红色特征点拖出白光干涉图样区域，则回到白光干涉图样区域范围内．

(2) 设置 10 条折线，分别取名为 angledline1，angledline2，…，angledline10，允许每条折线有 20 个(也可以是 50 个)点，用于显示某一条等厚干涉条纹上有代表性的特征点位置，形成等高线(12)．折线的点越多，形成的等高线越光滑．

(3) 设置 10 个等高线按钮(13)，每条等高线(12)对应一个按钮，在按钮的表面写有“等高线 1”“等高线 2”…“等高线 10”. 单击等高线按钮(13)并记录一下白光等厚干涉条纹上各有代表性的特征点位置，并显示相应点的等高线(12)，其方法是，在 Multimedia ToolBook 坐标系中，水平方向向右为 x 轴正方向，竖直方向向下为 y 轴正方向，每个像素的长度和宽度均为 15，第 i 条白光干涉条纹的第 j 个代表性的特征点的坐标记为 $x[i][j]$ 和 $y[i][j]$，显示的折线各点坐标为 $x_0+k*x[i][j]$ 和 $y_0+k*y[i][j]$，式中 x_0 和 y_0 是坐标平移量，k 为缩放倍数. 从图 5.7-2 不难估计出物体表面显现的缺陷，对于左边最下方第 2 条，其凹陷为 $\frac{623}{2}\times\frac{1}{3}=104$ nm.

(4) 在每个等高线按钮(13)下方设置显示相应折线点个数的显示域(14)，其目的在于增加人机交互性，使用户可以清楚地知道选择了多少个有代表性的特征点位置.

(5) 做完等高线按钮(13)与相应的显示相应折线点个数的显示域(14)后，再设置“清除”按钮(17)、“三维形貌”按钮(15)和提示显示域(16). 其中设置“清除”按钮(17)的目的在于将系统复位，使若干个等高线按钮下方的提示显示域(16)显示为“0”，表示没有选择有代表性的特征点位置，同时将用于显示等高线(12)的 10 条折射隐藏起来；设置“三维形貌”按钮(15)的目的在于根据所显示的平面等高线(12)，按照相邻两干涉条纹对应的空气薄膜厚度为光波长的一半的原则在二维平面内进行三维显示，从而清楚地再现物体表面的三维形貌. 其方法是，读出各等高线(12)上各点的坐标，以二维平面显示物体表面的三维形貌，各折线上每个点坐标都相应地修改为 $x_0+k*x[i][j]-k_1*0.707*y[i][j]$ 和 $y_0+k_1*0.707*y[i][j]-(10-i)*\lambda/2$，式中 k_1 取黄金分割法的 0.618 或者其他比例系数，λ 取 62，与红色光波长成正比. 这样就将图 5.7-2 中的二维等高线变成了具有三维特征的一组等高线，如图 5.7-3 所示.

5.8 【实验】用光电效应测定普朗克常量

普朗克常量的发现在物理学的发展史上具有划时代的意义，因为它第一次表明了辐射能量的不连续性，这是现代物理学中富有革命性的事件. 随着普朗克常量的出现，物理学进入了一个全新的时代.

普朗克常量可以根据爱因斯坦方程 $E_k=h\nu-A$，并利用光电效应实验测出. 通过本实验，学生可以更好地理解量子理论和认识普朗克常量.

【实验目的】

(1) 测定普朗克常量.

(2) 通过光电效应实验验证爱因斯坦方程.

【实验原理】

对光电效应早期的工作所积累的基本实验事实是：(1) 饱和光电流与光强成正比；(2) 光电效应存在一个阈频率 ν_0(截止频率)，当入射光的频率低于阈频率时，不论光的强

度如何，都没有光电效应产生；(3) 光电子的动能与光强无关，但与入射光的频率成线性关系；(4) 光电效应是“瞬时”的，当入射光的频率大于阈频率时，一经光照射，立刻产生光电子.

1900 年，德国物理学家普朗克在研究黑体辐射时提出辐射能量不连续的假设. 1905 年，爱因斯坦在解释光电效应时将普朗克的辐射能量不连续的假设作了重大发展，指出光并不是麦克斯韦(詹姆斯·克拉克·麦克斯韦 James Clerk Maxwell，1831—1879)电磁场理论中提出的传统意义上的波，而是由能量为 $h\nu$ 的光量子(简称光子)构成的粒子流. 光电效应的物理基础就是光子与金属(表面)中的自由电子发生完全弹性碰撞时，电子要么全部吸收光子的全部能量，要么不吸收光子的能量. 据此，爱因斯坦对光电效应做出了完美的解释.

如果电子脱离金属表面耗费的能量(即光照射金属材料的逸出功)用 A 表示，则由于光电效应，逸出金属表面的电子的初动能为

$$E_k=\frac{1}{2}mv^2=h\nu-A, \tag{5.8-1}$$

式中，m 为电子的质量，v 为光逸出金属表面的光电子的初速度，ν 为入射光的频率(注意：在印刷体中速度 v 和频率 ν 很相像，请读者加以区分). 在式(5.8-1)中，$\frac{1}{2}mv^2$ 是没有受到空间电荷阻止，从金属中逸出的光电子的初动能. 由此可见，入射到金属表面的光的频率越高，逸出的光电子的初动能就越大. 因为光电子具有初动能，所以即使加速电压 U 等于零，仍然有光电子落到阳极而形成光电流. 而且当阳极的电位低于阴极的电位时也会有光电子落到阳极，直到加速电压为某一负值 U_s，即所有光电子都不能到达阳极时，光电流才为零，称 U_s 为光电效应的截止电压. 这时

$$eU_s-\frac{1}{2}mv^2=0, \tag{5.8-2}$$

从而可得

$$eU_s=h\nu-A. \tag{5.8-3}$$

由于光照射金属材料的逸出功 A 是金属的固有属性，因此对于给定的金属材料，A 是一个定值，它与入射光的频率无关. 因为具有阈频率 ν_0 的光子的电量 e 等于逸出功 A，即 $A=h\nu_0$，所以，

$$U_s=\frac{h\nu}{e}-\frac{A}{e}=\frac{h}{e}(\nu-\nu_0). \tag{5.8-4}$$

式(5.8-4)表明，截止电压 U_s 是入射光频率 ν 的线性函数. 当入射光的频率 $\nu=\nu_0$ 时，截止电压 $U_s=0$，没有光电子逸出，式(5.8-4)的斜率 $k=\frac{h}{e}$ 是一个常数. 可见，只要利用实验方法作出不同频率下的截止电压 U_s 与入射光频率 ν 的关系曲线——直线，并求出此直线的斜率 k，就可以通过公式 $k=\frac{h}{e}$ 求出普朗克常量 h 的数值(电量 $e=1.6\times10^{-19}$ C).

利用光电效应测量普朗克常量的原理图如图 5.8-1(a)所示. 将频率为 ν、强度为 P 的光照射光电管阴极，即有光电子从阴极逸出，在阴极 K 和阳极 A 之间加上反向电压 U，它

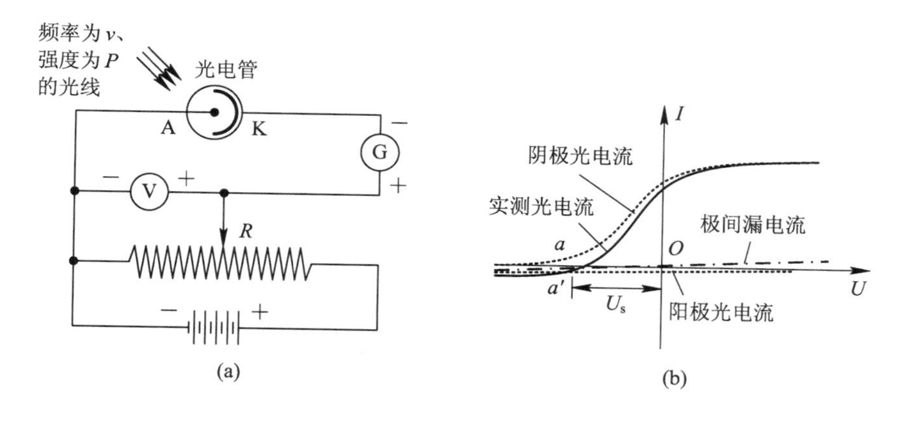

图 5.8－1　光电效应

(a) 测普朗克常量原理图；(b) 伏安特性曲线

使电极 K、A 间的电场对从阴极逸出的光电子具有减速作用．随着电压U的增加，到达阳极的光电子逐渐减少，当$U=U_s$时光电流降为零．伏安特性曲线如图 5.8－1(b)所示，图中虚曲线为阴极光电流曲线，实曲线为实测光电流曲线．然而，光电管的极间漏电流、入射光照射阳极、入射光从阴极反射到阳极都会造成阳极光电子发射，它们虽然很小，但是构成了光电管的反向光电流．如图 5.8－1(b)中虚直线为阳极光电流曲线，点画线为极间漏电流曲线．阳极光电流和极间漏电流的存在使得阴极光电流曲线下移，如图 5.8－1(b)中实线所示，光电流的截止电位点也从U_s点移到U_s'点(图中未画出)．当反向光电流比正向光电流小得多时，U_s'与U_s重合．因此，测出截止电压U_s'即测出了截止电压U_s．用不同频率ν的光照射光电管可以得到与之对应的不同频率下的伏安特性曲线和截止电压U_s．画出$U_s\sim\nu$关系曲线，若关系曲线是直线，则证明了爱因斯坦光电效应方程的正确性，并由该直线的斜率k即可求出普朗克常量h．此外，由该直线与坐标横轴的交点可求出该光电管阴极的阈频率ν_0，由该直线的延长线与坐标纵轴的交点又可求出光电极的逸出电压U_0，由此可得该材料的逸出功$A=e|U_0|$或$A=h\nu_0$．

【实验器材】

实验器材包括光源、光电管暗盒、微电流测量仪、滤色片等．

【实验内容】

1．调整仪器

(1) 将光源、光电管暗盒、微电流测量仪(微电流测量仪板面图如图 5.8－2 所示)放在适当位置，光源离光电管暗盒的距离约为 30～50 cm，暂不接线．由于一般光电管的伏安特性曲线从负电压做起，因此将微电流测量仪的有关开关和旋钮置于下列位置：“电流极性”置“－”，“工作选择”置“DC”，“电压极性”置“－”，“电压量程”置“－3”，“电压调节”逆时针方向调至最小，并将“倍率”开关置“短路”挡，“扫描平移”置任意位置．

(2) 打开微电流测量仪电源，预热 20～30 min．用遮光罩盖住光电管暗盒窗口(光窗上的光栏勿动)，打开光源(汞灯)预热．需要注意的是，如果点亮的光源熄灭，那么需经 3～5 min 冷却后才能再开．

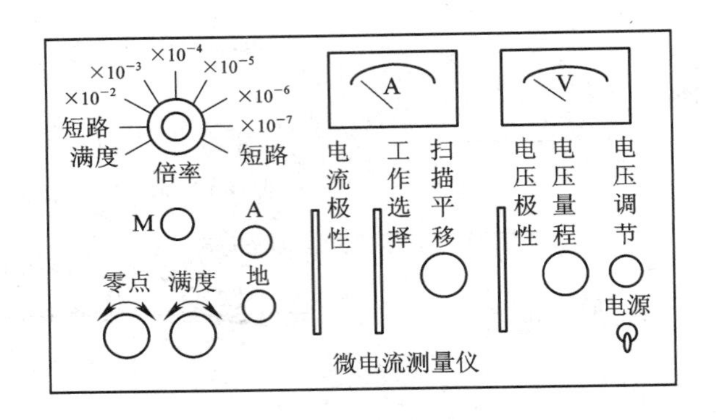

图 5.8-2 微电流测量仪板面图

(3) 待微电流测量仪充分预热后，先调整仪器零点，即调节“零点”旋钮，使微安表指零；再校正仪器满度，即将“倍率”开关置“满度”挡，调节“满度”旋钮，使微安表指满度.

2. 测量光电管的暗电流

(1) 连接好光电管暗盒与微电流测量仪之间的电缆线、地线和阳极电源线(接线柱 A)，将微电流测量仪“倍率”旋钮置合适的挡(例如$\times10^{-7}$挡).

(2) 顺时针缓慢调节“电压调节”旋钮，合理地改变“电压量程”和“电压极性”开关，并正确选择“电流极性”开关，以保证能正确地反映电流指示值. 测量从$-3\sim+3$ V 不同电压下相应的电流值(电流值=倍率×电表读数)，此时所读得的电流即为光电管的暗电流.

3. 做出光电管的伏安特性曲线

(1) 将光源出射孔对准光电管暗盒窗口(目测)，并将微电流测量仪“倍率”旋钮置合适的挡(例如$\times10^{-5}$挡). 取走光电管暗盒上的遮光罩，换上滤色片. “电压调节”从-3 V 开始调节，缓慢增加，先观察一遍不同滤色片下的电流变化情况，记下电流偏离零点发生明显变化的电压范围，以便多测几个实验点.

(2) 在粗测的基础上进行精确测量并记录. 从短波长开始小心地逐次更换滤色片(切忌改变光源和光电管暗盒之间的相对位置)，仔细读出不同频率入射光照射下的光电流随电压的变化数据.

(3) 用毫米方格纸仔细作出不同波长(频率)的伏安特性曲线. 从曲线中找出图5.8-1(b)中的各反向光电流开始变化的“抬头点”a'，从而确定截止电压 U_s.

(4) 以频率 ν 为横坐标、截止电压 U_s 为纵坐标作图，则 $U_s\sim\nu$ 曲线是一条直线. 求出直线的斜率 k，代入公式 $k=\dfrac{h}{e}$，求出普朗克常量 h，并计算出所测值与公认值之间的不确定度，其中公认值 $h=6.63\times10^{-34}$ J·s.

【注意事项】

(1) 微电流测量仪及光源需充分预热才能做实验.

(2) 滤色片要放在光电管暗盒上，不能放在光源上，每次更换滤色片时都要先用遮光罩把光源罩住.

(3) 光源在实验过程中不能关后再开，需一直开着.

5.9 计算机在光电探测技术中的应用

CdS、CdSe、PbS 三种光敏电阻的光谱响应特性曲线和 Si、Ge、InGaAs 三种 PIN 光电二极管的光谱响应特性曲线分别如图 5.9－1 和图 5.9－2 所示，这两幅图的特征是比例尺不同. 那么如何将它们合在一幅图中？

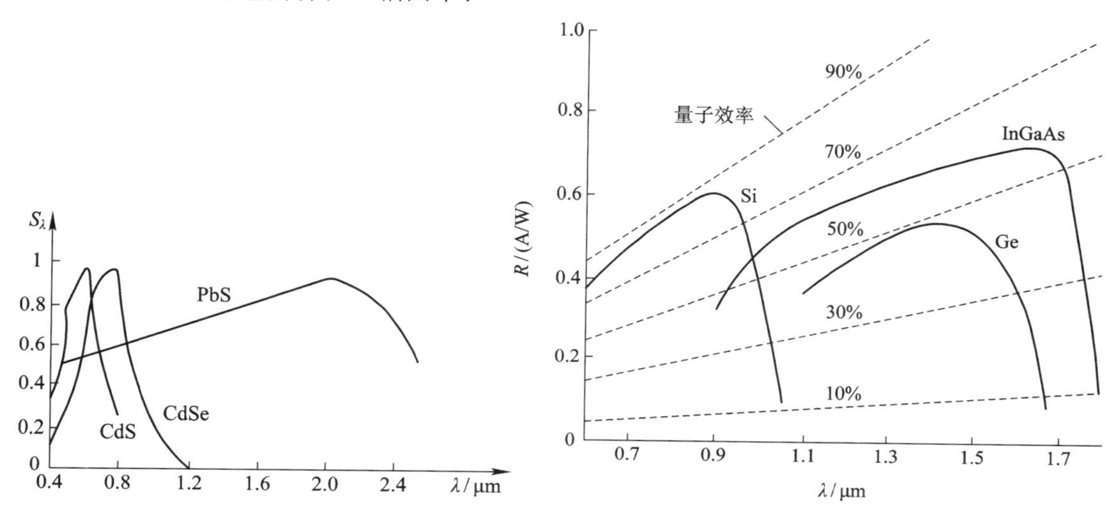

图 5.9－1　CdS、CdSe、PbS 三种光敏电阻的光谱响应特性曲线

图 5.9－2　Si、Ge、InGaAs 三种 PIN 光电二极管的光谱响应特性曲线

将图 5.9－1 和图 5.9－2 合在一幅图中的具体方法如下：

(1) 写出图 5.9－1 和图 5.9－2 中的 CdS、CdSe、PbS、Si、InGaAs、Ge 六种材料在不同波长照射条件下的光谱响应度.

(2) 利用 Matlab 编写程序，具体如下：

```
x1=0.4:0.05:0.8; y1=[0.327 0.491 0.655 0.909 0.982 0.691 0.509 0.364 0.255];
x2=0.4:0.05:1.15; y2=[0.091 0.236 0.291 0.436 0.727 0.873 0.964 0.982 0.625
    0.418 0.291 0.218 0.138 0.073 0.036 0];
x3=0.4:0.05:2.55; y3=[0.495 0.509 0.523 0.537 0.551 0.565 0.579 0.594 0.608
    0.622 0.636 0.650 0.664 0.678 0.692 0.706 0.720 0.734 0.748 0.762 0.777
    0.791 0.805 0.819 0.833 0.847 0.861 0.875 0.889 0.903 0.917 0.931 0.945
    0.942 0.938 0.916 0.891 0.873 0.818 0.782 0.727 0.673 0.600 0.545];
x4=0.6:0.05:1.05; y4=[0.382 0.436 0.491 0.527 0.564 0.591 0.618 0.545 0.40
    0.127];
x5=0.9:0.05:1.8; y5=[0.327 0.418 0.473 0.509 0.545 0.573 0.60 0.618 0.645
    0.664 0.682 0.70 0.709 0.720 0.728 0.728 0.700 0.491 0.127];
x6=1.05:0.05:1.6;  y6=[0.365 0.409 0.455 0.473 0.518 0.542 0.546 0.545
```

```
    0.518 0.455 0.40 0.327];
    plot(x1, y1, x2, y2, x3, y3, x4, y4, x5, y5, x6, y6, 'linewidth', 3);
set(gca, 'Fontsize', 20);
```

(3) 绘制六种材料响应度与波长的关系曲线，如图 5.9－3 所示.

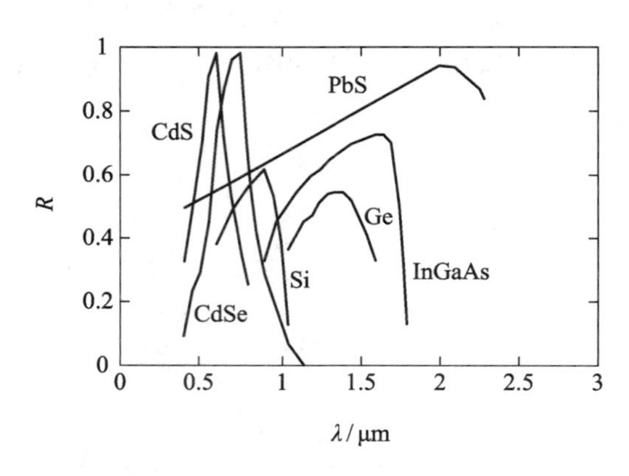

图 5.9－3　六种材料响应度与波长的关系曲线

5.10　光电探测技术拓展性内容

在近代 100 多年时间里，从黑白显像到彩色显像，从液晶屏幕、LED 屏幕到全息成像，增强现实(augmented reality，AR)和虚拟现实(virtual reality，VR)技术之所以发展如此迅速，与材料的使用有关.

5.10.1　阴极射线显像管显示技术的出现与发展

阴极射线显像管(cathode ray tube，CRT)是一种使用阴极射线管的显示器，也叫“布朗管”，它是由德国人布劳恩(卡尔·费迪南德·布劳恩，Karl Ferdinand Braun，1850—1918)于 1887 年发明的. CRT 最早的版本被称为“布劳恩管”，如图 5.10－1 所示，它由电子枪、偏转线圈、荫罩、荧光粉涂层及玻璃外壳五部分组成.

(1) 电子枪：用于发射密度可调的电子流，通过聚焦和加速形成截面积小、速度高的电子束.

(2) 偏转线圈：有助于电子枪发射电子束，并以较快的速度对所有的像素进行扫描激发，使显像管内的电子束以一定顺序周期性地轰击每个像素，从而使每个像素都能发光. 如果这个周期足够短，那么对某个像素而言，只要电子束的轰击频率足够高就会形成扫描，即出现画面.

(3) 荫罩：保证电子束在扫描的过程中准确地击中每一个像素.

(4) 荧光粉层：用于显示亮点.

(5) 玻璃外壳：保护显像管里面的部分.

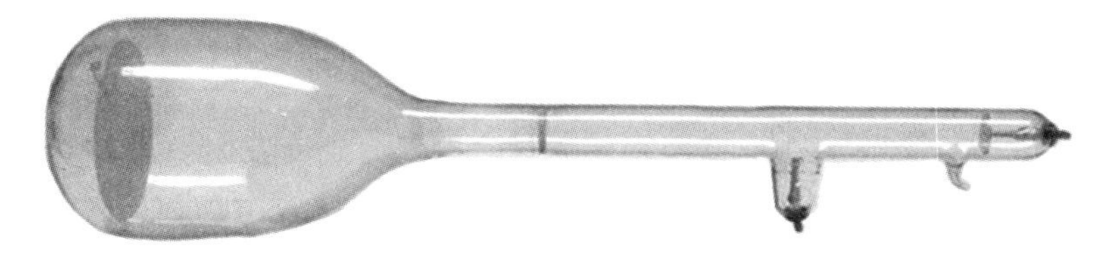

图 5.10-1　最早版本的 CRT

只要 CRT 显示器的管内真空度为 $0.987\times10^{-10}\sim4.936\times10^{-10}$ atm，该 CRT 就能正常工作. 显示器的基本结构如图 5.10-2 所示，图中 H_1、H_2 为钨丝加热电极，F、A 为聚焦电极，C 为阴极，A_2为第二加速阳极，G 为控制栅极，X_1、X_2为水平偏转板，A_1为第一加速阳极，Y_1、Y_2为垂直偏转板. 一般来说，CRT 的尺寸越大，所需加的电压就越高. 阳极电压为 23～30 kV，FA 间的聚焦电压约 7 kV，A_1A_2 间的加速电压为 450～600 V，CG 间的栅极电压为 −20～60 V. 当灯丝发热时，电子枪发射出高速电子，此时如果在控制栅极与阴极间叠加图像信号，那么电子束流的大小就随着图像信号电压的改变而变化. 电子枪发射的高速电子经过垂直和水平的偏转线圈控制高速电子的上下和左右偏转角度，最后高速电子射向一个涂满了荧光粉的内层玻璃上并使其发光. 通过偏压调节电子束流的强度，在屏幕上形成明暗不同的光点以形成各种图案和文字.

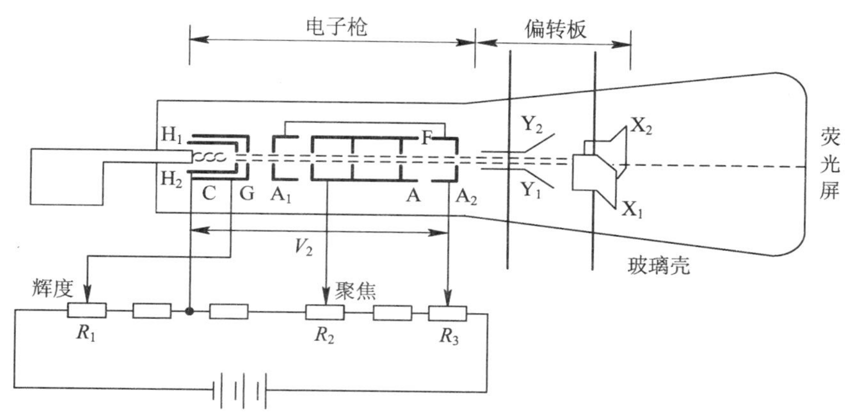

图 5.10-2　显示器的基本结构

CRT 显示器如图 5.10-3 所示. CRT 显示器技术的特点是可用磁偏转或者静电偏转驱动，其亮度高、彩色鲜艳、灰度等级多、寿命长，容易实现活动画面，可承受高压并防爆裂.

图 5.10-3　CRT 显示器

5.10.2 液晶显示技术

某些固态物质在熔融状态或者被溶剂溶解之后，尽管失去了固态物质的刚性，却获得了液体的易流动性，并保留着部分晶态物质分子的各向异性有序排列，形成一种兼有晶体和液体的部分性质的中间态，这种由固态向液态转化过程中存在的取向有序流体称为液晶(liquid crystal). 1877 年，德国物理学家雷曼(奥托·雷曼，Otto Lehmann，1855—1922)运用偏光显微镜首次观察到了液晶化的现象.

液晶是一类介于固态和液态间的有机化合物，加热后会变成透明液态，冷却后会变成结晶的混浊固态. 在电场作用下，液晶分子会发生排列上的变化，从而影响入射光束透过液晶产生强度上的变化. 液晶面板组成结构如图 5.10-4 所示. 液晶可以分为向列型液晶、层列型液晶、胆甾型液晶三类. 随着半导体电子工业迅猛发展，透明电极的图形化、液晶与半导体电路一体化的微细加工技术的出现为液晶显示屏(liquid crystal display，LCD)提供了技术支持. 1968 年世界上第一块液晶显示屏被研发出来，如图 5.10-5 所示. 经过多个国家科技攻关，液晶显示屏广泛地应用于计算器(图 5.10-6)、寻呼机(beeper，BB 机)(如图 5.10-7)、手机(如图5.10-8 所示)等显示设备中.

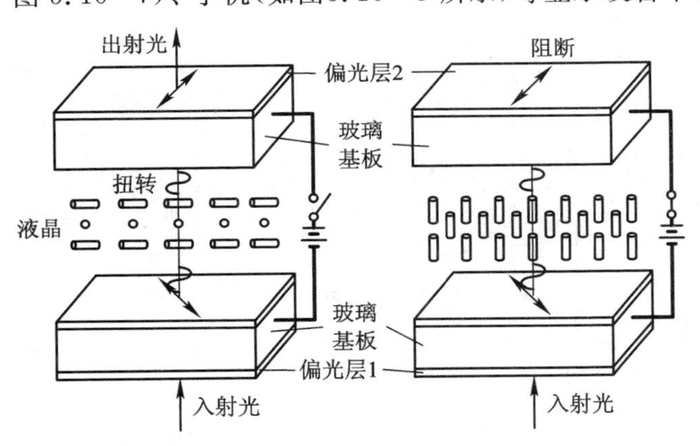

图 5.10-4 液晶面板组成结构图

图 5.10-5 世界上第一块液晶显示屏

图 5.10-6 计算器

图 5.10-7 BB 机

图 5.10-8 手机

液晶显示分为单色显示和彩色显示. 其中单色显示是指把液晶灌入两个列有互相垂直细槽的平面之间. 也就是说，若一个平面上的液晶分子南北向排列，则另一个平面上的液晶分子东西向排列，而位于两个平面之间的分子被强迫进入一种 90°扭转的状态. 由于光线顺着分子的排列方向传播，因此光线在经过液晶时也被扭转 90°. 当在液晶上加一个电压

时，液晶分子便会转动而改变其透光率，从而实现多灰阶的显示. 在彩色液晶面板中，每一个像素通常都是由 3 个液晶单元格构成的，其中每一个单元格的前面都分别有红色(R)、绿色(G)、蓝色(B)的三色滤光片. 这样，通过不同单元格的光线可以在屏幕上显示出不同的颜色. 彩色液晶电视如图 5.10－9 所示.

图 5.10－9　彩色液晶电视

5.10.3　液晶显示屏的基本结构

液晶显示屏的基本结构如图 5.10－10 所示. 由图可知，液晶显示屏由玻璃基板、黑色矩阵、偏光片、彩色滤光片、配向膜、保护膜、普通电极、框胶、灯管、薄膜晶体管、显示电极、垫片、扩散板、棱镜片、导光板、反射板、存储电容和液晶等组件组成. 其中玻璃基板、偏光板、彩色滤光片、配向膜、薄膜晶体管、显示电极为关键组件，下面主要介绍这几个组件.

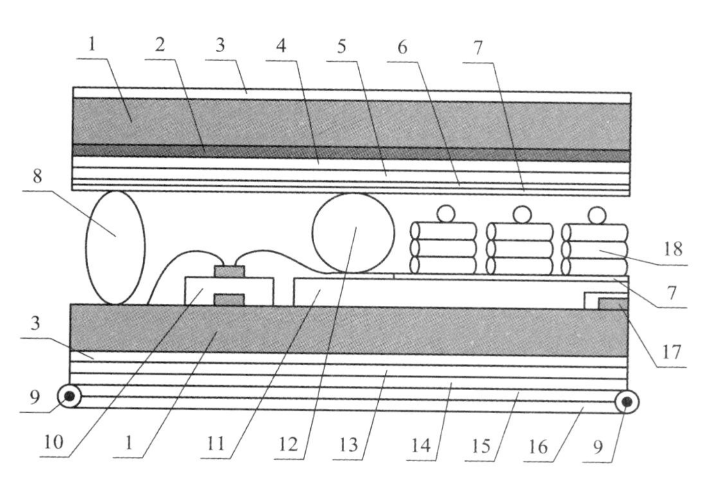

1—玻璃基板(glass substrate)；
2—黑色矩阵(black matrix)；
3—偏光板(polarizer)；
4—彩色滤光片(color filter)；
5—保护膜(protective film)；
6—普通电极(common electron)；
7—配向膜(direction film)；
8—框胶(frame glue)；
9—灯管(lamp tube)；
10—薄膜晶体管(Thin Film Transistor，TFT)；
11—显示电极(display electrode)；
12—垫片(spacer)；
13—扩散板(diffusion plate)；
14—棱镜片(prism sheet)；
15—导光板(light guide plate)；
16—反射板(reflection plate)；
17—存储电容(memory capacitor)；
18—液晶(liquid crystal).

图 5.10－10　液晶显示屏的基本结构

(1) 玻璃基板：其材料是机械性能优良、耐热、耐化学腐蚀的无碱硼硅玻璃，在液晶显示器中可分为上基板和下基板，液晶材料夹在两基板之间的间隔空间内.

(2) 偏光片：分为上偏光片和下偏光片. 上下两偏光片的偏振化方向相互垂直，其作用就像是栅栏一样，按照要求阻隔光波分量，例如阻隔掉与偏光片垂直的光波分量，而只准许与偏光片平行的光波分量通过.

(3) 彩色滤光片：用于产生红色、绿色、蓝色3种基色光，实现液晶显示器的全彩色显示.

(4) 配向膜：也就是取向膜，其作用是使液晶分子能够在微观尺寸的层面上实现均匀排列和取向.

(5) 薄膜晶体管：有一层玻璃基板分布薄膜晶体管(thin film transistor，TFT)和一层玻璃基板沉积彩色滤光片，其中玻璃基板分布薄膜晶体管的黑色矩阵借助于具有高度遮光性能的材料遮掩内部电极走线、薄膜晶体管；玻璃基板沉积彩色滤光片分隔彩色滤光片中红色、绿色、蓝色三原色，防止漏光，有利于提高各个色块的对比度.

(6) 显示电极：也称透明电极，分为公共电极与像素电极，输入信号电压加载在像素电极与公共电极之间. 透明电极通常在玻璃基板上沉积氧化铟锡材料构成透明导电层.

LCD、LED/OLED与CRT比较如表5.10-1所示.

表5.10-1 LCD、LED/OLED与CRT比较

	LCD	LED/OLED	CRT
体积	小	小	大
色彩	真彩	26万真彩色	色域宽
自身发光	不能	具备	具备
功耗	低	最低	大
响应速度	ms级	μs级	ms级
视角	TN 85°，IPS 178°	170°	无限制
温度特性	−40 ℃～80 ℃	−40 ℃～80 ℃	45 ℃通电工作96小时
软屏	不可以	可以	不可以
重量	轻	更轻	重
应用	显示器、手提电脑、手机、平板电视、产业设备、车载设备、数码相机、投影等	手机、大屏广告、车载设备、数码相机、小型游戏机等	出版、绘图等

由于液晶材料本身并不发光，因此液晶显示通常需要为显示面板配置额外的光源，主要光源系统称为背光模组(backlight units，BLU). 背光模组包括照明光源、反射板、导光板、棱镜片、扩散片以及用以支撑的框架等.

(1) 照明光源：以冷阴极荧光灯LCD为主流，少数采用发光二极管LED. 值得一提的是，LCD采用的背光模组可分为侧光式背光模组和直射式背光模组，其中侧光式背光模组用于手机、笔记本电脑、监视器，直射式背光模组用于液晶电视.

(2) 反射板：也称反射罩，将光源发出的光线无损地送入导光板.

(3) 导光板：将侧面光源发出的光线导向面板的正面.

(4) 棱镜片：也称为增亮膜，将各散射光线通过膜片层的折射或者全反射以一定角度

再从背光源发射出去，增亮屏幕.

(5) 扩散片：包括上扩散片和下扩散片，把背光模组的侧光式光线修正为均匀的面光源，以达到光学扩散的效果. 上扩散片处于棱镜片与液晶组件之间，接近于显示面板；下扩散片处于导光板与棱镜片之间，接近于背光源.

发光二极管是一种由含镓(Ga)、砷(As)、磷(P)、氮(N)等化合物制成的常用发光器件，其通过电子与空穴复合释放能量发光，与普通二极管一样由 p－n 结组成，具有单向导电性. 当给 LED 加上正向电压后，从 p 区注入 n 区的空穴和从 n 区注入 p 区的电子在p－n 结附近数微米内分别与 n 区的电子和 p 区的空穴复合，产生自发辐射. 不同半导体材料中电子和空穴所处的能级不同. 常用的 LED 发红光(GaAlAs、GaAs)、黄光(AlGaInP)、绿光(GaAlP、GaIn)，对应的跃迁能级能量差逐个增大. 当给 p－n 结加上反向电压时，少数载流子难以注入，故不发光.

5.10.4　薄膜场效应晶体管技术

20 世纪 90 年代以来，随着材料科学、集成电路、半导体技术的迅猛发展，特别是薄膜技术日益成熟，诞生了一种新的显示技术——薄膜场效应晶体管技术. 这一技术是采用新材料和新工艺的大规模半导体全集成电路制造技术，薄膜场效应晶体管也成为液晶显示器、无机和有机薄膜电致发光平板显示器的重要组成部分. TFT 是在玻璃、塑料基板等非单晶片上(或者在晶片上)通过溅射、化学沉积工艺形成制造电路必需的各种膜，人们通过对膜进行加工来制作大规模半导体集成电路(large scale semiconductor integrated circuit, LSIC). 非晶硅 TFT 的剖面示意图如图 5.10－11 所示. TFT 是指液晶显示器上的每一个液晶像素点都是由集成在其后面的薄膜晶体管来驱动的，从而可以高速度、高亮度、高对比度地显示屏幕信息.

非晶硅 TFT 由栅极(gate)、源极(source)和漏极(drain)组成，包括两层金属层(常用铝(Al)和铜(Cu))、两层绝缘层(一般是氢化氮化硅)、一层有源层(一般是氢化非晶硅)、一层欧姆接触层(半导体与金属层之间).

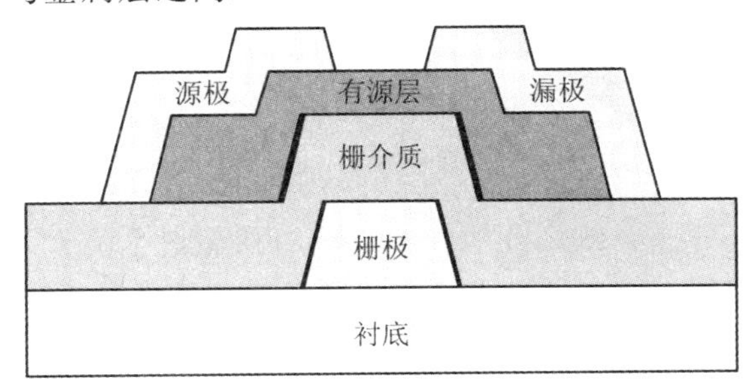

图 5.10－11　非晶硅 TFT 的剖面示意图

TFT－LCD 主要经历了无源液晶显示到有源液晶显示的发展过程. 其中有源液晶显示可追溯到 1971 年美国的 Lechner 提出的应用有源矩阵驱动液晶的显示模式，该模式解决了响应速度、占空比、对比度、灰度等级等的限制，实现了高品质彩色视频显示，成为当今主流的薄膜场效应晶体管技术. 俗称的“真彩”指的就是薄膜场效应晶体管技术.

5.10.5 有机发光二极管技术

有机发光二极管(organic light-emitting diode, OLED)是一种利用多层有机薄膜结构产生电致发光的器件. 它是一种电流型有机发光器件, 通过载流子的注入与复合发光, 其发光强度与电流成正比. 在电场的作用下, 阳极产生的空穴和阴极产生的电子发生移动, 分别向空穴传输层和电子传输层注入, 当迁移到发光层并相遇时, 产生能量激子, 从而激发发光分子产生可见光. OLED 显示屏比 LCD 更轻薄、亮度更高、功耗更低、响应更快、清晰度更高、柔性更好、发光效率更高.

构成 OLED 的材料主要是有机物, 根据有机物的种类不同, OLED 器件可划分小分子器件和高分子器件. 小分子器件和大分子器件的主要差别在制作工艺上, 其中制作小分子器件主要采用的是真空热蒸发工艺; 制作大分子器件采用的是旋转涂覆或者喷涂印刷工艺. 1985 年, 柯达公司的邓青云发明了第一个 OLED 器件, 该器件采用的就是小分子有机材料. OLED 结构示意图如图 5.10－12 所示. 由图可知, OLED 器件由基板(substrate)、阴极(cathode)、空穴注入层(hole injection layer, HIL)、电子注入层(electron injection layer, EIL)、空穴传输层(hole transport layer, HTL)、电子传输层(electron transport layer, ETL)、电子阻挡层(electron barrier layer, EBL)、空穴阻挡层(hole barrier layer, HBL)、发光层(luminescence layer, EML)、阳极(anode)等组成.

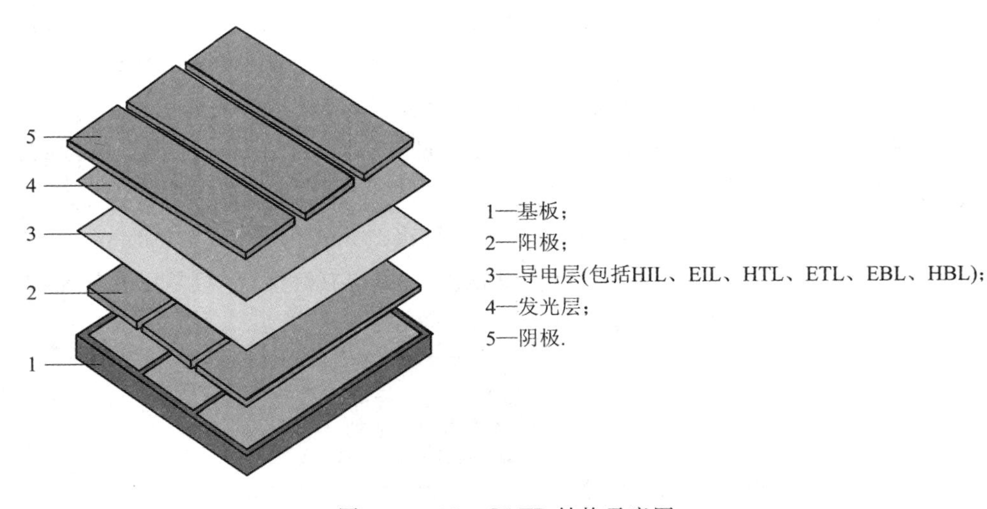

图 5.10－12 OLED 结构示意图

(1) 基板: 是整个器件的基础, 所有功能层都需要蒸镀到器件的基板上. 通常采用玻璃作为器件的基板, 但如果需要制作可弯曲的柔性 OLED 器件, 则需要使用基板塑料作为器件的基板. 曲面屏电视如图 5.10－13 所示, 折叠屏手机如图 5.10－14 所示.

(2) 阳极: 与器件外加驱动电压的正极相连, 阳极中的空穴会在外加驱动电压的驱动下向器件中的发光层移动. 阳极需要在器件工作时具有一定的透光性, 使得器件内部发出的光能够在外界观察到, 故阳极最常使用的材料是铟锡氧化物半导体透明导电膜(indium tin oxide semiconductor transparent conductive film, ITO).

图 5.10 - 13　曲面屏电视

图 5.10 - 14　折叠屏手机

(3) 空穴注入层：对阳极进行修饰，并可以使来自阳极的空穴顺利地注入空穴传输层.

(4) 电子注入层：对阴极进行修饰并将电子传输到电子传输层.

(5) 空穴传输层：将空穴运输到发光层.

(6) 电子传输层：将来自阴极的电子传输到器件的发光层中.

(7) 电子阻挡层：将来自阴极的电子阻挡在器件的发光层界面处，增大器件发光层界面处电子的浓度.

(8) 空穴阻挡层：将来自阳极的空穴阻挡在器件发光层的界面处，进而提升器件发光层界面处电子和空穴再结合的概率，增大器件的发光效率.

(9) 发光层：是器件电子和空穴再结合形成激子，然后激子退激发光的地方.

(10) 阴极:阴极中的电子会在外加驱动电压的驱动下向器件中的发光层移动,然后在发光层与来自阳极的空穴进行再结合.

OLED 器件的发光过程可分为电子和空穴的注入、电子和空穴的传输、电子和空穴的再结合、激子的退激发光，具体如下.

① 电子和空穴的注入. 基于穿隧效应机制和界面偶极机制，处于阴极中的电子和阳极中的空穴在外加驱动电压的驱动下向器件的发光层移动. 在向器件发光层移动的过程中，若器件包含电子注入层和空穴注入层，则电子和空穴首先克服阴极与电子注入层及阳极与空穴注入层之间的能级势垒，然后经由电子注入层、空穴注入层向器件的电子传输层和空穴传输层移动. 电子注入层和空穴注入层可增大器件的效率和寿命.

② 电子和空穴的传输. 在外加驱动电压的驱动下，来自阴极的电子和来自阳极的空穴分别移动到器件的电子传输层与空穴传输层，电子传输层与空穴传输层分别将电子与空穴移动到器件发光层的界面处. 与此同时，电子传输层和空穴传输层将来自阳极的空穴与来自阴极的电子阻挡在器件发光层的界面处，使得器件发光层界面处的电子和空穴得以累积.

③ 电子和空穴的再结合. 当器件发光层界面处的电子与空穴达到一定数目时，电子与空穴会再结合并在发光层产生激子.

④ 激子的退激发光. 在发光层处产生的激子使器件发光层中的有机分子被活化，进而使得有机分子最外层的电子从基态跃迁到激发态. 由于处于激发态的电子极不稳定，因此其会向基态跃迁，在跃迁的过程中会有能量以光的形式被释放出来，进而实现了器件的发光.

5.10.6 增强现实技术与虚拟现实技术

增强现实(AR)技术是一种实时地计算摄影机影像的位置及角度并加上相应图像的技术，是一种将真实世界信息和虚拟世界的信息“无缝”集成的新技术. 该技术的目标是在屏幕上把虚拟世界套在现实世界并进行互动，即把原本在现实世界的一定时间、空间范围内很难体验到的实体信息(如视觉信息、声音、味道、触觉等)通过计算机科学技术模拟仿真后叠加到真实世界，被人类感官所感知，从而达到超越现实的感官体验. AR 技术的特征是真实的环境和虚拟的物体实时地叠加到了同一个画面或空间中. AR 技术不仅在与 VR 技术相类似的应用领域(如尖端武器、飞行器的研制与开发、数据模型的可视化、虚拟训练、娱乐与艺术等)具有广泛的应用，而且由于 AR 技术具有能够对真实环境进行增强显示输出的特性，因此其在医疗研究与解剖训练、精密仪器制造和维修、军用飞机导航、工程设计和远程机器人控制等领域比 VR 技术更具有优势. 2022 年贺岁 AR 技术层出不穷，AR 技术的应用场景如图 5.10－15 所示. AR 技术在医疗领域、军事领域、古迹复原和数字化文化遗产保护、网络视频通信等领域均有广泛应用.

(a)

(b)

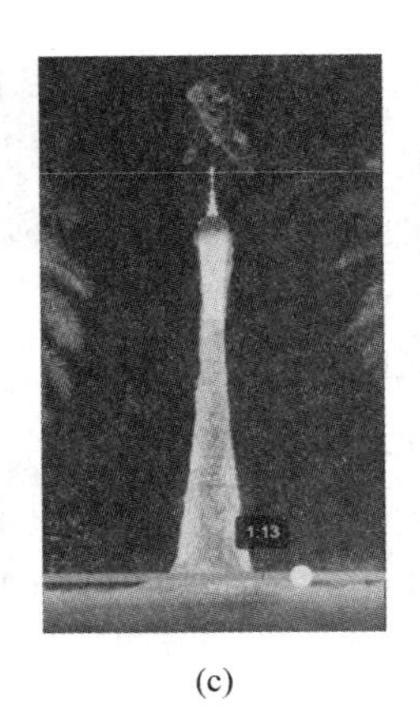

(c)

(d)

图 5.10－15　AR 技术的应用场景

(a) 四川熊猫广场；(b) 华中师大百年庆；(c) 广州街景；(d) 无锡街景

虚拟现实(VR)技术是 20 世纪发展起来的一项全新的实用技术，是虚拟和现实相互结合的技术. 从理论上来讲，VR 技术是一种可以创建和体验虚拟世界的计算机仿真系统，它利用计算机生成一种模拟环境，使用户沉浸到该环境中. 该技术就是利用现实生活中的数据，通过计算机技术产生的电子信号将其与各种输出设备结合，使其转化为能够让人们感受的现象，这些现象可以是现实中真真切切的物体，也可以是我们肉眼所看不到的物质，通过计算机技术模拟出三维模型表现出来. VR 技术的特征是需要借助于视听设备，看到的现象不是我们直接所能看到的，但却是现实中的世界. VR 头盔如图 5.10－16 所示. 除了动态环境建模技术、实时三维图形生成技术、立体显示和传感器技术、应用系统开发技术、系统集成技术，VR 技术必须要有硬件显示技术的支持，故使用 OLED 屏幕可以克服利用 LCD 屏观看 VR 设备中的拖影问题. VR 实训教学如图 5.10－17 所示.

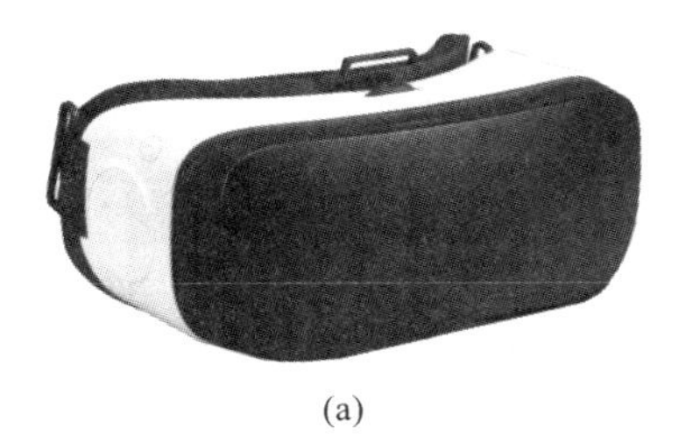

(a)

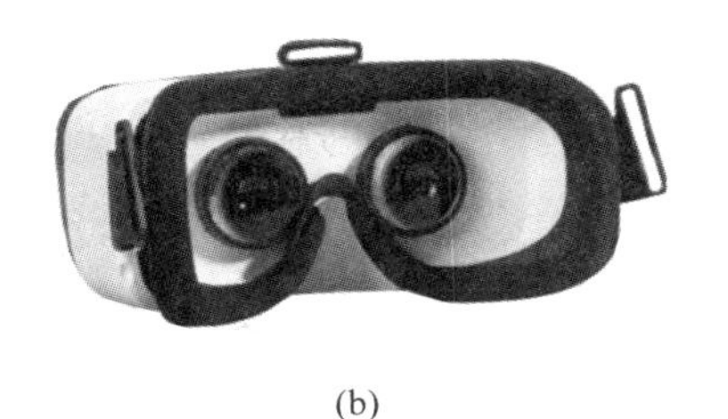

(b)

图 5.10－16　神秘的 VR 头盔
（a）外侧；（b）内侧

图 5.10－17　VR 实训教学

内容小结

1. 在带隙半导体中，导带底部能量 $E=E_g+\dfrac{k^2}{2\eta m_r}$，其中 $\dfrac{1}{m_r}=\dfrac{1}{m_e}+\dfrac{1}{m_h}$.

2. 按内外光电效应不同，光电探测器可分为光电管、光导管、光电池和半导体光电探测器；按热辐射、温差电、热释电不同，光电探测器可分为热敏电阻、测辐射热计、金属测辐射热计、超导远红外探测器；热电偶、热电堆；热释电探测器等.

3. 一个入射光子能产生电子-空穴对的概率称为光电二极管的量子效率，且 $\eta=\dfrac{h\nu I_p}{eP_{oi}}$.

4. 光栅可分为透射光栅和闪耀光栅.

5. 光谱仪是一种利用光学色散原理设计制作的光学仪器，其主要用于研究物质的辐射、光与物质之间的相互作用、物质结构、物质含量分析，以及用于探测星体和太阳的大小、质量、运动速度和方向等.

习题

5.1　光电器件的基本参数特性有哪些？

5.2 光电信息技术是以________为基础，以________为主体，研究和发展光电信息的形成、传输、接收、变换、处理、应用.

5.3 光电检测系统通常由________、________、________三个部分组成.

5.4 光电效应包括________效应和________效应.

5.5 光电池是根据________效应制成的能将光能转换成电能的器件，用途可分为________、________.

5.6 激光的定义是________，产生激光的必要条件是________.

5.7 热释电器件必须在________信号的作用下才会有电信号输出.

5.8 CCD是一种电荷耦合器件，其特征是以________作为信号，其基本功能是________.

5.9 根据检查原理，光电检测的方法可分为________、________、________、________.

5.10 光热效应包括________、________、________三种.

5.11 一般PSD分为两类，一维PSD和二维PSD，它们各自用途是________、________.

5.12 真空光电器件是基于________效应的光电探测器，它的结构特点是有一个真空管，其他元件都在真空管中. 真空光电器件包括________、________.

5.13 响应度指的是________.

5.14 功率信噪比指的是________.

5.15 光电效应指的是________.

5.16 亮电流指的是________.

5.17 光电信号的二值化处理指的是________.

5.18 亮态前历效应指的是________.

5.19 热释电效应指的是________.

5.20 暗电流指的是________.

5.21 暗态前历效应指的是________.

5.22 雪崩光电二极管的工作原理是________.

5.23 光生伏特效应与光电导效应的区别和联系是________.

5.24 敏感器是________器件，试述敏感器与传感器的区别和联系.

5.25 发光二极管的工作原理是________.

5.26 PIN型发光二极管的结构、工作原理与特点是________.

5.27 热辐射检测器通常分为________、________两个阶段. 并说说哪个阶段产生热电效应.

5.28 光电检测系统由________几个部分组成. 并说说各个部分的作用.

5.29 光电倍增管的结构与工作原理是________.

第 6 章　光伏技术

可再生能源已成为当今世界能源革命发展的方向. 近年来，光伏发电作为最重要的可再生能源发电技术取得了快速发展，在很多国家已成为清洁、低碳并具有价格竞争力的能源形式. 2020 年，全球新增光伏发电装机 1.27 亿千瓦，累计装机规模已超过 7.07 亿千瓦.

6.1 太阳与太阳能

1. 太阳

太阳的质量为 1.989×10^{30} kg，半径为 6.9599×10^{8} m，平均密度为 1.409×10^{3} $\text{kg}\cdot\text{m}^{-3}$，表面温度约为 5782 K，总辐射功率为 3.86×10^{26} $\text{J}\cdot\text{s}^{-1}$. 太阳与地球的平均距离为 1.496×10^{11} m，即 1 个天文单位. 太阳通过核反应发光发热，从自然界蒸发水分，造成大气运动、波浪运动、大气吸收热量，使地球上的生物能够淋浴阳光. 利用太阳，人类还可以进行水力发电、相变发电、风力发电、波浪发电、海洋温差发电、太阳能电池(简称太阳电池)发电以及化学储能等. 例如，人们利用化石能源驱动汽轮机进行火力发电；利用核能蒸汽驱动汽轮机进行核能发电；利用水能驱动水轮机进行水力发电；利用风能驱动风轮机进行风力发电；利用太阳电池进行太阳能发电，实现大规模发电并入电网，以满足工农业生产和日常工作、生活用电的需要.

2. 太阳能

在表征太阳能利用效率时，一般要用到大气质量(air mass，AM)这个概念. 常用的、重要的 AM 值有：

(1) 大气层外太阳光谱的强度随波长分布用 AM0 表示，平均光强为 1367 $\text{W}\cdot\text{m}^{-2}$；

(2) 赤道地面处的太阳光谱强度分布用 AM1 表示；

(3) 纬度为 $\text{arc}\left(\cos\dfrac{1}{1.5}\right)=48.2°$的地面处太阳光谱强度分布用 AM1.5 表示，平均光强为 1000 $\text{W}\cdot\text{m}^{-2}$.

太阳辐射光谱如图 6.1-1 所示.

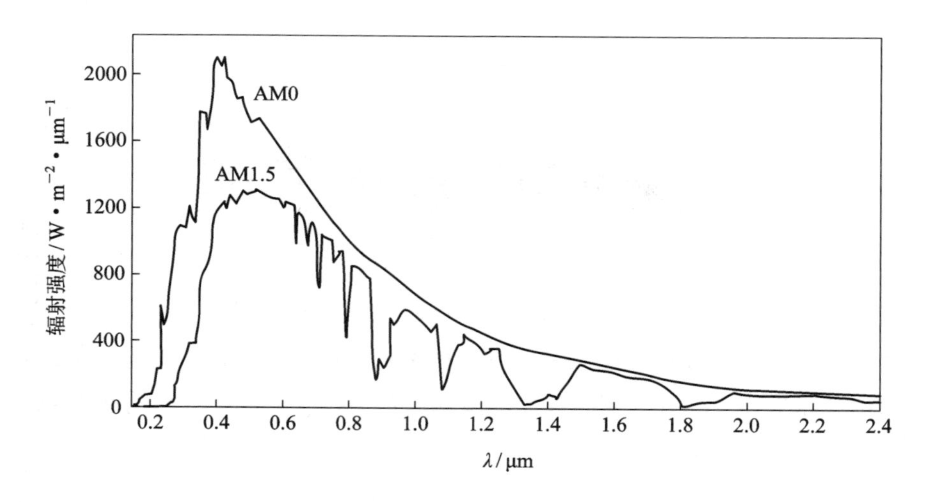

图 6.1-1　太阳辐射光谱

6.2 太阳电池

1. 光伏效应

光伏效应(photo voltaic effect，PVE)指的是半导体表面在太阳光照射下吸收光子的能量，使电子从价带跃迁到导带并产生电子-空穴对的过程. 太阳辐射光子的能量在0.5～5 eV范围内，比半导体能隙的1～2 eV大，这就是半导体成为太阳电池材料的主要因素.

2. 光电化学效应

光电化学效应(photo electrochemical effect)指的是某些材料通过光照产生电势差，并进行化学反应的过程，它是染料敏化太阳能电池的基础. 无论是光电效应、光伏效应还是光电化学效应，其本质都是光能转换成电能，其中由光伏效应制作的太阳电池需要满足以下三个基本条件：

(1) 入射光子能够被吸收，并用来产生电子-空穴对.

(2) 所产生的电子-空穴对在可能复合之前能够被分离开来.

(3) 分开的电子和空穴能够被传输到外电路与电负载中.

具体地说，制作太阳能电池需要半导体材料，从而实现电子和空穴的分离. 太阳电池在太阳光照射后产生以下几种电流：

(1) 空间电荷区的电子和空穴在内建电场作用下形成漂移电流.

(2) n-Si 区中的少数载流子-空穴形成扩散电流.

(3) p-Si 区中的少数载流子-电子形成扩散电流.

已经产业化的太阳电池主要有晶体硅太阳电池(包括单晶、多晶、类单晶及带硅太阳电池)、薄膜太阳电池(包括非晶硅、铜铟镓硒 CIGS、碲化镉 CdTe 太阳电池)、聚光型Ⅲ-Ⅴ族化合物太阳电池. 值得一提的是，非晶硅太阳电池包括单结太阳电池、非晶双结太阳电池、微晶双结太阳电池、非晶硅太阳电池、微晶硅太阳电池、非晶锗三结太阳电池.

3. 太阳电池的性能指标

太阳电池的性能指标包括稳定性、可靠性和能量转换效率. 其中能量转换效率指的是单位面积上输出电量与输入光能的比值. 为了提高太阳电池的能量转换效率，需要尽可能地提高太阳电池对入射光能的吸收，从而产生尽可能多的光生载流子；同时尽可能地减少光生载流子在电池体内及表面的复合，减少电能在上下电极上的电阻损耗，使更多的电能输入到外部负载. 2003 年，澳大利亚新南威尔士大学的 Martin Green 教授提出了第三代太阳电池的理念. 第三代太阳电池采用纳米技术和量子点结构，区别于第一代以硅基太阳电池的高成本和第二代非晶硅、CdTe、CIGS 太阳电池的低效率，实现高效率、低成本.

能级图如图 6.2－1 所示，其中图 6.2－1(a)所示为本征半导体的能级图，图 6.2－1(b)所示为掺杂半导体的能级图，其中禁带的宽度为 E_g. 对于半导体来说，$E_g<2$ eV. 例如，对于硅，在常温下，$E_g<1.12$ eV，且 E_g 随着温度的升高而降低. 在一定温度下，半导体中载流子的浓度随着温度的升高而升高，也随着禁带宽度的减小而升高，其中导带电子的浓度为

$$n_0=N_c e^{-\frac{E_c-E_f}{kT}}, \tag{6.2-1}$$

价带空穴的浓度为

$$p_0=N_v e^{\frac{E_v-E_f}{kT}}, \tag{6.2-2}$$

式中，E_c 为导带能级；E_v 为价带能级；E_f 为费米能级，即电子的化学势；N_c 为导带有效状态密度；N_v 为价带有效状态密度；k 为玻尔兹曼常量；T 为材料的绝对温度.

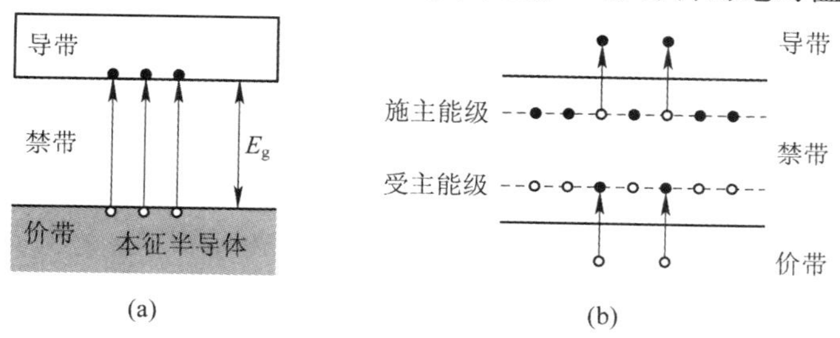

图 6.2－1　能级图

(a) 本征半导体；(b) 掺杂半导体

本征半导体在平衡状态下没有其他电子和空穴，激光发出的电子和空穴总是成对的，即

$$n_0=p_0=n_i=\sqrt{n_0 p_0}=\sqrt{N_c N_v}\,e^{-\frac{E_g}{2kT}}, \tag{6.2-3}$$

式中，$E_g=E_c-E_v$，n_i 为本征载流子浓度. 对于硅而言，$n_i=7.8\times10^9\ \text{cm}^{-3}$，且在常温附近，硅的温度每提高8 ℃，其本征载流子浓度提高到原来的两倍.

若在本征半导体硅中掺入磷(P)，则由于 P 的外层电子个数比硅的外层电子个数多 1 个，因此多出来的 1 个电子在常温下就成为自由电子，这样的掺杂结果是掺入多少个 P 原子就多出多少个电子，故这种掺杂称为 n 型掺杂，这样掺杂后的半导体称为 n 型半导体. n 型半导体提供电子，称为施主半导体(donor semiconductor). 同理，若在本征半导体硅中

掺入硼(B)、铝(Al)或者镓(Ga)，则形成空穴，掺入多少个外层有3个电子的原子就形成多少个空穴，这样的半导体称为p型半导体，也称为受主半导体(acceptor semiconductor).

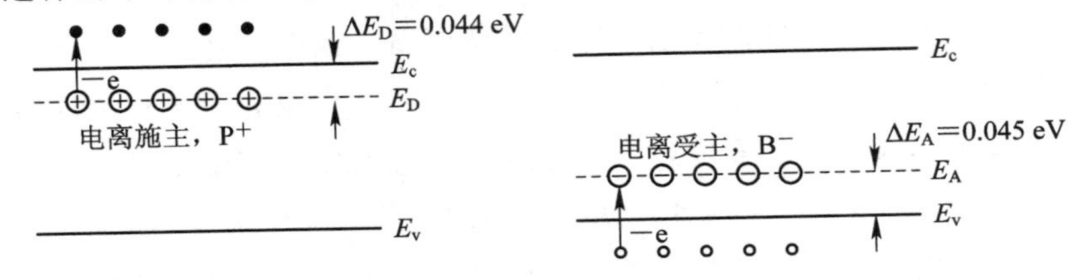

图 6.2-2 掺杂半导体

n型半导体中电子的浓度为

$$n_0=N_D+p_0, \tag{6.2-4}$$

式中 N_D 为施主体积浓度. 同理，p型半导体中空穴的浓度为

$$p_0=N_A+n_0. \tag{6.2-5}$$

式中 N_A 为受主体积浓度.

对于n型半导体和p型半导体，费米能级分别表示为

$$E_{fn}=E_i+kT\ln\frac{N_D}{n_i},\ E_{fp}=E_i-kT\ln\frac{N_A}{n_i}. \tag{6.2-6}$$

式中 E_i 为禁带中部位置的本征费米能级.

n型半导体中的空穴和p型半导体中的电子称为少数载流子(minority carrier)，简称为少子. 在许多半导体器件中，少子起着关键的作用. 在平衡状态下，p型半导体中的少子(电子)的浓度为：

$$n_0=\frac{n_i^2}{N_A}, \tag{6.2-7}$$

n型半导体中的少子(空穴)的浓度为

$$p_0=\frac{n_i^2}{N_D}. \tag{6.2-8}$$

在常温下，高纯硅晶体中的电子迁移率 $\mu_n=1350\ \text{cm}^2\cdot\text{V}^{-1}\cdot\text{s}^{-1}$，比空穴迁移率 $\mu_p=500\ \text{cm}^2\cdot\text{V}^{-1}\cdot\text{s}^{-1}$ 大得多. 随着温度的升高，晶格热振动散射会增强，同时随着浓度的升高，杂质粒子散射会增强，迁移率降低. 电子迁移率和空穴迁移率与半导体电阻率 ρ 的关系为

$$\rho=\frac{1}{nq\mu_n+pq\mu_p}, \tag{6.2-9}$$

式中，q 为电子电量；n 为电子浓度；p 为空穴浓度.

由于n型半导体中空穴为少子，因此

$$\rho_n=\frac{1}{nq\mu_n}. \tag{6.2-10}$$

同理，由于p型半导体中电子为少子，故

$$\rho_p=\frac{1}{pq\mu_p}. \tag{6.2-11}$$

爱因斯坦给出了载流子扩散系数 D(D_n 和 D_p)与其在漂移运动中的迁移率 μ(μ_n 和 μ_p)之间的关系为

$$\frac{D_n}{\mu_n}=\frac{kT}{q},\ \frac{D_p}{\mu_p}=\frac{kT}{q}, \tag{6.2-12}$$

式中，D_n 为电子扩散系数，D_p 为空穴扩散系数．式(6.2-12)表示，载流子的扩散能力与迁移电量成反比．

半导体中的电流密度 J 是漂移电流 J_{drift} 和扩散电流 J_{diff} 之和，即

$$J=J_{drift}+J_{diff}=qn\mu_n E+qp\mu_p E+qD_n\frac{dn}{dx}-qD_p\frac{dp}{dx}, \tag{6.2-13}$$

式中，E 为电场强度，其方向为 x 轴正方向．扩散电流的方向与正电荷浓度梯度方向相反，式(6.2-13)右边最后一项出现负号是因为电子所带的电荷为负，这样电流密度为

$$J=q\mu_p\left(pE-\frac{kT}{q}\frac{dp}{dx}\right)+q\mu_n\left(nE+\frac{dn}{dx}\right). \tag{6.2-14}$$

对于非平衡态，由于激发的电子与空穴是成对的，因此电子浓度变化 Δn 与空穴浓度变化 Δp 大小是相等的．值得一提的是，非平衡态载流子是光伏发电的源泉．

1) 非平衡载流子的产生与复合

非平衡载流子源于光照或者电流导入或者外磁场的作用．当光激发从照射的半导体表面发生时，产生的非平衡载流子使得半导体表面附近多数载流子(多子)浓度为10^{10} cm^{-3}量级，少子浓度为10^3 cm^{-3}量级，因此向少子区域进行扩散，故光照产生非平衡载流子的方式也称为非平衡载流子的注入．由于非平衡多子浓度为10^{16} cm^{-3}量级，因此非平衡多子浓度只有平衡多子浓度的百万分之一，可以忽略不计．而非平衡少子浓度是材料中原有少子浓度的千万倍，对少子具有决定性作用，因此光伏器件是少子起作用的器件．

非平衡载流子浓度从非平衡激发开始就按时间 t 以指数规律衰减，即

$$\Delta p(t)=\Delta p(0)e^{-\frac{t}{\tau}}. \tag{6.2-15}$$

式中 $\Delta p(0)$ 为当 $t=0$ 时非平衡载流子浓度．利用式(6.2-15)可以测量出少子寿命 τ．

电子与空穴的复合伴随着能量的降低，其中释放能量的过程包括以下几个方面：

(1) 发射光子，这种复合称为发光复合或者辐射复合．

(2) 发热，即多余的能量使得晶格振动加强．

(3) 将能量传递给其他载流子，使其他载流子获得动能，称为俄歇(Auger)复合．

当载流子浓度达到10^{18} cm^{-3}时，俄歇复合不依赖于复合中心直接进行复合．例如，对于硅来说，直接复合的时间为 3.5 s，晶体硅载流子的寿命为几微秒到几十微秒，最高达几千微秒，也就是说间接复合在硅晶体复合中起着重要作用．与此同时，当带隙较小时，直接复合的概率较大．例如，碲的带隙为 0.3 eV，即直接复合占优势．

2) 太阳电池等效电路基本参数

半导体太阳电池等效工作电路图如图 6.2-3 所示．图中的 p-n 结就是太阳电池，在理想电路中(如图 6.2-3(a)所示)，左边是电流源，环路中的电流满足

$$I=I_{ph}-I_i, \tag{6.2-16}$$

式中，$I_i=I_0(e^{\frac{qV}{kT}}-1)$，$I_{ph}$ 为光生电流．当太阳电池短路，即 $R=0$，$U=0$，$I_i=0$ 时，有 $I=I_{sc}=I_{ph}$，也就是说短路电流(I_{sc})与光生电流(I_{ph})相等．对于如图 6.2-3(b)所示的实际电路中的电流源也是如此，即当电池两端断开时，对于理想电池有 $I_i=I_{ph}$．在正向偏置电压下，太阳电池的正向电流(即暗电流恰好与光生电流平衡抵消)的开路电压为

$$U_{oc}=\frac{kT}{q}\left(\frac{I_{ph}}{I_0}+1\right),\tag{6.2-17}$$

通过以下分析得到 p－n 结上的电流密度可以用非平衡载流子浓度 Δn_{ph} 和 Δp_{ph} 表示，即

$$J_{ph}=qE(\mu_n\Delta n_{ph}+\mu_p\Delta n_{ph}),\tag{6.2-18}$$

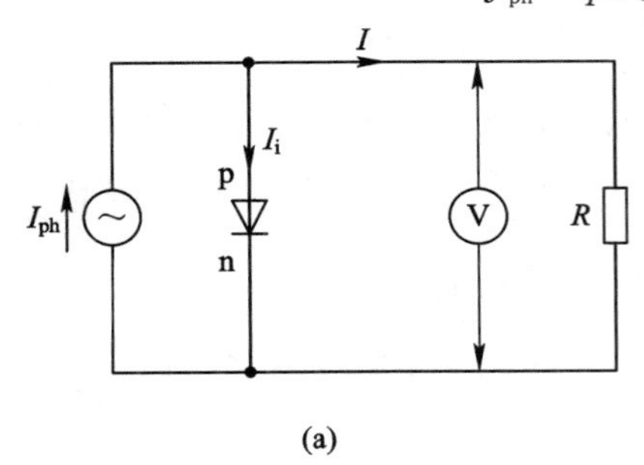

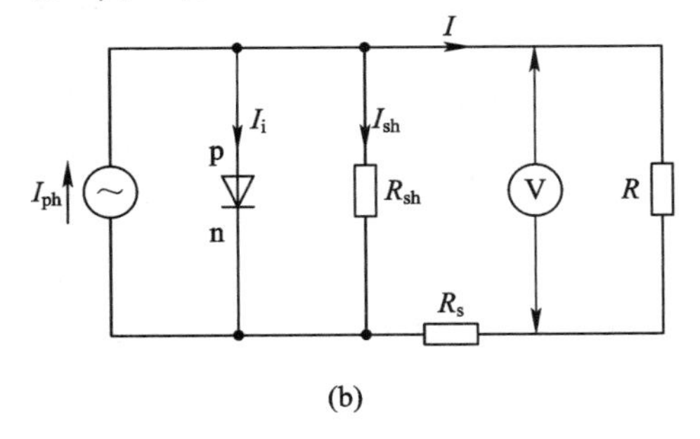

图 6.2－3　半导体太阳电池等效工作电路图(n 型太阳电池)

(a) 理想电池；(b) 实际电池

厚度为 dx 的 p－n 结微元中的载流子平衡情况如图 6.2－4 所示．由两个载流子数量守恒可以得到

$$G\mathrm{d}x-\frac{\Delta n_{ph}}{\tau_n}\mathrm{d}x+E\mu_n\frac{\mathrm{d}\Delta n_{ph}}{\mathrm{d}x}\mathrm{d}x=0,\tag{6.2-19}$$

$$G\mathrm{d}x-\frac{\Delta p_{ph}}{\tau_p}\mathrm{d}x-E\mu_p\frac{\mathrm{d}\Delta p_{ph}}{\mathrm{d}x}\mathrm{d}x=0,\tag{6.2-20}$$

式中，$\frac{\Delta n_{ph}}{\tau_n}$ 为单位体积内的电子复合率；$\frac{\Delta p_{ph}}{\tau_p}$ 为单位体积内的空穴复合率；G 为增益・马丁格林指出，若忽略耗尽层的复合损失，并假定电池内部光生载流子产生率完全均一，则 p 区和 n 区厚度可看成无穷大．

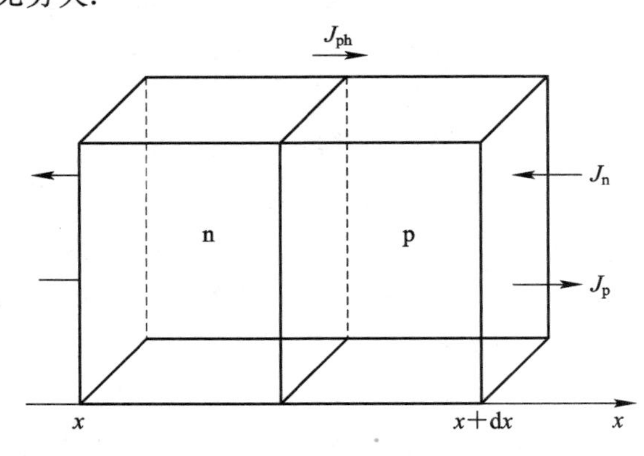

图 6.2－4　厚度为 dx 的 p－n 结微元中的载流子平衡情况

理想的(虚线)和实际的(实线)太阳电池伏安特性曲线如图 6.2－5 所示，p 型多晶硅太阳电池在标准太阳光辐射 AM1.5 下的伏安特性曲线如图 6.2－6 所示．填充因子为

$$\mathrm{FF}=\frac{P_m}{U_{oc}I_{sc}},\tag{6.2-21}$$

式中，P_m 为最大输出功率；U_{oc} 为开路电压；I_{sc} 为短路电流．一般地，太阳电池 FF 值在 0.75～0.85 范围内．在理想情况下，可用

$$FF=\frac{qU_{oc}-\ln\left(\frac{qU_{oc}}{kT}+0.72\right)}{qU_{oc}+kT} \quad (6.2-22)$$

表示填充因子的上限.

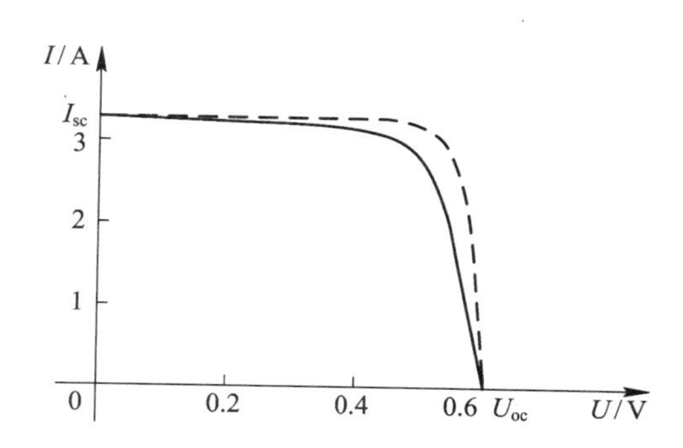

图 6.2-5 太阳电池伏安特性曲线

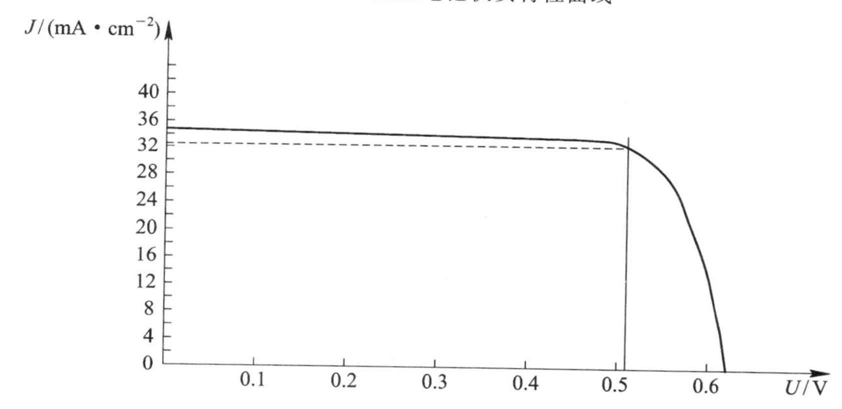

图 6.2-6 p型多晶硅太阳电池在标准太阳光辐射 AM1.5 下的伏安特性曲线

太阳电池能量转换效率为电池最大输出功率 P_m 除以照射到电池表面的光功率 P_L，即

$$\eta=\frac{P_m}{P_L}. \quad (6.2-23)$$

目前太阳电池转换效率在17%～22%范围内.

入射光量子被太阳电池转化为电荷输出的效率称为量子效率(quantum efficiency)，内量子效率IQE和外量子效率EQE分别为

$$IQE=\frac{J_{ph}}{qQ(1-R)}, \ EQE=\frac{J_{ph}}{qQ}, \quad (6.2-24)$$

式中，Q 为单位时间单位面积入射光子数；R 为光反射率.

6.3 太阳电池组件

6.3.1 太阳电池组件工艺

由于单片太阳电池输出电压较低，且未封装的电池受到环境的影响容易脱落，因此需

要将一定数量的单片电池采用串、并联的方式密封成太阳电池组件．72 片 125 mm×125 mm单晶硅太阳电池组件如图 6.3-1 所示．目前，晶体硅太阳电池组件结构如图 6.3-2 所示．图中从上到下分别为绒面玻璃层、EVA 层、减反射膜层、硅太阳电池层、EVA 层、TPT 层．其中 EVA 是 ethylene and vinyl acetate 的简称，译为乙烯与酸乙烯酯，是一种常用的热融胶粘剂，其在常温下无黏性而具有抗黏性，厚度为 0.4～0.6 mm，经过 150 ℃热压后发生熔融粘接与交联固化，并变得完全透明；TPT 是 polyfluoroethylene composite film 的简称，其作为外层保护层，具有良好的抗环境侵蚀能力．

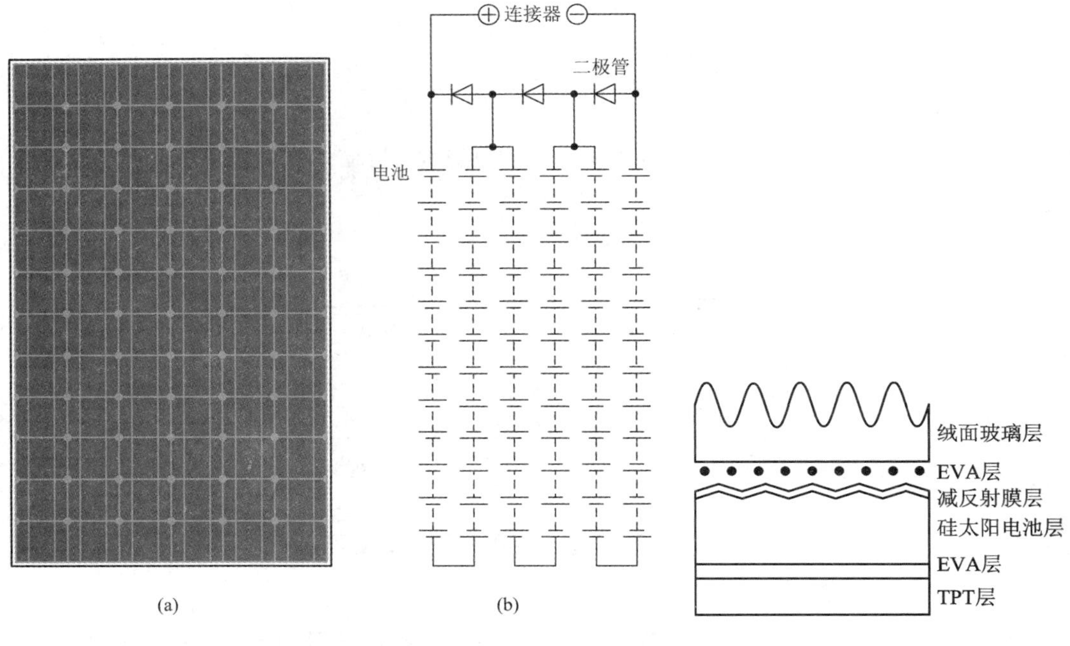

图 6.3-1　72 片 125 mm×125 mm 单晶硅太阳电池组件
(a) 电池板；
(b) 电极连接图(实线为正面连接，虚线为反面连接)

图 6.3-2　晶体硅太阳电池组件结构

入射光在每一层介质中的多次反射和透射情况如图 6.3-3 所示．

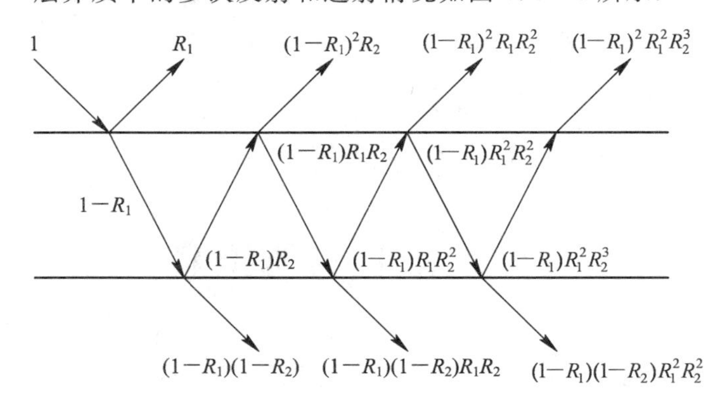

图 6.3-3　入射光在晶体硅太阳电池组件中的反射和透射情况

入射光在晶体硅太阳电池组件中的反射和透射情况如图 6.3－4 所示. 在图中，$\theta_1=\left(1-\frac{2t}{12}\right)\frac{\pi}{2}$，$\theta_2$、$\theta_3$、$\theta_4$、$\theta_5$ 可由 Snell 定律(也称为折射定律)求出，即

$$\frac{\sin\theta_1}{\sin\theta_2}=\frac{n_2}{n_1}, \tag{6.3-1}$$

在任何介质的界面上，入射光被分成反射和透射两个部分，由 Fresnel 定律得到垂直光的反射系数 R_s 与平行光的反射系数 R_p 分别为

$$R_s=\frac{\sin^2(\theta_1-\theta_2)}{\sin^2(\theta_1+\theta_2)}, \tag{6.3-2}$$

$$R_p=\frac{\tan^2(\theta_1-\theta_2)}{\tan^2(\theta_1+\theta_2)}, \tag{6.3-3}$$

取其均值为

$$R_n=\frac{1}{2}(R_s+R_p)=\frac{1}{2}\left[\frac{\sin^2(\theta_1-\theta_2)}{\sin^2(\theta_1+\theta_2)}+\frac{\tan^2(\theta_1-\theta_2)}{\tan^2(\theta_1+\theta_2)}\right]. \tag{6.3-4}$$

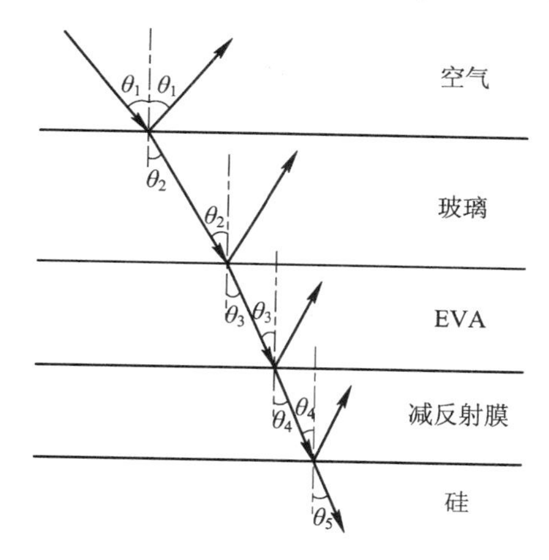

图 6.3－4　入射光在每一层介质中的多次反射和透射

垂直光的反射系数 R_s 与垂直光的透射系数 T_s 满足 $R_s+T_s=1$；平行光的反射系数 R_p 与平行光的透射系数 T_p 满足 $R_p+T_p=1$.

垂直光的透射系数 T_s 为

$$T_s=(1-R_{1s})(1-R_{2s})\sum_{n-0}^{\infty}(R_{1s}R_{2s})^n=\frac{(1-R_{1s})(1-R_{2s})}{1-R_{1s}R_{2s}}, \tag{6.3-5}$$

平行光的透射系数 T_p 为

$$T_p=(1-R_{1p})(1-R_{2p})\sum_{n-0}^{\infty}(R_{1p}R_{2p})^n=\frac{(1-R_{1p})(1-R_{2p})}{1-R_{1p}R_{2p}}, \tag{6.3-6}$$

由第一层介质透射入第二层介质中的总透射光的透射系数为

$$T_{n1}=\frac{1}{2}(T_s+T_p), \tag{6.3-7}$$

且太阳电池组件中每层介质界面的透射光都可以这样分析，得到太阳电池组件的总透射光的透射系数为

$$T_n = T_{n1} \cdot T_{n2} \cdot T_{n3} \cdot T_{n4}, \tag{6.3-8}$$

太阳辐射入射到太阳电池组件中太阳电池的有效辐射为

$$T_{eff} = H \cdot T_n. \tag{6.3-9}$$

式中，H 为比例系数，$0 \leqslant H \leqslant 1$

6.3.2 晶体硅太阳电池组件的功率损失

有很多因素可以引起太阳电池的功率损失，其中太阳电池性能失配引起的功率损失达到41.51%，焊带引起的功率损失达到40.74%，接线盒引起的功率损失达到7.60%，封装材料引起的功率损失达到10.15%. 晶体硅太阳电池组件功率损失分布如图6.3-5所示.

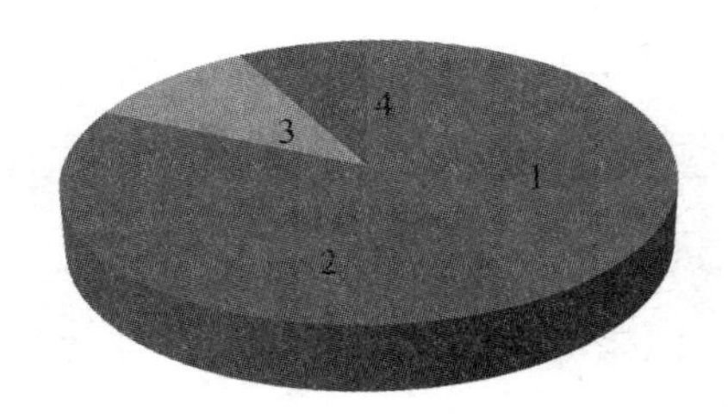

1—太阳电池性能失配引起的功率损失(41.51%)；

2—焊带引起的功率损失(40.74%)；

3—封装材料引起的功率损失(10.15%)；

4—接线盒引起的功率损失(7.60%).

图6.3-5 晶体硅太阳电池组件的功率损失分布

6.3.3 BIPV组件

光伏建筑一体化(building integrated photovoltaic，BIPV)组件指的是将光伏做成层面瓦、幕墙等，与建筑有机地结合在一起，从而使光伏发电功能形成一体化. BIPV组件可安装在墙体、阳台、屋顶、护栏上，光伏与建筑结合可就地发电、上网，无需传输电力.

逆变器指的是将直流电能转变成220 V/50 Hz交流电能的变流装置. 并网逆变器的两个基本控制要求：一是保持前后级之间的直流侧电压稳定；二是实现并网电流控制，甚至需要根据指令进行电网的无功调节.

有蓄电池无逆流并网型光伏系统如图6.3-6所示.

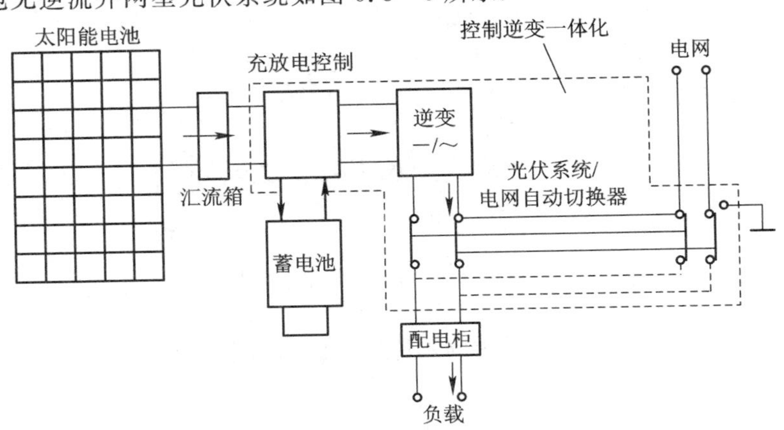

图6.3-6 有蓄电池无逆流并网型光伏系统

有逆流并网型光伏系统的主要构成如图6.3-7所示. 有逆流并网型光伏系统小到kW

级家庭光伏系统，大到 MW 级、10 MW 级乃至 GW 级沙漠发电光伏系统.

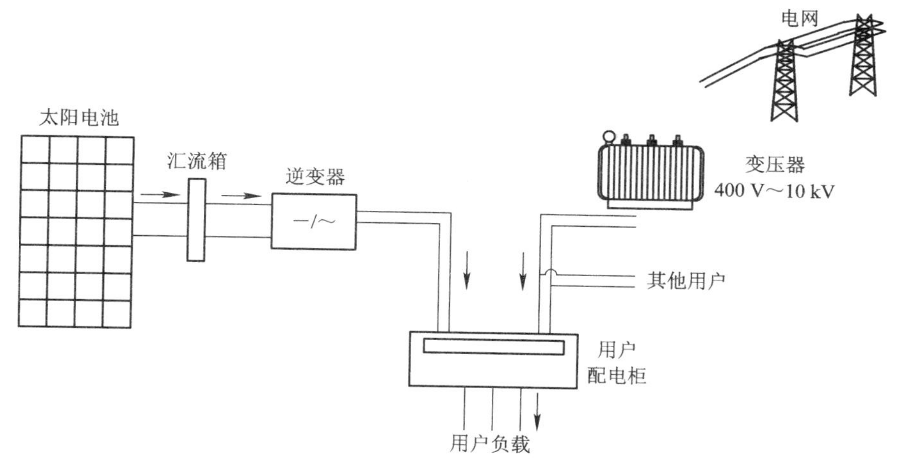

图 6.3-7　有逆流并网型光伏系统的主要构成

6.4 储能技术

根据能量存储方式的不同，储能技术主要分为机械储能(如抽水储能、压缩空气储能、飞轮储能等)、电磁储能(如超导储能、超级电容储能等)、电化学储能(如锂离子电池、钠硫电池、铅酸电池、镍镉电池、锌溴电池、液流电池等)等三大类十几种. 下面分别介绍三种储能技术中的部分储能技术.

(1) 压缩空气储能. 压缩空气储能是基于燃气轮机技术发展起来的，其系统原理图如图 6.4-1 所示. 燃气轮机的工作原理是当空气经压缩机压缩后，首先在燃烧室同燃料升温，然后高温高压燃气进入涡轮膨胀做功. 燃气轮机的压缩机需消耗约 2/3 的涡轮输出功. 根据单台机组压缩空气储能系统的规模不同，压缩空气储能系统可分为大型压缩空气储能系统(单台机组的规模为 100 MW 级)、小型压缩空气储能系统(单台机组的规模为 1 MW 级)、微型压缩空气储能系统(单台机组的规模为 100 kW 级). 实际上，压缩空气储能系统可以从传统型压缩空气储能系统拓展成压缩空气储能-燃气轮机耦合系统、压缩空气储能-制冷循环耦合系统、压缩空气储能-可再生能源耦合系统.

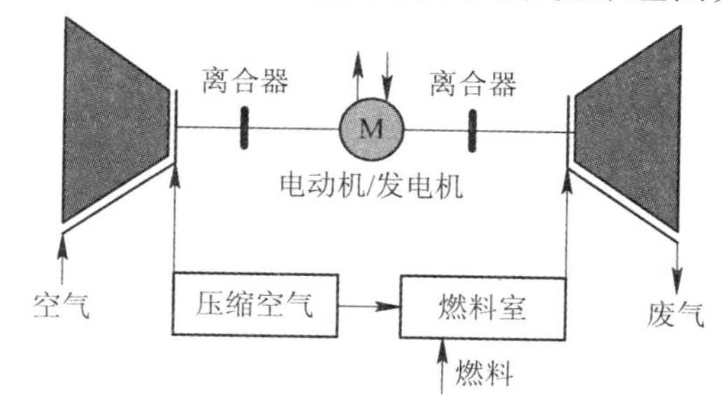

图 6.4-1　压缩空气储能系统原理图

(2) 超级电容器储能. 超级电容器储能是一种新型的储能方式. 超级电容器指的是以多孔材料为电极，由正负电荷层形成的可实现可逆充放电的高静电容量电容器. 与普通电容器相比，起级电容器具有介电常量高、耐压能力强、存储容量大的特征. 根据工作原理不同，超级电容器可分为双电层电容器(electrical double-layer capacitor，EDLC)和赝电容器(pseudocapacitor).

EDLC 的充放电工作原理如图 6.4-2 所示. EDLC 电极采用活性炭电极材料、碳纤维电极材料、碳气凝胶电极材料或者碳纳米管电极材料. 它的工作原理是当外加电压加在 EDLC 的两极板上时，其正极板储存正电荷，负极板储存负电荷，在 EDLC 的两极板上电荷产生的电场作用下，电解液与电极间的界面上形成性质相反的电荷和双电层电荷分布. 由于紧密的电荷层距离极小，因此电容量极大.

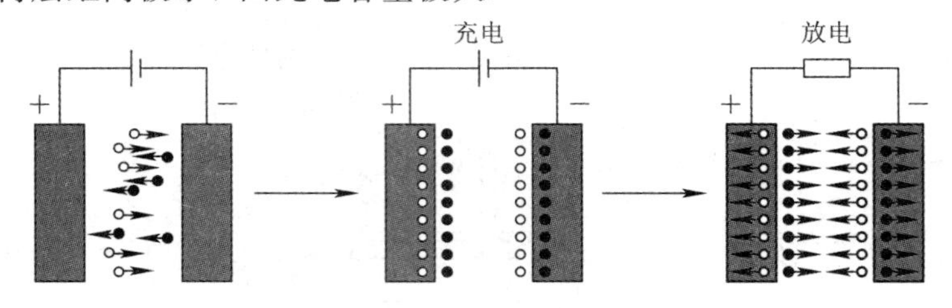

图 6.4-2 EDLC 的充放电工作原理示意图

赝电容器也叫作法拉第电容，其电极材料为 NiO、MnO_2、V_2O_5 或者聚合物等. 在充放电过程中，电极表面发生化学反应，充电时一侧被还原，另一侧被氧化；放电时正好相反. 例如

$$NiO+OH^- \leftrightarrow NiOOH+e^- . \qquad (6.4-1)$$

由于赝电容器中电荷转移反应只发生在电极材料的表面上，因此充放电过程快.

(3) 飞轮储能. 飞轮储能是一种具有广阔应用前景的储能方式，其具有储能密度高、适应性强、应用范围广、寿命长、效率高、无污染和易维修等优点. 人们在以下三个方面取得的突破性进展给飞轮储能技术的实现带来了新的希望：

① 超导磁悬浮技术和真空技术的发展将电动机的摩擦损耗和风损耗降低到最低限度，促进了飞轮储能；

② 高强度的碳纤维合成材料的出现使得线速度可达 500～1000 $m \cdot s^{-1}$，大大地提高了单位质量上的储能密度；

③ 电力技术的发展给飞轮的储存动能与电能之间的转换架起了桥梁.

(4) 超导储能. 超导储能是利用超导体的电阻为零的特性的储能方式. 超导储能系统控制及功率线路分布图如图 6.4-3 所示. 超导储能系统使处于超导状态的螺线管永久地储存磁能，需要时在螺线管两端外接负载，即可将储存在螺线管内的磁能转换成电能.

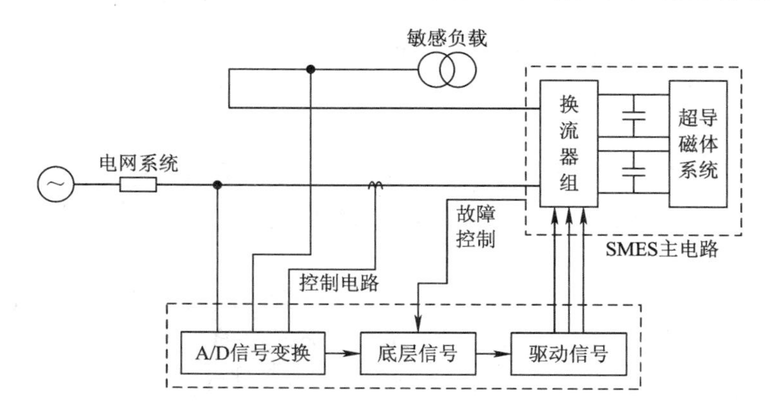

图 6.4-3 超导储能系统控制及功率线路分布图

(5) 抽水储能. 抽水储能是集抽水与发电于一体的储能方式，可实现势能与电能的转换，其工作示意图如图6.4-4所示. 抽水储能的工作原理是在上游和下游分别设置水库，当电力负荷处于低谷时，将低地势的下游水库中的水抽到上游水库，将电能转换成势能；在用电高峰时，释放上游水库中的水，驱动水轮发电机发电，将势能转换成电能. 抽水储能技术比较成熟，其使用寿命为30～40年，综合效率在70%～85%之间.

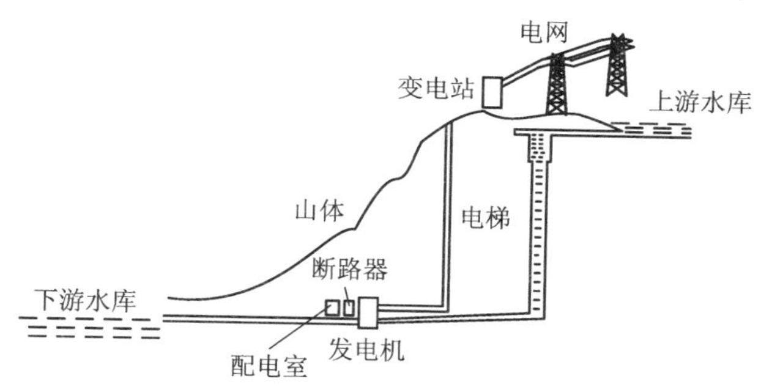

图6.4-4 抽水储能电站工作示意图

(6) 制氢储能. 制氢储能是利用太阳能、风能、潮汐能、地热能等可再生能源的储能方式. 由于氢与氧气反应仅生成水，故氢被认为是最环保的能源. 太阳能制氢有多种技术，如太阳能和热能电解水制氢、热化学制氢、热解水制氢、光催化制氢等. 基于燃料电池的制氢储能技术如图6.4-5所示.

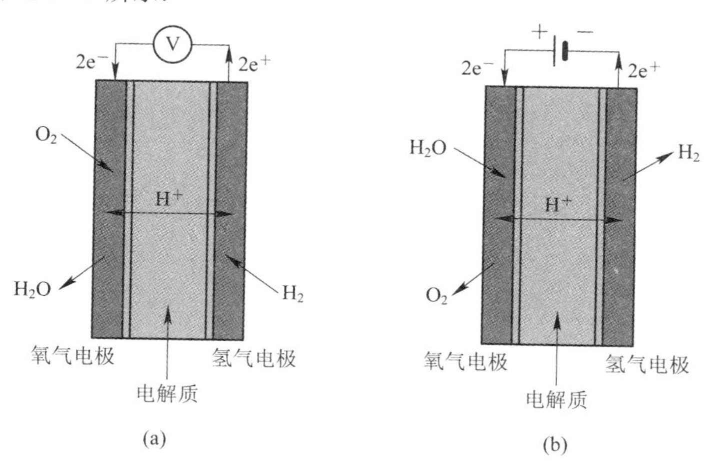

图6.4-5 基于燃料电池的制氢储能技术
(a) 燃料电池；(b) 电解池

电解水制氢是一种传统的制氢方法，即在外加能源作用下将水分解为氧气和氢气. 电解水制氢过程原理图如图6.4-6所示. 太阳能用于电解水制氢时，可以基于光伏效应先将太阳能转换成电能，再利用电能进行电解水制氢，也可以基于电化学法和半导体光催化法直接利用太阳能进行电解水制氢. 热化学法是实现规模化应用的太阳能制氢方法. 以太阳能为热源的热化学制氢过程示意图如图6.4-7所示. 该方法的原理是以会聚的太阳光直接作为光源，以高温陶瓷(ZrO_2)作为电解质，使电解质舱温度达到2000℃以上.

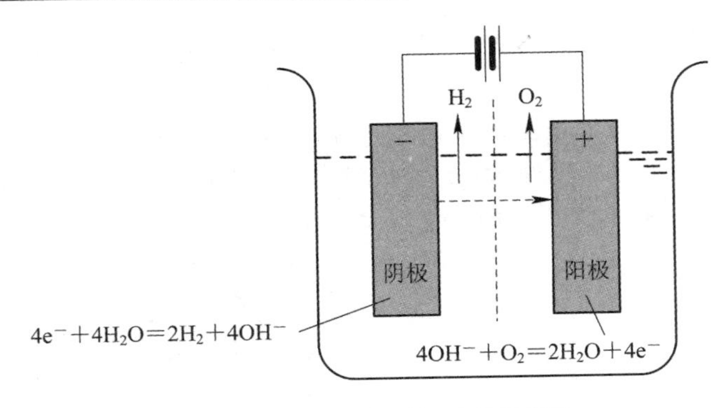

图 6.4－6 电解水制氢过程原理图

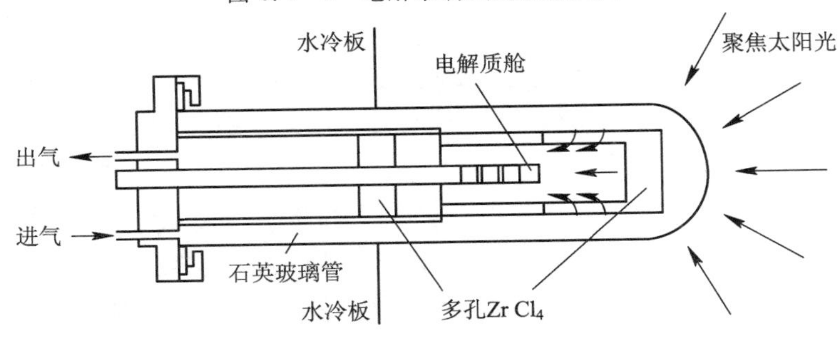

图 6.4－7 以太阳能为热源的热化法制氢过程示意图

抽水储能、压缩空气储能、钠硫电池、铅酸电池、锌溴电池、矾液流电池、锂离子电池、镍镉电池、镍氢电池、飞轮储能、超级电容器储能的放电时间与功率比较示意图如图6.4－8所示.

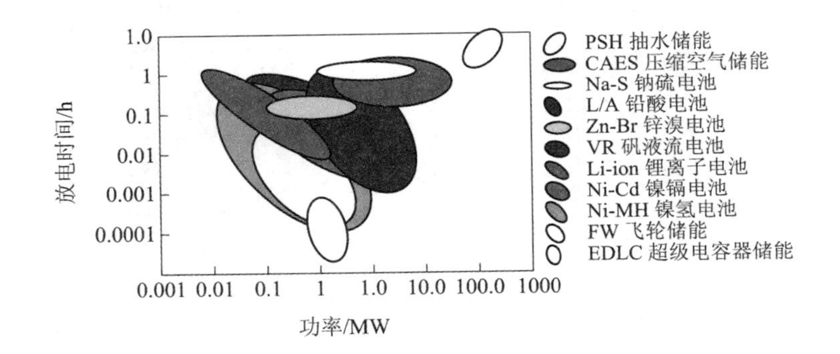

图 6.4－8 电力储能技术放电时间与功率比较示意图

6.5 智能电网与光伏发电并网技术

1. 智能电网技术

智能电网是具有双向流动的电力流、数字信息流的高度自动化且分布广泛的电能供应网络. 智能电网技术涉及高级量测体系(advanced metering infrastructure, AMI)、高级配

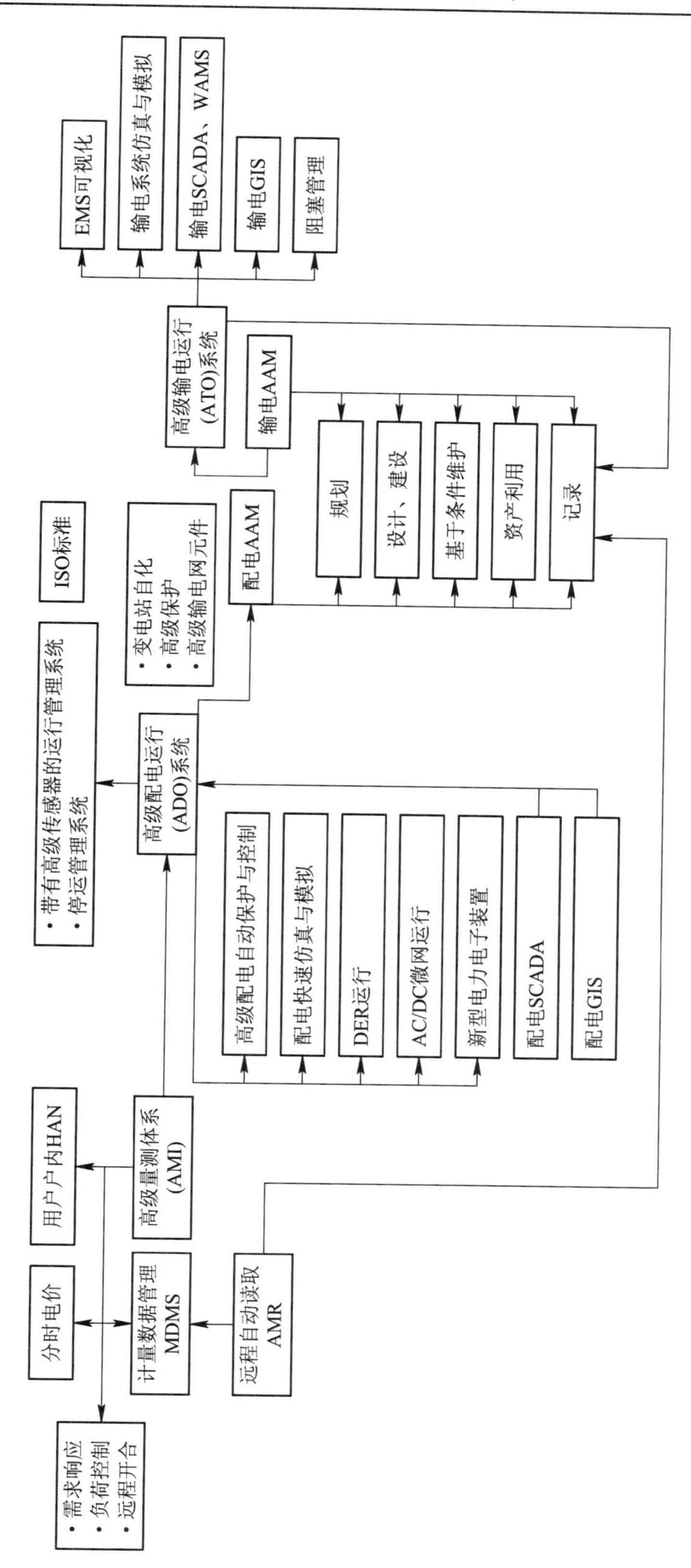

图6.5-1 智能电网技术组成与功能

电运行(advanced distribution operation, ADO)、高级输电运行(advanced transmission operation, ATO)和高级资产管理(advanced asset management, AAM). 其中AMI的技术组成和功能包括智能电表、通信网络、计量数据库管理系统、用户室内网、提供用户服务、远程接通或断开；ADO的技术组成和功能主要包括高级配电自动化、高级保护与控制、配电快速仿真与模拟、新型电力电子装置、分布式电源运行、微电网运行；ATO的技术组成和功能主要包括变电站自动化，输电地理信息系统，广域量测系统，高速信息处理系统，输电保护与控制系统以及模拟、仿真、可视化工具和先进的输电网设备；AAM可以提高电网设备的利用率，优化资产使用、运行维护、工作与资源管理等. 智能电网技术组成与功能如图6.5-1所示.

2. 光伏发电并网技术

光伏发电系统可分为大型集中式光伏发电系统、分布式光伏发电系统、光伏发电微网系统和家庭光伏能源系统. 其中，大型集中式光伏发电系统指的是峰值功率可达到MW量级的光伏发电站集群，其建设在沙漠中或者采光密度大的区域，光伏电力经汇集网汇聚升压接入输电网，远距离地输送到负荷中心；分布式光伏发电系统位于电网的用户端，可以直接接入主网或者输入储能设备. 光伏电站典型日出力曲线如图6.5-2所示. 由图可知，11:00～15:00为光伏电站吸收太阳能的高效时间段. 由于光伏功率具有间歇性和随机波动性，会给电网的安全运行、供电质量等造成巨大影响，因此输入储能设备的意义非常重大.

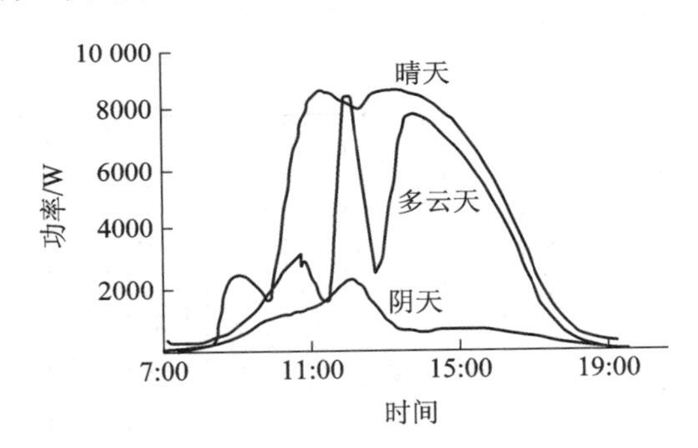

图6.5-2　光伏电站典型日出力曲线(晴天、多云天、阴天)

6.6 新颖太阳电池

1. 多结太阳电池

在多结太阳电池中，不同p-n结的排列由半导体材料的带隙的大小决定，对应于光谱的蓝波段、绿波段、黄波段、红波段以及红外波段. 带隙最宽的一层在最上面，用于吸收光谱中的蓝、绿波段能量，第二层用于吸收光谱中的黄波段能量，第三层用于吸收光谱中的红波段和红外波段能量，形成三输出太阳电池. 三个p-n结太阳电池对AM1.5光谱分割原理图如图6.6-1所示.

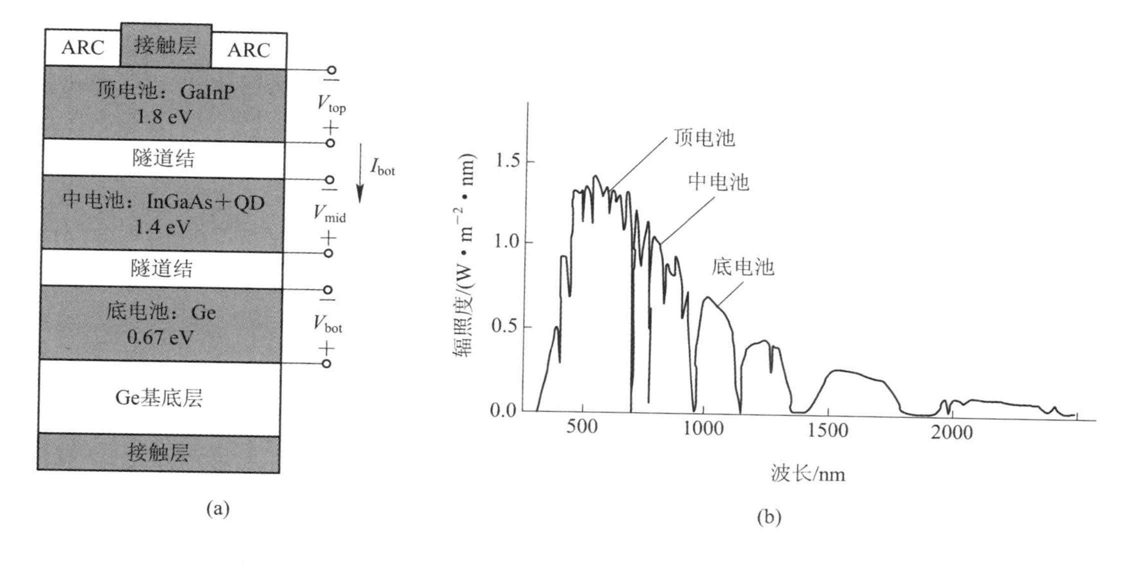

图 6.6－1　三个 p－n 结太阳电池对 AM1.5 光谱分割利用原理图

(a) 三个 p－n 结太阳电池；(b) AM1.5 光谱分割利用原理图

2. 量子点技术

量子点技术(quantum dot technology，QDT)是基于纳米尺度材料的技术．由于电子和空穴被量子限域，因此量子点拥有大块材料所没有的光量子性质，可实现材料的能带结构可调，即太阳电池的吸收波段可调．由于半导体的带隙大，因此其所吸收光子的截止能量高，输出电压也高．如果将不同尺寸的量子点组合在一起，那么可以以最佳的带隙匹配获得最大的转换效率．不同尺寸量子点构成的高效太阳电池如图 6.6－2 所示．量子点还容易与有机聚合物、染料、多孔薄膜材料等相结合，通过溶胶-凝胶法把量子点材料沉积在塑料、玻璃、金属等衬底上来形成 p－n 结．

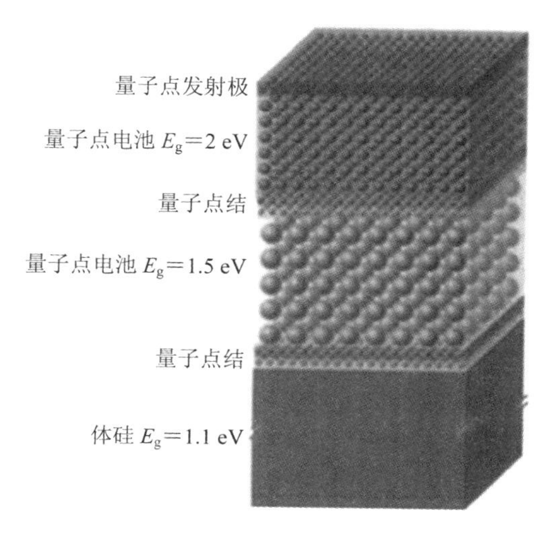

图 6.6－2　不同尺寸量子点构成的高效太阳电池

6.7 计算机在光伏技术中的应用

【例 6.7-1】 增量电导法(incremental conductance method, ICM)是最大功率点跟踪(maximum power point tracking, MPPT)控制的常用算法，是以太阳电池的输出电压对太阳电池的最大功率点进行追踪的一种策略. 对于功率 P，有 $P=IU$，实验数据如表 6.7-1 所示，试利用 Matlab 绘制 $P\sim U$ 曲线，并求出最大功率及相应的电压值.

表 6.7-1 一个太阳电池的功率与电压关系

U/V	0.125	0.175	0.225	0.285	0.35	0.46	0.55	0.615	0.69	0.8	0.95	1.125	1.26	1.4
P/mW	2.7	3.7	5	6.2	7.7	10.2	12.2	13.7	15.2	17.7	21.2	24.7	27.7	30.7
U/V	1.55	1.65	1.77	1.97	2.08	2.33	2.475	2.65	2.8	2.925	3.1	3.275	3.4	3.55
P/mW	33.7	35.7	38.2	41.7	43.7	47.7	49.7	52.2	53.7	54.7	56.2	56.7	57.2	56.7
U/V	3.725	3.85	3.925	4.05	4.1	4.2	4.225	4.3	4.375	4.475	4.55	4.6	4.65	4.7
P/mW	55.2	53.7	52.7	50.2	48.7	46.2	44.7	42.2	39.7	35.7	32.7	29.7	26.7	23.7
U/V	4.75	4.8	4.825	4.875	4.925	4.975	5.025	5.05						
P/mW	20.7	18.7	16.2	12.7	9.7	7.2	3.7	1.2						

【分析】 由题意，一个太阳电池的功率与电压的关系如表 6.7-1 所示，可以先利用 Matlab 编制程序绘制出 $P\sim U$ 曲线，然后利用 Matlab 多项式拟合公式，通过求一阶导数等于零和二阶导数小于零来获得极大功率.

【编程】

编制程序如下.

```
clear all
U=[0.125 0.175 0.225 0.285 0.35 0.46 0.55 0.615 0.69 0.8 0.95 1.125 1.26 1.4 1.55
1.65 1.77 1.97 2.08 2.33 2.475 2.65 2.8 2.925 3.1 3.275 3.4 3.55 3.725 3.85 3.925
4.05 4.1 4.2 4.225 4.3 4.375 4.475 4.55 4.6 4.65 4.7 4.75 4.8 4.825 4.875 4.925
4.975 5.025 5.05 ];
P=[2.7 3.7 5 6.2 7.7 10.2 12.2 13.7 15.2 17.7 21.2 24.7 27.7 30.7 33.7 35.7 38.2
41.7 43.7 47.7 49.7 52.2 53.7 54.7 56.2 56.7 57.2 56.7 55.2 53.7 52.7 50.2 48.7
46.2 44.7 42.2 39.7 35.7 32.7 29.7 26.7 23.7 20.7 18.7 16.2 12.7 9.7 7.2 3.7 1.2 ];
plot(U, P, 'linewidth', 3)
set (gca, 'Fontsize', 20)
```

绘制的 $P \sim U$ 曲线如图 6.7－1 所示.

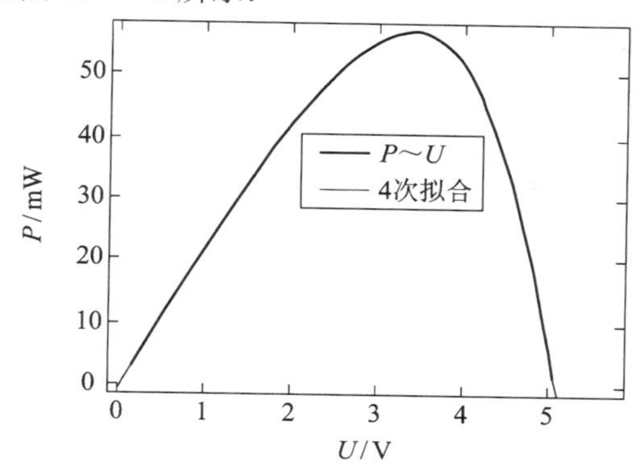

图 6.7－1　$P \sim U$ 曲线

作 4 次多项式拟合，拟合曲线方程为

$$P=-0.3882U^4+1.7703U^3-4.0337U^2+25.5U-0.69625, \tag{6.7-2}$$

式(6.7－2)对 U 求一阶导数并令其等于零，得

$$\frac{\mathrm{d}P}{\mathrm{d}U}=-0.3882\times 4U^3+1.7703\times 3U^2-4.0337\times 2U+25.5=0, \tag{6.7-3}$$

编制程序如下：

```
clear all
U=0.125:0.01:5.05;
y1=-0.3882.*4.*U.^3+1.7703.*3.*U.^2-4.0337.*2.*U+25.5;
y11=0.*U; plot(U, y1, U, y11, 'linewidth', 3)
set (gca, 'Fontsize', 20)
```

绘制的图形如图 6.7－2 所示，显然电压在(3，3.5)范围内有零点.

编制程序如下：

```
clear all
U=3:0.01:3.5;
y1=-0.3882.*4.*U.^3+1.7703.*3.*U.^2-4.0337.*2.*U+25.5;y11=0.*U;
plot(U, y1, U, y11, 'linewidth ', 3)
set (gca, 'Fontsize ', 20)
```

绘制的图形如图 6.7－3 所示，显然电压在(3.3，3.4)范围内有零点.

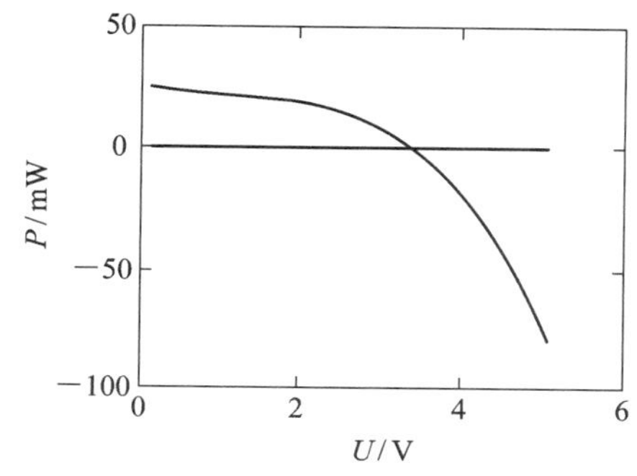

图 6.7－2　寻找式(6.7－3)的零点一

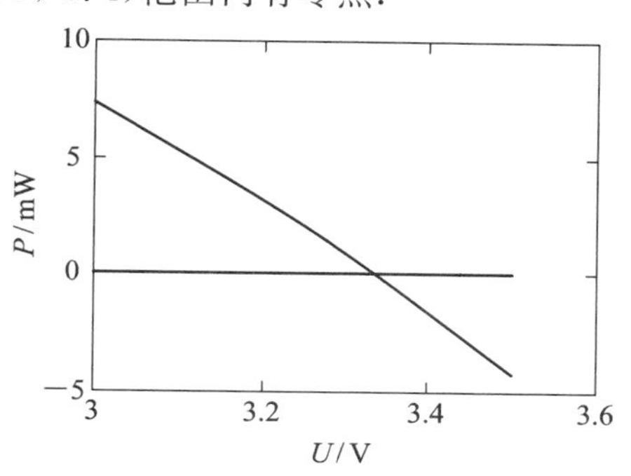

图 6.7－3　寻找式(6.7－3)的零点二

继续编制程序如下：

```
clear all
U=3.3:0.001:3.4;
y1=-0.3882.*4.*U.^3+1.7703.*3.*U.^2-4.0337.*2.*U+25.5;y11=0.*U;
plot(U, y1, U, y11, 'linewidth', 3)
set (gca, 'Fontsize', 20)
```

绘制的图形如图 6.7-4 所示，显然电压在(3.34，3.35)范围内有零点.

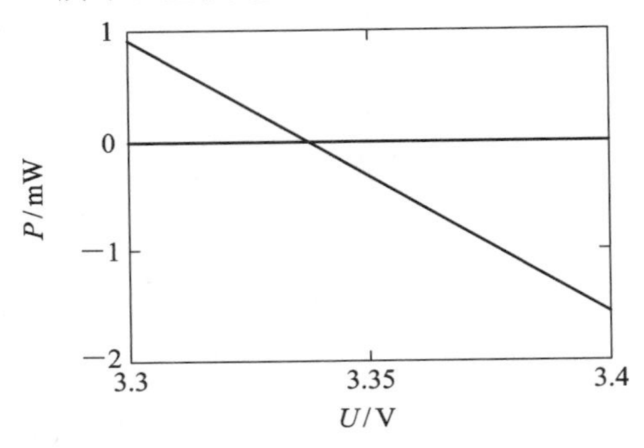

图 6.7-4　寻找式(6.7-3)的零点三

编制程序如下：

```
clear all
U=3.33:0.001:3.34;
y1=-0.3882.*4.*U.^3+1.7703.*3.*U.^2-4.0337.*2.*U+25.5;y11=0.*U;
plot(U, y1, U, y11, 'linewidth', 3)
set (gca, 'Fontsize', 20)
```

得到的图形如图 6.7-5 所示. 显然当 $U=3.338$ V 时，一阶导数等于零，式(6.7-2)对 U 求二阶导数得

$$\frac{d^2P}{dU^2}=-0.3882\times12U^2+1.7703\times6U-4.0337\times2, \qquad (6.7-4)$$

因为二阶导数的数值为 $-24.5169<0$，因此功率能取得最大值，其最大值为

$$P=-0.3882U^4+1.7703U^3-4.0337U^2+25.5U-0.69625=57.1258 \text{ mW}.$$

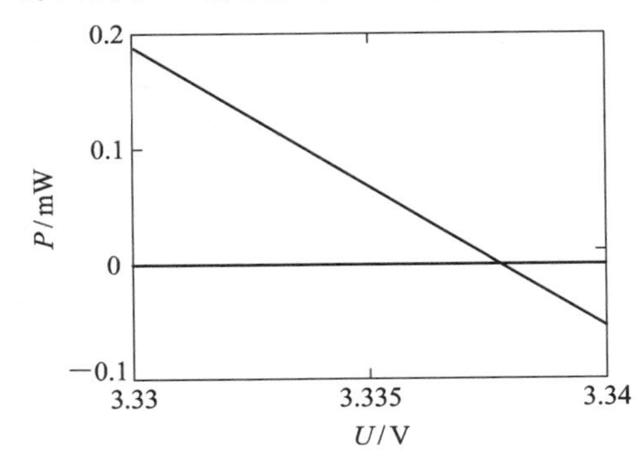

图 6.7-5　寻找式(6.7-3)的零点四

【答】 功率与电压关系为 $P=-0.3882U^4+1.7703U^3-4.0337U^2+25.5U-0.69625$，

当电压 $U=3.338$ V 时，最大功率为 57.1258 mW.

6.8 光伏技术拓展性内容

6.8.1 【专利】一种在硅片上激光一次性二维阵列穿孔装置

【技术领域】

本发明属于一种集光、机、电于一体的装置，用于在硅片上激光聚焦穿孔，形成二维阵列，实现金属电极绕通，减少太阳能电池表面主栅极的遮光面积，提高太阳能电池的效率.

【背景技术】

太阳能作为最清洁的能源，人们对它的利用已经成为当前和未来的重要研究课题. 目前基于硅片的太阳能电池的正表面有主栅极和细栅极，用于收集电荷和提供电能. 但是这些主栅极和细栅极减少了太阳能电池的有效光照面积，同时促进了少子在正表面上的复合，从而降低了太阳能电池的效率. 提高太阳能电池的转换效率是太阳能企业降低成本的重要手段. 基于金属穿孔卷绕(metal wrap through, MWT)技术，将太阳能电池正表面的主栅极通过发射极接触电极引向太阳能电池的背面，从而减小正面汇流条的遮光面积，提高太阳能电池的光电转换效率. 专利(申请号 201110096515.2，授权号 CN102208486B)提出了 8 个主要加工步骤，其中第 4 步提出了“利用激光在晶体硅基体上制作导电通孔”，一个硅片需要 36 个通孔，通孔直径为 0.100 mm；专利(申请号 201310008854.x，公开号 CN103035771A)提出了 10 个主要加工步骤，其中第 5 步指出了“用紫外激光器在完成 SiNx 沉积后的硅片表面打通孔”，选用波长为 355 nm 的紫外光激光器，通孔直径为0.120～} 这些专利没有指出如何实现太阳能电池硅表面激光穿阵列孔的具体方案.

【发明内容】

本发明解决了硅片上快速穿二维阵列孔的问题. 采用激光一次性地完成穿孔，在硅片上快速完成二维阵列穿孔，为 MWT 技术用于太阳能电池制造工艺中激光穿孔工序提供了有效的方法与装置.

本发明解决技术问题所采用的技术方案如下：

(1) 技术构思：

① 利用高功率激光器将光纤分束，光纤按二维阵列分布在光纤模板上，光纤末端放置聚焦透镜，焦点位于硅片相应的穿孔位置；

② 在光纤模板与硅片座之间旋转一挡板，用于硅片穿孔前后挡光；

③ 用吸盘将硅片放置到卡槽中，并通过步进电机使其向右移动至光纤模板的正下方，同时将挡板旋转 90°，使激光束直接照射硅片，这时在第二个卡槽中由第一个吸盘再放置第二片硅片；

④ 待曝光完成后，硅片穿孔结束，挡板转回，步进电机驱动穿好孔的硅片向右移出，正好第二片硅片进入光纤模板的正下方，将挡板转动 90°，使激光束直接照射硅片，第二个吸盘将穿好孔的硅片吸走，同时第二片硅片左边卡槽中由第一个吸盘再放置第三片硅片，

依次循环.

(2) 设备发明：在硅片上激光一次性二维阵列穿孔装置.

(3) 本专利的有益效果：在硅基太阳能电池工艺中增加激光穿孔步骤，实现金属电极绕通，将太阳能电池正面的主栅极移至背面，增大电池正面的太阳照射面积，提高太阳能电池效率1%以上.

【附图说明】

下面结合附图和实施例对本发明进一步说明. 其中系统装置图如图 6.8－1 所示，光纤阵列模图如图 6.8－2 所示，光纤末端如图 6.8－3 所示，挡板结构如图 6.8－4 所示，皮带轮如图 6.8－5 所示.

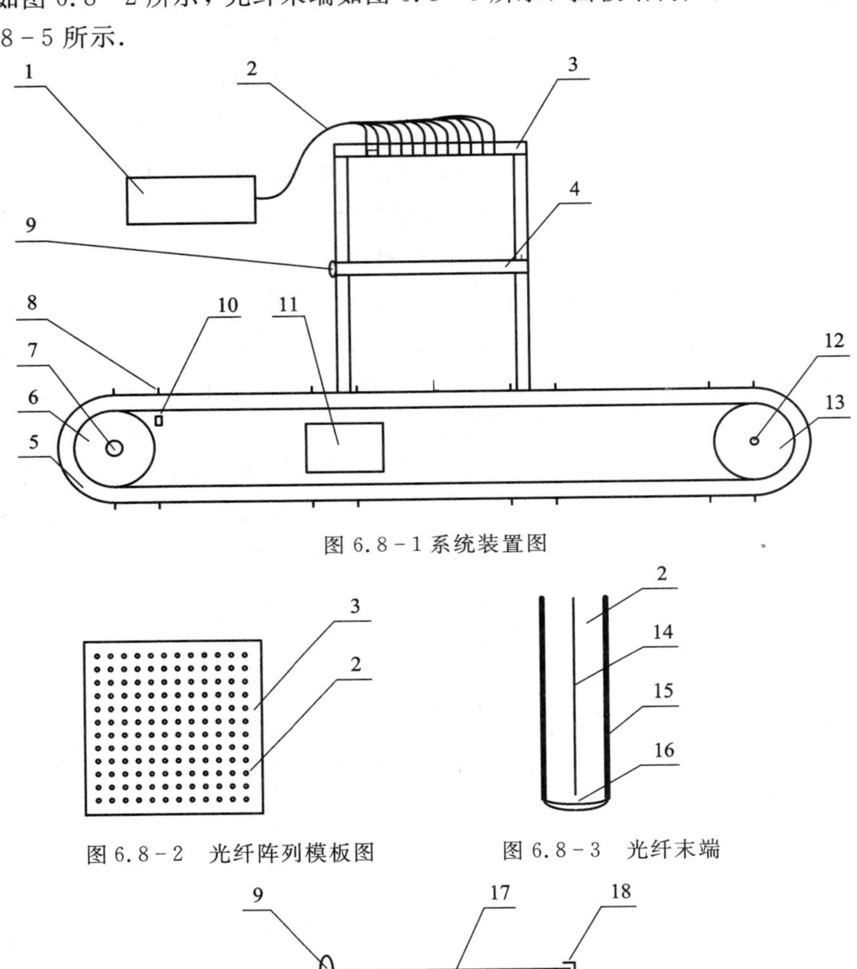

图 6.8－1 系统装置图

图 6.8－2　光纤阵列模板图

图 6.8－3　光纤末端

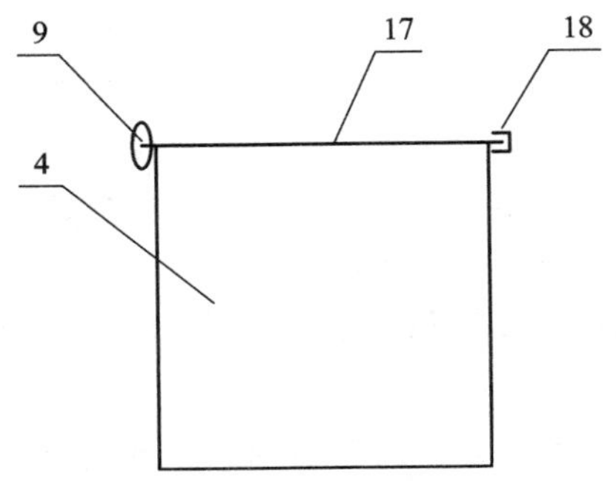

图 6.8－4　挡板结构

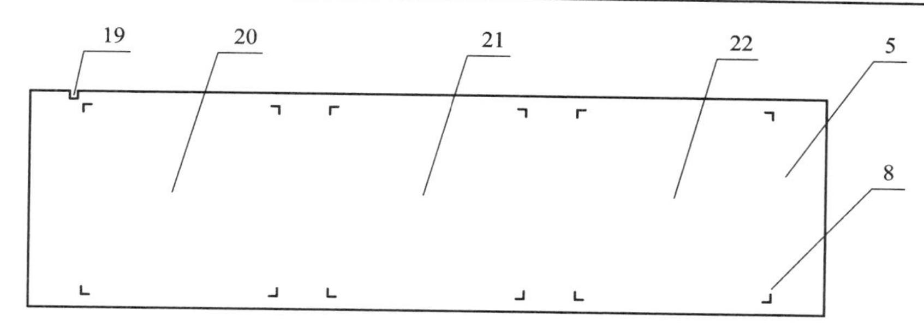

图 6.8-5　皮带轮

在图 6.8-1 至图 6.8-5 中，1—激光器；2—光纤；3—光纤阵列模板；4—挡板；5—皮带；6—转轮；7—步进电机一；8—皮带卡槽；9—步进电机二；10—光电传感器；11—控制器；12—从动轮轴心；13—从动轮；14—纤芯；15—金属护套；16—凸透镜；17—挡板转轴；18—挡板转轴套管；19—开口处；20—硅片底座 A；21—硅片底座 B；22—硅片底座 C.

【具体实施方式】

在图 6.8-1 中，系统装置包括激光-光纤模板系统、挡板控制系统、硅片传递系统.

(1) 激光-光纤模拟系统. 激光-光纤模板系统包括光源激光器(1)、光纤(2)和光纤阵列模板(3).

在图 6.8-2 中，对于边长为 12.50 cm 的硅片，设计的光纤阵列模板为 12 行×12 列，每一光纤与另一相邻光纤中心点的距离为 1.00 cm，即 144 路光纤等间距地分布成 12 行和 12 列.

在图 6.8-3 中，光纤(2)由纤芯(14)和包层组成. 在光纤末端包层上套有金属护套(15)，确保光纤末端直且具有一定强度，不易弯曲. 在光纤末端纤芯的正前方设置一个双面凸的凸透镜，使得其焦点达到硅片底座 B (21)的位置.

(2) 挡板控制系统. 挡板控制系统由步进电机二(9)、挡板(4)、挡板转轴(17)和挡板转轴套管(18)组成.

在图 6.8-4 中，步进电机二(9)驱动挡板转轴(17)旋转. 当接到触发指令后旋转挡板转轴(17)，若逆时针旋转 90°，则挡板(4)由水平状态转到竖直状态，即打开挡板(4)；若顺时针旋转 90°，则挡板(4)由竖直状态转到水平状态，即关闭挡板(4).

(3) 硅片传递系统. 硅片传递系统是在橡胶皮带轮上设计了 8 个硅片底座的系统，其中每个硅片底座由 4 个皮带卡槽(8)外卡限制硅片的位置，以确保硅片平放于底座上. 每个皮带卡槽(8)也是由橡胶制成的，其形状为“L”型，每边的凸起从下向上越来越薄，即上口大些，以确保硅片在重力作用下能落在硅片底座上.

为了确保皮带轮(5)能等间距地设计成 8 个硅片底座，步进电机一(7)的轴心与从动轮轴心(12)之间的距离应设置为 58.32 cm，皮带轮厚为 0.50 cm，转轮(6)和从动轮(13)的直径都是 8.913 cm.

开机后，控制器(11)驱动激光器(1)点亮，挡板(4)的初始状态是处于水平位置，阻止激光照射到硅片位置上.

由气动装置(不属于本专利)吸取硅片放置到硅片底座 A(20)位置，在重力的作用下，硅片落在硅片底座 A(20)的底部.

控制器(11)驱动步机电进一(7)带动硅片从硅片底座 A(20)位置移动到硅片底座 B(21)位

置，同时完成两件事情，即在硅片底座A(20)位置装上第二片硅片和触发步进电机二(9)逆时针旋转90°，挡板(4)由水平状态旋转成竖直状态，使激光能垂直地照射到硅片上.

当完成激光穿孔后，控制器(11)同时完成以下5件事情：

(1) 立即关闭挡板(4)，即触发步进电机二(9)顺时针旋转90°，挡板(4)由竖直状态旋转为水平状态.

(2) 步进电机一(7)带动第一片硅片从硅片底座B(21)位置移动到硅片底座C(22)位置.

(3) 硅片底座C(22)位置上已穿好孔的第一片硅片由气动装置(不属于本专利)取走.

(4) 在硅片底座A(20)位置上由气动装置(不属于本专利)装上第三片硅片.

(5) 触发步进电机二(9)逆时针旋转90°，挡板(4)由水平状态旋转为竖直状态，即打开挡板(4)，使激光垂直照射到硅片上，依此循环.

值得注意的是以下两个问题：

(1) 如何实现当硅片底座A(20)位置的硅片移动到硅片底座B(21)位置时立即打开挡板4，确保硅片能及时曝光穿孔. 方案是当硅片底座A(20)位置的硅片移动到硅片底座B(21)位置时，触发步进电机二(9)逆时针旋转90°，挡板(4)由水平状态旋转为竖直状态，从而打开挡板(4)，确保硅片能及时曝光穿孔.

(2) 由于皮带轮(5)在不断地转动过程中会出现积累误差，因此必须在皮带轮(5)运动一圈后定位一次，即每完成8个硅片穿孔后，当皮带轮(5)上的开口处(19)经过光电传感器(10)下上方时，步进电机一(7)停止1 s，控制器(11)再执行预定的程序，以后重复进行.

6.8.2 【专利】一种海洋内波现场测量装置

【技术领域】

本发明属于一种集光、机、电于一体的装置，用于在海洋内波现场测量不同深度处海水的温度、盐度、密度.

【背景技术】

在陆地资源得到高度开发的今天，人们将目光转移到海洋资源的开发上. 由于潮汐、风、运动的船只可能产生海洋内波，这种海洋层结状况在铅直方向上变化或者大尺度水平剪切流动造成的海洋内波对航行中的船只、潜水艇、石油钻井平台会产生强烈的影响，甚至是毁灭性的灾难，因此研究海洋内波现场测量系统并利用遥感观测结果有利于预报海洋内波，可以及时采取措施，使灾害带来的损失趋于最小化. 专利“一种科里奥利质量流量计现场测量系统及其检测方法”(公开号CN102589659A)公开了一种基于信号发生器的科里奥利质量流计现场测量系统与检测的方法. 专利“水下系留平台装置”(公开号CN2679028)公开了一种圆柱形卧室系留平台，前半球尾锥台状可以减小水中阻力，提高系留平台的稳定性. 但是采用水下系留平台装置来控制温度、盐度、密度测量仪在水下深度时，电源问题没有解决.

【发明内容】

本发明解决了海洋内波现场测量系统中的电源问题，即采用太阳能电池提供能源. MODIS遥感影像是海洋内波遥感法中一种很好的观测方法. 虽然通过可见光遥感影像可以清晰地观测到海洋内波的全貌，但需要现场观测系统提供对比数据，从而更好地预报海

洋内波，以及时采取措施，减小损失. 因此采用太阳能电池提供能源是一种很好的方法.

本发明所采用的技术方案如下.

(1) 技术构思：

① 要求海面上的浮子能顶起太阳能电池，浮子的配重较大且用绳索向下拉，确保太阳能电池浮于海面之上；

② 太阳能电池给通信系统(包括通信系统的稳压装置)提供稳定的电源；

③ 水下的系留平台通过电机在水下上下运动，温度、盐度、密度测量仪连接在系留平面上，它随系留平台上下位置变化能测出不同水深处海水的温度、盐度和密度. 电机驱动由太阳能电池提供能源；

④ 当电机转动收紧系留平台与海底之间的绳索时，系留平台下移，同时释放系留平台与海面浮子之间的绳索，反之亦然. 两段绳索的长度之和就是海面与海底的距离.

(2) 设备发明：海洋内波现场测量装置.

(3) 本专利的有益效果：本专利利用太阳能电池提供能源，不需要定时更换电池，确保现场测量装置可以长时间使用.

【附图说明】

下面结合附图和实施例对本发明进一步说明. 其中系统装置图如图 6.8-6 所示，绳索轮滑系统设计图如图 6.8-7 所示，平台上下运动绳索走向分析图如图 6.8-8 所示.

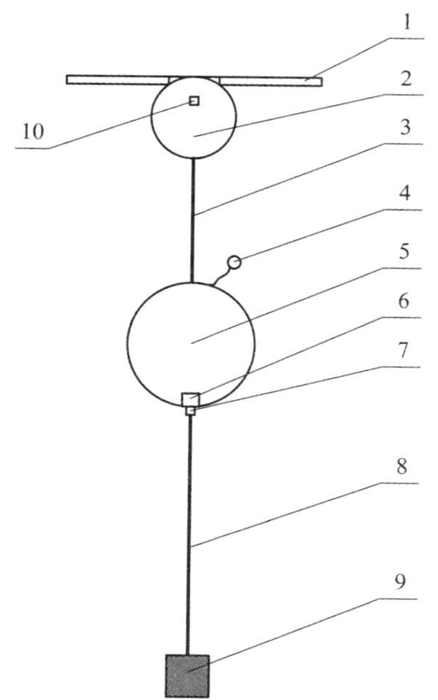

图 6.8-6　系统装置图

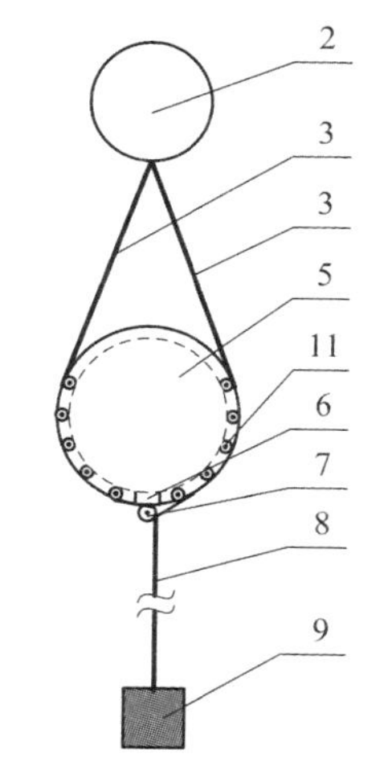

图 6.8-7　绳索轮滑系统设计图

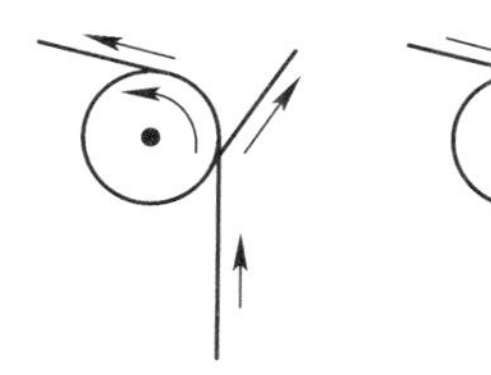

图 6.8-8　平台上下运动绳索走向分析图

在图 6.8-6 和图 6.8-7 中，1—太阳能电池板；2—浮球；3—平台上绳索；4—温度、盐度、密度测量仪；5—系留平台；6—电机驱动器；7—电机；8—平台下绳索；9—锚；10—通信系统；11—滑轮.

【具体实施方式】

在图 6.8-6 中，海洋内波现场测量装置包括海面上的太阳能电池板(1)、浮球(2)和通信系统(10)组成的浮球系统；海水中的系留平台(5)、温度、盐度、密度测量仪(4)、电机驱动器(6)、电机(7)组成的平台系统；锚(9)组成的固定系统；连接浮球系统与平台系统的绳索、连接平台系统与锚(9)的绳索组成的绳索滑轮系统.

在浮球系统中，太阳能电池板(1)为通信系统(10)、电机驱动器(6)和电机(7)提供电源. 太阳能电池板(1)由浮球(2)支撑，拉紧平台上绳索(3)确保太阳能电池板(1)的稳定性. 通信系统(10)包括接收陆地信息的无线通信装置、稳压装置、提供电机驱动器指令装置.

平台系统位于海水中，其正浮力由系留平台(5)提供，其稳定性由平台下绳索(8)与平台上绳索(3)提供. 系留平台(5)内的电机驱动器(6)接受通信系统发来的指令并驱动电机(7)顺时针或者逆时针旋转. 当电机(7)逆时针旋转时，平台下绳索(8)收紧，平台上绳索(3)释放，系留平台(5)下沉，温度、盐度、密度测量仪(4)能测量出较深处海水的温度、盐度、密度信息，并通过通信系统(10)将数据传递到陆地接收站. 反之，当电机(7)顺时针旋转时，系留平台(5)上升，陆地接收站可获得较浅处海水的温度、盐度、密度信息.

海底固定系统由锚(9)固定在海底.

在图 6.8-7 中，绳索滑轮系统由平台上绳索(3)、平台下绳索(8)与固定在系留平台(5)对称经线上的若干个滑轮(11)组成，以确保海面浮球系统与海底之间的距离基本不变，使太阳能电池板(1)正常工作，提供电源.

内容小结

1. 大气层外太阳光谱的强度随波长分布用 AM0 表示，平均光强为 1367 $W \cdot m^{-2}$.

2. 已经产业化的太阳电池主要有晶体硅太阳电池、薄膜太阳电池、聚光型Ⅲ-Ⅴ族化合物太阳电池. 晶体硅太阳电池组件结构包括绒面玻璃、EVA、减反射膜、硅太阳电池、TPT.

3. 根据能量存储方式的不同，储能技术主要分为机械储能(如抽水储能、压缩空气储能、飞轮储能等)、电磁储能(如超导储能、超级电容器储能等)、电化学储能(如锂离子电池、钠硫电池、铅酸电池、镍镉电池、锌溴电池、液流电池等)等三大类十几种.

习题

6.1　太阳辐射是指________.

6.2　距离地球最近的恒星是太阳，太阳中心的温度约 10^7 K，太阳主要由________(约占 71%)、________(约占 27%)组成.

6.3　在地球大气层之外，地球与太阳的平均距离为 1 个天文单位，即 1.496×10^{11} m，垂直于太阳光方向单位面积上的辐射能称为太阳常量(AM0)，其数值为________.

6.4　太阳辐射能在可见光范围内(400～760 nm)、红外光(>760 nm)、紫外光(<400 nm)的能源分别占据________、________、________，即能量集中于________，故称太阳辐射为________，在黑体辐射图中不难发现这一规律.

6.5　评价某一地区的太阳辐射，需要从多个方面进行衡量，其中最重要的指标是________，普遍采用的是________来定量地比较________.

6.6　辐照度的定义为________，常用的单位有________、________.

6.7　若 $1\ \mathrm{W}=1\ \mathrm{J}\cdot\mathrm{s}^{-1}$，则 $1\ \mathrm{kWh}\cdot\mathrm{m}^{-2}=$________ $\mathrm{MJ}\cdot\mathrm{m}^{-2}$.

6.8　只要地面的________就计为日照时间.

6.9　太阳能发电的方式主要分为________、________.

6.10　当太阳光照射到光电二极管上时，光电二极管就会________.

6.11　太阳电池是利用半导体________的半导体器件.

6.12　在衡量太阳电池输出特性的参数中，表征最大输出功率与太阳电池短路电流和开路电压乘积比值的是________.

6.13　太阳能光伏发电系统的装机容量通常以太阳电池组件的输出功率为单位，如装机容量为 1 GW，相当于________ W.

6.14　太阳电池的主要特性是________，把太阳电池正负极短路时，输出的电流称为________；把太阳电池正负极断开时，两极间的电压称为________. 太阳电池还有一些特性，如开路电压随________升高而降低.

6.15　电池板的光照特性主要是________与________成正比，显然________越强，________越大.

6.16　电池板支架向日跟踪方式大致可分为________、________、________三种.

6.17　光伏发电可分为________、________两种.

6.18　电池板额定容量对应的标准为________、________、________三种.

6.19　从外观上区分单晶硅电池板和多晶硅电池板的方法是________.

6.20　已知一个独立的光伏系统，其系统电压为 48 V，蓄电池的标称电压为 12 V，那么需要串联的蓄电池数量为________.

6.21　一个无人值守的彩电差转站所用的太阳能电源，其电压为 24 V，每天发射时间为 15 h，功耗为 20 W，其余 9 h 为接收等候时间，功耗为 5 W，则负载每天的耗电量为________.

6.22　光伏逆变器常用的冷却方式是________.

6.23　某单片太阳电池测得其填充因子为 77.3%，其开路电压为 0.62 V，短路电流为 5.24 A，测试输入功率为 15.625 W，则此太阳电池的光电转换效率为________.

6.24　太阳每年投射到地面上的辐射能高达________，按目前太阳的质量消耗速率计算，可维持 6×10^{10} 年.

第7章 激光应用技术

自从第一台红宝石可见光激光器发明以来，激光应用技术得到广泛地开发并应用于微量元素分析、同位素分析、核聚变、光化学、光通信、光学加工、光学检测、光全息、光信息处理等. 人们熟悉的激光通信、激光打印、图像电话、激光唱片、激光光盘、激光诊断、激光治疗，都是激光技术的应用.

以热辐射为特征的太阳光、以化学反应为特征的燃烧发光、以放射性或者生物能为特征的荧光，成为最早被人感知的光源，在关于光的本质问题上形成了以牛顿(艾萨克·牛顿，Isaac Newton，1643—1727)为代表的光的微粒说和以惠更斯(克里斯蒂安·惠更斯，Christiaan Huygens，1629—1695)为代表的光的波动说. 在17世纪后半叶及18世纪，微粒说占据主导地位，人们认为光以入射角等于反射角进行反射，所以得出光是众多的微小的颗粒，并按照惯性定律沿直线飞行，且在水中的光速大于在空气中的光速的错误结论. 直到1801年杨(托马斯·杨，Thomas Young，1773—1829)公开了杨氏双缝干涉实验的结果，第一次测定了光的波长，并用干涉原理成功地解释了白光薄膜干涉形成的彩色条纹，才有力地支持了惠更斯波动说. 1815年法国物理学家菲涅耳(奥古斯汀-让·菲涅耳，Augustin-Jean Fresnel，1788—1827)用杨氏双缝干涉结论补充了惠更斯原理，形成了惠更斯-菲涅耳原理，成功地解释了光的衍射和光的直线传播现象，特别是1850年法国物理学家傅科(吉恩·伯纳德·莱昂·傅科，Jean-Bernard-Léon Foucault，1819—1868)实验测出光在水中的速度小于在空气中的速度，波动说以无可辩驳的事实否定了光的微粒说，从此建立了波动光学体系. 1905年，爱因斯坦在分析迈克耳逊-莫雷实验(Michelson-Morley experiment)，特别是在解释光电效应实验结果时，指出光具有波粒二象性，光在传播过程中显示波动性，作用时显示粒子性：

$$E=h\nu, \tag{7.0-1}$$

$$p=\frac{h}{\lambda}, \tag{7.0-2}$$

式中，左边的 E 和 p 分别表示能量与动量，具有粒子性；右边的 ν 和 λ 分别为频率和波长，体现波动性；$h=6.626\times10^{-34}$ J·s 为普朗克常量.

7.1 常用的激光器

激光器为受激辐射光放大装置，是利用受激辐射原理使光在某激发的工作物质中放大或振荡的器件. 常用的激光器为小功率He-Ne激光器. 激光器由工作物质、泵浦能源、谐振腔三个部分组成.

（1）工作物质.

He－Ne 激光器的工作物质是 Ne 气体（气体 He 为辅助工作物质），即 Ne 原子. He 原子和 Ne 原子能级示意图如图 7.1－1 所示，Ne 原子的 2s 能级与 He 原子的 2^3s 能级的能量相差很小，同样，Ne 原子的 3s 能级与 He 原子的 2^1s 能级的能量也相差很小，这四个能级都是亚稳态. 激光跃迁发生的 Ne 原子三种主要跃迁为：

（1）3s→3p，辐射波长为 $\lambda_a=33\,900\,\text{Å}=3390\ \text{nm}$；

（2）3s→2p，辐射波长为 $\lambda_b=6328\,\text{Å}=632.8\ \text{nm}$；

（3）2s→2p，辐射波长为 $\lambda_c=11\,523\,\text{Å}=1152.3\ \text{nm}$.

对应于稳频的 He－Ne 激光器，$\Delta\nu=50\sim500$ Hz，相干时间为

$$\tau_{co}=\frac{1}{\Delta\nu}=(2\times10^{-3}\sim2\times10^{-2})\ \text{s},$$

相干长度为

$$l_{co}=c\cdot t_{co}=3\times10^8\ \text{m}\cdot\text{s}^{-1}\times(2\times10^{-3}\sim2\times10^{-2})\ \text{s}=60\sim600\ \text{km}.$$

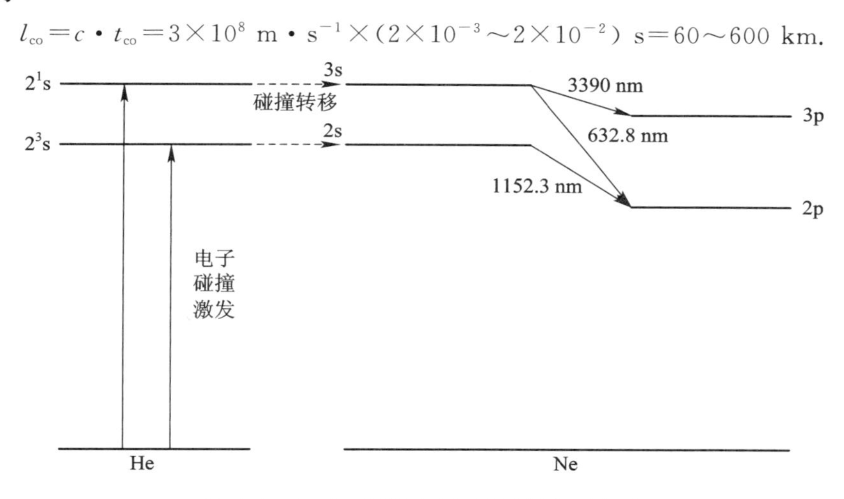

图 7.1－1　He 原子和 Ne 原子能级示意图

当激光管中气体放电时，游离的电子被电场加速并与处于基态的 He 原子和 Ne 原子碰撞，由于 Ne 原子吸收电子能量但被激发的概率很小，He 原子被激发的概率却很大，所以被加速的电子首先把 He 原子通过碰撞激发到 2^3s 和 2^1s 能级的两上亚稳态上，He 原子有效地与基态 Ne 原子碰撞并把 Ne 原子激发到 2s 能级和 3s 能级上去. 又由于 Ne 原子的 2s 能级与 He 原子的 2^3s 能级相差很小，Ne 原子的 3s 能级与 He 原子的 2^1s 能级相差很小，所以 Ne 原子在 3s 能级与 3p 能级之间跃迁释放波长为 3390 nm 红外光，Ne 原子在 3s 能级与 2p 能级之间跃迁释放波长为 632.8 nm 红色可见光，Ne 原子在 2s 能级与 2p 能级之间跃迁释放波长为 1152.3 nm 红外光.

值得一提的是，相干长度也可以采用两波长 λ_1 和 λ_2 以及它们之差 $\Delta\lambda=\lambda_2-\lambda_1$ 来进行计算. 令 λ_1 和 λ_2 同相后，第 $k+1$ 个周期的 λ_1 与第 k 个周期的 λ_2 同相，即

$$(k+1)\lambda_1=k\lambda_2,\ k=\frac{\lambda_1}{\lambda_2-\lambda_1},$$

相干长度为

$$l_{co}=k\lambda_2=\frac{\lambda_1\lambda_2}{\lambda_2-\lambda_1}\approx\frac{\lambda_0^2}{\Delta\lambda},\tag{7.1-1}$$

式中 $\lambda_0=\frac{1}{2}(\lambda_1+\lambda_2)$. 对于钠光谱，$\lambda_1=589.0$ nm，$\lambda_2=589.6$ nm，$\Delta\lambda=0.6$ nm，则相干长度为

$$l_{co}=\frac{\lambda_0^2}{\Delta\lambda}=0.579\ \text{mm}.$$

例如一高压汞灯，中心波长为 $\lambda_0=546$ nm，线宽 $\Delta\lambda=10$ nm，则相干长度为

$$l_{co}=\frac{\lambda_0^2}{\Delta\lambda}=0.0298\ \text{mm}.$$

(2) 泵浦能源.

He-Ne 激光器采用直流气体放电进行激励.

(3) 谐振腔.

如图 7.1-2 所示，在增益介质两端各有一块反射镜，其中一块反射率 $r_1\approx1$，称为全反射镜；另一块反射率 $r_2<1$，称为部分反射镜，激光就从部分反射镜这一端输出. 这两块反射镜要求调整到严格平行，并且垂直于增益介质的轴线，也就是说这两块反射镜构成了谐振腔. 构成谐振腔的两块反射镜可以是平面镜，也可以是球面反射镜，还可以是一块平面镜一块球面镜.

谐振腔一方面起到延长增益介质的作用，另一方面对输出光传播方向起到控制作用，还能对激光输出波长进行选择. 在 He-Ne 激光器中，只要选择合适的反射镜，就可以抑制 1152.3 nm 和 3390 nm 的红外光输出，只让 632.8 nm 红色可见光输出. 产生激光一是要实现高低能级间粒子数反转(the number of particles is reversed)，即在较高的能级上具有足够多的粒子，二是要满足阈值条件. 如图 7.1-3 所示，光强为 I_0 的入射光，经过长度为 L 的谐振腔后，光强变为 I_0e^{GL}，其中 G 为增益系数，经右侧镜面反射后光强变为 $r_2I_0e^{GL}$，再经过长度为 L 的谐振腔后，光强变为 $r_2I_0e^{2GL}$，最后经左侧镜面反射后光强变为 $r_1r_2I_0e^{2GL}$，只要满足

$$r_1r_2e^{2GL}\geqslant1,\tag{7.1-2}$$

条件，才能形成激光，这个条件称为阈值条件.

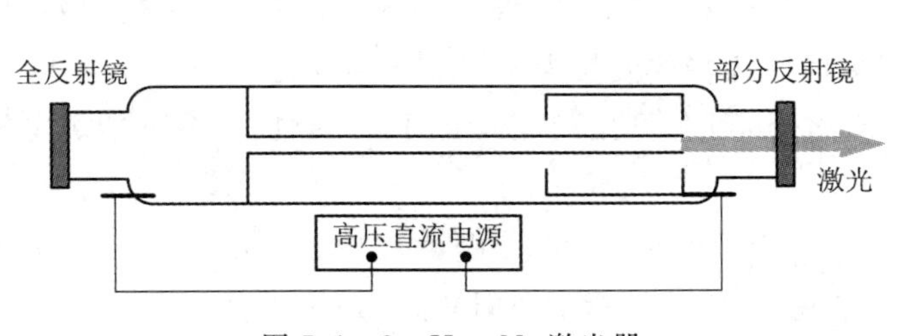

图 7.1-2 He-Ne 激光器

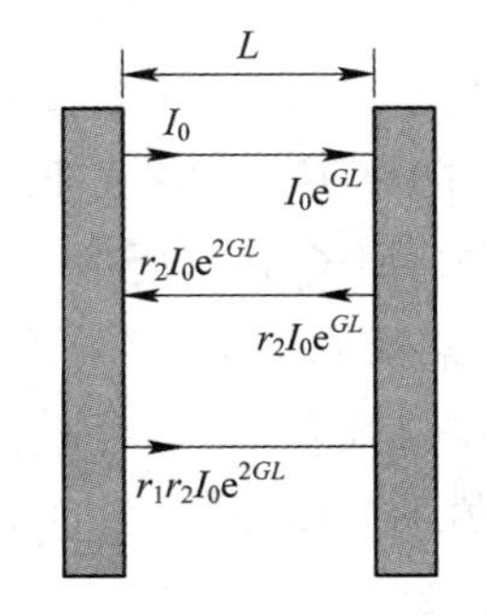

图 7.1-3 阈值条件分析

由此可见，产生激光必须满足两个条件：粒子数反转、阈值条件.

7.2 激光的应用

7.2.1 激光测距

1. 激光雷达

利用方向性好、亮度高、单色性好的强激光束实现目标物的距离、几何尺寸、化学性质等参量确定的系统，称为激光雷达(light detection and ranging，简写为 lidar，意义为光检测和测距). 图 7.2-1 所示为脉冲激光雷达系统原理图.

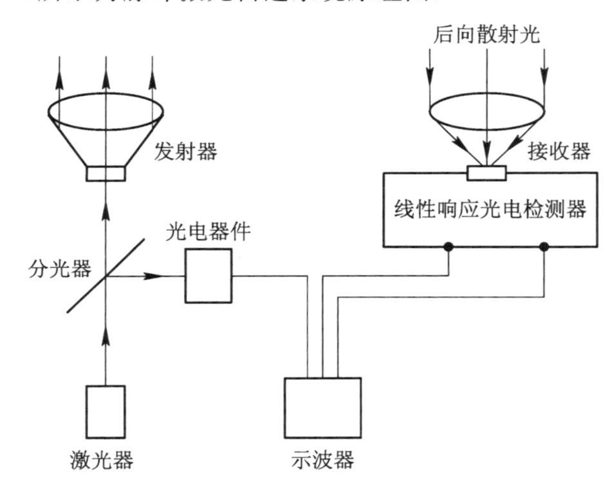

图 7.2-1　脉冲激光雷达系统原理图

近回光脉冲信号强度与距离的关系如图 7.2-2 所示. 图 7.2-2(a)为纯分子大气，即由均匀的 N_2、O_2、Ar 等单原子或者双原子气体分子所组成的大气；图 7.2-2(b)示出了在 X、Y 处对应的高度遇到雨水、雹、雪气团时的映射关系.

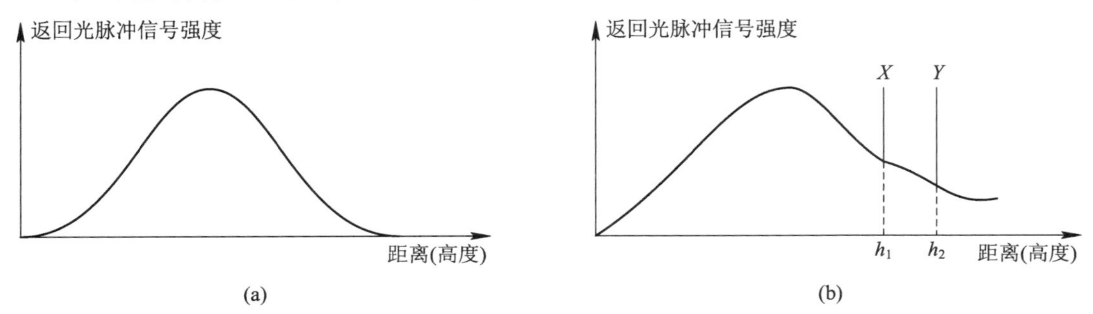

图 7.2-2　近回光脉冲信号强度与距离的关系

(a) 无气团情况下，纯分子大气；(b) 在 X、Y 处对应的高度遇到气团时的映射关系

激光在物理、化学、生物学研究中的应用非常普遍. 激光照亮了超微世界，超快或者超短脉冲广泛用于了解微观世界中的原子、分子结构，形成了激光光谱学、纳米科学.

2. 激光在几何长度计量中的应用

如图7.2-3所示，激光器发出的光通过小孔后成发散光束，该光束经过平晶两个反射面反射后在观察屏上呈现干涉条纹，条纹可以看成是由两个虚像 S_1 和 S_2 发出的，详见习题7.1.

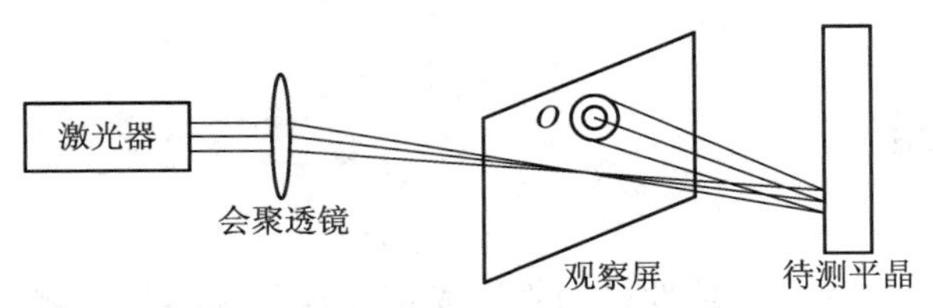

图7.2-3　检测平晶楔角的激光干涉装置示意图

3. 激光相位测距

激光相位测距是通过对光的强度进行调制来实现的. 若调制频率为 ν，调制波形如图7.2-4所示，光的波长为 $\lambda=\dfrac{c}{\nu}$，则光从位置 A 传播到位置 B，相当于相位变化 $\Delta\varphi$，实际上相位变化

$$\varphi=2m\pi+2\Delta m\pi,\ m=0,\ 1,\ 2,\ \cdots, \tag{7.2-1}$$

式中，$\Delta m=\dfrac{\Delta\varphi}{2\pi}$，位置 A 与位置 B 之间的距离为

$$L=ct=c\,\frac{\varphi}{2\pi\nu}=\lambda\,\frac{\varphi}{2\pi}=\lambda(m+\Delta m),\ m=0,\ 1,\ 2,\ \cdots, \tag{7.2-2}$$

式中，t 为光从位置 A 到达位置 B 所需的时间. 上式表明只要测量光波相位移动 φ 中 2π 周期的个数 m 和余数 Δm，就可以得到距离 L，因此式(7.2-2)称为激光相位测距公式(laser phase ranging formula).

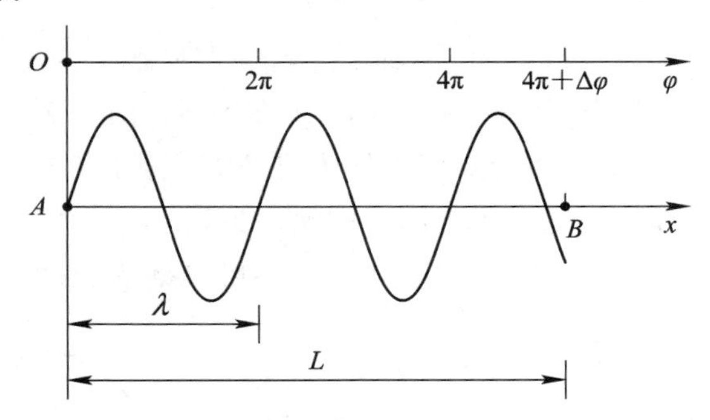

图7.2-4　相位的调制波形

在实际测量中，采用光往返一次来进行测量，如图7.2-5所示，$AB_1=B_1B=L$，这样 $2L=\lambda(m+\Delta m)$，即

$$L=\frac{\lambda}{2}(m+\Delta m)=L_s(m+\Delta m), \tag{7.2-3}$$

式中，$L_s=\dfrac{\lambda}{2}$ 为半波长，因此也称 L_s 为度量距离的光尺(light ruler).

由于采用光尺进行测量不确定度较大，因此常常采用差频测相技术. 如图7.2-6所示，主控振荡器信号经调制器调制后的发射信号为

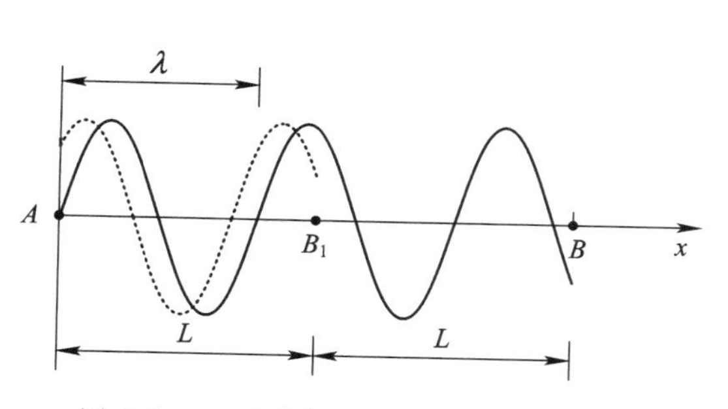

图 7.2－5　光传播长度 2L 后的光波相位

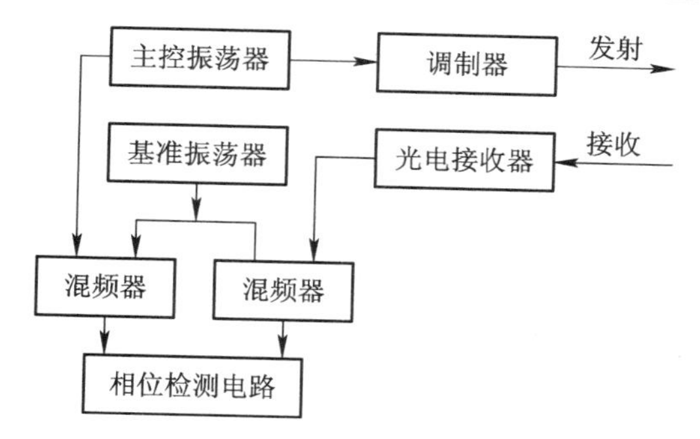

图 7.2－6　差频测相原理图

$$\varepsilon_{s1}=A_1\cos(\omega_s t+\varphi_s). \tag{7.2-4}$$

经过距离 2L 后接收器接收到的接收信号为

$$\varepsilon_{s2}=A_2\cos\left(\omega_s t+\varphi_s+\frac{2\pi}{\lambda}2L\right)=A_2\cos\left(\omega_s t+\varphi_s+\frac{4\pi L}{\lambda}\right). \tag{7.2-5}$$

当基准信号为

$$\varepsilon_0=A_0\cos(\omega_0 t+\varphi_0), \tag{7.2-6}$$

则发射信号与基准信号经混频器输出的混频信号为

$$\varepsilon_{0s1}=A_3\cos[(\omega_s-\omega_1)t+(\varphi_s-\varphi_1)], \tag{7.2-7}$$

接收信号与基准信号经混频器输出的混频信号为

$$\varepsilon_{0s2}=A_4\cos\left[(\omega_s-\omega_1)t+(\varphi_s-\varphi_1)+\frac{4\pi L}{\lambda}\right]. \tag{7.2-8}$$

选择$\frac{4\pi L}{\lambda}=\varphi_1-\varphi_s+2m\pi$，$m=0$，$\pm1$，$\pm2$，…，π，这样在差频后得到低频信号进行相位比较可以采用平衡测相法或者自动数字测相法，其中平衡测相法具有结构简单、性能可靠、价格低廉，但是会有 15′～20′或者更大的测量相位不确定度的特点；自动数字测相法具有测相速度高、测相过程自动化、便于实现信息处理，且测量相位不确定度为 2′～4′，结构复杂昂贵的特点.

相位测距仪具有测量范围大，又有一定的测量精度，因而得到了广泛应用，但是其测量精度受到大气温度、湿度和气压等条件的影响.

4. 脉冲激光测距

利用脉冲激光连续时间极短，能量在脉冲时间内相对集中，瞬时功率大的特点，对远距离靶标进行测距的方法称为脉冲激光测距(pulse laser ranging). 脉冲激光测距已广泛地应用于地形测量、战术前沿测距、导弹运行跟踪. 人造卫星、地球到月球距离的测量就是利用靶标漫反射回收反射光进行测量的，如图 7.2－7 所示，假设光来回所需时间为 t，则到达待测目标的距离为

$$L=\frac{ct}{2}. \tag{7.2-9}$$

当合下开关 S，接通激光器触发电路，激光器发出脉冲激光，并通过凸透镜以平行光出射. 脉冲激光有一部分能量由参考信号取样直接送到接收系统，作为计时起始时刻；大部分能量射向待测目标，光电接收器接收从待测目标表面反射的信号，即回波信号. 参考信号与回波信号先后由光电探测器转换成电脉冲，并经放大器、整形电路，得到放大整形的波. 这样参考信号能使触发器翻转，控制计数器对时钟脉冲振荡器发出的时钟脉冲进行计

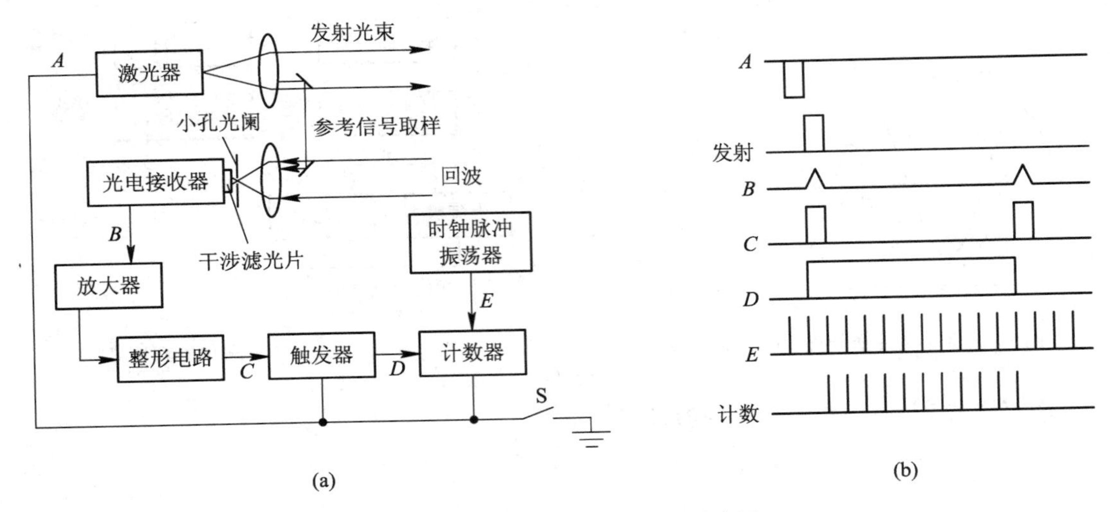

图 7.2-7　脉冲激光测距原理示意图

(a) 原理图；(b) 各点波形图

数．由计数器输出即可计算出待测目标的距离为

$$L=\frac{cN}{2\nu_0},\tag{7.2-10}$$

式中 N 为从计数器读到的脉冲个数，ν_0 为计数脉冲的频率．

在图 7.2-7(a)中，干涉滤光片和小孔光阑的作用是减少背景光及杂散光的影响，降低探测器输出信号的背景噪声．例如利用脉冲激光进行海洋测深，其测量精度与激光的脉宽、反射器与接收系统对脉冲的展宽、测量电路对脉冲信号的响应延迟等诸多因素有关．

7.2.2　激光在纺织服装行业中的应用

激光在纺织服装行业以其加工精确、快捷，操作简单，自动化程度高等优点，得到广泛应用，例如：

(1) 成衣激光绣花．有 2/3 的纺织服装布料可以利用激光来制作各种数码图案，传统的纺织布料需要后期的磨花、烫花、压花等制作工艺，而激光绣花具有制作方便、快捷的特点，其图案变换灵活、图像清晰、立体感强，能充分表现各种布料的本色质感，若再结合镂空工艺则会锦上添花．

(2) 数字影像激光喷花．例如对牛仔布料进行数字控制的激光照射，使得牛仔布料表面的染料汽化，制作的渐变花形、猫须磨砂等效果的影像图案不会褪色．

(3) 激光切割贴布绣．激光由于聚焦性好、照射光斑和热扩散区小，适用于纺织纤维面料的切割，且切口平滑无飞边、自动收口、不变形，值得一提的是，图形可以通过计算机设计并输出．

(4) 成衣激光打标．激光打标兼容了激光切割、雕刻的优点，同时还具有精度高、清晰度高、速度快，可在金属、有机聚合物薄片的平面、弧面、飞行物上打印各种文字、符号、图案，可精密加工尺寸小的复杂图案的优点．激光打标打印出来的标记具有永不磨损的防伪性能，可用于制作布标、皮标、金属标、打印图案复杂精细的各种司徽、LOGO，是品牌服装服饰物加工的最佳选择．

7.2.3　激光在医疗中的应用

激光诊断技术，包括超短激光脉冲荧光效应的光电子合成技术、用于生物分子研究的共振拉曼技术、用于各种生物分子结构和聚集度信息的光子相关光谱技术、用于探测激发态生物分子运动特性的皮秒脉冲闪光-光电离技术等.

激光可在眼科中应用，例如将氩离子激光器发出的激光束聚集到视网膜上，产生热效应可让视网膜贴牢或者让毛细管凝结；激光可在耳、鼻、喉、口腔科中应用，例如基于显微镜激光手术摘除口腔肿块；激光可在外科手术中应用，例如采用 Nd:YAG、氩离子激光器通过胃镜光纤，将激光能量传达到病灶区；激光还可用于妇科、皮肤科疾病治疗，或用于外科肿瘤切除手术；等等.

7.3　干涉型激光测试技术

迈克耳孙(阿尔伯特·亚伯拉罕·迈克耳孙，Albert Abraban Michelson，1852—1931)干涉仪是典型的光的干涉测试装置，如图 7.3-1 所示，它的动镜安装在扬声器动圈或者压电陶瓷上，动镜可以按确定频率以小振幅振动，当动镜速度为 v，在 t 时刻内动镜运动的距离为 vt，来回光程差为 $2vt$，折合成相位差为 $4\pi vt/\lambda$，进入探测器的两束光是由半透半反膜分成的振幅相等的两束光，它们的光强都是 I_0，故迈克耳孙干涉仪输出光强为

$$I_1=2I_0\left(1+\cos\frac{4\pi vt}{\lambda}\right). \tag{7.3-1}$$

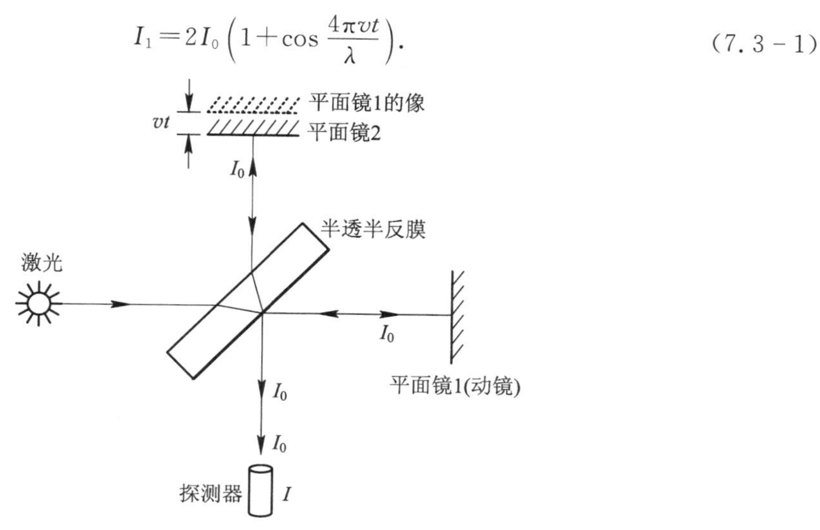

图 7.3-1　典型的迈克耳孙干涉仪装置

7.3.1　激光外差干涉测试技术

激光外差干涉技术是 20 世纪 70 年代逐步发展起来的，指的是两束相干光的频率有微小的差别，引起干涉场中的条纹不断扫描，光电探测器将干涉场中的光信号转换成电信号后，由电路与计算机检测干涉场的相位差，其优点是，解决了单频光源干涉中的漂移问题，提高了抗干扰性能和测量精度.

(1) 测量位移. 激光外差干涉图样及电信号如图 7.3-2 所示. 假设测试光路角频率为 ω，参考光路的角频率为 ω_1，且 $\omega_1-\omega=\Delta\omega$ 很小，则干涉场瞬时光强为

$$\begin{aligned}I(x, y, t)&=[E_r\cos(\omega_1 t)+E_t\cos(\omega t+\varphi)]^2\\&=\frac{1}{2}E_r^2(1+\cos(2\omega_1 t))+\frac{1}{2}E_t^2[1+\cos2(\omega t+\varphi)]+\\&\quad E_rE_t\cos[(\omega_1+\omega)t+\varphi]+E_rE_t\cos[(\Delta\omega)t-\varphi],\end{aligned}\tag{7.3-1}$$

式中 $\varphi=\varphi(x, y)$，由于光电探测器响应频率远小于测试光路角频率 ω、参考光路的角频率 ω_1，故式(7.3-1)中只保留三项，即

$$I(x, y, t)\approx\frac{1}{2}E_r^2+\frac{1}{2}E_t^2+E_rE_t\cos[(\Delta\omega)t-\varphi],\tag{7.3-2}$$

因此干涉场中某位置光强以低频 $\Delta\omega$ 变化. 设基准探测器置于(x_0, y_0)处，输出的基准信号为 $I(x_0, y_0, t)$；扫描探测器置于(x_i, y_i)处，输出信号为 $I(x_i, y_i, t)$，两信号具有相同的波形，如图 7.3-2(b)所示，过零点时间差为 Δt，有

$$\varphi(x_i, y_i)-\varphi(x_0, y_0)=\Delta\omega\Delta t=2\pi\Delta\nu\Delta t,\tag{7.3-3}$$

式(7.3-3)为干涉场中各位置处的相位差.

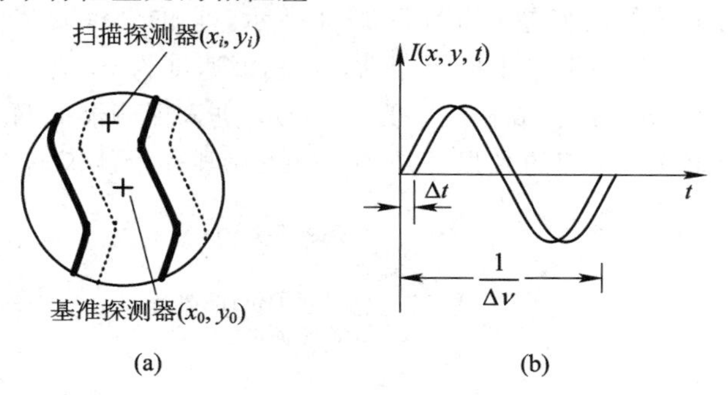

图 7.3-2 激光外差干涉原理

(a) 外差干涉图样；(b) 电信号

如图 7.3-3 所示，左旋和右旋圆偏振光双频率分别为 ν_1 和 ν_2，$\nu_2-\nu_1=1.5$ MHz，两束激光经过 $\lambda/4$ 波片后变成了两个方向相互垂直的线偏振光，两线偏振光再经准直系统扩束，经分光镜分别分成两个部分，其中两束分别约 4%的光，反射到与振动方向成 45°角放置的检偏器上，通过检偏器的光仍然是线偏振光，两束光的叠加，产生了多普勒效应的拍频 $\nu_2-\nu_1$，这束光作为参考信号被光电探测器接收. 透过的大部分光束被偏振分光镜又分成了两束，其中频率为 ν_2 的偏振光被反射到固定角隅棱镜后返回，频率为 ν_1 的偏振光透过偏振分光镜后射向可动角隅棱镜后返回，由于可动角隅棱镜运动，反射回来的光束频率变成了 $\nu_1\pm\Delta\nu$，这两束光经偏振分光镜再次汇合，产生多普勒效应拍频，频率为 $\nu_2-(\nu_1\pm\Delta\nu)$，再经平面镜反射后被另一个探测器接收. 这样两路光信号分别经过前置放大器，再送入混频器，最后解调出被测信号 $\pm\Delta\nu$，由可逆计数器对 $\pm\Delta\nu$ 信号累计干涉条纹的变化数目 N，得到可动角隅棱镜的位移量：

$$L=\pm N\frac{\lambda}{2}=\pm\frac{\lambda}{2}\int_0^t\Delta\nu\mathrm{d}t.\tag{7.3-4}$$

值得注意的是，即使光路中光强衰减到只有原有的 10%，仍可以得到合适的电信号.

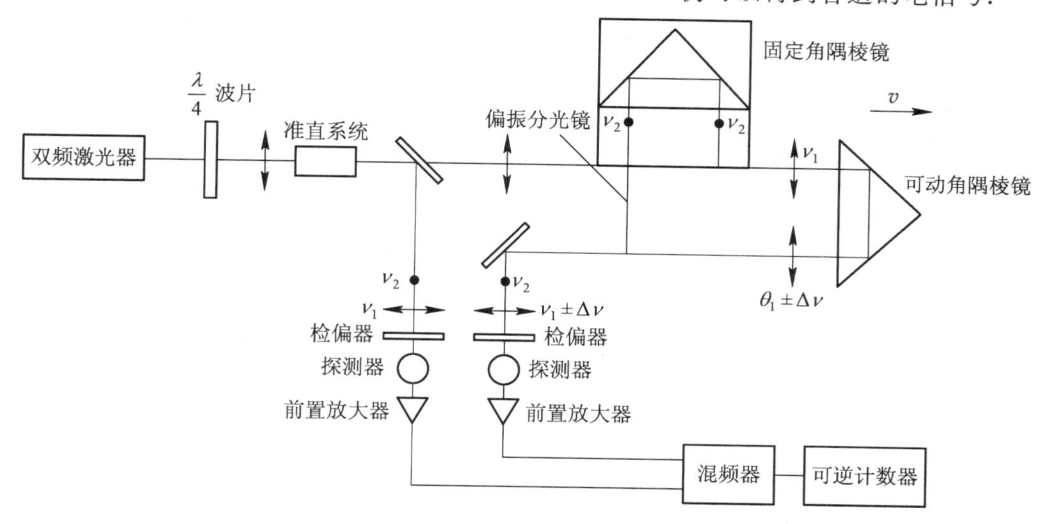

图 7.3－3　双频激光器外差干涉测量长度示意图

（2）测量微振动. 双频激光测量振动光路示意图如图 7.3－4 所示，该光路可以测量漫反射面，测量微振动频率范围为 1～100 kHz，其中的单频激光器发出的频率为 ν_0 的偏振光，经声光调制器分成两束，其中一束频率为 ν_0，另一束频率为 $\nu_0+\nu_s$，（$\nu_s=25$ MHz 为调制频率），两束光之间有0.6°的偏角，楔形棱镜使得这两束光的偏角更大. 频率为 ν_0 的偏振光作为测量光束，经过反射镜 1、方解石棱镜、$\lambda/4$ 波片、会聚透镜、反射镜 2、望远镜系统后，经振动体反射后又经过望远镜系统、反射镜 2、会聚透镜、$\lambda/4$ 波片、方解石棱镜、分束镜，射向探测器；频率为 $\nu_0+\nu_s$ 的偏振光，通过楔形棱镜、$\lambda/2$ 波片、分束镜，射向探测器. 两束偏振光在分束镜汇合后，获得的拍频信号为

$$\Delta\nu=\nu_0+\nu_s-(\nu_0\pm\nu_D)=\nu_s\mp\nu_D. \tag{7.3-5}$$

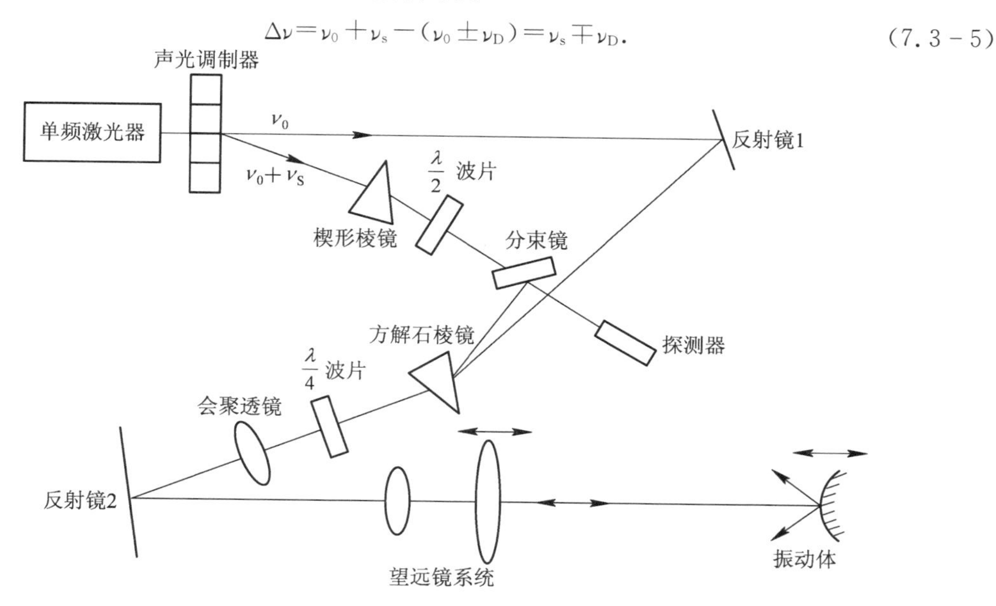

图 7.3－4　双频激光测量振动光路示意图

当 $\nu_s > \nu_D$ 时，拍频信号与多普勒频移信号完全一致，该拍频信号 $\Delta\nu$ 经交流前置放大器进入混频器及频率跟踪器，与此同时，频率为 ν_s 的信号，由声光调制器的信号源直接输入混频器，与拍频信号混频后把多普勒频移 ν_D 解调出来，并记录，因此适用于精密定位.

7.3.2 激光斐索型干涉测试技术

激光斐索型干涉测试技术属于非接触式干涉测试技术，它避免了由于接触人体，人体体温对干涉条纹的影响，或者样板压在待测表面产生微小变形影响测试结果. 激光斐索型干涉测试技术分为平面和球面两种.

(1) 激光斐索型平面干涉仪. 图 7.3-5 所示是一种激光斐索型平面干涉仪光路示意图，激光束被反射镜、会聚透镜会聚在小孔光阑处，小孔光阑位于准直物镜的焦点上，光束通过分光镜向下通过准直物镜，出射光束为平行光，平行光垂直入射到参考平面 M_1 上，其中一部分经参考平面反射，另一部分照射到被测平面 M_2 上，这两个平面反射的光线通过准直物镜后，被分光镜反射，并在光阑处形成两个小孔像，调整被测平面，使得这两个小孔像重合，产生双光束干涉. 这时观察者在光阑处能看到在参考平面附近的干涉条纹. 当改变参考平面和被测平面形成的空气楔的方位，干涉条纹的疏密与方位会发生相应变化，当在光阑处放置一照相机，适当调节照相机就可以将干涉条纹拍摄下来. 当参考平面 M_1 和被测平面 M_2 之间的距离为 $h=5$ mm，照射单色光波长 $\lambda=546.1$ nm 时，则光源角宽度 $\theta \leqslant \sqrt{\frac{\lambda}{4h}} = \sqrt{\frac{546.1\times10^{-9}}{4\times5\times10^{-3}}} = 5.225\times10^{-3}$，即 $\theta \leqslant 17.96'$，这可以通过适当地选择准直物镜焦距(例如 $f'=500$ mm)和小孔光阑直径($D \leqslant 5$ mm)来实现.

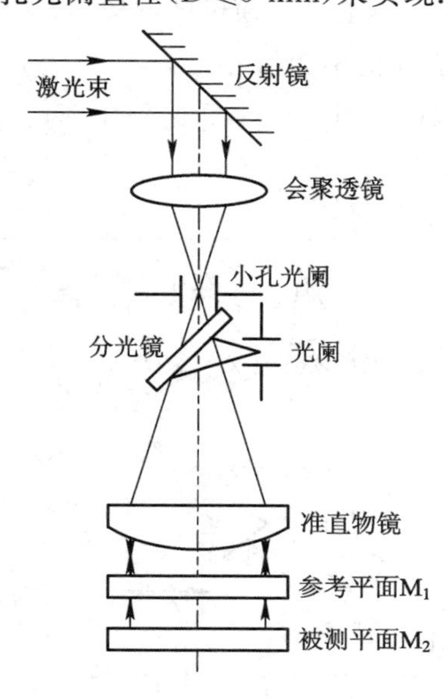

图 7.3-5 激光斐索型平面干涉仪光路示意图

在图 7.3-5 中，去掉参考平面 M_1 并将待测平板玻璃直接放置于准直物镜下面，让平行光垂直照射到平板玻璃上，形成如图 7.3-6 所示的干涉条纹，该条纹是触边为暗条纹，

且明暗相间的等宽、等间距的平行的等厚干涉条纹，干涉场口径两侧相应的厚度为 h_1 和 h_2，当

$$2n(h_2-h_1)=k\lambda,\ k=1,\ 2,\ \cdots, \tag{7.3-1}$$

时，平板玻璃的平行度为

$$\theta=\frac{h_2-h_1}{D}=\frac{k\lambda}{2nD}. \tag{7.3-2}$$

当 $D=60$ mm，$n=1.5147$，$\lambda=632.8$ nm，如果 $k<1$，即当

$$\theta<\frac{632.8\times10^{-9}}{2\times1.5147\times0.06}=3.48\times10^{-6}=0.718'',$$

平行度便无法测量了.

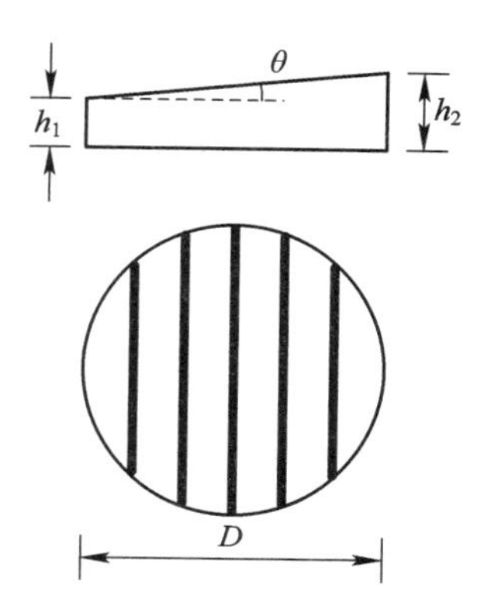

图 7.3-6　测试平板玻璃平行度装置

(2) 激光斐索型球面干涉仪. 图 7.3-7 所示是一种激光斐索型球面干涉仪光路示意图，标准物镜组的最后一面(作为测量的标准参考面)与出射的高质量的球面具有同一个球心 C_0，将 C_0 与待测镜凸面的球心 C 重合，可测量待测镜与标准参考面之间的等厚干涉条纹.

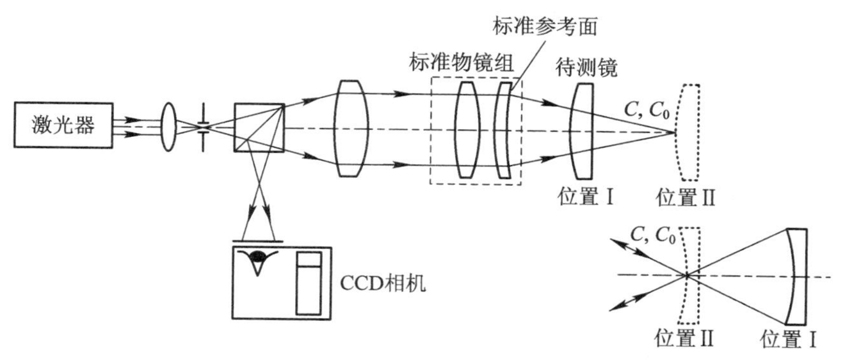

图 7.3-7　激光斐索型球面干涉仪光路示意图

测量大曲率半径光路图如图 7.3-8 所示，位置Ⅱ放置标准参考面，其半径为 $R_{标}$，位置Ⅰ放置凸面，该凸面为工件的待测面，待测面的球心 C 与标准参考面的球心 C_0 重合，于是得到

$$R_{凸}=R_{标}-(R_{标}-R_{凸}), \tag{7.3-3}$$

式中 $R_{标}-R_{凸}$ 可以测量得出.

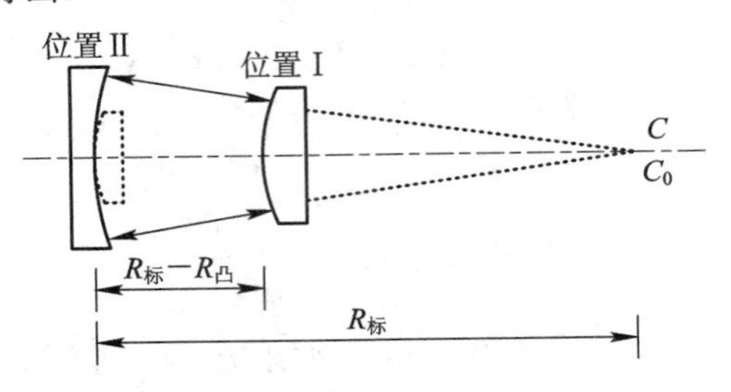

图 7.3-8　测量大曲率半径光路图

7.3.3　激光散斑测试技术

当一束激光照射到粗糙的表面，粗糙表面深度大于光波长时，在表面上出现亮斑和暗斑，这些亮斑和暗斑是杂乱无章分布的，称为散斑(speckle)，其物理本质是相干光照射到粗糙表面，各面元上的散射光之间发生干涉，在空间域内形成颗粒状结构，颗粒直径的大小为相邻亮斑间距离的统计平均，即

$$D=\frac{0.6\lambda}{\sin\theta},\tag{7.3-4}$$

式中 θ 为散斑的孔径角. 当照明区域为圆形时，散斑也是圆形，随着照明区域的增大，在多个面元上的散射光之间发生干涉，散斑的分布也发生相应的改变，例如，当照明区域对散斑的孔径角 θ 增大，则散斑变小. 散斑区分成直接散斑和成像散斑，其中直接散斑就是由粗糙表面的散射光干涉而直接形成的；成像散斑(也称为主观散斑)是经过一个光学系统在像平面上形成的散斑. 如图 7.3-9 所示，P 点的散斑横向直径的均值为

$$\bar{d}_{0}\approx\frac{0.6\lambda}{\sin\theta}=\frac{0.6\lambda}{\mathrm{NA}},\tag{7.3-5}$$

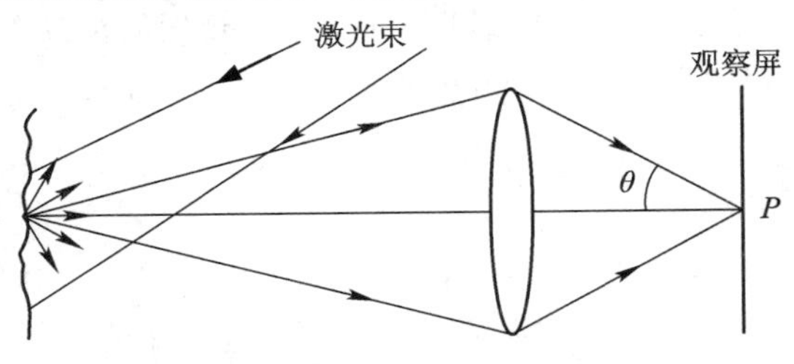

图 7.3-9　成像散斑的形成

式中，θ 为出射瞳孔对 P 点的孔径角，NA 为出射瞳孔的数值孔径；P 点的散斑纵向直径的均值

$$\bar{d}_{\mathrm{V}}\approx\frac{2\lambda}{(\sin\theta)^2}=\frac{2\lambda}{(\mathrm{NA})^2},\tag{7.3-6}$$

因此当孔径角 θ 不断减小时，散斑纵向长度增大比横向直径增大快得多.

1. 测量纵向位移的激光散斑干涉技术

图 7.3-10 所示为测量纵向位移的散斑干涉光路示意图. 其中反射镜 M_1 由粗糙面(作为物面)代替，用于测量粗糙表面的变形、纵向位移. M_2 为参考镜，可以是平面镜也可以是粗糙面，当 M_2 为粗糙面时，M_1 与 M_2 各自在像面上产生散斑，粗糙面 M_1 上产生的散斑在 P 点的振幅为 A_1，粗糙面 M_2 上产生的散斑在 P 点的振幅为 A_2. 在 P 点的合成振幅与强度取决于两振动的相位差，当 M_1 变形后，两个散斑的相位差发生变化，合成的散斑强度分布也发生改变. 当光程差改变 $N\lambda$ 时，相位差改变为 $2N\pi$，即变形后散斑强度分布与不变形

时一样，称为相关；当光程差改变$\left(N+\frac{1}{2}\right)\lambda$时，相位差改变为$(2N+1)\pi$，即变形后散斑强度分布与不变形时不一样，亮散斑变成暗散斑，称为不相关. 分开相关区域和不相关区域，像面上出现光程差为$N\lambda$和$\left(N+\frac{1}{2}\right)\lambda$的轨迹.

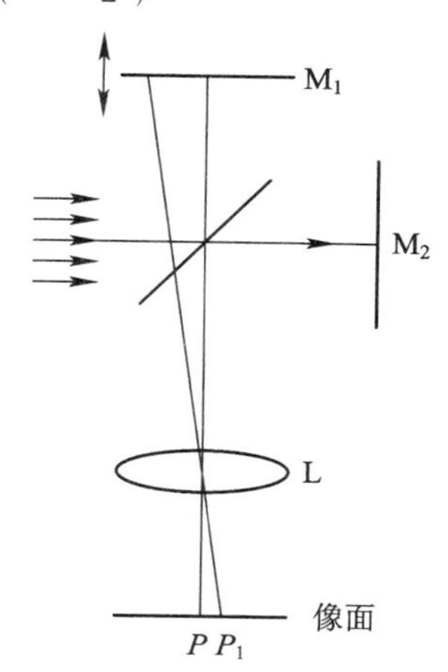

图 7.3－10　测量纵向位移的散斑干涉光路示意图

如图 7.3－10 所示，物面 M_1 向透镜 L 移动时，其像面将远离透镜向后移动，相应的散斑也向后移动，当参考镜 M_2 不动时，像面与散斑都不动，这样 M_1 和 M_2 产生了两个散斑，它们成纵向分开，以降低两个散斑的相关性. 当物面 M_1 变形后引起散斑的移动量大约等于散斑纵向尺寸

$$\bar{d}_{\mathrm{V}}\approx\frac{2\lambda}{(\sin\theta)^2},\tag{7.3-7}$$

即相关度为零.

2. 测量横向位移的激光散斑干涉技术

图 7.3－11 所示光路用于测量垂直于观察方向的位移即横向(x 和 y 方向)位移，该光路对 z 方向位移不敏感. 当沿着横向移动一段距离 d 后，发生的光程差变化满足

$$\Delta=2d\sin\theta=n\lambda\tag{7.3-8}$$

时，散斑将恢复原来的形状，只要横向移动的距离为波长 λ 的整数倍时，表面的区域为暗纹，相邻两暗纹之间有明纹，通过散斑干涉条纹即可判断各个区域的横向位移.

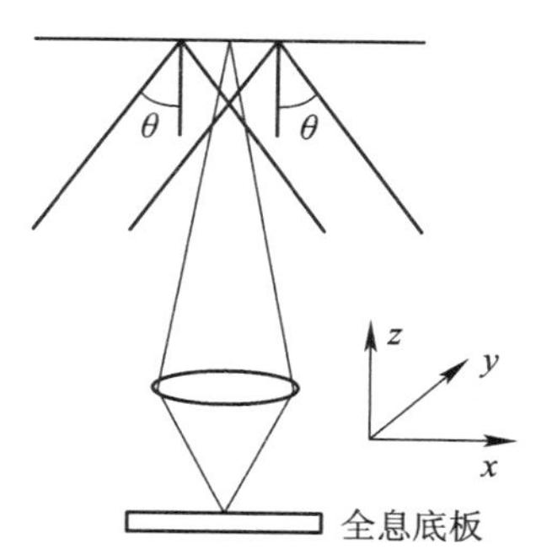

图 7.3－11　测量表面横向位移的散斑干涉光路示意图

3. 测量圆柱内孔壁表面质量的激光散斑干涉技术

图 7.3－12 所示为利用激光散射原理制成的用于测量圆柱内孔壁表面质量的装置示意图，He－Ne 激光器的功率为 1 W，平面镜上涂有条状反射膜. 该装置的工作原理为，由 He－Ne激光器发出的激光经透镜组中“透镜 1”和“透镜 2”后，透过涂有条状反射膜的平面镜中没有涂条状反射膜的区域，照射到平面反射镜上，反射光从缸筒(作为圆柱)内壁反射后又经平面反射镜反射到涂有条状反射膜的平面镜上，由涂有条状反射膜的区域反射且被光电探测器所接收. 重要的是，光从涂有条状反射膜的平面镜到平面反射镜，被电机通过皮带以每分钟 6000 转的速度旋转，再加上缸筒在不断运动，因此该装置可以记录缸筒同壁表面的信息.

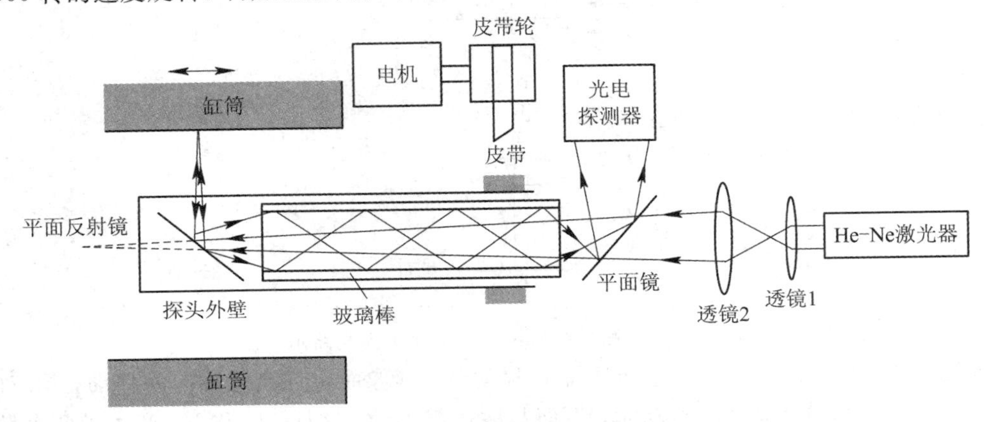

图 7.3－12　测量圆柱内孔壁表面质量的装置示意图

4. 测量表面光洁度的激光散斑干涉技术

采用二次曝光法记录散斑干涉图，其对比度为

$$K=\exp-\left(\frac{2\pi\sigma\sin\theta_0\cdot\delta\theta_0}{\lambda}\right)^2, \tag{7.3-9}$$

式中，σ 为表面粗糙度的均方根值，二次曝光的角度分别为 θ_0 和 $\theta_0+\delta\theta_0$.

图 7.3－13 所示为测量表面光洁度的激光散斑干涉光路示意图，粗糙表面(作为被测表面)同时被两束相干平面波 A 和 A_1 照射. A 和 A_1 两束光成 $\delta\theta_1$ 角，经被测表面反射后，反射光 B 和 B_1 成 $\delta\theta_2$ 角，并在干涉仪 L_2 中叠加发生干涉，之后通过透镜 L 后，形成激光散斑. 散斑对比度可用光电检测器进行实时测量，可测量粗糙度范围为 1～30 μm.

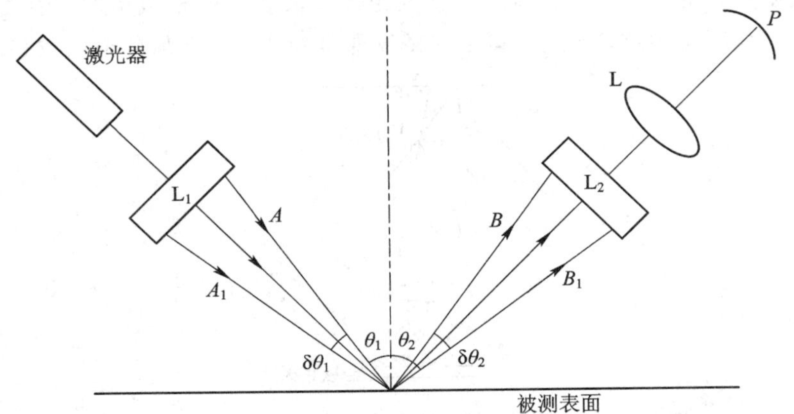

图 7.3－13　测量表面光洁度的激光散斑干涉光路示意图

7.3.4　激光全息测试技术

全息照相的基本原理是 1948 年匈牙利裔英国物理学家丹尼斯·盖伯(Dennis Gabor，1900—1979)在研究提高显微镜的分辨率、克服电子透镜的像差时提出来的，盖伯因此获得了 1971 年度诺贝尔物理学奖. 但由于当时缺乏相干性强的光源，这门技术无法得到推广和应用，直到 20 世纪 60 年代初期激光问世后，以及利思(E. N. Leith)等发明了离轴全息图，全息照相技术才得到迅速发展.

全息照相是一种能够记录光波全部信息的新技术，其原理完全不同于普通的透镜成像原理，全息照相采用一种无透镜的二步成像法进行拍摄和重现，其重现图像有许多优异的特点. 目前全息照相在干涉计量、信息存储、光学信息处理、无损检测、立体显示、生物学、医学及国防科研等领域中，已经得到了广泛应用.

全息照相中所记录和重现的是物理光波(简称物光)波前的振幅和相位，即全部信息，全息照相的名称由此而来. 由于感光乳胶和一切光敏元件都是“相位盲”，不能直接记录相位，必须借助于一束相干参考光，通过拍摄物光和参考光的干涉条纹，间接地记录下物光的振幅和相位，若直接观察拍好的全息图，则看不到像，只有照明光按一定的方向照在全息图上，通过全息图的衍射，才能重现物光波前，使我们看到物的立体像，故全息照相包括波前的全息记录和重现两部分内容.

1. 透射式全息照相

所谓透射式全息照相是指重现时所观察和研究的是全息图透射光的成像，这里重点讨论以平行光作为参考光，对物光和参考光夹角较小的平面全息图的记录及再现过程，另外再简单地介绍球面波作为参考光的全息照相、体积全息照相.

1) 全息记录

如果将物光和参考光的干涉条纹用感光底片记录下来，那就记录了底片所在位置物光波前的振幅和相位，如图 7.3-14(a)所示.

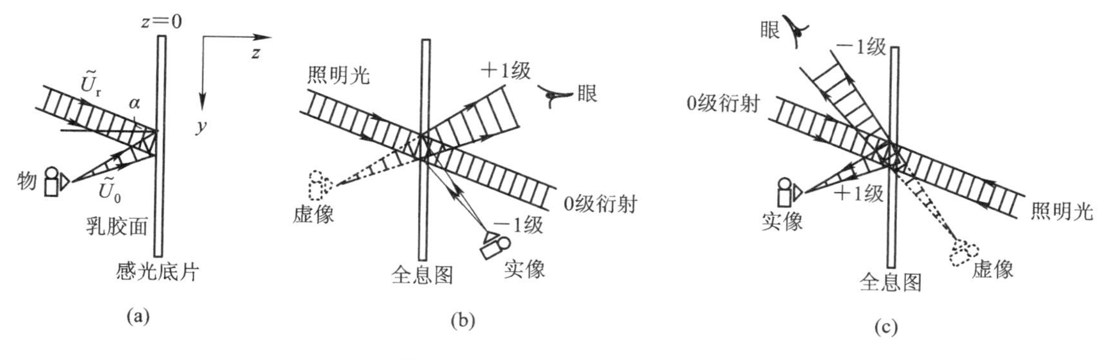

图 7.3-14　透射式全息照相

物光可看作由物体上各点所发出的球面波的叠加，设其中一点 $P(x_0, y_0, z_0)$ 发出的球面波的波前函数为

$$\tilde{U}_0(P)=A_0(P)\exp[\mathrm{i}\varphi_0(P)]. \tag{7.3-10}$$

设感光底片所在平面为 $z=0$，则此平面上物光波前函数为

$$\widetilde{U}_0(x, y)=A_0(x, y)\exp[\mathrm{i}\varphi_0(x, y)]. \tag{7.3-11}$$

若参考光为一束平面波，其传播方向在 yz 平面上，且与底片法线成 α 角，$z=0$ 处参考光波前函数可表示为

$$\widetilde{U}_r(y)=A_r(P)\exp\left[\mathrm{i}\frac{2\pi}{\lambda}y\sin\alpha\right]. \tag{7.3-12}$$

此时，底片上总的复振幅分布为

$$\widetilde{U}(x, y)=\widetilde{U}_0(x, y)+\widetilde{U}_r(x, y), \tag{7.3-13}$$

底片上的光强分布则为

$$I(x, y)=\widetilde{U}(x, y)\widetilde{U}^*(x, y). \tag{7.3-14}$$

将式(7.3-11)、式(7.3-12)、式(7.3-13)代入式(7.3-14)，得

$$I(x, y)=A_r^2+A_0^2+A_rA_0\exp[\mathrm{i}(\varphi_0-\varphi_r)]+A_rA_0\exp[-\mathrm{i}(\varphi_0-\varphi_r)], \tag{7.3-15a}$$

或

$$I(x, y)=A_r^2+A_0^2+2A_0A_r\cos(\varphi_0-\varphi_r), \tag{7.3-15b}$$

式中，$\varphi_r=\dfrac{2\pi}{\lambda}y\sin\alpha$.

感光底片在曝光后经显影和定影等暗室技术处理成为全息图，适当控制曝光量及显影条件，可以使全息图的振幅透过率 t 与曝光量 E（正比于光强 I）呈线性关系，即

$$t(x, y)=t_0-\beta I(x, y), \tag{7.3-16}$$

式中 t_0 和 β 为常数，即 $t(x, y)=t_0-\beta[A_r^2+A_0^2+2A_0A_r\cos(\varphi_0-\varphi_r)]$.

由上述的讨论可看到全息照相的记录过程和普通照相有本质的区别：

第一，在普通照相中，物通过透镜成像在底片上，物、像之间有点点对应的关系；全息照相不用成像透镜，物、像之间不存在点点对应的关系，物上每一点发出的球面波照在整个底片上，反之，底片上每一点又记录了所有物点发出的光波.

第二，在普通照相中，底片记录的是光强分布，而全息照相中，底片记录的是物光和参考光的干涉条纹，由式(7.3-15b)可以看出，当 $\varphi_0-\varphi_r=2n\pi$（$n$ 为整数）时，光强有极大值，即

$$I(x, y)=I_{\max}=(A_r+A_0)^2.$$

当 $\varphi_0-\varphi_r=(2n+1)\pi$ 时，光强有极小值

$$I(x, y)=I_{\min}=(A_r-A_0)^2.$$

干涉条纹的反衬度 γ 定义为

$$\gamma=\frac{I_{\max}-I_{\min}}{I_{\max}+I_{\min}} \text{ 即 } \gamma=\frac{4A_0A_r}{A_r^2+A_0^2}=\frac{4(A_0/A_r)}{1+(A_0/A_r)^2}. \tag{7.3-17}$$

对于一定的参考光（A_r 为已知），γ 取决于 A_0，换句话说，干涉条纹的反衬度 γ 反映了物光振幅 A_0，而干涉条纹的间距则取决于（$\varphi_r-\varphi_0$）随位置变化的快慢. 也就是说，对一定的 φ_r 来说，干涉条纹的间距和取向反映了物光波前的相位分布 $\varphi_0(x, y)$，因此底片记录了干涉条纹，也就是记录了物光波的全部信息，包括振幅 A_0 和相位 φ_0.

上述讨论了物光作为一个点光源所产生的球面波和参考光的干涉，整个物是由无数个

点光源组成的，因而整个全息图就是无穷多个球面波与参考光干涉所形成的复杂干涉条纹.

2）物光波前的重现

用一束参考光完全相同(即波长和方向相同)的平面波(见式(7.3－12))照在全息图上，则在 $z=0$ 平面上全息图透射的复振幅分布为

$$\widetilde{U}_t(x,\ y)=\widetilde{U}_r(y)\cdot t(x,\ y). \tag{7.3-18}$$

将式(7.3－12)、式(7.3－15a)、式(7.3－16)代入式(7.3－18)得到

$$\widetilde{U}_t(x,\ y)=[t_0-\beta(A_r^2+A_0^2)]A_r\exp\left[\mathrm{i}\,\frac{2\pi}{\lambda}y\sin\alpha\right]-\beta A_r^2A_0\exp[\mathrm{i}\varphi_0]-$$
$$\beta A_r^2A_0\exp[-\mathrm{i}\varphi_0]\exp\left[\mathrm{i}\,\frac{4\pi}{\lambda}y\sin\alpha\right]. \tag{7.3-19}$$

这样，透过全息图以后 $z=0$ 平面上波前可以按式(7.3－19)分成 3 项，第 1 项是重现照明光的波前 $\widetilde{U}_r(y)$乘以系数$[t_0-\beta(A_r^2-A_0^2)]$，近似地可以看作衰减了的照明光波前，这就是 0 级衍射，0 级衍射中不包含物光的相位信息，因而我们不感兴趣；第 2 项是＋1 级衍射，它正好是式(7.3－11)所表示的原来物光在 $z=0$ 平面上的波前 $A_0(x,\ y)\exp[\mathrm{i}\varphi_0(x,\ y)]$乘以系数 βA_r^2，也就是说这时物虽已移去，但在全息图后面又重新出现了和原来物体发出的光波完全一样的波前；第 3 项则为 －1 级衍射，它包含了物光的共轭波前 $A_0\exp[-\mathrm{i}\varphi_0]$，同时还有相位因子 $\exp[\mathrm{i}2\varphi_r]$.

根据惠更斯-菲涅耳原理，波前上每一点都可以看作新的次波的振动中心，而空间某一点的振动是某些次波在该点的相干叠加，在图 7.3－14(b)中全息图左侧空间放置原光源，因而光场就唯一地由边界 $z=0$ 处波前 $\widetilde{U}_t(x,\ y)$所确定，式(7.3－19)中 3 项也就相应于 3 束透射光，0 级衍射近似于一束平面波，其传播方向与全息图法线成 α 角，＋1 级衍射则是一束球面波，如式(7.3－11)所表示，其原点$(x_0,\ y_0,\ z_0)$就是原来物光点源所在位置，由于点源不是在透射光场内，因而称为虚像，虚像不能用毛玻璃接收，但是当迎着这束发散光方向去观察全息图时，观察到一个虚像，它和原物的大小、形状、位置完全一样，如图 7.3－14(b)所示；如图 7.3－14(c)所示的情形，＋1 级衍射会聚点就是实像的位置，由于波前有一项附加相位因子$\left(\frac{2\pi}{\lambda}2y\sin\alpha\right)$，这相当于这束球面波传播方向有一附加角度变化 $\arcsin(2\sin\alpha)$，在 α 很小时，这个角度近似于 2α，因而 0 级和±1 级 3 束光在传播方向上是分离的.

如果照明光方向正好与参考光方向相反，如图 7.3－14(c)所示，则在 $z=0$ 处全息图左侧的透射光复振幅为 $A_r\exp\left[-\mathrm{i}\,\frac{2\pi}{\lambda}y\sin\alpha\right]t(x,\ y)$，由计算也可得出三个方面的衍射光，但这时实像正好在原来物的位置，而虚像角度有偏离.

对于平面全息图来说，如果重现照明光传播方向不同于参考，也能重现虚像和实像，但重现像的位置有相应的变化，详细介绍请参考相关文献.

3）参考光为球面波的全息照相

记录全息图的参考光不一定是平面波，实际上是发散的球面波，这时重现的±1 级衍

射不一定是一个虚像、一个实像，有可能两个都是虚像. 另外，重现照明光的点源和参考光点源必须在相同位置(相对于底片)才能得到无畸变虚像，如要得到无畸变实像，则应以参考光的共轭光，即一束聚在原参考光点源的会聚光去照射底片. 如果重现时照明光点源位置不同于参考光点源，则重现像的位置不同于原来位置，重现像的放大倍数也不等于1，照明光点源愈远，像愈大，反之，像越小.

前面的推导都假设乳胶层无限薄，因而全息图具有平面结构，这仅在参考光和物光夹角很小(10°左右)时式(7.3-19)是成立的，当参考光和物光夹角较大时，例如大于20°，相邻干板之间距离(为乳胶层厚度)，乳胶层的厚度就不能忽略，这样的全息图具有立体结构，这就是所谓的"厚全息"或"体积全息图"，其重现的是三维衍射过程，类似与X射线在晶体上的衍射，衍射极大值必须满足布拉格条件，实验上看到的最明显的特点是，重现照明光必须以特定角度入射，才能得到较亮的重现像；同时±1级衍射不会同时出现，因而不能同时看到实像和虚像.

2) 反射式全息照相

反射式全息照相也称为白光重现全息照相，这种全息照相用相干光记录全息图，而用"白光"照明得到重现像，由于重现时眼睛接收的是白光在底片上的反射光，故称为反射式全息照相，该方法的关键在于利用了布拉格条件来选择波长.

记录全息图时，物光和参考光从底片的正面分别射入并在乳胶层内发生干涉，如图7.3-15所示，干涉极大值在显影后所形成的银层基本上平行于底片，由于参考光之间夹角接近180°，相邻两银层距离近似于半波长，有

$$d\approx\frac{\lambda}{2\sin(180°/2)}=\frac{\lambda}{2}. \tag{7.3-20}$$

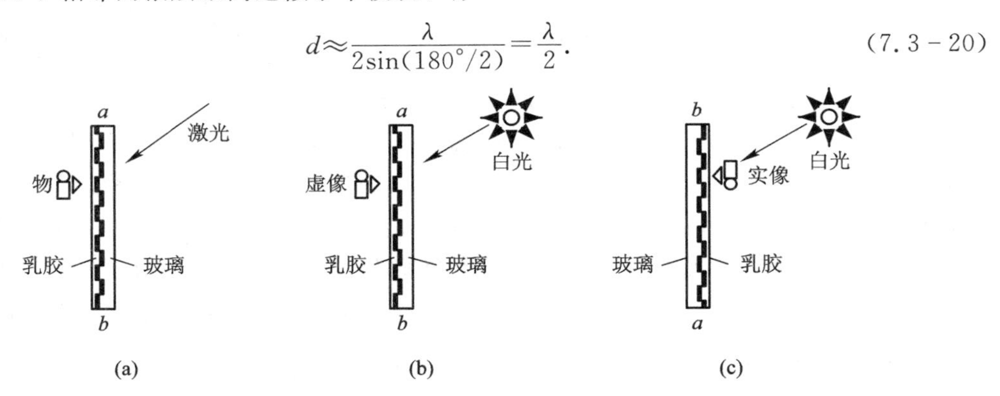

图 7.3-15　反射式全息照相

当用波长为632.8 nm的激光作光源时，这一距离约为0.32 μm(在乳胶层内 $n>1$，因此银层间距离还要更小)，而全息底片乳胶层厚度为6～15 μm，这样在乳胶层厚度内就能形成几十片金属银层，因而全息图是一个具有三维结构的衍射物体，重现光在这三维物体上的衍射极大值满足下列条件：

(1) 光从银层上反射时，反射角等于入射角(即每片银层衍射的主极大方向一致)，如图7.3-16所示.

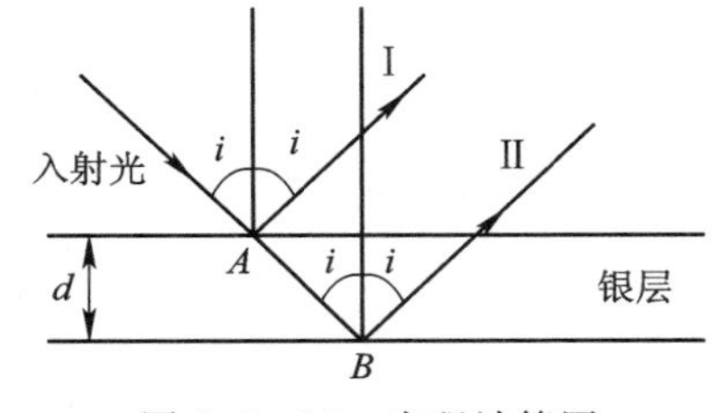

图 7.3-16　光程计算图

（2）相邻两银层的反射光之间光程差必须是 λ，从图 7.3－16 很容易计算出Ⅰ与Ⅱ两束光的光程差，若要得到衍射极大值，则要求

$$\Delta L = 2d\cos i = \lambda, \tag{7.3-21}$$

这就是布喇格条件.

当不同波长的混合光以一确定的入射角 i 照明底片时，只有波长满足 $\lambda = 2d\cos i$ 的光才能有衍射极大值，所以人眼能看到的全息反射光（或衍射光）是单色的，显然对同一张底片，i 愈大，满足式(7.3－21)的反射光的波长愈短.

如果参考光是平面波，物点发出球面波，则干涉形成的银层将是弧状曲面，若照明白光按原参考光方向照明，相当于照在凸面，反射成发散光，形成虚像；若照明白光沿相反方向入射，则形成实像（如图 7.3－15(b)和(c)所示）.

上述全息记录时，波长为 632.8 nm 的激光作光源，可以预见，重现光也应是红的，但实际上，看到的重现像往往是绿色的，原因在于显影、定影过程中，乳胶发生收缩，使引层间距 d 变小，因而波长变小.

3. 全息干涉测试技术特征

全息干涉测试技术特征包括：

（1）全息干涉测试技术适合于任意形状表面，特别是对粗糙表面进行测量非常有效，且其测量不确定度为可见光波长量级；

（2）重现的全息图具有三维结构，从不同的视角观察能观察到重现物体的不同位置；

（3）重现的全息图可以比较物体在不同时刻的状态，因此可以测试一段时间内物体位置和形状的变化情况；

（4）拍摄不需要基准件，全息图是同一被测物体变化前后的状态记录；

（5）物体的变形量有限制，在数十个微米范围内.

全息干涉测试方法包括单次曝光法、多次曝光法、连续曝光法、非线性记录、多波长干涉法、剪切干涉法等，计算全息分为四步：

第一，对物体抽样.

对于二维非球面物体用 $A_0(x, y)e^{i\varphi(x, y)}$ 表示，在制作二元全息图时，首先在等间隔的二维格点上进行抽样，相邻两个样本之间的距离 $\delta x < \frac{1}{\delta u}$，其中 δu 表示抽样方向波面上的空间带宽，二维网格有 $M \times N$ 个格点，(x, y)坐标，系统用(j, k)来表示，物光波面上的 $u(x, y)$采样值 $u(j\delta x, k\delta y)$用 $u(j, k)$表示，则物体的尺寸为 $\Delta x = M\delta x$，$\Delta y = N\delta y$；分辨率为 $\delta x = \frac{1}{\delta u}$，$\delta y = \frac{1}{\delta v}$.

由全息平面上的空间带宽积与物体空间带宽积相等的条件得

$$MN = \frac{\Delta x}{\delta x}\frac{\Delta y}{\delta y} = \Delta x \Delta y \delta u \delta v, \tag{7.3-22}$$

式中，$\Delta x \Delta y$ 为物场尺度，$\delta u \delta v$ 为物场带宽.

第二，波面传播的计算.

从物面到全息图，可以采用傅里叶变换表示，

$$U(u,\ v) = \iint u(x,\ y)\mathrm{e}^{-2\pi\mathrm{i}(xu+y)}\,\mathrm{d}x\mathrm{d}y, \tag{7.3-23}$$

用离散傅里叶变换表示为

$$U(m,\ n) = \sum_j \sum_k u(j,\ k)\mathrm{e}^{-2\pi\mathrm{i}\left(\frac{jmu}{M}+\frac{kn}{N}\right)}, \tag{7.3-24}$$

记

$$U(m,\ n) = a(m,\ n) + \mathrm{i}b(m,\ n) = A(m,\ n)\mathrm{e}^{\mathrm{i}\varphi(m,\ n)}. \tag{7.3-25}$$

第三，编码.

编码的过程就是设计一种在物理上可以实现的将振幅和相位记录下来的方法，例如采用迂回相位的方法实现编码. 假定光栅常量为 d，第 k 级的衍射角为 φ_k，当平行光照射这一光栅时，在衍射角 φ_k 方向上的相邻两束光线之间的光程差满足光栅主极大方程，即

$$d\sin\varphi_k = k\lambda, \tag{7.3-26}$$

当 d 变成 $d+\delta d$ 时，式(7.3-26)左边项由 $d\sin\varphi_k$ 变成 $(d+\delta d)\sin\varphi_k$，这样产生的相位延迟为

$$\delta\varphi_k = \frac{2\pi}{\lambda}(L_k' - L_k) = \frac{2\pi}{\lambda}\delta d\sin\varphi_k = \frac{2\pi k\delta d}{d}, \tag{7.3-27}$$

式中 φ_k 称为迂回相位(detour phase). 由光栅常量不确定度造成的衍射光相位差异的效应称为迂回相位效应(detour phase effect).

第四，绘图与精缩.

完成编码后按程序进行计算、绘图，精缩后画在纸上可得到二元计算全息图.

4. 全息干涉测试技术的应用

1) 缺陷检测

全息干涉测试方法检测复合材料两表面缺陷光路图如图 7.3-17 所示，当被测件两面存在不同振幅干涉条纹时，说明它在某些区域存在着缺陷，譬如脱胶或者空隙等.

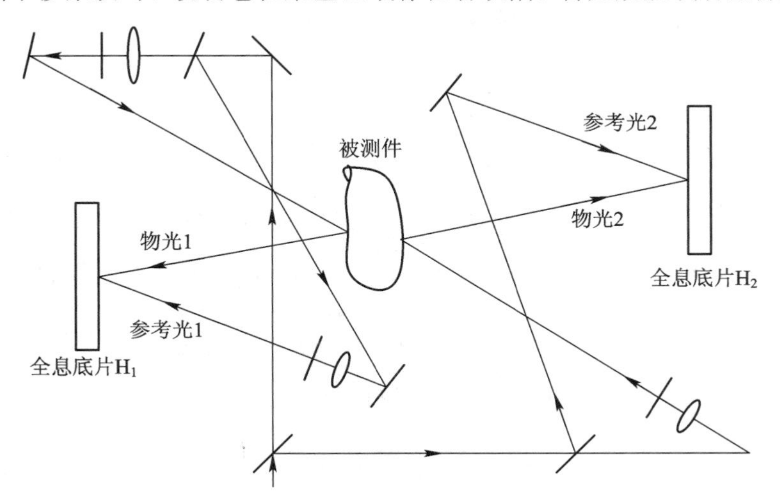

图 7.3-17　全息干涉测试方法检测复合材料两表面缺陷光路图

全息干涉测试方法与超声测试法相比较，其优势在于全息干涉测试方法可以在小于 100 Hz 频率下进行工作，并且一次检测的面积大，检测效率高；全息干涉测试技术适用于

法兰裂纹检测；二次曝光全息干涉测试技术适用于充气轮胎内部真空检测外胎花纹面检测、轮胎内线层检测、玻璃布有没有破裂检测等.

2）振动测量

采用时间平均法可以在对拍摄的全息图重现时观测振动. 振动物体全息图重现时其光强与零阶贝塞尔函数 J_0 的平方有关，一般取最亮的 J_0 条纹为物体静止点的标志，再确定灵敏度矢量方向上物体运动的振幅. 设振动方向是垂直于物体的表面，物体的运动量表示为

$$L=\frac{\lambda J_{0n}}{4\pi\sin\alpha_1\cos\alpha_2}, \tag{7.3-28}$$

式中 J_{0n} 为 J_0 的 n 次根，α_1 为照明方向与观察方向夹角的一半，α_2 为灵敏度矢量与物体位移矢量方向之间的夹角.

3）透明介质均匀性测量

光学玻璃均匀性测量的全息干涉原理图如图 7.3-18 所示，图中 M_1、M_2、M_3、M_4 为反射镜，B_1、B_2 为分光镜，L_1 为准直物镜，L_2、L_3 为扩束镜，H 为全息照相底片，G 为待测玻璃样品. 经过扩束镜 L_2 的光束通过准直物镜 L_1 后变成平行光，由平面镜 M_1 反射后回到分光镜 B_1，再反射到全息照相底片 H 上，称为物光；从分光镜 B_2 反射，再经平面镜 M_4 反射，通过扩束镜 L_3，照射到全息照相底片 H 上的光束，称为参考光. 这样在全息照相底片 H 上就可获得全息图. 测量方法是，在待测玻璃样品 G 没有放入光路中先曝光一次，放入后再曝光一次. 如果待测玻璃样品是均匀的平行的玻璃板，那么视场中没有干涉条纹，反之，一定有干涉条纹.

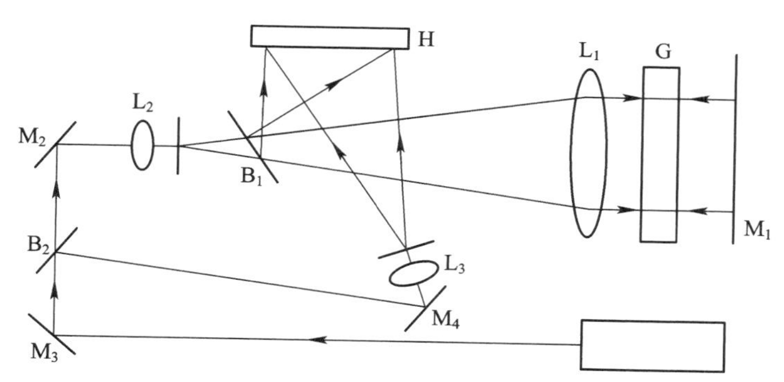

图 7.3-18　光学玻璃均匀性测量的全息干涉原理图

在拍摄全息图时，可以不用反射镜 M_1，直接用待测玻璃样品 G 前后表面的反射光，两反射光之间存在光程差

$$\Delta L=2nh=k\lambda, \tag{7.3-29}$$

时，形成 k 级干涉条纹，式中 n 为待测玻璃样品的折射率，h 为待测玻璃样品的厚度. 依据式(7.3-29)可求出待测玻璃样品厚度和折射率的不均匀性.

4）应用于非球面检测的计算全息

图 7.3-19 示出了一个修正后的泰曼-格林干涉仪(Tyman-Green interferometer)装置，其中非球面镜的顶点曲率中心与短焦距透镜的焦点相重合，准直的 He-Ne 激光器光束经过分光镜 1 分为参考光和测试光两路，参考光经反射镜 1、反射镜 2、分光镜 3、分光镜 2，射

向全息干板；测试光通过分光镜 2 射向全息干板，这两束光都经过全息干板的位置，图中光阑用于遮挡计算全息图重现时的高级衍射波和 0 级衍射波，只让 1 级衍射波通过，被测波面与参考波面在干涉平面上出现干涉条纹，干涉条纹的形状直接反映被测面的面型误差.

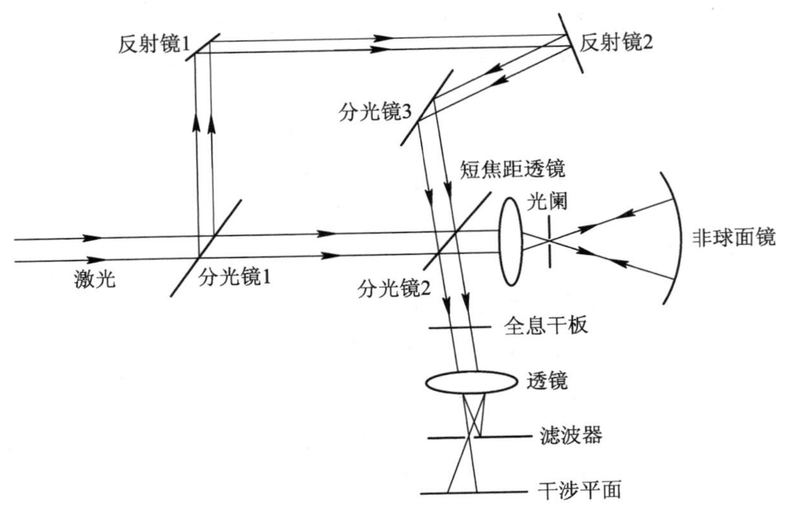

图 7.3-19　检验非球面光路

7.3.5　光子扫描隧道显微技术

隧道效应(tunneling effect)是扫描隧道显微镜(scanning tunneling microscope，STM)的理论基础. 当极细的探针与样品之间的距离小到 1 nm 量级，探针与样品表面作为电极并加上一定电压时，电子会穿过两个电极之间的势垒，从电极的一极流向另一极，这种效应就是隧道效应，如图 7.3-20 所示，隧道电流为

$$I=I_0 e^{-A\sqrt{\Phi}L},\qquad(7.3-30)$$

式中：I_0 为正比于探针与样品之间的电压的物理量；A 为常量；$\Phi=\frac{\Phi_1+\Phi_2}{2}$ 为平均功函数，Φ_1 为探针针尖的功函数，Φ_2 为样品的功函数；L 为探针与样品之间的距离，它有两种计算方式，用于不同扫描模式，如图 7.3-21 所示.

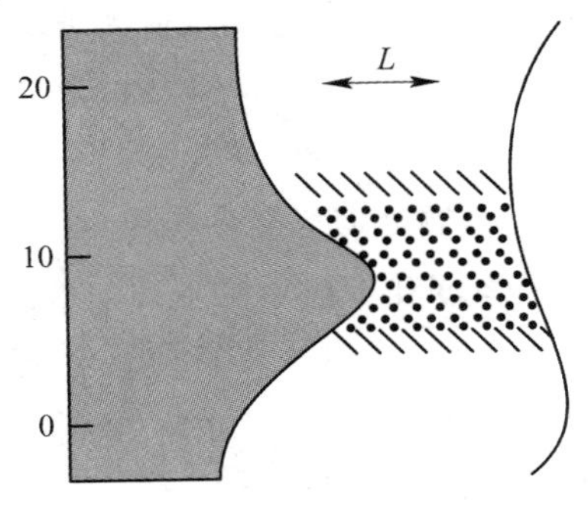

图 7.3-20　隧道效应示意图

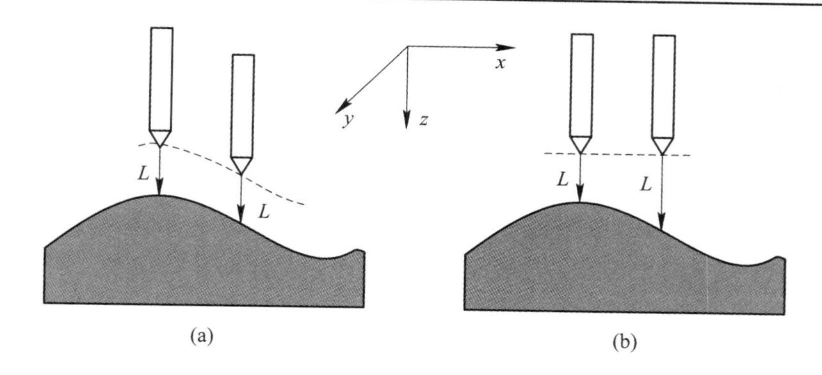

图 7.3-21 探针扫描模式

(a) 随表面移动式；(b) 平移式

采用波长比可见光波长更短的电子束构成的电子显微镜，不确定度在 10 nm 以内且与微细光纤探针有关，探针越小，空间分辨能力越高. 光子扫描隧道显微镜(photo scanning tunneling microscope，PSTM)，分为聚光式 PSTM 和照明式 PSTM.

1）聚光式 PSTM

聚光式光子扫描隧道显微镜工作原理图如图 7.3-22 所示. 类似于扫描探测显微镜 SPM 中的原子力显微镜 AFM，PSTM 用接收光的微小光纤探针代替悬臂梁结构的微小力作用探针，由于光电检测器所获得信号随着消逝波光场强度而改变，并且与探针和样品之间的间距有关，因此 PSTM 分为等高度和等消逝波强度两种工作模式，其中等高度模式指的是，探针位置不变，光电检测器所获得信号随着探针与样品之间的距离按不同的(x，y)位置处的表面轮廓变化而变化，从而检测微小表面变化的结果；等消逝波强度模式指的是，控制微小光纤探针的位置，使它处于消逝波强度不变的位置，随着 x 方向和 y 方向扫描，在(x，y)位置直接描述出被测样品表面的轮廓.

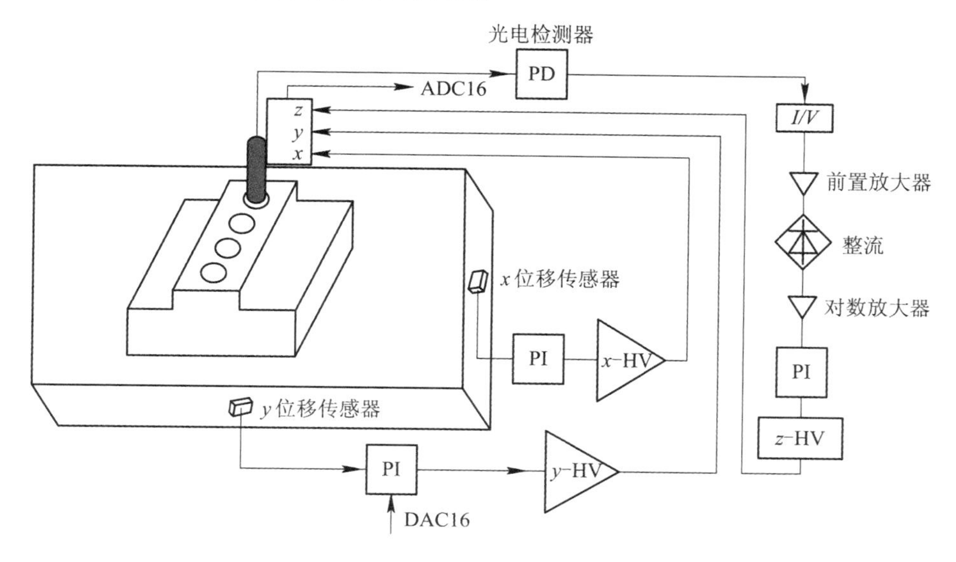

图 7.3-22 聚光式光子扫描隧道显微镜工作原理图

2）照明式 PSTM

照明式光子扫描隧道显微镜检测示意图如图 7.3－23 所示，光是直接通过微小光纤探针照射到被测样品上，通光孔径为 100 nm，探针与样品之间的间距控制在 10 nm 左右，光子晶体厚度为 200 μm，光电检测器记录透过样品后的光场分布情况，由于晶体的光扩散平均自由程为 15 μm 左右，因此在晶体层中产生随机扩散，光电检测器记录的结果只跟探针与样品之间的间距有关，与探针的位置无关，能反映出晶体的晶粒结构.

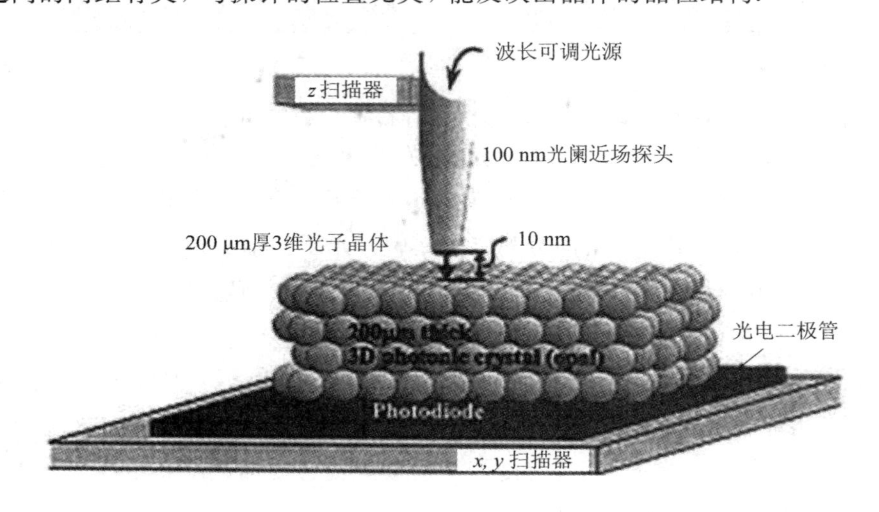

图 7.3－23　照明式 PSTM 检测示意图

7.4　衍射型激光测试技术

衍射型激光测试技术是一种准确度高、量程小的精密测试技术，当障碍物尺寸或者小孔尺寸与光波长相比拟时，光的衍射现象显现出来. 对于无穷远传来的光在无穷远处成像，这种情形下的衍射称为夫琅禾费衍射(Fraunhofer diffraction)，在实验室常常将点光源放置在透镜的左焦点上，通过透镜的光为平行光，相当于来自无穷远处，同样，在衍射物的后方放置一透镜，成像在透镜的焦平面上，作为平行光成像，相当于成像在无穷远处. 夫琅禾费衍射以外的衍射称为菲涅耳衍射(Fresnel diffraction).

7.4.1　间隙测量技术

一种基于单缝衍射原理的间隙测量法如图 7.4－1 所示，其中图 7.4－1(a)表示先用标准工件相对参考边的间隙作为零位，再放上待测工件测量间隙的变化量，估计待测工件尺寸；图 7.4－1(b)表示同时转动参考物和待测工件，记录工件轮廓相对于标准轮廓之间的偏差；图 7.4－1(c)表示当待测工件上加载力时，单缝的尺寸会变化，这样可以通过衍射条纹的变化来估计应变量.

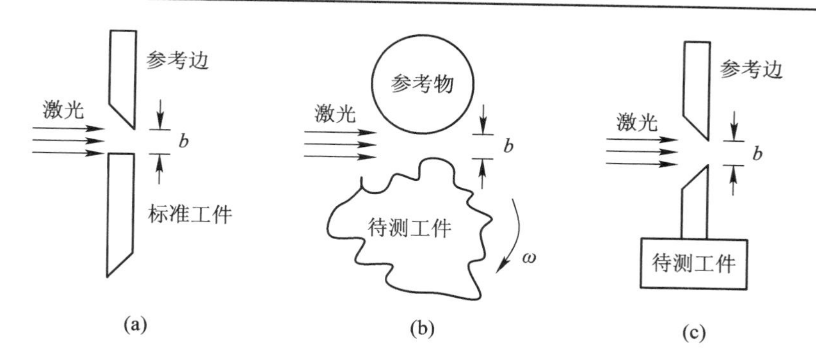

图 7.4-1　一种间隙测量法示意图

(a) 比较测量；(b) 轮廓测量；(c) 测量应变

间隙测量法装置示意图如图 7.4-2 所示，来自激光器的光经圆柱镜形成一个亮带，以平行光照射到由工件和参考物组成的狭缝上，衍射光经成像透镜会聚到观察屏上. 间隙测量法得到间隙为

$$b=\frac{kL\lambda}{x_k},\tag{7.4-1}$$

式中，k 表示第 k 级暗纹，λ 为入射光的波长，x_k 为第 k 级暗纹到衍射条纹中央零级中心的距离. 若采用衍射条纹中央零级中心一侧相邻两暗条纹之间的距离 s 来表示，则

$$b=\frac{L\lambda}{s}.\tag{7.4-2}$$

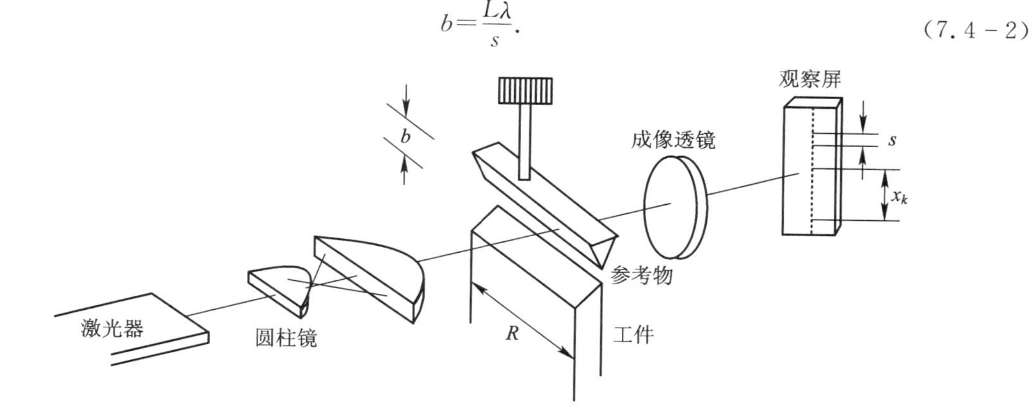

图 7.4-2　间隙测量法装置示意图

利用间隙测量法可以准确测量应变、压力、温度、流量、加速度等，如图 7.4-3 所示，两个量块的远端分别通过销钉固定在平板上，两销钉之间的距离为 l，两量块间的距离为 b，变化为 δb 时，衍射条纹发生移动，这时应变值为

$$\varepsilon=\frac{\Delta l}{l}=\frac{\delta b}{l}=\frac{kL\lambda}{l}\left(\frac{1}{x_k'}-\frac{1}{x_k}\right),\tag{7.4-3}$$

式中 Δl 为量块两个销钉之间的距离变化量，x_k 为第 k 个暗条纹在缝宽变化前与衍射条纹中央零级中心之间的距离，x_k'为第 k 个暗条纹在缝宽变化后与衍射条纹中央零级中心之间的距离.

间隙测量法测量圆棒直径如图 7.4-4 所示，沿着轴向移动的圆棒直径变化量可由上下两个棒边缘和圆棒组成的间隙变化量来计算.

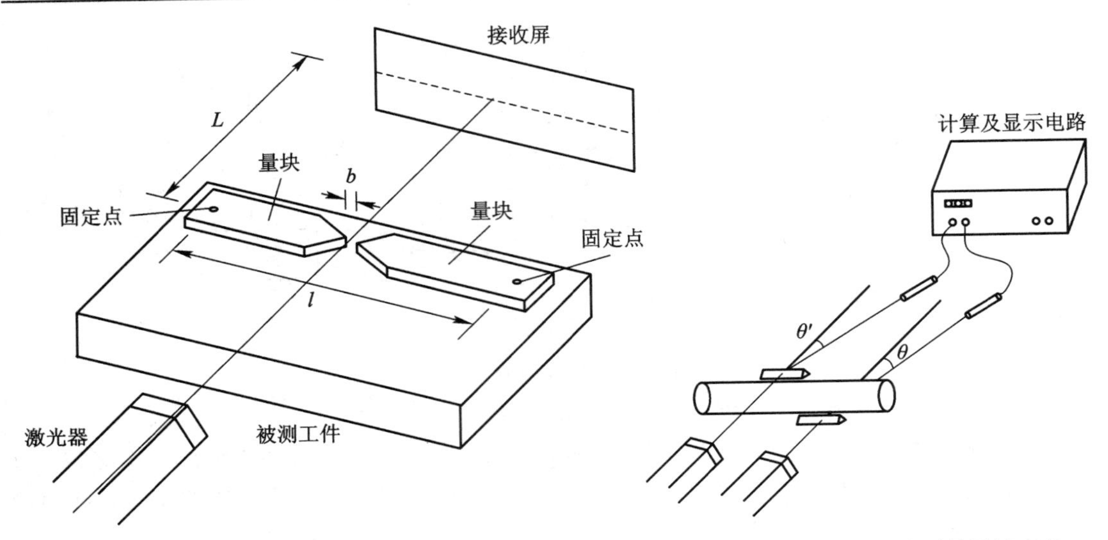

图 7.4-3 间隙测量法测量应变　　　图 7.4-4 间隙测量法测量圆棒直径

7.4.2 反射衍射测量技术

反射衍射测量技术是利用工件棱的边缘和反射镜构成狭缝来进行测量的.

如图 7.4-5 所示，狭缝由棱边缘 A 点与平面反射镜组成，它们之间的距离为 b，入射光线与平面反射镜之间的夹角为 α_1，棱边缘 A 点关于平面反射镜的像为 A'，A 与 A'之间的距离为 $2b$，P_1 点对应的衍射角为 α_2，出现第 k 级暗条纹的条件为

$$2b\sin\alpha_1-2b\sin(\alpha_1-\alpha_2)=k\lambda, \tag{7.4-4}$$

即

$$2b\left(\cos\alpha_1\sin\alpha_2+2\sin\alpha_1\sin^2\frac{\alpha_2}{2}\right)=k\lambda, \tag{7.4-5}$$

取 $\sin\alpha_2=\dfrac{x_k}{L}$，则

$$b=\frac{kL\lambda}{2x_k\left(\cos\alpha_1+\dfrac{x_k}{2L}\sin\alpha_1\right)}. \tag{7.4-6}$$

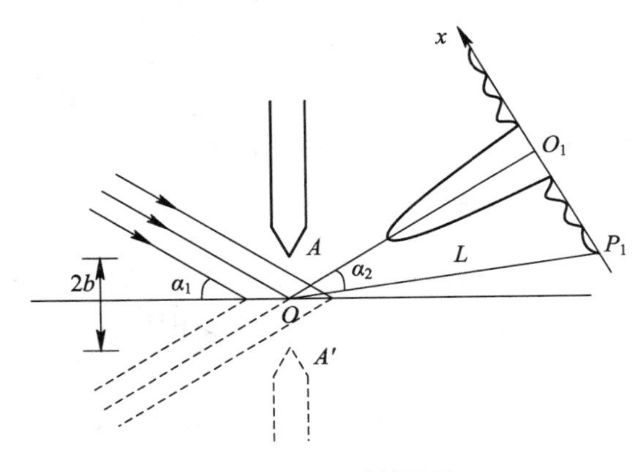

图 7.4-5 反射衍射

这样利用反射衍射，测量 b 的灵敏度提高了一倍，评价表面质量、测量磁盘系统间隙、测量直线性偏差三种反射衍射装置如图 7.4-6 所示，其中图 7.4-6(a)为利用标准刃边通过反射衍射图样评价表面质量；图 7.4-6(b)为通过反射衍射的方法测量计算机磁盘系统的间隙；图 7.4-6(c)为利用标准反射镜面如水银面或者液面，测量工件直线性偏差. 利用自动化检测，反射衍射的测量灵敏度可达到 2.5～0.025 μm.

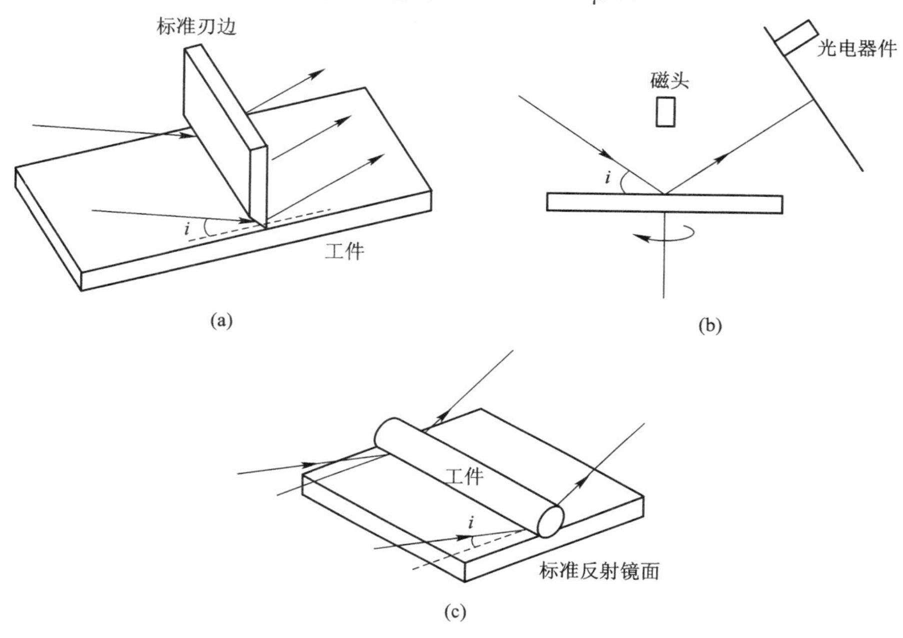

图 7.4-6　三种反射衍射装置

(a) 评价表面质量；(b) 测量磁盘系统间隙；(c) 测量直线性偏差

图 7.4-7 所示为分离间隙法测量原理图. 由于在实际测量中，狭缝的两个棱边缘不在同一竖直线上，分开距离为 z，A_1' 与棱边缘 A 点在同一竖直线上，A_1' 与 A 相距为 z，接收屏上点 P_1 和点 P_2 分别对应的衍射角为 φ_1 和 φ_2，在 P_1 点处出现暗条纹的条件是

$$A_1'A_1P_1-AP_1=b\sin\varphi_1+(z-z\cos\varphi_1)=k_1\lambda,$$

即

$$b\sin\varphi_1+2z\sin^2\frac{\varphi_1}{2}=k_1\lambda. \tag{7.4-7}$$

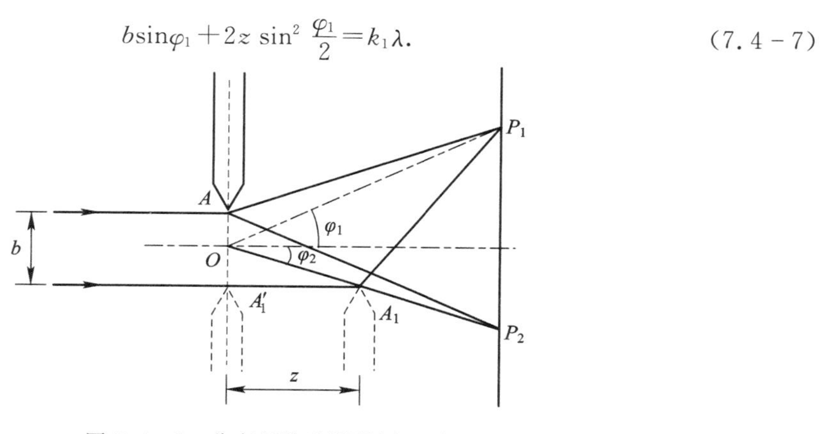

图 7.4-7　分离间隙法测量原理图

对于 P_2 点出现暗条纹的条件为

$$b\sin\varphi_2 - 2z\sin^2\frac{\varphi_2}{2} = k_2\lambda. \qquad (7.4-8)$$

图 7.4－8 所示为分离间隙法测量折射率装置示意图，其中玻璃棒的直径为 2～3 mm，当一束激光从上向下照射玻璃棒并在工件处产生一条亮带，棱边缘“3”和“4”组成一个狭缝，这个狭缝不平行，缝宽为 b，当工件是流动的液体，衍射条纹位置发生变化，灵敏反映了折射率或者折射率的变化，测量不确定度为10^{-6}～10^{-7}.

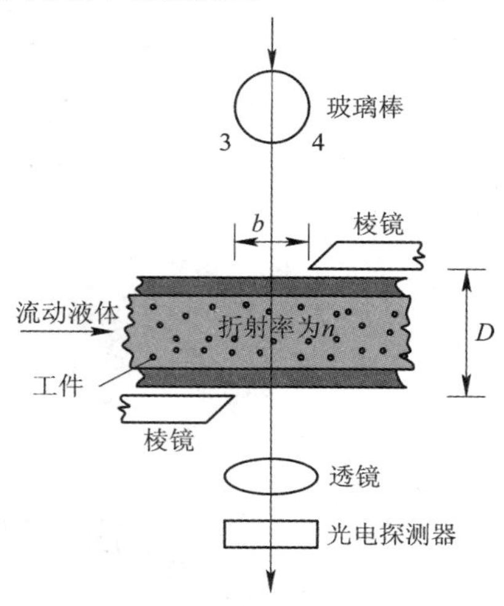

图 7.4－8　分离间隙法测量折射率装置示意图

7.5　偏振型激光测试技术

光束经过多次反射后，都是部分偏振光，若两束光偏振情况不一样，则干涉条纹的对比度会降低，如果在干涉仪的出口处安装一个偏振片，就能提高条纹的对比度.

两束振幅为 A_1 和 A_2 的线偏振光，分别位于平面 q_1 和 q_2 上，两个振动面之间的夹角为 φ，$\varphi\in\left[0,\frac{\pi}{2}\right]$，其中 q_1 与直角坐标系中的 x 轴重合，假定两光束沿平面 p 振动，振幅为 A_0，则

$$A_1 = A_0\cos\alpha, \qquad (7.5-1)$$

$$A_2 = A_0\cos(\alpha-\varphi), \qquad (7.5-2)$$

式中 α 为平面 p 与 x 轴成的角. 当振动面 r 与 x 轴成 β 角时，两束相干光为

$$C_1 = A_1\cos\beta, \qquad (7.5-3)$$

$$C_2 = A_2\cos(\beta-\varphi), \qquad (7.5-4)$$

合光强为

$$I = C_1^2 + C_2^2 + 2C_1C_2\cos\delta, \qquad (7.5-5)$$

式中 δ 为两振动之间的相位差，当 $\delta = k\pi$，$k=0$，±1，±2，…时，则干涉条纹的对比度取得极大值，即

$$J=\frac{2C_1C_2}{C_1^2+C_2^2}=\frac{2\cos\alpha\cos\beta\cos(\alpha-\varphi)\cos(\beta-\varphi)}{\cos^2\alpha\cos^2\beta+\cos^2(\alpha-\varphi)\cos^2(\beta-\varphi)},\tag{7.5-6}$$

仅当 $C_1=C_2$ 或者 $\alpha+\beta=\varphi$ 时，对比度 $J=1$.

7.6 【实验】利用等倾干涉测量 He - Ne 激光器发光波长

迈克耳孙干涉仪是一种分振幅干涉装置，著名的迈克耳孙-莫雷实验证实了以太不存在. 迈克耳孙干涉仪设计精巧，用途广泛，可测定光谱结构、薄膜的厚度、气体的折射率，还可以用光波作度量标准，对长度进行定标. 以迈克耳孙干涉仪为基础的一系列精密测量仪器，已广泛应用于科研和生产的各个领域.

【实验目的】

(1) 掌握测量光源波长的方法.

(2) 掌握迈克耳孙干涉仪的调节方法，观察等倾干涉、等厚干涉条纹.

【实验原理】

1. 等厚干涉和等倾干涉

如图 7.6-1 所示，一束平行光通过薄膜的上下两表面反射后的两反射光线存在光程差. 在入射平行光中选取两光线 a 和 b，反射光线 a' 和 b' 之间存在光程差. 作辅助线 AD 垂直于光线 b，当光线 a 到达 A 点时，b 光线到达 D 点，两光线的光程差为零，光线 a 经过 AC 和 BC 后在 B 点处透射，光线 b 则在 B 点处反射，因此光线 a' 和光线 b' 的光程差取决于两个方面，一是两光线的实际光程差，二是在界面上反射时有无半波损失. 半波损失是在光疏介质向光密介质界面上反射时产生的，如果 $n_1>n_2>n_3$ 或者 $n_1<n_2<n_3$，那么两光线都没有半波损失或者都有半波损失，这样两线光的半波损失就相抵消了. 如果 $n_1>n_2$ 且 $n_2<n_3$，那么光线 a 有一次半波损失，如果 $n_1<n_2$ 且 $n_2>n_3$，那么光线 b 有一次半波损失. 后两种情况都有一次半波损失，于是 a' 和 b' 两光线光程差为

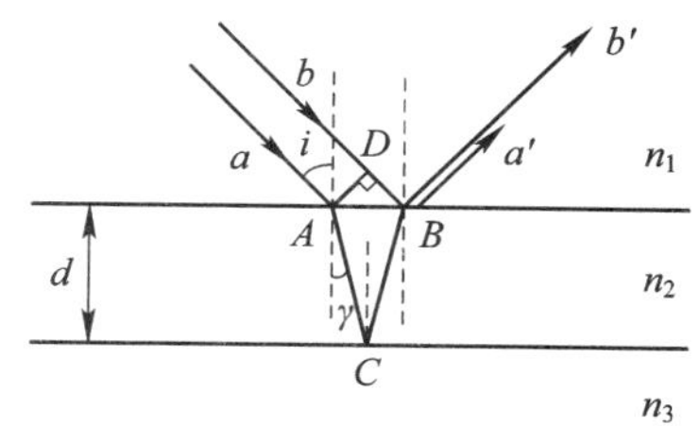

图 7.6-1　平行光的干涉

无净半波损失型：$\delta=n_2(AC+BC)-n_1(BD)=2d\sqrt{n_2^{\ 2}-n_1^{\ 2}\sin^2 i}$，　(7.6-1)

有半波损失型：$\delta=n_2(AC+BC)-n_1(BD)+\dfrac{\lambda}{2}=2d\sqrt{n_2^{\ 2}-n_1^{\ 2}\sin^2 i}+\dfrac{\lambda}{2}$.　(7.6-2)

对于迈克耳孙干涉仪，采用 He - Ne 激光器，满足相干条件，我们进行以下讨论.

(1) 在空气中，$n_1=n_2=n_3=1$，半波损失相抵消，属于无净半波损失型，当入射角 $i\neq0$，

其光程差为

$$\delta=2d\cos i. \tag{7.6-3}$$

对于相同的空气膜厚度，光线以不同的倾角入射，反射光会形成不同的光程差，当光程差等于半波长的奇数倍时形成暗条纹，当光程差等于波长的整数倍时，形成明条纹，同一条条纹对应于同样大小的倾角，因此这种干涉条纹的形状是一个个明暗相间的同心圆，而且内疏外密，这样的干涉称为等倾干涉.

(2) 在空气中，$n_1=n_2=n_3=1$，半波损失相抵消，当入射角 $i=0$，其光程差为

$$\delta=2d. \tag{7.6-4}$$

对于垂直入射的不同空气膜厚度的地方，形成不同的光程差，当光程差等于半波长的奇数倍时形成暗条纹，当光程差等于波长的整数倍时，形成明条纹. 同一条条纹对应于相同的厚度，因此这种干涉条纹的形状是一条条等间距的明暗相间的平行线，这样的干涉称为等厚干涉.

实验中用微调旋钮改变平面镜 M_1(见图 7.6-2)的位置，在平面镜 M_1 移动 Δd 距离的时候，冒出(陷入)N 个等倾干涉条纹，那么就可以利用 $2\Delta d=N\lambda$，即

$$\lambda=\frac{2\Delta d}{N}, \tag{7.6-5}$$

来计算相干光的波长.

2. 迈克耳孙干涉仪

迈克耳孙干涉仪装置如图 7.6-2 所示，左边是相干光源 S 和扩束镜 L(即短焦距的凸透镜)，右边是迈克耳孙干涉仪，它主要是由分光板 G_1 和光路补偿板 G_2，平面镜 M_1 和 M_2，毛玻璃屏 E 等元件组成，分光板后表面上涂有半透半反膜.

光束从 S 发出，经过扩束镜 L 后，形成直径为 3～4 cm 的光束，经过分光板 G_1 后，分成振幅相等的两束光，一束光在半透膜处反射后向平面镜 M_1 传播，遇平面 M_1 后折回，另一束光透过半透膜向平面镜 M_2 传播，遇到平面镜 M_2 后反射折回，两光束再次经过半透膜时，形成了光程差.

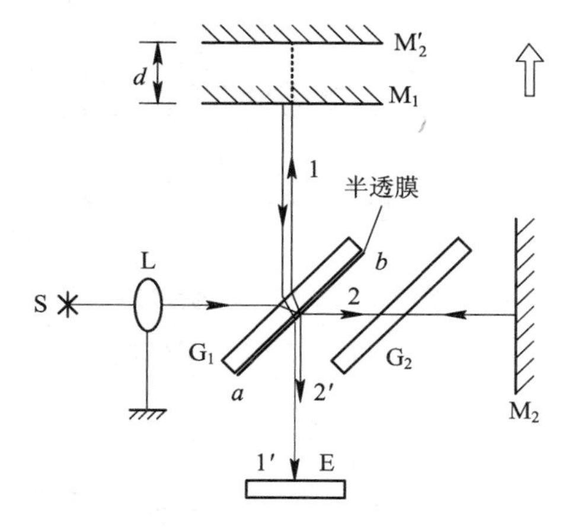

图 7.6-2　迈克耳孙干涉仪

不难看出，光束 1 从半透膜处反射后又两次经过分光板 G_1，光束 2 两次经过了分光板 G_2，由于 G_1 与 G_2 厚度相等，因此分光板 G_2 称为 G_1 的光路补偿板，简称为补偿板.

G_1 和 G_2 不仅厚度相等，而且互相平行，且与平面镜 M_1 和 M_2 约成 45°，因此平面镜 M_2 关于半透膜的像 M_2' 基本上与 M_1 相平行，于是 M_1 和 M_2' 之间形成了厚度为 d 的空气膜，光束 1、2 能形成等厚干涉.

调节平面镜 M_1 和 M_2，可使得 M_1 和 M_2' 严格平行，进而形成等倾干涉，等倾干涉条纹是明暗相间的内疏外密的圆环状的条纹.

平面镜 M_2 是固定的，M_1 可在精密的轨道上前后移动，用来改变两光束之间的光程差，M_1 的移动采用了蜗轮蜗杆传动系统，其最小刻度为 10^{-4} mm，读数时还可以估计一位.

3. 时间相干性和相干长度

时间相干性是光源相干程度的一种描述，为了简单起见，以入射角 $i=0$ 作为例子，经过半透膜分离的两光线的光程差为 $\delta=2d$，当 d 增加到某一数值时，原有的一条条清晰条纹将会消失，相邻两次出现清晰条纹或者相邻两次出现条纹消失，平面镜 M_1 移动的距离都是一样的，这个长度称为该光源的相干长度，用 L_m 表示. 相干长度除以光速 c，得到光经过这段长度所需要的时间，称为该光源的相干时间，用 t_m 表示. 不难看出，不同的光源具有不同的相干时间和不同的相干长度.

众所周知，实际的光源发出的单色光并不是绝对单色的，假定光源的波长处在 $(\lambda_0-\frac{\Delta\lambda}{2},\ \lambda_0+\frac{\Delta\lambda}{2})$ 之间，干涉时每个波长都对应于一套干涉条纹，随着 d 的增加，$\lambda_0-\frac{\Delta\lambda}{2}$ 和 $\lambda_0+\frac{\Delta\lambda}{2}$ 两套干涉条纹越来越错开，直到它们相差一级条纹时，干涉条纹完成一个清晰—模糊—清晰或者模糊—清晰—模糊周期，即相邻两次出现清晰条纹，或是相邻两次出现条纹消失，此时满足

$$L_m=k\left(\lambda_0+\frac{\Delta\lambda}{2}\right)=(k+1)\left(\lambda_0-\frac{\Delta\lambda}{2}\right), \tag{7.6-6}$$

得到 $k\approx\frac{\lambda_0}{\Delta\lambda}$，即相干长度为

$$L_m=\frac{\lambda_0{}^2}{\Delta\lambda}. \tag{7.6-7}$$

相干时间为

$$t_m=\frac{\lambda_0{}^2}{c\Delta\lambda}. \tag{7.6-8}$$

由此可见，光源的单色性好坏，可由谱线宽度 $\Delta\lambda$ 来判断. $\Delta\lambda$ 越小，相干长度越长，相干时间也越长. 下面考虑钠光双黄线 λ_1 和 λ_2，可认为 $\lambda_1=\lambda_0-\frac{\Delta\lambda}{2}$，$\lambda_2=\lambda_0+\frac{\Delta\lambda}{2}$，则

$$\Delta\lambda=\frac{\lambda_0{}^2}{2(d_2-d_1)}, \tag{7.6-9}$$

式中 d_1、d_2 为干涉条纹相邻二次视见度最低时所对应的平面镜 M_1 的读数，依据钠光

λ_0＝589.3 nm就可以求钠光谱线的精细结构.

【实验器材】

迈克耳孙干涉仪、He－Ne激光器、钠光灯、短焦距的凸透镜.

【实验内容】

(1) 调节迈克耳孙干涉仪.

打开激光器电源，调整He－Ne激光器激光的出射方向，在毛玻璃屏上观察分光板上有几个像点，适当移动迈克耳孙干涉仪，调节平面镜的调整架背后的螺丝，使毛玻璃屏上能看到两组像重合. 放入扩束镜，观察毛玻璃屏上出现的现象，细致地调节平面镜的调整架背后的螺丝，直到 M_1 和 M_2' 严格平行，在毛玻璃屏上出现等倾干涉条纹，如图7.6－3(a)或(e)所示，旋转微调旋钮使干涉条纹由图7.6－3(a)变成图7.6－3(b)或者由图7.6－3(e)变成图7.6－3(d)，通过图7.6－4所示图例，确定 M_1、M_2' 之间的关系.

(2) 测量He－Ne激光器发出的激光波长.

通过微调旋钮移动 M_1 的位置，观察等倾条纹陷入(或冒出)300条，平面镜 M_1 所移动的距离. 具体的做法是，转动微调旋钮，等倾条纹陷入(或冒出)几条后，记录平面镜 M_1 的位置 d_0，继续转动微调旋钮，待等倾条纹陷入(或冒出)30条后，再记录平面镜 M_1 的位置 d_1，依次重复10次，直到等倾条纹陷入(或冒出)300条后，记录平面镜 M_1 的位置 d_{10}，采用逐差法计算激光波长.

(3) 观察零光程差.

在观察等倾干涉条纹的时候，调节微调旋钮，等倾干涉条纹中心越来越大，使其能达到图7.6－3(c)所示的状态，这时出现了零光程状态 .

(4) 观察等厚干涉条纹.

调节平面镜 M_2 的调整架背后的螺丝，M_1 与 M_2' 不严格平行，慢慢转动粗调手轮，使圆条纹向圆心方向移动，如图7.6—3(g)或(i)所示. 继续转动手轮，使圆条纹逐渐出现平行

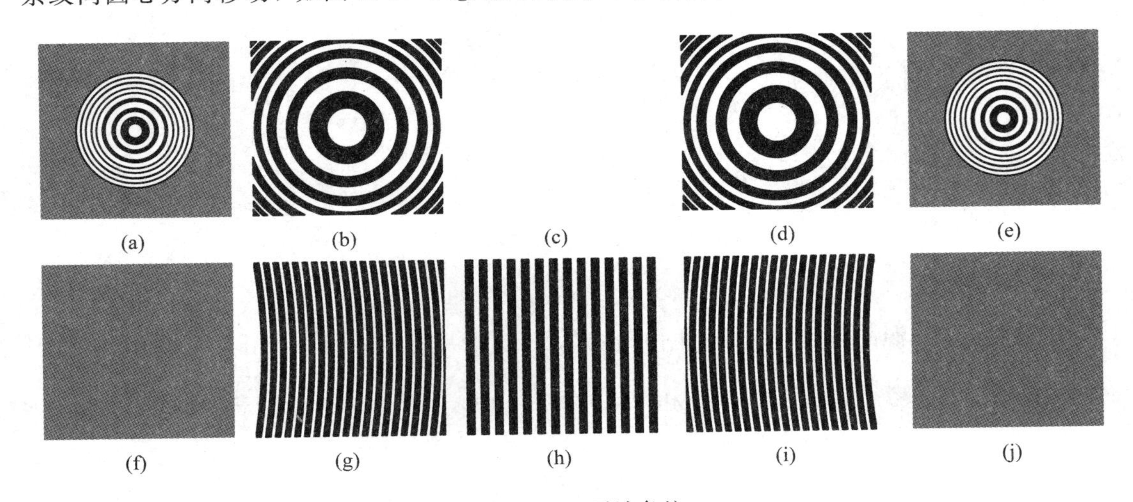

图7.6－3　干涉条纹

的等间距的直条纹，这就是等厚干涉条纹，如图 7.6－3(h)所示．当 M_1 与 M_2' 相距很远，大于光源相干长度时，不发生干涉，如图 7.6－3(f)或(j)所示．

图 7.6－4 表示图 7.6－3 中干涉条纹所对应的平面镜 M_1 与 M_2 关于半透膜的像 M_2' 之间的关系．

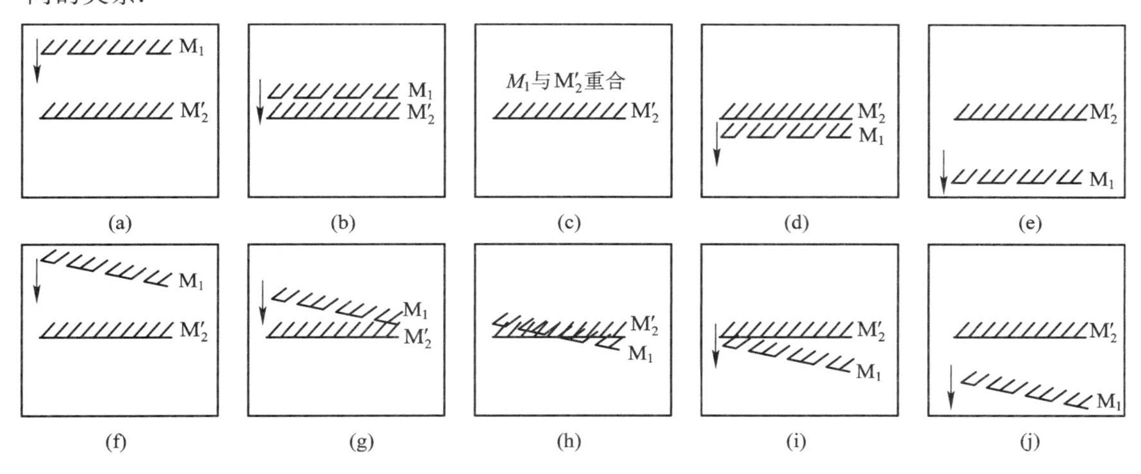

图 7.6－4　M_1 与 M_2' 之间的关系

(5) 测量钠光谱线的精细结构．

调节平面镜 M_1，观察干涉条纹相邻两次视见度最低时所对应的 M_1 位置的读数 d_1 和 d_2，代入式(7.6－6)～式(7.6－9)计算钠光双谱线波长．

数据表格自拟．

【注意事项】

(1) 本实验使用的激光不能直接照射眼睛，观察时要通过毛玻璃屏进行观察．

(2) 在调节等倾干涉条纹时，可以先取走扩束镜，在毛玻璃屏上观察来自 M_1 和 M_2 的反射光光斑，并调节相应的螺丝．

(3) 可以用纸片挡一下光路，在毛玻璃屏上观察哪些光斑是来自 M_1 的，哪些光斑来自 M_2 的反射．

(4) 在测量过程中，旋钮只能沿一个方向转动，即单向操作，以避免螺距差带来的不确定度．

7.7　计算机在激光应用技术中的应用

【例 7.7－1】　已知激光器两侧反射镜的高反射率为 $R_b=0.96$，低反射率为 R_f，对数阈值电流密度 J_{th} 和斜率效率 SE 分别为

$$\ln(J_{th})=\left[\frac{\alpha_i}{\Gamma G_0}+\ln\left(\frac{J_{tr}}{J_0}\right)\right]+\frac{\ln\dfrac{1}{R_b R_f}}{2L\Gamma G_0},\tag{1}$$

$$SE=\frac{1.24\eta_i}{\lambda\left[1+\frac{2\alpha_i L}{\ln\frac{1}{R_b R_f}}\right]}\cdot\frac{(1-R_f)\sqrt{\frac{R_b}{R_f}}}{1-R_b+(1-R_f)\sqrt{\frac{R_b}{R_f}}},\tag{2}$$

式中，模式增益 $\Gamma G_0=40.04\ \text{cm}^{-1}$，透明电流密度 $J_{tr}=100\ \text{A}\cdot\text{cm}^{-2}$，$J_0=1\ \text{A}\cdot\text{cm}^{-2}$，内损耗 $\alpha_i=1.56\ \text{cm}^{-1}$，内量子效率 $\eta_i=0.866$，腔长 $L=1.56\ \mu\text{m}$，试绘制对数阈值电流 J_{th} 和斜率效率 SE 随 R_f 变化的规律.

【分析】 将已知条件代入式(1)得

$$\ln(J_{th})=\frac{156}{4004}+\ln\left(\frac{10\ 000}{100}\right)+\frac{\ln\frac{1}{0.96R_f}}{2\times1.56\times10^{-6}\times4004}.$$

将已知条件，$\lambda=550\times10^{-9}$ m 代入式(2)得

$$SE=\frac{1.24\times0.866}{5.5\times10^{-7}\left[1+\frac{2\times156\times1.56\times10^{-6}}{\ln\frac{1}{0.96R_f}}\right]}\cdot\frac{(1-R_f)\sqrt{\frac{0.96}{R_f}}}{\left(1-0.96+(1-R_f)\sqrt{\frac{0.96}{R_f}}\right)}.$$

【编程】 (1) 绘制 $\ln(J_{th})$-R_f 关系曲线的程序如下：

```
clear all
R=0:0.01:0.99;
J=exp(156./4004+log(100)+log(1./(0.96*R))./(2.*4004.*1.56.*10^(-6)));
SE=1.24.*0.866.*(1-R).*sqrt(0.96./R)./(5.5.*10^(-7).*(1+(2.*156.*
1.56.*10^(-6)./log(1./(0.96*R))).*(1-0.96-(1-R).*sqrt(0.96./R)));
plot(R, log(J), 'linewidth', 3)
set (gca, 'Fontsize', 20)
```

绘制的 $\ln(J_{th})\sim R_f$ 曲线如图 7.7-1 所示.

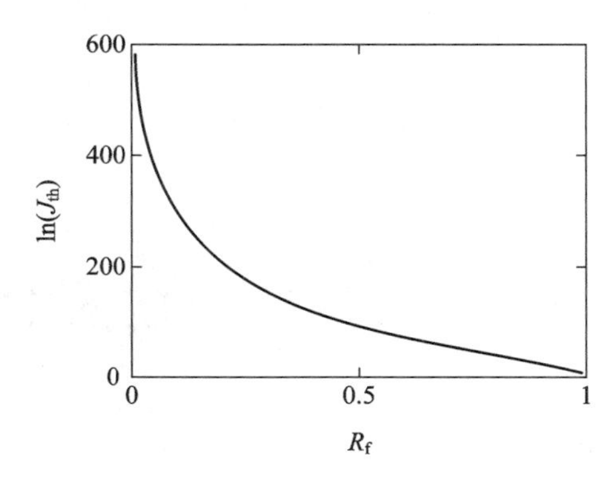

图 7.7-1 $\ln(J_{th})$-R_f 曲线

(2) 绘制 SE-R_f 关系曲线的程序如下：

```
clear all
R=0:0.01:0.99;
J=exp(156./4004+log(100)+log(1./(0.96*R))./(2.*4004.*1.56.*10^(-6)));
SE=1.24.*0.866.*(1-R).*sqrt(0.96./R)./(5.5.*10^(-7).*(1+(2.*156.*
1.56.*10^(-6)./log(1./(0.96*R))).*(1-0.96-(1-R).*sqrt(0.96./R))));
plot(R, SE, 'linewidth', 3);
set (gca, 'Fontsize', 20)
```

绘制的 SE－R_f 曲线如图 7.7－2 所示.

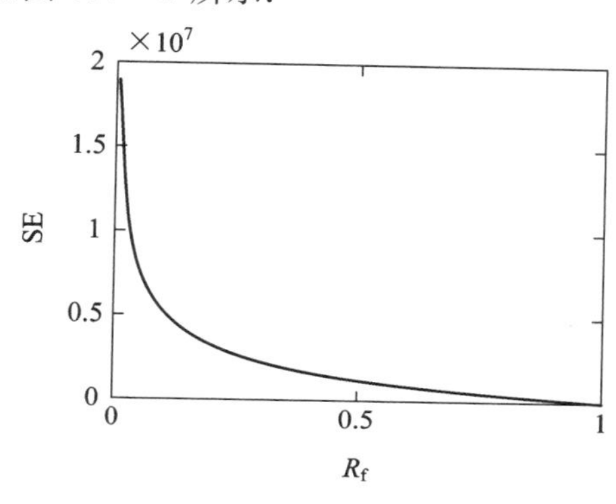

图 7.7－2　SE－R_f 曲线

【答】 $\ln(J_{th})-R_f$ 和 SE－R_f 曲线，随着 R_f 增大呈现单调下降趋势.

7.8 激光应用技术拓展性内容

7.8.1 激光加工

激光是 20 世纪的重大发明之一，具有强度高、方向性好、单色性好，特别适合于材料加工等优点，激光先进制造技术因此成为最广泛和最活跃的激光应用技术之一. 由于激光先进制造技术具有柔性、高效、高质量等优势，应用于计算机芯片、大型飞机、航空母舰等几乎所有的加工制造领域，因此它在减量化、轻量化、再制造、节能、环保等方面的作用变得越来越重要.

1960 年，美国物理学家梅曼发明了第一台红宝石激光器；1964 年，帕特尔(Chandra Kumar Naranbhai Patel，1938—至今)发明了第一台二氧化碳(CO_2)激光器；1965 年，贝尔实验室发明了第一台钇铝石榴石($Y_3Al_5O_{15}$，YAG)固体激光器，该激光器数年后开始作为微型件切割、焊接的光源. 20 世纪 70 年代后期，激光器因可靠稳定、光束能量可调、具有合适的光束模式等优势，在焊接、切割、退火及钟表行业的打孔中崭露头角，进一步推动了集成电路的发展.

1971 年第一台商用功率为 1 kW 的 CO_2 激光器上市了. 20 世纪 80 年代 CO_2 激光器输出功率从数千瓦上升到上万瓦，YAG 激光器由数百瓦上升到数千瓦，并实现了连续运行、

脉冲运行的工作方式，从多模输出发展到基模或者准基模输出，光束发散角达到了毫弧度量级，功率密度达$10^8 \sim 10^{10}$ W·cm^{-2}，加热材料温度达到10^4 ℃以上，如此高的温度使加工材料瞬时急剧熔化和汽化，且爆炸性地高速喷射出来，这些都为激光加工创造了条件.

激光加工的基本设备包括四个部分：激光器、电源、光学系统、机械系统等. 其中激光器有固体激光器、气体激光器，图 7.8－1、图 7.8－2 所示分别为 YAG 固体激光器和 CO_2 气体激光器加工结构图.

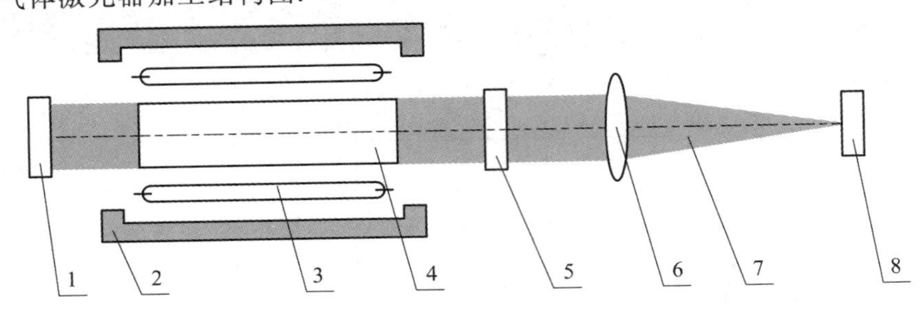

图 7.8－1　YAG 固体激光器加工结构图

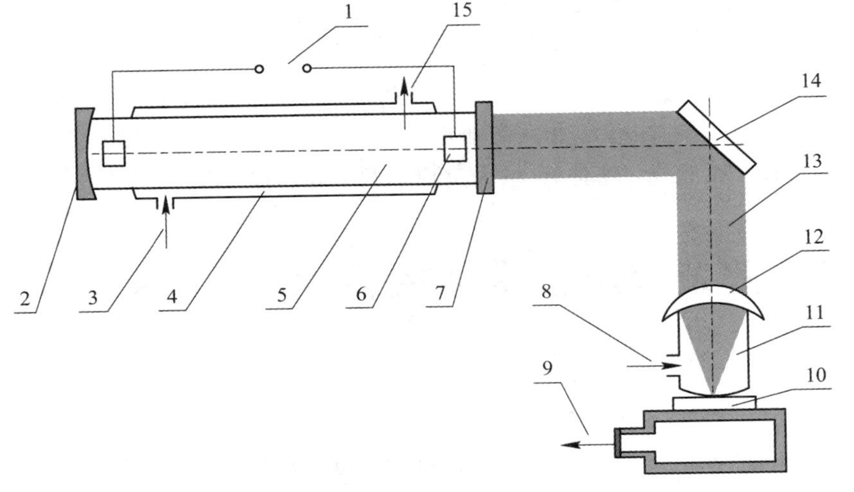

图 7.8－2　CO_2 气体激光器加工结构图

1）激光切割技术

利用小光斑的透镜聚焦高功率密度的激光束，使之照射待切割的材料，引起激光照射点的温度急剧上升，并在切割过程中，由切割头喷出一股与光束同轴的气流，激光束能量被材料吸收，当达到一定温度时，被切割材料开始汽化或者燃烧，先形成孔，再穿透，当激光束相对于待切割材料相对运动时，就形成切缝，实现激光切割. CO_2 气体激光器切割钛合金过程示意图如图 7.8－3 所示.

光束质量是激光切割质量的关键，因此激光切割的关键技术包括：专有光束质量控制、光束半径调整、束腰补偿、视频光束校准技术等. 其中专有光束质量控制技术包括自适应光学系统，以优化光束的形状；光束半径调整自动维持光束聚焦点，如自适应光学系统在切割低碳钢时，自动地输出非常细的光束聚焦点，而切割不锈钢时，自动地输出宽一些的光束；激光光束不是平行的，要维持高质量切割，可利用其中的束腰补偿技术，来维持光斑

直径不变；视频光路校准技术是借助于视频技术与微调装置，在不用打开任何盖子的情况下能检查光路，保证所有的光学镜片处于准确位置.

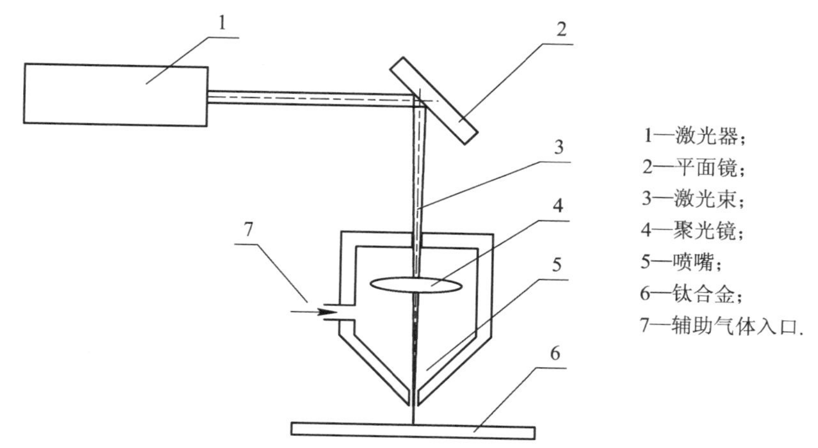

图 7.8-3　CO_2 气体激光器切割钛合金示意图

激光切割还应用了边缘监测、切割监测、穿透检测、电容高度跟踪等技术，其中边缘监测技术使切割头定位在板材的边缘位置，自动监测其位置与方向；穿透检测技术是使用相同的传感器，来确定光束是否已经穿透了板材，从而得到高质量的穿透效果；切割监测技术使机器在无人看管的情况下，能正常进行切割加工，若监测系统识别到不能正常切割，便立即作出停止、折回及调整功率等反应；电容高度跟踪技术通过电容系统来执行，具体地说，当切割工件与切割头金属部件的距离改变时，频率按比例发生改变，使工件和切割头调节到最合适的距离位置.

影响激光切割的因素主要包括切割材料特性、激光光学特性、加工工艺参数，具体涉及激光功率、切割速度、辅助气体种类与流量以及压力、离焦量与入射角等.

2) 激光焊接技术

激光焊接技术，就是把激光束经过聚焦后形成高能量密度的激光脉冲，对材料进行微小区域局部加热，将材料熔化后焊接起来. 用于大功率激光焊接的激光器，主要有 CO_2 气体激光器和 Nd：YAG 固体激光器，其中 CO_2 气体激光器以 CO_2 混合气体为激光活性介质，放电产生激励，输出的激光是 10.6 μm 的红外光波；Nd:YAG 固体激光器以掺有钕(Nd)或钇(Yb)金属离子的 YAG 晶体作为激光活性介质，通过光泵浦来发射激光，输出的激光波长为 1.06 μm. 相比之下 Nd:YAG 激光器的主要优势是通过光纤进行传播光波，有利于材料表面的光能吸收，更适合于焊接铜合金、铝合金等材料.

激光焊接技术广泛应用于汽车制造业，车身的部件大部分采用了激光焊接技术，日本本田汽车车门框，美国福特汽车的中央门柱，德国奥迪、奔驰、大众的车顶、车身、侧框在上一世纪已使用激光焊接技术代替电阻电焊技术.

激光焊接技术还应用于变速箱齿轮、半轴、传动轴、散热器、离合器、发动机排气管、增压器轮轴及汽车底盘等部件的焊接.

激光焊接技术还应用于电子工业，激光焊接电子枪设备可焊接继电器、电路引线、计算机配件等.

3）激光打标技术

激光打标指利用打标软件或其他辅助软件在计算机中编辑好需要打标的数字、文字、图形，并将它们转换为打标软件所能识别的文件格式，通过振镜系统、伺服控制卡转换成扫描振镜所能识别的电信号，在一系列电信号的控制下，振镜在 $X-Y$ 二维进行有序摆动，使激光输出点扫描出相应的数字、文字、图形，配合声光电源在相应电信号的调制下，将连续激光调制成一定频率的激光脉冲，最后在工件上刻蚀成数字、文字、图形，如图7.8－4所示．振镜系统是由伺服控制卡与摆动电动机组成的高精度伺服控制系统，当输入一个驱动信号时，摆动电动机就会按一定电压与角度的转换比例摆动一个角度，完成数字、文字、图形的打标．其中伺服控制卡除了输出两路振镜控制信号和一路激光控制脉冲信号外，还能提供脚踏开关接口．

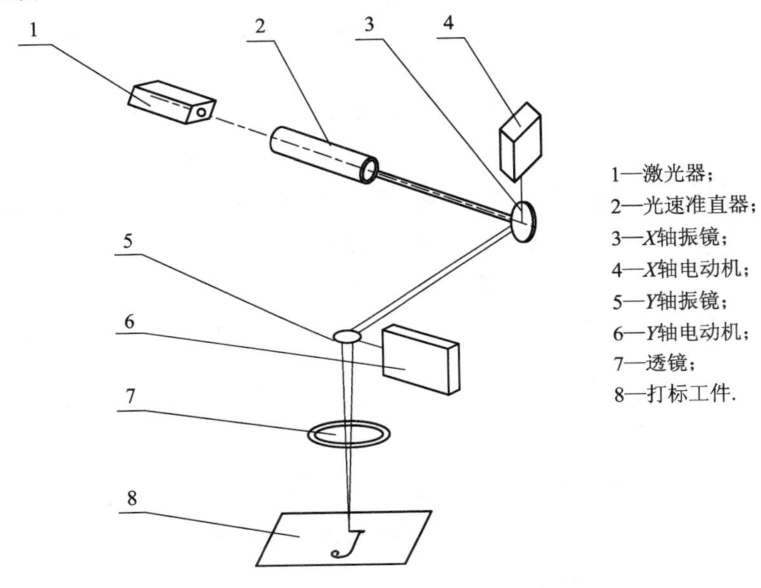

图 7.8－4　振镜式激光打标原理

4）激光快速成型技术

激光快速成型技术是以快速成型原理与激光熔融技术为基础，结合计算机辅助设计、激光加工、凝固技术、数控技术、材料力学等先进技术，获得独特的凝固组织，通过逐层堆积并扩展到整个三维实体零件，从而使传统的材料成型多步制造工艺集成为一步制造，极大地提高了工件制造效率，节省了成本，当前已应用于金属、陶瓷、塑料以及多种复合材料的制备和零件修复领域．激光快速成型技术的特点有：

（1）利用“离散＋堆积”的增材成型理念，由同步送丝或激光熔融实现一步制造，精确成型；

（2）属于近净成型制造技术，不受材料种类限制；

（3）制造工艺与所生产零件的尺寸、复杂程度无关，能够快速生产传统制造工艺中难以制备的形状复杂的零件．

激光快速成型技术可用于陶瓷材料．氧化物陶瓷在室温和高温下具有优异的力学性能、良好的抗氧化性、抗腐蚀性、耐磨性，但由于其具有较高的熔点和硬度，因此难以制备形状复杂的零件．近年来人们尝试将金属材料的激光快速成型技术．应用于氧化物复合陶

瓷成型.

5）激光雕刻技术

激光雕刻技术是激光加工的应用领域之一. 激光雕刻是将激光射到木制品、亚克力板、塑料板、金属板、石材实施类似于点阵打印的点阵雕刻. 激光头左右摆动，一次雕刻出一条由一系列点组成的一条线，当激光头同时上下移动时可雕刻出多条线，结果形成完整的数字、符号、图像. 可雕刻的材料有金属板、木制品、有机玻璃、玻璃、石材、水晶、氧化铝、皮革、树脂、喷塑金属等. 激光在金属板雕刻文字示例如图 7.8－5 所示.

图 7.8－5　激光在金属板上雕刻文字

7.8.2 【专利】一种基于无人潜艇激光浅海测深装置

【技术领域】

本发明属于利用激光进行海洋探测的领域，涉及基于无人潜艇激光浅海测深装置.

【背景技术】

从世界经济发展的历史进程来看，从内陆走向海洋是必由之路，各国为了抢占海洋经济纷纷调整海洋政策，开发海洋资源成为当今能源、交通、信息、美食等各方面的热点. 叶绿素剖面测量，油气管道设计，河口航道、缺氧区的确定，都离不开浅海深度的测量. 由于目前广泛使用的船载声呐测深技术在实际测量过程中受到许多限制，船体体积庞大，不利于浅海作业，浅海海域海底地形成为空白. 专利 A“基于无人海洋测深艇的油电推动动力装置”(CN203937851U)公开了一种探测装置，包括岸台设备、船台设备，通过 344 MHz 无线通信方式实现高速双向无线数据通信，其中船台设备安装在无人海洋测深艇上，实现浅水区域无人作业功能，在船台设备中包含海洋测深设备、船台测量数据采集控制终端、串口服务器、网口集线器、344 MHz 船台低频无线数传设备. 海洋测深设备与船台测量数据采集控制端相连接，船台测量数据采集控制终端与串口服务器和网口集成器相连接，该网口集成器通过 344 MHz 船台低频无线数传设备与 344 MHz 岸台低频无线数传设备建立高速双向无线数据链，通过无线传输与远程桌面实现对海洋测深设备的远程控制. 但是专利 A 采用油电推动动力装置，其艇相当于浮于海面上，尽管具有了灵活性，但是也存在着不稳定性，不利于浅海测深. 由于光在水中传播，吸收与散射相当明显，太阳辐射在海洋中 1 m 深被吸收 62.3％，10 m 深被吸收 73.9％；在近海 1 m 深被吸收 77.2％，10 m 深被吸收 99.6％，因此具有方向性好、单色性好、相干性好的激光用于浅海深度测量是首选. 机载激

光雷达海洋测深技术的应用能较快地探测近海海域深度，但是运行成本高，所发射的激光强度大，激光被海面反射会很刺眼，由于从飞机发射的激光经过了空气的散射、海水的吸收、海底的漫反射，接收到的光强比海面反射的光强小5～7个数量级，所以低功率发射的激光，回光信息很弱，无法分辨来自海底的回光信息.

【发明内容】

本发明解决了浅海海底深度测量的问题.

本发明解决其技术问题，所采用的技术方案是：

技术构思：(a)在潜艇中安装浅海测深设备，包括发射模块、接收模块、向岸基发送信息的发送模块；(b)发射模块采用多路发射激光，接收模块采用多向接收回光信号，发送模块将接收到的回光信息及时传送至岸基信息处理中心；(c)岸基信息处理中心甄别哪些是回光信息，按各路发射各向接收信息综合绘制待测海域地形.

设备发明：一种基于无人潜艇激光浅海测深装置.

本专利的有益效果是：采用灵活性高的无人潜艇激光浅海测深，弥补了船载声呐海洋测深的缺陷，相比于机载激光雷达节省了大功率激光驱动成本，避免了大功率激光海面反射刺眼的问题. 一种基于无人潜艇浅海测深装置，运行成本低，操作方便，是机载激光雷达近海深度测量成本的1%. 下面结合附图对本发明进一步说明.

【具体实施方式】

在图7.8-6至图7.8-7中，1表示无人潜艇，2表示发射模块，3表示电缆，4表示发送模块，5表示接收模块，6表示海面，7表示海底，21表示激光器，22表示光纤，23表示梯形反射面棱台，24表示梯形接收面棱台，25表示接收器，26表示高速直流电动机，27表示控制器.

在图7.8-6中，无人潜艇1位于海面6的下方，无人潜艇1中包括发射模块2、发送模块4、接收模块5，发射模块2、发送模块4与接收模块5都是由电缆3连接在一起的，其中发送模块4将接收模块5接收到的回光信息发送至岸基信息处理中心.

在图7.8-7中，发射模块2由激光器21、光纤22、梯形反射面棱台23、高速直流电动机26、控制器27等组成，高速直流电动机26和控制器27通过电缆3相连，激光器21由多路光纤22导出，以不同的角度打向梯形反射面棱台23，并向多个方向射入海底7，海底7对激光漫反射，有些光射向梯形接收面棱台24之后传给接收器25.

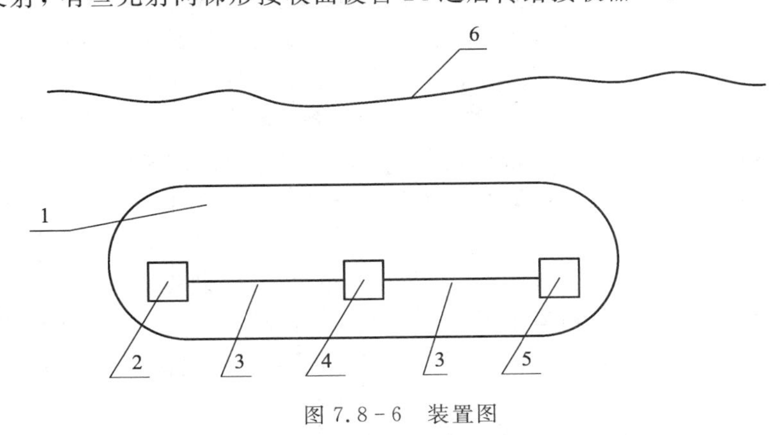

图7.8-6　装置图

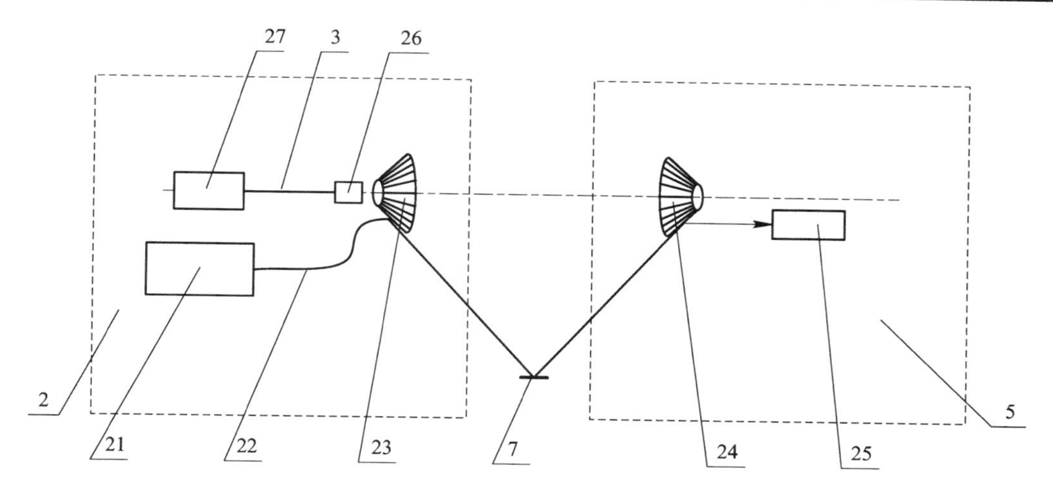

图 7.8－7　发射模块和接收模块

在发射模块 2 中，利用多个梯形反射面棱台 23，反射光纤 22 传输的激光，结合高速直流电动机 26，实现兆赫兹重复频率向海底 7 发射脉冲激光，其中高速直流电动机 26 每秒转数 30 000，梯形反射面棱台 23 每个面相应的圆心角为 1°，组合构成的激光脉冲重复频率为 1.08×10^{7} Hz. 梯形反射面棱台 23 与梯形接收面棱台 24 是共轴的，在接收模块中，梯形接收面棱台 24 每个面相应的圆心角为 1°，梯形接收面棱台 24 每一梯形面作为接收基元并以 1.08×10^{7} Hz 接收来自海底的回光信息. 激光器 21 可以用多束光纤 22 导出激光，由于光纤容易调节激光入射方向，使得激光从无人潜艇 1 底部发出，且可以向前方、左前方、右前方、正下方、左下方、右下方等多个方向射入浅海海底，在无人潜艇缓慢移动的同时，该装置实时地通过发送模块将接收到的回光信息向岸基发送.

内容小结

1. 激光器由工作物质、泵浦能源、谐振腔三个部分组成，这三个部分也叫三要素. 常用的激光器为 He－Ne 激光器，工作物质为 He 原子、Ne 原子；泵浦能源为氙灯；谐振腔选择性地让 632.8 nm 增益放大，其他衰减，出射的就是红色激光.

2. 激光应用包括激光测距技术、干涉型激光测试技术、衍射型激光测试技术、偏振型激光测试技术等.

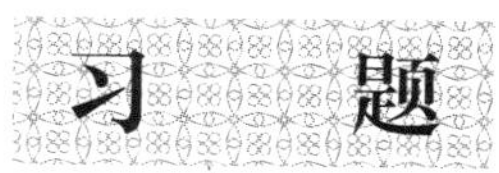

习题

7.1　有一折射率为 n，厚度为 d，上下两表面延长线在遥远处形成微小夹角 α 的平晶，如图题 7.1 图所示，有一点光源 S，与平晶上表面的距离为 D，光源 S 关于平晶上表面的像为 S_1，下表面的像为 S_2，S_1S_2 的连线与过 S 平行于上表面的直线相交于 S_3，试求长度 SS_3.

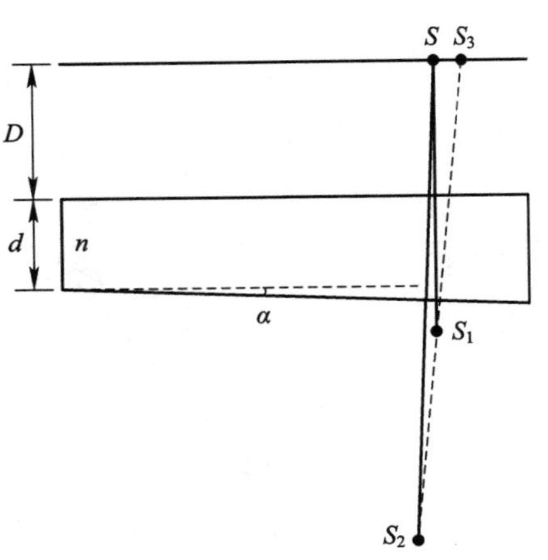

题 7.1 图

【提示】 由于角 α 很小，$SS_1 \approx 2D$，平晶折射率为 n，$SS_2 \approx 2D+\dfrac{2d}{n}$，

$$S_1S_2 \approx \frac{2d}{n},$$

即 $n \cdot \overline{S_1S_2}$ 光程为 $2d$，如题 7.1 分析图所示. 进一步地，令 $\angle S_1SS_2=\alpha_1$，由空气到平晶的折射定律知

$$\sin\alpha_1 = n\sin\alpha_2,$$

则

$$\alpha_2=\frac{\alpha_1}{n},$$

式中 α_2 就是从空气到平晶的折射角，由于平晶下表面与上表面夹角为 α，故法线转动 α，从平晶下表面折射的入射角变成 $\alpha-\alpha_2$，又满足折射定律：

$$n\sin(\alpha-\alpha_2)=\sin\alpha_3,\ \alpha_3=n(\alpha-\alpha_2)=n\left(\alpha-\frac{\alpha_1}{n}\right)=n\alpha-\alpha_1.$$

令 $\alpha_3=0$，则 $\alpha_1=n\alpha$，经上述分析，有

$$S_2S_4=D\alpha_1+d\alpha+(D+d)\alpha=[(n+1)D+2d]\alpha,$$

$S_1S_4 \approx 2d$，根据三角形 $\Delta S_1S_2S_4$ 相似于三角形 ΔS_1SS_3，相似比为 $\dfrac{D}{d}$，故

$$SS_3=\frac{D}{d}[(n+1)D+2d]\alpha.$$

题 7.1 分析图

7.2 关于反射衍射问题，如题7.2图所示，在一棱缘和一平面之间，由斜向入射光束在观察屏上看到的衍射图样，试证明 $b=\dfrac{k\lambda L}{2x_k\left(\dfrac{x_k}{2L}\sin\alpha_1+\cos\alpha_1\right)}$，式中 λ 为入射光的波长，b 为 A 到镜面的距离，L 为衍射图样中心到 A 正下方镜面处的距离，x_k 为衍射点到衍射图像中心的距离，k 为暗纹级数，α_1 为入射光束与镜面的夹角.

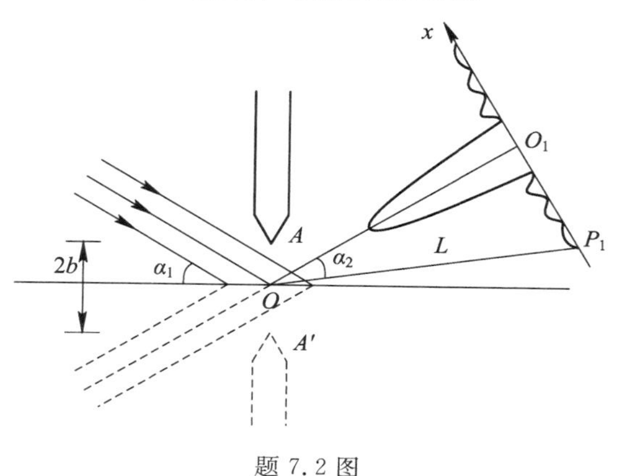

题7.2图

【提示】 衍射图样可看作由棱缘及其镜面构成宽为 $2b$ 的狭缝产生，在观察屏的点 P_1 处观察到暗纹，则到达该点 P_1 处的远场衍射光程差满足

$$2b\sin\alpha_1-2b\sin(\alpha_1-\alpha_2)=k\lambda,\ k=\pm1,\ \pm2,\ \cdots$$

式中，α_1 和 α_2 分别为光束入射角和远场衍射角，$2b\sin\alpha_1$ 为入射角为 α_1 时衍射边缘 A 和 A' 的光程差，由于镜像，相当于缝的宽度为 $2b$，$2b\sin(\alpha_1-\alpha_2)$ 是由 A 和 A' 发出的衍射光束在观察屏上点 P_1 处的光程差，由于从 A' 出发的光程比从 A 出发的光程大，到 A' 的光程比到 A 的光程小，故式中用了负号，因此上式可以简化为

$$2b\left[2\sin\alpha_1\ \sin^2\frac{\alpha_2}{2}+\cos\alpha_1\sin\alpha_2\right]=k\lambda,$$

式中，$\sin\alpha_2\approx\dfrac{x_k}{L}$，$\sin^2\dfrac{\alpha_2}{2}=\dfrac{x_k^2}{4L^2}$，代入上式有

$$2b\left[\frac{x_k^2}{2L^2}\sin\alpha_1+\frac{x_k}{L}\cos\alpha_1\right]=k\lambda,\ 2b\,\frac{x_k}{L}\left[\frac{x_k}{2L}\sin\alpha_1+\cos\alpha_1\right]=k\lambda,$$

故

$$b=\frac{k\lambda L}{2x_k\left(\dfrac{x_k}{2L}\sin\alpha_1+\cos\alpha_1\right)}.$$

7.3 如题7.3图所示，当实际测量中构成狭缝的两条棱缘不在同一竖直线上，它们间距为 z，试证明

(1) $b\sin\varphi_1+2z\sin^2\dfrac{\varphi_1}{2}=k_1\lambda$；(2) $2z\sin^2\dfrac{\varphi_2}{2}-b\sin\varphi_2=k_2\lambda$.

【提示】 对于点 P_1 相应于衍射角为 φ_1，考虑垂直入射时光线 AP_1 和 $A_1'A_1P_1$，有

$$\delta_{P_1}=A_1'A_1P_1-AP_1=A_1'P_1-AP_1+A_1'A_1P_1-A_1'P_1=b\sin\varphi_1+(1-\cos\varphi_1)z=k_1\lambda,$$

$k_1=1,\ 2,\ \cdots$ 即 $b\sin\varphi_1+2z\sin^2\dfrac{\varphi_1}{2}=k_1\lambda$.

对于观察屏 P_2 相应于衍射角为 φ_2，$\varphi_2<0$，有

$$2z\sin^2\frac{\varphi_2}{2}-b\sin\varphi_2=k_2\lambda,\ k_2=1,2,\cdots.$$

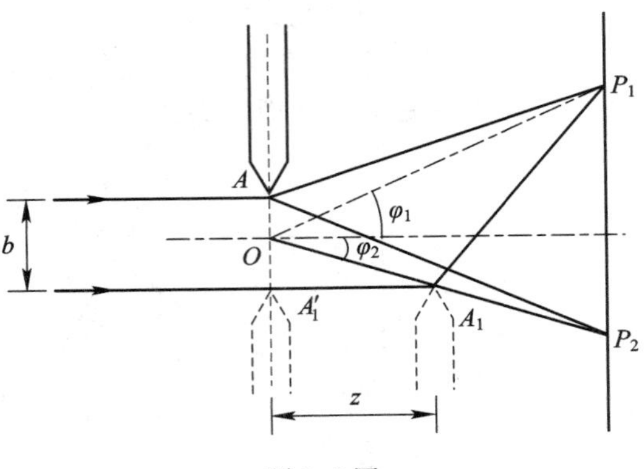

题 7.3 图

7.4　怎样在观察等倾干涉的零光程状态的基础上，观察白光的干涉条纹？

7.5　在观察 100 条等倾干涉条纹陷入或冒出时，为什么微调旋钮只能朝一个方向旋转？

7.6　如题 7.6 图所示，光源 S 为单色扩展光源. 设平面镜 M_1 和 M_2 严格垂直，平面镜 M_2 相对于半透半反膜 ab 所成的像 M_2' 与 M_1 的相对位置如图所示. 在观察屏 E 处将看到等________________干涉条纹，干涉条纹的形状是________________. 当观察者的眼睛在观察屏 E 附近垂直于光线的平面内稍微移动时，看到干涉条纹的变化是________________. 当平面镜 M_1 沿图中“⇧”所示方向平动少许时，在 E 处将观察到干涉条纹的粗细变化为________________，干涉条纹的疏密变化为________________，干涉条纹产生和消失的规律是________________.

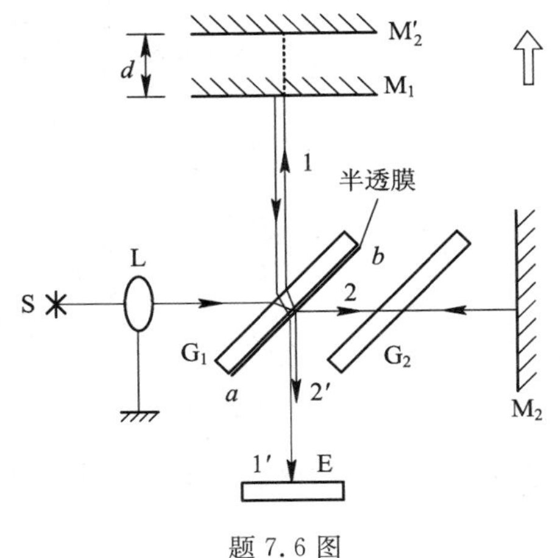

题 7.6 图

第 8 章　集成电路技术

集成电路(integrated circuit，IC)的物理外观就是芯片. 集成电路是把一定数量的常用电子元件，如电阻、电容、晶体管等，以及这些元件之间的连线，通过半导体工艺集成在一起的具有特定功能的电路. 世界上第一个集成电路如图 8.0-1 所示，其尺寸约 3 mm×10 mm.

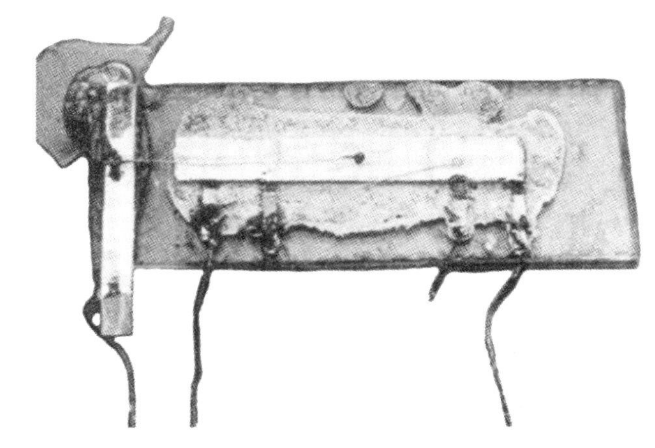

图 8.0-1　世界上第一块集成电路

进入 21 世纪，集成电路产业面临着史无前例的发展机遇，成为电子信息产业的核心，同样也是支撑国家经济社会发展的战略性、基础性、先导性产业，成为新基建的基础，其意义体现在集成电路销售 1～2 元，带动电子产品销售 10 元，增长 GDP 100 元. 要推动集成电路技术的发展，集成电路的基础研究与理论研究至关重要，集成电路技术涉及固体物理学、量子力学、热力学与统计物理学；涉及半导体材料，半导体器件，集成电路工艺，集成电路设计、制造、封装；涉及电子电路、信号处理、计算机辅助设计、图论、材料科学、测试加工、软件工程、计算机通信等学科.

8.1　集成电路产业及其发展历程

集成电路产业链是一个包含价值链、企业链、供需链和空间链四个维度的概念. 在用户需求与市场应用之间建立一条完整的集成电路产业链应包含芯片设计、芯片制造、封装测试三个主要产业，同时还包括集成电路设备制造、关键材料生产等相关支撑产业.

8.1.1　集成电路产业链

1. 芯片设计产业

从产业链的分布可以看出，芯片设计企业处于集成电路产业链的上游，主要根据电子产品及设备等终端市场的需求，设计开发各类芯片产品．芯片设计水平的高低决定了芯片产品的功能、性能和成本．

芯片设计就是把集成电路从抽象的产品类型一步一步具体化，直至最终物理实现．其设计工序包括功能需求→行为设计（数字电路设计，VHDL）→行为仿真→综合优化-网表→时序仿真→布局布线-版图→后仿真→签字，具体流程图如图 8.1－1 所示．

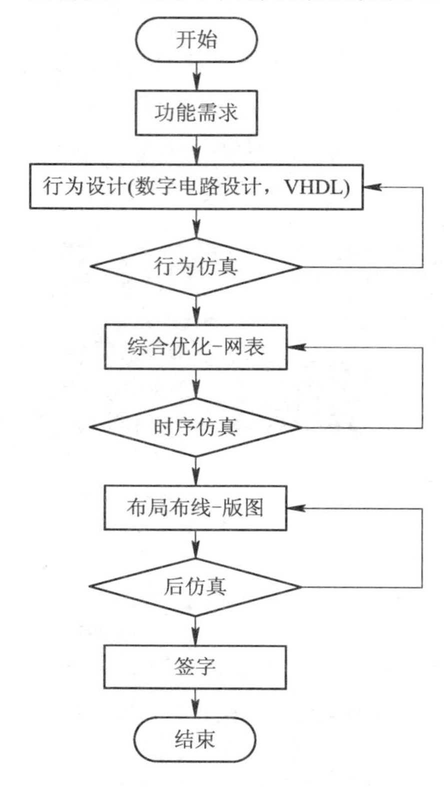

图 8.1－1　芯片设计工序流程图

芯片设计总体可分为前端设计和后端设计两部分．

（1）前端设计．前端设计包括用户需求分析、芯片规格定义、芯片架构设计等环节．

（2）后端设计．后端设计接收前端设计输出的网表，进行可测性设计、可制造性设计、布局布线设计和物理版图设计，最终输出版图文件，提供给晶圆制造工厂进行流片生产．

2．芯片制造产业

芯片制造产业通常称为晶圆制造产业．晶图制造包括晶圆的生产和测试等步骤．其中晶圆指的是硅（锗）半导体集成电路制作所用的硅（锗）片，又称晶圆基片，如图 8.1－2 所示，晶圆生产是指晶圆制造厂接收版图文件，制作掩膜（mask），并通过光刻（lithography）、掺杂（dope）、溅射（sputtering）、刻蚀（etch）等过程，将掩膜上的电路图形复制到晶圆基片上，从而在晶圆基片上形成电路．一款芯片由晶体管、电容、电阻等各种元件及其相互间的连线组成，这些元件和相互连线通过研磨（grind）、抛光（polishing）、氧化

图 8.1－2　晶圆

(oxidation)、离子注入(ion implantation)、光刻(lithography)、外延生长(epitaxial growth)、蒸发(evaporate)等一整套平面工艺技术，在一小块硅(锗)片上逐层制造而成.

芯片制造的过程是：在计算机上设计集成电路图，并将该电路图涂覆在金属薄膜上，当光照射到金属薄膜上，形成掩膜，再将制成的掩膜覆盖在硅片上，当光通过掩膜，电路图"印制"在硅片上时，如果我们按照电路图将应该导电的地方连通起来，应该绝缘的地方断开，那么就在硅片上形成了所需要的电路，若采用多个掩膜，就能形成上下多层通道，硅片就制成了芯片. 芯片制造工序如图 8.1-3 所示.

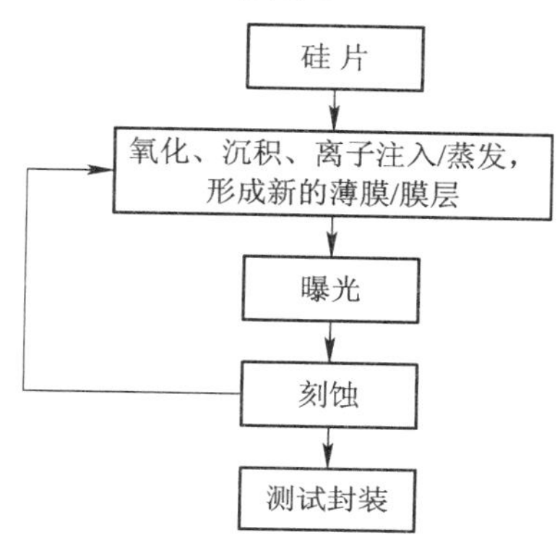

图 8.1-3　芯片制造工序

3. 封装测试产业

晶圆测试是指在测试机台上采用探针卡并利用测试向量对每一颗裸片的电路功能和性能进行测试. 经过测试的晶圆，再经过减薄、切割后，进行封装、成品测试，从而形成芯片成品. 芯片封装包括晶圆切割、上芯、键合、封塑、打标、烘烤等过程. 芯片封装使芯片内电路与外部器件实现电气连接，在芯片正常工作时起到机械或环境保护的作用，保证芯片的稳定性和可靠性. 成品测试是利用测试向量对已封装的芯片进行功能和性能测试. 芯片经过成品测试后，即形成可对外销售的芯片产品.

芯片封装就是安装半导体集成电路芯片的外壳，芯片必须与外界隔离，以防止空气中的杂质对芯片电路的腐蚀，从而造成电路性能的下降. 封装后的芯片也便于安装和运输.

8.1.2　国内外微处理器的发展

中央处理器(central processing unit, CPU)也称微处理器，是一种非常先进的集成电路，随着集成电路的迅速发展，它由连接在一起的大型真空管替换为分立的晶体管后，尺寸进一步缩小. 微处理器的研究进展得益于计算机的出现，而集成电路的发展伴随着微处理器的研究发展，同时它也促进了计算机迅猛发展.

1958 年，美国《连线》杂志报道了德州仪器公司的工程师基尔比(杰克·基尔比，Jack Kilby, 1923—2005)发明的安装有 3 个元件的全球第一块集成电路板，如图 8.0-1 所示. 基尔比对微型电路的思考归纳为：(1)将各种器件像电阻、电容、二极管、三极管做成形状一样、大小一样，以使电路连接更简单；(2)用薄膜来制造各种器件，不能用薄膜制的器件加上薄膜；(3)在一种材料上制造全新的结构，并用它制成完整的电路. 在他日志本上写道

(如图 8.1－4 所示)：

A wafer of germanium has been prepared as shown to form a phase shift oscillator. The bulk resistance of the germanium was used resistor, and p－n junction for a capacitor. The p type wafer was diffused by conventional techniques, and an aluminumremitter dot was evaporated and alloyed. Gold was evaporated and alloyed to provide conclusions to the transistor base and to the capacitor area. Plateaus were formed by etching for the transistor and capacitor. Tabs were attached to make contact with the germanium wafer as shown. The wafer was mounted on a glass side with Saureisen cement and gold was bonded the thermally to make the necessary interconnections. The unit was then given a clean-up etch.

When 10 Volts were applied (1000 Ohm series current limiting resistor) the unit is oscillated at about 1.3 MHz and the amplitude is about 0.2Vpp. This test was witnesses by W. A. Adcokck, Bob Pritchard, Mark Shepard, and others.

J. S. Kilby. September 12, 1958

集成电路就是在芯片上制成的完整的电子电路，这一芯片比手指甲还小，却包含了几千个晶体管元件. 由于集成电路体积小、质量小、寿命长、可靠性好，因此被引入计算机，而且集成电路的集成程度每 3～4 年提高 1 个数量级. 以集成电路为特征的第三代计算机，相比电子管计算机和晶体管计算机，体积更小、价格更低、可靠性更高、运算速度更快.

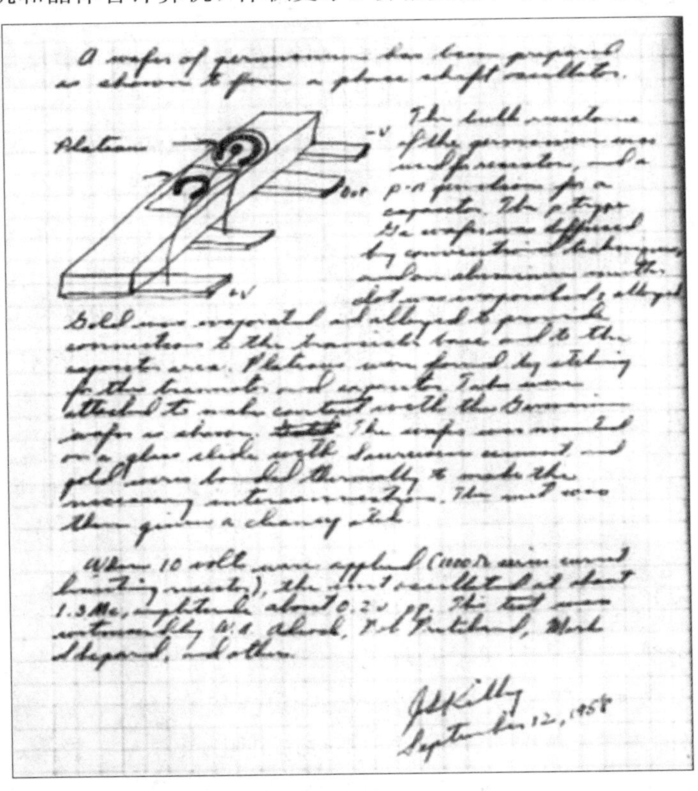

图 8.1－4　Kilby 手迹

表 8.1-1 和表 8.1-2 分别展示了国外微处理器的发展历程和国内微处理器的发展历程.

表 8.1-1　国外微处理器的发展历程

时　间	微处理器	晶体管数	性　　能(说明)
1971	Ted Hoff 等研制的 4004	2000 个	相当于世界上第一台计算机 ENIAC
1972	Ted Hoff 和 Federico Faggin 研制 8008		13.8 mm^2 的芯片上能执行 45 种指令的 CPU
1973	Ted Hoff	MOS 应用于 Intel 8080	第二代微处理器
1978	Intel 8086	4 万个	16 根数据线和 20 根地址线，有四个 16 位通用寄存器，时钟频率 77～10 MHz
1985	Intel 80386 1.5 μm	27.5 万个	32 位处理器，频率为 16 MHz
1989	Intel 80486	120 万个	32 位个人计算机，频率为 25 MHz
1994	Intel Pentium 处理器 0.8μm	310 万个	频率为 66 MHz
1997	Intel PentiumⅡ处理器，0.25 μm	750 万个	频率为 300 MHz
1999	Intel PentiumⅢ处理器，0.18μm	950 万个	频率为 500 MHz
2000	Intel Pentium 4 处理器	4200 万个	频率为 1.5 GHz
2001	Itanium 微处理器 Intel Architecture 64		
2003	AMD，Opteron 微处理器，64 位		
2005	Intel 酷睿 Core		第六代微处理器
2012	Intel 酷睿 i7 处理器，22 nm		
2015	Intel，14 nm		
2019	Intel Core i9-9900K，ADM 9-3900X	1.516×10^8 个，90.3 mm^2	第九代微处理器，21.6 亿次运算/秒
2020	Intel Core i10		第十代微处理器

表 8.1-2　国内微处理器的发展历程

时　间	微处理器	性　　能(说明)
2002	龙芯 1 号	适用于 32 位
2003	龙芯 2 号	兼容 MIPS II 系统，国际领先
2008	龙芯 2 号	推向市场
2011	龙芯 1B、3B、2H	
2012	龙芯 3B1500，FT1500	
2013	华为购买 ARM 架构授权	
2014	龙芯 1B，FT-1500A，兼容 ARM，FT-1500	
2016	FT-2000(火星，飞腾系列)	
2017	小米公布澎湃 S1	
2019	龙芯 3A40000，FT2000/4	

8.1.3　集成电路技术

当今社会，人们通过互联网可以获取千里以外的信息，可以通过卫星或者航天器进行地空对话，这些就是基于数字和模拟电子系统的信息技术，得益于晶体管(transistor)与集成电路的发展，IC 产品已经渗透到日常生活的每个角落. 单片集成电路是在一个小平板半导体材料上的一套电子电路，所述的小平板就是芯片(chip)，所述的半导体材料可以是以硅为代表的第一代半导体材料，或者是以砷化镓为代表的第二代半导体材料，或者以氮化镓为代表的第三代半导体材料. 将大量的微型的金属氧化物半导体场效应晶体管(metal oxide semiconductor field effect transistor，MOSFET)集成到一个小芯片中，使得电路比由分立电子元件构成的电路小几个数量级，从而加快运算速度，降低制造成本. IC 量产取代分立晶体管的设计制造，应用于标准化的计算机、移动电话和其他数字家用电器，彻底改变了人们的生活. 20 世纪 60 年代，随着金属氧化硅(metal oxide silicon，MOS)半导体器件制造技术的兴起，芯片的尺寸、运算速度和存储容量都取得了巨大进步，促进了超大规模集成电路的发展，在 1 cm^2 的集成电路集成了数十亿个 MOS 晶体管.

集成电路技术工艺包括氧化、扩散、掺杂、离子注入、刻蚀、掩膜版制作和光刻、外延、金属化和多层互连等步骤. 硅基集成电路成功的一个主要原因是，在硅表面形成了性能优异的天然 SiO_2层，以及在 MOSFET 中被用作栅隔绝层和器件之间隔离的场氧化层. 这一氧化层连接不同器件，可用于金属互连. 图 8.1-5 为硅表面的氧化过程示意图，氧气扩散至氧化层表面相邻的凝滞气体层，并穿过已有的氧化层，到达硅表面氧化生成二氧化硅. 扩散就是集成电路制造中的固态扩散工艺，若将一定数量的某种杂质掺入硅晶体或者其他半导体晶体中，可改变晶体电化学性质，但要满足掺入的杂质数量、分布形式和深度的要求，例如将硅片放到约 1100℃高温扩散炉中，掺入硼或磷等杂质，其中掺杂原子由于浓度

梯度的作用逐渐扩散或移动而进入硅，如图 8.1-6 所示，此过程是非线性的. 从炉中取出降至室温后的硅片，杂质原子固定在硅材料中，其扩散系数基本降为零. 离子注入是用一定能量的杂质离子束轰击需要掺杂的靶，一部分杂质离子掺杂到靶内，与扩散相比，离子注入工艺是低温工艺，能获得良好的掺杂层. 离子注入仅在被选中的硅区域发生，这是因为光刻胶和氧化层都可以阻挡掺杂原子的渗透. 外延就是在单晶衬底上按衬底晶向生长单晶薄膜的工艺，包括气相外延、液相外延、固相外延. 刻蚀就是当光刻胶曝光形成图形之后，留下的光刻胶作为掩膜层，没有被光刻胶覆盖的部分被刻蚀掉，现在等离子刻蚀已是集成电路制造的标准工艺，向低压舱中注入氯氟烃刻蚀气体，在阴阳极之间得到等离子体. 图 8.1-7 给出了制作 pn 结的基本步骤及相应的工艺.

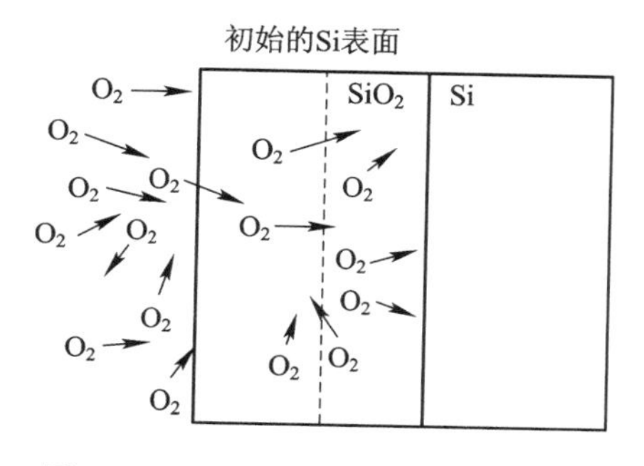

图 8.1-5　硅表面的氧化过程示意图

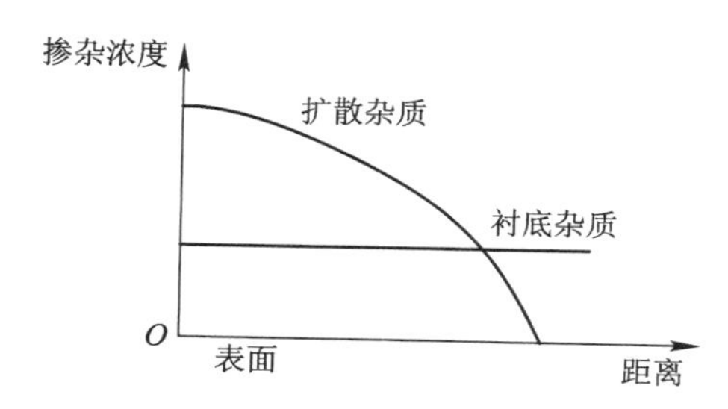

图 8.1-6　半导体表面扩散杂质的最终浓度

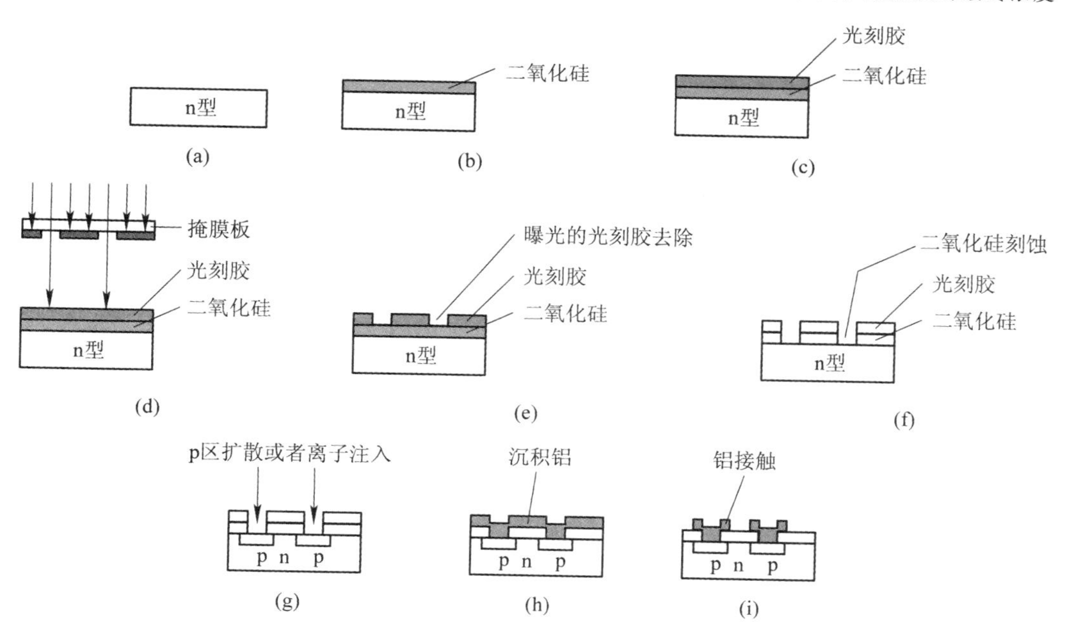

图 8.1-7　制作 pn 结的基本步骤

(a) n 型衬底；(b) 表面氧化；(c) SiO_2 上涂敷光刻胶；(d) 通过掩膜照相将光刻胶曝光；(e) 去除曝光的光刻胶；(f) SiO_2 刻蚀；(g) 硅中扩散或离子注入；(h) 去除光刻胶，表面溅射铝；(i) 涂光刻胶，掩膜照相，刻蚀在 p 区上形成铝接触

摩尔定律预言每18个月，集成电路上芯片的集成度翻一番，人们坚信摩尔定律，不断努力创造出新的科技成就. 随着芯片特征尺寸日益走向3 nm，甚至1 nm，集成电路中晶体管尺寸的缩小逐渐接近硅原子的物理极限，因为1 nm的宽度中仅能容纳2个硅原子晶格，硅晶格常数为0.5 nm，只要3个硅原子排列的宽度就达到了1 nm.

在摩尔定律指引下，集成电路技术今后可能另辟蹊径：

（1）集成更多的晶体管. 集成电路技术受到晶体管内最小的结构宽度、晶体管自身所占的面积的限制，且晶体管的特征尺寸是基于栅极宽度的，故它的最小结构宽度为22 nm，但在FinFET中，Fin的宽度突破了栅极宽度，在GAA堆叠纳米片晶体管中，纳米片的厚度也突破了栅极宽度，苹果A13芯片采用7 nm工艺制程，在94.48 mm^2 面积上有85亿个晶体管，苹果A14芯片采用5 nm工艺制程，在88mm^2 面积上有118亿个晶体管，如图8.1-8所示. 此外先进封装技术(advanced packaging)，即高密度先进封装，采用晶圆间互连的穿透硅通孔技术(silicon through hole technology，TSV)，其封装密度越来越高，系统的功能密度得以提升. 在集成电路中晶体管为最小的功能单位，可谓功能细胞，因此在单位体积内集成更多的功能细胞，是集成电路技术的发展方向.

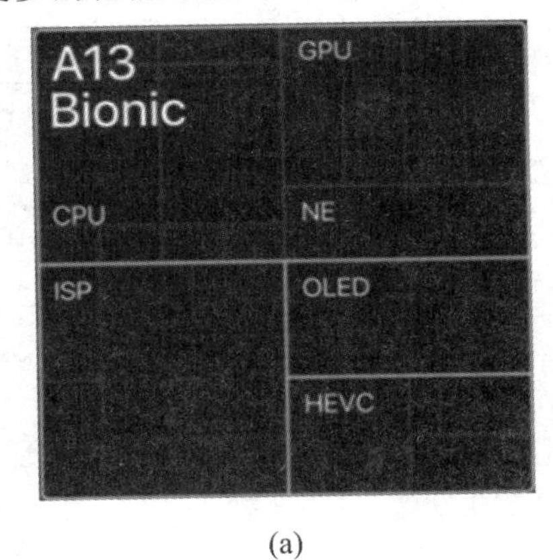

(a)

(b)

图8.1-8 苹果芯片

(a) A13；(b) A14

（2）扩展硅元素. 芯片制造商一直试图将化合物半导体应用在传统的硅晶圆上，从而创造出更大的经济效益，例如硅基氮化镓技术(见图8.1-9)，在300 mm的硅晶圆上集成氮化镓基(GaN-based)功率器件与硅基互补金属氧化物半导体(Complementary Metal Oxide Semiconductor，CMOS)，包括硅基氮化镓(GaN-on-Si)、碳化硅基氮化镓(GaN-on-SiC)、蓝宝石基氮化镓(GaN-on-sapphire)，可为CPU提供低损耗、高速电能传输，减少主板组件，降低所占空间. Intel公司在300 mm的硅晶圆上首次集成氮化镓基(GaN-based)功率器件，台积电公司采用了硅基氮化镓技术与新型铁电体材料，为下一代嵌入式动态随机存取存储器(dynamic random access memory，DRAM)实现更大内存资源和低时延读写能力提供技术支持. 新型铁电存储器，采用新的技术实现了2 ns的读写速度和超过10^{12}的读写周期，提升了存储器性能，提高了存储器的寿命.

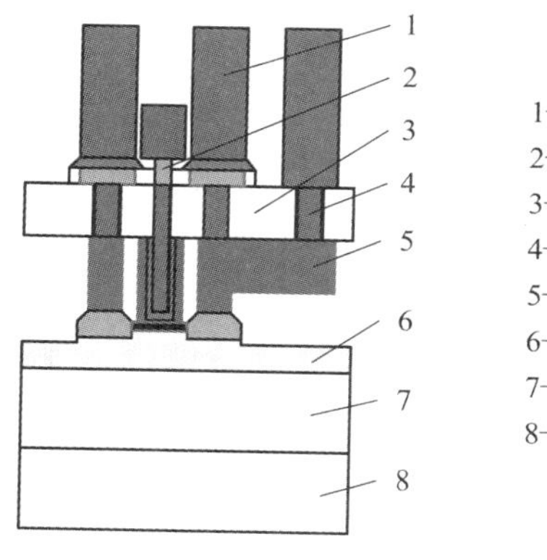

图 8.1-9　硅基氮化镓技术

(3) 从量子领域探寻高密度集成电路发展方向. 量子力学中的隧道效应，电子按一定概率穿越绝缘体使有些元件功能失效，研究人员列出了一系列金属氧化物半导体场效应晶体管的替代品，包括隧道场效应晶体管(tunnel field effect transistor，TFET)、碳纳米管场效应晶体管(carbon nanotubes field effect transistor，CNFET)、单原子晶体管(single-atom transistor，SAT). 与传统的场效应晶体管不同，隧道场效应晶体管的源极和漏极掺杂机制，应用了量子力学隧道效应，栅极和源极之间的电压，决定载流子是否能“隧穿”源极和漏极之间的能量势垒，是否能形成电流，如图 8.1-10 所示；碳纳米管场效应晶体管的源极和漏极之间的沟道由直径为 1～3 nm 的碳纳米管组成，容易被栅极控制，在室温下碳纳米管中载流子迁移率、饱和速度分别约为硅的 100 倍和 4 倍，如图 8.1-11 所示；单原子晶体管能控制电极移动一个原子，使连接两端之间的微小间隙中有电流流动，如图 8.1-12 所示，单原子晶体管的能耗只有传统硅基晶体管的万分之一，与传统量子电子元件不同，单原子晶体管不需要在接近绝对零度的低温条件下工作，它可以在室温下工作.

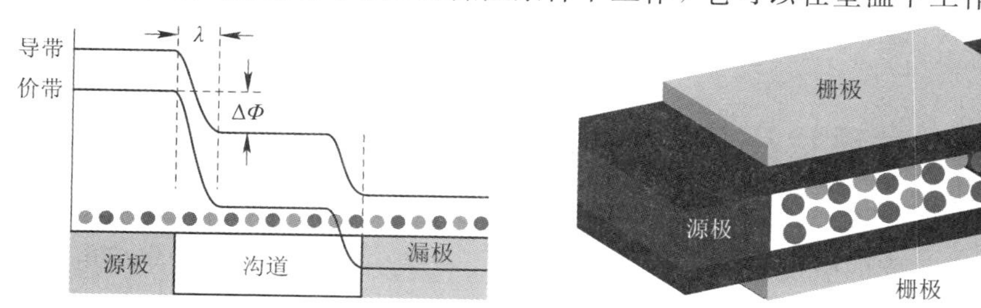

图 8.1-10　隧道场效应晶体管(λ 为波长，$\Delta\Phi$ 为能级差)

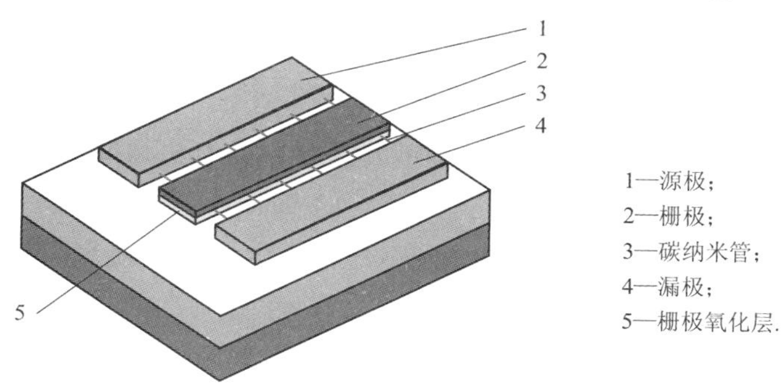

图 8.1-11　碳纳米管场效应晶体管

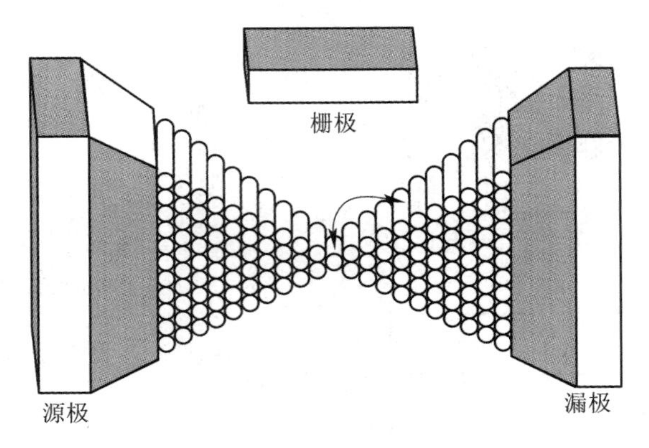

图 8.1-12 单原子晶体管

8.2 集成电路封装技术

集成电路封装是伴随集成电路的需求不断发展的. 航天、航空、机械、轻工、化工等各个行业所需要的整机向着多功能、小型化方向发展，从而使集成电路的集成度越来越高，整机功能越来越复杂. 集成电路封装密度越来越大，引线数量越来越多，与此同时体积越来越小，重量越来越轻，更新换代的速度越来越快.

集成电路封装不仅要考虑集成电路芯片内部的键合点与外部电气连接，而且要考虑为集成电路芯片提供机械保护作用，使之免受物理损伤. 集成电路封装要给集成电路芯片提供稳定可靠的工作环境，要重新分布输入/输出口，以获得在装配中更易处理的引脚节距，因此集成电路封装技术涉及集成电路各种封装的外形尺寸、公差配合、结构特点和封装材料等知识.

8.2.1 封装技术现状及其发展趋势

在集成电路发展初期，封装主要是在半导体晶体管的金属圆形外壳基础上增加外引线，由于金属圆形外壳的引线数量受到结构的限制，封装引线过多不利于集成电路的测试、安装，故发展出扁平式封装. 随着焊接技术发展，又发展出双列式封装；随着整机小型化的发展，为满足集成电路发展的需要，接着发展出片式载体封装、四面扁平封装、针栅阵列封装、载带自动焊接封装等，随后功率型封装、混合集成电路封装以及恒温封装、抗辐照封装、光电封装等多种封装形式不断涌现.

集成电路封装材料也在不断发展，早期的封装材料是有机树脂和蜡的混合体，采用充填或灌注的方法，保证封装结构气密性达到规定的要求. 人们也尝试过用橡胶进行密封，然而它在耐热、耐油、电性能方面远不如玻璃-金属封装、陶瓷-金属封装、低熔玻璃-陶瓷封装. 现在常用的封装材料有塑料、玻璃、陶瓷、金属.

集成电路封装多采用扁平和双列式引脚封装，采用金属圆形和菱形封装一般是对于较高功率的集成电路. 随着电子设备的小型化和轻量化，表面安装式封装将成为集成电路封

装的主流，具体有片式载体封装、小外形双列封装、四面扁平封装，这些封装形式的引线能平贴在预先印有焊料膏的印制线路板焊盘上，通过回流焊工艺将其焊接牢固.

集成电路封装将朝着具有更多的引线、更小体积、更高封装密度方向发展，在 7 mm×7 mm面积上封装引出端达数百个，满足高速度、超高频、低功耗、抗辐照工作需求. 集成电路封装具有低应力、高纯度、高导热，以及引线电阻小、分布电容小、寄生电感小等特征.

集成电路的另一主要封装形式是塑料封装. 由于塑料封装制作成本低、工艺简单，易于自动化生产，故在集成电路封装总量中，占比达到 85%. 随着塑料封装材料、引线框架、生产工艺不断改进完善，塑料封装在封装总量中所占比例还会持续增大.

8.2.2　集成电路的封装形式

1. SOP 封装系列

小外形封装(small outline package, SOP)是 1968 年飞利浦公司开发的，典型引脚间距为 1.27 mm，如图 8.2-1 所示. 随着数十年来的发展，概念不断被固化，SOP 指鸥翼型(L型)引线从封装的两个侧面引出的一种表面贴装型封装，引脚个数达 8～32.

集成电路体宽为 7.5 mm 的 SOP 也称为宽体 SOP.

集成电路体宽为 5.3 mm 的 SOP 也称为中体 SOP，电极引脚数量一般在 8～40 范围.

集成电路体宽为 3.9 mm 的 SOP 也称为窄体 SOP.

图 8.2-1　引脚间距为 1.27 mm 的 SOP 元件

除此以外，小外形封装还有 J 型引脚小外形封装(small outline J-leaded package, SOJ)、薄型小外形封装(thin small outline package, TSOP)、甚小外形封装(very small outline package, VSOP)、缩小型小外形封装(shrink small outline package, SSOP)、薄缩小型小外形封装(thin shrink small outline package, TSSOP)、小外形晶体管(small outline transistor, SOT)、双侧引脚小外形封装(dual small outline package, DSOP)、迷你小外形封装(mini small outline package, MSOP).

2. QFP 封装

四面扁平封装(quad flat package, QFP)指的是表面组装集成电路从四个侧面引出引脚，呈翼 L 形，如图 8.2-2 所示，基材分陶瓷、金属和塑料三种，其中塑料封装占主导地位，塑料 QFP 封装是常用的多引脚大规模集成电路(large scale integrated circuits, LSI)的

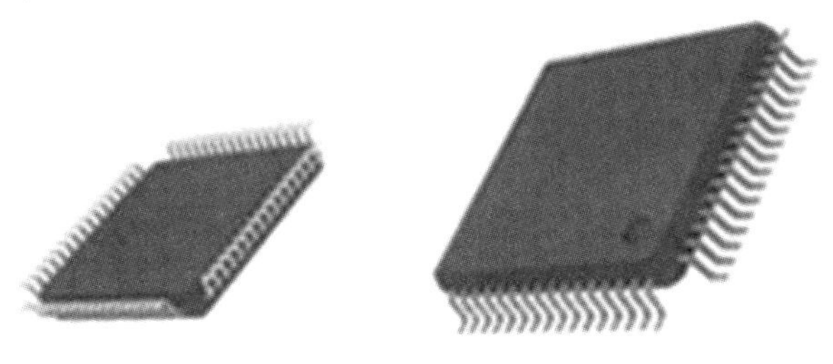

图 8.2-2　四面扁平封装

封装形式，不仅用于微处理器、门阵列等数字逻辑大规模集成电路，而且也用于磁带录像机(video tape recorder，VTR)信号处理、音响信号处理等模拟大规模集成电路. 其引脚中心距有 1.0 mm、0.8 mm、0.65 mm、0.5 mm、0.4 mm、0.3 mm 等多种规格尺寸，引脚间距最大极限是1.27 mm，最小是 0.3 mm. 值得一提的是，0.65 mm 引脚中心距规格中最多引脚个数为 304.

3. PLCC 封装

塑料有引线芯片载体(plastic leaded chip carrier，PLCC)封装属于表面贴装型封装之一，其引脚从封装体的四个侧面引出，呈 J 形状，PLCC 封装的集成电路大多是可编程的存储器. PLCC 的外形有方形和矩形两种，外形为方形的称为 JEDECMO - 047，其引脚有 20～124个，引脚间距为 1.27 mm，如图 8.2 - 3 所示；外形为矩形的称为 JEDECMO - 052，其引脚有 18～32 个.

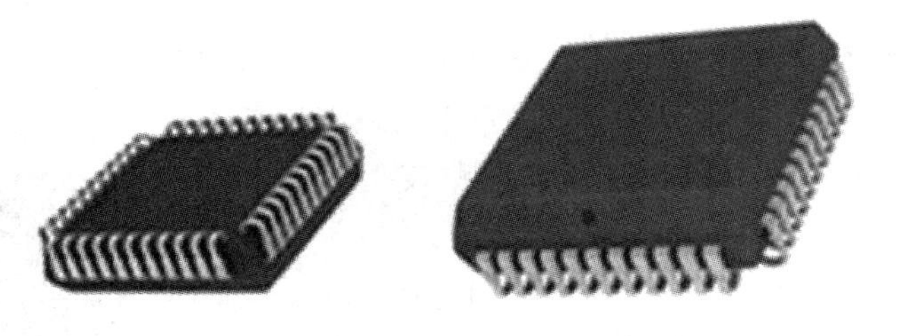

图 8.2 - 3　塑料有引线芯片载体封装

4. LCCC 封装

无引线陶瓷芯片载体(leadless ceramic chip carrier，LCCC)封装是表面贴装器件(surface mounted devices，SMD)集成电路的一种封装形式，外形有长方形和正方形两种，无引线的电极焊盘排列在封装底面上的四个侧面，外形为长方形的电极有 18、22、28 或者 32 个，外形为正方形的电极数有 16、20、24、28、44、52、68、84、100、124 或者 156 个，电极间距有 1.0 mm 和 1.27 mm 两种，如图 8.2 - 4 所示，无引线陶瓷芯片载体封装的电极数目为 28. LCCC 引出端子的特点是在陶瓷外壳侧面有类似城堡状的金属化凹槽和外壳底面镀金电极相连，这提供了较短的信号通路，电感和电容损耗较低. LCCC 可用于高速、高频集成电路封装，如封装微处理器单元、门阵列和存储器.

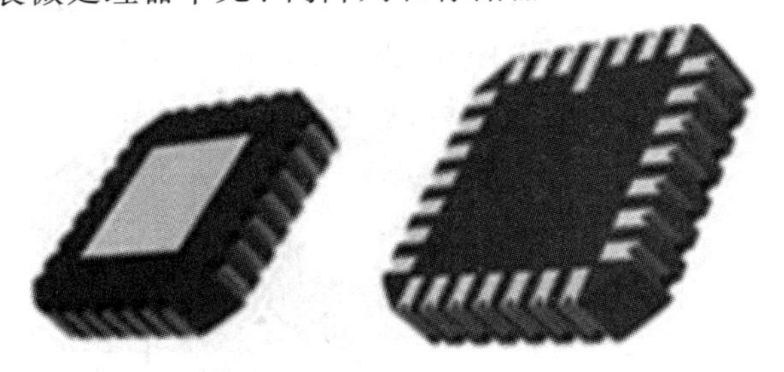

图 8.2 - 4　无引线陶瓷芯片载体封装

5. PQFN 封装

功率四方扁平无引脚(power quad flat no-lead，PQFN)封装是标准四方扁平无引线

(quad flat no-lead，QFN)表面贴装封装的热性能增强版本，外形为正方形或矩形，封装底部中央位置有一个大面积裸露焊盘，提高了散热性能，如图8.2-5所示．围绕大焊盘的封装外围四周有实现电气连接的导电焊盘．PQFN封装特征是其内部引脚与焊盘之间的导电路径短，自感系数与封装体内的布线电阻都很低，所以它能提供良好的电性能．PQFN适用于手机、数码相机、PDA、DV、智能卡及其他便携式电子设备等高密度产品中．

图8.2-5 功率四方扁平无引脚封装

6. BGA封装

球状栅矩阵排列(ball grid array，BGA)封装属于表面贴装型封装之一，如图8.2-6所示，在印刷基板的背面按陈列方式，制作出球形凸点来代替引脚，在印刷基板的正面装配LSI芯片，再用模压树脂或灌封方法进行密封．BGA在器件底面可以呈完全分布或部分分布，能够显著地缩小芯片的封装表面积，例如一个大规模集成电路有400个输入/输出电极引脚，引脚的间距为1.27 mm，即正方形QFP芯片每边上100条引脚，边长至少127 mm，芯片的表面积大于160 cm^2；若正方形BGA芯片的电极引脚按20×20阵列均匀排布在芯片的下面，边长就只需要25.4 mm，芯片的表面积小于7 cm^2．目前一般的BGA芯片，焊球间距有1.5 mm、1.27 mm和1.0 mm三种；而μBGA芯片的焊球间距有0.8 mm、0.65 mm、0.5 mm、0.4 mm和0.3 mm多种．

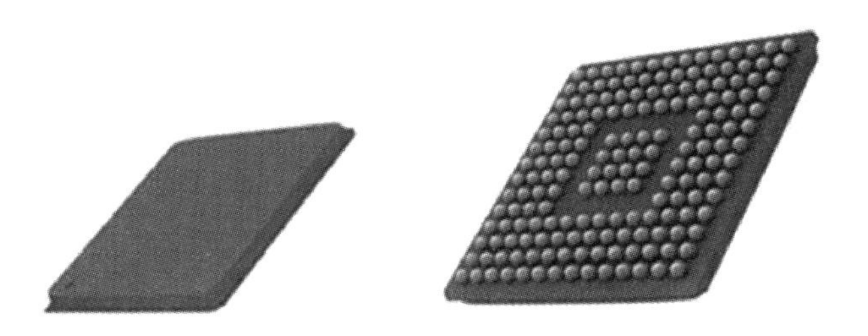

图8.2-6 球状栅矩阵排列封装

7. CSP封装

芯片级封装(chip scale package，CSP)是BGA进一步微型化的产物，如图8.2-7所示，封装尺寸边长不大于裸芯片尺寸的1.2倍，封装后的面积与芯片面积之比小于1.14:1，CSP所能达到的引脚数明显要比薄型小外形封装(TSOP)、球状栅矩阵排列(BGA)的引脚数多很多. TSOP 的引脚最多有 304 个，BGA 的引脚最多有 600 个，而芯片级封装(CSP)在理论上可以有 1000 个引脚. 这样芯片到引脚的距离大大缩短了，线路的阻抗减小了，信号的衰减和干扰降低了，故 CSP 封装非常薄，金属基板到散热体的最有效散热路径只有 0.2 mm，散热能力得到提升. 目前 CSP 主要用于少量输入/输出端口的集成电路的封装，如计算机内存条和便携电子产品中.

图 8.2-7　芯片级封装

8.2.3　集成电路的封装技术

集成电路封装技术包括多芯片模块(multichip module，MCM)技术、片上系统(system on chip，SoC)技术、系统级封装(system in a package，SiP)技术等.

1. 多芯片模块技术

多芯片模块技术指将处理器及其高速缓冲的高速子系统的集成电路直接绑定在基座上，如图 8.2-8 所示，这种基座有若干层，实现高密度互连，并且连接线短. 密封的多芯片模块用于连接电源的引脚和接地的外部引脚以及系统所需要的信号线，其输入/输出引脚达 100 个以上. 多芯片模块技术特征是，延时短、传输速率高；体积小、重量轻；高可靠性、高性能、多功能化. 多芯片模块包括叠层多芯片组件、陶瓷多芯片组件、沉积多芯片组件，以及陶瓷多芯片与沉积多芯片混合组件.

(1) 叠层多芯片组件(MCM-L)指的是玻璃环氧树脂多层印刷基板的组件，其特征是制造成本低、布线密度低；

(2) 陶瓷多芯片组件(MCM-C)指的是用厚膜技术形成的多层布线，以氧化铝、玻璃陶瓷等作为基板的组件，其特征是布线密度较高；

(3) 沉积多芯片组件(MCM-D)指的是薄膜技术形成的多层布线，以氧化铝、氮化铝或者硅、铝作为基板的组件，其特征是制造成本高、布线密度高.

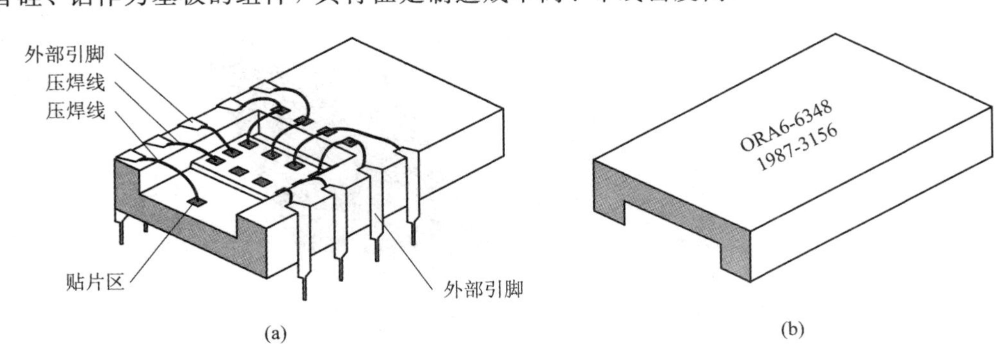

图 8.2-8　封装体与顶部

(a)封装体；(b)顶部

2. 片上系统技术

片上系统技术为包含一个或者多个处理器、模拟电路模块、数模混合模块、存储器和

片上逻辑集成电路技术. 例如 Z228 芯片为一种高集成度的 SoC 芯片，边长约为 15.3 mm，如图 8.2－9 所示，采用 ARM9 系列中的 ARM926EJ 处理器的内核，在 0.13 μm 工艺下内核的主频为 300 MHz，Z228 芯片通过使用通用异步收发传输器（universal asynchronous receiver/transmitter，UART）或者 68 K 接口实现与基带芯片通信，支持主流的嵌入式操作系统，支持高质量的音频视频通信，可用于低成本的 QQ 可视电话、腾讯视频会议. Z228 内置 ARM9 处理器与硬件视频解码器，构建视频监控系统. Z228 芯片功能方框图和软件结构图如图 8.2－10 和图 8.2－11 所示.

图 8.2－9　Z228 芯片

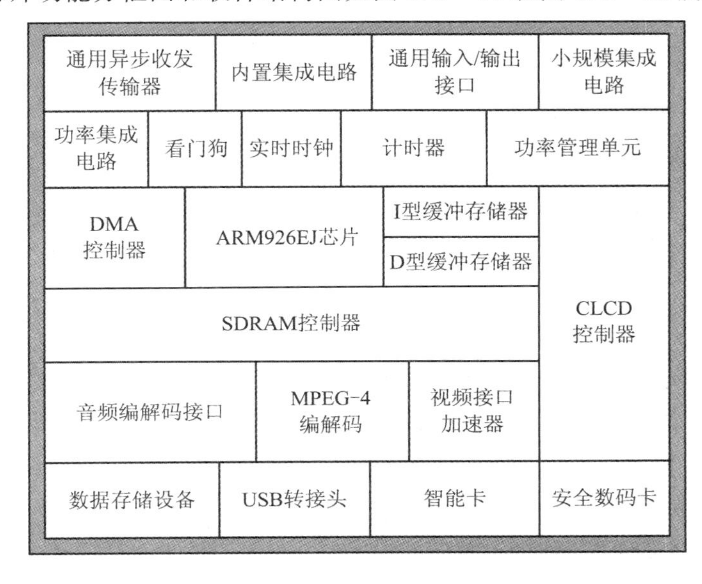

图 8.2－10　Z228 芯片功能方框图

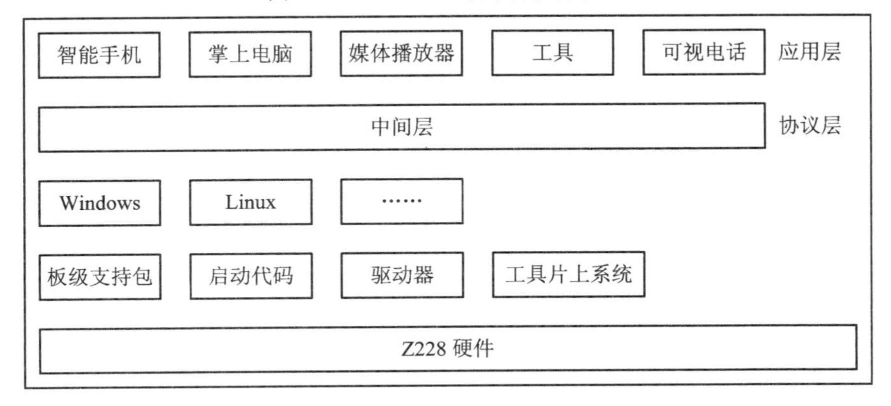

图 8.2－11　Z228 芯片软件结构图

图 8.2－12 所示为用于 Z228 芯片的开发板，图中，包含通用 I/O 端口（general-purpose input/output ports，GPIO）、红外数据协议（infrared data association，IrDA）、通用异步收发传输器 1（universal asynchronous receiver/transmitter，UART1）、智能卡插槽（smart card slot）、音频接口（audio interface）、电源（power supply）、相机（camera）、联合

测试工作组(joint test action group，JTAG 接口)、通用异步收发传输器 0(universal asynchronous receiver/transmitter 0，UART0)、同步动态随机存取内存(synchronous dynamic random-access memory，SDRAM)闪存、触屏式薄膜晶体管液晶显示器(touch panel TFT LCD)、智能液晶显示器(smart liquid crystal，smart LCD)视频输入接口、视频输出接口、安全数码卡插槽等. 红外数据协议(infrared data association，IrDA)由物理层、链路接入层和链路管理层三个基本层协议组成.

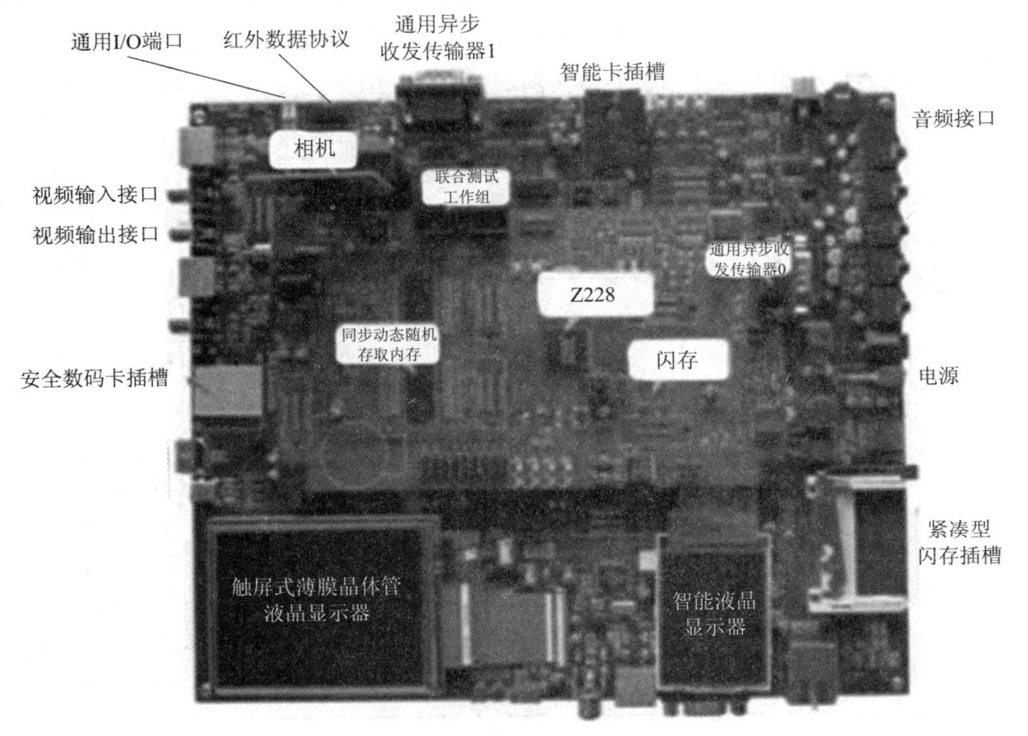

图 8.2-12　用于 Z228 芯片的开发板

USB 接口转接头如图 8.2-13 所示.

图 8.2-13　USB OTG

3. 系统级封装技术

系统级封装(SiP 封装)指的是将多种功能的芯片，包括处理器、存储器等功能晶圆，根据应用的场景、封装基板层数等，集成在一个封装体内实现一个多种功能的封装方案，系统级封装分 2、3、4、5、6、7、8、9、10、12、16、20 根引脚封装. 就芯片排列方式而言，SiP 封装可以是多芯片模块型二维封装，也可以是利用三维封装来有效地缩小封装面积，SiP 封装内部的接合技术可以是引线键合(wire bonding)，也可以是复晶键合.

8.3 集成电路测量检测技术

集成电路测量检测一般是指对集成电路制造过程的部件或模块进行缺陷检测、故障检测、失效检测. 集成电路测量检测贯穿在整个集成电路制造过程中，集成电路测量检测可分为前道测量检测和后道测量检测，其中前道测量检测就是在晶圆制备与硅片制造过程中，测量硅片制造过程中各种薄膜的厚度及其结构的关键尺寸，像晶圆表面缺陷的检测等；后道测量检测就是在芯片封装环节中，包括封装前的电学测量和封装后的功能、电气特性检测等. 前道测量检测的特征是以物性为主，后道测量检测的特征是以电性为主.

用于集成电路测量检测的仪器主要有扫描电子显微镜(scanning electron microscope, SEM)、透射电子显微镜(transmission electron microscopy, TEM)、原子力显微镜(atomic force microscopy, AFM). 这些仪器的使用方法可以参考仪器使用说明书. 值得一提的是，采用 SEM、TEM 和 AFM 对纳米尺度进行测量，对缺陷进行测量时，它们的检测速度慢，且成本高，设备操作复杂，如果采用专用的光学测量设备可以大大提高效率，节约成本，因此无接触、非破坏性的光学测量技术在集成电路检测领域发挥着重要的作用.

就光学测量技术而言，可以分为成像式和非成像式两种. 光学显微镜属于成像式光学测量设备，通过获取待测样品在焦平面处的成像信息，再通过图像处理提取待测参量，因此利用可见光最多能分辨 200 nm 尺度的样品. 反射仪属于非成像式光学测量设备，通过测量待测样品在不同波长不同入射角下的反射率信息，结合逆问题求解方法实现参量的提取，可以用于亚波长和深亚波长纳米结构测量，从而弥补成像式光学测量技术分辨率极限的缺陷.

8.3.1 纳米尺度的测量

在集成电路制造过程中，可采用非成像式光学测量技术的光学散射仪，来测量像纳米结构的光盘刻痕的深度、侧壁角度等. 具体地说，通过测量周期性的纳米结构产生的散射信息，求解逆散射问题，重构待测纳米结构的三维形貌.

图 8.3-1 为光学散射测量的基本流程，光学散射测量包括正问题和反问题. 所谓正问题是从测量得到的散射数据提取待测纳米结构的三维形貌参量；所谓的反问题是从散射测量数据到待测纳米结构三维形貌的映射过程. 光学散射测量涉及构建光与待测纳米结构间相互作用的正向散射模型和选择合适的求解算法，将正向散射模型计算出来的散射数据与测量得到的散射数据进行匹配，从而提取出待测纳米结构的三维形貌参量.

目前提取参量有非线性回归法与库匹配法两种(如图 8.3-2 所示)，用于研究逆问题的快速鲁棒求解，其中非线性回归法是将测量数据同由正向散射模型计算出来的仿真数据按照像 Levenberg-Marquardt 最优化算法，进行匹配，根据两者的差异不断地调整输入参量，直到差异降至允许的范围之内，其特点是不需要建立仿真数据库，可收敛到比较准确的结

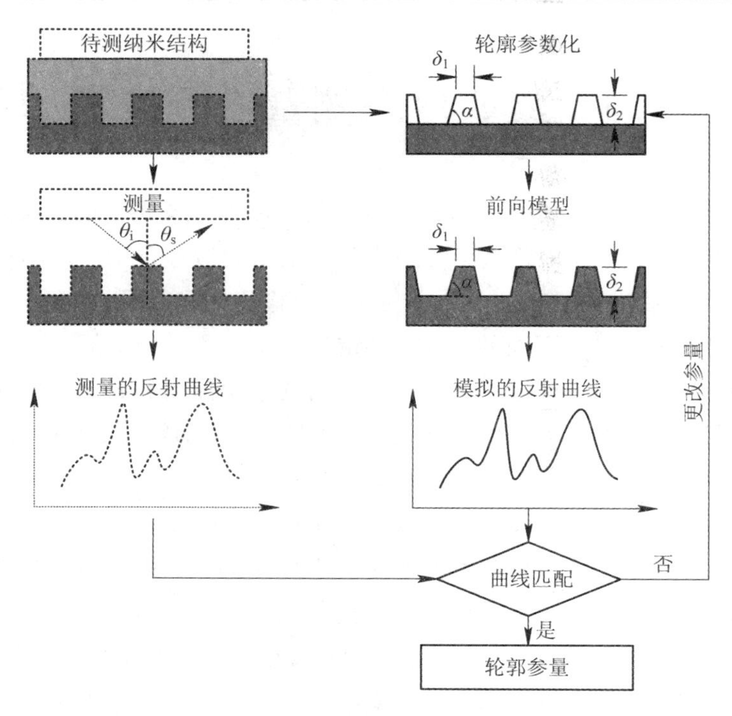

图 8.3-1　光学散射测量的基本流程

果，但由于每次迭代都要调用正向散射模型来仿真计算，其参量的提取过程花费时间较长．库匹配法，在提取参量过程中，事先根据待测的参量变化范围建立散射仿真数据库，再将测量数据同数据库中的仿真数据进行比较，其中能匹配测量数据最佳的仿真数据所对应的待测参量数值作为最终的测量结果．

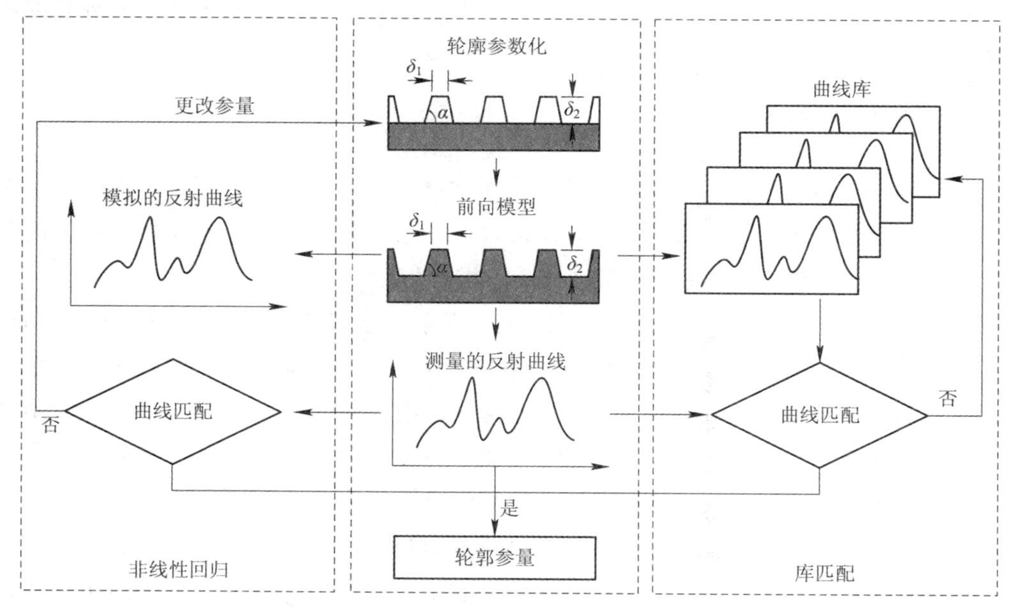

图 8.3-2　基于非线性回归法与库匹配法提取参量的流程

8.3.2　缺陷的检测

晶圆的缺陷检测分为无图形晶圆缺陷检测和有图形晶圆缺陷检测.

(1) 对于裸硅片或者一些空白薄膜硅片的缺陷，称为无图形晶圆缺陷，其表面缺陷有颗粒、残留物、裂纹、晶体原生凹坑、刮伤等，无图形晶圆缺陷检测的方法有干涉法和散射法.

干涉法就是通过相干光之间的光程差来测定样品的表面形貌. 对于表面存在颗粒缺陷，可以通过单色光相移干涉法和白光扫描干涉法进行检测. 其中单色光相移干涉法检测装置如图 8.3-3 所示，样品表面的反射光与物镜内的参考光通过相互干涉产生干涉条纹，若利用相差与高度的关系可确定样品表面的缺陷情况. 白光扫描干涉法解决单色光相移干涉法的相位受限问题，通过扫描整个被测表面进行检测，最大光强与物镜焦平面位置相对应，纵向分辨率为 0.1 nm，横向分辨率达 500 nm.

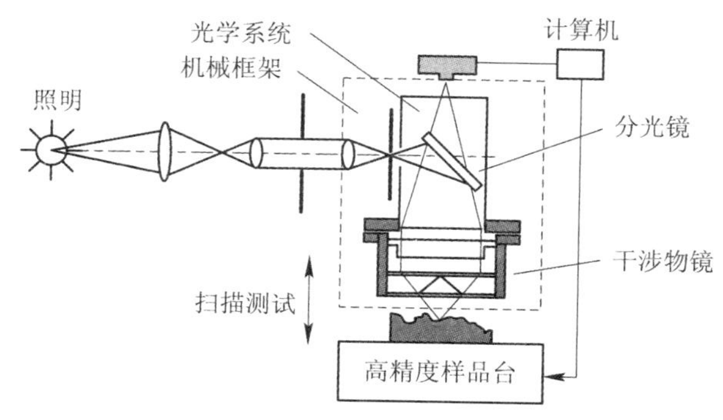

图 8.3-3　单色光相移干涉法检测装置

散射法，就是利用缺陷对入射光的散射特性进行缺陷检测的，是常用的一种缺陷检测法. 它包括激光散射共焦显微系统法、滤波成像法、暗场散射法、明场散射法等.

激光散射共焦显微系统法是一种结合激光散射与共焦显微镜来获得缺陷信息的技术. 如图 8.3-4 所示，激光散射共焦显微检测系统是利用探测针孔实现点照明、点探测，沿着光轴方向移动物体就可获得由缺陷导致沿深度方向分布的光散射信号.

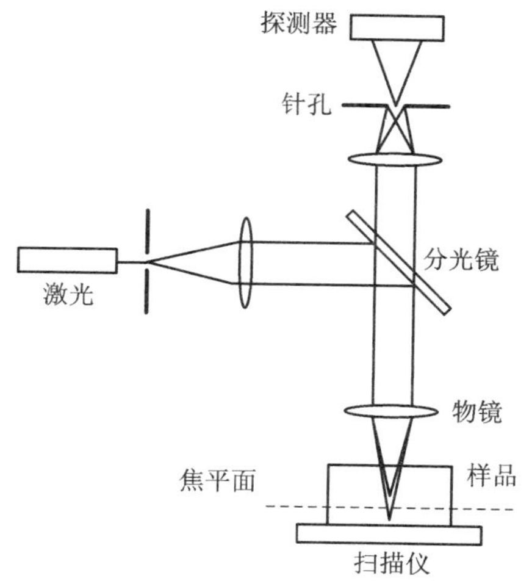

图 8.3-4　激光散射共焦显微检测系统

(2) 在集成电路制造过程中，光刻、刻蚀、沉积、掺杂、抛光中除了有颗粒、残留物、裂纹、晶体原生凹坑、刮伤等无图形晶圆缺陷以外，还会有空洞、材料成分不均匀等亚表面或者内部缺陷，这样的缺陷称为有图形晶圆缺陷.

图 8.3-5 所示为典型的明场光学缺陷检测设备的光路原理图，该设备采用柯勒照明光路将高亮宽谱等离子体光源光束调制成超级均匀、特定光束截面形状的偏振光束，与此同时利用高数值孔径 NA 的低像差物镜收集硅片结构图形缺陷的散射光，再通过折反混合透镜组与变焦距透镜组相结合的成像光路，将散射光成像至时间延时积分(time delay integration，TDI)相机，最后利用两图像差分运算准确地识别缺陷位置.

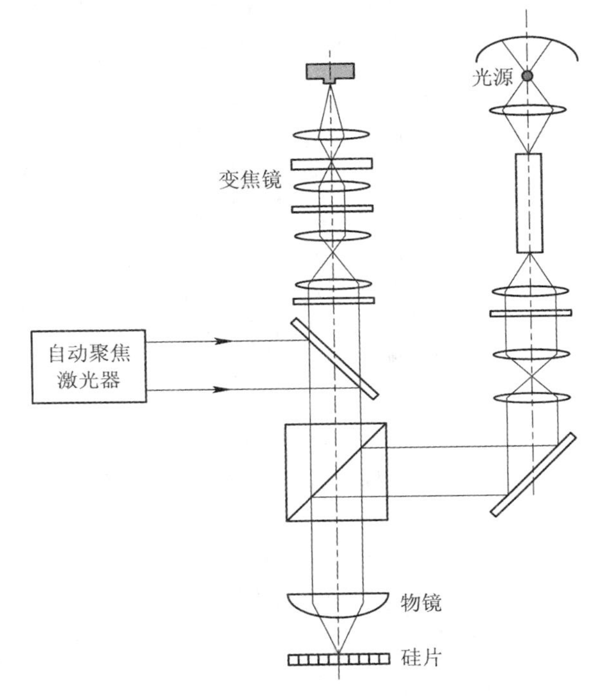

图 8.3-5 典型的明场光学缺陷检测设备的光路原理图

8.4 光刻技术

将紫外光透过掩膜板，把图形转移到硅片表面的光敏薄膜上的过程，就是光刻. 值得注意的是，这一转移过程的效果完全取决于硅片表面的结构，所述的图形或者是硅片上的半导体器件、隔离槽，或者是接触孔以及金属互连的通孔. 采用紫外光实施光刻时，光刻掩膜板衬底材料是热膨胀系数小的石英，在光刻过程中温度升高，其尺寸变化小；溅射沉积在掩膜板上不透明的材料是厚度小于 100 nm 的铬.

1. 掩膜结果

(1) 不同掩膜由负性光刻工艺与正性光刻工艺得到相同结果.

正性光刻工艺的特征是，复制到硅片表面的图形与掩膜板上一样，光刻胶被曝光的部分，由不溶性物质变成可溶性物质，如图 8.4－1 所示；负性光刻工艺的特征是，光刻胶被曝光的部分，由可溶性物质变成不溶性物质，如图 8.4－2 所示.

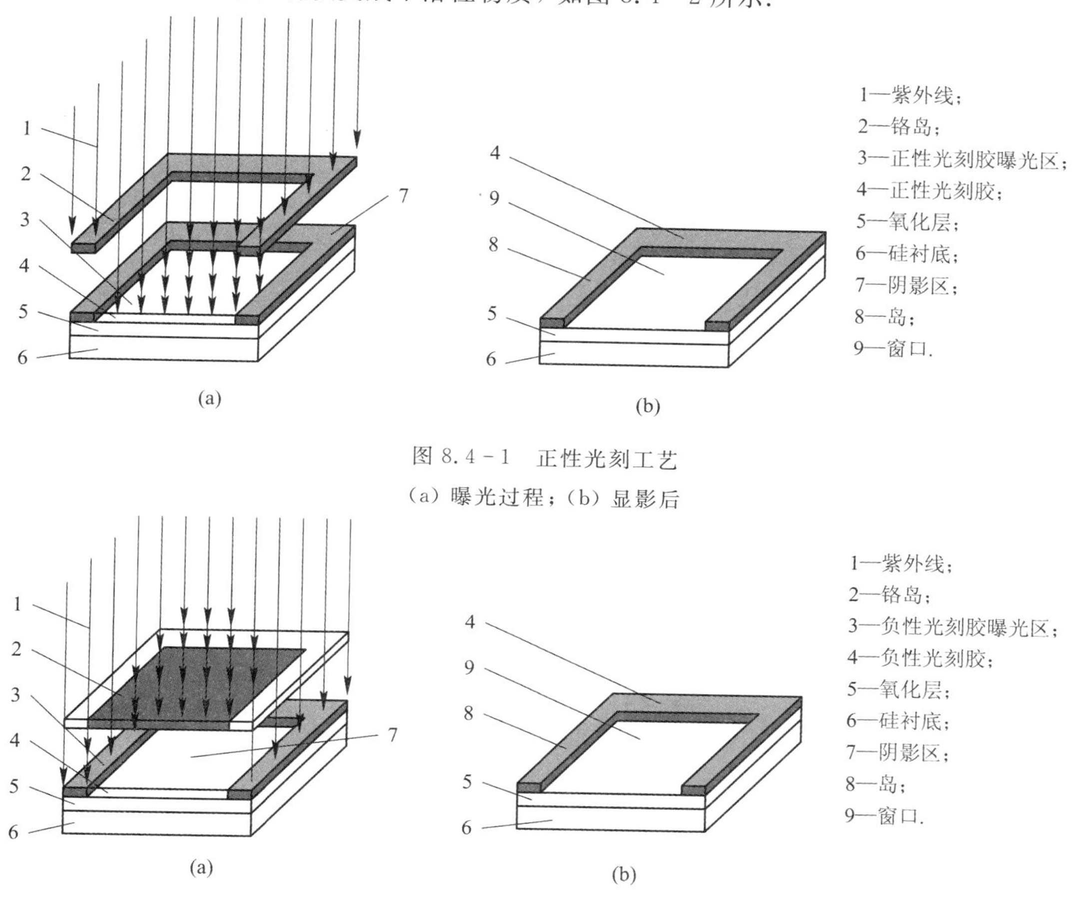

图 8.4－1　正性光刻工艺

(a) 曝光过程；(b) 显影后

图 8.4－2　负性光刻工艺

(a) 曝光过程；(b) 显影后

(2) 相同掩膜由负性光刻工艺与正性光刻工艺得到不同结果.

如图 8.4－3 所示，相同掩膜由负性光刻工艺与正性光刻工艺得到不同的曝光结果.

2. 光刻胶的主要成分

光刻胶由聚合物、溶剂、感光剂、添加剂四种基本成分组成，其中聚合物是碳、氢氧组成的大而重的分子，对光和能量敏感. 普通的光刻胶对紫外光、激光、X 射线、电子束敏感. 在负性光刻工艺中，采用的光刻胶是以聚异戊二烯为聚合物，曝光后聚合物由非聚合状态变成聚合状态，具有抗蚀性，因此生产过程是在黄光下进行的；在正性光刻工艺中，采用的光刻胶是以苯酚-甲醛为聚合物，曝光后聚合物变成可溶状态，即发生光溶解.

溶剂光刻胶中容量最大的成分，使光刻胶处于液态，并可以使光刻胶通过离心旋转方法均匀地涂在晶圆表面. 在负性光刻工艺中，采用的光刻胶以二四苯为溶剂；在正性光刻工艺中，采用的光刻胶以乙氧基乙醛醋酸盐或者二甲氧基乙醛为溶剂.

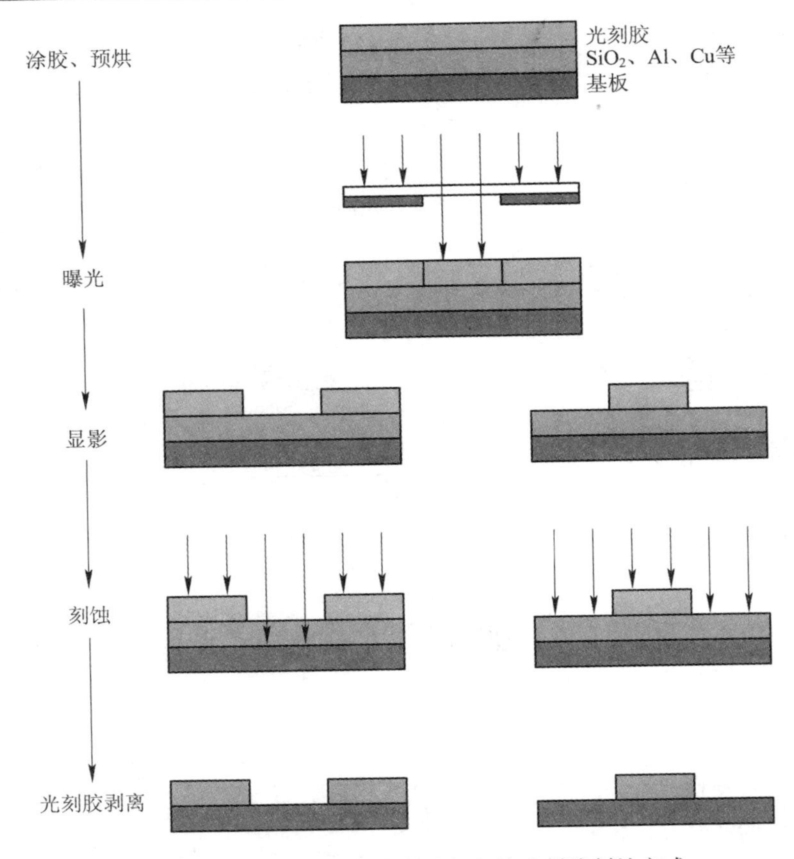

图 8.4-3　另一种正性光刻胶与负性光刻胶刻蚀方式

光敏剂添加到光刻胶中用来产生或者控制聚合物的特定反应，以便限制反应光的波谱范围或者把反应光限制到某一特定波长范围内.

添加剂用于改善光刻胶的特性，让光刻胶在其技术参数范围内.

3. 光刻胶的主要技术参数

光刻胶的主要技术参数如下：

(1) 分辨率，指区别硅片表面相邻图形特性的能力，一般用关键尺寸来衡量，当形成的关键尺寸越小，光刻胶的分辨率越好. 在光学投影光刻系统中，一个重要的参量就是晶圆的分辨率，由瑞利公式决定：

$$R=k\frac{\lambda}{\mathrm{NA}},\tag{8.4-1}$$

式中：k 为工艺因子，一般对于单次曝光取 $k=0.25$；λ 为入射光的波长；NA 为投影物镜的光学数值孔径. 由此可见，要将晶圆的分辨率减小，一方面可以减小入射光的波长，一般取紫外甚至 X 射线，另一方面可以增大投影物镜的光学数值孔径 NA. 在投影光刻系统各阶段采用的分辨率增强技术，主要包括偏振光照明、相移掩膜板、离轴照明等.

(2) 对比度，即光刻胶从曝光区到非曝光区过渡的陡度，形成图形的侧壁越陡峭，分辨率就越好.

(3) 敏感度，指光刻胶上产生一个良好的图形所需一定波长的最小能量值，或者称为最小曝光量，其单位为 $mJ \cdot cm^{-2}$，光刻胶的敏感度对于波长更短的深紫外光(deep ultraviolet，DUV)、极深紫外光(extra-deep ultraviolet，EUV)等尤为重要.

(4) 黏滞性/黏度，用来衡量光刻胶流动特性的参数. 黏滞性随着光刻胶中的溶剂的减少而增加，黏滞性高则产生的光刻胶厚，黏滞性越小，光刻胶厚度就越均匀.

(5) 黏附性，用来表征光刻胶黏着于衬底的强度，光刻胶的黏附性不足会导致硅片表面的图形变形.

(6) 抗蚀性，指光刻胶必须保持它的黏附性，在后续的刻蚀工序中，保护衬底表面.

(7) 表面张力，指液体中将表面分子拉向液体主体内的分子间吸引力，光刻胶应该具有比较小的表面张力，使光刻胶具有良好的流动性.

(8) 存储和传送条件，能量可以激活光刻胶，因此光刻胶应该存储在密闭、低温、不透光的盒中，同时必须规定光刻胶的闲置期限和存储温度环境.

4. 光刻过程

光刻过程如下：

第一步，表面准备，指清洁和干燥晶圆表面；

第二步，涂光刻胶，指在晶圆表面均匀地涂抹一薄层光刻胶；

第三步，软烘焙，指加热、部分蒸发光刻胶；

第四步，对准曝光，指将掩膜板和图形在晶圆上进行精确对准，并对光刻胶实施曝光；

第五步，显影，指去除非聚合光刻胶；

第六步，硬烘焙，指对溶剂的继续蒸发；

第七步，显影目检，指检查表面的对准情况和缺陷；

第八步，刻蚀，指去除晶圆顶层透过光刻胶的开口；

第九步，光刻胶去除，指去除晶圆上的光刻胶层；

第十步，过目检查，指检查表面的刻蚀不规则或者其他问题.

光刻技术的进步，使得器件的特征尺寸不断减小，芯片的集成度不断提高，能耗与发热量大大减小. 在摩尔定律的引领下，光学光刻技术经历了接触/接近、等倍投影、缩小步进投影、步进扫描投影等曝光方式的变革.

5. 光源

20 世纪 80 年代，光刻采用汞灯光源，其波长为 577 nm，546 nm，436 nm(G 线)，405 nm，365 nm(Ⅰ线)，实现了特征尺寸为 1500 nm，1000 nm，500 nm 和 350 nm 的光刻工艺；当放电汞灯辐射 250 nm 紫外光可获得更小分辨率的光刻工艺；应用 KrF 准分子激光器，还可获得波长为 248 nm 激光作为光源.

2003 年，应用 ArF 准分子激光器获得 193 nm 激光(如图 8.4 - 4 所示)，之后人们采用 193 nm 波长的工艺开始大规模生产奔腾(Pentium)4 芯片. ArF 准分子激光器工作物质为惰性气体、卤素的受激二聚体，所产生的激光波长范围为 157 nm～353 nm，属于紫外激光波段.

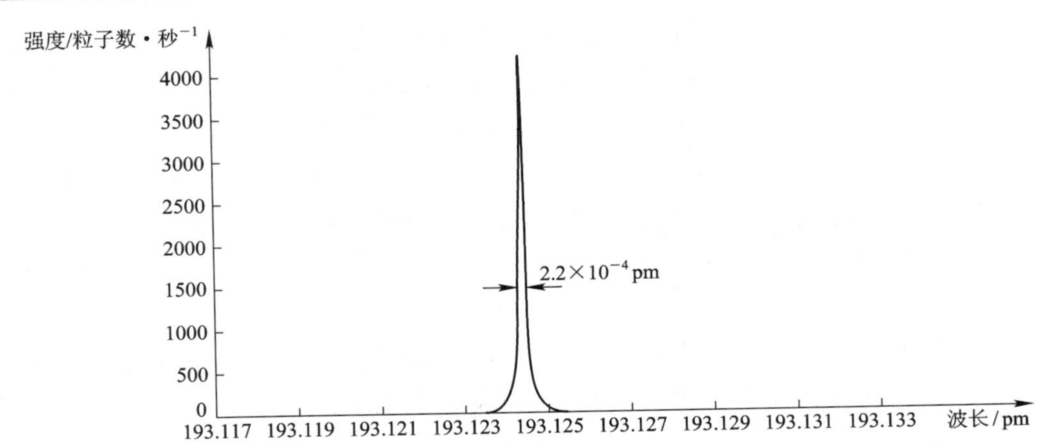

图 8.4-4　用于光刻的窄线宽光谱的 ArF 激光

6. 光刻机

光刻机(也称光刻系统)是光刻技术的关键装备，其构成主要包括光源系统、照明光源系统、投影光学系统及机械与控制系统(图中未显示)，如图 8.4-5 所示. 其中光源是光刻机的核心部分；机械与控制系统包括工件台、掩膜台、硅片传输系统等. 集成电路器件尺寸的不断缩小，晶圆上成像的最小特征尺寸逐步减小，芯片集成度不断提高，运算速度的不断提升，对光刻技术分辨率提出了更高的要求.

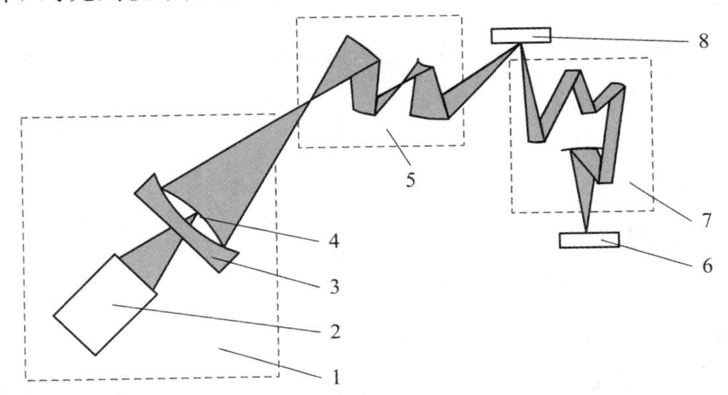

图 8.4-5　光刻机

2006 年，国际商业机器公司(IBM)采用 193 nm 的 ArF 步进扫描光刻机，用于 90 nm 工艺制造，其数值孔径和工艺因子即将达到理论上的极限，提出的干涉液体浸没光刻技术，将 193 nm 光刻技术延伸到 65 nm，35 nm，32 nm，22 nm 工艺，所述的干涉液体浸没光刻技术用于光学显微镜，使得数值孔径得到显著提高. 通过不断创新的光刻技术，摩尔定律仍然得到了保持.

高端光刻机具有高数值孔径、高吞吐量、高临界尺寸控制性能和低运行成本等特点，这样要求光源具有与之相适应的激光性能，即窄激光谱宽、高波长和能量稳定性、高平均功率和激光重频. 目前 193 nm 的 ArF 准分子激光，是一种辐射数十纳秒脉宽的紫外放电气体激光器，结合液体浸没技术，可实现 22 nm 光刻工艺，并正向着 16 nm 延伸，因此 ArF

准分子激光是高端光刻机的主流光源. 所述的液体浸没技术，其物理原理如图 8.4-6 所示. 其特征是在光刻机投影物镜和晶圆上的光刻胶之间充满高折射率的液体，从而使数值孔径大于 1，根据瑞利公式，增大数值孔径是一个提高光刻精度的有效技术途径. 荷兰 ASML(阿斯麦)拥有全球顶级光刻机生产设备，年产量 30 台，生产的 ENV 的精度达到 7 nm. 光刻机是生产手机、计算机中芯片的装备，芯片就是手机、计算机的“心脏”，ASML 光刻机结构示意图如图 8.4-7 所示.

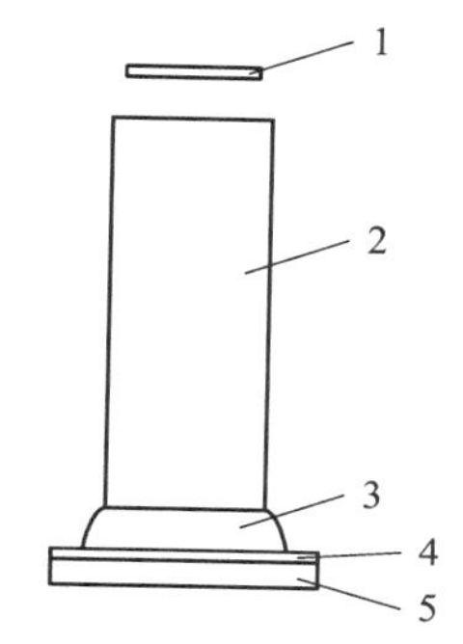

1—掩膜；2—投影物镜；3—液体；4—光刻胶；5—晶圆.

图 8.4-6　浸没式光刻与传统式光刻
(a) 浸没式光刻；(b) 传统式光刻

1—光源系统；2—机械与控制系统；3—投影光学系统；4—照明光源系统.

图 8.4-7　ASML 光刻机结构示意图

8.5 问题与思考

8.5.1 亟待解决的主要问题

硅基集成电路微电子技术的特征包括：

(1) 以芯片为载体的硅基微电子技术，其特征尺寸持续等比例地缩小；

(2) 集成电路发展为系统芯片 SoC，即在一片集成电路上集成了包括 CPU、存储器、控制电路、接口等所有需要的芯片，其集成度随着时间推移越来越高；

(3) 集成电路技术与其他领域相结合形成诸如 MEMS、DNA 芯片等新的产业和新的学科.

当前亟待解决的问题包括：

(4) 产业模式单一. 需要在无晶圆设计和总片代加工制造基础上，根据产品特点发展多元化模式，从设计、制造、封装测试到销售自有品牌 IC 的半导体集成设备制造公司(integrated device manufacture，IDM)，集芯片设计、芯片制造、芯片封装和测试等多个产业链环节于一身，设计、制造等环节协同优化，有助于充分发掘技术潜力，通过实验室推行新的半导体技术.

(5) 装备和材料短板. 28 nm 以上的产品工艺和特色工艺覆盖仍然不够，对尖端工艺的追赶难度大，任务艰巨，因此要根据需求设计尽可能小型化的集成系统.

(6)“系统-芯片-工艺-装备-材料”紧密协同对整个产业发展至关重要，急需协同发展的产业生态尽早形成.

(7) 目前存在产业布局的无序竞争，碎片化、同质化倾向. 这与国际整合趋势背道而驰，急需规划、调整.

(8) 随着技术差距在缩短，“短兵相接”的企业研发压力和投入成倍增长，从长远来看，需要重视基础研究和技术布局，支撑创新跨越.

8.5.2 下一步思考

集成电路技术下一步思考：

(1) 重视集成电路产业发展的基石. 作为集成电路产业的基石，集成电路的基础研究与理论研究至关重要.

(2) 重视集成电路产业发展的意义. 优先发展集成电路产业的意义体现在集成电路销售1万～2万元，带动电子产品10万元销售，引发社会经济GDP增长100万元. 作为人类进入信息社会的标志，国民经济总产值增值部分的65%与集成电路有关，集成电路产业的发展，带动智能化信息产业GDP迅速增长.

(3) 重视集成电路的产业链. 集成电路产业链包含价值链、企业链、供需链和空间链四个维度，在用户需求与市场应用之间建立的一条完整的集成电路产业链包括芯片设计、芯片制造、封装测试三个主要产业，以及集成电路设备制造、关键材料生产等配套相关产业. 芯片设计产业涉及功能需求→数字电路设计→行为仿真→综合优化→网表→时序仿真→布局布线-版图→后仿真等；芯片制造产业涉及在计算机上设计的集成电路版图，通过光刻机光照射到金属薄膜上，形成掩膜等；封装测试产业涉及芯片封装和成品测试等. 配套相关产业包括在芯片设计、芯片制造、封装测试等环节中配套提供各类设备和材料的相关支撑产业，如芯片制造所需的设备制造和设备材料生产企业、封装测试所需的封测设备和封测材料等生产企业；

(4) 重视集成电路产业中的价值取向. 图8.5-1示意了从沙子到单晶硅电子级硅的价值，含二氧化硅90%～95%的沙子市场价0.15元/千克，经过高温冶炼、极致提纯，纯度达到99.99%的多晶硅价值大于300元/千克，用来做芯片的高纯度硅，即半导体级硅，直径为300 mm的一片价值超过1000元，不同纯度的硅价值相差数十万倍.

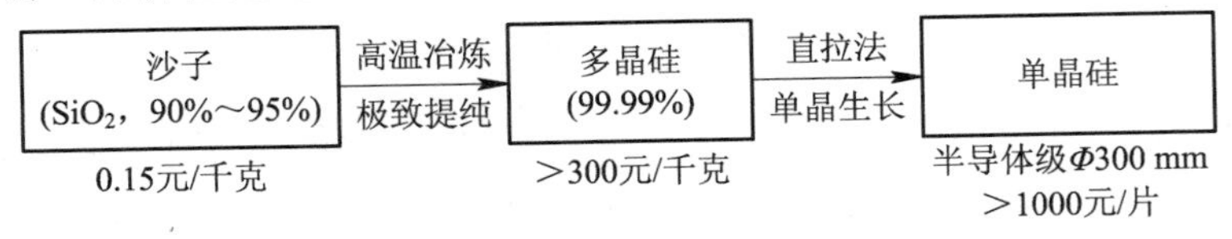

图8.5-1 不同级别硅不同价值

(5) 重视集成电路产业的发展趋势. 在集成电路基于硅芯片占据绝对优势市场的同时，基于氮化镓(GaN)、碳化硅(SiC)的半导体优质材料异军突起，特别在大功率、高频环境中使用，体现出绝对的优势，如图8.5-2所示.

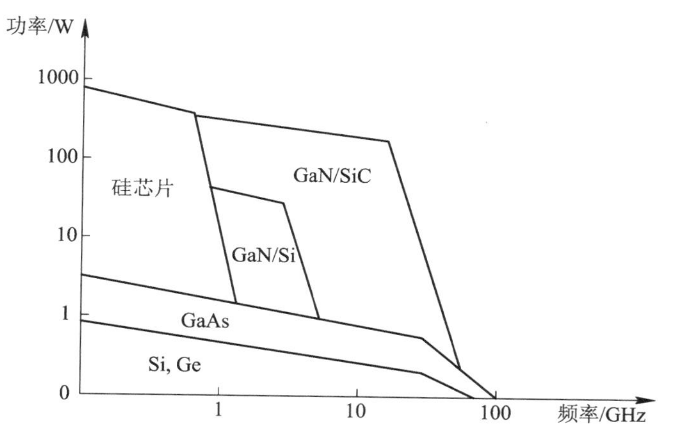

图 8.5-2　GaN/SiC 异军突起

8.6　计算机在集成电路技术中的应用

下面以一个例题为例说明计算机在集成电路技术中的应用.

【例 8.6-1】　根据电路原理，电容器在放电过程中的电压变化与整个电路的电阻、电容有关，电容开始放电时的电压 $U=U_{电源}=U_0$，此时 $t=0$ 开始计时，电容两端电压满足

$$U=U_0\mathrm{e}^{-\frac{t}{(R_1+R_2)C}},\tag{8.6-1}$$

式中 R_1 和 R_2 分别为图 8.6-1 中的负载电阻.

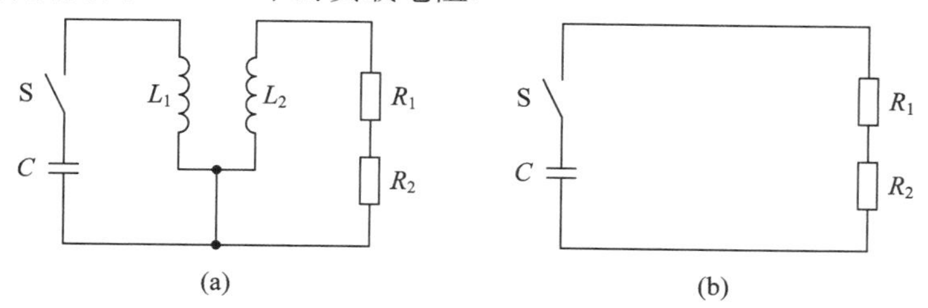

图 8.6-1　电容放电图

(a) 电容放电示意图；(b) 简化的电容放电图

在 $t\sim t+\mathrm{d}t$ 时间内，负载 R_2 上产生的元焦耳热 $\mathrm{d}Q_{R_2}=i^2R_2\mathrm{d}t$，即

$$\begin{aligned}\int_0^Q \mathrm{d}Q_{R_2} &= \int_0^T \frac{U_0^2\mathrm{e}^{-\frac{2t}{(R_1+R_2)C}}}{(R_1+R_2)^2}R_2\,\mathrm{d}t = \frac{U_0^2R_2}{(R_1+R_2)^2}\int_0^T \mathrm{e}^{-\frac{2t}{(R_1+R_2)C}}\mathrm{d}t\\ &=-\frac{U_0^2R_2}{(R_1+R_2)^2}\,\frac{(R_1+R_2)C}{2}\int_0^T \mathrm{d}\mathrm{e}^{-\frac{2t}{(R_1+R_2)C}},\end{aligned}$$

负载 R_2 在一个周期时间内产生的焦耳热为

$$Q=\frac{U_0^2R_2C}{2(R_1+R_2)}\left[1-\mathrm{e}^{-\frac{2T}{(R_1+R_2)C}}\right].\tag{8.6-2}$$

设 $Q_1=\frac{R_2C}{2(R_1+R_2)}\left[1-\mathrm{e}^{-\frac{2T}{(R_1+R_2)C}}\right]$，试利用 Matlab 绘制 $\frac{Q}{Q_1}-U_0$ 和 $Q-R_2$ 曲线.

【分析】　由式(8.6-1)和式(8.6-2)可知，$Q-U_0$ 呈现抛物线关系，以 U_0 为横坐标，

以 Q 为纵坐标，则 $Q=Q_1U_0^2$；假定 $R_1=1\ \text{k}\Omega$，$C=10^{-6}$ F，$T=2$ s，$U_0=5$ V，那么

$$Q=\frac{25\times10^{-6}R_2}{2(1000+R_2)}\left[1-e^{-\frac{4\times10^6}{(1000+R_2)}}\right].$$

【编程】 （1）绘制$\frac{Q}{Q_1}$-U_0 曲线的程序如下：

```
clear all
U0=0:0.1:10;
Q=U0.^2;
plot(U0, Q, 'linewidth', 3);
set (gca, 'Fontsize', 20)
```

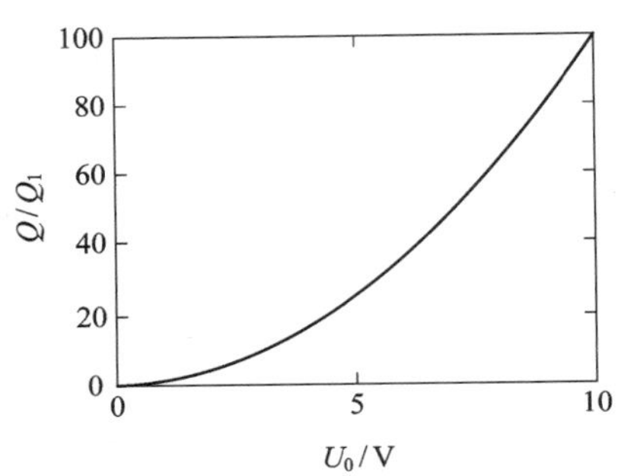

图 8.6-2　$\frac{Q}{Q_1}$-U_0 曲线

绘制的$\frac{Q}{Q_1}$-U_0 曲线如图 8.6-2 所示.

（2）绘制 Q-R_2 曲线的程序如下：

```
clear all
R2=0:100:10000;
Q=25.*10^(-6).*R2.*(1-exp(-4.*10^6./(1000+R2)))./(2.*(1000+R2));
plot(R2, Q, 'linewidth', 3);
set (gca, 'Fontsize', 20)
```

绘制的 Q-R_2 曲线如图 8.6-3 所示.

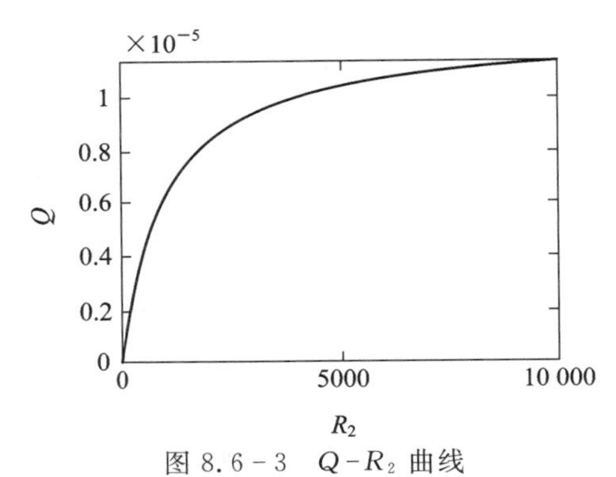

图 8.6-3　Q-R_2 曲线

【答】 绘制的$\frac{Q}{Q_1}$-U_0 和 Q-R_2 曲线都是单调上升曲线.

8.7 集成电路技术拓展性内容

8.7.1 第三代半导体材料 GaN

氮化镓(gallium nitride，GaN)是一种二元(两种元素)Ⅲ族和Ⅴ族元素化合物，是一种具有宽禁带的半导体材料，在 300K 时禁带宽度为 3.4eV，熔点大于 1600℃. GaN 具有高热容量和热导率、更快的开关速度和更低的导通电阻等特性. 在纯净形式下，它可以以薄

膜形式沉积在蓝宝石(sapphire)或碳化硅(SiC)表面上. 氮化镓能掺杂硅或氧形成 n 型半导体，掺杂镁(Mg)形成 p 型半导体. Si、GaN、SiC、GaAs 的禁带宽度(band gap，E_g)、电子饱和速率(electron saturation rate，v_{sat})、电子迁移率(electron Mobility，μ_e)、临界击穿场强(critical Field，E_{crit})、热导率(thermal conductivity，λ)如表 8.7－1 所示.

表 8.7－1　Si、GaAs、SiC、GaN 材料的各参数

参　数	Si	GaAs	SiC	GaN
E_g/eV	1.12	1.5	3.26	3.39
$v_{sat}\times 10^7/(cm \cdot s^{-1})$	1	2	2	2.7
$\mu_e/(cm^2 \cdot V^{-1} \cdot s^{-1})$	1400	8200	950	1500
$E_{crit}/(MV \cdot cm^{-1})$	0.23	0.2	2.2	3.3
$\lambda/(W \cdot cm^{-1} \cdot K^{-1})$	1.6	0.5	3.8	2

表 8.7－1 中，GaN 与其他三种材料相比，在五个技术参数中有 3 个最佳，2 个第二，综合来说，性能优良.

1. GaN 材料的发展

1932 年，人们通过在高温下使氨(NH_3)流过液态镓(Ga)合成了第一个多晶 GaN 材料，反应方程式表示为

$$2Ga+2NH_3 \longleftrightarrow 2GaN+3H_2\uparrow. \tag{8.7-1}$$

1969—1971 年间，Maruska 和 Tietjen 使用氢化物气相外延(hydride vapor-phase epitaxy，HVPE)在蓝宝石衬底上生长薄 GaN 层，确认直接能带带隙为 3.39 eV，演示了第一个 LED.

1972 年，Manasevit 等人生长出第一个金属有机气相外延(metal-organic vapor-phase epitaxy，MOVPE)GaN 层.

1984 年，Karpinski 等人找到从镓中的氮溶液中生长块状 GaN 晶体的高压溶液生长方法(high-pressure solution growth，HPSG).

1986 年，名古屋大学的 Hiroshi Amano 通过引入低温氮化铝(AlN)成核层在 GaN 外延方面取得了真正意义上的突破.

1989 年，Amano 等人通过低能电子辐照激活 Mg 掺杂剂，首次获得 p 型 GaN 半导体.

1990 年，Matsuoka 等人成功地生长了第一个 InGaN 层，光谱范围为 0.7eV～3.5eV，从紫外到红外. 1991—1992 年，日亚化学(Shuji Nakamura)公司使用 AlN 成核层优化了蓝宝石上生长 GaN 的条件.

1993 年，Asif Khan 等人使用 MOVPE 法生长了第一个 AlGaN/GaN 异质结，为探索利用氮化物制造高电子迁移率晶体管(HEMT)奠定了基础.

1996 年，Nakamura 等人展示了第一个基于 InGaN 量子阱(quantum wells，QWs)的紫色波长为 405 nm 的发光二极管.

1998 年，Guha 和 Bojarczuk 报道了第一个通过分子束外延(molecular beam epitaxy，

MBE)在硅衬底上生长的 LED 外延结构. MBE 技术具有生长温度较低和生长过程中不依赖于氢等优势，当然到目前为止，大多数氮化物生长技术是基于 MOVPE 法的.

1999 年，Ambacher 等人提出了一个至今仍采用的模型来分析描述 AlGaN/GaN 异质结构中的二维电子气(two-dimensional electron gas，2DEG)特性. 同年，Sheppard 等人展示了基于在碳化硅(SiC)衬底上生长的 AlGaN/GaN 异质结构的高功率微波 HEMT，2000 年，Ibbetson 等人进一步阐明了 2DEG 的性质.

2006 年，Saito 和 Cai 等人分别提出了凹入式栅极结构(recessed gate construction)和氟注入(fluorine injection)来实现常关型 AlGaN/GaN HEMT.

2007 年，Uemoto 等人展示了第一个基于 p 型 GaN 栅极技术的常关型 HEMT，即栅极注入晶体管(gate injection transistor，GIT).

2008 年，Tien-Chang Lu 及其同事演示了第一个在低温下运行的基于 GaN 的垂直腔面发射激光器.

2012 年，Tripathy 等人证明了 200 mm 厚的 AlGaN/GaN 异质结构能生长在 Si(111)衬底上，为 Si 基 CMOS 集成 GaN HEMT 器件提供了制备途径.

2013 年，Iveland 等人用实验表明“下垂效应”与俄歇电子有关，所述的“下垂效应”即在 LED 中高注入电流的效率下降效应. 同年，Shinohara 等人通过创新的器件缩放技术，使得 GaN HEMT 实现了具有超过 450 GHz 的超高截止频率.

2015—2016 年，第一个基于“共源共栅”配置的高压(600V)常关 GaN HEMT 解决方案，由 transphorm 推向市场.

2017 年，Haller 等人发表了 InGaN QWs 在高生长温度下形成点缺陷的模型，从而解释了其对 LED 效率的影响.

2019 年，Zhang 等人演示了 271.8 nm LD 在室温和脉冲模式下工作. 同年 Zhen Cui 等人展示了 *g*-GaN 和过渡金属二硫属化物的范德华异质结构的电子和光学特性.

2020 年，RaY H 等人演示了一种全外延、分布布拉格反射器(distributed Bragg reflector，DBR)无电注入表面发射绿色激光器.

2. GaN 结构

氮(N)是 7 号元素，位于Ⅴ族，其电子结构为 $1s^2 2s^2 2p^3$；镓(Ga)是 31 号元素，位于Ⅲ族，其电子结构为 $1s^2 2s^2 2p^6 3s^2 3p^6 3d^{10} 4s^2 4p^1$. 氮化镓以混合离子共价键(mixed ionic-covalent bonding)结合，形成纤锌矿(wurtzite structure)结构或者闪锌矿型(sphalerite)结构等. 所述的纤锌矿结构是一种六方晶系，也称为六方硫化锌型结构(hexagonal α-ZnS structure)，如图 8.7－1 所示，阴影部分画的是四面体结构，左上方一个为正四面体，右下方为一个倒四面体. 值得注意的是，GaN 呈现的晶体结构主要是纤锌矿结构，少量呈现闪锌矿和岩盐矿结构. 所述的闪锌矿结构，又称为立方硫化锌型结构(cubic β-ZnS structure)，如图 8.7－2 所示. 特别注意的是，纤锌矿、闪锌矿两种结构类似，每个 Ga 原子与 4 个 N 原子成键，在通常的条件下，热力学稳定的结构是纤锌矿结构，闪锌矿结构则属于亚稳态结构，只有在衬底上沉积异质外延材料情形才稳定. GaN 由 Ga 和 N 这两种元素组合，在电负性上的差别是明显的，在该化合物中，又存在着离子成分，它决定了各结构的稳定性，

所以称 GaN 为混合离子共价键(mixed ionic-covalent bonding)结构.

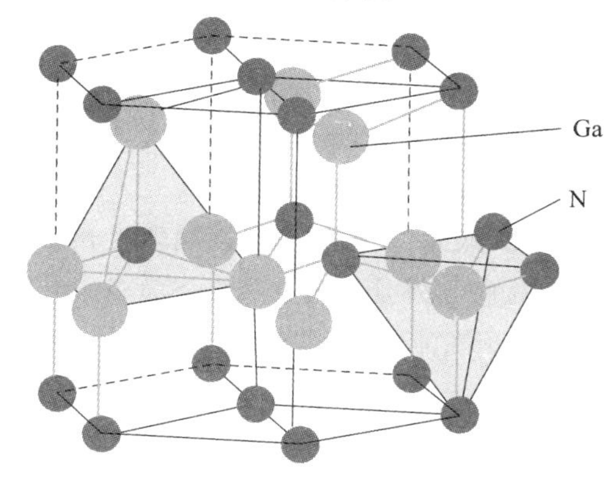

图 8.7-1　纤锌矿结构

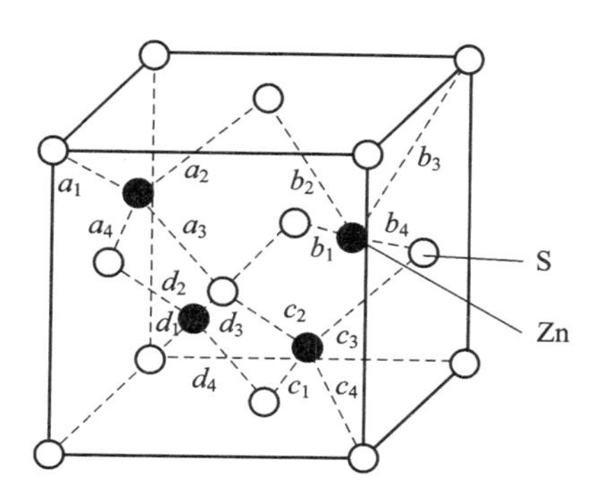

图 8.7-2　闪锌矿结构

3. 提纯 GaN 的手段

工业上主流提纯 GaN 的手段有金属有机气体气相外延、分子束外延、氢化物气相外延等.

1) 金属有机物气相外延

金属有机物气相外延，也称为金属有机化学气相沉积(metal-organic chemical vapor deposition，MOCVD)，指的是以物质从气相向固相转移为主的外延生长过程，含外延膜成分的气体被气相输运到加热衬底或外延表面上，通过气体分子热分解、扩散以及在衬底附近或外延的表面上的化学反应，并按一定的晶体结构排列形成外延膜或者沉积层，所用的金属有机物有三甲基镓(trimethyl gallium，TMG)、三乙基镓(triethyl gallium，TEG)、三甲基铝(trimethyl aluminum，TMA)、三甲基铟(trimethyl indium，TMI). 氮源一般采用 NH_3，载入气体可以使用 N_2、H_2，在一定的温度下就可以制备出氮化镓外延膜，如三甲基镓与氨气的反应：

$$Ga(NH_3)_3 + NH_3 \longleftrightarrow GaN + 3CH_4, \tag{8.7-2}$$

反应式中，$Ga(NH_3)_3$、NH_3、CH_4 为气体，GaN 为固体. GaN 的结构等物理量还与不同的反应条件有关，诸如不同的衬底、载入气体的比例，以及不同强度的光、等离子体辅助加热方式、外延方向等.

2) 分子束外延

分子束外延技术属于真空外延技术. 在真空中，构成外延膜的一种或多种原子，以及原子束或分子束，例如Ⅲ族的镓、铝或铟分子束在真空中加热和蒸发，像流星雨般地落到衬底或外延面上，其中的一部分经过物理-化学过程，在该面上按一定的结构有序排列，形成晶体薄膜. Ⅴ族氮分子束直接采用氨气作为氮源形成晶体薄膜，所采用的分子束外延称为气体源分子束外延(gas source molecular beam epitaxy，GSMBE). 采用氮气等离子体作为氮源的，有射频等离子体辅助分子束外延(RF plasma-assisted molecular beam epitaxy，RF-MBE)和电子回旋共振等离子辅助分子束外延(electron cyclotron resonance plasma-assisted molecular beam epitaxy，ERC-MBE)两种.

3）氢化物气相外延

氢化物气相外延是在金属镓上流过HCl，形成GaCl蒸气，当HCl流到下游处，在衬底或外延面与NH_3反应，沉积形成GaN，涉及的反应有

$$2HCl(L)+2Ga(S)\longleftrightarrow 2GaCl(G)+H_2(G), \tag{8.7-3}$$

$$GaCl(G)+NH_3(G)\longleftrightarrow GaN(S)+HCl(L)+H_2(G), \tag{8.7-4}$$

式中“S”表示固体(solid)，“L”表示液体(liquid)，“G”表示气体(gas). 该晶体生长的速度可达到100 $\mu m \cdot h^{-1}$，生长的膜较厚，从而可以减小衬底与外延膜的热失配、晶格失配对外延材料性质的影响. Maruska等随后表明，可以在HCl气流中同时蒸发掺杂剂Zn或Mg来实现p型掺杂.

1969—1971年，Maruska和Tietjen使用氢化物气相外延在蓝宝石衬底上生长出薄的GaN层，该GaN主要有两项应用：

第一，用来制作氮化镓基材料和同质外延用的衬底材料，例如在100 μm厚的SiC衬底上外延200μm厚的Ga，采用HVPE技术，再用反应离子刻蚀技术除去SiC衬底，形成自由状态的氮化镓衬底；

第二，就是横向外延过生长GaN(epitaxial lateral over growth，ELOG)，这种生长典型的做法是用MOVPE技术在C面蓝宝石上外延一层非晶SiO_2，如图8.7-3所示刻出的一排沿着<1100>方向的长条形，再用HVPE技术外延一层几十微米厚的氮化镓，窗口处的氮化镓成为子晶，在非晶SiO_2上不发生外延，但当外延氮化镓的厚度足够厚的时候，窗口区氮化镓的横向外延将覆盖SiO_2. 在SiO_2掩膜区上方的氮化镓的位错密度可以降低几个数量级，类似地，悬挂外延GaN(pendeo-epitaxy GaN，PE-GaN)，利用GaN的横向外延也可减少位错密度.

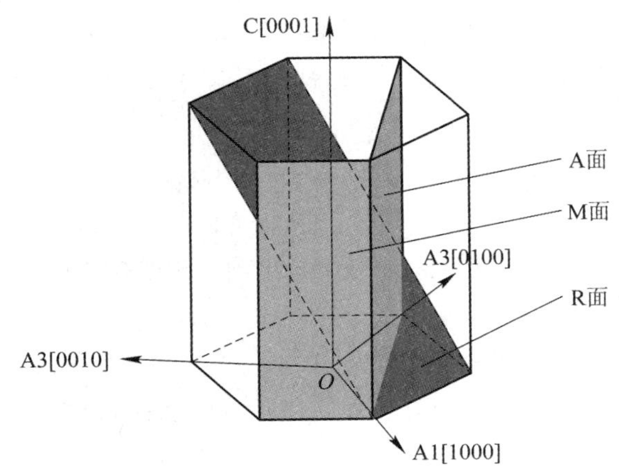

图8.7-3 蓝宝石六方晶体的各向异性结构图

常规的氮化镓(GaN)是在蓝宝石的极性面C面<0001>上生长的，C面蓝宝石存在较强的极化效应，AlGaN/GaN异质结界面因极化而产生高密度和高迁移率二维电子气，有利于GaN基高电子迁移率晶体管获得高性能.

4）其他方法

工业上主流提纯GaN的方法除了金属有机气体气相外延、分子束外延、氢化物气相外

延外，还有像溶液热反应(solution thermal reaction)、碳纳米管限制反应(carbon nanotubes confinement reaction)、氧化铝模板法(alumina template method)、金属 Ga 存在下的直接反应(direct reaction in the presence of gallium)、固态的复分解反应(the double decomposition reaction of solid state)、热降解方法(thermal degradation method)、引爆化学的方法(detonation chemistry)、反应离化簇团束技术(reaction ionized cluster beam technique)、气溶胶的气相合成法(gas phase synthesis of aerosols)等. 下面简单介绍上述部分方法.

(1) 溶液热反应.

以苯作为溶剂，在一定的压强下，Li_3N 和 $GaCl_3$ 在 280℃条件下制备出尺寸为 30 nm 左右的 GaN 粉末，反应温度远低于传统方法的温度，产率达到 80%，反应的方程式可以表示为

$$Li_3N + GaCl_3 \longleftrightarrow GaN + 3LiCl. \tag{8.7-5}$$

反应是在银垫圈的 50 ml 不锈钢高压釜里进行的，一定量 $GaCl_3$ 的苯溶液以及 Li_3N 粉末、苯加到整个高压釜体积的 3/4，通入氩气赶走溶解在溶液中的空气，高压釜温度在 280℃维持 6～12 h，然后冷却到室温，最终得到灰白色的沉淀. 式(8.7-5)中的 LiCl 可以用乙二醇洗掉，最后的产品在 100℃的真空干燥器中干燥 2 h，经过 X 射线的粉末衍射花样显示产品主要是具有六方相的氮化镓，同时有很小部分岩盐结构的氮化镓.

(2) 碳纳米管限制反应.

Han W Q 等人通过碳纳米管的限制反应在世界上首次制备了氮化镓的纳米棒，Ga_2O 的蒸气与氨气在碳纳米管存在的条件下，反应生成纤锌矿结构的直径为 4～50 nm、长度可以达到 25 μm 的氮化镓纳米棒，其化学反应式为

$$Ga_2O(G) + C(S) + 4NH_3(G) \longleftrightarrow 4GaN(S) + H_2O(G) + CO(G) + 5H_2(G). \tag{8.7-6}$$

式中“C”为碳纳米管(carbon nanotubes)；“GaN”为纳米棒(carbon nanorod). 在制备晶状的 GaN 纳米棒时，水平放置的石英管内，粉末混合物 Ga 和 Ga_2O_3 的摩尔比为 4∶1，它们作为 Ga_2O 的起始物质，在 900℃蒸气压大约为 133.3 Pa 时粉末混合物的上方 Ga_2O 通过化学沉积的方法，用过渡金属催化降解乙烯和氢气可以获得相当纯的直径大约为 15 nm 的多壁碳纳米管.

(3) 氧化铝模板法.

自从 Han W Q 等通过碳纳米管作为模板制备出氮化镓的纳米棒后，Cheng、Zhang 等利用氧化铝模板制备了氮化镓纳米线. 合成的装置是在管式炉中部放置一刚玉坩埚，坩埚中放置摩尔比为 4∶1的金属镓细块与 Ga_2O_3 粉末，在细块和粉末上放置一个多孔的 Mo 网，在 Mo 网上放置通孔的阳极化氧化铝模板. 炉内经机械泵抽真空后通入 NH_3，经多次抽排，使炉内只存纯净的 NH_3，然后加热使炉内温度保持在 1000 ℃，NH_3 气流量稳定在 300ml · min^{-1}，这时炉内发生如下反应：

$$Ga_2O_3(S) + 4Ga(L) \longleftrightarrow 3Ga_2O(G), \tag{8.7-7}$$

$$Ga_2O(G) + 2NH_3(G) \longleftrightarrow 2GaN(S) + H_2O(G) + 2H_2(G), \tag{8.7-8}$$

在经历式(8.7-7)和式(8.7-8)后得到的是纤锌矿结构的纳米线(nanowire).

Duan X F 等人用激光辅助催化生长(laser assisted catalytic growth)的方法得到了单晶纤锌矿结构(single crystal wurtzite structure)的氮化镓纳米线；Chia-Chun Chen 等人利用气液固晶体生长机制(vapor-liquid-solid crystal growth mechanism，VLS)，在多晶的铟粉(Indium powder)作为催化剂的条件下，用硅片或者石英片作为基体，金属 Ga 在 NH_3 作为载气的条件下加热，在 910℃条件下反应 12 h，制备出大量的立方纤锌矿结构的 GaN 纳米线.

(4) 金属 Ga 存在下的直接反应.

波兰科学家在 1600 ℃高温、1.5×10^4 atm～2×10^4 atm 高压下采用金属 Ga 与 N_2 直接合成了 GaN 体单晶材料；Argoitia A 等在低压下通过液态的镓和在低压下，通过电子回旋加速器共振等离子体 N_2 获得的 N 原子直接反应，制备了多晶的 GaN 薄膜，反应式为

$$2Ga(S)+2NH_3(G)\longleftrightarrow 2GaN(S)+3H_2(G). \quad (8.7-9)$$

在一般情况下，使用 Ga 的氧化物、卤化物或者金属 Ga 和 NH_3 进行反应.

Lan Y 等人在用金属锂作为矿化剂直接在高温下反应相当长的一段时间之后，得到氮化镓的产物(金属 Li 和金属 Ga 的摩尔比为 1∶1)，将该产物再与液氨混合，在无片基存在下的高压釜里且在 350～500 ℃、压强为 2000 atm 环境中，反应 4 天后得到 GaN 晶体，其尺寸从微米到毫米. 在真空的沉积室中使用液态 Ga 作为靶子，衬底是蓝宝石(0001)，ArF 作为激光器的激发物，激发氨气得到立方与六方混合的 GaN 晶体，若使用 AlN 缓冲层就能得到纯的立方的 GaN 单晶.

(5) 固态的复分解反应.

在固态的复分解反应里，有人采用了不同的 Ga 源和 N 源，并在 GaI_3、Li_3N、NH_4Cl 按摩尔比为 1∶2∶3的条件下得到氮化镓，反应方程式表示为

$$GaI_3(S)+Li_3N(S)+NH_4Cl(G)\longleftrightarrow GaN(S)+3LiI(S)+NH_3(G)+HCl(G), \quad (8.7-10)$$

这个反应是放热反应，为了降低反应的温度，人们试用了不同惰性的盐作为散热剂和反应稀释剂，反应得到 GaN 的产率为 25%.

5) 氮化镓高电子迁移率晶体管器件

氮化镓高电子迁移率晶体管(gallium nitride high electron mobility transistor，GaN HEMT)是一种场效应晶体管，GaN HEMT 尺寸小，更加节能，其开关速度比硅功率晶体管(Si-MOSFET)更快，比较如表 8.7-2 所示，器件结构如图 8.7-4 所示.

表 8.7-2　GaN HEMT 与 Si-MOSFEI 开关速度对比

参数	GaN HEMT	Si-MOSFET
开通时间	28 ns	78 ns
关断时间	30 ns	120 ns

GaN HEMT 与传统的 Si-MOSFET 不一样，体内没有 pn 结二极管；在 GaN HEMT 的漏极(D)与源极(S)之间的导体是通过中间的电子层实现双向导通的，即常开(normally on)；在 GaN HEMT 的栅极(G)加上负电压时，漏极(D)与源极(S)之间断开.

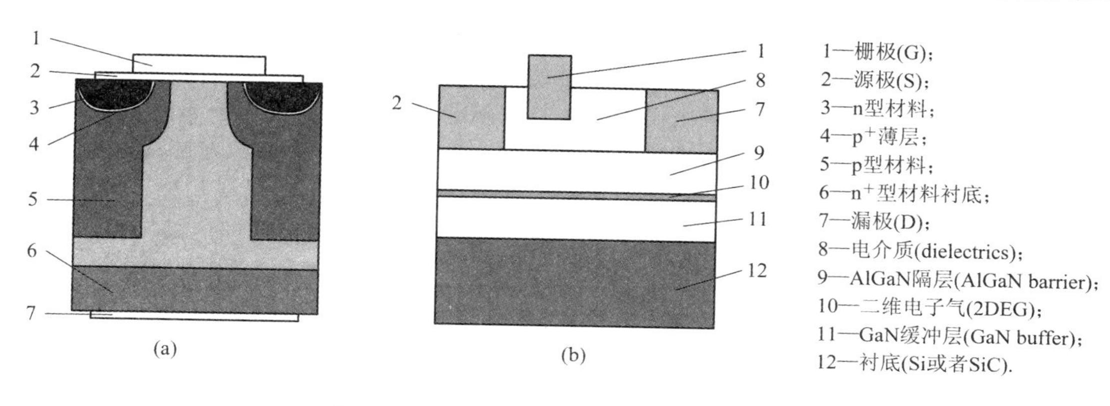

8.7-4 Si-MOSFET 与 GaN HEMT 对比

在电力电子行业中，国内有英诺赛科(Innoscience)等多家公司建立了 GaN-on-Si 晶圆制造流水线进行量产；在射频产线方面，国内有中国电子科技集团公司第十三研究所等多家单位建成了 GaN-on-SiC 生产线进行量产.

8.7.2 【专利】一种基于激光制备沟槽 MOSFET 的方法与装置

【技术领域】

本发明属于一种集光、机、电于一体的装置，采用激光在硅衬底外延层上制备沟槽，以增大表面积，增加导电沟道的密度，降低沟槽 MOSFET 电阻，适用于中高压 MOSFET 的制备.

【背景技术】

MOSFET，是 Metal Oxide Semiconductor Field Effect Transistor 的首字母缩写，翻译成中文为金属-氧化物-半导体场效应管，在电路中起到低压导通、高压稳压的作用. MOSFET 的稳压值小到几伏，大到数千伏，其作用不同，制备工艺与制备方法也不同. 对于稳压值需要数百伏至数千伏的 MOSFET 来说，通常采用沟槽法制备. MOSFET 包括源极、栅极、漏极，以及 n 型半导体和 p 型半导体等. 其中 n 型半导体就是纯净半导体(也叫本征半导体，例如硅 Si、锗 Ge)掺杂五价元素(例如氮 N、磷 P、砷 As、锑 Sb、铋 Bi)形成的，也称为电子导电型半导体；p 型半导体就是纯净半导体掺杂三价元素(例如硼 B、铝 Al、镓 Ga、铟 In、铊 Tl)形成的，也称为空穴导电型半导体. 专利(申请号：201811607412.6，公布号：CN111384168A)公布了衬底 n 型半导体外延层表面在垂直方向上各制备多条沟槽，在沟槽与沟槽之间的凸起中央制备方形坑，以增大表面积，增加导电沟道密度，降低沟槽的沟道电阻，降低沟槽 MOSFET 导通电阻，但是没有表明如何制备沟槽、方形坑，以及方形坑的用处. 本申请致力于利用激光制备沟槽 MOSFET.

【发明内容】

本发明解决了外延层表面制备沟槽，在凸起中央制备方形坑，以及方形坑的用处问题，采用激光一次性地完成沟槽、方形坑的制备，增加外延层表面积，为中高压 MOSFET 制备沟槽、方形坑的工序以及方形坑中注入与衬底、外延层导电类型不同的另一种导电类型半导体提供有效的方法与装置.

本发明解决其技术问题所采用的技术方案是：

技术构思：(1) 采用光纤激光器一次性在外延层表面制备相互垂直的 x、y 方向上等间距排列的若干条沟槽以及在 z 方向上凸起中央制备方形坑；(2) 设计在完成 x、y、z 方向制备的沟槽、方坑后的碎屑自动脱离外延层表面；(3) 采用凸透镜将点光源变成平行光出射；(4) 采用铅光阑、铅模板限制激光束通过，确保一次性地在 x、y 方向制备沟槽，并在 z 方向上制备方形坑阵列；(5) 在方形坑中注入与衬底、外延层导电类型不同的另一种导电类型半导体.

设备发明：一种基于激光制备沟槽 MOSFET 的装置.

本专利的有益效果是：采用激光一次性地完成外延层表面沟槽制备，并在凸起中央制备方形孔，使得相互垂直的三个方向分三步完成沟槽、方形孔的制备变成一次性制备；在方形坑中注入与衬底、外延层导电类型不同的另一种导电类型半导体，节省三个步骤，从而节省成本 18%.

【附图说明】

在图 8.7-5 至图 8.7-12 中，1 表示衬底，2 表示外延层，3 表示沟槽，4 表示凸起，5 表示方形坑，6 表示体区，7 表示栅电极，71 表示多晶硅，72 表示控制栅电极，73 表示屏蔽栅电极，8 表示金属源极，9 表示金属漏极，10 表示 $-x$ 方向激光束，11 表示 $-y$ 方向激光束，12 表示 $-z$ 方向激光束，101 表示 $-x$ 方向激光光源，102 表示 $-x$ 方向凸透镜，103 表示 $-x$ 方向铅光阑，104 表示透光孔，111 表示 $-y$ 方向激光光源，112 表示 $-y$ 方向凸透镜，113 表示 $-y$ 方向铅光阑，121 表示 $-z$ 方向激光光源，122 表示 $-z$ 方向凸透镜，123 表示 $-z$ 方向铅模板，124 表示 $-z$ 方向透光孔.

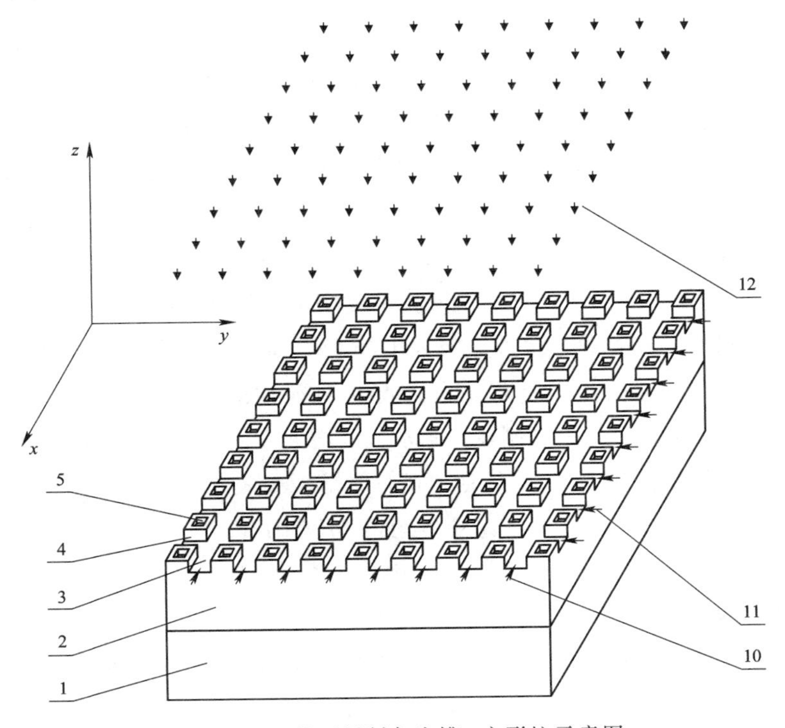

图 8.7-5　外延层制备沟槽、方形坑示意图

【具体实施方式】

在图 8.7-5 中，第一导电类型的 n 型半导体衬底 1 上方的外延层 2，分别在 x、y、z 方向上有三组激光束，分别是 $-x$ 方向激光束 10、$-y$ 方向激光束 11、$-z$ 方向激光束 12，三组激光束分别用来制备沟槽 3 和方形坑 5，其中 $-x$ 方向激光束 10 用于制备在外延层 2 上表面沿 y 方向等间距沟槽，其沟槽 3 为半圆柱形；$-y$ 方向激光束 11 用于制备在外延层 2 上表面沿 x 方向等间距沟槽，其沟槽 3 为半圆柱形；$-z$ 方向激光束 12 用于制备在外延层 2 上 xy 表面二维等间距方形坑 5. 沿着 x 方向的沟槽 3 与沿着 y 方向的沟槽 3 之间形成凸起 4，在凸起 4 中间垂直于 xy 平面激光打孔形成二维等间距阵列方形坑 5.

在图 8.7-6 中，在 yz 立面上，沿 x 方向伸展的沟槽 3 采用沉积法由多晶硅 71 填补，并且采用刻蚀方法在氧化层上形成控制栅电极 72 和屏蔽栅电极 73，进而制备成栅电极 7；在方形坑 5 中，注入 p 型半导体形成第二导电类型的体区 6；在栅电极 7、凸起 4、体区 6 的平面上方制备的是金属源极 8；在衬底下方制备的是金属漏极 9.

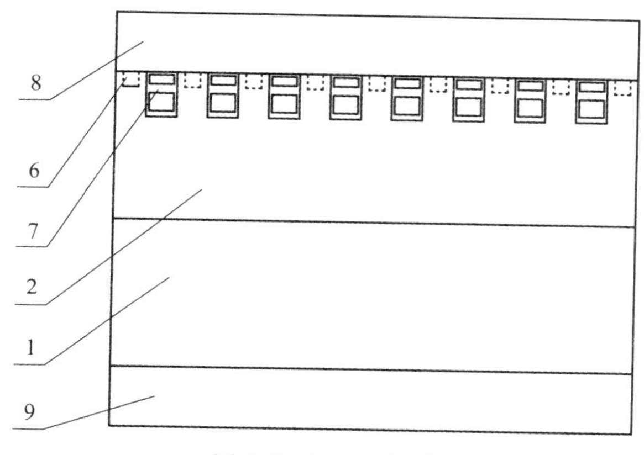

图 8.7-6 yz 立面

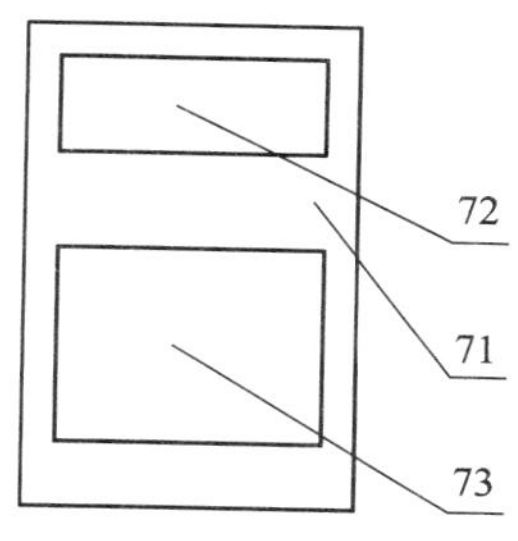

图 8.7-7 栅电极

在图 8.7-7 中，栅电极 7 由多晶硅 71、控制栅电极 72 和屏蔽栅电极 73 组成，其中控制栅电极 72 和屏蔽栅电极 73 是采用刻蚀方法在多晶硅 71 氧化层上形成的.

在图 8.7-8 中，在 xz 立面上，沿 y 方向伸展的沟槽 3 采用沉积法由多晶硅 71 填补，

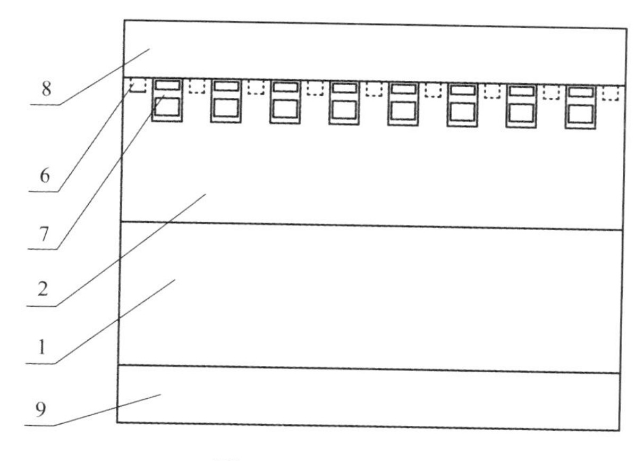

图 8.7-8 xz 立面

并且采用刻蚀方法在氧化层上形成控制栅电极 72 和屏蔽栅电极 73，进而制备成栅电极 7；在方形坑 5 中，注入 p 型半导体形成第二导电类型的体区 6；在栅电极 7、凸起 4、体区 6 的平面上方制备的是金属源极 8；在衬底下方制备的是金属漏极 9.

在图 8.7-9 中，沿 $-x$ 方向入射的 $-x$ 方向激光束 10，沿着 y 方向等间距分布，该激光束源于 $-x$ 方向激光光源 101、$-x$ 方向凸透镜 102、$-x$ 方向铅光阑 103. $-x$ 方向激光光源 101 出口是一焦距为 1 mm 的凸透镜，该凸透镜起到扩束作用，且位于 $-x$ 方向凸透镜 102 的焦点处. 从该焦点发出的光通过 $-x$ 方向凸透镜 102 形成平行光，并通过 $-x$ 方向铅光阑 103 平行于 xy 平面照射在外延层 2 表面上，形成沿 y 方向等间距排列的截面为长方形的条状沟槽 3. 沿 $-y$ 方向入射的 $-y$ 方向激光束 11，沿 x 方向等间距分布，源于 $-y$ 方向激光光源 111，$-y$ 方向凸透镜 112，$-y$ 方向铅光阑 113. $-y$ 方向激光光源 111 出口是一焦距为 1 mm 的凸透镜，该凸透镜起到扩束作用，且位于 $-y$ 方向凸透镜 112 的焦点处，从该焦点发出的光通过 $-y$ 方向凸透镜 112 形成平行光，并通过 $-y$ 方向铅光阑 113 平行于 xy 平面照射在外延层 2 表面上，形成沿 x 方向等间距排列的截面为长方形的条状沟槽 3.

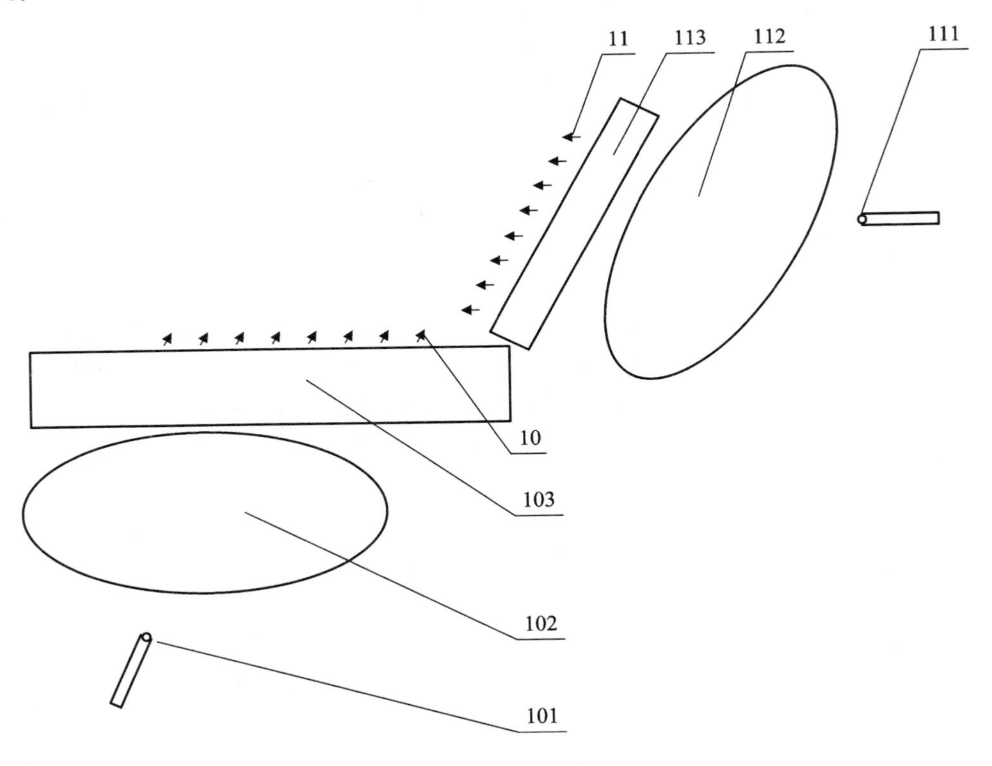

图 8.7-9　$-x$、$-y$ 方向激光制备沟槽装置

在图 8.7-10 中，沿 $-z$ 方向形成的等间距二维阵列的 $-z$ 方向激光束 12 源于 $-z$ 方向激光光源 121、$-z$ 方向凸透镜 122、$-z$ 方向铅模板 123. $-z$ 方向激光光源 121 出口是一焦距为 1 mm 的凸透镜，该凸透镜起到扩束作用，且位于 $-z$ 方向凸透镜 122 的焦

点处，从该焦点发出的光通过 $-z$ 方向凸透镜 122 形成平行光，并通过 $-z$ 方向铅模板 123 垂直照射在外延层 2 表面 xy 平面上，形成二维等间距阵列方形坑 5.

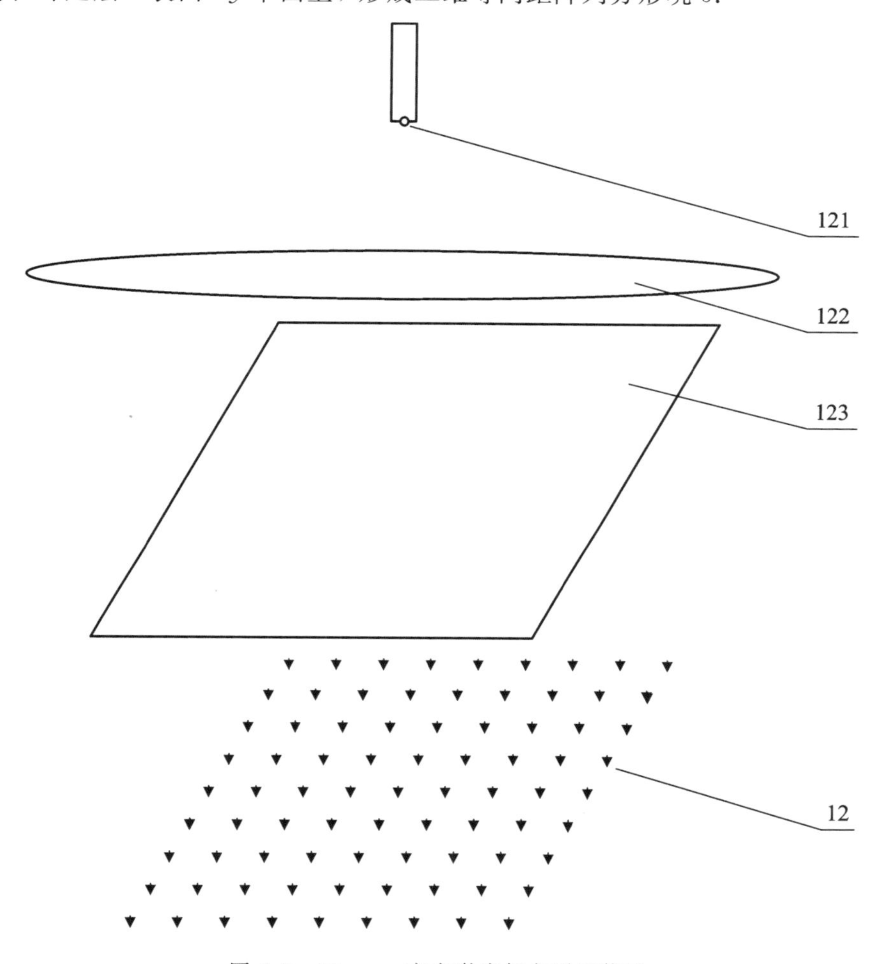

图 8.7－10　$-z$ 方向激光打方形坑装置

$-x$ 方向铅光阑 103($-y$ 方向铅光阑 113)上，沿水平方向等间距排列了透光孔 104，其中透光孔 104 的宽度就是沟槽 3 的宽度，如图 8.7－11 所示.

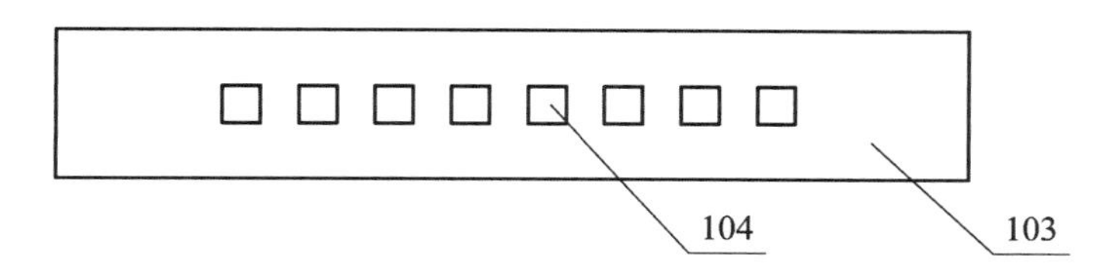

图 8.7－11　铅光阑

在图 8.7－12 中，$-z$ 方向铅模板 123 上有沿 x 方向、y 方向等间距排列的二维阵列 $-z$ 方向透光孔 124，其中 $-z$ 方向透光孔 124 的边长就是沟槽 3 与沟槽 3 之间的凸起 4 的宽度的一半，面积为凸起 4 面积的四分之一.

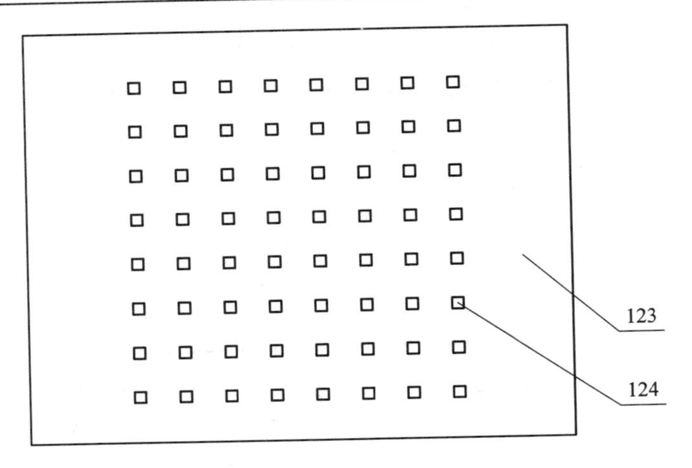

图 8.7-12　铅模板

成功的实例：准备电子导电类型的 n 型半导体衬底 1；在衬底 1 上形成外延层 2(掺杂五价元素的浓度大于衬底的掺杂浓度)；使用三组光纤激光器，分别是沿 $-x$ 方向激光光源 101、沿 $-y$ 方向激光光源 111、沿 $-z$ 方向激光光源 121，激光光源出口都配有短焦距的凸透镜用于发散光束，这些出口分别位于 $-x$ 方向凸透镜 102、$-y$ 方向凸透镜 112、$-z$ 方向凸透镜 122 的焦点处；在 $-x$ 方向凸透镜 102、$-y$ 方向凸透镜 112 前方分别放置 $-x$ 方向铅光阑 103、$-y$ 方向铅光阑 113，$-x$ 方向铅光阑 103 和 $-y$ 方向铅光阑 113 中的透光孔 104 为正方形，其边长正好等于沟槽的宽度，在外延层 2 表面形成沿 y 方向等间距排列的一系列沟槽 3 和沿 x 方向等间距排列的一系列沟槽 3；在 $-z$ 方向凸透镜 122 前方放置 $-z$ 方向铅模板 123，在 $-z$ 方向铅模板 123 中的 $-z$ 方向透光孔 124 为正方形阵列，其边长正好等于沟槽 3 的宽度的一半，正方形中心正好是沟槽 3 包围的凸起 4 的中心，正方形的面积是凸起 4 面积的四分之一. 该实例一次性地在外延层表面形成相互垂直的多条沟槽 3 和在沟槽包围的凸起 4 中央垂直于表面制备方形坑 5；在方形坑 5 中注入 p 型半导体形成另一导电类型的体区 6；通过热氧化沉积处理法在沟槽 3 下方、外延层侧面区形成栅电极 7(通过沉积多晶硅 71 与刻蚀方法在氧化层上形成控制栅电极 72 和屏蔽栅电极 73)；在凸起 4、栅电极 7 上方制备金属源极 8；在衬底下方制备金属漏极 9.

值得注意的是，一次性地在外延层表面形成相互垂直的多条沟槽 3 和在沟槽包围的凸起 4 中央垂直于表面制备方形坑 5 制备过程中，若采用与图 8.7-5 所示的上下倒过来装置，那么在激光制备沟槽 3 和凸起 4 过程中产生的碎屑在重力作用下在外延层下方飞走，方便于下一道工序，清洗后注入 p 型半导体.

内容小结

1. 集成电路产业链包含价值链、企业链、供需链和空间链四个维度；完整的集成电路产业链包含：芯片设计、芯片制造、封装测试三个主要产业；

2. 摩尔定律预言着集成电路的集成度每 18 个月翻一番，特征尺寸缩小；

3. 光刻胶由聚合物、溶剂、感光剂、添加剂四种基本成分组成. 负性光刻工艺的特征是，光刻胶被曝光的部分，由可溶性物质变成不溶性物质；正性光刻工艺的特征是，复制到硅片表面的图形与掩膜板上一样，光刻胶被曝光的部分，由不溶性物质变成可溶性物质.

4. 光刻机(也称光刻系统)是光刻技术的关键装备，其构成主要包括光源系统、照明光源系统、投影光学系统及机械与控制系统.

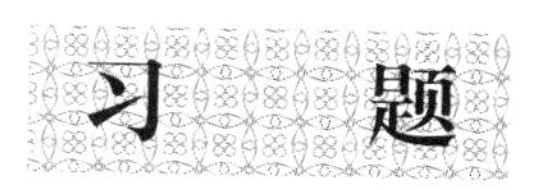

8.1　简述 pn 结隔离的 NPN 晶体管的光刻步骤.

8.2　简述 p 型 CMOS 的光刻步骤.

附录　英文缩写词索引

缩　写	原　　文	中文名
2DEG	two-dimensional electron gas	二维电子气
AAM	advanced asset management	高级资产管理
ADO	advanced distribution operation	高级配电运行
AM	amplitude modulation	调幅
	air mass	大气质量
AMI	advanced metering infrastructure	高级量测体系
AOM	acousto-optic modulator	声光调制器
AOTF	acousto-optic tunable filter spectroscopy	声光可调谐滤波光谱术
APD	avalanche photodiode	雪崩光电二极管
AR	augmented reality	增强现实
ASE	amplified spontaneous radiation	放大自发辐射
ASML	advanced Semiconductor Material Lithography	先进半导体材料光刻荷兰公司
ATO	advanced transmission operation	高级输电运行
BB，BP	beeper	寻呼机
BIPV	building integrated photovoltaic	光伏组件
Bi-YIG	bismuth-doped yttrium iron garnets	掺铋钇铁石榴石
BL	Bragg loss	布拉格损耗
CMOS	complementary metal oxide semiconductor	互补金属氧化物半导体
CNFET	carbon nanotubes Field effect transistor	碳纳米管场效应晶体管
CPU	central processing unit	中央处理单元
CRT	cathode ray tube	阴极射线显像管
CSA	coherent signal analysis	相干信号分析
DBR	distributed Bragg reflection	分布式布拉格反射
	distributed Bragg reflector	分布式布拉格反射器
DCF	dispersion compensation fiber	色散补偿光纤
DFB	distributed feedback	分布式反馈
DLP	digital light processor	数字光处理器
DRAM	dynamic random access memory	动态随机存取存储器
DSF	dispersion-shifted fiber	色散迁移光纤
DWDM	dense wavelength-division multiplexing	密集型波分复用
DUV	deep ultraviolet	深紫外光

续表一

缩　写	原　　文	中文名
EBL	electron barrier layer	电子阻挡层
ECD	external cavity diode laser	外腔二极管激光器
EDFA	erbium-doped fiber amplifier	掺铒光纤放大器
EDLC	electrical double-layer capacitor	双电层电容器
EIL	electron injection layer	电子注入层
ELOG	epitaxial lateral over growth	横向外延过生长
EML	luminescence layer	发光层
ETL	electron transport layer	电子传输层
EOM	electro-optic modulator	电光调制器
ERC-MBE	electron cyclotron resonance plasma-assisted molecular beam epitaxy	电子回旋共振等离子辅助分子束外延
EQE	external quantum efficiency	外量子效率
EUV	extra-deep ultraviolet	极深紫外光
EVA	ethylene and vinyl acetate	乙烯与酸乙烯酯
FDM	fused deposition modelling	熔融层积成型
FET	field effect transistor	场效应晶体管
FM	frequency modulation	调频
GaN HEMT	gallium nitride high electron mobility transistor	氮化镓高电子迁移率晶体管
GGG	gadolinium gallium gartnet，$Gd_3Ga_3O_{12}$	钆镓石榴石
GIT	gate injection transistor	栅极注入晶体管
GSMBE	gas source molecular beam epitaxy	气体源分子束外延
HBL	hole barrier layer	空穴阻挡层
HBT	heterojunction bipolar transistor	异质结双极晶体管
HIL	hole injection layer	空穴注入层
HPSG	high-pressure solution growth	高压溶液生长方法
HR FBG	high reflectivity fiber Bragg gratings	高反射率光纤布拉格光栅
HTL	hole transport layer	空穴传输层
HVPE	hydride vapor-phase epitaxy	氢化物气相外延
IC	integrated circuit	集成电路
ICM	incremental conductance method	增量电导法
IDM	integrated device manufacture	集成设备制造公司
ISO	isolator	表示隔离器
ITO	indium tin oxide semiconductor transparent conductive film	铟锡氧化物半导体透明导电膜
LASER，Laser	light amplification by stimulated emission of radiation	激光

续表二

缩　写	原　　文	中 文 名
LCD	liquid crystal display	液晶显示器
LED	light-emitting diode	发光二极管
LIDAR，lidar	light detection and ranging	激光雷达(光检测和测距)
LSIC	large scale semiconductor integrated circuit	大规模半导体集成电路
MASER，Maser	microwave amplification by stimulated emission of radiation	微波激射器
MBE	Molecular beam epitaxy	分子束外延
MO	master oscillation	主振荡
MOCVD	metal-organic chemical vapor deposition	金属有机化学气相沉积
MODIS	moderate resolution imaging spectroradiometer	中等分辨率成像光谱仪
MOPA	master oscillation power amplification	主振荡功率放大
MOS	metal oxide Silicon	金属氧化物硅
MOSFET	metal oxide semiconductor field effect transistor	金属氧化物半导体场效应晶体管
MOVPE	metal-organic vapor-phase epitaxy	金属有机气相外延
MPPT	maximum power point tracking	最大功率点跟踪
MSMPD	metal-semiconductor-metal photodiode	金属-半导体-金属光电二极管
MWT	metal wrap through	金属穿孔卷绕
NA	numerical aperture	数值孔径
NASA	national aeronautics and space administration	美国国家航空航天局
Nd:YAG	Neodymium-doped yttrium aluminum garnet laser	掺钕钇铝石榴石激光器
NPRO	Non-planar annular cavity	非平面环形腔
OEIC	optoelectronic integrated circuit	光电集成电路
OLED	organic light-emitting diode	有机发光二极管
PBG	photonic band gap	光子带隙型
PC	personal computer	个人计算机
PCF	photonic crystal fiber	光子晶体光纤
PD	photodetector	光电探测器
	photodiode	光电二极管
PE-GaN	pendeo-epitaxy GaN	悬挂外延 GaN
PLC	programmable logic controller	可编程逻辑控制器
PM FBG	polarization maintaining fiber Bragg grating	保偏光纤布拉格光栅
PMMA	polymethyl methacrylate	聚合物
PM WDM	polarization maintaining wavelength division multiplexer	保偏光波分复用器
PSOTDR	phase sensitive optical time-domain reflectometry	相位敏感光时域反射
PSTM	photo scanning tunneling microscope	光子扫描隧道显微镜
PVE	photo voltaic effect	光伏效应

续表三

缩 写	原 文	中文名
PZT	Piezoelectric ceramic transducer	锆钛酸铅压电陶瓷
QDT	quantum dot technology	量子点技术
QWs	quantum wells	量子阱
RC	ring cavity	环形腔
RCA	radio corporation of american	美国无线公司
SAR	synthetic aperture radar	合成孔径雷达
SAT	single-atom transistor	单原子晶体管
SBS	stimulated Brillouin scattering	受激布里渊散射
SCH	separate confinement heterostructure	分离约束异质结构
RF-MBE	RF plasma-assisted molecular beam epitaxy	射频等离子体辅助分子束外延
SLA	stereo lithography	立体平版印刷
SLS	selected laser sintering	选区激光烧结
SMEE	Shanghai micro electronics equipment Co. LTD	上海微电子装备有限公司
SMF	single-mode fiber	单模光纤
SI	semi-insulated	半绝缘
SOA	semiconductor optical-fiber amplifiers	半导体光纤放大器
SPM	self phase modulation	自相位调制
TED	technology、entertainment、design	技术、娱乐、设计
TEG	triethyl gallium	三乙基镓
TFET	tunnel field effect transistor	隧道场效应晶体管
TFT	thin film transistor	薄膜晶体管
TIR	total internal reflection	全内反射型
TMA	trimethyl Aluminum	三甲基铝
TMG	trimethyl Gallium	三甲基镓
TMI	trimethyl Indium	三甲基铟
TPT	polyfluoroethylene composite film	聚四氟乙烯复合膜
TRADIC	transistor digital computer	晶体管数字计算机
TSV	Silicon through hole technology	穿透硅通孔技术
UV	ultraviolet	紫外线
VCSEL	vertical-cavity surface-emitting laser	垂直腔面发射激光器
VECSEL	vertical external cavity surface emitting laser	垂直外腔表面发射激光器
VLS	vapor-liquid-solid crystal growth mechanism	气液固晶体生长机制
VLSI	very large scale integration	超大规模集成电路
VR	virtual reality	虚拟现实
WDM	wavelength division multiplexing	波分复用
	wavelength division multiplexer	波分复用器
XPM	cross-phase modulation	交叉相位调制
YDF	ytterbium doped fiber	掺镱光纤
YIG	yttrium iron garnet，$Y_3Fe_5O_{12}$	铁磁晶体钇铁石榴石

人名索引

续表一

人　名	完整人名	英　文	生—卒年
菲涅耳	奥古斯汀-让·菲涅耳	Augustin-Jean Fresnel	1788—1827
傅科	吉恩·伯纳德·莱昂·傅科	Jean Bernard Léon Foucault	1819—1868
福克	理查德·L. 福克	Richard L. Fork	1935—2018
高锟(美籍华人)	查尔斯·K. 高	Charles K. Kao	1933—2018
格拉赫	瓦尔特·格拉赫	Walther Gerlach	1889—1979
革末	雷斯特·革末	Lester Germer	1896—1971
格西奇	约瑟夫·E. 格西奇	Joseph E. Geusic	1931—
古兹密特	塞缪尔·亚伯拉罕·古兹密特	Samuel Abraham Goudsmit	1902—1978
哈格罗夫	洛根·E. 哈格罗夫	Logan E. Hargrove	1935—2019
哈根拜希	爱德华·哈根拜希	Eduard Hagenbach	1833—1910
哈根斯	威廉·哈跟斯	William Huggins	1824—1910
哈尔	罗伯特·N. 哈尔	Robert N. Hal	1919—2016
哈亚希	哈亚希	Izuo Hayashi	1922—2005
海森堡	沃纳·卡尔·海森堡	Werner Karl Heisenberg	1901—1976
汉弗莱	柯蒂斯·贾德森·汉弗莱	Curtis Judson Humphreys	1898—1986
赫尔沃斯	赫尔沃斯	Hellwarth	1930—2021
赫里奥特	唐纳德·赫里奥特	Donald Herriott	1928—2007
赫歇尔	弗里德里希·威廉·赫歇尔	Friedrich Wilhelm Herschel	1738—1822
赫兹	海因里希·鲁道夫·赫兹	Heinrich Rudolf Hertz	1857—1894
朗德	亨利·约瑟夫·朗德	Henry Joseph Round	1881—1966
亨利	查尔斯·H. 亨利	Charles H. Henry	1937—2016
布拉格	威廉·亨利·布拉格	William Henry Bragg	1862—1942
霍洛尼亚克	尼克·霍洛尼亚克	Nick Holonyak Jr.	1928—
霍克姆	乔治·霍克姆	George Hockham	1938—2013
惠更斯	克里斯蒂安·惠更斯	Christiaan Huygens	1629—1695
贾拉里	巴赫拉姆·贾拉利	Bahram Jalali	1963—
金斯	詹姆斯·霍普伍德·金斯	James Hopwood Jeans	1877—1946
卡斯帕	杰罗姆 V. V. 卡斯帕	Jerome V. V. Kasper	—

续表二

人　名	完整人名	英　　文	生—卒年
卡斯特勒	阿尔弗雷德·卡斯特勒	Alfred Kastler	1902—1984
卡扎里诺夫	鲁道夫·卡扎里诺夫	Rudolf Kazarinov	1933—
克特勒	沃尔夫冈·克特勒	Wolfgang Ketterle	1957—
坎贝尔	查尔斯·J. 坎贝尔	Charles J. Campbell	1930—2000
康普顿	阿瑟·霍利·康普顿	Arthur Holly Compton	1892—1962
克罗默	赫伯特·克罗默	Herbert Kroemer	1928—
科斯特	查尔斯·J. 科斯特	Charles J. Koester	1913—1994
夸特	皮埃尔·夸特	Pierre Biquard	1901—1992
拉曼	拉曼	Chandrasekhara Venkata Raman	1888—1970
拉泽吉	玛尼杰·拉泽吉	Manijeh Razeghi	1942—
莱登佐夫	尼古拉·N. 莱登佐夫	Nikolai N. Ledentsov	1959—
莱曼	西奥多·莱曼	Theodore Lyman	1874—1954
朗之万	保罗·朗之万	Paul Langevin	1872—1946
雷曼	奥托·雷曼	Otto Lehmann	1855—1922
劳伦斯·布拉格	威廉·劳伦斯·布拉格	William Lawrence Bragg	1890—1971
里德伯	约翰内斯·罗伯特·里德伯	Johannes Robert Rydberg	1854—1919
罗雷尔	海因里希·罗雷尔	Heinrich Rohrer	1933—2013
罗塞夫	奥列格·罗塞夫	OlegLosev，Олéг Влалúмиоовин лóсев	1930—1942
鲁斯卡	恩斯特·鲁斯卡	Ernst Ruska	1906—1988
卢瑟福	欧内斯特·卢瑟福	Ernest Rutherford	1871—1937
马迪	约翰 M. J. 马迪	John M. J. Madey	1943—2016
麦克朗	弗雷德·J. 麦克朗	Fred J. McClung	1931—2006
麦克斯韦	詹姆斯·克拉克·麦克斯韦	James Clerk Maxwell	1831—1879
迈克耳孙	阿尔伯特·亚伯拉罕·迈克耳孙	Albert Abraban Michelson	1852—1931
梅曼	西奥多·哈罗德·梅曼	Theodore Harold "Ted"Maiman	1927—2007
莫尔顿	彼得·F. 莫尔顿	Peter F. Moulton	1946—
莫奇利	约翰·威廉·莫奇利	John William Mauchly	1907—1980
牛顿	艾萨克·牛顿	Isaac Newton	1643—1727
诺依曼	约翰·冯·诺依曼	John von Neumann	1903—1957
沃格尔	赫尔曼·卡尔·沃格尔	Hermann Carl Vogel	1842—1907
潘尼什	莫特·B. 潘尼什	Mort B. Panish	1929—

续表三

人　名	完整人名	英　　文	生—卒年
泡克耳斯	弗里德里希·卡尔·阿尔温·泡克耳斯	Friedrich Carl Alwin Pockels	1865—1913
皮门特尔	乔治·C. 皮门特尔	George C. Pimentel	1922—1989
帕特尔	库马尔·帕特尔	Kumar Patel	1938—
帕尼什	莫顿·帕尼什	Morton Panish	1929—
帕邢	路易斯·卡尔·海因里希·弗里德里希·帕邢	Louis Carl Heinrich Friedrich Paschen	1865—1947
庞加莱	亨利·庞加莱	Jules Henri Poincaré	1854—1912
蒲芬德	奥古斯特·赫尔曼·蒲芬德	August Herman Pfund	1879—1949
普雷斯顿	托马斯·普雷斯顿	Thomas Preston	1860—1900
普朗克	马克斯·卡尔·恩斯特·路德维希·普朗克	Max Karl Ernst Ludwig Planck	1858—1947
瑞利	约翰·威廉·斯特拉特，瑞利男爵三世	John William Strutt, 3rd Baron Rayleigh	1842—1919
史密斯	理查德·G. 史密斯	Richard G. Smith	1929—2019
斯尼策	伊莱亚斯·斯尼策	Elias Snitzer	1925—2012
斯派思	玛丽·L. 斯派思	Mary L. Spaeth	1938—2018
斯特藩	约瑟夫·斯特藩	Josef Stefan	1835—1893
斯特恩	奥托·斯特恩	Otto Stern	1888—1969
索末菲	阿诺德·索末菲	Arnold Sommerfeld	1868—1951
汤姆森	乔治·佩吉特·汤姆森	George Paget Thomson	1892—1975
汤斯	查尔斯·哈德·汤斯	Charles Hard Townes	1915—2015
天野浩	天野浩	Hiroshi Amano	1960—
廷德尔	约翰·廷德尔	John Tyndall	1820—1893
瓦维洛夫	瓦维洛夫	С. И. Вавилов	1891—1951
维恩	威廉·维恩	Wilhelm Carl Werner Otto Fritz Franz Wien	1864—1928
乌伦贝克	乔治·尤金·乌伦贝克	George Eugene Uhlenbeck	1900—1988
肖洛	阿瑟·肖洛	Arthur Schawlow	1921—1999
西尔斯	弗朗西斯·韦斯顿·西尔斯	Francis Weston Sears	1898—1975
薛定谔	埃尔温·薛定谔	Erwin Schrdinger	1887—1961
杨	托马斯·杨	Thomas Young	1773—1829
中村修二	中村修二	Shuji Nakamura	1954—

参 考 文 献

[1] 姚建铨，于间仲. 光电子技术[M]. 北京：高等教育出版社，2006.

[2] 江兴方，黄正逸，刘宪云. 物理学[M]. 上海：上海交通大学出版社，2017.

[3] 江兴方，谢建生，唐丽. 物理实验[M]. 3 版. 北京：科学出版社，2022.

[4] 吴百诗. 大学物理:新版上册[M]. 北京：科学出版社，2001.

[5] 吴百诗. 大学物理：新版下册[M]. 北京：科学出版社，2001.

[6] 宋菲君，羊国光，余金中. 信息光子学物理[M]. 北京：北京大学出版社，2006.

[7] 是度芳，李承芳，张国平，等. 现代光学导论[M]. 武汉：湖北科学技术出版社，2003.

[8] 陈钰清，王静环. 激光原理[M]. 杭州：浙江大学出版社，1992.

[9] 周炳琨，高以智，陈倜嵘，等. 激光原理[M]. 5 版. 北京：国防工业出版社，2007.

[10] 柯善哲，肖福康，江兴方. 量子力学[M]. 北京：科学出版社，2006.

[11] 范志刚. 光电测试技术[M]. 北京：电子工业出版社，2004.

[12] 陈家璧，彭润玲. 激光原理及应用[M]. 北京：电子工业出版社. 2013.

[13] 滨川圭弘. 太阳能光伏电池及其应用[M]. 张红梅，崔晓华，译. 北京：科学出版社，2008

[14] 沈文忠. 太阳能光伏技术与应用[M]. 上海：上海交通出版社，2013.